KB251859

한국산업인력공단 새출제기준안에 따른

용접 산업기사

필기

최부길 지음

씨마스

머리말

　현대는 학벌이나 간판보다는 능력과 기술이 경쟁력을 좌우하는 실용의 시대입니다. 우리나라의 용접 기술은 세계 최고 수준인 조선 산업에서 없어서는 안 될 중요한 기반 기술로 자리 잡고 있습니다. 또한 금속 재료의 다양화에 따라 기계, 금속, 건축, 토목, 항공, 우주, 해양 등 각 분야의 공업 발전에 필수적인 기술이기도 합니다.

　그로 인하여 용접 기술을 담당하는 기술인 역시 산업 분야에서 핵심적인 역할을 수행하게 되었습니다. 이 책은 이러한 용접산업기사 자격의 중요성을 염두에 두고 보다 전문적이고 체계화된 지식을 제공하기 위하여 아래와 같은 사항에 중점을 두고 집필하였습니다.

1. 시행처인 한국 산업인력 공단의 출제 기준에 따라 순서대로 구성하여 필기시험에 완벽하게 맞춘 핵심 내용을 정리하였습니다.

2. 다양한 자료와 충실한 해설로 용접의 기본 원리부터 시험에 자주 출제되는 문제들을 엄선한 평가문제 그리고 풍부한 과년도 기출문제를 수록하여 수험준비에 충분한 교재가 되도록 구성하였습니다.

3. 필기 출제 기준에 맞춘 본문 구성과 핵심 내용을 짚고 가는 하나 더알기 코너, 중요한 내용들을 요약정리한 Wrap up, 평가문제를 통하여 기초를 다지고, 기출문제 분석을 통하여 최근까지의 출제 경향을 파악할 수 있도록 하였습니다.

　끝으로 이 책에 수록된 내용은 본 저자가 30년 이상 용접 기술 분야에 종사하면서 수집하고 분류한 자료를 최대한 효율적으로 정리한 결과물입니다. 이를 통해 용접산업기사를 꿈꾸는 수험생들이 보다 손쉽게 자격을 취득할 수 있도록 돕고자 합니다.

　앞으로도 우수한 용접 기능사들이 계속 배출되기를 바라며, 하루하루 치열한 삶의 현장에서 땀 흘리는 수험생 여러분의 노력을 응원합니다.

부천용접직업전문학교 학교장

최 부 길

용접 산업기사 출제 기준 | 필기

직무 분야	재료	중직무 분야	금속 재료	자격 종목	용접산업기사	적용 기간	2017. 1. 1. ~ 2020. 12. 31.

직무 내용 : 제품제작 과정에서 필요한 하나의 제품 또는 구조물을 완성하기 위한 용접작업 수행 및 관리, 용접에 관한 설계와 제도, 이에 따르는 비용계산, 재료준비 등의 직무 수행

필기 검정 방법	객관식	문제 수	60	시험 시간	1시간 30분

필기 과목명	문제 수	주요 항목	세부 항목	세세 항목
용접야금 및 용접설비제도	20	1. 용접부의 야금학 적 특징	1. 용접야금기초	1. 금속결정구조 2. 화합물의 반응 3. 평형상태도 4. 금속조직의 종류
			2. 용접부의 야금학 적 특징	1. 가스의 용해 2. 탈산, 탈황 및 탈인반응 3. 고온균열의 발생원인과 방지 4. 용접부 조직과 특징 5. 저온균열의 발생원인과 방지 6. 철강 및 비철재료의 열처리 7. 용접부의 열영향 및 기계적 성질
		2. 용접재료 선택 및 전후처리	1. 용접재료 선택	1. 용접재료의 분류와 표시 2. 용가제의 성분과 기능 3. 슬래그의 생성반응 4. 용접재료의 관리
			2. 용접 전후처리	1. 예열 2. 후열처리 3. 응력풀림처리
		3. 용접 설비제도	1. 제도 통칙	1. 제도의 개요 2. 문자와 선 3. 도면의 분류 및 도면관리
			2. 제도의 기본	1. 평면도법 2. 투상법 3. 도형의 표시 및 치수 기입 방법 4. 기계재료의 표시법 및 스케치 5. CAD기초
			3. 용접제도	1. 용접기호 기재 방법 2. 용접기호 판독 방법 3. 용접부의 시험 기호 4. 용접 구조물의 도면해독 5. 판금, 제관의 용접도면해독

필기 과목명	문제 수	주요 항목	세부 항목	세세 항목
용접구조설계	20	1. 용접설계 및 시공	1. 용접설계	1. 용접 이음부의 종류 2. 용접 이음부의 강도계산 3. 용접 구조물의 설계
			2. 용접시공 및 결함	1. 용접시공, 경비 및 용착량 계산 2. 용접준비 3. 본 용접 및 후처리 4. 용접온도분포, 잔류 응력, 변형, 결함 및 그 방지 대책
		2. 용접성 시험	1. 용접성 시험	1. 비파괴 시험 및 검사 2. 파괴 시험 및 검사
용접일반 및 안전관리	20	1. 용접, 피복 아크용접 및 가스용접의 개요 및 원리	1. 용접의 개요 및 원리	1. 용접의 개요 및 원리 2. 용접의 분류 및 용도
			2. 피복아크 용접 및 가스용접	1. 피복아크용접 설비 및 기구 2. 피복아크용접법 3. 가스용접 설비 및 기구 4. 가스용접법 5. 절단 및 가공
		2. 기타 용접, 용접의 자동화	1. 기타 용접 및 용접의 자동화	1. 기타용접 2. 압접 3. 납땜 4. 용접의 자동화 및 로봇용접
		3. 안전관리	1. 용접안전관리	1. 아크, 가스 및 기타 용접의 안전 장치 2. 화재, 폭발, 전기, 전격사고의 원인 및 그 방지 대책 3. 용접에 의한 장해 원인과 그 방지대책

차 례

part **III** **용접일반 및 안전관리**

PART

I

용접야금 및 용접설비제도

1 용접부의 야금학적 특징

2 용접재료 선택 및 전후처리

3 용접설비제도

CHAPTER 01 용접부의 야금학적 특징

Section 1 용접야금기초

1 금속과 그 합금

(1) 금속의 공통적 성질

① 실온에서 고체이며, 결정체이다(단, 수은은 액체).
② 빛을 발산하고 고유의 광택이 있다.
③ 가공이 용이하고, 연·전성이 크다.
④ 열, 전기의 양도체이다.
⑤ 비중이 크고 경도 및 용융점이 높다.

(2) 자주 등장하는 원소 기호

원소기호	원소이름	원소기호	원소이름	원소기호	원소이름
Ag	은	Al	알루미늄	Au	금
B	붕소	Be	베릴륨	Bi	비스무트
C	탄소	Ca	칼슘	Cl	염소
Co	코발트	Cr	크롬	Cu	구리
F	불소	Fe	철	H	수소
He	헬륨	Ir	이리듐	K	칼륨
Li	리튬	Mg	마그네슘	Mn	망간
N	질소	Ni	니켈	Ne	네온
O	산소	P	인	Pb	납
Pt	백금	S	황	Si	규소
Sn	주석	Ti	티탄	V	바나듐
U	우라늄	W	텅스텐	Zn	아연

(3) 합금

① 금속의 성질을 개선하기 위하여 단일 금속에 한 가지 이상의 금속이나 비금속 원소를 첨가한 것을 말한다.

② 단일 금속에서 볼 수 없는 특수한 성질을 가지며 원소의 개수에 따라 이원 합금, 삼원 합금이 있다.

③ 종류로는 철 합금, 구리 합금, 경합금, 원자로용 합금, 기타 합금이 있다.

④ 합금의 일반적 성질

  ㉠ 성분을 이루는 금속보다 우수한 성질을 나타내는 경우가 많다.

  ㉡ 성분 금속보다 강도 및 경도가 증가한다.

  ㉢ 주조성이 좋아진다.

  ㉣ 용융점이 낮아진다.

  ㉤ 전·연성은 떨어진다.

  ㉥ 성분 금속의 비율에 따라 색이 변한다.

2 재료의 성질

(1) 물리적 성질

① **비중** : 단위용적의 무게와 표준물질(4℃의 물)의 무게의 비를 비중이라 한다. 비중 4.5를 기준으로 그 이하를 경금속, 이상을 중금속이라 한다.

  ㉠ 경금속: Li(0.53), K(0.86), Ca(1.55), Mg(1.74), Si(2.33), Al(2.7), Ti(4.5) 등

  ㉡ 중금속: Cr(7.09), Zn(7.13), Mn(7.4), Fe(7.87), Ni(8.85), Co(8.9), Cu(8.96), Mo(10.2), Pb(11.34), Ir(22.5) 등

② **용융점** : 금속이 고체에서 액체로 변하는 점으로 W 3,400℃, Fe 1,538℃ 등이다.

③ **전기 전도율** : 금속 중 전기 전도율이 가장 우수한 것은 은이며 일반적인 순서는 다음과 같다.

  ㉠ 순서 : Ag 〉 Cu 〉 Au 〉 Al 〉 Mg 〉 Ni 〉 Fe 〉 Pb

  ㉡ 열 전도율도 전기 전도율과 순서가 비슷하다.

④ **탈색력** : 금속 색을 변색시키는 힘으로 주석이 가장 크다.

  Sn 〉 Ni 〉 Al 〉 Fe 〉 Cu

⑤ 비열, 선팽창 계수 등이 있다.

(2) 화학적 성질

① **내식성** : 부식에 견디는 성질로 Cr, Ni 등이 우수한 성질을 보이고 있다.

② 부식의 종류에는 습부식, 건부식이 있다.

③ 내산성, 내염기성 등이 있다.

(3) 기계적 성질

① **연·전성** : 가늘고 길게, 얇고 넓게 변형이 되는 성질이다.

   ㉠ 연성 순서 : Au 〉 Ag 〉 Al 〉 Cu 〉 Pt 〉 Fe

   ㉡ 전성 순서 : Au 〉 Ag 〉 Pt 〉 Al 〉 Fe 〉 Cu

② **강도** : 단위 면적당 작용하는 힘을 말한다.

③ **경도** : 무르고 굳은 정도를 나타내는 것이다.

④ **취성** : 메짐이라고도 하며, 깨지는 성질을 말한다.

⑤ **소성** : 외력을 가한 뒤 제거해도 변형이 그대로 유지되는 성질로, 판금 작업 등은 이 원리를 이용하여 작업하는 예이다.

하나 더

☞ **철사를 구부렸다 폈다를 반복하면 결국 철사가 끊어진다. 이런 현상에 이용된 성질**

• 가공경화(소성)

---

⑥ **탄성** : 외력을 제거하면 원래대로 돌아오는 성질을 말한다.

⑦ **인성** : 굽힘, 비틀림 등에 견디는 질긴 성질을 말한다.

⑧ **재결정** : 가공에 의해 생긴 응력을 적당한 온도로 가열되면 일정 온도에서 응력이 없는 새로운 결정이 생기는 것을 말한다.

   ㉠ **금속의 재결정 온도**

      Fe(350~450℃), Cu(150~240℃), Au(200℃), Pb(-3℃), Cn(상온), Al(150℃)

   ㉡ 풀림 : 재결정 온도 이상으로 가열하여 가공 전의 연화 상태로 만드는 것을 말한다.

   ㉢ 재결정 온도 이하에서 가공을 냉간가공, 이상에서의 가공을 열간가공이라 한다.

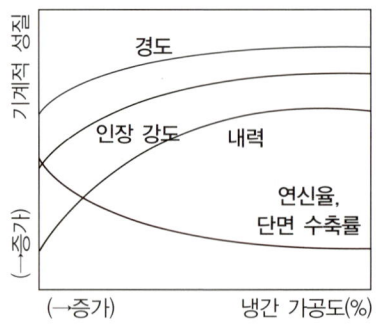

〈기계적 성질과 가공도의 관계〉

하나 더

☞ **재료의 성질**

• 물리적 성질: 비중, 열팽창계수, 용융잠열, 열전도율, 전기전도율 등

• 기계적 성질 : 강도, 경도, 항복점 등

• 화학적 성질 : 내식성, 내열성, 부식 등

☞ **냉간가공 시 성질의 변화**

• 경도, 인장강도, 내력 증가

• 연신율, 수축율 감소

☞ **연신율을 증가시키는 원소**

• Mn(망간)

Wrap UP

✓ **합금의 일반적 성질**

1. 성분을 이루는 금속보다 우수한 성질을 나타내는 경우가 많다.
2. 성분 금속보다 강도 및 경도가 증가한다.
3. 주조성이 좋아진다.
4. 용융점이 낮아진다.
5. 전·연성은 떨어진다.
6. 성분 금속의 비율에 따라 색이 변한다.

✓ **금속의 용접성에 미치는 영향**

• 탄소 함유량, 인장 강도, 용융점

✓ **재결정 온도 이하에서 가공을 냉간가공, 이상에서의 가공을 열간가공이라 한다.**

✓ **냉간가공 시 성질의 변화**

• 경도, 인장강도, 내력 증가
• 연신율, 수축율 감소

✓ **영문표시**

• NS(Not to Scale) : 비례척도가 아니다.
• SR : 응력제거
• NSR : 응력제거 아니다.
• M : 영구적인 뚜껑
• MR : 제거 가능한 뚜껑
• VT : 외관검사
• MT : 자분탐상
• PT : 침투탐상(형광 F)
• UT : 초음파탐상
• RT : 방사선검사
• LT : 누설검사
• ECT : 맴돌이검사

3 금속의 결정

(1) 금속의 결정

① **결정 순서** : 핵 발생 → 결정의 성장 → 결정 경계 형성 → 결정체

② **결정의 크기** : 냉각 속도가 빠르면 핵 발생이 증가하여 결정 입자가 미세해짐.

③ **주상정** : 금속 주형에서 표면의 빠른 냉각으로 중심부를 향하여 방사상으로 이루어지는 결정

④ **수지상 결정** : 용융 금속이 냉각할 때 금속 각부에 핵이 생겨 나뭇가지와 같은 모양을 이루는 결정

⑤ **편석** : 금속 처음 응고부와 나중 응고부의 농도차가 있는 것으로 불순물이 주원인

하나 더

☞ 제강할 때 편석을 일으키기 쉬운 성분

• 인

☞ 금속의 결정구조에서 결정의 성장 중 수지상 결정에 해당되는 것

• 데드라이트

☞ 주상정의 발달을 억제하는 방법

• 용접 중에 초음파 진동을 적용하는 방법

• 용접 중에 공기충격을 적용하는 방법

• 용접 직후에 롤러 가공을 적용하는 방법

☞ 주상조직은 충격치가 낮고, 방향성이 있으며 보통 단층용접의 경우에 나타난다.

---

(2) 고용체의 격자

① **침입형 고용체** : Fe-C, Fe-N, H, O, B, C, M

원자의 지름이 작아 Fe 가운데로 침입하여 들어간다.

② **치환형 고용체** : Ag-Cu, Ag-Au, Cu-Zn, Fe-Al

원자의 반지름 값이 비슷하여 서로의 원자 자리에 들어간다.

③ **규칙 격자형 고용체** : Ni_3-Fe, Cu_3-Au, Fe_3-Al

고용체의 성분 원자 지름의 차가 15% 이내여야 들어간다.

(3) 고용체의 종류

① **1차 고용체** : 침입형, 치환형으로, 어떤 고체에서도 그 결정 구조는 모체 금속과 같은 것

② **중간 고용체** : 성분 금속의 어느 쪽과도 다른 구조를 가진 고용체

③ **전율 고용체** : 전 농도에 걸친 고용체로, 두 성분 금속의 50%점에서 경도, 강도가 최대

④ **한율 고용체** : 농도에 따라 공정을 만드는 고용체로, 공정점에서 경도와 강도가 최대

(4) 금속 결정의 종류

종류	특징	금속	배위수	원자충전률(%)
체심 입방 격자 (B·C·C)	• 강도가 크고 전·연성은 떨어진다. • 귀속 원자수 2개	Cr, Mo, W, V, Ta, K, Na, α-Fe, δ-Fe	8	68%
면심 입방 격자 (F·C·C)	• 전·연성이 풍부하여 가공성이 우수하다. • 귀속 원자수 4개 • 격자의 슬립면은 (Ⅲ)면	Ag, Al, Au, Cu, Ni, Pb, Pt, Ca, γ-Fe	12	74%
조밀 육방 격자 (H·C·P)	• 전·연성 및 가공성이 불량하다. • 원자수가 가장 많다. • 귀속 원자수 4개	Ti, Be, Mg, Zn, Zr	12	70.45%

① **단위포** : 결정 격자 중 금속 특유의 형태를 결정짓는 원자의 모임

② **격자 상수** : 단위포 한 모서리의 길이

③ **결정립의 크기** : 0.01~0.1mm

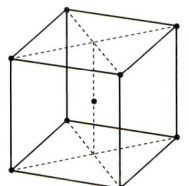 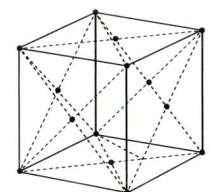 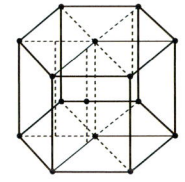

▲ 체심 입방 격자(BCC)   ▲ 면심 입방 격자(FCC)   ▲ 조밀 육방 격자(HCP)

금속의 결정 격자

(5) 금속의 소성 변형

① **슬립** : 금속 결정형의 원자 간격이 가장 작은 방향으로 층상 이동하는 현상

② **트윈(쌍정)** : 변형 전과 변형 후 위치가 어떤 면을 경계로 대칭되는 현상

③ **전위** : 불안정하거나 결함이 있는 곳으로부터 원자 이동이 일어나는 현상

④ **경화**

　㉠ 가공 경화 : 가공에 의해 단단해지는 성질

　㉡ 시효 경화 : 시간이 지남에 따라 단단해지는 성질

　㉢ 인공 시효 : 인위적으로 단단하게 만드는 것

⑤ **회복** : 가열로서 원자 운동을 활발하게 해주어 경도를 유지하나 내부 응력을 감소기켜 주는 것(풀림처리)

(6) 금속의 변태

① **동소변태** : 고체 내에서 원자 배열이 변하는 것

　　㉠ α-Fe(체심), γ-Fe(면심), δ-Fe(체심)

　　㉡ 동소변태 금속 : Fe(912℃, 1,400℃), Co(477℃), Ti(830℃), Sn(18℃) 등

② **자기변태** : 원자 배열은 변화가 없고 자성만 변하는 것

　　㉠ 순수한 시멘타이트는 210℃ 이하에서 강자성체, 그 이상에서는 상자성체

　　㉡ 자기변태 금속 : Fe(768℃), Co(1,160℃)

(7) 변태점 측정 방법

열 분석법, 열 팽창법, 전기 저항법, 자기 분석법 등이 있다.

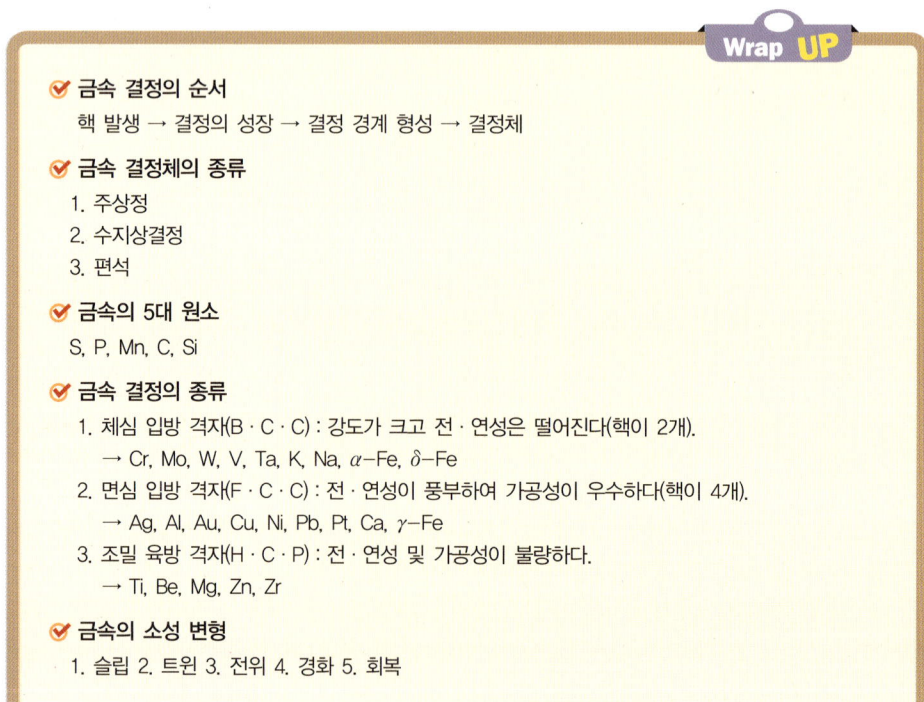

Wrap UP

☑ **금속 결정의 순서**
　핵 발생 → 결정의 성장 → 결정 경계 형성 → 결정체

☑ **금속 결정체의 종류**
　1. 주상정
　2. 수지상결정
　3. 편석

☑ **금속의 5대 원소**
　S, P, Mn, C, Si

☑ **금속 결정의 종류**
　1. 체심 입방 격자(B·C·C) : 강도가 크고 전·연성은 떨어진다(핵이 2개).
　　→ Cr, Mo, W, V, Ta, K, Na, α-Fe, δ-Fe
　2. 면심 입방 격자(F·C·C) : 전·연성이 풍부하여 가공성이 우수하다(핵이 4개).
　　→ Ag, Al, Au, Cu, Ni, Pb, Pt, Ca, γ-Fe
　3. 조밀 육방 격자(H·C·P) : 전·연성 및 가공성이 불량하다.
　　→ Ti, Be, Mg, Zn, Zr

☑ **금속의 소성 변형**
　1. 슬립 2. 트윈 3. 전위 4. 경화 5. 회복

- ☑ **금속의 변태**
  1. 동소 변태 : 고체 내에서 원자배열이 변하는 것
  2. 자기 변태 : 자성만 변하는 것
- ☑ **변태점 측정방법**
  1. 열분석법 2. 열팽창법 3. 전기저항법 4. 자기분석법

4 합금의 조직

(1) 상률

어떤 상태에서 온도가 자유로이 변할 수 있는가를 알아낸다.

(2) 평행상태도

① 공존하고 있는 상태를 온도와 성분의 변화에 따라 나타낸 것이다.

② **2성분계 상태도** : 2성분계 상태도는 횡축은 조성, 종축은 온도로 구성된다.

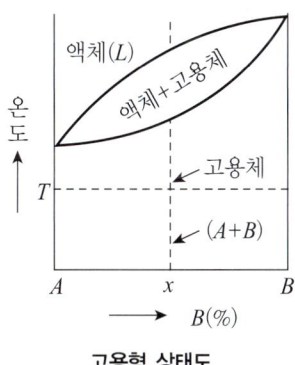

고용형 상태도

(3) 공정

두 개의 성분 금속이 용융상태에서 균일한 액체를 형성하나 응고 후에는 성분 금속이 각각 결정으로 분리, 기계적으로 혼합된 것을 말한다 (액체 ⇔ 고체A + 고체B).

(4) 합금의 방법

① **고용체** : 고체A + 고체B ⇔ 고체C

  ㉠ 침입형 : 철 원자보다 작은 원자가 고용하는 경우(C, H, N)

  ㉡ 치환형 : 철 원자 격자 위치에 니켈 등에 원자가 들어가 서로 바꾸는 것
  (Ag-Cu, Cu-Zn 등)

② 일반적으로 금속 사이에 고용체는 치환형이 많다.

③ 규칙 격자형(Ni-Fe, Cu-Au, Fe-Al)

④ **금속간 화합물** : 성분 물질과는 성질이 다른 독립된 화합물로써 친화력이 클 때 생긴다.

  (Fe_3C, Cu_4Sn, $CuAl_2$, Mg_2Si)

⑤ **공석** : 고체 상태에서 공적과 같은 현상으로 생성되며 철강의 경우 탄소함유량 0.86% 점에서 오스테나이트와 시멘타이트의 공석을 석출(펄라이트)한다.

⑥ **포정반응** : 고체A + 액체 ⇔ 고체 B

⑦ **편정반응** : 액체A + 고체 ⇔ 액체 B

(5) 재료의 식별

① 모양에 의한 방법

② **색에 의한 방법**

  ㉠ 회백색 : Zn, Pb 등

  ㉡ 은백색 : Ni, Fe, Mg 등

③ 경도에 의한 방법

④ 불꽃 시험

Wrap UP

☑ **공정**
  • 액체 ⇔ 고체A+고체B

☑ **고용체**
  • 고체A+고체B ⇔ 고체C

☑ **공석(펄라이트 조직)**
  원자입상에 페라이트와 시멘타이트가 층상 구조를 이루며, 철강 C 0.86%에서 오스테나이트와 시멘타이트의 공석을 석출한다.

☑ **포정반응**
  • 고체A+액체 ⇔ 고체B

☑ **편정반응**
  • 액체A+고체 ⇔ 액체B

Section 2 용접부의 야금학적 특징

1 가스의 용해

(1) 용접 금속과 산소와의 관계 K = [O] / [FeO]

① $K = \dfrac{O}{FeO}$

② C가 증가하면 O_2가 급격히 감소한다.

③ 1,600℃에서는 0.3%의 산소를 용해하고 있으나 응고에 따라 급격히 저하되어 실온에 서는 0.01% 이하가 된다. 여분의 산소는 산화물을 형성한다. 또 일부는 C와 반응해서 CO가스를 형성하며, 기공의 원인이 된다.

④ 피복 아크 용접에서 용접금속 중의 산소량은 용접봉 피복제 계통에 따라 다르고 저수소계가 가장 낮다.

⑤ 아크 용접 시 산소의 근원은 공기 중의 산소 외에 피복제 중의 산화물 및 용접봉이나 모재에 부착되어 있는 수분이다.

⑥ 산소는 수소와 달리 원자 반지름이 크므로 결정 격자 내를 자유로이 확산할 수 없다. 따라서 용융금속이 응고될 때 과포화로 된 산소는 수소와 같이 고체 내를 확산하여 외부로 빠져나가려 하지 않고 산화물, 즉 개재물로 존재한다.

(2) 용접 금속과 질소와의 관계

① N_2용해량은 Sieverts 법칙, 즉 $N[=KN\sqrt{PN_2}]$에 따른다.

② 아크 용접 시 용융 금속의 N_2용해량은 제강 시보다 매우 크다.

③ 과잉 N_2는 침상의 질화물로 석출하지만, 급랭하면 철의 결정 격자에 과포화 고용되어 마텐자이트 조직을 형성하므로 용접 금속의 성질에 각종 영향을 미친다.

④ 아크 용접 시 N_2는 공기에서 침입된 것이며, 용접봉 피복제와 아크 길이, 용접 전류 등에 따라 변한다.

(3) 용접 금속과 수소

① H_2의 용해도는 Sieverts의 법칙에 따른다.

② 용해도 이상의 H_2의 존재는 분자상으로는 입계 등에 존재하며, 모자이크 구조 내에서는 분자 또는 원자상으로 존재하며, 철격자 내에서는 원자 또는 이온으로 존재한다.

③ 용강 중에 용입되는 H_2량은 용강 또는 슬래그 중에 함유되어 있는 FeO량에 지배된다.

④ 아크 용접 시 H_2는 용접봉 피복 등의 수분이 아크열로 분해되어 기체로 공급되는 것이 많다. 용접 피복 중 이들의 유효한 수소원을 포텐셜 수소라 하고, 용접 금속 중의 수소 농도는 실질적으로 포텐셜 수로 Hp에 비례한다.

⑤ 수소는 O_2나 N_2와 달리 원자가 작아 격자 내에서 자유로이 확산하는 특징이 있다.

⑥ 과포화수소가 많으면 용접 후 시간 경과와 함께 외부로 빠져나간다. 이때 가열하여 온도를 올리면 점점 확산이 증가한다.

⑦ 상온에서 용이하게 이동하는 수소를 확산성 수소라 하고, 온도를 올리지 않으면 이동하지 않는 것을 비확산성 수소라 한다.

⑧ 저수소계가 용접 금속 중 수소가 가장 적다. 이런 종류의 피복은 γ철 중의 수소 최대 용해량보다 아주 낮은 수소량을 나타내기 때문에 외부 수분 증가에 따른 악영향을 다른 피복제보다 받기 쉬우므로 취급에 유의해야 한다.

⑨ 용접 금속에 함유된 수소는 기공, 이상 조직, 특히 균열의 원인이 되므로 극소화시켜야 한다.

(4) 용접에서의 수소원

용접 금속에 침입되는 수소, 즉 용접 분위기 중에서 발생하는 수소의 근원

① 플럭스 중의 유기물, 즉 셀룰로오스, 전등 등이며 이것들이 연소하면 CO_2와 H_2O로 된다.

② 플럭스 중의 –OH 또는 결정수를 포함한 광물

③ 고착제가 포함된 수분

④ 플럭스에 흡착 또는 흡수된 수분

⑤ 개선면에 부착한 수분 및 유지류

⑥ 대기 중의 수분 등

(5) 용접 금속의 성질에 미치는 수소의 영향

① 비드 밑 터짐

용접 비드 바로 밑 열영향부(HAZ)에 나타나는 균열로, 용접 금속에서 열영향부로 확산된 수소가 주요 원인이다. 비드 밑의 수소가 집중하여 수소취성이 생겨 내부 응력과 상호 작용에 의해 균열이 발생한다.

② 은점

용접 금속부를 파단하였을 때, 그 파단부에 나타나는 물고기 눈 모양의 점으로 수소가 존재하는 경우에만 발생한다. 수소가 용접 금속 내의 기공이나 비금속 개재물 주위에 집중하면 여기서 수소취성이 발생하고, 그 시험편을 파단하면 국부적인 취성

화 파면 현상으로 은점이 발견된다.

③ **수소 취성**

강은 수소를 포함하면 취성화가 되며, 취성화의 정도는 수소량과 비례하여 증가한다.

④ **미세 균열**

수소를 많이 함유한 용접 금속 내에 0.01~0.1mm 정도 미세 균열이 다수발생하여 용
접 금속의 굽힘 연성을 감소시킨다. 이 미세 균열은 비금속 개재물 주변이나 결정립계
의 열간 미소 균열 등에 수소가 쌓인 결과 발생하고, 수소량에 비례한다.

⑤ **선상 조직**

용접 금속의 파면에 매우 미세한 주상정이 서릿발 모양으로 병립하고 그 사이에 광
학 현미경으로 보이는 정도의 비금속 개재물이나 기공을 포함한 조직이 나타나는
것을 선상조직이라 하며, 수소의 존재가 원인이다.

2 탈산, 탈황 및 탈인반응

(1) 용접 금속의 성질에 영향을 주는 산소 또는 질소

① **석출경화(담금질 시효)**

강을 저온 뜨임하면 시간 경과에 따라 경도가 증가하는 경우가 있는데, 이것은 담금
질할 때 과포화로 고용한 질소나 탄소가 각각 질화물이나 탄화물로 석출하여 경화
를 일으키기 때문이다. 이때 산소 자체는 고체의 철에 고용되지 않지만 질소의 확산
을 도와 석출 경화를 조장하는 경우가 있다.

② **변형시효(Strain aging)**

냉각 가공한 강을 저온으로 뜨임하면 경화, 즉 질소가 영향을 주어 변형 시효를 일
으키는 경우가 있다. 질소의 증가와 함께 충격치의 저하율은 증가하고, 같은 질소량
에서는 탄소량의 증가에 따라 저하율이 감소한다. 용접 금속은 급랭되어 응고 금속
의 수축 때문에 상당한 내부 응력이 남아 있어서 질소, 산소량이 많은 것과 상응하여
용접 금속은 변형시효를 일으키는 경우가 많다.

③ **청열취성(Blue shortness)**

저탄소강은 저온에서 인장 시험하면 200~300℃의 온도 범위에서 인장 강도, 경도는
최대로 증가하고 또한 연성(연신율)과 단면수축률의 저하를 나타내는 경우가 있는
데, 이런 현상을 청열취성이라 한다. 원인은 P이고 산소는 그것을 조장하는 작용이
있으며, 변형 시효와 마찬가지 이유에서 발생한다.

④ **저온취성**

금속의 충격 시험에서 시험 온도의 저하와 함께 강도, 경도가 증가하고, 연신율과 충

격치가 급격히 저하하는 온도, 즉 천이온도가 존재한다. 이렇게 저온에서 재질의 열화, 즉 취성화를 저온취성이라 하며, 이러한 성질은 산소나 질소에 의해 현저히 영향을 받는 것으로 알려져 있다. 탈산이 불충분한 림드강은 천이온도가 높고, 킬드강은 림드강에 비해 낮다.

> 하나 더
>
> ☞ 천이온도란 재료가 연성 파괴에서 취성 파괴로 변화하는 온도로, 천이온도가 낮을수록 우수한 재료이다.

⑤ 풀림취성

강을 900℃ 전후로 풀림하면 충격치가 매우 저하하는 경우가 있는데, 이러한 현상을 풀림취성이라 한다. 원인은 결정립(Grains) 성장과 결정립계에 석출하는 시멘타이트에 의한 것이다. 산소와 질소가 많으면 결정립 성장이 쉽고, 탄소가 많으면 시멘타이트 석출이 많으므로 이러한 원소 함유를 적게 해야 한다.

⑥ 적열취성(Hot shortness)

불순물이 많은 강은 열간 가공 중 900~1,200℃의 온도 범위에서 FeS이 파괴되어 균열이 생기는 경우가 있는데, 이것을 적열취성이라 한다. 주원인은 황(S), 즉 저융점의 FeS의 형성에 의한 것으로 되어 있지만, 산소가 존재하면 강에서 FeS의 용해도가 감소하므로 이것 역시 적열취성의 한 원인이라고 볼 수 있다. Mn을 첨가하면 MnS나 MnO를 형성하며, 이것들의 융점은 비교적 높기 때문에 취성화를 방지할 수 있다.

⑦ 상온(냉간)취성

Fe_3P가 상온에서 연신율, 충격치를 감소시키는 현상이며 P가 원인이다.

3 용접 금속의 결함(고온균열 및 저온균열의 발생원인과 방지)

(1) 박판 용접 시 결정립 성장 속도

① 평균 성장 속도는 본드부에서 용접 비드 중심선에 가까울수록 증가하고, 중심선상에서는 용접 속도와 같다.

② 입열량이 일정하면 성장 속도는 용접 속도에 비례한다.

③ 용접 속도가 일정하면 입열량의 감소에 따라 각 부분의 성장 속도는 균일화 경향을 보인다.

(2) 후판 용접 비드 중심부에서의 주상정

① 주상정 또는 주상 조직이란 벽면에 발생한 핵의 결정이 벽에 직각으로 가늘고 긴 모양이 되는 것을 말한다.

하나 더

☞ **주상조직** : 충격치가 낮다. 방향성을 나타내며 보통 단층 용접의 경우에 나타난다.

② 용접 속도가 작을수록, 용접 비드의 전 두께가 얇을수록 용접 방향으로 굽는다.
③ 온도 확산율이 작은 재료, 즉 γ계 스테인리스강의 경우에도 주상정이 직립하는 경향이 있고, 또 알루미늄과 같이 큰 재료는 수평 방향에 가깝게 된다.

(3) 실제 용접에서 등축정(합금 주괴 −ingot− 중앙부의 돌출 등축정대)이 생성될 조건

① 기계적인 진동으로 핵 발생의 범위가 넓어지고 결정립이 미세화되기 쉽다.
② 어떤 종류의 합금 원소 첨가로 미세립 생성이 용이하다.
③ 스테인리스강 등에서는 가로 균열이 발생하기 쉽다.
④ 저합금강 등에서는 등축정에 의해 세로 균열의 진전이 저지된다.
⑤ 등축정 내에 미소 균열이 생성되는 것도 있다.
⑥ 등축정의 용접 비드는 방향성이 없기 때문에 균질한 기계적 성질을 나타내는 현상을 볼 수 있다.

(4) 응고 조직에서의 용질 원자 편석과 기공의 생성

① 성장 속도의 변화에 따라 용질원자의 분포 변화가 심하다.
② 용접 비드에서도 용융지 내의 용접 금속이 각종 원인으로 요동되므로, 응고 계면에서의 성장 속도에도 리플이 생긴다.
③ 용접 비드 표면의 파상에서도 볼 수 있다.
④ 용접 비드 표면의 EPMA(Electron Probe Micro Analysis) 결과를 보면, 용접에서 응고는 연속적이 아니고 단속적으로 일어남을 알 수 있다.
⑤ 편석되기 쉬운 금속을 용접봉으로부터 첨가할 때에는 특히 주의해야 한다.
⑥ 용질 원자의 분포 상태, 즉 편석은 철강 중의 니켈과 크롬, 알루미늄 합금 중의 아연과 마그네슘, 티타늄 합금 중의 알루미늄 등이 특히 심하다.
⑦ 첨가 목적이 용접부의 기계적 성질이나 내식성 등의 화학적 성질 개선을 위해 첨가할 때는 더욱 주의를 요한다.

⑧ 용접부의 편석은 용접부의 기공 생성에 큰 영향을 준다.

⑨ 기공은 편석층에 따라서 생성되기 쉽다.

⑩ 결정립 성장 속도의 급증으로 기공의 빠짐이 불가능하게 된 것, 수지상정 내부에 포착된 것이다.

⑪ 용접 시공의 입장에서 보면 용접 비드의 파(Ripple)를 적게 할 수 있는 방법을 강구해야 한다(용접기, 용접법의 개선, 용접 중의 진동 효과 활용 등).

(5) 용접 금속의 결정 미세화

① 응고하고 있는 용융 금속에 진동을 주면 결정이 미세화된다.

② 결정 미세화하는 방법에는 자기 교반, 초음파 진동, 합금 원소를 첨가하는 방법이 있다.

③ 용융 금속의 진동 작용은 결정을 미세화하고, 기공 발생을 방지하고, 용접 균열을 방지하며, 잔류 응력 발생을 방지한다.

④ 합금 원소의 조건

　㉠ 탄화물, 질화물 등의 고융점을 만든다.

　㉡ 융액 중에서 미세한 고상으로 석출한다.

　㉢ 융액과의 접촉각이 작아야 한다.

　㉣ Al, Ti, V, Cr 등이 유용한 첨가 원소이다.

⑤ 용접 시공에서는 실드 가스에 질소를 혼입시켜 결정립을 미세화하거나, 용접 중에 풍압을 가하거나 응고 직후에 가압하여 용접부의 주조 조직 파괴와 동시에 결정립을 미세화한다.

(6) 균열에는 용접 금속의 균열과 열영향부 균열이 있다.

① 용접 금속의 균열

　㉠ 비드의 균열 : 고온 균열, 용접 금속 내부를 향해 균열이 진행된다. 황의 영향을 덜받는 와이어와 플럭스의 결합을 고려하며 저수소계 용접봉으로 수동 용접한다.

　　- 횡균열, 종균열, 루트 균열, Micro crack, Sulfur crack

　㉡ 크레이터의 균열 : 고온균열, 고장력강이나 합금 원소가 많은 강에 주로 나타낸다. 아크를 끊는 점을 중심으로 발생하여 용접 금속의 수축이 원인이다. 아크를 끊을 때의 처리 방법이 필요하다.

　　- 선상 균열

② 열영향부 균열

　㉠ 루트 균열 : 저온 균열에서 가장 주의해야 할 균열이다. 맞대기 이음의 가접부 또는 제1층 용접의 루트 부근 열영향부에서 발생한다. 종균열 형태로 표면에 잘 나

타나지 않지만, 열영향부에서 발생하여 차차 비드 속으로 성장해 들어와 서서히 진행되는 경우가 많다. 이것의 원인은 열영향부의 조직 경화, 용접부에 함유된 수소량, 작용하고 있는 응력 등이다.

ⓛ 비드 밑 균열

ⓒ Toe 균열

ⓔ Micro crack

ⓜ 입계액화 균열

ⓗ Lamellar tear

(7) 균열 이외의 결함으로는 용접 금속 내부의 결함과 표면 결함이 있다.

① 용접 금속 내부의 결함

ⓐ 기공 ⓑ 개재물 ⓒ 슬래그 혼입

ⓓ 은점 ⓔ 선상 조직

② 표면 결함

ⓐ Overlap ⓑ Undercut

ⓒ Bead 파형 불량 ⓓ 표면의 기공

(8) 기공

① 용강에 침입한 다량의 가스가 응고 시 용해도의 급감으로 기포가 부상되지 못하고 공동을 형성한 것이다.

② 강용접 기공의 원인은 먼저 CO가스이고, N_2나 H_2도 다량으로 혼입되면 기공을 형성한다. 따라서 와이어에 탈산제가 부족하면 안 된다.

③ 고탄소강의 용접 시 아크 분위기에서 H_2와 화합하여 H_2S가 되고 기공을 형성한다. 이때 저수소계 용접봉을 쓰면 방지할 수 있다.

④ 상기의 가스 이외에도 용접 금속의 응고 상황이 매우 중요한 인자가 된다. 층상의 기공 대부분은 응고 진행 방향에 따라 발달한다.

⑤ 기공은 강도나 신율의 저하를 초래한다.

(9) 개재물(Inclusion)

① 슬래그 혼입에 의한 것과 가스의 반응으로 생긴 비금속 개재물이 있다.

② 비금속 개재물은 미량이라면 그다지 유해하지 않지만, 슬래그 혼입은 파괴의 원인이 되므로 충분히 유의해야 한다.

(10) 은점

① 용접 금속이 인장 또는 굽힘으로 파단될 때, 그 파면에 나타나는 원형의 결함이다. 중심에는 작은 기공이나 슬래그가 혼입되어 있어 물고기의 눈과 같이 보인다.

② 강괴 백점(Flake)의 생성 원인과 공통점이 많고, 외력에 의한 소성 변형에 수반하여 확산성 수소가 기공이나 비금속 개재물의 주위에 집결되어 일어나는 일종의 수소 취화이다.

③ 기계적 성질, 특히 신율이나 Deep Drawing성을 저하시킨다. 용접 후 장시간 방치하거나 가열하여 수소를 추출하면 은점은 발생되지 않는다.

(11) 선상 조직(Ice flower-like structure, 상주상 조직)

① 아크 용접부에 생기는 특이 조직으로, 용접 금속을 파단시켰을 때, 그 일부가 상주상 아주 미세한 주상정으로 보이는 것이다.

② 응고 과정에서 생기는 주상정 간에 SiO_2 등의 개재물이나 기공을 품기 때문에 결정립 간의 결합력이 약해져서 생긴다.

③ 역시 기계적 성질을 저하시킨다.

(12) 용접 금속 균열

① 육안으로 볼 수 있는 거시적 균열과 현미경으로 확인할 수 있는 미시적 균열이 있다.

② 응고 온도 범위 또는 그 직하에서 일어나는 고온 균열과 약 200℃ 이하에서 일어나는 저온 균열이 있다.

③ 저온 균열은 주로 페라이트 및 오스테나이트강에 나타나고, 오스테나이트계 스테인리스강, 알루미늄, 동합금 등은 고온 균열이 발생한다.

(13) 취화

용접 금속주에 가스가 침입하거나 기타 가공 또는 열처리에 의해서 용접 금속의 기계적 성질, 특히 연성이나 인성이 저하하는 현상을 취화라 한다. 이들 현상은 수소 취화를 제외하고는 거의 용접 금속 중의 탄소, 산소 및 질소가 단독 또는 화합물로서 작용된다고 볼 수 있다. 취화의 종류로는 수소 취화, 저온 취성, 열간 취성, 뜨임 취성, 시효 등이 있다.

① **수소 취화**

수소를 다량 함유하는 용접 금속은 신율과 심교성의 저하가 현저하다. 저온균열이나 은점의 원인이 된다.

② **저온 취성**

실온 이하의 저온에서 취약한 성질을 나타내는 현상으로 O_2나 N_2가 저온취성에 큰 영향을 준다. 용접 금속은 보통 O_2나 N_2가 강재보다 많고, 또 주조 조직이 있는 등의 원인으로 일반적으로 노치 취성이 높다. 저수소계 용접봉, 용접 금속의 성분이나 용착 방법 조정으로 개선시킬 수 있다.

③ 열간 취성

강을 가열 중에 인정 시험 등의 변형을 주면 2단계의 범위에서 취화가 나타난다. 1,000℃ 부근의 고온에서 일어나는 취화는 적열취성이며, S, O, Cu 등이 원인이며, 150~300℃ 범위에서 일어나는 취화는 청열취성이라 한다. 청열 취성의 원인은 특히 N이며, 그 외 C, O의 영향도 있다. 용접 금속은 특히 N_2나 O_2가 강재에 비하여 높기 때문에 청열 취성을 일으키기 쉽다.

④ 뜨임 취성

용접 구조물은 용접 후 응력을 제거하기 위해 변태점 이하에서 풀림(Annealing)을 한다. 그러나 어떤 합금 원소를 함유한 용접 금속은 응력 제거 풀림의 후열 처리로 경도가 증가하고, 신율 및 노치 인성이 현저히 저하되는 현상이 있다. 이것을 뜨임 취성이라고 한다. Mn, Cr, Ni, V을 품고 합금계의 용접 금속에서 많이 발생한다. Ni은 인성을 증가시키지만, 2.5% 이상 첨가되면 뜨임성이 현저하여 제한된다. 뜨임 취성의 원인은 입계에 성분 원소의 석출 때문이다. 200~400℃에서 일어나는 저온 뜨임 취성과 500~600℃에서 일어나는 고온 뜨임 취성(뜨임 시효 취성)이 있다. 뜨임 시효 취성은 500℃ 정도에서 시간의 경과와 더불어 충격치가 저하되는 현상으로 Mo 첨가로 방지한다. 뜨임 시효 취성은 냉각속도의 의존성이 있고, 급랭으로 방지 가능하다. 고강도 합금계의 다층육성 용접 금속에서 앞의 용접층이 뒤층의 용접으로 뜨임 취화를 받는 것도 있다. 뜨임 서랭 취성은 550~650℃ 정도에서 수랭 및 유랭한 것보다 서랭하면 취성이 커지는 현상을 말한다.

⑤ 시효(Aging)

실온에서 장시간 방치하거나 저온으로 가열하면 시간이 경과함에 따라 경도가 증가하고 신율 및 충격치가 저하하는 현상을 시효라 한다. 강 중의 C, O_2, N_2의 용해도는 저온에서 급격히 감소하기 때문에 약 600℃ 이상에서 급랭하면 이들의 원소가 과포화 상태에서 서서히 석출하는 현상을 일으킨다. 이것을 담금질 시효라 한다. 냉간 가공의 슬립으로 전위가 증가한 곳에 O_2나 N_2가 집적되어 전위 이동을 방해한다. 냉간 가공 후 일어나는 시효 현상을 변형 시효(Strain aging)라 한다. 용접 금속에는 보통의 내부 변형이 남아 있어 냉간 가공을 하지 않아도 O_2나 N_2가 많은 경우에는 변형 시효가 생긴다.

4 용접부의 열영향 및 기계적 성질

(1) 열영향부의 열 싸이클이 일반적인 열처리와 다른 점

① 가열 속도가 매우 크다.

② 가열 온도가 높다.

③ 가열 시간이 아주 짧다.

(2) 열영향부의 냉각 속도

열영향부의 냉각 속도(Cooling rate)는 용접부의 기계적 성질을 좌우하는 중요한 인자이다. 특히, 강에서는 열영향부가 800℃에서 500℃로 되는 냉각 속도가 제일 중요한데, 이 시간을 $\Delta t8-5$로 표시한다. 냉각 속도를 표시하는 데에는 세 가지의 온도 구배를 취하고 있다.

① 700℃ 오스테나이트 스테인리스강의 열 영향

② 540℃의 탄소강이나 저합금강의 변태나 경도

③ 300℃의 저온 균열의 관련성 파악에 유효

(3) 열영향부의 냉각 속도는 용접 입열, 판 두께, 이음 현상, 예냉 또는 예열 온도와 밀접한 관계가 있다.

(4) 열영향부의 기계적 성질

① 열영향부의 경도

일반적으로 본드부에 근접한 조립역의 경도가 가장 높다. 이 값을 최고 경도(Maximum hardness, H_{max})라 하고 용접 난이의 측도가 된다. 최고 경도치는 일반적으로 열 사이클 중의 냉각 속도와 함께 증가한다. 냉각 조건이 일정하면 강재성분으로 나타내며, 등가 탄소량 또는 탄소당량을 쓰면 편리하다.

② 열영향부의 기계적 성질

열 사이클 재현 시험이며, 간접적으로 측정한다. 조립역의 신율이나 인성은 현저히 저하된다(마텐자이트 생성이 원인이다).

(5) 열영향부에 생기는 결함

① 용접 균열의 종류

㉠ Under bead crack(용접 금속 밑에 평행)

㉡ Toe crack(용접 가장자리 끝의 응력 집중)

ⓒ Bead crack

ⓔ Lameller tear(압연 강재의 층상 개재물이 원인으로 황 함유량이 높을수록 심하고, 수소도 균열 경향을 증가시킨다)

ⓜ Root crack(마텐자이트나 수소 이외에, 루트의 노치에 의한 응력 집중도 원인이 된다)

ⓗ 조대 결정역의 입계액화에 의한 고온 균열(스테인리스강이나 고장력강에 흔히 나타난다)

② **저온 균열의 인자**

ⓖ 강재 성분(마텐자이트 생성이 쉬운, 즉 용접열로 경화되기 쉬운 강재)

ⓛ 냉각 속도(냉각속도가 클수록)

ⓒ 수소(수소취화의 원인)

ⓔ 구속

③ **수소에 의한 지연 파괴(Delayed failure)**

저온 균열이라고도 하며, 강의 마텐자이트 변태와 관련이 있고, 탄소강이나 저합금강에 많이 나타난다. 지연파괴는 수소(확산성 수소)에 의한 저온 파괴의 일종이다. 특징은 하중이 가해져 파괴에 이를 때까지 잠복 시간과 그 이하에서는 전혀 파괴되지 않는다는 한계 응력이 존재하는 것이다. 한계 응력 및 잠복 시간은 용접봉의 수분량이나 예열 온도의 영향을 크게 받는다. 이것은 저수소계 용접봉의 발달 이유가 되었다. 지연 파괴의 특성을 알아보는 데 적합한 시험법으로는 TRC(Tensile Restraint Cracking test)가 있다.

④ **구속의 영향**

루트 균열이나 토 균열은 구속의 영향이 매우 크다. 일반적으로 강판의 두께가 두꺼울수록, 이음 현상이 복잡할수록 구속은 증가하고 용접부에 큰 구속 응력이 유기된다. 균열 감수성과 구속의 정도를 정량화하기 위한 시험이 RRC이다. 강의 성분, 용접 금속의 수소량, 계수의 구속도를 알면 균열 방지를 위한 예열 온도(T[℃] = 1440P$_w$−392)를 구할 수 있다.

⑤ **열영향부의 취화**

취화 영역이라 불리는 제2의 취화는 가열 온도가 낮아서 조직 변화가 나타나지 않는데도 불구하고, 이와 같이 취화하는 것은 소입 시효나 변형 시효라고 불리는 탄소나 질소 원자의 석출 현상에 의한 것이다. 담금질, 뜨임한 고장력강, 즉 조질강의 경우 취화 영역보다 조립역의 충격치가 현저히 낮은 것은 조질강의 모재가 열처리로 재질은 향상되지만, 용접열로 그 효과가 상실되기 때문이다. 조립역 열영향부의 충격치는 냉각속도가 클수록, 마텐자이트가 증가할수록 높아지는 경향이 있다.

⑥ 흑연화(Graphitization)

강을 400~700℃에서 장기간 가열시킬 경우, 탄화물이 분해하여 흑연을 생성시켜 취화하는 현상이다. 흑연화는 담금질 효과를 받는 부분에 우선적으로 일어나기 때문에 용접 열영향부는 그 경향이 특히 강하다. 용접 후 A_1 변태점 이상으로 가열하여 풀림하면 방지할 수 있다. 고온 고압용 C-Mo 강관에 잘 나타나며, 열영향부의 저온측 경계에 층상으로 연이어 파괴를 일으킨다.

⑦ 내식성의 저하

오스테나이트 스테인리스강에서는 용접 열영향부가 선택적으로 부식을 일으키는 현상이다.

02 용접재료 선택 및 전후처리

Section 1 철강재료

1 제철법

(1) 철의 제조 과정

$$철광석 \rightarrow 용광로 \rightarrow 선철 \nearrow 제강로 \rightarrow 강$$
$$\searrow 용선로(큐폴라) \rightarrow 주철$$

① **철광석** : 40% 이상의 철분을 함유한 것
　㉠ 철광석의 종류 : 자철광(철분 약 72%), 적철광(약 70%), 갈철광(약 55%), 능철광 (약 40%)이 있다.
　㉡ 인과 황은 0.1% 이하로 제한한다.
② **용광로** : 철광석을 녹여 선철을 만드는 로(爐)
　㉠ 1일 생산량을 ton으로 용량을 표시한다.
　㉡ 열 및 환원제로 코크스를 사용한다.
　㉢ 용제는 석회석과 형석을 사용한다.
　㉣ 탈산제는 망간 등을 사용한다.
③ **선철** : 철강의 원료인 철광석을 용광로에서 분리시킨 것
　㉠ 90% 정도를 강으로 제조된다.
　㉡ 10% 정도가 용선로에서 주철로 제조된다.
④ **용선로(큐폴라)**
　㉠ 주철을 제조하기 위한 로(爐)
　㉡ 매 시간당 용해할 수 있는 무게를 ton으로 용량 표시한다.
⑤ **제강로**
　㉠ 강을 제조하기 위한 로(爐)

ⓒ 제강로의 종류

종류	용량 표시	특징
평로 (반사로)	1회에 장입 할 수 있는 양을 ton으로 표시	• 고온으로 용융하여 강 제조 • 대규모 장시간 필요 • 염기성법(저급 재료) • 산성법(고급 재료)
전로	1회 용해하는 양을 ton으로 표시	• 송풍하여 강 제조 • 정련 시간이 짧다. • 연료비가 필요 없다. • 품질 조절이 불가능 • 베세머법(산성법) : 고규소, 저인규소 내화물 사용 • 토마스법(염기성) : 저규소, 고인생석회 또는 마그네샤 내화물
전기로	1회 용해하는 양을 ton으로 표시	• 전열을 이용하여 강을 제조 • 아크식, 저항식, 유도식 • 온도 조절 용이, 설비 간단 • 노내 분위기 조절 가능 • 양질의 강을 제조(탈산, 탈황) • 전력 소모가 크다.
도가니로	1회에 용해할 수 있는 구리의 무게를 kg으로 표시	• 고순도 강을 제조하는 데 목적 • 정확한 성분을 필요로 하는 것에 적합(동합금, 경합금 등) • 열효율이 떨어짐. • 고가

⑥ 강괴

제강로에서 퍼낸 용강을 금속 주형이나 사형에 넣어 덩어리로 냉각시킨 것으로 원형,
4각, 6각 등의 모양이 있다.

강괴의 종류	탈산 여부	특징
림드강	탈산 및 가스 처리가 불충분	• 수축 공이 없으며, 기공과 편석이 많아 질이 떨어진다. • 탄소 함유량은 보통 0.3% 이하의 저탄소강 • 구조용 강재 및 피복 아크 용접용 모재 등으로 사용
킬드강	철-망간, 철-규소, 알루미늄 등으로 완전히 탈산	• 수축 공이 뚜렷하며, 기공은 없고 편석 또한 극소 • 강으로 재질이 균질하고 기계적 성질이 좋으며 용접성이 우수하다. • 헤어 크랙이 생기기도 한다. • 탄소 함유량은 0.3% 이상이다.
세미·킬드강	중간 정도의 탈산	• 수축 공이 없고, 기공은 상당히 있지만, 편석은 적음. • 탄소 함유량은 0.15~0.3%, 일반 구조용강과 강관으로 사용

하나 더

☞ 강괴의 종류 중 탄소함유량이 0.3% 이상이고, 재질이 균일하고, 기계적 성질 및 방향성이 좋아
합금강, 단조강, 침탄강의 원재료로 사용되나 산화되어 가공 시 압착되지 않아 잘라내야 하는 것
• 킬드강

☞ 수소가 잔류하면 헤어 크랙의 원인이 된다. 용접 시 수소 흡수가 가장 많은 강
• 저탄소 킬드강

(2) 철강의 분류

① **철강의 5대 원소** : C, Si, Mn, P, S
② **순철** : 탄소 0.03% 이하를 함유한 철
③ **강**

ㄱ 아공석강 : 탄소함유량이 0.86% 이하로 페라이트와 펄라이트로 이루어짐.

ㄴ 공석강 : 탄소함유량이 0.86%로 펄라이트로 이루어짐.

ㄷ 과공석강 : 탄소함유량이 0.86% 이상으로 펄라이트와 시멘타이트로 이루어짐.

④ **주철** : 탄소 2.0~6.68%를 함유한 철이지만 보통 4.5%까지의 것을 말함.

ㄱ 아공정 주철 : 탄소함유량이 1.7~4.3%

ㄴ 공정 주철 : 탄소함유량이 4.3%

ㄷ 과공정 주철 : 탄소함유량이 4.3% 이상

(3) 철강의 성질

① **순철** : 담금질이 안 되며, 연하고 약하다. 전기 재료로 사용된다.
② **강** : 제강로에서 제조하며, 담금질이 잘되고 강도, 경도가 크다. 기계 재료로 사용된다.
③ **주강** : 주조한 강을 말하며 주로 산성 평로에서 제조한다. 수축률이 크고 균열이 생기기 쉬운 결점이 있어 풀림(확산풀림)을 해야 한다. 또한 기포 발생 방지를 위하여 탈산제를 많이 사용하므로 Mn, Si 등이 잔재한다.
④ **주철** : 큐폴라에서 제조하며, 담금질이 안 된다. 경도는 크나 메지므로 주물 재료로 사용된다.

- ☑ **철의 제조 공정**
  1. 철광석 : 40% 이상의 철분 함유   2. 용광로(고로)   3. 선철
  4. 제강로→강, 용선로(큐폴라)→주철
- ☑ **강철강의 5대 원소** : C, Si, Mn, P, S
- ☑ **강을 만드는 제강로의 종류**
  1. 평로(반사로) : 염기성법, 산성법
  2. 전로 : 베세머법, 토마스법
  3. 전기로 : 온도조절 용이
  4. 도가니로 : 1회 용해할 수 있는 구리를 kg으로 표시
- ☑ **제강로에서 만들어지는 강괴의 종류**
  1. 림드강   – 탈산 및 가스처리가 불충분
          – 수축공이 없으며 기공과 편석이 많아 질이 떨어진다.
          – 탄소함유량은 보통 0.3% 이하의 저탄소강

> 2. 킬드강 　　－ 공구강용, 철－망간, 철－규소, 알루미늄 등으로 완전히 탈산
> 　　　　　　　　－ 수축공이 뚜렷하며, 기공은 없고 편석 또한 극소
> 　　　　　　　　－ 강으로 재질이 균질하고 기계적 성질이 좋으며 용접성이 우수하다.
> 　　　　　　　　－ 헤어 크랙이 생기기도 한다.
> 　　　　　　　　－ 탄소 함유량은 0.3% 이상이다.
> 　3. 세미킬드강 　－ 수축공이 없으며, 기공이 많고 편식이 작다.
> 　　　　　　　　－ 탄소함유량은 0.15~0.3%
> 　　　　　　　　－ 일반구조동강, 강관
>
> ✔ **철강의 종류**
> 　1. 순철　　　　　 2. 강(아공석강, 공석강, 과공석강)
> 　3. 주강　　　　　 4. 주철(아공정주철, 공정주철, 과공정주철)
>
> ✔ **공석강 : 탄소함유량이 0.86%로 펄라이트로 이루어짐.**
> ✔ **공정주철 : 탄소함유량이 4.3%**
> ✔ **공석강 : 탄소**
> 　1. 탄소강 2. 특수강 3. 주철

2 탄소강

(1) 순철

① 순철의 특징

㉠ 탄소량이 낮아서 기계 재료로서는 부적당하지만 항장력이 낮고 투자율이 높아서 변압기, 발전기용 철심으로 사용한다.

㉡ 단접성 및 용접성은 양호하다.

㉢ 유동성 및 열처리성이 불량하다.

㉣ 전·연성이 풍부하여 판 철판으로 사용된다.

② 순철의 변태

㉠ 동소 변태(912℃, 1,400℃)

A_4 변태(1400℃) : γ철(F·C·C) $\Leftrightarrow$ δ철(B·C·C)

A_3 변태(912℃) : α철(B·C·C) $\Leftrightarrow$ γ철(F·C·C)

㉡ 자기 변태

A_2 변태(768℃) : α철(강자성) $\Leftrightarrow$ α철(상자성)

(2) 탄소강

① 탄소강의 성질

㉠ 인장강도와 경도는 공석 조직 부근에서 최대이다.

ⓒ 과공석 조직에서는 경도는 증가하나 강도는 급격히 감소한다.

② **탄소량과 인장 강도의 관계**

　ㄱ 탄소량에 따른 인장 강도 : 20+100×C(%) (C는 탄소함유량)

　ㄴ 인장 강도에 따른 경도 : 2.8×인장 강도

③ **탄소강에서 생기는 취성(메짐)**

취성의 종류	현상	원인
청열 취성	강이 200~300℃로 가열되면 경도, 강도가 최대로 되고, 연신율, 단면 수축률은 줄어들게 되어 메지게 되는 것으로 이때 표면에 청색의 산화 피막이 생성된다.	P, N
적열 취성	고온 900℃ 이상에서 물체가 빨갛게 되어 메지는 것을 적열 취성이라 한다.	S
상온 취성	충격, 피로 등에 대하여 깨지는 성질로 일명 냉간 취성이라고도 한다.	P

하나 더

☞ **설퍼프린터**
- 황의 분포 여부를 확인
- 시약은 H_2SO_4(황산)

☞ **청열취성의 원인**
- Ni(니켈)
- 저탄소강을 저온에서 인장시험을 하면 200~300℃의 온도범위에서 인장강도는 매우 증가하고 연성의 저하를 나타내는 것을 청열취성이라 함.

④ **탄소강의 종류**

　ㄱ 저탄소강 : 탄소강이 0.3% 이하의 강으로 가공성이 우수하고, 단접은 양호하지만 열처리가 불량하다. 극연강, 연강, 반경강이 있다.

　ㄴ 고탄소강 : 탄소량이 0.3% 이상의 강으로 경도가 우수하고, 열처리가 양호하지만 단접이 불량하다. 반경강, 경강, 최경강이 있다.

하나 더

☞ **고탄소강 용접균열 방지법**
- 용접전류를 낮게 한다. 속도를 느리게 한다.
- 예열 및 후열처리를 한다.
- 용접봉은 저수소계를 사용, 층간 용접온도를 지킨다.

　ㄷ 기계 구조용 탄소 강재 : 저탄소강(0.08~0.23%) 구조물, 일반 기계 부품으로 사용한다.

　ㄹ 탄소 공구강 : 고탄소강(0.6~1.5%), 킬드강으로 제조한다.

　ㅁ 주강 : 수축률이 주철의 2배이다. 융점(1,600)이 높고 강도는 크나 유동성이 작다.

응력, 기포가 발생하여 조직이 억세므로, 주조 후 풀림이 필요하다.

ⓑ 쾌삭강 : 강에 S, Zr, Pb, Ce 등을 첨가하여 피절삭성을 향상시킨 강이다.

ⓐ 침탄강 : 표면에 C를 침투시켜 강인성과 내마멸성을 증가시킨 강이다.

⑤ 탄소강에 함유된 성분과 그 영향

원소(성분)	영 향	
C	• 인장 강도, 경도, 항복점 증가	• 연신율, 충격값, 비중, 열전도 감소
Mn	• 인장 강도, 경도, 인성, 점성 증가 • 담금질성 향상 • 탈산제	• 연성 감소 • 황의 해를 제거 • 결정립의 성장 방해
Si	• 인장강도, 탄성 한도, 경도 증가 • 연신율, 충격값 저하 • 탈산제	• 주조성(유동성) 증가 • 결정립 조대화, 가공성 및 용접성 저하
S	• 인성, 변형률, 충격치 저하 • 적열 취성의 원인	• 용접성을 저하 • 0.25% 정도 첨가하여 피절삭성 개선
P	• 연신율 감소, 편석 발생 • 청열 취성의 원인	• 결정립을 거칠게 하며 냉간 가공성 저하
H	• 헤어크랙 및 은점의 원인	
Cu	• 부식 저항 증가	• 압연할 때 균열 발생

하나 더

☞ 용융금속의 유동성을 좋게 하므로 탄소강 중에서 0.2~0.6% 정도 함유되어 있으며 이것이 함유되면 단접성 및 냉간가공을 해치고 충격저항을 감소시키는 원소

• Si

⑥ 강의 조직

㉠ 페라이트(α, δ) : 일명 지철이라고도 하며 순철에 가까운 조직으로 극히 연하고 인장 강도가 비교적 낮고 상온에서 강자성체인 체심 입방 격자 조직이다.

㉡ 펄라이트($\alpha+Fe_3C$) : 726℃에서 오스테나이트가 페라이트와 시멘타이트의 층상의 공석정으로 변태한 것으로 페라이트보다 경도, 강도는 크며 자성이 있다.

㉢ 시멘타이드(Fe_3C) : 고온의 강 중에서 생성하는 탄화철을 말하며 경도가 높고 취성이 많으며 상온에서 강자성체이다(탄소 함유율 6.67%).

㉣ 오스테나이트(γ) : 철에 탄소를 고용한 것으로 탄소가 최대 2.11% 고용된 것으로 723℃에서 안정된 조직이며, 상자성체이다.

㉤ 레데뷰라이트 : $\gamma+Fe_3C$

하나 더

☞ **강의 조직 중 용접하기 가장 어려운 조직**
• 마텐자이트 조직

☞ **용접 후 용접부의 조직 중 충격인성이 가장 양호한 조직**
• 마텐자이트 + 하부베이나이트

☞ **강의 조직 중 오스테나이트를 급냉 시 나타나는 조직**
• 마텐자이트 조직

☞ **강에서 경도가 가장 큰 것**
• 마텐자이트 조직

☞ **마텐자이트 조직**
• 용접열 사이클의 냉각속도가 클수록 생성되기 쉽다.
• 모재의 탄소 함유량이 높을수록 생성되기 쉽다.
• 확산에 의하여 생기는 변태는 아니다.
• 용접 열영향부의 저온균열이 일어나기 쉬운 조직이다.

✅ 철의 분류
1. 탄소강   ① 순철 ② 탄소강
2. 특수강   ① 구조용 특수강 ② 공구용 특수강 ③ 특수 용도 특수강
3. 주 철   ① 보통주철 ② 고급주철 ③ 특수주철

✅ 마텐자이트 조직
• 용접열 사이클의 냉각속도가 클수록 생성되기 쉽다.
• 모재의 탄소 함유량이 높을수록 생성되기 쉽다.
• 확산에 의하여 생기는 변태는 아니다.
• 용접 열영향부의 저온균열이 일어나기 쉬운 조직이다.

✅ 순철의 변태
• A_2 변태(자기변태) : 768℃   • A_3 변태(동소변태) : 912℃, α철↔γ철
• A_4 변태(동소변태) : 1400℃, γ철↔δ철   • A_1 변태 : 210℃

✅ 탄소강에서 생기는 취성
1. 청열 취성 – 원인(P, N)
   강이 200~300℃로 가열되면 경도, 강도가 최대로 되고, 연신율, 단면 수축률은 줄어들게 되어 메지게 되는 것으로 이때 표면에 청색의 산화 피막이 생성된다. → Ni로 방지
2. 적열 취성 – 원인(S)
   고온 900℃ 이상에서 물체가 빨갛게 되어 메지는 것을 적열 취성이라 한다. → Mn으로 방지
3. 상온 취성 – 원인(P)
   충격, 피로 등에 대하여 깨지는 성질로, 일명 냉간 취성이라고도 한다.

✅ 탄소강의 종류
저탄소강, 고탄소강, 기계 구조용 탄소강, 탄소 공구강, 주강, 쾌삭강, 침탄강

✅ SS300, SWS300–인장강도 : SM 300C–300은 탄소 함유량

✅ 인장 강도, 경도 증가 : Mn, Si, C

☑ **C 함유량 증가 시 영향**
- 인장강도, 경도, 항복점 증가
- 용접성 감소
- 연신율, 충격값, 열전도도 감소
- Mn 증가 시 영향 : 담금질성 향상, 황의 해를 제거, 탈산제, 결정됨의 성장을 방해

☑ **강의 조직**
1. 페라이트(α, δ)   2. 펄라이트($\alpha+Fe_3C$)   3. 시멘타이트(Fe_3C)
4. 오스테나이트(γ)   5. 레데뷰라이트($\gamma+Fe_3C$)

☑ **뜨임 취성 방지 원소** : Mo, V, W

3 특수강

(1) 특수강의 정의

특수강은 탄소강에 다른 원소를 첨가하여 강의 기계적 성질이 개선된 강을 말하며, 특수한 성질을 부여하기 위하여 사용하는 특수원소로는 Ni, Mn, W, Cr, Mo, V, Al 등이 있다.

(2) 첨가 원소의 영향

첨가 원소	영 향
Ni	인성 증가, 저온 충격 저항 증가
Cr	내마모성, 내식성 증가
Mo	뜨임 취성 방지
Mn	고온에서 강도 · 경도 증가, 탈산제
Si	전기 특성 및 내열성 양호, 탈산제 유동성 증가

하나 더

☞ Mo, V, W 등은 취성을 방지한다.

☞ 합금강에 티탄을 약간 첨부하였을 때 얻는 효과
- 결정입자의 미세화

☞ 자기변형이 감소되어 자성이 개선되며, 전기저항도가 향상되어 전류의 손실이 작아져서 철심재료로 많이 쓰이는 것
- 규소강
- 순철은 전기재료 변압기의 철심에 많이 사용

(3) 특수강의 분류

특수강의 분류	영 향
구조용 특수강	강인강, 표면 경화용강, 스프링강, 쾌삭강 등
공구용 특수강	합금 공구강, 고속도강, 다이스강 등
특수용도 특수강	내식용, 내열용, 베어링강, 불변강 등

① 구조용 특수강

분류	종류		영향
강인강 (인장강도, 탄성한 도, 연율, 충격치 등의 성질이 우수 하고 가공성 및 내식성이 좋다)	Ni강		• Ni 1.5~5% • 질량 효과가 적고 자경성을 가짐.
	Cr강		• Cr 1~2% • 자경성이 있어도 경도 증가 • 내마모성 및 내식성 개선
	Mn강	저Mn강 Mn 1~2%	• Mn 1~2% • 일명 듀콜강 • 조직은 펄라이트 • 용접성 우수 • 내식성 개선 위해 Cu 첨가
		고Mn강 Mn 10~14%	• Mn 10~14% • 하드 필드강(수인강) • 조직은 오스테나이트 • 경도가 커서 내마모재로 쓰임. • 광산, 기계, 칠드, 롤러
	Ni-Cr강		• Cr 1% 이하 • 일명 SNC • 뜨임 취성이 있음. • 850℃에서 담금질하고 600℃에서 뜨임하여 솔바이트 조직
	Ni-Cr-Mo강		• Mo 0.15~0.3 첨가로 뜨임 취성 방지 • 가장 우수한 구조용 강
	Cr-Mo강		• SNC 대용품
	Cr-Mn-Si강		• 크로만실 • 철도용, 크랭크축 등
	쾌삭강 (피절삭성 향상)	S, Pb	• 강도를 요하지 않는 부분에 사용
	표면경화용강	침탄강	• Ni, Cr, Mo 첨가
		질화강	• Al, Cr, Mo, Ti, V 등 첨가
	스프링강	Si-Mn, Cr-Mn Cr-V, SUS	• 자동차 내식, 내열 스프링

하나 더

☞ **자경성** : Ni, Mn, Cr 등의 합금 원소를 포함한 것은 공기 중에 냉각만 하여도 경화되어 물이나 기름 중에 냉각할 필요가 없다.

☞ 망간 10~14%의 강은 상온에서 오스테나이트 조직을 가지며 내마멸성이 특히 우수하며 각종 광산기계 기차레일의 교차점, 냉간인발용의 드로잉 다이스 등에 이용되는 강
  • 하드필드강(고Mn강)

☞ **저망간강**
  • Mn 1~2%
  • 듀콜강
  • 펄라이트 조직
  • 용접성 우수
  • 내식성 개선을 위해 Cu 첨가

② **공구용 특수강**

  ㉠ 고온경도, 내마모성, 강인성이 크며, 열처리가 쉬운 강

  ㉡ 공구용 특수강에 분류

분류	분류(성분원소)	영 향
합금 공구강 (STS)	탄소 공구강에 Cr, Ni, W, V, Mo 등을 1~2종 첨가	• 내마모성 개선 • 담금질 효과 개선 • 결정의 미세화
고속도강 (SKH)	W고속도강 W : Cr : V = 18 : 4 : 1	• 600℃ 경도 유지 • 표준형 고속도강으로 일명 H. S. S. • 예열 : 800~900℃ • 1차 경화 1,250~1,300℃에서 담금질 • 2차 경화 550~580℃에서 뜨임
	Co 고속도강	• 표준형에 Co 3% • 경도 및 점성 증가
	Mo 고속도강	• Mo 첨가로 뜨임 취성 방지
주조 경질합금	스텔라이트 Co-Cr-W	• 단조가 곤란하여 주조한 상태로 연삭하여 사용 • 절삭 속도는 고속도강의 2배이나 인성은 떨어짐.
소결 경질합금	초경합금 WC-Co	• Co 점결제 • 수소 기류 중에서 소결
소결 경질합금	TiC-Co TaC-Co	• 1차 소결 : 800~1,000℃ • 2차 소결 : 1,400~1,450℃ • D(다이스), G(주철), S(강절삭용) • 열처리 불필요 • 내마모성 및 고온 경도는 크나 충격에 약함.
비금속 초경합금	세라믹 Al_2O_3	• 1600℃에서 소결 • 충격에 대단히 약함. • 고온 절삭, 고속 가공용
시효 경화합금	Fe-W-Co	• 뜨임 경도가 높고 내열성이 우수 • 고속강보다 수명이 길고 석출 경화성이 큼.

③ 특수용도 합금강

분류	분류(성분 원소)	영향
스테인리스강 (SUS)	페라이트계 (Cr 13%)	• 강인성 및 내식성이 있음. • 열처리에 의해 경화 가능 • 용접 가능 • 자성체
	마텐자이트계	• 13Cr을 담금질하여 얻음. • 18Cr보다 강도가 좋음. • 자경성이 있으며 자성체 • 용접성 불량
	오스테나이트계 [Cr(18)–Ni(8)]	• 13Cr보다 내식, 내산성이 우수 • 용접성이 SUS 중 가장 우수 • 담금질로 경화되지 않음. • 비자성체
내열강	Al, Si, Cr을 첨가 산화피막 형성	• 고온에서 성질이 변하지 않음. • 열에 의한 팽창 및 변형이 적음. • 냉간·열간 가공, 용접이 쉬움. • 탐켄, 해스텔로이, 인코넬, 서미트 등
자석강(SK)	Si강	• 잔류 자기 항장력이 큼.
베어링강	고탄소 크롬강	• 큰 내구성 • 담금질 직후 반드시 뜨임이 필요
불변강	인바 (Ni 36%)	• 팽창 계수가 작음. • 표준척, 열전쌍, 시계 등에 사용
	엘린바 (Ni(36)–Cr(12))	• 상온에서 탄성률이 변하지 않음. • 시계 스프링, 정밀 계측기 등
	플래티나이트 (Ni 10~16%)	• 백금 대용 • 전구, 진공관 유리의 봉입선 등
	퍼멀로이 (Ni 75~80%)	• 고투자율 합금 • 해저 전선의 장하 코일용 등
	기타	• 코엘린바, 초인바, 이소에라스틱

하나 더

☞ **담금질이 가능한 스테인리스강으로, 용접 후 경도가 증가하는 것**

• STS 410

☞ **스테인리스강 (Cr : Ni)**

• 18–8 오스테나이트 → 예열하지 않는다
• Cr 13% : 페라이트, 마텐자이트
• 페라이트 열처리 → 마텐자이트
• 종류 : 오스테나이트(비자성), 페라이트, 마텐자이트
• 오스테나이트의 특성
  1) 예열하지 않음.
  2) 층간온도 320℃를 지킴.
  3) 용접봉은 얇고 모재와 같은 종으로 할 것
  4) 낮은 전류로 용접입열을 줄임.
  5) 짧은 아크 유지, 크레이터처리 할 것

Wrap UP

☑ **특수강의 분류**

　1. 구조용 특수강　　　　2. 공구용 특수강　　　　3. 특수용도 특수강

☑ **구조용 특수강**

　1. 강인강 : 저망간강, 고망간강　　　　2. 쾌삭강
　3. 표면경화용강 : 침탄강, 질화강　　　4. 스프링강

☑ **Mn 첨가** : 고온에서 강도, 경도 증가, 탈산제

☑ **공구용 특수강**

　1. 합금 공구강(STS)　　　　　　　　　　2. 고속도강(SKH)
　3. 주조경질합금(스텔라이트 Co—Cr—O)　4. 소결경질합금(초경합금)
　5. 비금속 초경합금　　　　　　　　　　　6. 시효경화합금

☑ **W 고속도강의 원소비율**

　W : Cr : V = 18 : 4 : 1

☑ **특수용도 합금강**

　1. 스테인리스강(3) : 페, 마, 오(SUS)　　2. 내열강
　3. 자석강(SK)　　　　　　　　　　　　　4. 베어링강
　5. 불변강(Ni 합금강)
　　① 인바(Ni 36%) : 열전쌍, 시계 등
　　② 엘린바(Ni 36%—Cr 12%) : 시계스프링, 정밀계측기
　　③ 플래티나이트(Ni 10~16%) : 전구, 진공관의 유리봉입선
　　④ 퍼멀로이(Ni 75~80%) : 해저전선의 장하코일
　　⑤ 코엘린바, 수퍼인바, 초인바, 이소에라스틱

☑ **스테인리스강 (Cr : Ni)**

　• 18—8 오스테나이트 → 예열하지 않는다
　• Cr 13% → 페라이트, 마텐자이트
　• 페라이트 열처리 → 마텐자이트
　• 종류 : 오스테나이트(비자성), 페라이트, 마텐자이트
　• 오스테나이트의 특성
　　① 예열하지 않는다.
　　② 층간온도 320℃를 지킨다.
　　③ 용접봉은 얇고 모재와 같은 종으로 할 것
　　④ 낮은 전류로 용접입열을 줄인다.
　　⑤ 짧은 아크 유지, 크레이터처리 할 것

☑ **분말야금에 의하여 만들어진 것**

　• 초경합금(상품명 : 위디아)

☑ **상품명**

　• 티그 : 아르곤용접, 헬륨아크용접
　• 서브머지드 : 링컨용접, 유니언멜트용접, 잠호용접
　• 초경합금 : 위디아

☞ 니켈강은 니켈에 소량의 탄소를 함유한 강으로 가열 후 공기 중에 방치하여도 담금질 효과를 나타내는데 이와 같은 현상은?
- 기경성(Air hardening)

☞ Ti(티탄)의 용접 시 주의점
- 비강도가 대단히 크면서 내식성이 아주 우수하고 600℃ 이상에서는 산화 질화가 빨라 티그용접 시 용접토치에 특수실드장치가 반드시 필요하다.

4 주철

(1) 주철의 개요

① 주철의 탄소 함유량은 1.7~6.68%의 강이다.

② 실용적 주철은 2.5~4.5%의 강이다.

③ 전·연성이 작고 가공이 안 된다.

④ 비중 7.1~7.3으로 흑연이 많아질수록 낮아진다.

⑤ 담금질, 뜨임은 안 되나 주조 응력의 제거 목적으로 풀림 처리는 가능하다.

⑥ 자연 시효

주조 후 장시간 방치하여 주조 응력을 증가하는 것이다.

⑦ 주철의 성장

고온에서 장시간 유지 또는 가열 냉각을 반복하면 주철의 부피가 팽창하여 변형 균열이 발생하는 현상이다.

㉠ Fe_3C의 흑연화에 의한 성장

㉡ A_1 변태에 따른 체적의 변화

㉢ 페라이트 중의 규소의 산화에 의한 팽창

㉣ 불균일한 가열로 인한 팽창

⑧ 흑연화

㉠ 촉진제 : Si, Ni, Ti, Al

㉡ 흑연화 방지제 : Mo, S, Cr, V, Mn

⑨ 전 탄소량

유리 탄소와 화합 탄소를 합친 양

⑩ 탄소 함유량이 1.7~4.3%이면 아공정 주철, 4.3%이면 공정 주철, 4.3% 이상이면 과공정 주철이다.

(2) 주철의 장·단점

장 점	• 용융점이 낮고 유동성(주조성)이 좋다.	• 마찰 저항성이 우수하다.
	• 가격이 저렴하며 절삭 가공이 쉽다.	• 내식성이 있다.
	• 압축 강도가 크다(인장 강도의 3~4배).	
단 점	• 인장 강도가 작다.	• 충격 값이 작다.
	• 상온에서 가단성 및 연성이 없다.	• 용접이 곤란하다.

(3) 주철의 조직

① 펄라이트와 페라이트가 흑연으로 구성

② 주철 중의 탄소의 형상

   ㉠ 유리 탄소(흑연) : Si이 많고 냉각 속도가 느릴 때 회주철

   ㉡ 화합 탄소(FeC) : Si이 적고 냉각 속도가 빠를 때 백주철

③ 흑연화 : 화합 탄소가 3Fe와 C로 분리되는 것

④ 흑연화의 영향 : 용융점을 낮게 하고 강도가 작아진다.

⑤ 마우러 조직 선도 : C, Si의 양, 냉각 속도에 따른 조직의 변화를 표시한 것

   ㉠ 백주철 : 펄라이트 + 시멘타이트

   ㉡ 반주철 : 펄라이트 + 시멘타이트 + 흑연

   ㉢ 펄라이트 주철 : 펄라이트 + 흑연

   ㉣ 보통주철 : 펄라이트 + 페라이트 + 흑연

   ㉤ 극연 주철 : 페라이트 + 흑연

⑥ 스테타이트 : $Fe-Fe_3C-Fe_3P$의 3원 공정 조직 내마모성이 강해지나 오히려 다량일 때는 취약해진다.

> **하나 더**
>
> ☞ **펄라이트(고급주철의 바탕에 쓰이는 조직)**
> • 구조용 부품이나 홀더 등에 이용되며 열처리에 의하여 니켈-크롬 주강에 비교될 수 있을 정도의 기계적 성질을 가지고 있는 저망간 주강의 조직이다
> ☞ **주철의 조직 중에서 규소량이 적으며 냉각 속도가 빠를 때 많이 나타나는 조직**
> • 시멘타이트

(4) 주철의 종류

① 보통주철(회주철 GC 1~3종)

   ㉠ 인장 강도 10~20kg/mm^2

   ㉡ 조직은 페라이트 흑연으로 주물 및 일반 기계 부품에 사용된다.

ⓒ C=3.2~3.8%, Si=1.4~2.5%

② **고급주철(회주철 GC 4~6)**

   ㉠ 펄라이트 주철을 말한다.

   ㉡ 인장 강도 $25kg/mm^2$ 이상

   ㉢ 고강도를 위하여 C, Si량을 작게 한다.

   ㉣ 조직 펄라이트 + 흑연으로 주로 강도를 요하는 기계 부품에 사용된다.

   ㉤ 종류로는 란츠, 에멜, 코살리, 파워스키, 미하나이트 주철이 있다.

③ **특수주철의 종류**

분류	영향
미하나이트 주철	• 흑연의 형상을 미세 균일하게 하기 위하여 Si, Si-Ca분말을 첨가하여 흑연의 핵 형성을 촉진한다. • 인장 강도 $35~45kg/mm^2$ • 조직 : 펄라이트+흑연(미세) • 담금질이 가능하다. • 고강도 내마멸, 내열성 주철 • 공작 기계 안내면, 내연 기관 실린더 등에 사용
특수합금 주철	• 특수 원소 첨가하여 강도, 내열성, 내마모성 개선 • 내열 주철(크롬 주철) : Austenite 주철로 비자성 • 내산 주철(규소 주철) : 절삭이 안 되므로 연삭 가공에 의하여 사용 • 고Cr주철: 내식, 내마성 개선
구상흑연 주철	• 용융 상태에서 Mg, Ce, Mg-Cu 등을 첨가하여 흑연을 편상에서 구상화로 석출시 킨다. • 기계적 성질 • 인장 강도는 $50~70kg/mm^2$(주조상태), 풀림 상태에서는 $45~55kg/mm^2$이다. • 연신율은 12~20% 정도로 강과 비슷하다. • 조직은 Cementite형(Mg 첨가량이 많고, C, Si가 적고 냉각 속도가 빠를 때), Pearlite형(Cementite와 Ferrite의 중간), Ferrite형 (Mg양이 적당, C 및 특히 Si가 많고, 냉각 속도 느릴 때)이 있다. • 성장도 적으며, 산화되기 어렵다. • 가열할 때 발생하는 산화 및 균열 성장 방지
칠드주철	• 용융 상태에서 금형에 주입하여 접촉면을 백주철로 만든 것 • 각종 롤러, 기차 바퀴에 사용한다. • Si가 적은 용선에 망간을 첨가하여 금형에 주입
가단주철	• 백심 가단 주철(WMC) : 탈탄이 주목적 • 산화철을 가하여 950℃에서 70~100시간 가열 • 흑심 가단 주철(BMC) : Fe_3C의 흑연화가 목적 　1단계(850~950℃ 풀림) : 유리 Fe_3C→흑연화 　2단계(680~730℃ 풀림) : Perlite 중에 Fe_3C→흑연화 • 고력 펄라이트 가단 주철(PMC) : 흑심 가단 주철에 2단계를 생략한 것 • 가단 주철의 탈탄제 : 철광석, 밀 스케일, 헤어 스케일 등의 산화철을 사용

☞ **불꽃시험 시 불꽃의 양이 가장 작고 길이도 짧은 것**

• 회주철

☞ **펄라이트 바탕에 흑연이 미세하고 고르게 분포되어 있으며 내마멸성이 요구되는 피스톤링 등 자동차 부품에 많이 쓰이는 주철**

• 미하나이트 주철

  1) 흑연의 형상을 미세화를 위해 Si, Si–Cu 첨가

  2) 인장강도 $30{\sim}35kg/mm^2$

  3) 조직 : 펄라이트 + 흑연

  4) 담금질이 가능

  5) 고강도 내마멸, 내열성 주철

  6) 공작기계의 안내면, 내연기관의 실린더 등

☞ **구상화풀림**

• 구상화 열처리는 A_1 변태점 아래나 위의 온도에서 일정 시간을 유지한 다음 시멘타이트는 미세하게 분리되면서 계면 장력에 따라 구상화 된다(650~700℃).

☑ **주철의 보수법**

  1. 비녀장법   2. 스터드법   3. 로킹법   4. 버터링법

☑ **주철**

  • 펄라이트와 페라이트가 흑연으로 구성

  • 유리 탄소(Fe₃+C) : Si가 많고 냉각 속도가 느리다(회주철).

  • 화합탄소(Fe₃C) : Si가 적고 냉각속도가 빠르다(백주철).

  • 흑연화는 Fe₃C → 3Fe+C− 로 탄소가 분리되는 것

☑ **주철의 성장**

  1. Fe₃C의 흑연화에 의한 성장

  2. A_1 변태에 따른 체적의 변화

  3. 페라이트 중의 규소의 산화에 의한 팽창

  4. 불균일한 가열로 인한 팽창

☑ **주철의 종류**

  1. 보통주철   2. 고급주철   3. 특수주철

☑ **특수주철의 종류**

  1. 미하나이트 주철   2. 특수합금 주철   3. 구성흑면 주철

  4. 칠드주철   5. 가단주철

☑ **가단주철의 종류**

  1. 백심 가단주철   2. 흑심 가단주철   3. 고력 펄라이트 가단주철

☑ **기준점**

  1. 연납과 경납의 기준 : 450℃   2. 저융점의 기준 : 주석(232℃)

  3. 냉간가공과 열간가공의 기준 : 재결정온도   4. 비중의 기준 : 티탄(4.5)

  5. 공석강 : 0.86%   6. 공정주철 : 4.3%

Section 2 비철금속과 그 합금

1 구리와 그 합금

(1) 구리의 제련

① 황동광, 휘동광, 적동광(구리 광석) → 용광로 → 매트 → 전로 → 조동
② 조동을 전기 정련하면 전기 구리, 반사로에서 정련하면 형구리이다.

(2) 구리의 종류

① **전기구리** : 전기분해 시 생성 순도 99.99%
② **정련구리** : 전기구리를 용융정제 전기 · 열전도율 크고 내식 · 전연성이 좋아 판, 선, 봉으로 사용
③ **탈산구리** : 인으로 탈산
④ **무산소구리** : 산소나 탈산제를 포함하지 않음.

(3) 구리의 성질

① 비중은 8.96, 용융점 1,083℃이며 변태점이 없다.
② 비자성체이며 전기와 열의 양도체이다.
③ 경화 정도에 따라 경질(H), 연질(O)로 구분한다.
④ 인장 강도는 가공도 70%에서 최대이며, 600~700℃에서 30분간 풀림하면 연화된다.
⑤ 황산, 염산에 용해되며 습기 탄산가스 해수에 녹이 생긴다.
⑥ 수소병이라 하여 환원 여림의 일종으로 산화 구리를 환원성 분위기에서 가열하면 수소가동 중에 확산 침투하여 균열이 발생하는 것이다.

(4) 구리의 합금

고용체를 형성하여 성질을 개선하여 고용체는 연성이 커서 가공이 용이하나, 고용체는 가공성이 나빠진다.

① **황동(Cu+Zn)**
ㄱ 가공성, 주조성, 내식성, 기계적 성질이 개선된다.
ㄴ Zn의 함유량이 30%에서 연신율이 최대이며, 40%에서는 인장 강도가 최대이다.
ㄷ 자연 균열 : 냉간 가공에 의한 내부 응력이 공기 중에 암모니아 염류로 인하여 입간부식을 일으켜 균열이 발생하는 현상으로 방지책으로는 도금법, 저온 풀림법

이 있다.

ⓔ 탈아연 현상 : 해수에 침식되어 아연이 용해 부식되는 현상으로 염화 아연이 원인
이다. 방지책으로는 아연 편을 연결한다.

ⓜ 경년 변화 : 상온 가공한 황동 스프링을 사용할 때 시간의 경과와 더불어 스프링
특성을 잃는 현상이다.

ⓗ 황동의 종류 : 아연 5% 길딩 메탈(화폐, 메달용), 15% 래드브라스(소켓 체결구용),
20% 톰백(장신구) 등이 있다.

② 특수 황동

종 류		조 성	특 징
연 황동		6 : 4 황동+ Pb(1~1.5%)	• 절삭성 개선(쾌삭 황동) • 강도와 연신율 감소 • 시계용 치차 등
주석 황동	네이벌	6 : 4 황동+Sn(1%)	• Zn의 산화 및 탈Zn 방지 • 해수에 대한 내식성 개선 • 선박, 냉각용 등에 사용
	애드머럴티	7 : 3 황동+Sn(1%)	
철황동 (델타메탈)		6 : 4 황동+ Fe(1% 내외)	• 강도, 내식성 개선 • 선박, 광산, 기어 볼트 등
강력황동		6 : 4 황동+ Mn, Al, Fe, Ni, Sn	• 주조 가공성 향상 • 강도, 내식성 개선 • 선박용 프로펠러, 광산 등
양은		7 : 3 황동+ Ni(15~20%)	• 부식 저항이 크고 주 · 단조 가능 • 가정용품, 열전쌍, 스프링 등으로 사용
규소 황동		Cu(80~85%) Zn(10~16%) Si(4~5%)	• 일명 실진 • 내식성, 주조성 양호 • 선박용
알루미늄 황동		Al 소량 첨가	• 내식성이 특히 강해짐. • 일브락, 알루미 브라스 등

하나 더

☞ **황동에서 탈아연 부식의 방지책**
• 아연 30% 이하의 황동을 사용
• 0.1~0.5%의 안티몬(Sb)를 첨가
• 1%의 주석(Sn)을 첨가

③ 청동(Cu+Sn)

ⓐ 주조성, 강도 내마멸성이 좋다.

ⓑ 주석의 4%에서 연신율 최대 15% 이상에서 강도, 경도가 급격히 증대한다.

ⓒ 포금[Cu+Sn(10%)+Zn(2%)] : 청동의 구 명칭, 청동 주물의 대표, 내식 내수압성이
좋다.

④ 특수 청동

 ㉠ 인청동 : 탈산제인 P를 첨가하여 내마멸성 냉간 가공으로 인장 강도, 탄성 한계가 증가하여 스프링제, 베어링 밸브 시트에 사용된다.

 ㉡ 베어링용 청동 : $Cu+Sn(13\sim15\%)$ 외측의 경도가 높은 조직으로 이루어진다.

 ㉢ 납청동 : Pb은 Cu와 합금을 만들지 않고 윤활 작용을 하므로 베어링용으로 적합하다.

 ㉣ 켈밋 : $Cu+Pb(30\sim40\%)$ 열 전도, 압축 강도가 크고 마찰 계수가 작다. 고속 · 고하중용 베어링에 사용한다.

 ㉤ 알루미늄 청동 : 강도는 Al 10%에서 최대, 가공성은 8%에서 최대, 주조성은 나쁘고, 내식, 내열 내마멸성이 크다. 자기 폴림이 발생하여 결정이 커진다.

⑤ 기타 구리 합금

 ㉠ 니켈 구리 합금 : 어드밴스(Ni 44%), 콘스탄탄(Ni 45%), 코슨합금, 쿠니알 청동이 있다.

 ㉡ 호이슬러 합금 : 강자성 합금으로 Cu-Mn-Al이 주성분이다.

 ㉢ 오일리스 베어링 : 다공성 소결 합금 즉, 베어링 합금의 일종으로 무게의 20~30% 기름을 흡수시켜 흑연 분말 중에서 수소 기류로 소결시킨다. Cu-Sn-흑연 분말이 주성분이다.

Wrap UP

☑ **비철금속 합금**
 1. 구리 합금   2. 알루미늄 합금   3. 마그네슘 합금

☑ **구리 합금의 종류**
 1. 황동(Cu+Zn) 2. 특수황동   3. 청동(Cu+Sn)
 4. 특수청동   5. 기타

☑ **황동(Cu+Zn)**
 1. 길딩메탈 : 아연 5% – 화폐, 메달용
 2. 래드브라스 : 아연 15% – 소켓 체결구
 3. 톰백 : 아연 20% – 장신구
 4. 문츠메탈 : 6 : 4 황동
 5. 네이벌 : 6 : 4 황동+Sn 1%
 6. 애드머럴티 : 7 : 3 황동+Sn 1%
 7. 델타메탈 : 6 : 4 황동+Fe 1% – 선박, 광산, 기어, 볼트
 8. 양은 : 7 : 3 황동+Ni 15%

☑ **청동(Cu+Sn)**
 1. 포금 : Cu+Sn(10%)+Zn(2%) – 청동 주물의 대표, 내식, 내수압성
 2. 인청동 : Cu+Sn+P
 3. 베어링 청동 : Cu+Sn(13~15%)
 4. 납청동 : Cu+Sn+Pb
 5. 켈밋 : Cu+Pb(30~40%)
 6. 알루미늄 청동 : Cu+Sn+Al(10%)

> **✔ 특수 황동**
> 1. 연황동 : 6 : 4+Pb 1.5%
> 3. 주석 황동 : 애드머럴티 7 : 3+Sn 1%
> 5. 강력 황동 : 6 : 4+Mn, Al, Fe, Ni
> 7. 규소 황동 : Cu 80% : Zn 15% : Si 5%
>
> 2. 주석 황동 : 네이벌 6 : 4+Sn 1%
> 4. 철황동 : 6 : 4+Fe 1%
> 6. 양은 : 7 : 3+Ni 15%
> 8. 알루미늄 황동 : Al 첨가
>
> **✔ 특수 청동**
> 1. 베어링 청동 : Cu+Sn 13~15%
> 3. 인청동 : Cu+P
> 5. 알루미늄 청동
>
> 2. 납청동 : Cu+Pb
> 4. 켈밋 : Cu+Pb 30~40%

2 알루미늄과 그 합금

(1) 알루미늄의 제조

보크사이트, 명반석, 토혈암에서 제조한다.

(2) 알루미늄의 성질

① 비중 2.7, 용융점 660℃, 변태점이 없고 열 및 전기 양도체이다.

② 전·연성이 풍부하며 400~500℃에서 연신율이 최대이다.

③ 풀림 온도는 250~300℃이며 순수 알루미늄은 유동성이 불량하여 주조가 안 된다.

④ 무기산 염류에 침식되나 대기 중에서는 안정한 산화 피막을 형성한다.

(3) 알루미늄의 특성과 용도

① Cu, Si, Mg 등과 고용체를 만들며 열처리로 석출 경화, 시효 경화시켜 성질을 개선한다.

② 송전선, 전기 재료, 자동차, 항공기, 폭약 제조 등에 사용한다.

③ **석출 경화** : 알루미늄의 열처리법으로 급랭으로 얻은 과포화 고용체에서 과포화된 용해물을 석출시켜 안정시킨다. 석출 후 시간의 경과에 따라 시효 경화된다.

④ **인공 내식 처리법** : 알루마이트법, 황산법, 크롬산법

> **하나 더**
>
> ☞ Al은 철강에 비하여 일반 용접법으로 용접이 곤란하다. 이유는?
> • 열팽창계수가 크기 때문에

(4) 알루미늄 합금의 종류

① **주조용 알루미늄 합금**

　㉠ Al − Cu : 주조성, 절삭성이 개선되지만 고온은 메짐, 수축균열이 있다.

　㉡ Al − Si : 실루민으로 대표적인 주조용 알루미늄 합금이다.

② **Al − Cu − Si** : 라우탈이라 하여 규소 첨가로 주조성 향상 구리 첨가로 절삭성 향상 된다.

③ **Al − Cu − Ni − Mg** : Y합금이라 하며 대표적인 내열합금으로 내연 기관에 실린더에 사용한다.

④ **다이캐스트용 합금** : 유동성이 좋고 1000℃ 이하의 저온 용융 합금이며 Al-Cu계, Al-Si계 합금을 사용하여 금형에 주입시켜 만든다.

⑤ **개질(개량) 처리 방법**

　㉠ 열처리 효과가 없고 개질 처리(규소의 결정을 미세화)로 성질을 개선한다.

　㉡ 개질 처리 방법 : 금속 나트륨 첨가법, 불소 첨가법, 수산화나트륨, 가성소다를 사용하는 방법이 있다.

> **하나 더**
>
> ☞ 합금의 주조직에 나타나는 Si는 육각판상의 거친 결정이므로 금속 나트륨 등의 조직을 미세화시키고 강도를 개선처리한다. 주조용 알루미늄 합금으로 대표적인 합금은?
> • 실루민

(5) 내식용 알루미늄 합금

① 대표적인 것이 하이드로날륨으로 Al − Mg의 합금이다.

② **기타** : 알민(Al − Mn), 알드리(Al − Mg − Si) 등이 있다.

(6) 단련용 알루미늄 합금

① **두랄루민** : 단조용 알루미늄 합금의 대표(비행기 외피)이다.

　㉠ Al − Cu − Mg − Mn이 주성분, Si는 불순물로 함유된다.

　㉡ 고온에서 급랭시켜 시효 경화시켜 강인성을 얻는다.

② **초두랄루민**

두랄루민에 Mg은 증가시키고 Si는 감소시킨다.

③ **단련용 Y합금** : Al − Cu − Ni 내열 합금이며 Ni의 영향으로 300~450℃에서 단조한다.

(7) 내열용 알루미늄 합금

① Y합금 : Al-Cu(4%)-Ni(2%)-Mg(1.5%) 합금

  ㉠ 고온 강도가 크다.

  ㉡ 내연기관의 피스톤, 공랭 실린더 헤드 등에 사용, 시효 경화성

② Lo-Ex : Al-Cu-Ni-Mg-Si 합금

  ㉠ 내열성이 우수하나 Y합금보다 열팽창 계수가 작다.

  ㉡ Na으로 개량 처리 및 피스톤 재료로 사용

하나 더

☞ 비중이 2.7, 용융온도가 660℃, 내식성·가공성이 좋아 주물, 다이케스팅, 전선 등에 쓰이는 비철금속 재료

  • Al
  1) 면심입방격자   2) 염산에의 침식이 빠르다.   3) 전·연성이 풍부

Wrap UP

☑ **알루미늄 합금의 종류를 대표하는 것**
  1. 주조용 알루미늄 합금 : 실루민   2. 내열용 알루미늄 합금 : Y합금
  3. 내식용 알루미늄 합금 : 하이드로날륨   4. 가공용(단련용) 알루미늄 합금 : 두랄루민

☑ **알루미늄 합금의 종류**
  1. 주조용 알루미늄 합금
    • 실루민 : Al + Si   • 라우탈 : Al + Si + Cu
  2. 내열용 알루미늄 합금
    • Y합금 : Al + Cu + Ni + Mg   • Lo-ex : Al + Cu + Ni + Mg + Si(피스톤 재료)
  3. 내식용 알루미늄 합금
    • 하이드로날륨 : Al + Mg   • 알민 : Al + Mn
    • 알드리 : Al + Mg + Si
  4. 가공용 알루미늄 합금
    • 두랄루민 : Al + Cu + Mg + Mn

---

3 마그네슘과 그 합금

(1) 마그네슘의 성질 및 용도

① 실용 금속 중에서 가장 가볍다.

② 마그네사이트, 소금 앙금, 산화마그네슘으로 얻는다.

③ 비중 1.74, 용융점 650℃, 조밀 육방 격자

④ 냉간 가공성이 나쁘므로 300℃ 이상에서 열간 가공한다.

⑤ 열, 전기의 양도체(65%)

⑥ 선팽창계수는 철의 2배이다.

⑦ 가공 경화율이 크다 → 10~20%의 냉간가공도

⑧ 절단가공성이 좋고 마무리면 우수하다.

(2) 마그네슘 합금

① **도우 메탈** : Mg‒Al합금(하이드로날륨(Al‒Mg)과 비교)

② **일렉트론** : Mg‒Al‒Zn합금. 내식성과 내열성이 있어 내연 기관의 피스톤의 재료로 사용

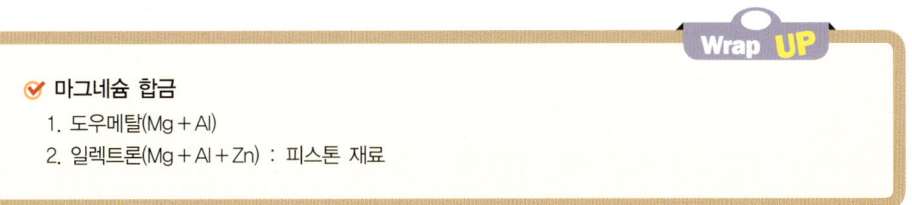

Wrap UP

✔ **마그네슘 합금**
1. 도우메탈(Mg + Al)
2. 일렉트론(Mg + Al + Zn) : 피스톤 재료

4 티탄과 그 합금

① **티탄의 특성**

㉠ 비중이 4.51로서 마그네슘 및 알루미늄보다 크지만 강의 약 60%이다.

㉡ 티탄은 융점이 1,670℃로 높고 고온에서 산소, 질소, 탄소와 반응하기 쉬워 용해 주조가 어렵다.

㉢ 전기 및 열의 전도성이 철보다 나쁘다.

㉣ 내식성은 스테인리스강이나 모넬메탈처럼 뛰어나다.

㉤ 공기 중에서 700℃ 이상으로 가열하면 취약해지고 전연성이 저하된다.

㉥ 기계적 성질에 영향을 강하게 받는 원소로는 철과 질소가 있으며 특히, 철 함유량의 증가로 인장 강도 및 경도가 증가하지만 연신율이 감소한다.

㉦ 가공 경화성이 크므로 기계적 성질은 냉간 가공도에 따라 크게 변화한다. 다른 구조용 재료보다 비강도가 높고 특히, 고온에서 비강도가 뛰어나다.

② **티탄계 합금의 특성**

㉠ Mo, V : 내식성을 향상시킨다.

㉡ Al : 수소 함유량이 적게 되어 고온 강도를 높일 수 있다.

㉢ 티탄 합금은 티탄보다 비강도가 높고, 다른 고강도 합금에 비하여 고온 강도가 크기 때문에 제트 엔진의 축류, 압축기의 주위 온도가 약 450℃까지의 블레이드, 회전자 등에 사용된다.

ⓔ 열처리된 티탄 합금의 항복비(내력/인강 강도)가 0.9~0.95, 내구비(피로 강도/인장 강도)가 0.55~0.6 정도의 큰 값을 나타낸다.

ⓜ 티탄 합금은 고강도이고 열전도율이 낮으므로 절삭 온도가 높아지고, 공구 재료와 반응하기 쉬우므로 절삭 가공이 대단히 어렵다. 티탄 합금의 절삭에는 냉각 작용과 윤활 작용이 뛰어난 절삭액을 사용함이 바람직하다.

③ 티탄계 합금의 종류

ⓐ α형 합금 : 조밀 육방 격자의 상이 강화되므로 가공성은 나쁘지만 단일상이므로 용접성이 좋다. 고온에서는 미세 조직이 안정하므로 600℃ 이상에서의 인장 강도, 400℃ 이상의 크리프 강도는 형 합금보다 뛰어나다.

ⓑ α+β형 합금 : 티탄 합금의 대표적으로 가공성이 뛰어나고, 용접성도 좋아 경량 고강도 재료로서 주로 항공기의 구조 용재 등에 사용된다.

ⓒ β형 합금 : 이 합금은 전연성이 좋으므로 박판이나 상조 제조에 적합

5 기타 비철금속

(1) 니켈

① 비중 8.9, 용융점 1455℃, 전기 저항이 크다.
② 연성이 크며 냉간 및 열간 가공이 쉽다.
③ 내식성과 내열성이 우수하며 열전도율이 좋다.
④ 인성이 풍부, 전연성이 있다.
⑤ 상온에서 강자성체이며, 변태점 이상에서 없어진다.
⑥ 황산, 염산에는 부식되고, 유기화합물 등 알칼리에는 잘 견딘다.

(2) 니켈 합금

① Ni+Cu계 : 콘스탄탄, 어드밴스, 모넬메탈
② Ni+Fe계 : 인바, 엘린바, 플래티나이트
③ **진공관 도선용** : 퍼멀로이(장하 코일용), 인코넬, 해스텔로이, 크로멜, 알루멜(열전대), 니크롬선

(3) 기타

① **화이트 메탈(베빗 메탈)**
ⓐ 백색 합금이며 Sn을 주성분으로 한 베빗 메탈이 있다.
ⓑ Sn-Cu-Sb-Zn이 주성분이다.

② **저융점 합금**

　㉠ Sn보다 융점이 낮은 합금으로 퓨즈 활자 정밀 모형에 사용된다.

　㉡ Bi - Pb - Sn - Cd으로 구분되어 명칭은 우드 메탈, 뉴턴 합금, 로즈 합금, 리포터 위츠가 있다.

③ **땜납 합금**

　㉠ 연납 : Pb - Sn의 합금. 용제로는 염화 아연, 염화 암모늄, 송진이 사용된다.

　㉡ 경납 : 427℃ 이상의 융점을 갖는 납으로 황동납, 동납, 금납, 은납 등이 있다.

각종 금속의 용접

1 고탄소강

(1) 탄소 함유량의 증가로 급랭경화, 균열발생이 생긴다.

(2) 균열을 방지하기 위하여 전류를 낮게 하며, 용접속도를 느리게 하여 용접 후 신속히 풀림처리를 한다. 또한 예열 및 후열을 한다.

(3) 용접봉은 저수소계(7016)를 사용한다.

하나 더

☞ **용접 시 층간온도를 지켜야 할 용접재료**
- 고탄소강

☞ **탄소량의 함유에 따른 분류**
- 저탄소강 : 0.3% 이하
- 고탄소강 : 0.3% 이상
- 구조용 탄소강 : 0.05~0.6%
- 탄소공구강 : 0.6~1.5%

☞ **탄소량 증가 시 증가하는 것**
- 강도, 경도, 비열, 보자력, 전기저항

☞ **탄소량 증가 시 감소하는 것**
- 인성, 전성, 연신율, 충격값
- 비중, 선팽창계수
- 내식성, 용접성

☞ **탄소강의 종류**
- SPS : 일반구조용 탄소강관
- SS : 일반구조용 압연강제
- SK : 자석강
- SWS : 용접 구조용 압연강제
- STS : 합금공구강
- SB : 일반 구조용 압연강제
- SCP : 냉간 압연 강판
- SC : 주강용품
- SKH : 고속도 공구강제
- STC : 탄소 공구강
- SHP : 열간 압연 강판
- SM 45C 이하 : 기계 구조용 탄소강
- SM 400C 이상 : 용접 구조용 압연강재
  - SS재에 비해 용접성 및 저온인성이 우수

☞ **SM10C**
- 기계구조용 강관으로 C 함유량은 0.01%

2 주철

(1) 수축이 크고 균열이 발생하기 쉽고 기포 발생이 많으며, 급열 급랭으로 용접부의 백선화로 절삭가공이 곤란하며, 따라서 이런 이유로 용접이 곤란하다.

(2) 예열 후 후열(500~550℃)을 한다.

(3) 붕사 15%, 탄산화수소나트륨 70%, 탄산나트륨 15%, 알루미늄 분말 소량의 혼합제가 널리 쓰인다.

(4) 주철 용접의 보수 방법

① **스터드법** : 스터드 볼트 사용하는 방법
② **비녀장법** : 각 봉을 막고 용접하는 방법
③ **버터링법** : 모재와 융합이 잘 되는 용접으로 적당히 용착
④ **로킹법** : 스터드 볼트 대신에 둥근 고랑을 파는 방법

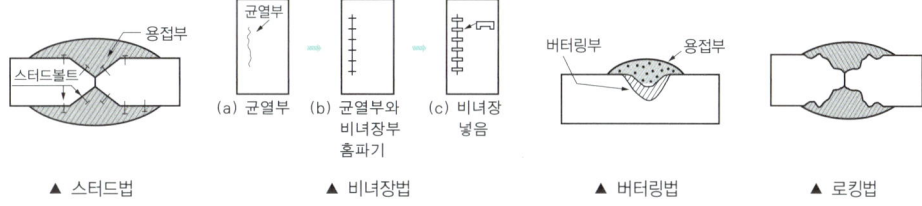

| ▲ 스터드법 | ▲ 비녀장법 | ▲ 버터링법 | ▲ 로킹법 |

(5) 주철을 용접할 때 주의사항

① 보수용접을 행하는 경우는 본바닥이 나타날 때까지 잘 깎아낸 후 용접한다.
② 파열의 끝에 작은 구멍을 뚫는다.
③ 용접전류는 필요 이상 높이지 말고, 직선비드를 사용하며, 깊은 용입을 얻지 않는다.
④ 될 수 있는 대로 가는 지름의 것을 사용한다.
⑤ 비드배치는 짧게 여러 번 한다.
⑥ 피닝작업을 하여 변형을 줄인다.
⑦ 가스용접을 할 때 중성 불꽃 및 탄화 불꽃을 사용하며, 플럭스를 충분히 사용한다.
⑧ 두꺼운 판의 경우에는 예열과 후열 후 서냉한다.

> **하나 더**
>
> ☞ **주철용접에 이용되는 용접봉**
> • 니켈 용접봉, 토빈청동 용접봉, 모넬메탈 용접봉
> • 마그네슘(X)

☑ **각종 금속의 용접**
1. 고탄소강
2. 주철
3. 스테인리스강
4. 구리 및 구리합금
5. 알루미늄 합금

☑ **용접 시 층간온도를 지켜야 할 용접재료**
• 고탄소강

☑ **탄소량의 함유에 따른 분류**
• 저탄소강 : 0.03% 이하
• 고탄소강 : 0.03% 이상
• 구조용 탄소강 : 0.05~0.6%
• 탄소공구강 : 0.6~1.5%

☑ **탄소량이 증가 시 증가하는 것**
• 강도, 경도, 비열, 보자력, 전기저항

☑ **탄소량이 증가 시 감소하는 것**
• 인성, 전성, 연신율, 충격값
• 비중, 선팽창계수
• 내식성, 용접성

☑ **주철의 보수방법**
1. 스터드법
2. 비녀장법
3. 버터링법
4. 로킹법

3 스테인리스강

(1) 0.8mm까지는 피복아크용접을 이용할 수 있다.

(2) 불활성가스 아크용접이 주로 이용된다.

(3) 스테인리스강에 용접에서는 용입이 쉽게 이루어지도록 하는 것이 중요하다.

(4) 니켈-크롬 스테인리스강의 용접(18-8 스테인리스강)은 탄화물이 석출하여 입계 부식을 일으켜 용접 쇠약을 일으키므로 냉각 속도를 빠르게 하든지, 용접 후에 용체화 처리를 하는 것이 중요하다.

하나 더

☞ **용체화 처리(고용화 열처리)**
• 강의 합금 성분을 고용체로 용해하는 온도 이상으로 가열하고 충분한 시간 동안 유지한 다음 급랭하여 합금 성분의 석출을 저해함으로써 상온에서 고용체의 조직을 얻는 조작을 말한다.

☞ **스테인리스강의 용접 시 취약성질의 원인**
• 탄화물의 석출로 인한 입계부식, 고용화 열처리함(용체화 처리)

(5) 18-8 스테인리스강을 용접할 때 주의 사항

① 예열을 하지 않는다.

② 층간 온도가 320℃ 이상을 넘어서는 안 된다.

③ 용접봉은 모재와 같은 것을 사용하며, 될수록 가는 것을 사용한다.

④ 낮은 전류치로 용접하여 용접 입열을 억제한다.

⑤ 짧은 아크길이를 유지한다(길면 카바이드 석출됨).

⑥ 크레이터를 처리한다.

> **하나 더**
>
> ☞ 스테인리스강을 용접한 후 냉각과정 중 600℃ 부근에서 지체되는 시간이 길어지지 않도록 하는 이유
> • 입계부식을 방지하기 위해
>
> ☞ 가장 낮은 온도에서 사용 가능한 저온용 강재
> • 오스테나이트계 스테인레스강
> • 내식성, 가공성, 용접성 우수

4 구리 및 구리 합금

(1) 열전도율이 커서 균열 발생이 쉽다.

(2) 티그 용접법, 피복 금속 아크 용접, 가스 용접법, 납땜법 등이 사용된다.

5 알루미늄 합금

(1) 열전도도가 커서 단시간에 용접온도를 높이는 데 높은 온도의 열원이 필요하다.

(2) 팽창 계수가 매우 크다.

(3) 가스용접, 불활성가스 아크용접, 전기저항용접이 쓰인다.

(4) 용접 후 2%의 질산 또는 10%의 더운 황산으로 세척한 후 물로 씻어 낸다(또는 찬물이나 끓인 물을 사용하여 세척한다).

✔ **오스테나이트계(18-8)의 특성**

1. 예열하지 않는다. 　　　　2. 비자성체이다.
3. 용접성이 우수하다. 　　　4. 내식성이 우수하다.
5. 내마멸성이 우수하다.

✔ **TIG 용접 시 Al, Mg의 전원**

1. ACHF 이용(고주파 교류) 　　2. 직류 역극성(산화막 제거)

Section 4 용접의 전후처리

1 일반 열처리

(1) 열처리의 목적

금속을 적당한 온도로 가열 및 냉각시켜 특별한 성질을 부여하는 데 있다.

(2) 담금질

① 강을 A_3 변태 및 A_1선 이상 30~50℃로 가열한 후 수냉 또는 유냉으로 급랭시켜서 강을 강하게 경도를 높이는 방법

② 조직

    ㉠ 마텐자이트(Martensite) : 강을 수냉한 침상 조직으로 강도는 크나 취성이 있다.

    ㉡ 트루스타이트(Troostite) : 강을 유냉한 조직으로 α-Fe과 Fe_3C의 혼합 조직이다.

    ㉢ 솔바이트(Sorbite) : 공냉 또는 유냉 조직으로 α-Fe과 Fe_3C의 혼합 조직이다. 강도와 탄성을 동시에 요구하는 구조용 재료로 사용한다.

    ㉣ 펄라이트 : α-Fe과 Fe_3C의 침상 조작으로 노중 냉각하여 얻는 조직으로 연성이 크고, 상온 가공과 절삭성이 양호하다.

③ **서브제로 처리(심랭 처리)** : 담금질 직후 잔류 오스테나이트를 없애기 위해서 0℃ 이하로 냉각하는 것이다.

④ **질량 효과** : 재료의 크기에 따라 내·외부의 냉각 속도가 달라 경도가 차이나는 것을 말한다.

⑤ **각 조직의 경도 순서** : M > T > S > P > A > F

⑥ **냉각 속도에 따른 조직 변화 순서** : M(수냉) > T(유냉) > S(공랭) > P(노냉). 이중 Pearlite는 열처리 조직이 아니다.

⑦ **담금질액**

    ㉠ 소금물 : 냉각 속도가 가장 빠르다.

    ㉡ 물 : 처음은 경화능력이 크나 온도가 올라갈수록 저하된다.

    ㉢ 기름 : 처음은 경화능력이 작으나 온도가 올라갈수록 커진다.

하나 더

☞ **질량 효과를 개선시키는 원소**

• B

• 재료의 내·외부에 열처리효과의 차이가 생기는 현상이 질량 효과이다.

(3) 뜨임

① 담금질된 강을 A_1을 변태점 이하로 가열 후 냉각시켜 담금질로 인한 취성을 제거하고 경도를 떨어뜨려 강인성을 증가시키기 위한 열처리이다.

② **뜨임의 종류**

㉠ 저온 뜨임 : 내부 응력만 제거하고 경도 유지한다. 뜨임 온도는 150℃이다.

㉡ 고온 뜨임 : Sorbite 조직으로 만들어 강인성을 유지한다. 뜨임 온도는 500~600℃이다.

③ **뜨임 조직의 변화** : A → M → T → S → P

④ **뜨임 취성의 종류**

㉠ 저온 뜨임 취성 : 300~350℃ 정도에서 충격치가 저하

㉡ 뜨임 시효 취성 : 500℃ 정도에서 시간에 경과와 더불어 충격치가 저하되는 현상으로 Mo 첨가로 방지 가능

㉢ 뜨임 서냉 취성 : 550~650℃ 정도에서 수냉 및 유냉한 것보다 서냉하면 취성이 커지는 현상

(4) 불림

가공 재료의 잔류 응력을 제거하여 결정 조직을 균일화한다. 공기 중 공랭하여 미세한 Sorbite 조직을 얻는다.

하나 더

☞ A_3에 가열 후 공냉시켜 표준화하는 열처리
• 불림

(5) 풀림 : 재질의 연화를 목적으로 노내에서 서냉한다.

① **풀림의 목적** : 내부 응력 제거

② **풀림의 종류**

㉠ 고온 풀림 : 완전 풀림, 확산 풀림, 항온 풀림

㉡ 저온 풀림 : 응력 제거 풀림, 재결정 풀림, 구성화 풀림 등

하나 더

☞ **심냉처리(서브제로처리)**
• 담금질된 강의 경도를 증가시키고 시효변형을 방지하기 위한 목적으로 0℃ 이하의 온도에서 처리하는 것

☞ **응력을 측정하는 게이지**
• 저항성 스트레인 게이지

✓ **열처리**
  1. 일반 열처리   2. 특수 열처리

✓ **일반 열처리**
  1. 담금질(퀜칭) : 강도·경도 증가, 소금물 최대효과, Cr은 담금질 효과 증대
  2. 뜨임(템퍼링) : 담금질로 인한 취성 제거, 강인성 증가(MO, W, V) (가열 후 냉각)
  3. 풀림(어닐링) : 재질의 변화, 내부응력 제거, 서냉
        └→ 국부풀림 625±25℃
  4. 불림(노멀라이징) : 조직의 균일화, 공랭, 미세조직화 A₃ 변태점

✓ **특수열처리**
  1. 항온 열처리
  2. 표면 경화법
     • 탄소강은 급랭할 때→조직변화는 치밀해진다.
     • 강의 열처리 중 냉각 속도가 빠른 경우 층상조직을 나타낸다.

✓ **노내풀림법**
  • 두께가 다른 용접물은 두꺼운 용접물을 기준으로 열처리한다.

✓ **풀림의 목적**
  • 내부 응력 제거   • 결정의 미세화   • 조직의 연화
  • 가공 경화 현상 개선   • 결정립의 구상화

✓ **전기로에서 응력 제거**
  • 얇은 부위를 기준으로 한다.

---

2 특수 열처리

(1) 항온 열처리

① **효과** : 담금질과 뜨임을 같이 하므로 균열 방지 및 변형 감소의 효과가 있다.

② **방법** : 강을 A_1 변태점 이상으로 가열한 후 변태점 이하의 어느 일정한 온도로 유지된 항온 담금질욕 중에 넣어 일정한 시간 항온 유지 후 냉각하는 열처리이다.

③ **특징** : 계단 열처리보다 균열 및 변형 감소와 인성이 좋다. 특수강 및 공구강에 좋다.

④ 종류

  ㉠ 오스템퍼 : 베이나이트 담금질로 뜨임이 불필요하다.

  ㉡ 마템퍼 : 마텐자이트와 베이나이트의 혼합 조직으로 충격치가 높아진다.

  ㉢ 마퀜칭 : S곡선의 코 아래에서 항온 열처리 후 뜨임으로 담금 균열과 변형이 적은 조직이 된다.

  ㉣ 타임퀜칭 : 수중 혹은 유중 담금질하여 300~400℃ 정도로 냉각시킨 후 다시 수랭 또는 유냉하는 방법이다.

  ㉤ 항온뜨임 : 뜨임 작업에서보다 인성이 큰 조직을 얻을 때 사용하는 것으로 고속도 강, 다이스강의 뜨임에 사용한다.

  ㉥ 항온풀림 : S곡선의 코 혹은 다소 높은 온도에서 항온 변태 후 공랭하여 연질의 펄라이트를 얻는 방법이다.

(2) 표면 경화법

① 침탄법

  ㉠ 고체 침탄법 : 침탄제인 코크스 분말이나 목탄과 침탄 촉진제(탄산 바륨, 적혈염, 소금)를 소재와 함께 900~950℃로 3~4시간 가열하여 표면에서 0.5~2mm의 침탄층을 얻는다.

  ㉡ 액체 침탄법 : 침탄제인 NaCN, KCN에 염화물 NaCl, KCl, $CaCl_2$ 등과 탄화염을 40~50% 첨가하고 600~900℃에서 용해하여 C와 N가 동시에 소재의 표면에 침투하게 하여 표면을 경화시키는 방법으로 '침탄 질화법'이라고도 한다.

  ㉢ 가스 침탄법 : 메탄 가스, 프로판 가스 등에 탄화 수소계 가스를 이용한 침탄법으로 대량생산도 가능하다.

② 질화법

  암모니아(NH_3) 가스를 이용하여 520℃에서 50~100시간 가열하면 Al, Cr, Mo 등이 질화되며 질화가 불필요하면 Ni, Sn 도금을 한다.

③ 침탄법과 질화법의 비교

비교내용	침탄법	질화법
경도	작다	크다
열처리	필요	불필요
변형	크다	적다
수정	가능	불가능
시간	단시간	장시간
침탄층	단단하다	여리다

④ **금속 침탄법** : 내식, 내산, 내마멸을 목적으로 금속을 침투시키는 열처리이다.

  ㉠ 세라다이징 : Zn

  ㉡ 크로마이징 : Cr

  ㉢ 칼로라이징 : Al

  ㉣ 실리코나이징 : Si

  ㉤ 브로마이징 : Br

⑤ **화염 경화법** : 산소-아세틸렌 화염으로 표면만 가열하여 냉각시켜 경화

⑥ **고주파 경화법** : 고주파열로 표면을 열처리하는 방법으로 경화시간이 짧고 탄화물을 고용시키기가 쉽다.

⑦ **기타** : 방전 경화법, 하드 페이싱, 메탈 스프레이, 숏 피닝 등이 있다.

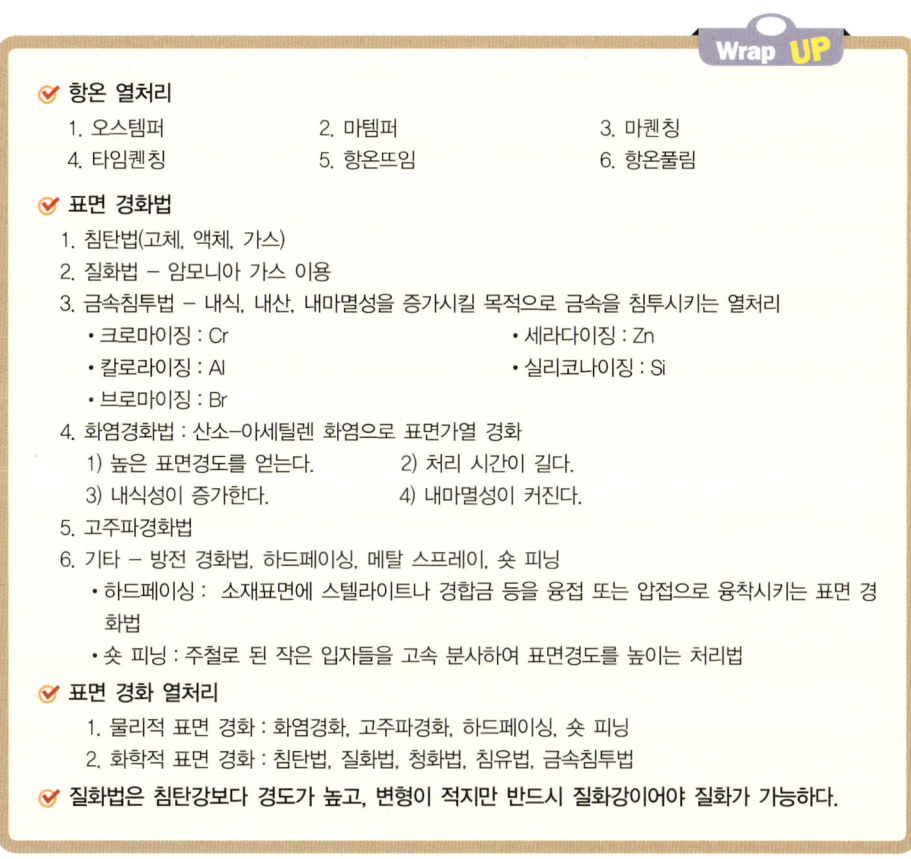

Wrap UP

✔ **항온 열처리**
1. 오스템퍼
2. 마템퍼
3. 마퀜칭
4. 타임퀜칭
5. 항온뜨임
6. 항온풀림

✔ **표면 경화법**
1. 침탄법(고체, 액체, 가스)
2. 질화법 – 암모니아 가스 이용
3. 금속침투법 – 내식, 내산, 내마멸성을 증가시킬 목적으로 금속을 침투시키는 열처리
 • 크로마이징 : Cr   • 세라다이징 : Zn
 • 칼로라이징 : Al   • 실리코나이징 : Si
 • 브로마이징 : Br
4. 화염경화법 : 산소-아세틸렌 화염으로 표면가열 경화
 1) 높은 표면경도를 얻는다. 2) 처리 시간이 길다.
 3) 내식성이 증가한다.   4) 내마멸성이 커진다.
5. 고주파경화법
6. 기타 – 방전 경화법, 하드페이싱, 메탈 스프레이, 숏 피닝
 • 하드페이싱 : 소재표면에 스텔라이트나 경합금 등을 융접 또는 압접으로 융착시키는 표면 경화법
 • 숏 피닝 : 주철로 된 작은 입자들을 고속 분사하여 표면경도를 높이는 처리법

✔ **표면 경화 열처리**
1. 물리적 표면 경화 : 화염경화, 고주파경화, 하드페이싱, 숏 피닝
2. 화학적 표면 경화 : 침탄법, 질화법, 청화법, 침유법, 금속침투법

✔ 질화법은 침탄강보다 경도가 높고, 변형이 적지만 반드시 질화강이어야 질화가 가능하다.

3 용접부의 응고

 용접부란 용접금속 및 열영향부를 포함하는 부분을 총칭한다. 용접 열영향부(HAZ)는 용융선과 모재사이에 형성되는 영역으로 고상에서 조직변화가 일어난 부분을 말한다.

① **완전 혼합역(Composite region)**

모재와 용접재료가 용융하여 완전히 혼합된 영역을 말하며, 대부분 용융부가 이 영역에 속한다.

② **미혼합역(Unmixed zone)**

모재는 완전히 용융되었지만 용접재료와 전혀 혼합되지 않았거나 불완전한 상태로 응고한 부분으로서 불완전 혼합역이라고도 하며, 용융선에 인접한 부분이다.

③ **부분 용융역(Partially melted zone)**

완전혼합역, 미혼합역과 고상영역의 사이에 존재하는 천이영역을 의미하며, 이 영역은 액상, 고상이 공존한다.

④ **용융선(Fusion line)**

미혼합역과 부분용융역의 경계선이지만 통상 용융금속과 열영향부의 경계선을 의미한다.

⑤ **원질부**

용접 열영향을 받지 않는 모재 부분을 의미한다.

03 용접설비제도

Section 1 제도통칙

1 제도(Drawing)의 일반

주문자가 의도하는 주문에 따라 설계자가 제품의 모양이나 크기를 일정한 규칙에 따라 선, 문자, 기호 등을 이용하여 도면으로 작성하는 과정을 말한다.

(1) 제도의 목적

설계자의 의도를 도면 사용자에게 확실하고 쉽게 전달하는 데 있다.

(2) 제도의 규격

① KS의 종류

A(기본), B(기계), C(전기), D(금속), E(광산), F(토건), G(일용품), H(식료품), K(섬유), L(요업), M(화학), P(의료), R(수송기계), V(조선), W(항공)로 분류된다.

② 각국의 공업 규격

한국(KS), 영국(BS), 미국(ANSI), 독일(DIN), 일본(JIS), 국제표준(ISO) 등

(3) 도면의 종류

① 사용 목적에 따른 분류

계획도, 제작도, 주문도, 승인도, 견적도, 설명도

② 내용에 따른 분류

조립도, 부분 조립도, 부품도, 상세도, 공정도, 접속도, 배선도, 배관도, 계통도, 기초도, 설 치도, 배치도, 장치도, 외형도, 구조선도, 곡면 선도, 구조도, 전개도 등

③ 도면 성질에 따른 분류

원도, 트레이스도, 복사도

(4) 도면의 크기 양식

① 도면 크기는 A열 사이즈를 사용한다.

② 도면을 접을 때는 A4 크기로 접고 표제란이 겉으로 나오게 한다.

③ 크기는 A0 1189×841부터 시작하여 $\sqrt{2}$로 나누어주면 근사값을 쉽게 구할 수 있다.

④ A1(841×594), A2(594×420), A3(420×297), A4(297×210)

⑤ 제도지의 각 변에서 윤곽선까지의 거리를 철하지 않을 때 An~A2는 20으로 하며, A3 부터는 10으로 함을 원칙으로 한다. 또한 철하는 부분을 모두 25로 한다.

(5) 척도 및 척도의 기입

① 척도는 원도를 사용할 때 사용하는 것으로서 축소 확대한 복사도에는 적용하지 않는다.

② 축척, 현척 및 배척이 있다.

③ A : B (A:도면에서의 크기, B:물체의 실제 크기)

④ 척도의 기입은 표제란에 기입하는 것이 원칙이나, 표제란이 없는 경우에는 도명이나 품번의 가까운 곳에 기입한다.

(6) 치수의 단위

① 제도의 단위로 mm단위를 사용하나 기호는 붙이지 않으며 특히 단위를 쓸 필요가 있을 때에는 그 단위를 명시한다.

② 각도의 표시는 도(°), 분(′), 초(″)를 사용하며 라디안을 사용할 때는 'rad'의 단위를 기입하여야 한다.

(7) 윤곽선, 표제란, 부품란 및 중심 마크

① **윤곽선** : 도면에 기재하는 영역을 명확히 하여 내용을 손상하지 않도록 그리는 테두리 선을 말하며, 선의 굵기는 도면의 크기에 따라 0.5mm 이상의 굵은 실선을 사용한다.

② **표제란** : 도면의 오른쪽 하단에 두어 도명, 척도, 투상법, 도면 번호, 제도자, 작성년월일 등을 표시한다.

③ **부품란**

ㄱ 부품 번호는 부품에서 지시선을 빼어 그 끝에 원을 그리고 원 안에 숫자를 기입한다.

ㄴ 숫자는 5~8mm 정도의 크기를 쓰고 숫자를 쓰는 원의 지름은 10~16mm로 하며, 한 도면에서는 같은 크기로 한다.

ㄷ 위치는 오른쪽 위나 오른쪽 아래에 기입한다. 그 크기는 표제란에 따른 크기로 하

고 오른쪽 아래에 기입할 때에는 표제란에 붙여서 아래에서 위로 기입하고 품번, 품명, 재료, 개수, 공정, 무게, 비고 등을 기록한다.

  ⓔ 표준 부품은 그 모양과 치수를 부품도에서 도시하지 않고 부품표에 호칭을 문자로 기입하여 나타내는 것이 보통이다.

④ 중심마크

도면의 마이크로 필름 촬영, 복사 등의 편의를 위하여 윤곽선으로부터 도면의 가장자리(테두리)에 이르는 수직한 0.5mm의 직선으로, 위치는 도면 4변의 중앙에 그린다.

2 제도 용구

(1) 제도 용구

영식, 불식, 독일식의 3종류가 있으며 주로 쓰이는 것은 독일식과 영식이다.

(2) 컴퍼스

① 연필심은 바늘 끝보다 0.5mm 정도 낮게 끼운다.

② 빔(Beam) 컴퍼스, 대형 컴퍼스, 중형 컴퍼스, 스프링 컴퍼스, 드롭 컴퍼스 순으로 원을 그릴 수 있다.

③ 원을 그릴 땐 6시 방향에서 시작하여 시계 방향으로 돌린다.

④ 디바이더(분할기)는 원호의 등분, 선의 등분, 길이나 치수를 옮길 때 사용한다.

(3) 자

삼각자, T자, 운형자, 스케일, 템플릿 등이 있다.

(4) 기타 용구

각도기, 연필, 제도판(900×1,200, 600×900, 450×600), 먹줄펜, 지우개 판, 만능 제도기, 제도지(켄트지, 와트만 페이퍼), 기타

3 선과 문자

(1) 선의 굵기

① 0.18, 0.25, 0.35, 0.5, 0.7, 1mm로 한다.

② 선의 우선순위 : 도면에서 2종류 이상의 선이 중복될 때는 외형선, 숨은선, 절단선,

중심선, 무게 중심선, 치수 보조선 등의 순으로 그린다.

(2) 선의 종류와 용도

① 외형선은 굵은 실선으로 그린다.

② 치수선, 치수 보조선, 지시선, 회전 단면선, 중심선, 수준면선 등은 가는 실선으로 그린다.

③ 은선(숨은선)은 가는 파선 또는 굵은 파선으로 그린다.

④ 중심선, 기준선, 피치선은 가는 1점 쇄선으로 그린다.

⑤ 특수 지정선은 굵은 1점 쇄선으로 그린다.

⑥ 가상선, 무게 중심선은 가는 2점 쇄선으로 그린다.

⑦ 파단선은 불규칙한 파형의 가는 실선 또는 지그재그선으로 그린다.

⑧ 절단선은 가는 1점 쇄선으로 끝 부분 및 방향이 변하는 부분을 굵게 한 것이다.

⑨ 해칭은 가는 실선으로 규칙적으로 줄을 늘어놓은 것이다.

⑩ 특수한 용도의 선으로는 가는 실선, 아주 굵은 실선으로 나눌 수 있다.

하나 더

☞ **가상선(가는 2점 쇄선)**
• 도시된 물체의 앞면을 표시
• 인접부분을 참고로 표시
• 가공 전 또는 가공 후의 모양을 표시
• 이동하는 부분의 이동위치를 표시
• 공구, 지그 등의 위치를 표시
• 반복을 표시하는 선

☞ **선의 종류와 용도**
• 외형선 : 굵은 실선
• 가는실선 : 치수선, 치수보조선, 지시선, 회전단면선, 수준면선, 해칭선
• 은선 : 가는 파선 또는 굵은 파선으로
• 가는 1점 쇄선 : 중심선, 기준선, 피치선
• 가는 2점 쇄선 : 가상선, 무게 중심선
• 굵은 1점 쇄선 : 특수지정선
• 파단선 : 물체의 일부를 파단한 곳을 표시하는 선으로, 불규칙한 파형의 가는 실선 또는 지그재그선
• 가는 실선, 아주 굵은 실선 : 특수한 용도

(3) 선을 긋는 방법

① 직선은 연필을 긋는 방향으로 약 $60°$ 정도 기울임과 동시에 앞으로 약간 기울여서 연필심의 끝이 정확하게 자에 따라서 움직이게 한다.

② 수평선은 왼쪽에서 오른쪽으로 수직선은 아래에서 위로 긋는다.

③ 경사선의 기준은 항상 왼쪽으로 한다.

④ 원이나 원호의 곡선은 수직 중심선 아래쪽에서 시작하여 시계 방향으로 그린다.

(4) 문자 쓰는 법

① 글자는 명백히 쓰고 고딕체로 하여 수직 15° 경사로 씀을 원칙으로 한다.

② 문자는 가로 쓰기를 원칙으로 하고 같은 도면에서 같은 높이로 한다.

③ 한글의 크기는 높이로 표시하여 높이는 2.24, 3.15, 4.5, 6.3, 9의 5종류가 있다. 나비는 높이의 100~80% 정도로 한다.

④ 아라비아 숫자의 크기는 2.24, 3.15, 4.5, 6.3, 9의 5종류가 있다.

⑤ 문자와 나비는 대문자와 높이의 1/2, 소문자 높이의 약 2/5가 되게 한다.

1 투상법의 종류

물체의 한 면 또는 여러 면을 평면 사이에 놓고 여러 면에서 투시하여 투상면에 비추어진 물체의 모양을 1개의 평면 위에 그려 나타내는 것을 투상도라고 하며 여러 가지의 종류가 있다. 투상도를 나타내는 방법에는 목적, 외관, 관점과의 상호관계 등에 따라 정투상도법, 사투상 도법, 부등 · 등각 투상법, 투시도법의 4종류가 있다.

(1) 정투상도

① 기계 제도에서는 원칙적으로 정투상법이 가장 많이 쓰이며 직교하는 투상면의 공간을 4등분하여 투상각이라 하며 3개의 화면(입화면, 측화면, 평화면) 중간에 물체를 놓고 평행광선에 투상되는 모양을 그린 것을 말한다.

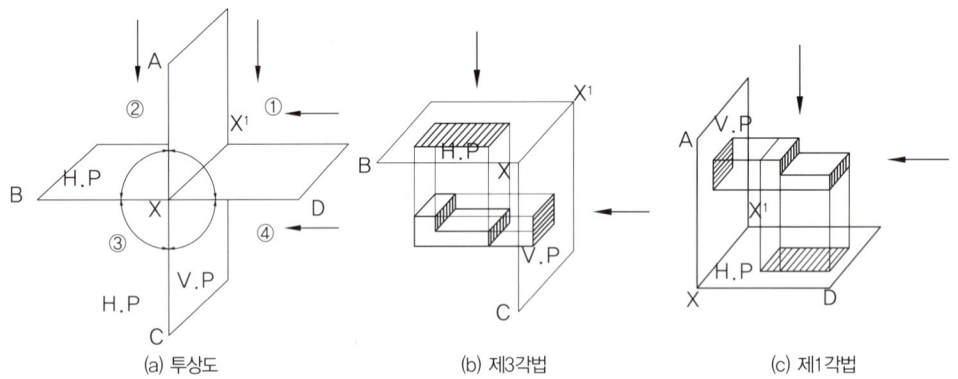

(a) 투상도   (b) 제3각법   (c) 제1각법

② 1각법

물체를 1각 안에 놓고 투상하는 것으로 눈 → 물체 → 투상면의 순으로 그려내는 방법으로, 정면도를 중심으로 아래쪽에 평면도, 왼쪽에는 우측면도를 그린다.

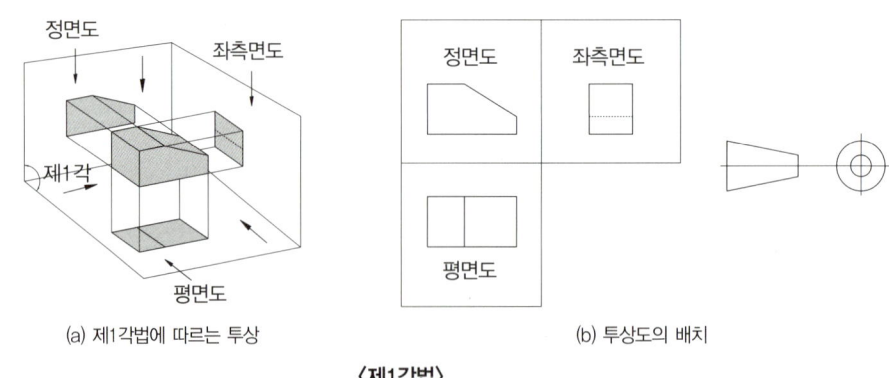

(a) 제1각법에 따르는 투상   (b) 투상도의 배치

〈제1각법〉

③ 3각법

물체를 3각 안에 놓고 투상하는 것으로 눈 → 투상면 → 물체의 순으로 그려내는 방법으로, 정면도를 중심으로 위쪽에는 평면도, 왼쪽에는 좌측면도를 그린다.

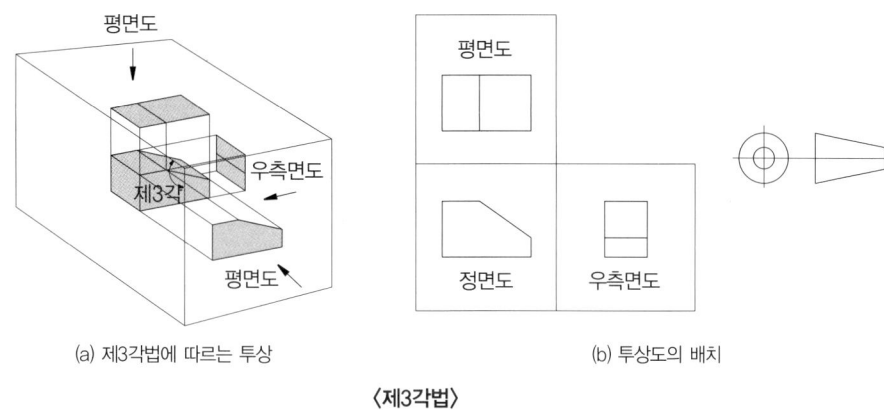

(a) 제3각법에 따르는 투상   (b) 투상도의 배치

〈제3각법〉

④ 제3각법이 제1각법에 비해 좋은 점은 정면도 중심으로 할 때 물체의 전개도와 같기 때문에 이해가 쉬우며 각 투상도의 비교가 쉽고 치수 기입이 편리하다는 점이다.

⑤ 기계 제도에서는 제3각법으로 그리도록 되어 있으므로 특별히 투상법에 구별을 표시하지 않아도 되나, 특별히 명시해야 될 때는 도면 안의 적당한 위치에 제3각법 또는 제1각법이라 기입하거나 문자 대신 기호를 사용하면 된다.

⑥ 투상도를 그리는 경우 선의 우선 순위는 외형선, 은선, 중심선의 순으로 하며 겹치는 경우 우선 표시한다.

(2) 부등 · 등각 투상법

정투상도는 직사하는 평행광선에 의해 비쳐진 투상을 취하므로 경우에 따라 선이 겹쳐져 판단이 곤란한 경우에 이를 보완하고 입체적으로 도시하기 위하여 경사진 광선에 의해 투상된 것을 그리는 방법으로 등각 투상도, 부등각 투상도가 있다.

(3) 사투상법

정투상도에서 정면도의 크기와 모양은 그대로 사용하고, 평면도와 우측면도를 경사시켜 그리는 투상법을 사투상법이라 한다. 종류에는 카발리에도(60°)와 캐비닛도(40°)가 있다.

(4) 투시도

① 눈의 투시 점과 물체의 각 점을 연결하여 방사선에 의하여 원근감을 갖도록 그리는

것이다.

② 기계 제도에서는 거의 쓰이지 않고 토목·건축제도에 주로 쓰인다.

(5) 도면의 표시법

물체의 투상도는 총 6개를 그릴 수 있으나 일반적으로는 3면도 이하로서 충분히 표면이 가능하므로 3개를 그릴 때는 3면도(정면도, 평면도, 우측면도), 2면도(정면도, 평면도-정면도, 우측면도), 1면도(정면도)로 물체를 나타낼 수 있다.

(6) 점의 투상법

① 점이 공간에 있을 때

② 점이 평화면 위에 있을 때

③ 점이 입화면 위에 있을 때

④ 점이 기선 위에 있을 때

(7) 직선의 투상법

① 한 화면에 평행한 직선은 실제 길이를 나타낸다.

② 한 화면에 수직인 직선은 점이 된다.

③ 한 면에 평행한 면의 경사진 직선은 실제 길이보다 짧게 나타난다.

(8) 평면의 투상법

① 한 화면에 평행한 평면은 실제의 모양을 나타낸다.

② 화면에 수직인 평면은 직선이 된다.

③ 화면에 경사진 평면은 단축되어 나타나게 된다.

(9) 투상도의 일반적인 원칙

① 은선이 적게 되는 투상도를 선택한다.

② 물체의 특징이나 모양 또는 치수를 가장 잘 나타낼 수 있는 투상도를 정면도로 한다.

③ 물품의 형상을 판단하기 쉬운 도면을 선택한다.

④ 물품의 주요면은 되도록 투상면에 평행 또는 수직되게 나타난다.

(10) 정면도 이외의 투상법

① **보조 투상도** : 물체가 경사면이 있어 투상을 시키면 실제 길이와 모양이 달라져 경사면에 별도로 투상면을 설정하고 이 면에 투상하면 실제 모양이 그려진다.

② **부분 투상도** : 물체의 일부 모양만을 도시해도 충분한 경우 사용한다.

③ **국부 투상도** : 대상물의 구멍, 홈 등 한 국부만의 모양을 도시하는 것으로 충분한 경우에는 그 필요 부분만을 국부 투상도로 나타낸다.

④ **회전 투상도** : 투상면이 어느 각도를 가지고 있기 때문에 그 실형을 표시하지 못할 때에는 그 부분을 회전해서 실제 길이를 나타낸다.

⑤ **요점 투상도** : 우측면도나 좌측면도에 보이는 부분을 모두 나타내면 오히려 복잡해져서 알아보기 어려울 경우, 왼쪽 부분은 좌측면도에, 오른쪽 부분을 우측면도에 그 요점만 투상한다.

⑥ **복각 투상도** : 도면에 물체의 앞면과 뒷면을 동시에 표현하는 방법으로 정면도를 중심으로 우측면도를 그릴 때 중심선의 왼쪽 반은 제1각법으로, 오른쪽 반은 제3각법으로 나타낸다. 또한 정면도를 중심으로 좌측면도를 그릴 때 중심선의 왼쪽 반은 제3각법으로, 오른쪽 반은 제1각법으로 그린다.

⑦ **상세도(확대도)** : 도면 중에는 그 크기가 너무 작아 치수 기입이 곤란한 경우 그 부분을 적당한 위치에 배척으로 확대하여 상세화시키는 투상을 말한다.

2 단면의 표시법

(1) 단면도

물체 내부의 모양 또는 복잡한 것은 일반 투상법으로 나타내면 많은 은선이 섞여서 도면을 읽기 어려운 경우가 있을 수 있다. 이와 같은 경우는 어느 면으로 절단하여 나타낸 형상을 단면도라 한다.

(2) 단면 법칙

① 기본 중심선으로 절단한 면을 표시한다(필요 시 기본 중심선이 아닌 곳에서 절단하여 그려도 된다).

② 단면임을 표시할 필요가 있으면 해칭을 한다.

③ 은선은 이해하기에 관계 없으면 단면에 기입하지 않는다.

④ 부분 단면은 단면의 한계를 표시하는 불규칙한 프리핸드로 그린다.

⑤ 절단 평면의 기호는 정면도에 그 문자와 기호를 표시한다.

⑥ 단면도에는 절단한 면만을 그리는 것이 아니라 절단면의 뒷면에 보이는 부분도 그린다.

⑦ 상하 또는 좌우 대칭인 물체에서 외형과 단면을 동시에 나타낼 때에는 보통 대칭 중심의 위쪽 또는 오른쪽 단면으로 나타낸다.

(3) 단면의 종류

① **온 단면도(전 단면도)** : 물체의 1/2을 절단

② **한쪽 단면도(반단면)** : 물체의 1/4을 절단(상하 또는 좌우가 대칭인 물체)

③ **부분 단면** : 필요한 장소의 일부분만을 파단하여 단면을 나타내는 방법으로 절단부는 파단선으로 표시

④ **회전 단면** : 핸들, 바퀴의 암, 리브, 훅, 축 등의 단면은 정규의 투상법으로 나타내기 어렵기 때문에 물품은 축에 수직한 단면으로 절단하여 단면과 90° 우회전하여 나타냄.

⑤ **계단 단면** : 절단면이 투상면에 평행 또는 수직한 여러 면으로 되어 있어 명시할 곳을 계단 모양으로 절단하여 나타냄.

(4) 절단하지 않는 부품

① **속이 찬 원기둥 및 모기둥 모양의 부품** : 축, 볼트, 너트, 핀, 와셔, 리벳, 키, 나사 베어링 등은 긴 쪽 방향으로 절단하지 않는다.

② **얇은 부분** : 리브, 웨브

③ **부품의 특수한 부품** : 기어의 이, 풀리의 암

(5) 얇은 것의 단면 도시

패킹, 박판, 형강 등에서 그려진 단면이 얇은 경우는 굵게 그린 한 줄의 실선으로 표시하며, 이들 단면이 인접하여 있는 경우는 그들의 표시하는 선 사이에 약간의 간격을 두어 그린다.

(6) 단면의 표시

① 필요에 따라 해칭 또는 스머징을 한다.

② 해칭은 수평선에 대하여 45° 경사진 가는 실선(0.3mm 간격)으로 사선을 표시한다.

③ 부품도에는 해칭을 생략하지만 조립도에는 부품 관계를 확실히 하기 위하여 해칭을 한다.

④ 비금속 재료의 단면 표시는 재료를 표시할 필요가 있을 때는 기호로 나타낸다.

(7) 대칭 도형의 생략

① 정면도가 단면도로 된 경우에는 정면도에 가까운 곳의 반을 생략하여 그린다.

② 정면도에 외형이 나타나 있을 경우에는 정면도에 가까운 곳의 반을 그린다.

③ **대칭 표시선** : 대칭 중심선의 상하 또는 좌우에 두 줄의 짧은 가는 평행선을 그어 생략하는 것을 나타낸다.

(8) 중간부의 생략

축, 봉, 관, 테이퍼 축 등의 동일 단면형의 부분이 긴 경우에는 중간 부분을 잘라 단축시켜 그린다.

① 잘라버린 끝 부분은 파단선으로 나타낸다.
② 원형일 경우에는 끝 부분을 타원형으로 나타낸다.
③ 해칭을 한 단면에서는 파단선을 생략해도 좋다.

(9) 교차부의 도시

2면의 교차 부분이 라운드를 가질 경우 교차 부분이 라운드를 가지지 않는 경우의 교차선 위에 굵은 실선으로 그린다.

(10) 연속된 같은 모양의 생략

같은 종류의 리벳 구멍, 볼트 구멍 등과 같이 같은 모양이 연속되어 있을 경우에는 그 양 끝부분 또는 필요 부분만 그리며 다른 곳은 생략하고 중심선만 그려 그 위치를 표시한다.

(11) 일부분에 특수한 모양을 갖는 경우

일부분에 특정한 모양을 가진 것은 그 부분이 그림의 위쪽에 나타나도록 그리는 것이 좋다. 예를 들어 키 홈이 있는 관이나 실린더, 쪼개진 링 등을 도시하는 경우에 해당한다.

(12) 특수한 가공 부분의 표시

특수한 가공을 하는 경우에는 그 범위를 외형선에 평행하게 약간 떼어서 굵은 1점 쇄선으로 나타낼 수 있다.

(13) 상관체 및 상관선

① **상관체** : 2개 이상의 입체가 서로 관통하여 하나의 입체가 된 것
② **상관선** : 상관체가 나타난 각 입체의 경계선

3 치수 표시법

(1) 치수 기입 원칙

① 정확하고 이해하기 쉬워야 한다.
② 치수는 되도록 주 투상도(정면도)에 모아 기입한다.

③ 정면도에 기입할 수 없는 치수는 측면도나 평면도에 기입한다.

④ 치수는 되도록 일직선으로 기입한다.

⑤ 관련되는 치수는 되도록 한 곳에 모아 기입한다.

⑥ 치수는 왼쪽과 위쪽에 기입한다.

⑦ 외형 치수, 전체 길이 치수는 반드시 기입한다.

⑧ 현장 작업할 때에 따로 계산하지 않고 치수를 볼 수 있어야 한다.

⑨ 치수는 공정별로 기입하는 것이 좋다.

⑩ 치수는 중복기입을 피한다.

⑪ 참고 치수는 치수 숫자에 괄호를 붙인다.

⑫ 치수는 다른 선과 교차하지 않도록 한다.

⑬ 제작 공정이 쉽고, 가공비가 최저로서 제품이 완성되는 치수이어야 한다.

⑭ 특별한 지시가 없는 경우는 완성 치수를 기입해야 한다.

⑮ 도면에 치수 기입을 누락시키지 않아야 한다.

(2) 치수 단위

① 보통 완성 치수를 mm 단위로 하고 단위 기호는 붙이지 않는다.

② 치수의 자리수가 많아도 세자리씩 끊는 점을 찍지 않는다.

③ 각도는 보통 도(°)로 표시하고 분(′) 및 초(″)를 병용할 수 있다.

(3) 치수 기입

① 치수 기입의 요소는 치수선, 치수 보조선, 화살표, 치수 숫자, 지시선 등이 필요하다.

② 치수선은 연속선으로 연장하고 연장선상 중앙에 치수를 기입한다.

③ 치수선은 다른 외형선과 평행하게 그리고 10~15mm 정도 띄어서 그린다.

④ 치수선은 다른 외형선과 다른 치수선과의 중복을 피한다.

⑤ 외형선, 은선, 중심선, 치수 보조선은 치수선으로 사용하지 않는다.

⑥ 치수 보조선은 외형선에 직각으로 긋는다. 단, 테이퍼부의 치수를 나타내는 때는 치수선과 60°의 경사로 긋는다.

⑦ 치수 보조선의 길이는 치수선보다 약간 길게 긋도록 한다.

⑧ 화살표의 길이와 폭의 비율을 3:1 정도로 하며 길이는 도형의 크기에 따라 달라질 수 있다. 하지만 같은 도면 내에서는 같아야 한다.

⑨ 구멍이나 축 등의 중심거리를 나타낼 때는 구멍 중심선 사이에 치수선을 긋고 기입한다.

⑩ 치수 숫자의 크기는 작은 도면에서는 2.24mm, 보통 도면에서는 3.5mm 또는

4.5mm로 하고 같은 도면에서 같은 크기로 한다.

⑪ 치수 숫자를 치수선에 대하여 수직 방향은 도면의 우변으로부터, 수평 방향은 하변으로부터 읽도록 한다.

⑫ 구멍의 치수, 가공법 또는 품번 등을 기입하는 데 지시선을 사용한다. 지시선은 수평선에 60°가 되도록 끌어내거나 그 끝을 수평으로 구부려 긋는다.

⑬ 비례척에 따르지 않을 때의 치수 기입은 치수 숫자 밑에 굵은 선을 그어 표시하거나 NS로 표기한다.

(4) 치수에 사용되는 기호

① ϕ : 원의 지름 기호를 나타내며 명확히 구분될 경우는 생략 가능

② □ : 정사각형 기호로 생략 가능

③ R : 반지름 기호

④ 구(S) : 구면 기호로 ϕ, R의 기호 앞에 기입

⑤ C : 모따기 기호

⑥ P : 피치 기호

⑦ t : 판의 두께 기호로 치수 숫자 앞에 표시

⑧ ⊠ : 평면기호

⑨ ( ) : 참고 치수 기호

(5) 여러 가지 치수 기입의 원칙

① 지름의 표시는 직경 치수로써 표시하고 치수 숫자 앞에 ø의 기호를 붙이거나 도면에서 원이 명확할 경우에는 생략한다.

② 지름의 치수선은 가능한 직선으로 하고 대칭형의 도면은 중심선을 기준으로 한쪽에만 치수선을 나타내고 한쪽에는 화살표를 생략한다.

③ 원호의 크기는 반지름으로 치수를 표시하고 치수선은 호의 한쪽에만 화살표를 그리고 중심축에는 그리지 않으나 특히 중심을 표시할 필요가 있을 때는 +자로 그 위치를 표시한다.

④ 원호 치수가 180°가 넘을 경우는 지름의 치수를 기입한다.

(6) 현과 호

① 치수선의 기입 방법은 현의 길이를 나타낼 때는 직선, 호의 길이를 나타낼 때는 동심 원호로 그린다.

② 특히, 현과 호를 구별할 필요가 있을 때에는 호의 치수 숫자 위에 "⌒"의 기호를 기입

하거나 치수 숫자 앞에 현 또는 호라고 기입한다.

③ 2개 이상 동심 원호 중에서 특정한 호의 길이를 특히 명시할 필요가 있을 때에는 그 호에서 치수 숫자에 대해 지시선을 긋고, 지시된 호측에 화살표를 그리고 호의 치수를 기입한다.

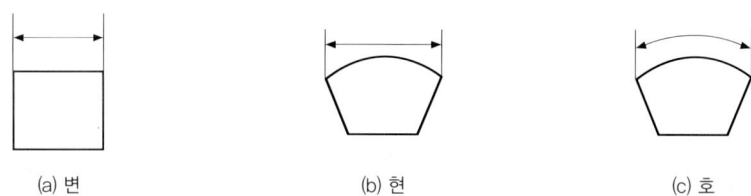

(a) 변   (b) 현   (c) 호

(7) 구멍

① 드릴 구멍, 리머 구멍, 펀칭 구멍, 코어 등의 구별을 표시할 필요가 있을 때에는 숫자에 그 구별을 함께 기입한다.

② 같은 종류, 같은 크기의 구멍이 같은 간격으로 있을 때에는 구멍의 총 수는 같은 장소의 총 수를 기입하고 구멍이 1개인 때에는 기입하지 않는다.

(8) 테이퍼와 기울기

① 한쪽의 기울기를 구배라 하고, 양면의 기울기를 테이퍼라 한다.

② 테이퍼는 중심선 중앙 위에 기입하고 기울기 경사면에 따라 기입한다.

③ 테이퍼는 축과 구멍이 테이퍼 면에서 정확하게 끼워 맞춤이 필요한 곳에만 기입하고 그 외는 일반 치수로 기입한다.

(9) 기타 치수 기입법

① 치수에 중요도가 작은 치수를 참고로 나타날 경우에는 치수 숫자에 괄호를 하여 나타낸다.

② 대칭인 도면은 중심선의 한쪽 만을 그릴 수 있다. 이 경우 치수선은 원칙적으로 그 중심선을 지나 연장하며, 연장한 치수선 끝에는 화살표를 붙이지 않는다.

③ 치수표를 사용하여 치수 기입을 할 수 있다.

4 치수 공차

(1) 치수 공차의 용어

① **실제 치수** : 실제로 측정한 치수로 최종 가공된 치수
② **허용 한계 치수** : 허용 한계를 표시하는 크고 작은 두 치수
   ㉠ 최대 허용 치수 : 실 치수에 대하여 허용하는 최대 치수
   ㉡ 최소 허용 치수 : 실 치수에 대하여 허용하는 최소 치수
③ **치수 허용차** : 허용 한계 치수에서 기준 치수를 뺀 값
   ㉠ 위 치수 허용차 : 최대 허용 치수에서 기준 지수를 뺀 값
   ㉡ 아래 치수 허용차 : 최소 허용 치수에서 기준 치수를 뺀 값
④ **치수 기준** : 허용 한계 치수의 기준이 되는 호칭 치수
⑤ **공차** = 최대 허용 치수 − 최소 허용 치수

(2) IT 기본 공차

① 18등급이 있다.
② IT 01~04급 : 게이지류에 사용
③ IT 05~10급 : 끼워 맞춤이 필요한 부분
④ IT 11~16급 : 끼워 맞춤이 필요 없는 부분

(3) 구멍과 축

① **구멍** : 대문자로 표시하며 A가 가장 크고 Z로 갈수록 작아진다.
② **축** : 소문자로 표시하며 a가 가장 작고 z로 갈수록 커진다.
③ **최대 틈새** : 구멍의 최대 허용지수(A)에서 축의 최소 허용 치수(a)를 뺀 값이다.
④ **최대 죔새** : 구멍의 최소 허용지수(Z)에서 축의 최대 허용 치수(z)를 뺀 값이다.
⑤ **끼워 맞춤의 종류** : 헐거운 끼워 맞춤, 억지 끼워 맞춤, 중간 끼워 맞춤이 있다.

5 표면 거칠기와 다듬질 기호

(1) 표면 거칠기

① 가공된 금속 표면에 생기는 주기가 짧고, 진폭이 비교적 작은 불규칙한 요철(凹 凸)의 크기를 말한다.
② 거칠기 표기 방법의 종류로는 최대 높이(R_{max}), 10점 평균 거칠기(R_z), 중심선 평균 거칠기(R_a)가 있으며 각각 산술 평균값으로 나타낸다.

③ 표면에 기복의 차이는 미크론(㎛) 단위를 사용한다.

(2) 표면 기호

① 표면 거칠기 표시 방법은 표면 기호 및 다듬질 기호에 의한 방법이 있다.
② 표면 기호는 표면 거칠기의 구분값, 기준 길이의 컷오프값, 가공 방법의 약호 및 가공 모양의 기호로 되어 있다.
③ 구분값의 하한 수치 및 그 기준 길이는 필요한 경우만 기입한다.
④ 기준 길이, 가공 방법의 약호, 가공 모양의 기호가 필요 없을 때에는 생략할 수도 있다.

(3) 다듬질 기호

① 다듬질 기호는 삼각 기호 및 파형 기호가 있다.
② 삼각 기호는 표면에 다듬질 가공을 하는 면에, 파형 기호는 표면 가공을 하지 않는 면에 사용한다.
③ 삼각 기호의 높이 3mm를 표준으로 정삼각형을 거꾸로 한 모양으로 형판이나 프리핸드로 그리며 파형 기호도 프리핸드로 그린다.
④ 다듬질 정도를 나타내는 데는 S기호(1/100mm 기폭의 차이)를 사용하는데, 예를 들면 25-S와 같이 기입할 때, 이 뜻은 25㎛ 이하의 다듬질 정도로서 최대 높이가 25×0.001mm이하라는 뜻이다.
⑤ 파형 기호는 주조, 단조, 압연, 인발, 아이캐스팅, 전조 등의 면에 대해서는 기호를 기입하거나 또는 생략하고 샌드 블라스팅을 한 주물 표면이나 텀블링한 면에는 파형 기호를 기입한다.

> **하나 더**
>
> ☞ **용접부의 다듬질 기호**
> • C : 치핑   • G : 연삭   • F : 특별히 지정하지 않음   • M : 절삭

6 재료 기호

재료 기호는 보통 3부분으로 표시하나 때로는 5부분으로 표시하기도 한다.
• 첫째 자리 : 재질(영어의 머리 문자, 원소 기호 등으로 표시)
• 둘째 자리 : 제품명 또는 규격
• 셋째 자리 : 재료의 종별, 최저 인장 강도, 탄소 함유량, 경·연질, 열처리

- 넷째 자리 : 제조법
- 다섯째 자리 : 제품 형상으로 표시 (※ 일반적으로 잘 사용하지 않는다.)

  예 SF40 : S는 재질이 강이며, 제품명은 단조품으로 최저 인장강도가 40kg/mm²이다.

  예 FRI-0 : F는 재질이 강이며, R은 봉으로 1종 연질이다.

  예 BsBMO◎ : 황동, 비철금속 머신용 봉재로 연질이며, 압출로 만든 파이프이다.

	기호	기호의 뜻	기호	기호의 뜻
제1위 기호 재질 명칭	Al	알루미늄	K	켈밋 합금
	AlA	알루미늄합금	MgA	마그네슘 합금
	B	청동	NBS	네이벌 황동
	Bs	황동	Nis	양은
	C	초경합금	PB	인청동
	Cu	구리	S	강
	F	철	W	화이트 메탈
	HBs	강력 황동	Zn	아연
제2위 기호 제품명 및 규격	B	바 또는 보일러	R	봉
	BF	단조봉	HN	질화 재료
	C	주조품	J	베어링 재
	BMC	흑심가단주철	K	공구강
	WMC	백심가단주철	NiCr	니켈 크롬강
	EH	내열강	KH	고속도강
	FM	단조재	F	단조품
제3위 기호 종별 및 특성	O	연질	T	담금질 후 상온시효
	1/4 H	1/4 경질	EH	특경질
	1/2 H	1/2 경질	T_2	담금질 후 풀림
	S	특질	W	담금질한 것
	3/4 H	3/4 경질	T_3	풀림
	H	경질	SH	초경질
제4위 기호 제조법	Oh	평로강	Cc	도가니강
	Oa	산성 평로강	R	압연
	Ob	염기성 평로강	F	단련
	Bes	전로강	Ex	압출
	E	전기로강	D	인발
제5위 기호 형상 기호	P	강판		8각장
	●	둥근강		평강
	◎	파이프		I형강
	□	각재		채널
		6각장		L형강

7 체결용 기계 요소

(1) 나사

① 인접한 두 산의 직선 거리를 측정한 값을 피치라 하고, 나사가 1회전하여 축 방향으로 진행한 거리를 리드라고 한다.

$$L=NP \, (L : 리드, N : 줄 수, P : 피치)$$

② 축 방향에서 시계 방향으로 돌려서 앞으로 나아가는 나사를 오른나사, 반대인 경우를 왼나사라 한다.

③ 삼각나사

    ㉠ 미터 나사(M) : 각도 $60°$, 지름은 mm

    ㉡ 휘트워드 나사 : 각도 $55°$, 지름은 인치(inch)

    ㉢ 유니 파이 나사(UNC, UNF) : 각도 $60°$, 지름은 인치

④ **사각 나사** : 프레스와 같이 큰 힘의 전달에 사용한다(전동용 나사).

⑤ **사다리꼴 나사** : 접촉이 정확하여 선반의 리드스크루 등에 사용한다. 나사산의 각도 $30°$(미터계, TM), 나사 산의 각도 $29°$(인치계, TW)가 있다.

⑥ **톱니 나사** : 삼각 나사와 사각 나사의 장점을 딴 것이며 추력이 한 방향으로 작용하는 곳에 사용한다(잭, 바이스).

⑦ **둥근 나사** : 전구와 소켓 등에 사용한다.

⑧ **관용 나사** : 배관용 강관 연결에 사용한다. 테이퍼 나사(PT, PS)와 평행나사(PF)의 2종이 있으며 테이퍼의 1/16이다.

> **하나 더**
>
> ☞ 마찰이 매우 작고 백래시가 작아 정밀공작기계의 이송장치에 사용되는 나사
> • 볼나사

(2) 나사의 표시법

나사의 잠긴 방향, 나사 산의 줄 수, 나사의 호칭, 나사의 등급

예 좌 2줄 M50×3-2 : 왼나사 2줄 미터 가는 나사 2급

> **하나 더**
>
> ☞ M20×L3 – P1.5 – 6H – N(나사표시법)
> • M20은 나사의 지름이 20mm, P1.5는 피치가 1.5mm인 나사를 나타낸다.

(3) 나사의 호칭

나사의 호칭은 나사의 종류 표시 기호 지름 표시 숫자, 피치 또는 25.4mm에 대한 나사산의 수로서 다음과 같이 표시한다.

① **피치를 mm로 나타내는 경우**

　㉠ 나사의 종류 | 나사의 지름 | × | 피치

　　예 M16×2

　㉡ 일반적으로 미터나사는 피치를 생략하나 M3, M4, M5에는 피치를 붙여 표시한다.

② **피치를 산의 수로 표시하는 경우(유니 파이 나사는 제외)**

　㉠ 나사의 종류를 표시하는 기호 | 수나사의 지름을 표시하는 숫자 | 산 | 산수

　　예 TW 20 산6

　㉡ 관용 나사는 산의 수를 생략한다. 또, 각인에 한하여 산 대신에 하이폰을 사용할 수 있다.

③ **유니파이 나사**

　수나사의 지름을 표시하는 숫자 또는 번호 – 산 수 | 나사의 종류를 표시하는 기호

　　예 1/2 – 13 UNC

　　※ PF 1/2 – A : 관용 평행나사 A급

(4) 나사의 등급

나사의 정도를 구분한 것으로 나사의 등급이라 하며, 숫자 밑에 문자에 조합으로 나타낸다. 미터 나사는 급수가 작을수록, 유니파이 나사는 급수가 클수록 정도가 높다.

　예 3A, 3B, 2B, 1A, 1B ← A : 수나사, B: 암나사

나사의 등급은 필요 없을 경우에는 생략해도 좋으며, 암나사와 수나사의 등급을 동시에 표시할 수 있을 때에는 암나사의 등급 다음에 "/"을 넣고 수나사 등급을 표시한다.

　예 M10 – 2/1 : 한 줄 미터 보통 나사, 암나사 2급, 수나사 1급

하나 더

☞ Øin+34의 해석
• 화살표 표시된 부분의 안쪽치수 Ø34mm이다.

(5) 볼트와 너트

① **볼트의 호칭**

규격 번호	종류	다듬질 정도	나사의 호칭	×	길이	–	나사의 등급	강도 구분	재료	지정 사항
KSB 1002	육각 볼트	중	M42	×	150	–	2	SM	20C	둥근 끝

※ 이 중 규격 번호는 생략 가능하며, 지정 사항은 자리 붙이기, 나사부의 길이, 나사 끝 모양, 표면 처리 등을 필요에 따라 표시가 가능하다.

② 너트의 호칭

규격 번호	종류	모양의 구별	다듬질 정도	나사의 호칭	-	나사의 등급	재료	지정 사항
KSB 1002	육각 너트	2종	상	M42	-	1	SM20C	H=42

※ 규격 번호는 특별히 필요치 않으면 생략하고 지정 사항은 나사의 바깥 지름과 동일한 너트의 높이(H), 한 계단 더 큰 부분의 맞변 거리(B), 표면 처리 등을 필요에 따라 표시한다.

③ **작은 나사** : 보통 지름이 1~8mm

규격 번호	종류	나사의 호칭×길이	나사의 등급	강도 구분	재료	지정 사항
	+자 홈 접시 머리 작은 나사	M5 × 0.8	25	SM20C	아연	도금

④ **세트 스크루**

머리 모양	끝 모양	등급	나사 호칭×길이		재료	지정 사항
사각	평행형	2급	M5 × 0.8	10	SM20C 아연	도금

(6) 리벳

① **용도에 따라** : 일반용, 보일러용, 선박용 등

② **리벳 머리의 종류에 따라** : 둥근 머리, 접시 머리, 납작 머리, 둥근 접시 머리, 얇은 납작머리, 냄비 머리 등

③ **리벳의 호칭**

규격 번호	종류	호칭지름 × 길이	재료
KSB 1102	열간 둥근 머리 리벳	16 × 40	SBV 34

※ 규격 번호를 사용하지 않는 경우는 종류의 명칭 앞에 열간 또는 냉간을 기입한다.

8 스케치도 작성법

(1) 스케치도의 개요

① **스케치도의 종류**

ㄱ 프리핸드법

ㄴ 프린팅법 : 광명단이나 기름걸레를 사용

ㄷ 모양뜨기법 : 납선, 구리선

ㄹ 사진 촬영

② 보통 3각법에 의하고 프리핸드로 그린다.

(2) 스케치도의 작성 순서

① 기계 분해 전에 부품의 구조 기능을 조사한다.

② 각 부의 부품 조립도와 부품표를 작성하고 세부 치수를 기입한다.

③ 각 부품도에 재료(재질), 가공법, 수량, 끼워 맞춤 기호 등을 기입한다.

④ 기계 전체의 형상을 명백히 하고 완전 여부를 검토한다.

9 배관의 도시기호

(1) 배관 기호 및 도면의 해독

① 평면 배관도, 입면 배관도, 입체 배관도, 조립도, 부분 조립도

② 치수 표시는 mm를 단위로 하고 각도는 보통 도(˚)로 표시한다.

③ 높이 표시는 EL(BOP, TOP), GL, FL로 표시한다.

④ 관의 도시는 실선으로 도시하고 같은 도면 내에서 같은 굵기의 실선으로 표시한다.

⑤ 관내를 통과하는 유체의 표시는 공기는 A, 가스는 G, 기름은 O, 수증기는 S, 물은 W로 한다.

⑥ 관의 굵기만을 도시할 때는 관 위에 지금을 표시한다.

⑦ 온도계와 압력계 표시는 계기의 표시 기호를 ○안에 기입한다. 압력계는 P, 온도계는 T로 한다.

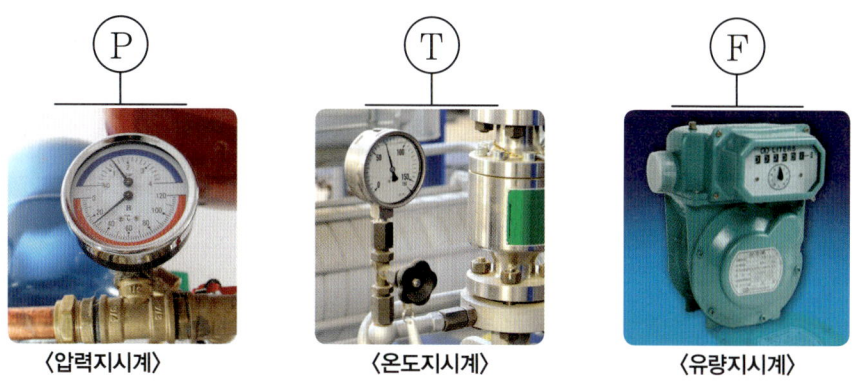

〈압력지시계〉　　　　　〈온도지시계〉　　　　　〈유량지시계〉

(2) 관의 접속 상태

접속하거나 분기할 때는 점으로 표시하고 교차할 때에는 점이 나타나지 않는다.

(3) 관의 굽은 상태

① ————⊙ : 파이프가 앞쪽으로 수직하게 구부러졌을 때

② ————○ : 파이프가 뒤쪽으로 수직하게 구부러졌을 때

③ 관 연결 도시 기호

㉠ 나사형은 '직선(|)'으로, 용접형은 '×'로, 플랜지형은 '‖'로 턱걸이형은 ')'로 하며, 납땜형은 'O'로 표시한다.

㉡ 신축이음은 루프형, 벨로즈형, 슬리브형, 스위블형이 있다.

〈루프형〉　　　　　〈벨로즈형〉　　　　　〈슬리브형〉　　　　　〈스위블형〉

(4) 밸브의 종류

① **글로브 밸브(스톱 밸브)** : 파이프 출구와 입구가 일직선이고 밸브 시트에 대하여 수직 방향으로 운동한다.

② **슬로브 밸브(게이트 밸브)** : 나사 봉에 의하여 밸브가 파이프의 축선에 직각 방향으로 개폐되는 밸브이며, 이 밸브를 완전하게 열면 유체 흐름의 저항이 작고 밸브의 개폐 시간이 긴 밸브이다.

③ **앵글 밸브** : 파이프의 출구와 입구가 직각을 이루는 밸브이다.

④ **체크 밸브** : 유체의 흐름을 한 방향으로만 흐르게 하는 밸브로, 종류에는 리프트식과 스윙식이 있다.

⑤ **콕** : 관 속의 유체가 저압일 경우 신속히 개폐할 때 사용한다.

⑥ **안전 밸브** : 보일러 압력 용기 등에 사용되며, 사용 중 규정 압력 이상이 되면 밸브가 열려 유체가 대기 중에 방출되는 밸브이다.

종류	그림 기호	종류	그림 기호
밸브 일반	⊲⊳	앵글밸브	◿
게이트 일반	⊲‖⊳	3방향 밸브	⊳⊲
글로브 밸브	⊲●⊳	안전밸브	
체크 밸브	⊲		
볼 밸브	⊲⊳		
버터플라이 밸브	⊲●	콕 일반	⊳⊲

(5) 공업 배관

① 공업 배관 도면에는 평면 배관도, 입면 배관도, 부분 배관 조립도, 공정도, 계통도, 배치도, 관장치도 등이 있다.

② 계통도, PID(Pipe and Instrument Diagram), 관 장치도가 있다.

10 판금·제관 및 철골 구조물 해독

(1) 전개법

① **평행선 전개법** : 직각 기둥이나 원기둥 전개에 사용한다.

② **방사선 전개법** : 각 뿔이나 원 뿔 등의 전개에 사용한다.

③ **삼각형 전개법** : 꼭지점이 지면 밖에 나가거나 큰 컴퍼스가 없을 때 사용한다.

(2) 두꺼운 판의 전개

① **원통 치수가 외경일 때 판의 길이** : 판의 길이 = $\pi \times$(바깥 지름-판 두께)

② **원통 치수가 내경일 때 판의 길이** : 판의 길이 = $\pi \times$(바깥 지름+판 두께)

③ **구부림 곡선의 길이** : 길이 = {(지름+두께)$\times\pi\times$구부러진 각도}÷360

(3) 구조물

교량, 철탑 등 판 또는 봉상의 부재를 적당히 결합시켜 하중을 바치는 것으로 구조물이라 하며, 부재가 주로 형강인 것을 골조 구조물, 판재로 구성된 것을 구조물이라고 한다.

1 용접 기호

(1) 용접 기호의 정의

용접 기호(Symbolic repressentation of welds)는 용접 구조물의 설계 및 제작 도면에 설계자가 생각하고 있는 이음 형식과 홈의 형상, 필릿의 다리 길이, 용입 길이, 비드 표면의 다듬질 방법, 용접 장소, 용접법 등을 나타내기 위해 우리 나라 산업 규격에서 제정된 기호이다.

(2) 용접 기호의 일반 사항

① 용접 이음부는 제도에서 일반적으로 채용되는 규격에 근거하여 나타내며, 기호를 간략화하기 위해 사용하는 이음부에 대하여 규격에 있는 기호 표시법을 채용하고 있다.

② 특정의 이음부를 지시하기 위해 주석을 붙이거나 추가적인 견해없이 모든 필요사항을 명료하게 표시할 수 있다.

③ 이 기호 표시법은 기본 기호와 상세함을 더하기 위해 보조 기호, 치수 표시, 몇 가지의 보조 지시 사항으로 구성하고 있다.

④ 도면의 간략화를 위해 도면의 용접법을 지시하기보다 용접, 브레이징, 솔더링 중 어느 것으로 접합되는 부재 단면의 준비에 관한 모든 항목을 나타나도록 상세한 지시 및 특별한 명세서로 구성되는 참조문으로 작성하고 있다.

(3) 용접 기본 기호

용접 기호는 일반적으로 사용되는 용접부의 형상과 유사한 기호로 표시하고 있는데 이
기호는 용접 방법 등을 미리 판단하는 데 사용해서는 안 된다.

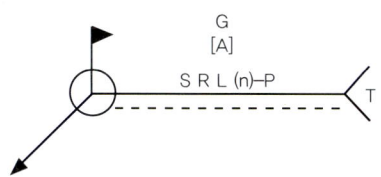

〈용접 기본 기호〉

번호	명칭	도시	기호
1	양면 플랜지형 맞대기 이음 용접		⋏
2	평면형 평행 맞대기 이음 용접		‖
3	한쪽면 V형 맞대기 이음 용접		V
4	부분 용입 한쪽면 V형 맞대기 이음 용접		Y
5	부분 용입 양면 V형 맞대기 이음 용접 (부분 용입 X형 이음)		X
6	양면 V형 맞대기 이음 용접(X형 맞대기 용접)		X
7	한쪽면 K형 맞대기 이음 용접(V형 맞대기 용접)		V
8	양면 V형 맞대기 이음 용접(X형 맞대기 용접)		X
9	부분 용입 한쪽면 K형 맞대기 이음 용접		Y
10	부분 용입 양면 K형 맞대기 이음 용접 (부분용입 K형 맞대기 용접)		K
11	한쪽면 U형 홈 맞대기 이음 용접(평행면 또는 경사면)		Y

번호	명칭	도시	기호
12	양면 U형 맞대기 이음 용접(H형 맞대기 이음 용접)		
13	한쪽면 J형 맞대기 이음 용접		
14	뒷(이)면 이음 용접		
15	급경사면(스팁 플랭크) 한쪽면 V형 홈 맞대기 이음 용접		
16	급경사면 한쪽면 K형 맞대기 이음 용접		
17	가장자리(변두리) 용접		|||
18	필릿(Filet)용접		
19	스폿(Spot, 점) 용접		
20	심(Seam) 용접		
21	플러그(또는 슬롯) 용접		
22	경사 이음		
23	겹침 이음		
24	서페이싱(덧쌓기)		
25	서페이싱 이음		

(4) 용접 보조 기호

용접 보조 기호는 기본 기호에 이 기호를 사용함으로써 기본 기호를 보조하는 역할을 하는 것으로 용접 표면의 형상을 이해할 수 있도록 도와주는 기호이다. 이러한 보조 기호가 없는 경우는 용접부 표면의 형상을 특별히 지시할 필요가 없다는 것을 뜻한다.

〈용접 보조 기호〉

용접 및 용접부 표면의 형상	보조 기호	도시	조합 기호
1. 평면(동일 평면) 다듬질 – 한쪽면 V형 맞대기 용접 후 평면으로 다듬질			
– 뒷(이)쪽면 용접을 한쪽면 V형 맞대기 용접 후 양쪽 평면 다듬질			
– 한쪽면 V형 다듬질 맞대기 용접 후 동일면 다듬질			
2. ⌢(볼록)형 – 양면 V형 맞대기 용접(볼록 비드)			
3. ⌣(오목)형 – 필릿 용접(오목 비드)			
4. 필릿 용접 끝단부를 매끄럽게 다듬질			
– 뒤쪽면 용접과 넓은 루트면을 가진 한쪽면 V형(Y이음) 맞대기 용접, 용접한 대로			
5. 영구적인 덮게 판을 사용	M		
6. 제거 가능한 덮게 판을 사용	MR		

주) 기호는 ISO 1502에 따름, 이 기호 대신 V 기호를 사용할 수 있음

(5) 용접부의 용접 기호 표시 방법

① 설명선 표시 방법

설명선이란 용접부를 기호로 표시하기 위하여 사용하는 선을 말하며, 화살표(지시선)와 기준선(실선), 동일선(파선), 꼬리로 구성되며, 꼬리는 필요 없으면 생략해도 된다. 그리고 용접 기호는 이 실선이나 파선에 붙여 용접부를 표시한다.

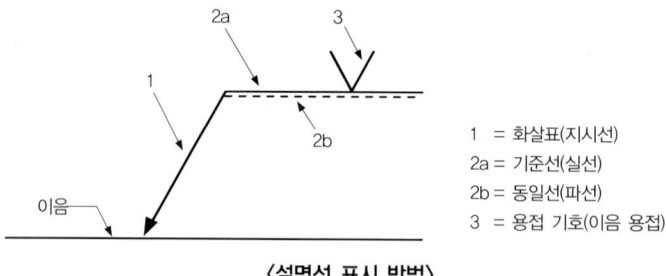

1 = 화살표(지시선)
2a = 기준선(실선)
2b = 동일선(파선)
3 = 용접 기호(이음 용접)

〈설명선 표시 방법〉

② 용접 본 기호 기재 방법

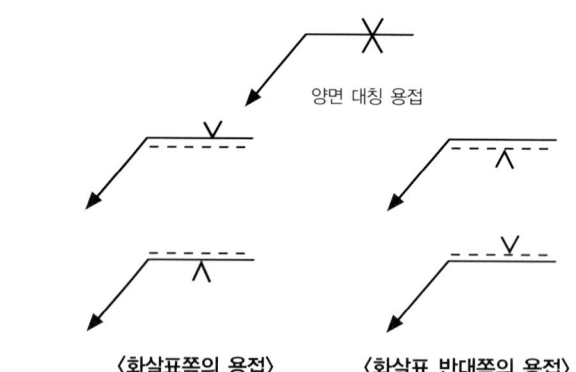

양면 대칭 용접

〈화살표쪽의 용접〉   〈화살표 반대쪽의 용접〉

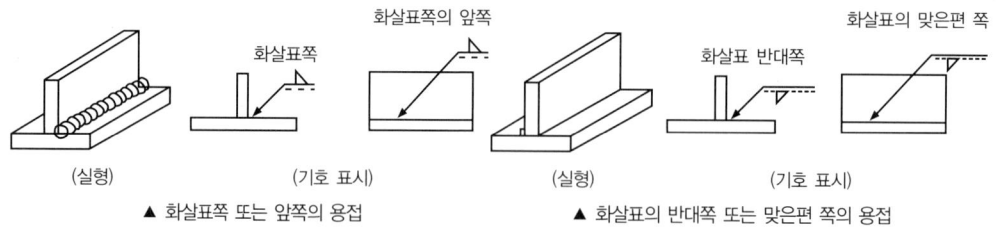

화살표쪽   화살표쪽의 앞쪽   화살표 반대쪽   화살표의 맞은편 쪽

(실형)   (기호 표시)   (실형)   (기호 표시)

▲ 화살표쪽 또는 앞쪽의 용접   ▲ 화살표의 반대쪽 또는 맞은편 쪽의 용접

〈기준선에 기본 기호 위치에 따른 용접 방향〉

③ 용접 기호 기재 방법

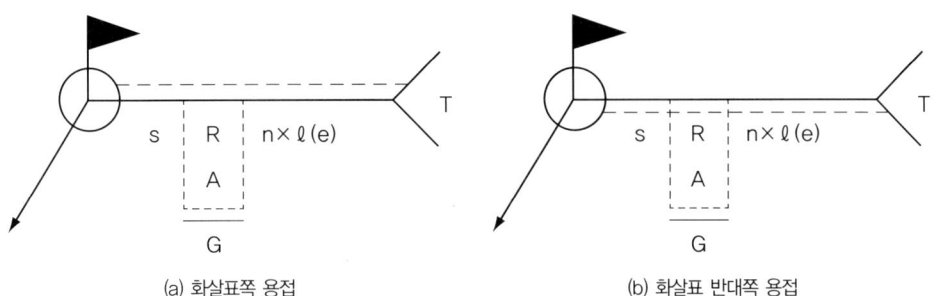

(a) 화살표쪽 용접   (b) 화살표 반대쪽 용접

〈용접 시공 내용의 기재 방법〉

- ☐ : 기본 기호
- S : 용접부 단면 치수 또는 강도(홈의 깊이, 필릿의 다리 길이, 플로그 구멍의 지름, 슬롯홈의 나비 · 심의 나비, 점용접의 너깃 지름 또는 한점의 강도 등)
- R : 루트간격
- A : 홈의 각도
- L : 단속 필릿 용접의 용접 길이, 슬롯 용접의 홈 길이 또는 필요한 경우 용접 길이
- n : 단속 필릿 용접 등의 수
- P : 단속 필릿 용접, 플로그 용접, 슬롯 용접, 점 용접 등의 피치(용접부의 중앙선과 인접 용접부 중앙선과의 거리)
- T : 특별 지시 사항(J, U형 등의 루트 반지름, 용접 자세, 용접 방법, 비파괴 시험 보조 기호, 기타 등)
- – : 표면 모양의 보조 기호
- G : 다듬질 방법의 보조 기호(G : 연삭, C : 치핑, M : 기계 가공, F : 지정하지 않음)

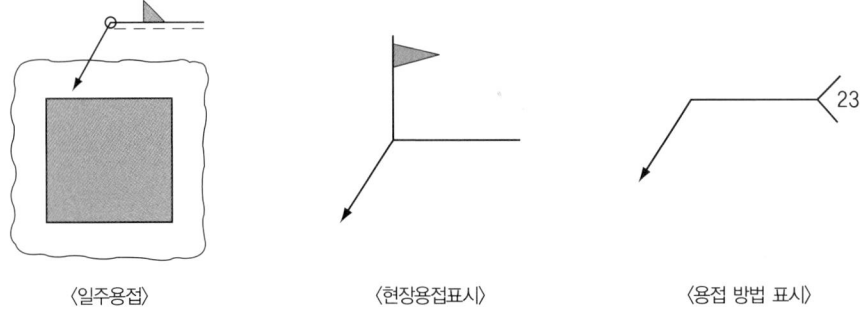

〈일주용접〉   〈현장용접표시〉   〈용접 방법 표시〉

2 비파괴 시험 기호

1. 비파괴 시험 기호 표시 방법

(1) 용접부에 비파괴 시험 기호만을 필요로 하는 경우

① 기준선은 통상 수평선으로 하고 필요한 경우는 붙일 수 있다.

② 지시선은 시험부를 지시하는 것으로서 기준선에 대하여 약 $60°$의 직선으로 하고 지시되는 쪽에 화살표를 붙인다.

〈지시선의 명칭〉

③ 시험하는 쪽의 화살표가 있는 쪽일 때는 아래쪽에, 화살표의 반대쪽일 때는 기준선 위쪽에 기재한다.

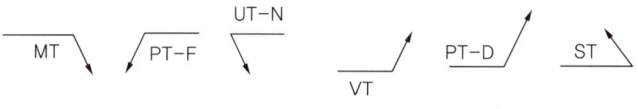

〈화살표 쪽, 반대쪽 기호 표시〉

④ 시험을 양쪽에서 할 때는 기호를 양쪽에 기재, 어느 쪽에서 해도 좋을 때는 기준선 중앙에 기재한다.

(a) 양쪽에서 시험의 경우 기재   (b) 어느 쪽에서도 좋음

〈양쪽에서 시험하는 경우의 기재 방법〉

⑤ 2개 이상의 시험을 할 때는 그림과 같이 기재한다.

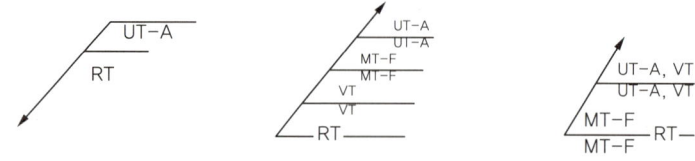

〈2개 이상 시험하는 경우 기재 방법〉

⑥ 시험하는 부분의 길이 및 수량의 표시는 아래 그림과 같이 기재하며, 특별한 지시사항, 기준명, 시방서 및 요구 품질 등급 등도 아래 그림과 같이 꼬리 부분에 기재한다.

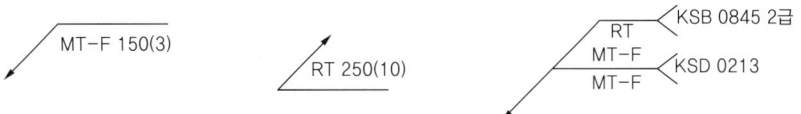

〈시험 부분의 길이 표시 및 꼬리 부분 표시〉

⑦ 특별히 시험 방법을 지정할 필요가 있을 때는 다음과 같이 기재한다.

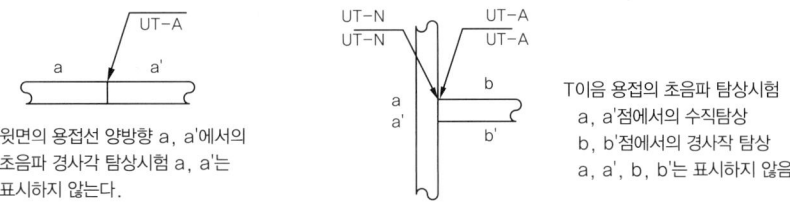

윗면의 용접선 양방향 a, a'에서의
초음파 경사각 탐상시험 a, a'는
표시하지 않는다.

T이음 용접의 초음파 탐상시험
a, a'점에서의 수직탐상
b, b'점에서의 경사작 탐상
a, a', b, b'는 표시하지 않음

〈특별한 시험 방법 지정시 기재 방법〉

(2) 용접부 비파괴 검사

① 기본 기호로는 RT(방사선 투과 시험), UT(초음파 탐상 시험), MT(자분 탐상 시험), PT(침투 탐상 시험), ET(와류 탐상 시험), LT(누설 시험), ST(변형도 측정 시험), VT(육안 시험), PRT(내압 시험)이 있다.

② 보조 기호로는 N(수직 탐상), A(경사각 탐상), S(한 방향으로부터의 탐상), B(양 방향으로부터의 탐상), W(이중 벽 촬영), D(염색, 비형광 탐상 시험), F(형광 탐상 시험), O(전둘레 시험), Cm(요구 품질 등급)이 있다.

③ 기재 방법 : 용접 기호의 기재 방법과 동일하다. 기준선에 비파괴 기호를 기입하고 꼬리에 특별한 지시 사항을 기재하면 된다.

④ 기호 해석 : 온둘레를 화살표 쪽은 방사선 검사, KS B0845규정 적용

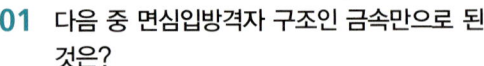

종합출제 예상문제

01 다음 중 면심입방격자 구조인 금속만으로 된 것은?

① Au, Ag, Mo
② Ni, Al, Pb
③ Pt, W, Mg
④ Cr, V, Na

02 한국 산업규격에서 용접 구조용 입안 강재를 나타내는 종류의 기호는?

① WSS400A
② SS400A
③ SBB400A
④ SM400A

03 Ni용접 시 발생하는 기공결합과 관계가 가장 적은 원소는 어느 것인가?

① N
② C
③ O
④ H

04 다층 용접 시의 예열온도 및 층간온도는 초층용접시에 비하여 어떻게 하는 것이 가장 좋은가?

① 높게 해야 한다.
② 같게 해야 한다.
③ 낮게 해야 한다.
④ 재료에 따라 다르다.

05 강의 여러 가지 조직의 변화 순서가 옳게 나열된 것은?

① 트루스타이트 → 솔바이트 → 오스테나이트 → 마텐사이트
② 솔바이트 → 트루스타이트 → 오스테나이트 → 마텐사이트
③ 마텐사이트 → 오스테나이트 → 솔바이트 → 트루스타이트
④ 오스테나이트 → 마텐사이트 → 트루스타이트 → 솔바이트

06 다음에서 가로균열(Transverse crack)과 관계가 없는 것은?

① 저온균열
② 수소
③ 수시간 경과 후 발생
④ 고온 고열

07 용착금속의 고온균열을 감소시키는 것은?

① 규소(Si)
② 인(P)
③ 탄소(C)
④ 망간(Mn)

08 은점(Fish eye)의 가장 큰 원인이 되는 원소는?

① 산소
② 질소
③ 수소
④ 탄산가스

09 γ철의 결정 구조는 어느 것인가?

① 저심 입방 격자
② 체심 입방 격자
③ 면심 입방 격자
④ 조일 입방 격자

10 트임취화(Tempering brittleness)의 방지책으로 가장 적당한 것은?

① 합금원소로서 Mn, Ti 등을 첨가한다.
② 600℃ 정도의 물 또는 오일에 퀜칭하거나 Mo을 합금원소로서 첨가한다.
③ 500℃ 정도의오일에 퀜칭처리를 한다.
④ 400~800℃ 오일에 퀜칭처리를 한다.

정답 1. ②   2. ④   3. ①   4. ③   5. ④   6. ④   7. ④   8. ③   9. ③   10. ②

11 스테인리스강의 용접부에 발생하는 입계부식의 방지 대책으로서 적합하지 않은 것은?

① 고용화 열처리를 한다.
② 탄소량을 감소시킨다.
③ 안정화 원소로서 Nb, Ti 등을 첨가한다.
④ 예열 등으로 용접입열을 높인다.

12 주철 보수 용접 시 파열의 연장을 방지하기 위하여 용접 전에 파열의 끝에 무슨 조치를 하는가?

① 작은 구멍을 뚫는다.
② 가접을 한다.
③ 직선비트를 쌓는다.
④ 리베팅을 한다.

13 다음 중 용접성이 가장 좋은 재료는 어느 것인가?

① 강과 주철
② 저탄소강과 고탄소강
③ 주철과 합금철
④ 킬드강

14 동일 용접 조건에서 구속이 없을 경우 열팽창계수가 용접성에 미치는 영향을 가장 잘 표현한 것은?

① 용접부의 유연성을 확보하므로 열영향부의 연성이 모재보다 증가한다.
② 변형이 많이 발생한다.
③ 용접부의 경도가 크게 증가한다.
④ 더 많은 입열량을 요구한다.

15 오스테나이트계 스테인리스강을 용접열로 480~800℃로 장시간 유지하든가 이 온도범위로 서냉하면 크롬탄화물이 결정립계에 석출되어 내식성 저하 및 부식이 생기는 것은?

① 결정성장   ② 입계부식
③ 입계조밀   ④ 재결정

16 탄소강에서 탄소(C)의 함유량이 증가할 경우에 해당되는 것은?

① 경도 증가, 연성 감소
② 경도 감소, 연성 감소
③ 경도 증가, 연성 증가
④ 경도 감소, 연성 증가

17 용접봉 규격이 D5026으로 표시되었다면 '50'이란 무엇을 의미하는가?

① 용접자세 분류번호
② 용접봉 피복제의 종류 분류번호
③ 용착금속 최저인장강도
④ 용접봉 관리상 필요한 번호

18 풀림(Annealing)의 주목적은 어느 것인가?

① 연화 및 응력제거
② 마모성 증대
③ 부식성 증대
④ 경화

19 일반적으로 강은 가열하면 연화하므로 가공이 쉽게 되지만 불순물이 많은 강은 열간 가공 중 900~1200℃의 온도 범위에서 갈라지는 경우가 있다. 이것을 무엇이라고 하는가?

① 저온취성   ② 풀림취성
③ 청열취성   ④ 적열취성

정답 11. ④   12. ①   13. ④   14. ②   15. ②   16. ①   17. ③   18. ①   19. ④

20 α철에서 γ철로 변하는 동소 변태점은 어느 것인가?

① 910℃　　　② 768℃
③ 1000℃　　④ 1400℃

21 다음 강의 조직 중 오스테나이트 상태에서 냉각 속도가 가장 빠를 때 나타나는 조직은?

① 펄라이트(Pearlite)
② 마텐사이트(Martensite)
③ 솔바이트(Sorbite)
④ 트루스타이트(Troostite)

22 강의 결정립을 미세화하기 위한 열처리는?

① 어닐링(Annealing)
② 노멀라이징(Normalizing)
③ 담금질(Quenching)
④ 뜨임(Tempering)

23 일반 연강(C = 0, 15%)의 아크 용접부에서 경도가 가장 높은 부분은 어느 부위인가?

① 용착비드 중앙부
② 용접 열영향부의 결정립 조대화 부분
③ 용접 열영향부의 결정립 미세화 부분
④ 용접 열영향부의 입상 펄라이트 부분

24 열처리 고장력강의 후열처리 온도에 관한 설명 중 옳은 것은?

① 후열처리는 강도나 인성의 저하를 방지하기 위하여 주로 뜨임(Tempering) 온도 이하에서 행한다.
② 후열처리는 강도를 증가시키기 위하여 주로 뜨임(Tempering)온도 이상에서 행한다.
③ 후열처리는 인성을 증가시키기 위하여 주로 뜨임(Tempering)온도 이상에서 행한다.
④ 후열처리는 온도와 무관하다.

25 기공에 의한 잔류응력을 제거하거나 연화시키기 위한 열처리 방법은?

① 불림　　　② 풀림
③ 담금질　　④ 뜨임

26 다음 스테인레스강 중 비자성(非磁性)인 것은?

① 페라이트형 스테인레스강
② 마텐자이트형 스테인레스강
③ 오스테나이트형 스테인레스강
④ 석출경화형 스테인레스강

27 열처리에서 T.T.T 곡선과 관계가 있는 곡선은?

① 인장곡선　　　② 항온변태곡선
③ Fe_3-C곡선　④ 탄성곡선

28 주철용접은 연강용접에 비해 어렵다. 그 이유는?

① 쉽게 응고하고 취약하기 때문에
② 변형이 작고 응고폭이 적으므로
③ 연강보다 용융점이 낮으므로
④ 인성이 커지므로

29 용접부의 저온균열이 아닌 것은?

① 루트 균열　　② 토 균열
③ 언더비드 균열　④ 크레이터 균열

30 다음 중 체심입방 격자가 아닌 것은?

① W　　　② Mo
③ Al　　　④ Ta

31 다음 중 내식성이 가장 우수한 강은?

① 스테인리스강
② 일반 구조물 압연강
③ 기계 구조용 압연강
④ 탄소강

32 금속침투법 중 아연(Zn)을 침투시키는 것은?

① 칼로라이징(Caloriging)
② 실리코나이징(Siliconiging)
③ 세라다이징(Sheradizing)
④ 크로마이징(Chromizing)

33 금속의 결정격자는 규칙적으로 배열되어 있는 것이 정상적이지만 불완전한 것 또는 결함이 있을 때 외력이 작용하면 불완전한 곳 및 결함이 있는 곳에서부터 이동이 생기는 현상은?

① 쌍정　　　　② 전위
③ 슬립　　　　④ 가공

34 금속의 파단면을 현미경으로 보면 작은 알갱이의 집합으로 보이는데 이것은 무엇인가?

① 단위포　　　② 결정립
③ 결정격자　　④ 금속원자

35 습기가 있는 용접봉을 사용하여 용접할 경우 가장 많이 나타나는 용접결함 현상은?

① 언더컷(Undercut)
② 스패터링(Spattering)
③ 오버랩(Over lap)
④ 슬래그 혼입

36 담금질한 강을 A_1점 이하의 온도로 가열하는 것을 뜨임(Tempering)이라 하는데, 뜨임의 가장 큰 목적은?

① 인성의 증가
② 인성의 감소
③ 내부응력의 증대
④ 경도의 증가

37 발생하는 전기적 에너지가 36,000J/cm, 아크 전류 200A, 용접속도 10cm/min로 용접을 할 경우 아크 전압은 몇 V인가?

① 10V　　　　② 30V
③ 60V　　　　④ 90V

38 주철이 연강에 비해 다른 점이다. 틀린 것은?

① 비중이 작다.
② 융점이 낮다.
③ 열전도가 나쁘다.
④ 팽창계수가 크다.

39 강괴의 중앙 상부에 큰 수축공이 만들어지게 되는 강은?

① 킬드강　　　② 세미킬드강
③ 림드강　　　④ 쾌삭강

40 금속 재료의 냉간 가공에 따른 성질변화 중 옳지 않은 것은?

① 인장강도 증가　② 경도 증가
③ 연신율 감소　　④ 인성 증가

41 용접부의 결함 중 미세균열(0.01~0.1mm)은 다음 중 어떤 원소의 영향으로 생기는가?

① 산소　　　　② 수소
③ 질소　　　　④ 규소

정답 31. ①　32. ③　33. ②　34. ②　35. ②　36. ①　37. ②　38. ④　39. ①　40. ④　41. ②

42 금속의 용접성을 지배하는 인자로 옳게 짝지워진 것은?

① 모재의 특성, 입열량, 용접 전처리, 용접방법
② 용접봉 및 그 적응성, 용접조건, 입열량, 용접방법
③ 용접봉 및 그 적응성, 용접 전처리, 입열량, 기후상태
④ 모재의 특성, 용접봉 및 그 적응성, 용접조건, 용접설계

43 용착금속이 응고할 때 불순물이 한 곳으로 모이는 현상을 무엇이라고 하는가?

① 공석   ② 편석
③ 석출   ④ 고용체

44 Ni용접 시 발생하는 기공결함과 관계가 가장 적은 원소는 어느 것인가?

① N   ② C
③ O   ④ H

45 스테인리스강의 종류에서 용접성이 가장 우수한 것은?

① 마텐자이트계 스텐인리스강
② 페라이트계 스테인리스강
③ 오스테나이트계 스테인리스강
④ 펄라이트계 스테인리스강

46 다음 금속 중 가스절단이 가장 잘 되는 금속은?

① 탄소강   ② 스테인레스강
③ 주철   ④ 비철금속

47 용접 금속의 응력제거 풀림 균열에 관여하는 원소가 아닌 것은?

① Cr   ② Mo
③ Mn   ④ V

48 풀림의 목적이 아닌 것은?

① 내부응력을 크게 한다.
② 결정립을 구상화시킨다.
③ 가공경화 현상을 해소시킨다.
④ 경도를 줄이고 조직을 연화시킨다.

49 다음 중 금속의 응고 과정에서 결정 성장에 영향을 주는 요인과 가장 관계가 없는 것은?

① 금속의 표면 장력
② 점성 및 유동성
③ 결정 경계상에 작용하는 힘
④ 금속의 용용점과 응고점

50 담금질한 강에 인성을 주기 위하여 A_1 점 이하의 온도로 가열하는 것을 무엇이라 하는가?

① 불림(Normalizing)
② 뜨임(Tempering)
③ 풀림(Annealing)
④ 마템퍼링(Mar tempering)

51 다음 중 체심 입방 격자 구조의 금속만으로 된 것은?

① Cr, Pt   ② Cr, V
③ Mo, Cu   ④ W, Ti

52 강 용접부의 노치취성(Notch brittleness)이 생기기 쉬운 경우가 아닌 것은?

① 온도가 낮을수록 생기기 쉽다.
② 노치가 클수록 생기기 쉽다.
③ 온도가 높을수록 생기기 쉽다.
④ 변형속도가 클수록 생기기 쉽다.

정답 42. ④   43. ②   44. ①   45. ③   46. ①   47. ③   48. ①   49. ④   50. ②   51. ②   52. ③

53 용접균열은 고온균열과 저온균열로 구분된다. 저온균열(Cold cracking)은 다음 중 몇 ℃ 이하에서 생기는가?

① 약 200℃　　② 약 300℃
③ 약 400℃　　④ 약 500℃

54 다음 원소 중 용접 열영향부의 경도 증가에 가장 큰 영향을 미치는 원소는?

① 탄소　　　　② 규소
③ 망간　　　　④ 인

55 노치가 붙은 각 시험편을 각 온도에서 파괴하면, 어떤 온도를 경계로 하여 시험편이 급격히 취성화하는 것을 알 수 있다. 이 온도를 무엇이라 하는가?

① 천이 온도　　② 노치 온도
③ 파괴 온도　　④ 취성 온도

56 숏 피닝(Shot peening)의 목적에 대하여 옳은 것은?

① 도료를 떨어낸다.
② 용접 후의 표면처리 방법으로 변형을 방지한다.
③ 응력을 강하게 하고 변형을 얻는다.
④ 모재의 재질을 검사한다.

57 연신율을 가장 크게 증가시키는 원소는?

① Mn　　　　② P
③ S　　　　　④ Si

58 특수용도강에서 내식성이 커서 바이메탈시계진자, 줄자, 계측기의 부품 등으로 많이 사용되는 것은?

① 인바　　　　② 슈퍼 인바
③ 엘린바　　　④ 코 엘린바

59 체심입방결정 구조에 단위결정 가운데 있는 원자수는 얼마인가?

① 2개　　　　② 4개
③ 9개　　　　④ 12개

60 TIG용접으로 알루미늄을 직류 역극성으로 용접 시 표면의 산화피막을 제거하는 방법은?

① 그라인더를 사용하여 제거한다.
② 기계가공으로 표면을 깎아낸다.
③ 용접 전 물로 깨끗이 세척한다.
④ 용접 중 청정작용에 의해 피막을 제거한다.

61 적열 취성의 원인이 되는 원소는?

① S　　　　　② P
③ Si　　　　　④ Mn

62 용융 슬래그의 염기도를 나타내는 공식은?

① 염기도 $= \dfrac{\Sigma 산성성분}{\Sigma 염기성성분}$

② 염기도 $= \dfrac{\Sigma 염기성성분}{\Sigma 산성성분}$

③ 염기도 $= \dfrac{\Sigma 염기성성분 + 산성성분}{\Sigma 산성성분}$

④ 염기도 $= \dfrac{\Sigma 염기성성분}{\Sigma 산성성분 + 염기성성분}$

63 용접부를 어떤 온도 이상으로 가열하면 재질이 연화되어 연성이 증가하고, 내부응력을 제거하여, 정상적인 재료의 성질로 회복되는 열처리법은?

① 화염경화법
② 노멀라이징
③ 고주파경화법
④ 어닐링

정답 53. ①　54. ①　55. ①　56. ②　57. ①　58. ①　59. ①　60. ④　61. ①　62. ②　63. ④

64 용접 열영향부의 저온균열은 조립(組立) 열영향부에 마텐자이트 조직이 나타날수록 일어나기 쉽다. 다음 설명 중 옳지 않은 것은?

① 마텐자이트는 용접 열사이클의 냉각속도가 클수록 생성되기 쉽다.
② 마텐자이트는 모재의 탄소함량이 높을수록 생성되기 쉽다.
③ 마텐자이트의 생성경향은 합금 원소량과는 무관하다.
④ 마텐자이트는 확산에 의해 생기는 변태가 아니다.

65 다음 중 질소가 크게 영향을 미치는 것은 어느 것인가?

① 은점(Fish eye)
② 비드 밑 터짐(Under-bead cracking)
③ 변형시효(Strain aging)
④ 미세균열(Micro crack)

66 탈황 및 탈인반응에 대한 설명이다. 거리가 먼 것은?

① 탈황반응은 염기도가 높을수록 크다.
② 탈인율(%P)은 용융슬래그가 산성일수록 크다.
③ 탈황율(%S)은 산화철률(%FeO)에 반비례한다.
④ 탈황반응은 환원성일수록 탈황은 진행하기 어렵다.

67 용접부의 응력부식균열(SCC)을 최소화할 수 있는 방법 중 가장 거리가 먼 것은?

① 후판재의 다층용접에서 냉각속도의 지연을 위해 입열량은 가능한 크게 한다.
② 오스테나이트 스테인리스강의 경우 페라이트조직과 공존하는 조직을 가지면 효과가 있다.
③ 응력제거 열처리를 한다.
④ 인장강도가 낮은 모재를 선정한다.

68 알루미늄의 물리적 성질 중 틀린 것은?

① 비중이 가벼워 경금속에 속한다.
② 전기 및 열의 전도율이 좋다.
③ Al_2O_3가 생겨 내식성이 좋다.
④ 산과 알칼리에 강하다.

69 저온균열(Cold cracking)에 관한 설명이다. 다음 중 틀린 것은?

① 입열량이 커지면 저온균열의 발생위험이 커진다.
② 수소의 혼입이 많아지면 균열발생율은 커진다.
③ 탄소당량이 큰 모재는 균열발생 위험성이 커진다.
④ 구속도가 커지면 균열발생율은 커진다.

70 금속재료를 냉간가공할 때 강도 및 경도의 증가 원인이 아닌 것은?

① 쌍정   ② 전위
③ 내부응력   ④ 마찰열

71 스테인리스강은 900~1100℃의 고온에서 급냉할 때의 현미경 조직에 따라서 3종류로 크게 나눌 수가 있는데, 다음 중 해당되지 않는 것은?

① 마텐사이트계 스테인리스강
② 페라이트계 스테인리스강
③ 오스테나이트계 스테인리스강
④ 트루스타이트계 스테인리스강

정답   64. ③   65. ③   66. ④   67. ①   68. ④   69. ①   70. ④   71. ④

72 일반 구조용 탄소강의 아크용접 시 최대 얼마까지의 탄소가 함유될 때 예열 등의 특별한 조치없이 용접이 가능한가?

① 0.08%　　② 0.22%
③ 0.40%　　④ 0.8%

73 2성분계의 평형 상태도에서 액체, 고체의 어느 상태에서도 일부분 밖에 녹지 않는 형은?

① 공정형　　② 포정형
③ 편정형　　④ 전율 고정형

74 용융금속의 결정을 미세화시키는 방법이 아닌 것은?

① 자기교반에 의한 방법
② 초음파 진동에 의한 방법
③ 실드가스로 Ar을 사용하는 방법
④ 합금원소를 첨가하는 방법

75 용접에서 탄소당량의 가장 올바른 설명은?

① 강재에 포함되어 있는 탄소의 양을 나타낸다.
② 금속의 용접성을 나타낸 것으로 이 값이 크면 용접성이 저하된다.
③ 용접봉에 함유된 탄소와 크롬의 비를 말하며 이 값이 크면 용접성이 증가된다.
④ 용접봉에 함유된 탄소, 규소 및 크롬의 함유비를 말한다.

76 다음 스테인리스강 중 입계부식 현상이 특히 많이 생기는 것은?

① 18%Cr-8%Ni 스테인리스강
② 22%Cr-10%Ni 스테인리스강
③ 고Cr강
④ 페라이트계 스테인리스강

77 강의 용접 이음부의 피로강도를 증가시키는 대책이 아닌 것은?

① 용접 토우(Toe)부를 연마하여 평활하게 한다.
② 맞대기 용접 시 비드접촉각을 작게 한다.
③ 용접부를 적당히 열처리한다.
④ 덧살을 많게 하고 필렛에서 형 용접을 한다.

78 임계 냉각온도 범위란 무엇인가?

① 비등점과 변태점의 온도범위
② 가열변태점과 냉각변태점의 온도범위
③ 용융점과 변태점의 온도범위
④ 응고점과 변태점의 온도범위

79 금속이 열전도나 전기전도도가 높은 이유를 가장 알맞게 설명한 것은?

① 자유전자의 이동 때문이다.
② 비중이 크기 때문이다.
③ 광택을 갖기 때문이다.
④ 고체 상태이기 때문이다.

80 용접이음의 안전성에 가장 큰 영향을 미치는 것은?

① 적열취성　　② 청열취성
③ 노치취성　　④ 탄성여효

81 다음 중 연강용 피복 아크 용접봉의 심선재의 재료는?

① 주강　　② 합금강
③ 저탄소강　　④ 특수강

정답 72. ②　73. ③　74. ③　75. ②　76. ①　77. ④　78. ②　79. ①　80. ③　81. ③

82 금속 현미경에 의한 시편의 조직검사 중 검사 순서가 올바르게 제시된 것은?

① 시료채취 → 검사 → 세척 → 연마→ 검사
② 시료채취 → 연마 → 부식 → 검사→ 세척
③ 시료채취 → 연마 → 세척 → 부식→ 검사
④ 시료채취 → 검사 → 연마 → 부식→ 세척

83 다음 중 철강과 주철을 구분하는 탄소 함유량은?

① 0.5%　　　　② 2.1%
③ 4.3%　　　　④ 6.67%

84 18:4:1의 고속도강에서 각각의 성분으로 옳은 것은?

① Ni, Cr, V　　② W, Cr, V
③ Fe, Si, W　　④ Cr, V, Co

85 금속의 조직 중에서 가장 경도가 높은 것은?

① 페라이트(Ferrite)
② 트루스사이트(Troosite)
③ 펄라이트(Pearlite)
④ 시멘타이트(Cementite)

86 고장력강이나 극후강판의 용접에서는 후열을 하는데 그 목적으로 가장 적합한 것은?

① 고온균열 방지
② 용접결함 제거
③ 저온균열 방지
④ 슬래그 제거

87 2종 이상의 금속원소가 단순한 원자비로 결합되어 본래의 성질과 전혀 다른 별개의 물질이 형성되며, 그 원자도 규칙적으로 결정 격자점을 갖는 것을 무엇이라 하는가?

① 고용체
② 혼합체
③ 금속간 화합물
④ 공정체

88 적열 취성의 주원인은 어떤 원소인가?

① 질소　　　　② 황
③ 수소　　　　④ 망간

89 선상조직(Ice-flower structure)이란?

① 은점(Fish-eye)의 일종이다.
② 맞대기 용접 파면에 나타나는 서리조직으로 그 원인은 산소이다.
③ 필렛용접 파면에 나타나는 서리조직으로 그 원인은 수소이다.
④ 기공(Porosity)의 별명이다.

90 주철의 보수 용접 시 사용되는 방법이 아닌 것은?

① 버터링법　　② 비녀장법
③ 스터드법　　④ 스톱홀법

91 알루미늄과 알루미늄 합금의 용접성이 불량한 이유로서 가장 적당한 것은?

① 비열이 작다.
② 열전도가 작다.
③ 융점이 860℃로 낮은 편이다.
④ 산화알루미늄(Al_2O_3)의 용융온도가 알루미늄의 용융온도보다 높다.

정답 82. ③　83. ②　84. ②　85. ④　86. ③　87. ③　88. ②　89. ③　90. ④　91. ④

92 일반 탄소강에서 탄소 함량의 증가가 기계적 성질에 미치는 영향이 아닌 것은?

① 경도를 높인다.
② 인장 강도를 높인다.
③ 인성을 낮춘다.
④ 용접성을 향상시킨다.

93 용접분위기 중에서 발생하는 수소의 원(源)이 될 수 없는 것은?

① 플럭스 중의 무기물
② 고착제(물유리 등) 포함한 수분
③ 플럭스에 흡착된 수분
④ 대기 중의 수분

94 필릿 용접이음부의 루트 부분에 생기는 저온 균열로 모재의 열팽창 및 수축에 의한 비틀림이 주원인이 되는 균열은?

① 토(Toe) 균열
② 힐(Heel) 균열
③ 루트(Root) 균열
④ 비드 밑(Under bead) 균열

95 다음 냉각 방법 중 가장 천천히 냉각시키는 방법은?

① 공냉(空冷)
② 노냉(爐冷)
③ 유냉(油冷)
④ 수냉(水冷)

96 다음 원소 중 경도와 인장강도를 증가시키고, 함유량의 증가에 따라 내식성과 내열성을 커지게 하며, 자경성과 탄화물을 쉽게 만들고 내마멸성을 커지게 하는 원소는?

① Mn
② S
③ Cr
④ Si

97 아세틸렌 가스를 가장 잘 녹일 수 있는 용제는?

① 휘발유
② 벤젠
③ 아세톤
④ 석유

98 다음 결정격자 중 원자의 수가 가장 많은 것은?

① 면심입방격자
② 정방격자
③ 체심입방격자
④ 조밀육방격자

99 용접 열영향부의 노치취성에 대한 성질 중 틀리는 것은?

① 노치취성은 온도가 낮을수록, 노치가 클수록, 변형속도가 클수록 생기기 쉽다.
② 노치취성에 영향을 미치는 화학성분으로 C, P, S은 유해하다.
③ 담금질이나 시효처리는 노치취성을 일으키기 쉽다.
④ 단층용접은 다층용접보다 노치인성이 좋다.

100 다음 금속의 재결정 온도가 영하인 금속은?

① Ni
② Ag
③ Pb
④ Mg

101 용접부에 발생하는 기공(Porosity) 생성 원인의 대부분이라고 할 수 있는 것은?

① CO 가스
② 산소 가스
③ 염소 가스
④ 아르곤 가스

102 금속재료의 용접에서 용접변형을 일으키는 가장 큰 원인은?

① 용접자세
② 금속의 수축과 팽창
③ 용접홈의 모양
④ 용접속도

정답 92. ④   93. ①   94. ②   95. ②   96. ③   97. ③   98. ④   99. ④   100. ③   101. ①   102. ②

103 라우탈(Lautal)이란?

① Al-Cu계 합금

② Al-Mg계 합금

③ Al-Cu-Si계 합금

④ Al-Cu-Ni-Mg계 합금

104 다음 중 체심입방격자가 아닌 것은?

① W   ② Mo

③ Al   ④ Ta

105 오스테나이트계 스테인리스강의 용접부에 발생하는 부식결함을 방지하기 위하여 첨가하는 화학성분이 아닌 것은?

① Ti   ② Nb

③ Ta   ④ C

106 다음 각종 금속의 예열에 관한 설명 중 잘못된 것은?

① 고장력강, 저합금강은 50~350℃로 예열한다.

② 연강으로 두께 25mm 이상인 경우 50~350℃로 예열한다.

③ 연강으로 기온이 0℃ 이하에서는 용접할 경우 이음의 양쪽 폭 100mm 정도를 40~75℃로 예열한다.

④ 알루미늄 합금, 구리 합금은 보통 예열을 하지 않는다.

107 철-탄화철계의 공석 조직은?

① 시멘타이트   ② 오스테나이트

③ 펄라이트   ④ 페라이트

108 다음은 합금과 그 성분을 서로 연결한 것이다. 옳지 않은 것은?

① 탄소강 : Fe, C, Cr

② 황동 : Cu, Zn

③ 스테인레스강 : Fe, C, Ni, Cr

④ 청동 : Cu, Sn

109 피복제에 습기가 있는 상태에서 용접을 했을 경우, 가장 흔히 생기는 결함은?

① 기공   ② 크레이터

③ 오버랩   ④ 언더컷

110 다음 강의 조직 중 오스테나이트 상태에서 냉각 속도가 가장 빠를 때 나타나는 조직은?

① 펄라이트(Pearlite)

② 마텐사이트(Martensite)

③ 솔바이트(Sorbite)

④ 트루스타이트(Troostite)

111 기계가공에서 생긴 내부응력의 제거, 열처리, 가공 등으로 인하여 경화된 재료의 연화 등을 위해 강재를 적당한 온도로 가열하여 일정 시간 유지 후, 노 안에서 서냉하는 열처리법은?

① 어닐링(annealing)

② 템퍼링(tempering)

③ 퀜칭(quenching)

④ 노멀라이징(normalizing)

112 레데뷰라이트(Ledeburite)를 옳게 설명한 것은?

① δ고용체와 석출을 끝내는 고상선

② Cementite의 용해 및 응고점

③ γ고용체로부터 a고용체와 cementite가 동시에 석출되는 점

④ 포화되고 있는 γ고용체와의 Fe_3C와의 공정

정답   103. ③   104. ③   105. ④   106. ④   107. ③   108. ①   109. ①   110. ②   111. ①   112. ④

113 용접봉의 KS규격 표기인 E4313의 앞의 '43'에 대한 설명을 올바르게 한 것은?

① 항복강도(psi)를 나타낸다.
② 전단강도(kgf/cm^2)를 나타낸다.
③ 인장강도(psi)를 나타낸다.
④ 인장강도(kgf/cm^2)를 나타낸다.

114 탄성구역에서 변형이 발생할 때 세로방향으로 증가하면 가로방향으로 수축이 생기는데, 이때 세로방향 증가율과 가로방향 감소율의 비를 무엇이라 하는가?

① 영율　　　　② 탄성비
③ 프와송비　　④ 탄성율

115 강용접부의 저온균열 발생에 관계되는 원소는?

① 망간　　　　② 규소
③ 산소　　　　④ 수소

116 용융강(Steel) 중의 탈산제로서 가장 탈산능력이 큰 원소는?

① 알루미늄　　② 니켈
③ 망간　　　　④ 크롬

117 γ철의 결정구조는?

① BCC　　　　② FCC
③ HCP　　　　④ 저심 입방 격자

118 용접 후 제품의 응력제거 풀림을 하려고 하는데 제품이 커서 노 내에 넣을 수가 없을 때 하는 열처리 방법은?

① 항온풀림법　　② 항온뜨임법
③ 국부풀림법　　④ 오스템퍼링

119 다음 중 수소로 인한 용접결함은?

① 고온 균열　　② 저온 균열
③ 언더컷　　　　④ 오버랩

120 6.67% C를 함유하는 탄화철은?

① 시멘타이트　　② 레데브라이트
③ 페라이트　　　④ 공석강

121 다음 원자 중 면심 입방 결정 격자에 속하는 원소는 어느 것인가?

① He　　　　② Cr
③ W　　　　④ Ni

122 브리넬경도계의 경도값의 정의는 무엇인가?

① 하중을 압입자국의 깊이로 나눈 값
② 하중을 압입자국의 표면적으로 나눈 값
③ 하중을 압입자국의 지름으로 나눈 값
④ 하중을 압입자국의 체적으로 나눈 값

123 다음 중 용접 후 열처리 효과가 아닌 것은?

① 잔류응력 및 변형의 완화
② 용접 열영향부의 연화
③ 함유가스의 저하
④ 용착금속 강도의 증가

124 다음 금속 중에서 일반적으로 열전도율이 가장 큰 금속은?

① 알루미늄　　② 연강
③ 주철　　　　④ 스테인레스

125 용접금속이 주상조직을 나타내는 경우 다음 중 관련이 없는 경우는?

① 충격치가 낮다.
② 방향성을 나타낸다.
③ 보통 단층용접의 경우에 나타난다.
④ 강의 주상조직이 소실하는 임계온도는 A_3점보다 20~30℃ 낮다고 추정된다.

정답　113. ④　114. ③　115. ④　116. ①　117. ②　118. ③　119. ②　120. ①　121. ④　122. ③　123. ④　124. ①　125. ④

126 피복 아크 용접 시 아크열 온도로 다음 중 맞는 것은?

① 약 1500℃
② 약 2000℃
③ 약 5000℃
④ 약 9000℃

127 용접 열영향부의 냉각속도를 표시하는 경우는 편의상 어떤 일정한 온도에서의 열 사이클 곡선의 기울기로 표시하고 있다. 다음 중 철강의 용접에서 냉각속도의 값으로 취하고 있지 않는 것은 어느 것인가?

① 300℃   ② 540℃
③ 700℃   ④ 1000℃

128 고온 측정용 열전대로 사용되는 것은?

① 콘스탄탄   ② 니크롬
③ 화이트메탈   ④ 모넬메탈

129 연강봉 피복 아크용접봉의 심선은 용융금속의 이행을 촉진시키기 위하여 규소의 양을 적게 한 어떤 종류의 강으로 만드는가?

① 림드강(Rimmed steel)
② 킬드강(Killed steel)
③ 세미킬드강(Semikilled steel)
④ 고탄소강(High carbon steel)

130 강력한 스프레이형 아크를 발생하며 아연도금 철판의 용접에 가장 효과적으로 사용할 수 있는 용접봉은?

① 고산화티탄계 용접봉
② 고셀롤로스계 용접봉
③ 라임계 용접봉
④ 저수소계 용접봉

131 금속 결정의 결함과 가장 관계가 먼 것은?

① 치환형원자(Substitutional atom)
② 기공 및 공공(Vacancy)
③ 결정입계(Grain boundary)
④ 전위(Dislocation)

132 용접비드 부근이 부식하기 가장 쉬운 이유는 무엇인가?

① 탄소함량이 많아지므로
② 담금질 효과가 있으므로
③ 모재의 두께가 변화되므로
④ 잔류응력의 증가로 변질부가 되므로

133 저탄소강을 저온에서 인장시험을 하면 200~300℃의 온도 범위에서 인장강도는 매우 증가하고 또한 연성의 저하를 나타내는 경우가 있다. 이 현상을 무엇이라고 하는가?

① 청열취성   ② 풀림취성
③ 적열취성   ④ 저탄소취성

134 용접부에 수소가 미치는 영향에 대하여 설명한 것 중 틀린 것은?

① 저온 균열원인
② 언더 비드 크랙(Under-bead crack) 발생
③ 은점 발생
④ 슬래그 발생

135 탄화물의 입계 석출로 인하여 입계 부식을 가장 잘 일으키는 스테인레스강은?

① 펄라이트계
② 페라이트계
③ 마텐자이트계
④ 오스테나이트계

정답 126. ③ 127. ④ 128. ① 129. ① 130. ② 131. ① 132. ④ 133. ① 134. ④ 135. ④

136 물질을 구성하고 있는 원자가 규칙적으로 배열을 이루고 있는 것을 무엇이라 하는가?

① 결정
② 공간 배열
③ 면심 입방체
④ 체심 입방체

137 강의 충격시험 시의 천이온도에 대해 가장 올바르게 설명한 것은?

① 재료가 연성 파괴에서 취성 파괴로 변화하는 온도 범위를 말한다.
② 충격 시험한 시편의 평균 온도를 말한다.
③ 시험 시편 중 충격치가 가장 크게 나타난 시편의 온도를 말한다.
④ 재료의 저온 사용한계 온도이나 각 기계장치 및 재료 규격집에서는 이 온도의 적용을 불허하고 있다.

138 용접부의 풀림 처리의 효과는?

① 잔류 응력의 감소를 가져온다.
② 잔류 응력이 증가된다.
③ 조직이 조대화된다.
④ 취성화가 증대된다.

139 공석강의 항온 변태 중 723℃ 이상에서의 조직은?

① 오스테나이트
② 페라이트
③ 세미킬드강
④ 베이나이트

140 도면에서 표제란의 척도 표시된 NS는 무엇을 나타내는가?

① 축척과 무관함을 나타낸다.
② 척도가 생략됨을 나타낸다.
③ 비례척이 아님을 나타낸다.
④ 현척이 아님을 나타낸다.

141 다음 중 배척을 표시하는 것은?

① 1 : 1
② 1 : 2
③ 1 : 25
④ 100 : 1

142 용접 기호 중에서 스폿 용접을 표시하는 기호는?

① ⊖
② ⊓
③ ○
④ ⊟

143 KS규격에서 용접부 및 용접부의 표면 형상 설명으로 옳지 않은 것은?

① ── : 동일평면으로 다듬질함.
② ‿ : 끝단부를 오목하게 함.
③ M : 영구적인 덮개판을 사용함.
④ MR : 제거 가능한 덮개판을 사용함.

144 다음 중에서 일반구조용 압연강재를 나타내는 KS기호는?

① SS400
② SM45C
③ SWS400
④ SPC

145 제도에서 제1각법과 제3각법의 설명으로 옳지 않은 것은?

① 제3각법은 대상물을 제3상한에 두고 투상면에 정투상하여 그리는 방법이다.
② 제1각법은 대상물을 제1상한에 두고 투상면에 정투상하여 그리는 방법이다.
③ 제3각법은 대상물을 투상면의 앞쪽에 놓고 투상하게 된다.
④ 제1각법에서 대상물 투상 순서는 눈 → 물체 → 투상면으로 된다.

정답 136. ① 137. ① 138. ① 139. ① 140. ③ 141. ④ 142. ③ 143. ② 144. ① 145. ③

146 KS규격에서 플러그 용접을 의미하는 기호는?

① ⊓　　② ⊽
③ ○　　④ ⊻

147 대상물의 보이는 부분의 모양을 표시하는 데 쓰이는 선은?

① 굵은 실선　　② 가는 실선
③ 쇄선　　④ 은선

148 투상도의 명칭에 대한 설명으로 옳지 않은 것은?

① 정면도는 물체를 정면에서 바라본 모양을 도면에 나타낸 것이다.
② 배면도는 물체를 아래에서 바라본 모양을 도면에 나타낸 것이다.
③ 평면도는 물체를 위에서 내려다 본 모양을 도면에 나타낸 것이다.
④ 좌측면도는 물체의 좌측에서 바라 본 모양을 도면에 나타낸 것이다.

149 KS규격(3각법)에서 용접 기호의 해석으로 옳은 것은?

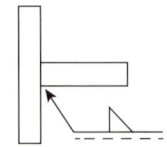

① 화살표 반대쪽 맞대기 용접이다.
② 화살표 쪽 맞대기 용접이다.
③ 화살표 쪽 필렛 용접이다.
④ 화살표 반대쪽 필렛 용접이다.

150 유황은 강철에 어떤 영향을 주는가?

① 저온 인성　　② 적열 취성
③ 저온 취성　　④ 적열 인성

151 강의 표면 경화 열처리 방법에 포함되지 않는 것은?

① 화염경화법　　② 고주파경화법
③ 시안화법　　④ 오스템퍼링법

152 용융 슬래그의 염기도를 나타내는 식은?

① 염기도 = {Σ염기성 성분 / Σ산성 성분}
② 염기도 = {Σ산성 성분 / Σ염기성 성분}
③ 염기도 = {Σ용융금속 성분 / Σ용융슬래그 성분}
④ 염기도 = {Σ용융슬래그 성분 / Σ용융금속 성분}

153 저용융점 합금이란 어떤 원소보다 용융점이 낮은 것을 말하는가?

① Zn　　② Cu
③ Sn　　④ Pb

154 철의 자기 변태 온도는 다음 중 대략 어느 정도인가?

① 262℃　　② 358℃
③ 768℃　　④ 1160℃

정답　146. ①　147. ①　148. ②　149. ③　150. ④　151. ④　152. ①　153. ①　154. ①

155 체심 입방 격자에 속하는 원자 수는 모두 몇 개인가?

① 1개   ② 2개
③ 4개   ④ 6개

156 서로 120°를 이루는 3개의 기본 축에 물체의 정면, 평면, 측면을 볼 수 있도록 두 개의 옆면 모서리가 수평선과 30°가 되게 투상한 것은?

① 제1각법   ② 등각투상법
③ 사투상법   ④ 제3각법

157 가상선을 이용한 도시에서 대상물의 가공 전의 모양이나 가공 후의 모양 또는 조립 후의 모양을 표시하는 경우에 사용하는 선은?

① 실선   ② 은선
③ 가는 2점 쇄선   ④ 가는 1점 쇄선

158 도면에서 해칭(Hatching)을 하는 경우는?

① 움직이는 부분을 나타내고자 할 때
② 회전하는 물체를 나타내고자 할 때
③ 절단 단면 부분을 나타내고자 할 때
④ 이웃하는 부품과의 경계를 나타낼 때

159 KS 규격에서 회주철을 의미하는 기호는?

① GC100   ② SC360
③ BMC27   ④ C1020BE

160 KS 규격에서 용접부 비파괴 시험 기호의 설명으로 틀린 것은?

① RT – 방사선 투과 시험
② PT – 침투 탐상 시험
③ LT – 누설 시험
④ PRT – 변형도 측정 시험

161 기계재료 표시방법에서 SF 340A에서 '340'의 표시는 무엇을 나타내는가?

① 강   ② 단조품
③ 최저인장강도   ④ 최고인장강도

162 치수보조 기호에 대한 용어의 연결이 틀린 것은?

① R – 반지름
② ϕ – 지름
③ SR – 구의 반지름
④ C – 치핑

163 다음 그림 중에서 용접 기호(이음용접)를 나타내는 부분은?

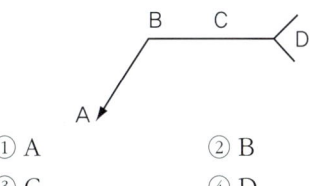

① A   ② B
③ C   ④ D

164 표준규격(제도규격)을 제정하는 목적을 설명한 것 중에서 틀린 것은?

① 설계자의 의도를 오해 없이 정확하게 전달하기 위하여
② 생산능률을 향상시키고 제품의 호환성 확보를 위하여
③ 품질향상에 기여하고 원가를 절감할 수 있도록 하기 위하여
④ 국제 표준화기구와 다른 나라와의 차이를 두기 위하여

165 재료 기호 SM 400A에서 재질의 설명으로 옳은 것은?

① 일반 구조용 압연 강재
② 연강 선재
③ 용접 구조용 압연 강재
④ 열간 압연 연강판

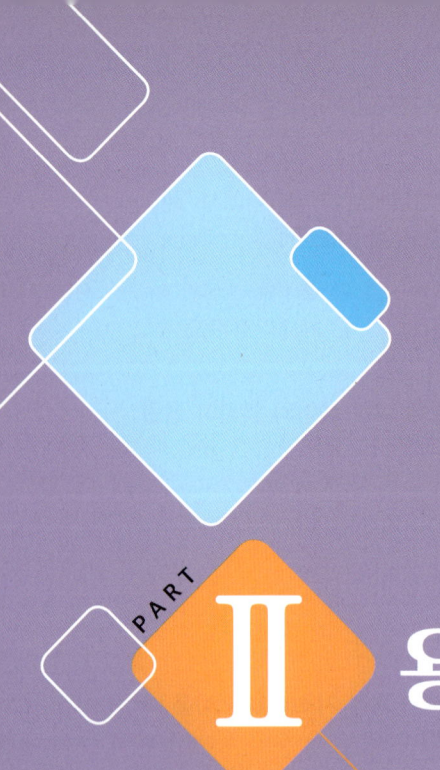

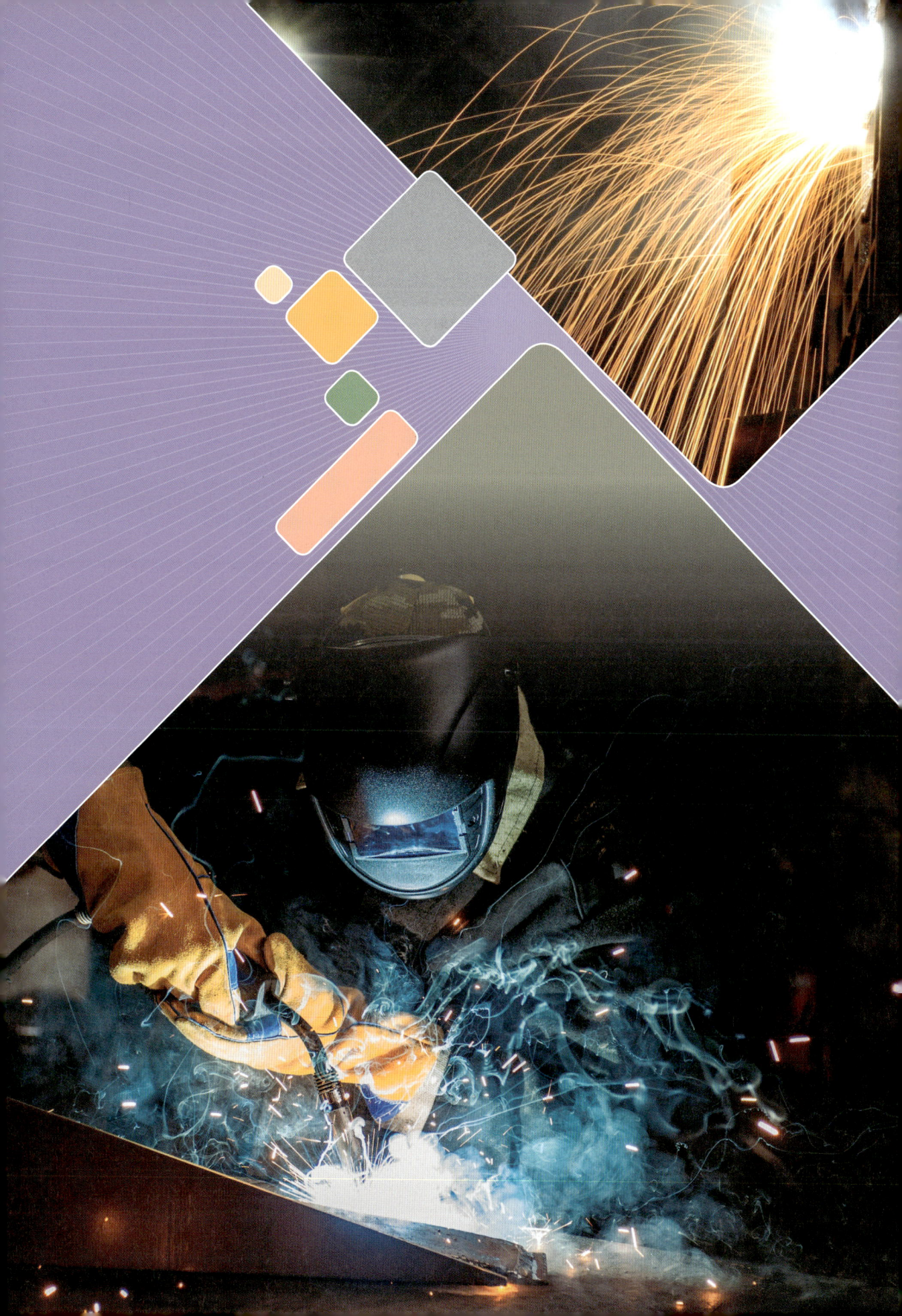

CHAPTER 01 용접설계

Section 1 용접설계

1 용접자가 갖추어야 할 지식

① 용접재료에 대한 물리 · 기계적 성질 및 화학적 성질에 대하여 알고 있어야 한다.

② 용접구조물의 변형에 대한 지식이 있어야 한다.

③ 열응력에 의한 잔류 응력 발생의 문제점 및 대처 방안도 알고 있어야 한다.

④ 용접구조물이 받는 하중의 종류를 알아야 한다.

⑤ 정확한 용접비용을 산출할 수 있어야 한다.

⑥ 용접부의 검사방법을 알고 있어야 된다.

2 용접 이음의 종류

① 맞대기 이음　　　　② 모서리 이음

③ 변두리 이음　　　　④ 겹치기 이음

⑤ T형 이음　　　　　⑥ +자형 이음

⑦ 전면 필릿 이음　　⑧ 측면 필릿 이음

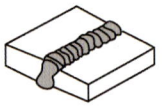
(a) 맞대기 이음

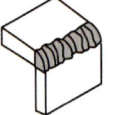
(b) 모서리 이음

(c) 변두리 이음

(d) 겹치기 이음

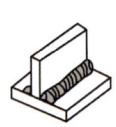
(e) T형 이음

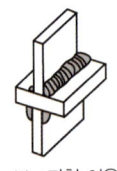
(f) +자형 이음

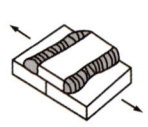
(g) 전면 필릿 이음

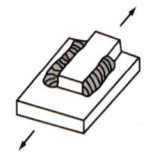
(h) 측면 필릿 이음

〈용접 이음의 종류〉

3 용접 이음의 강도

① 용접 이음 효율(%)

$$\eta = \frac{(용착금속인장강도)}{(모재인장강도)} \times 100$$

② 허용 응력 및 안전율

$$안전율 = \frac{(인장강도)}{(허용응력)}$$

☞ 용접 구조물 이음부의 설계 계산에 사용되는 응력

• 허용응력

③ 맞대기 이음에서의 최대 인장 하중과 응력과의 관계에서

- P는 용접 이음의 최대 인장 하중
- σ 는 용착 금속의 인장 강도
- A는 단면적
- h는 목 두께
- t는 판 두께
- l 은 용접 길이

용접 이음부의 계산

◆ 강도계산

(가) 맞대기 이음 및 필릿 이음의 인장 하중의 경우

① 완전 용입

$$\delta(인장능력) = \frac{P}{A} \times \frac{P}{l \times t}$$

② 부분 용입

$$\delta_1(인장능력) = \frac{P}{(h_1 + h_2)l}$$

(나) 겹치기 이음의 필릿 용접

$$\sigma = \frac{0.707P}{l h} \quad (용접길이 l, \, 다리길이 \, h)$$

(다) 맞대기 이음의 단순 굽힘의 경우

굽힘 응력과 모멘트의 관계는 다음과 같다.

$$\sigma_b = \frac{M}{W_b} \quad \text{(여기서 } \sigma_b\text{는 굽힘응력, } W_b\text{는 굽힘 단면 계수, M은 모멘트)}$$

① 완전 용입

$$W_b = \frac{lt^2}{6} \text{ 에서} \quad \sigma_b = \frac{6M}{lt^2}$$

② 부분 용입($h_1 = h_2$)

$$W_b = \frac{h\,l\,(3t^2 - 6th + h^2)}{6} \text{ 에서} \quad \sigma_b = \frac{3tM}{hl(3t^2 - 6th + 4h^2)}$$

(라) 단순 굽힘을 받는 T형 막대기 용접 이음

T형 맞대기 용접의 경우에는 용접선과 작용하는 하중에 따라 단면 계수가 달라질 수 있으며 다음과 같이 용접부의 굽힘 응력은 계산이 된다.

$$\sigma_b = \frac{PL}{W_b} = \frac{M}{W_b}$$

(σ_b는 굽힘응력, W_b는 굽힘 단면 계수, P는 작용하중, L은 이음부로부터 하중까지의 거리)

① 하중이 용접선에 수직인 경우

㉠ 완전 용입

$$W_b = \frac{lt^2}{6} \text{ 에서} \quad \sigma_b \times \frac{6PL}{lt^2} = \frac{6M}{lt^2}$$

㉡ 부분 용입($h_1 = h_2$)

$$W_b = \frac{hl(3t^2 - 6th + 4h^2)}{3} \text{ 에서} \quad \sigma_b = \frac{3tPL}{hl(3t^2 - 6th + 4h^2)} = \frac{3tM}{hl(3t^2 - 6th + 4h^2)}$$

㉢ 전체 둘레 부분 용입

$$W_b = \frac{t^3 l - (l - 2h)(t - 2h)^3}{6t} \text{ 에서} \quad \sigma_b = \frac{6tPL}{t^3 l - (l - 2h)(t - 2h)^3} = \frac{6tM}{t^3 l - (3l^2 - 6th + 4h^2)}$$

② 하중이 용접선에 평행인 경우

　㉠ 완전 용입

$$W_b = \frac{tl^2}{6} \text{ 에서 } \quad \sigma_b = \frac{6PL}{lt^2} = \frac{P}{tl}$$

　㉡ 부분 용입($h_1 = h_2$)

$$\sigma_b = \frac{3tPL}{l\,a(3t^2 - 6ta + 4a^2)} \,,\, \gamma = \frac{P}{2lt}$$

　㉢ 전체 둘레 부분 용입

$$W_b = \frac{l^3 t - (l-2h)(t-2h)^3}{6t} \text{ 에서 } \quad \sigma_b = \frac{6tPL}{l^3 t - (l-2h)(t-2h)^3}$$

(마) 이론 목두께와 각장의 관계

이론 목두께와 필릿 각장(다리 길이)의 관계는 다음과 같다.

이론상 목두께(h_t) = 다리길이(h) $\times \cos45^\circ$ = 0.707h
(h = 다리길이, h_t = 목두께)

(바) 전면 필릿 이음의 인장강도

　㉠ 완전 용입

$\hat{\delta}t$(전면 필릿 이음의 인장응력) $\dfrac{P}{A} = \dfrac{P}{t \times h_t}$

$\hat{\delta}t$(전면 필릿 이음의 인장응력) = $0.9\sigma_w$ (σ_w: 용착금속의 인장강도)

　㉡ 부분 용입($h_1 = h_2$)

$$\sigma = \frac{P}{l\,(h_1 + h_2)}$$

(사) 측면 필릿 이음의 전단 응력과 용착 금속의 인장 강도의 관계

ι_t(측면필릿이음의 인장응력) = $0.7\sigma_w$ (σ_w: 용착금속의 인장강도)

예제1 강판의 두께 12mm, 폭 100mm의 V형 홈을 맞대기 용접 이음할 때 이음 효율로 하면 인장력 P는 얼마까지 허용할 수 있는가?(단, 판의 최저 인장 강도는 40N/mm²이고, 안전율은 4로 한다.)

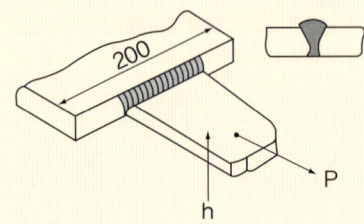

풀이

① 판의 허용 응력 : $\sigma_2 = \dfrac{\sigma}{S} = \dfrac{40}{4} = 10\text{N/mm}^2$

② 인장력 P는 $\sigma = \dfrac{P}{\eta \cdot A}$ 에서

$\therefore$ P $= \eta \cdot \sigma_a \cdot A = 0.8 \times 10 \times (12 \times 100) = 9600\text{N/mm}^2$

예제2 맞대기 용접 이음에서 강판의 두께를 12mm로 하고 최대 2500N의 인장 하중을 작용시킬 때 필요한 용접 길이는?(단, 용접부의 허용 인장 응력은 10N/mm이다.)

풀이

h = 12mm, P = 2500N이므로

$\sigma = \dfrac{P}{h\,l}$ 에서

$\therefore l = \dfrac{P}{\sigma \cdot h} = \dfrac{2500}{10 \times 12} \fallingdotseq 20.8\text{mm}$

예제3 위 문제에서 강판의 두께 10mm, 인장 하중 8000N, 용접 길이 100mm로 할 때 용접부에 발생하는 인장 응력은?

풀이

$$\sigma = \frac{P}{h\,l} = \frac{8000}{10 \times 100} = 8\text{N/mm}^2$$

예제4 수직으로 5000N의 힘이 작용하는 부분에 수평으로 맞대기 용접을 하고 자 하는데 용접부의 형상은 판 두께 5mm, 용접선의 길이 240mm로 하려 고 할 때, 이음부에 발생하는 인장 응력은?

풀이

$$\sigma = \frac{P}{h\,l} = \frac{5000}{5 \times 2400} \fallingdotseq 4.2\text{N/mm}^2$$

예제5 그림과 같은 겹치기 이음의 필릿 용접을 하려고 한다. 허용 응력을 8kg/mm 라 하고, 인장 하중 5000N, 판 두께 12mm이라 할 때 필요한 용접 길이는?

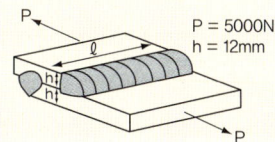

풀이

$$\sigma = \frac{0.707}{h\,l}\,P \text{에서}$$

$$\therefore l = \frac{0.707}{\sigma \cdot h}\,P = \frac{0.707 \times 5000}{12 \times 8} = 36.8\text{mm}$$

예제6 다음 그림 (a),(b)에서 용접부에 걸리는 인장 하중과 P1과 P2를 구하라.(단, 용접부의 허용 응력은 6N/mm²이다.)

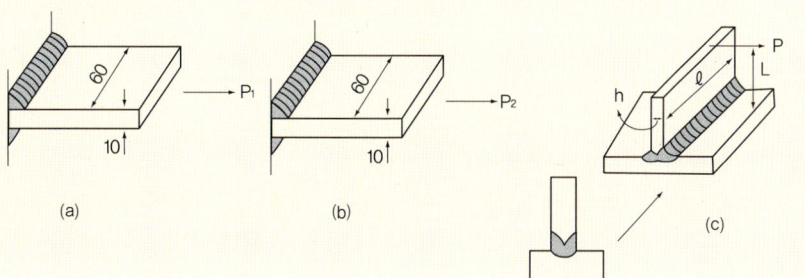

풀이

① $\sigma = \dfrac{0.707}{h\,l}\,P_1$ 에서

$\therefore P_1 = \dfrac{\sigma \cdot h \cdot l}{0.707} = \dfrac{6 \times 10 \times 60}{0.707} = 5091.9\text{N}$

② $\sigma = \dfrac{P_2}{h\,l}$ 에서

$\therefore P_2 = \sigma \cdot h \cdot l = 6 \times 10 \times 60 = 3600\text{N}$

예제7 허용 인장 응력 8N/mm, 판 두께 10mm의 강판을 용접 길이 500mm, 용접 이음 효율 85%로 맞대기 용접을 할 때 필요한 목두께는?(단, 용접부의 허용 응력은 6N/mm로 한다.)

풀이

$t = 10\text{mm}, \; l = 500\text{mm}, \; \sigma_a = 8\text{N/mm}^2, \; \sigma_w = 6\text{N/mm}^2$ 이므로

① 하중 $P_1 = \sigma \cdot t \cdot l = 8 \times 10 \times 500 = 4000\text{N}$

② 용접부의 허용 하중은 P의 85%이므로 허용 하중 $N = 40000 \times 0.85 = 34000\text{N}$

③ 목두께 h는 $\sigma_w = \dfrac{P}{h \cdot l}$

$\therefore h = \dfrac{P}{\sigma_w \cdot l} = \dfrac{34000}{6 \times 500} \fallingdotseq 11.3\text{mm}$

예제8 그림에서 인장하중을 받는 폭 100mm, 두께 12mm의 강판을 필릿 용접하였다. 필릿의 다리 길이 12mm, 용접 길이 300mm라 하고, 용접부의 허용 전단 응력을 6N/mm²라 할 때 몇 N의 인장 하중을 견딜 수 있겠는가?

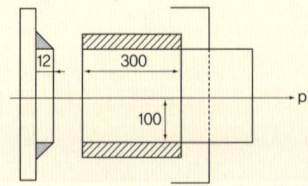

풀이

$$\sigma = \frac{0.707}{h \times l}\, P \text{에서}$$

$$\therefore P = \frac{h \cdot l \cdot \sigma}{0.707} = \frac{12 \times 300 \times 6}{0.707} \fallingdotseq 30551.6N$$

예제9 그림과 같은 폴리(Pulley)에서 10(PS), 750(rpm)의 동력을 전달시킬 경우, 림과 보스의 용접부에 생기는 전단 응력을 구하라.(단, 전체 둘레의 필릿 용접의 크기는 림부 4mm, 보스부 6mm이고 보스부의 지름은 Ø100이고, 림부의 지름은 Ø300이다.)

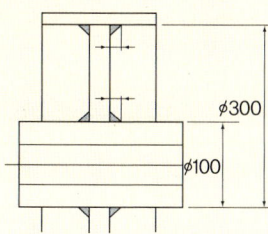

풀이

① 전달 토크 $T = 716200 \dfrac{HP}{N} = 716200 \dfrac{10}{750} \fallingdotseq 9549.3 kg/mm^2$

② 보스부의 응력 $\tau_1 = \dfrac{2.83T}{\pi h_1 D} = \dfrac{2.83 \times 9549.3}{3.14 \times 6 \times 100^2} \fallingdotseq 0.14 kg/mm^2$

③ 림부의 응력 $\tau_1 = \dfrac{2.83T}{\pi h_1 D_2} = \dfrac{2.83 \times 9549.3}{3.14 \times 4 \times 300^2} \fallingdotseq 0.024 kg/mm^2$

예제10 T형 이음(흠 완전 용입)에서 인장 하중 8000N, 판두께 20mm일 때 필요한 용접 길이는?(단, 용접부의 허용 인장 응력은 6N/mm)

풀이

$$\sigma = \frac{P}{h\, l} \text{ 에서}$$

$$\therefore l = \frac{P}{h \cdot \sigma} = \frac{8000}{20 \times 6} \fallingdotseq 66.7mm$$

4 용접 홈 형상의 종류

① **용접 홈 이용** : I형, V형, *V*형, U형, J형
② **양면 홈 이용** : 양면 I형, X형, K형, H형, 양면 J형
③ 판 두께 6mm까지는 I형, 6~19mm까지는 V형, *V*형(베벨형), J형, 12mm 이상은 X형, k형, 양면 J형이 쓰이고, 16~50mm에는 U형 맞대기 이음이 쓰이며 50mm 이상에는 H형 맞대기 이음에 쓰인다.

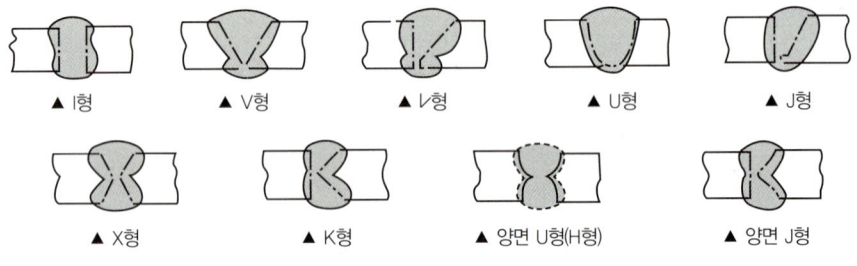

▲ I형　　▲ V형　　▲ *V*형　　▲ U형　　▲ J형

▲ X형　　▲ K형　　▲ 양면 U형(H형)　　▲ 양면 J형

〈용접 홈 형상의 종류〉

☞ 가장 변형이 적게 설계된 형상, 응력집중이 최저인 것
• X형, H형
☞ 맞대기 용접에서 한 쪽 방향의 완전한 용입을 얻고자 할 때 적합한 홈
• V형, U형

5 용착부 모양에 따른 분류

① 맞대기 용접
② 필릿 용접

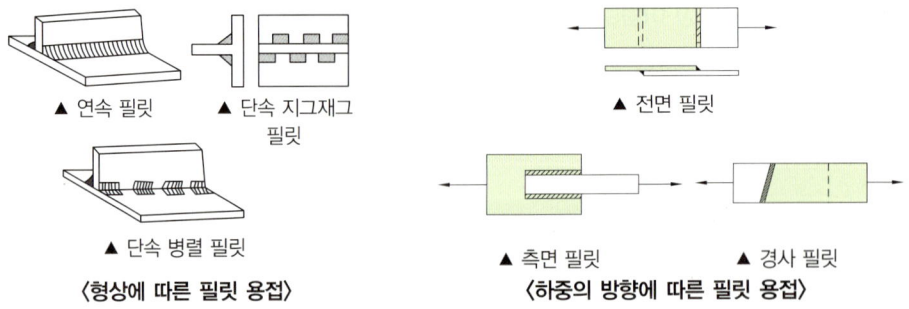

▲ 연속 필릿　　▲ 단속 지그재그 필릿　　▲ 전면 필릿

▲ 단속 병렬 필릿　　▲ 측면 필릿　　▲ 경사 필릿

〈형상에 따른 필릿 용접〉　　〈하중의 방향에 따른 필릿 용접〉

③ 플러그 용접
④ 슬롯 용접
⑤ 비드 용접

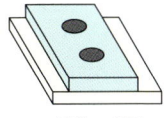

▲ 플러그 용접 ▲ 슬롯 용접 ▲ 비드 용접

⑥ 플레어 용접

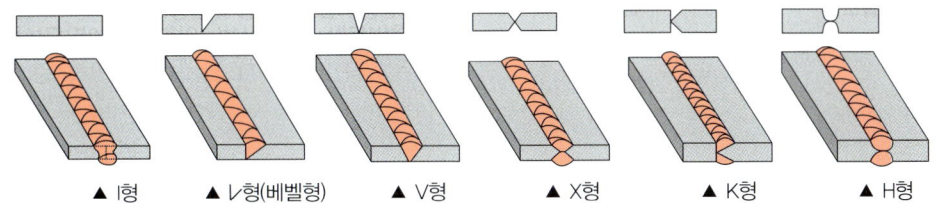

▲ I형   ▲ L형(베벨형)   ▲ V형   ▲ X형   ▲ K형   ▲ H형

6 용접 홈의 명칭

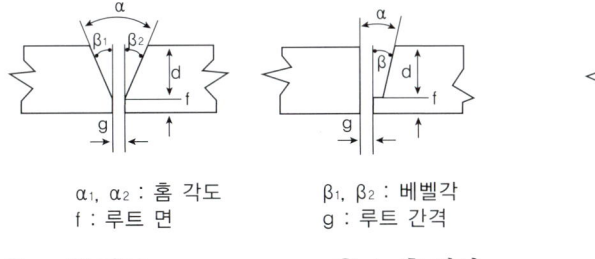

α₁, α₂ : 홈 각도
f : 루트 면

β₁, β₂ : 베벨각
g : 루트 간격

d₁, d₂ : 개선 깊이
r : 루트 반지름

① α : 홈 각도
② d : 홈 깊이
③ g : 루트 간격
④ r : 루트 반경(반지름)
⑤ f : 루트 면
⑥ β : 베벨각

7 필릿 용접의 종류

① **전면 필릿** : 하중이 용접선과 수직
② **측면 필릿** : 하중이 용접선과 수평
③ **경사 필릿**

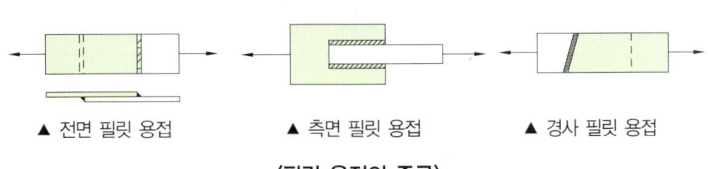

▲ 전면 필릿 용접   ▲ 측면 필릿 용접   ▲ 경사 필릿 용접

〈필릿 용접의 종류〉

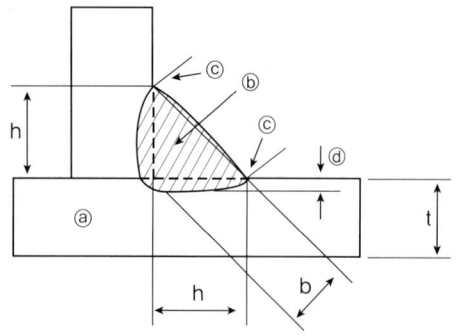

h : 다리 길이(각장) ⓐ : 모재
t : 판두께   ⓑ : 용착 금속
b : 목두께   ⓒ : 토(toe)
                  ⓓ : 용입 깊이

〈필릿 용접 이음 홈의 각부 명칭〉

 하나 더

☞ 필릿 이음부의 강도를 계산할 때 기준으로 삼는 것
• 목의 두께

8 용접이음 설계 시 주의점

① 아래 보기 용접을 많이 하도록 한다.

② 용접작업에 지장을 주지 않도록 간격을 두도록 한다.

③ 필릿용접은 되도록 피하고 맞대기 용접을 하도록 한다.

④ 판 두께가 다른 재료를 이을 때에는 구배를 두어 갑자기 단면이 변하지 않도록 한다
   (1/4 이하 테이퍼 가공을 함).

⑤ 맞대기 용접에는 이면 용접을 하여 용입 부족이 없도록 해야 한다.

⑥ 용접 이음부가 한 곳에 집중되지 않도록 설계해야 한다.

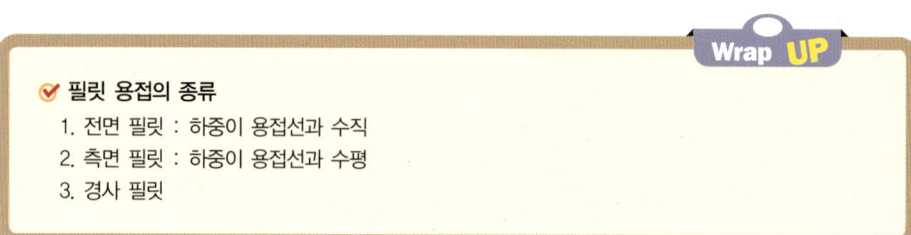

Wrap UP

☑ 필릿 용접의 종류
  1. 전면 필릿 : 하중이 용접선과 수직
  2. 측면 필릿 : 하중이 용접선과 수평
  3. 경사 필릿

9 용접 구조물의 설계

(1) 용접 구조물의 개요

설계자는 선박, 차량, 항공기, 건축, 기계, 교량, 철구조물, 제관, 저장 탱크, 내압용기, 보일러, 가스관 등을 제작하기 위하여 다음 사항을 고려하여야 한다.

① 용접 이음의 강도와 변형 예측

② 최적의 용접법 선정

③ 가장 적당한 용접 시공법 선정

④ 용접 구조물의 여러 특성 문제 고려

⑤ 용접성을 고려한 사용 재료의 선정과 열영향 문제 고려

⑥ 신뢰성 있는 용접 시공 작업 관리 및 용접 후의 처리법 선정

(2) 용접 구조 설계의 기본과 순서

용접 설계에 요구되는 것은 구조물 전체 혹은 일부가 사용 기간 중에 파손을 일으키지 않는 것이다.

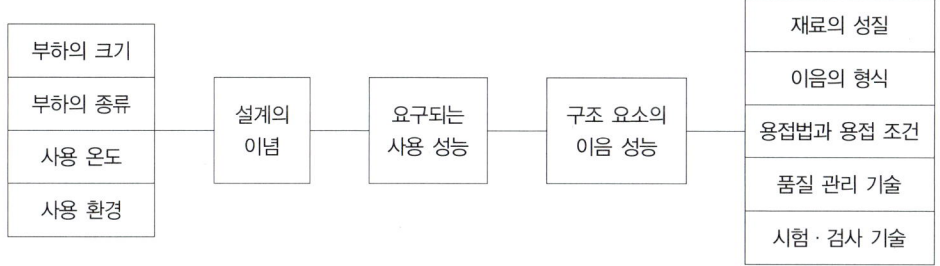

〈용접 구조물의 설계와 재료, 시공 관계〉

① **구조물의 구조 및 제품 기본 계획**

용접 구조물의 사용 조건과 목적, 구조물의 재료, 구조 형식, 경제성, 공사 기간 등의 기본 사항을 결정한다.

② **구조 개선 및 강도 설계 계산**

구조물의 사용 중에 받는 각종 하중을 설정하여 각 부분에서 일어나는 응력을 구하고 구조 및 이음의 강도가 충분히 안전한가를 검토하며, 중량, 기능, 가공성 및 경제성의 측면에서 가장 유리한 용접 구조 및 이음을 결정하고, 부재 및 이음의 적당한 단면 치수를 결정한다.

③ **구조 설계**

구조물의 강도 계산의 결과 및 시공 조건을 고려하여 구조물 또는 제품의 설계도면

을 작성한다. 이 때 이음의 세부 사항을 결정하는 이음의 설계도 포함된다.

④ **시공 도면 작성**

제작자가 설계 도면만 보고도 시공이 가능하도록 시공법의 세부 사항을 지시한 도면을 작성한다.

⑤ **재료 계산(적산)**

구조물 설계 도면에 따른 주재료와 부재료를 적산한다. 주재료는 중량 계산의 기초가 되며, 부(소요)재료 적산은 구입 계획에 필요하다.

⑥ **용접 절차 사양서(WPS) 작성**

용접 구조물 설계 도면과 시공 도면에 따라 구조물을 제작 및 설치 방법 등의 세부 지시 사항을 기록한 명세서를 만든다.

☞ **용접구조 설계의 순서**
• 구조계획 – 이음방법 – 구조계산 – 구조설계 – 공작도 – 재료계산 – 시방서

(3) 용접 구조의 설계상 주의 사항

① 주·단조 구조 및 리벳 구조 부품 등의 개념을 떠나서 용접의 특징을 활용한다.

② 리벳과 용접의 혼용 시에는 충분한 주의를 한다.

③ 용접 이음의 집중, 접근 및 교차를 피한다.

④ 용접 치수는 강도상 필요한 치수 이상으로 크게 하지 않으며, 접합부재의 균형을 고려한다.

⑤ 두꺼운 판을 용접할 경우에는 용입이 깊은 용접법을 이용하여 층수를 줄인다.

⑥ 이음의 역학적 특성을 고려하여 구조상의 불연속부, 단면 형상의 급격한 변화 및 노치를 피한다.

⑦ 용접성, 노치 인성이 우수한 재료를 선택하여 시공하기 쉽게 설계한다.

⑧ 용접에 의하여 구조물이 하나의 연속체로 되므로 부착물의 용접 설계도 신중을 기한다.

⑨ 판면에 직각 방향으로 인장 하중이 작용할 경우에는 판의 이방성에 주의한다.

⑩ 용접에 의한 변형 및 잔류 응력을 경감시킬 수 있도록 주의하며, 특히 수축이 불가능한 용접은 피한다.

⑪ 용착 금속은 가능한 다듬질 부분에 포함되지 않도록 주의한다.

⑫ 용접 이음을 감소시키기 위하여 압연 형재, 주단조품, 파이프 등을 부분적으로 이용하거나 굽힘 가공, 프레스 가공 등을 이용한다.

Section 2 용접시공

1 용접준비

(1) 일반 준비

모재 재질 확인, 용접기 및 용접봉 선택, 지그 결정, 용접공 선임 등

(2) 용접 이음 준비

① 홈 가공

⊙ 용입이 허용하는 한 홈 각도는 작은 것이 좋다(일반적으로 피복 아크 용접에서 54~70°).

⊙ 용접균열의 관점에서는 루트 간격은 좁을수록 좋으며 루트 반지름은 될 수 있는 한 크게 하는 것이 좋다.

② 조립

⊙ 수축이 큰 이음을 먼저 용접하고 다음에 필릿 용접을 한다.

⊙ 큰 구조물은 구조물에 중앙에서 끝으로 향하여 용접을 한다.

⊙ 용접선에 대하여 수축력의 합이 영(0, Zero)이 되도록 한다.

⊙ 리벳과 같이 쓸 때는 용접을 먼저 한다.

⊙ 용접 불가능한 곳이 없도록 한다.

⊙ 물품의 중심에 대하여 대칭으로 용접을 진행한다.

③ 가접

⊙ 홈 안에 가접은 피하고 불가피한 경우 본용접 전에 갈아낸다.

⊙ 응력이 집중하는 곳은 피한다.

⊙ 전류는 본용접보다 높게 하며, 용접봉의 지름은 가는 것을 사용한다. 또한 너무 짧게 하지 않는다.

⊙ 시 · 종단에 엔드탭을 설치하기도 한다.

⊙ 가접사도 본 용접사에 비하여 기량이 떨어지면 안 된다.

④ **이음부의 청소**

이음부의 녹, 수분, 스케일, 페인트, 유류, 먼지, 슬래그 등은 기공 및 균열에 원인이 되므로 와이어브러시, 그라인더, 쇼트블라스트, 화학약품 등으로 제거한다.

⑤ 홈의 보수

　㉠ 맞대기 용접

　　두께 6mm 이하 한쪽 또는 양쪽에 덧살 올림 용접을 하여 깎아 내고 규정간격으로 홈을 만들어 용접하며, 6~16mm인 경우는 두께 6mm 정도의 뒤판을 대서 용접하여 용락을 방지한다. 또한 16mm 이상에서는 판의 전부 혹은 일부(약 300mm)를 대체한다.

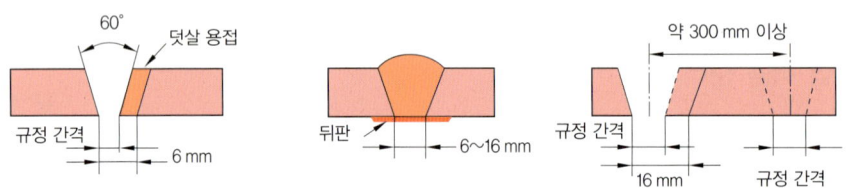

〈맞대기 용접의 보수〉

　㉡ 필릿 용접

　　용접물의 간격이 1.5mm 이하에서는 규정의 각장으로 용접하며, 1.5~4.5mm인 경우는 그대로 용접해도 좋으나 각장을 증가시킬 수도 있다. 4.5mm 이상에서는 라이너를 넣거나 또는 부족한 판을 300mm 이상 잘라내서 대체한다.

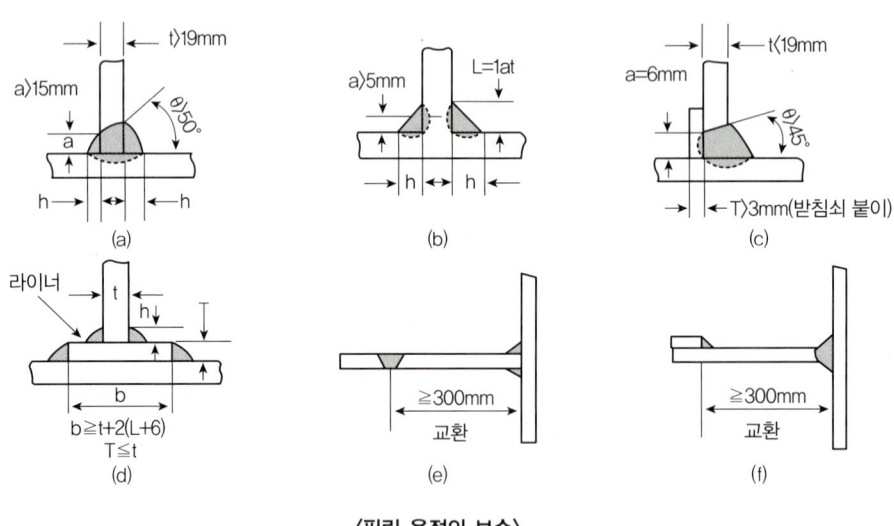

〈필릿 용접의 보수〉

(3) 용접부의 검사

① **용접 전의 검사** : 용접설비, 용접봉, 모재, 용접준비, 시공조건, 용접사의 기량 등
② **용접 중의 검사** : 각 층의 융합상태, 슬래그 섞임, 균열, 비드 겉모양, 크레이터 처리, 변형 상태, 용접봉 건조, 용접전류, 용접순서, 운봉법, 용접자세, 예열온도, 층간온도

점검 등

③ **용접 후의 검사** : 후열 처리 방법, 교정 작업의 점검, 변형치수 등의 검사

2 용접작업

(1) 용접진행 방향에 따른 분류

① **전진법** : 용접 시작 부분보다 끝나는 부분이 수축 및 잔류 응력이 커서 용접 이음이 짧고, 변형 및 잔류응력이 그다지 문제가 되지 않을 때 사용한다.

② **후퇴법** : 용접을 단계적으로 후퇴하면서 전체 길이를 용접하는 방법으로 수축과 잔류 응력을 줄이는 방법이다.

③ **대칭법** : 용접할 전 길이에 대하여 중심에서 좌우로 또는 용접물 형상에 따라 좌우 대칭으로 용접하여 변형과 수축 응력을 경감한다.

④ **비석법(스킵법)** : 짧은 용접 길이로 나누어 놓고 간격을 두면서 용접하는 방법으로 특히, 잔류응력을 적게 할 경우 사용한다.

⑤ **교호법** : 열영향을 세밀하게 분포시킬 때 사용한다.

〈용접진행 방향에 따른 분류〉

(2) 다층용접에 따른 분류

① **덧살올림법(빌드업법)**

열영향이 크고 슬래그 섞임의 우려가 있다. 한냉 시, 구속이 클 때 후판에서 첫 층에 균열 발생 우려가 있다. 하지만 가장 일반적인 방법이다.

② **캐스케이드법**

한 부분의 몇 층을 용접하다가 이것을 다음 부분의 층으로 연속시켜 용접하는 방법으로 후진법과 같이 사용하며, 용접결함 발생이 적으나 잘 사용되지 않는다.

③ **전진블록법**

한 개의 용접봉으로 살을 붙일 만한 길이로 구분해서 홈을 한 부분에 여러 층으로 완전히 쌓아 올린 다음, 다음 부분으로 진행하는 방법으로 첫 층에 균열발생 우려가 있는 곳에 사용된다.

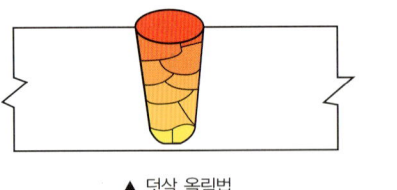

▲ 덧살 올림법   ▲ 케스케이드법(용접중심선 단면도)

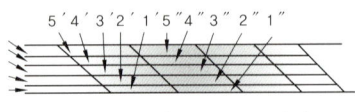

▲ 전진 올림법(용접중심선 단면도)

〈다층용접의 종류〉

(3) 용접할 때 온도 분포

① 냉각 속도는 얇은 판보다는 두꺼운 판에서 크다.

② 냉각 속도는 맞대기 이음보다는 T형 이음의 경우가 크다. 즉, 열의 확산방향이 많을 수록 크다.

③ 열전도율이 클수록 냉각속도는 크다.

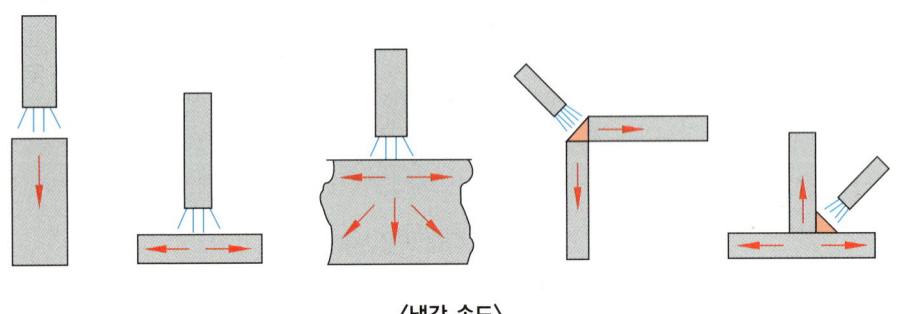

〈냉각 속도〉

 하나 더

☞ **냉각 속도가 가장 빠른 것은?**

• T형 이음   후판이 빠르다

(4) 예열

① 연강의 경우 두께 25mm 이상의 경우나 합금성분을 포함한 합금강 등은 급랭 경화성이 크기 때문에 열영향부가 경화하여 비드균열이 생기기 쉽다. 그러므로 50~350℃ 정도로 홈을 예열하여 준다.

② 기온이 0℃ 이하에서도 저온균열이 생기기 쉬우므로 홈 양 끝 100mm 나비를

40~70℃로 예열한 후 용접한다.

③ 주철은 인성이 거의 없고 경도와 취성이 커서 500~550℃로 예열하여 용접 터짐을 방지한다.

④ 용접할 때 저수소계 용접봉을 사용하면 예열 온도를 낮출 수 있다.

⑤ 탄소당량이 커지거나 판 두께가 두꺼울수록 예열 온도는 높일 필요가 있다.

⑥ 주물의 두께 차가 클 경우 냉각속도가 균일하도록 예열한다.

> **하나 더**
>
> ☞ **예열불꽃이 막힐 때의 현상**
> • 드래그는 증가하고, 절단속도는 늦어진다.
>
> ☞ **예열의 목적**
> • 임계온도를 통과하여 냉각될 때 냉각속도를 느리게 하여 열영향부와 융착금속의 경화를 방지하고 연성을 높여준다.
> • 약 200℃의 범위를 통과하는 시간을 지연시켜 융착금속 내의 수소의 방출 시간을 줌으로써 비드 밑 균열을 방지한다.
> • 온도분포가 완만하게 되어 열응력의 감소로 변형과 잔류응력 발생을 줄인다.

(5) 지그의 종류

① 가접용 지그

용접 지그는 작업의 성질에 따라서 가접용과 본용접용 지그를 구분할 수 있다. 가접용 지그는 치수의 정밀도를 고려해 부재와 부재를 일정 위치에 고정시켜 가접을 하기 위한 것으로, 지그만을 고정하여 가접을 하지 않고 직접 본 모재에 용접을 하는 것도 있다.

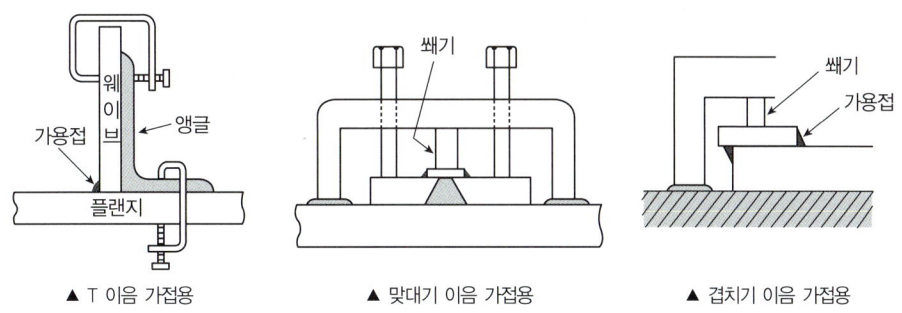

▲ T 이음 가접용   ▲ 맞대기 이음 가접용   ▲ 겹치기 이음 가접용

② 변형 방지용 지그

용접은 가공물에 다량의 열을 주게 되므로 열변형이 발생한다. 이 변형은 용접 순서, 용접법, 소성 역변형에 의해서 방지하는 방법이 있고, 구속에 의하여 변형을 억제하는 방법(탄성 역형법)도 있는데, 이들을 이용하는 것이 변형 방지용 지그이다.

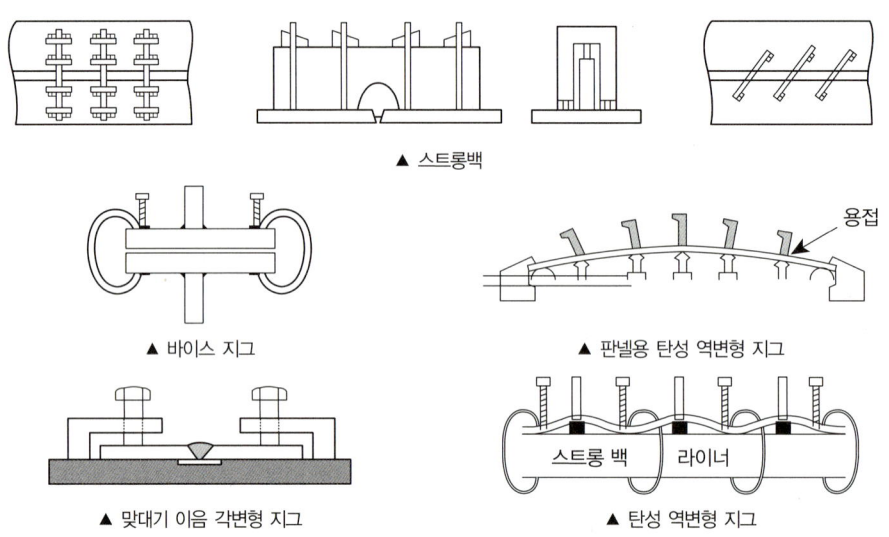

▲ 스트롱백

▲ 바이스 지그

용접

▲ 판넬용 탄성 역변형 지그

▲ 맞대기 이음 각변형 지그

스트롱 백   라이너

▲ 탄성 역변형 지그

③ 아래보기 용접용 지그

본 용접 작업시에 아래보기 자세로 용접하기 위해 사용하는 것으로 주로 포지셔너나 매니플레이터가 사용된다.

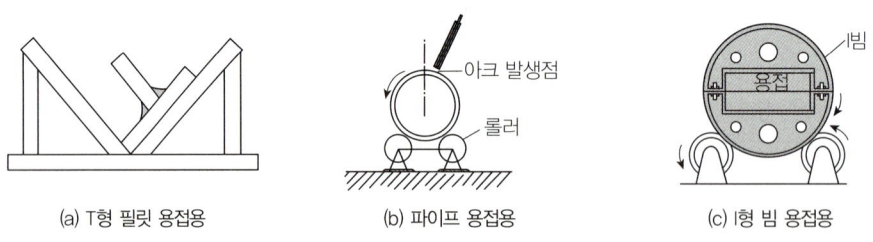

아크 발생점

롤러

I빔

용접

(a) T형 필릿 용접용   (b) 파이프 용접용   (c) I형 빔 용접용

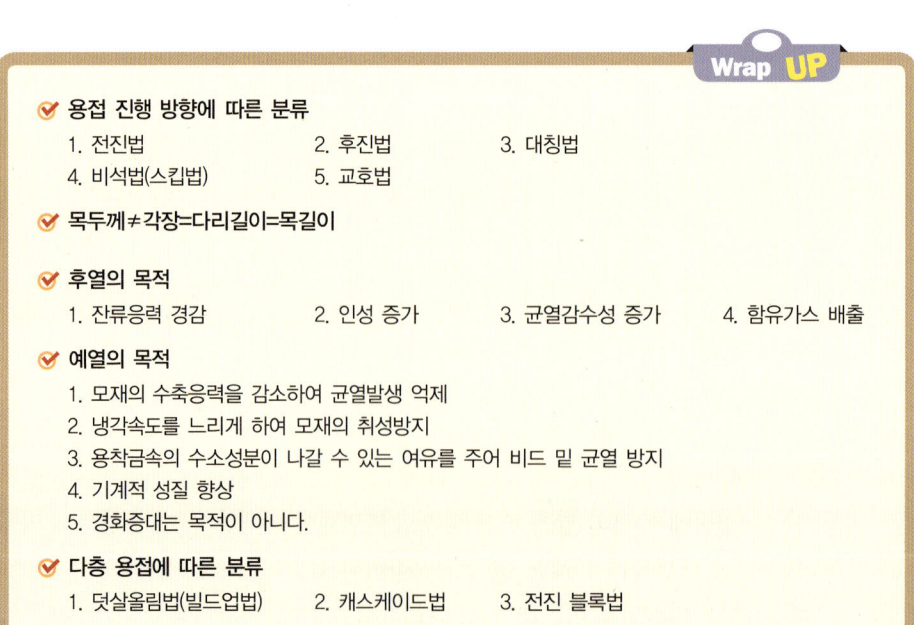

- ✅ 육성용접 = 덧살용접 = 보수용접

- ✅ 지그의 사용 목적
  - • 대량 생산이 가능하다.
  - • 제품 치수를 정확하게 한다.
  - • 다듬질을 좋게 한다.
  - • 용접 작업을 쉽게 해준다.
  - • 용접부의 신뢰성이 증가한다.
  - • 변형을 억제한다.

3 용접 후처리

(1) 잔류 응력 제거법

① **노내풀림법** :

유지 온도가 높을수록, 유지 시간이 길수록 효과가 크다. 노내 출입 허용 온도는 300℃를 넘어서는 안 된다. 일반적인 유지 온도는 625±25℃이다. 판 두께 25mm, 1시간

② **국부풀림법**

큰 제품, 현장 구조물 등과 같이 노내풀림이 곤란할 경우 사용하며 용접선 좌우 양측을 각각 약 250mm 또는 판 두께 12배 이상 범위를 가열한 후 서냉한다. 하지만 국부풀림은 온도를 불균일하게 할 뿐 아니라 이를 실시하면 잔류 응력이 발생될 염려가 있으므로 주의하여야 한다. 유도 가열 장치를 사용한다.

③ **기계적 응력 완화법** :

용접부에 하중을 주어 약간의 소성 변형을 주어 응력을 제거한다. 실제 큰 구조물에서는 한정된 조건 하에서만 사용할 수 있다.

④ **저온 응력 완화법**

용접선 좌우 양측을 정속도로 이동하는 가스 불꽃으로 약 150mm의 너비를 약 150~200℃로 가열 후 수냉하는 방법으로, 용접선 방향으로 인장 응력을 완화시키는 방법이다.

⑤ **피닝법**

끝이 둥근 특수 해머로 용접부를 연속적으로 타격하여, 용접 표면에 소성 변형을 주어 인장 응력을 완화한다. 첫 층 용접의 균열 방지 목적으로 700℃ 정도에서 열간 피닝을 한다.

하나 더

☞ **용접부의 용착량과 잔류응력의 관계**
- • 용착량이 증가하면 열영향부가 커져 잔류응력이 더 많이 발생할 수 있다.

☞ **Fe의 재결정 온도**
- • 350~450℃

(2) 변형 방지법

① **억제법** : 모재를 가접 또는 지그를 사용하여 변형 억제
② **역변형법** : 용접 전에 변형의 크기 및 방향을 예측하여 미리 반대로 변형시키는 방법
③ **도열법** : 용접부 주위에 물을 적신 석면, 동판을 대어 열을 흡수시키는 방법
④ **용착법** : 대칭법, 후퇴법, 스킵법 등을 사용

(3) 변형을 적게 하는 방법

① 공급 열량을 가능한 적게 한다.
② 열량을 1개소에 집중시키지 않는다.

(4) 변형의 교정

① 박판에 대한 점 수축법

> **하나 더**
>
> ☞ **점수축법 시공 조건**
> • 가열 온도 500~600℃, 가열 시간은 30초 정도, 가열부 지름 20~30mm이며, 가열 즉시 수냉한다.

② 형재에 대한 직선수축법
③ 가열 후 해머질하는 방법
④ 후판에 대해 가열 후 압력을 가하고 수냉하는 방법
⑤ 롤러에 거는 법
⑥ 절단하여 정형 후 재용접하는 방법
⑦ 피닝법

(5) 결함의 보수

① 기공 또는 슬래그 섞임이 있을 때는 그 부분을 깎아 내고 재용접
② **언더컷** : 가는 용접봉을 사용하여 파인 부분의 용접
③ **오버랩** : 덮인 일부분을 깎아내고 재용접
④ 균열일 때는 균열 끝에 정지 구멍을 뚫고 균열부를 깎아 홈을 만들어 재용접

(6) 보수 용접

① 기계 부품 등의 일부 마멸된 부분을 깎아내거나 그대로 다시 원래 상태가 되도록 덧붙임용접을 하는 방법
② 열처리 없이 경도가 높은 것을 만들 수 있는데, 망간강, 크롬-코발트-텅스텐 등을 기

본으로 하는 합금계 심선이 필요

③ **용사법** : 용융된 금속을 고속 기류에 불어 붙임 이용

(7) 용접 후의 가공

① 용접 후 기계 가공을 하는 경우에 용접부에 잔류 응력이 풀려지는 경우 변형 우려가 있으므로 잔류 응력 제거

② 굽힘 가공할 것은 균열 발생 우려가 있으므로 노내 풀림 처리할 것

③ 철강 용접의 천이 온도의 최고 가열 온도는 400~600℃이다.

하나 더

☞ 천이 온도란 재료가 연성 파괴에서 취성 파괴로 변하는 온도 범위로 400~600℃이다.

☞ 용접에서 변형의 주된 이유
 • 용착금속의 용착불량   • 열로 인한 용착금속의 팽창과 수축

(8) 용접 금속의 결정 미세화 방법

① 초음파 진동을 주어 응고하고 있는 용융금속을 미세화한다.

② 자기 교반으로 미세화한다.

③ 합금 원소(Ti, Al, Cr, V)를 첨가하여 미세화한다.

④ 용접 중 실드가스(N) 사용 또는 풍압 등을 가해 미세화시킨다.

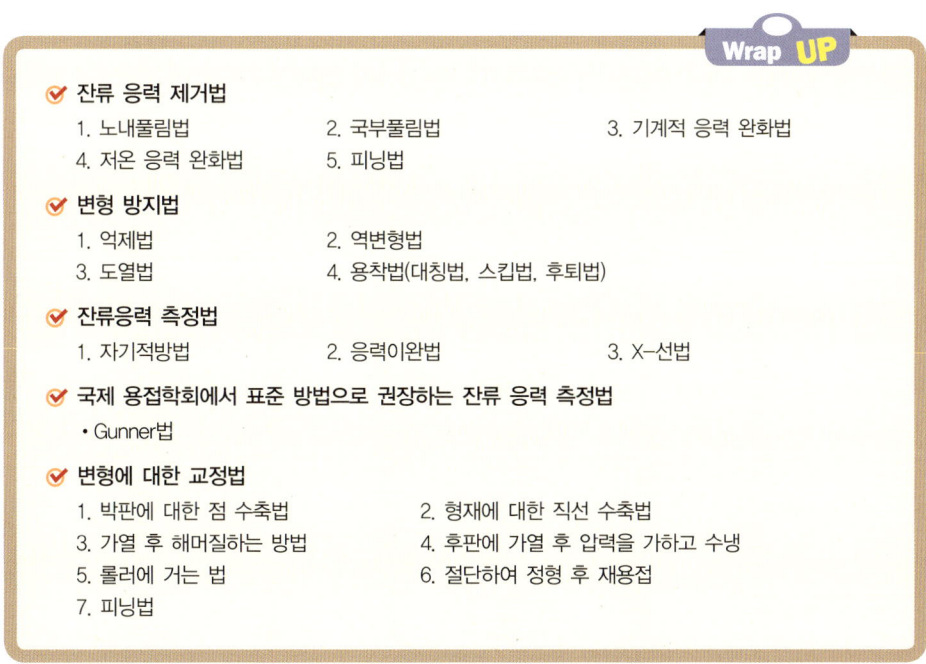

Wrap UP

☑ **잔류 응력 제거법**
 1. 노내풀림법   2. 국부풀림법   3. 기계적 응력 완화법
 4. 저온 응력 완화법   5. 피닝법

☑ **변형 방지법**
 1. 억제법   2. 역변형법
 3. 도열법   4. 용착법(대칭법, 스킵법, 후퇴법)

☑ **잔류응력 측정법**
 1. 자기적방법   2. 응력이완법   3. X-선법

☑ **국제 용접학회에서 표준 방법으로 권장하는 잔류 응력 측정법**
  • Gunner법

☑ **변형에 대한 교정법**
 1. 박판에 대한 점 수축법   2. 형재에 대한 직선 수축법
 3. 가열 후 해머질하는 방법   4. 후판에 가열 후 압력을 가하고 수냉
 5. 롤러에 거는 법   6. 절단하여 정형 후 재용접
 7. 피닝법

CHAPTER 02 용접성 시험

Section 1 파괴검사 시험

1 기계적 시험

① 인장 시험

ㄱ 항복점 : 하중이 일정한 상태에서 하중의 증가 없이 연신율이 증가되는 점

ㄴ 영률 : 탄성한도 이하에서 응력과 연신율은 비례(후크의 법칙)하는데 응력을 연신율로 나눈 상수

ㄷ 인장강도 : 최종 하중/원 단면적

ㄹ 연신율 : 시험 후 늘어난 길이/표준 거리×100(%)

ㅁ 내력 : 주철과 같이 항복점이 없는 재료에서는 0.2%의 영구 변형이 일어날 때의 응력 값을 내력으로 표시

하나 더

인장시험

☞ **연강 용접이음의 안전율**

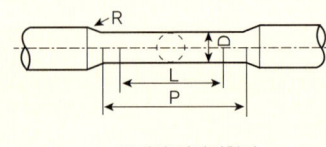

▲ 봉재의 인장시험편

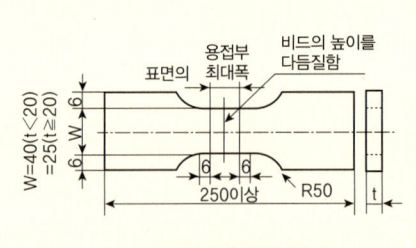

▲ 판재의 인장시험편

• 정하중 : 3
• 동하중 − 단진응력 : 5
• 동하중 − 교번응력 : 8
• 충격하중 : 12

② 경도 시험

ㄱ 브리넬경도 : 압입자의 크기로 경도 측정

ⓛ 비커스경도 : 내면 각이 136°인 다이아몬드 사각뿔의 압입자에 대각선 길이로 측정

ⓒ 로크웰경도 : B 스케일(하중이 100kg), C 스케일(꼭지각이 120°, 하중은 150kg)

ⓔ 쇼어경도 : 추를 일정한 높이에서 낙하시켜 반발한 높이로 측정. 완성품의 경우 많이 쓰임.

하나 더

☞ 경도시험 중 비커즈에 있어서 경도 측정선의 간격

• 0.5mm

③ 굽힘시험

㉠ 모재 및 용접부의 연성, 결함의 유무를 시험

㉡ 종류로는 표면, 이면, 측면 굴곡 시험이 있다.

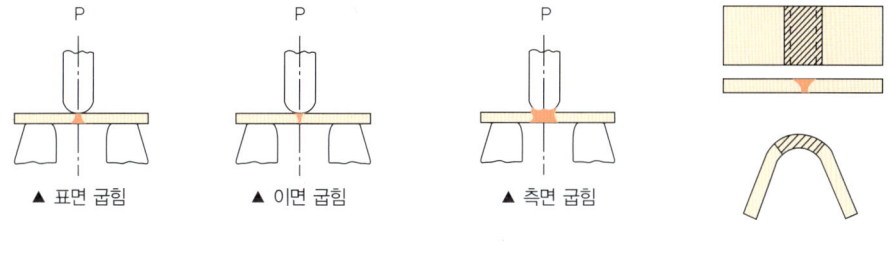

▲ 표면 굽힘 ▲ 이면 굽힘 ▲ 측면 굽힘

〈굽힘 시험〉

④ 동적시험

㉠ 충격시험 : (샤르피식, 아이조드식) 재료의 인성과 취성을 알아본다.

㉡ 피로시험 : 반복되어 작용하는 하중(안전 하중) 상태에서의 성질(피로 한도, S-N 곡선)을 알아낸다.

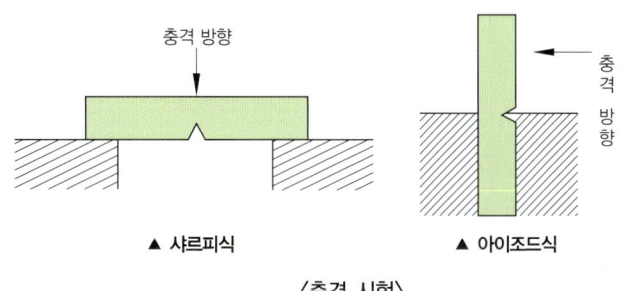

▲ 샤르피식 ▲ 아이조드식

〈충격 시험〉

⑤ **크리프 시험** : 재료의 인장 강도보다 적은 일정한 하중을 가했을 때 시간의 경과와 더불어 변화하는 현상인 크리프 현상을 이용하여 변형을 검사하는 방법

👉 **노치 취성 시험**

- 샤르피 시험, 로버트슨 시험, 벤더빈 시험, 칸티어 시험, 슈나트 시험, 티퍼 시험
- 로버트슨 시험 : 시험편의 노치부를 액체질소로 냉각하고 반대쪽을 가스 불꽃으로 가열하여 거의 직선적인 온도구배를 주고, 시험균열 상태를 알아보는 시험법이다.
- 티퍼 시험 : 시험편을 저온에서 인장파단시켜 파면의 천이온도를 구한다.
- 교호법 : 열 영향을 세밀하게 분포시킬 때 사용한다.

👉 **용착금속의 충격시험**

- 시험편의 파단에 필요한 흡수 에너지가 크면 클수록 인성이 크다.

2 화학적 시험

① 화학분석
② **부식시험** : 습부식, 고온부식(건부식), 응력부식시험 → 내식성 검사 위해 사용
③ **수소시험** : 45℃ 글리세린 치환법, 진공가열법, 확산성 수소량 측정법, 수은에 의한 방법

3 금속학적 시험

① **파면시험** : 결정의 조밀, 균일, 슬래그 섞임, 기공, 은점 등을 육안으로 관찰한다.
② **매크로 조직시험** : 용접부 단면을 연삭기나 샌드페이퍼로 연마하여 적당한 매크로 에칭을 한 다음 육안이나 저배율의 확대경으로 관찰하여 용입의 양부 및 열 영향부 등을 검사, 철강의 에칭액으로 염산 : 물, 염산 : 황산 : 물, 초산 : 물 등이 쓰인다.
   ※ 시험 순서 : 시편채취 → 마운팅 → 연마 → 부식 → 검사
③ **현미경 조직시험** : 시험편을 충분히 연마하고 고배율로 미소결함을 관찰한다. 부식액은 다음과 같다.
   ㉠ 철강용 : 피크로산 알코올 용액, 초산 알코올 용액
   ㉡ 스테인리스강 : 왕수알콜 용액
   ㉢ 구리 및 합금용 : 염화제이철액, 염화암모늄액, 과황산암모늄액
   ㉣ 알루미늄 및 그 합금 : 플로오르화 수소액, 수산화나트륨

Section 2 비파괴 시험 및 검사

1 외관검사(VT)

비드의 외관, 나비, 높이 및 용입 불량, 언더컷, 오버랩 등의 외관 양부를 검사한다.

2 누설검사(LT)

기밀, 수밀, 유밀 및 일정한 압력을 요하는 제품에 이용되는 검사로, 주로 수압, 공기압을 쓰나 때에 따라서는 할로겐, 헬륨 가스 및 화학적 지시약을 쓰기도 한다.

3 침투검사(PT)

표면에 미세한 균열, 피트 등의 결함에 첨부액을 표면 장력의 힘으로 침투시켜 세척한 후 현상액을 발라 결함을 검출하는 방법으로, 형광 침투 검사와 염료 침투 검사가 있는데 후자가 주로 현장에서 사용된다.

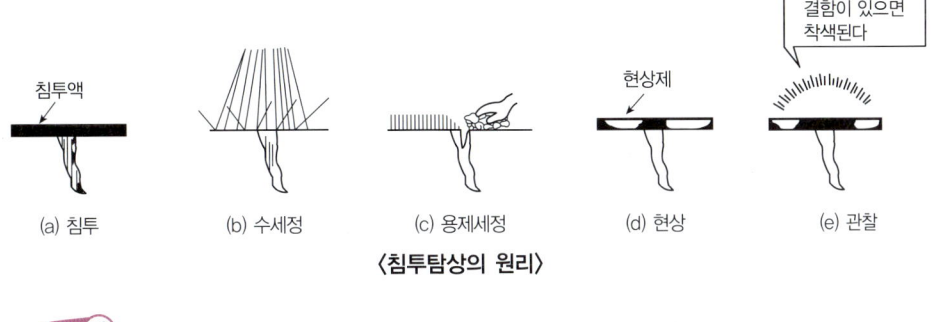

(a) 침투   (b) 수세정   (c) 용제세정   (d) 현상   (e) 관찰

〈침투탐상의 원리〉

하나 더

☞ **침투탐상에서 현상제의 종류**
• 건성, 수성, 비수성

4 자기검사(MT)

표면에 가까운 곳의 균열, 편석, 기공, 용입 불량 등의 검출에 사용되나 비자성체는 사용이 곤란하다.

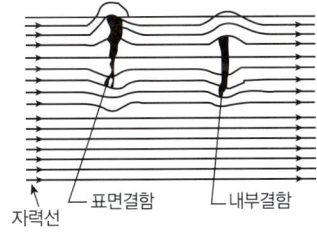

〈자분탐상의 원리〉

하나 더

☞ **자기검사에서 피검사물의 자화방법**
• 코일법, 극간법, 직각통전법

5 초음파검사(UT)

0.5~15MHz의 초음파를 내부에 침투시켜 내부의 결함, 불균일층의 유무를 알아낸다. 종류로는 투과법, 공진법, 펄스반사법(가장 일반적)이 있다. 장점으로는 위험하지 않으며 두께 및 길이가 큰 물체에도 사용 가능하나 결함 위치의 길이는 알 수 없으며 표면의 요철이 심한 것은 얇은 것은 검출이 곤란하다.

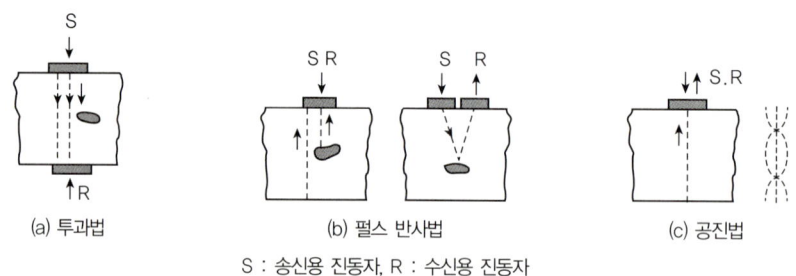

(a) 투과법   (b) 펄스 반사법   (c) 공진법

S : 송신용 진동자, R : 수신용 진동자

〈초음파탐상의 종류〉

☞ 탐촉자로부터 시험편으로 진행하는 초음파의 전파율을 높이기 위하여 탐상면과 탐촉자의 면 사이에 바르는 것
• 접촉 매질

6 방사선 투과 검사(RT) : 가장 확실하고 널리 사용됨

① X선 투과 검사 : 균열, 융합 불량, 기공, 슬래그 섞임 등의 내부 결함 검출에 사용된다. X선 발생 장치로는 관구식과 베타트론식이 있다. 단점으로는 미소 균열이나 모재 면에서 평행한 라미네이션 등의 검출은 곤란하다(후판 곤란, 깊이, 크기, 위치측정 가능 → 스테레오법).

② γ선 투과 검사 : X선으로 투과하기 힘든 후판에 사용한다. γ선원으로는 라듐, 코발트 60, 세슘 134, 이리듐이 있다.

☞ RT에서 균열의 모습
• 검은 예리한 선

7 와류 검사(맴돌이 검사)

금속 내에 유기된 와류 전류를 이용한 검사법으로, 자기 탐상이 곤란한 비자성체 검사에

사용된다.

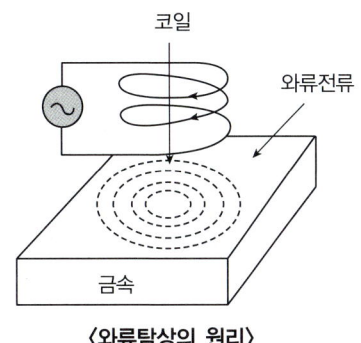

〈와류탐상의 원리〉

8 기타 검사

① **용접 연성시험** : 코메렐 시험, 킨젤 시험

② **용접 균열시험** : 리하이형 구속 균열시험, CTS 균열 시험, 피스코 균열 시험, T형 필릿 용접 균열 시험

③ **노취 취성 시험** : 킨젤, 충격시험

하나 더

☞ **비파괴 검사가 아닌 것(=파괴시험인 것)**
• 육안조직검사, 현미경조직검사
• 외관검사(VT)는 비파괴 검사

☞ **비파괴 시험 중 아코스틱 에밋션 시험의 표시방법**
• AET

☑ **잔류 응력 제거법**

1. **노내풀림법** : 유지 온도가 높을수록, 유지 시간이 길수록 효과가 크다. 출입 허용 온도는 300℃를 넘어서는 안 된다. 일반적인 유지 온도는 625±25℃이다. 판 두께 25mm, 1시간

2. **국부풀림법** : 큰 제품, 현장 구조물 등과 같이 노내풀림이 곤란할 경우 사용하며 용접선 좌우 양측을 각각 약 250mm 또는 판 두께 12배 이상 범위를 가열한 후 서냉한다. 유도 가열 장치를 사용한다.

3. **기계적 응력 완화법** : 용접부 하중을 주어 약간의 소성 변형을 주어 응력을 제거한다. 실제 큰 구조물에서는 한정된 조건 하에서만 사용할 수 있다.

4. **저온 응력 완화법** : 용접선 좌우 양측을 정속도로 이동하는 가스 불꽃으로 약150mm의 나비를 약 150~200℃로 가열 후 수냉하는 방법으로 용접선 방향으로 인장 응력을 완화시키는 방법이다.

5. **피닝법** : 끝이 둥근 특수 해머로 용접부를 연속적으로 타격하여, 용접 표면에 소성 변형을 주어 인장 응력을 완화한다. 첫 층 용접의 균열 방지 목적으로 700℃ 정도에서 열간 피닝을 한다.

✔ **연강 용접이음의 안전율**
- 정하중 : 3
- 동하중 – 단진응력 : 5
- 동하중 – 교번응력 : 8
- 충격하중 : 12

✔ **경도 시험**
1. 브리넬경도
   압입자의 크기로 경도를 측정한다.
2. 비커스경도
   내면 각이 136°인 다이아몬드 사각뿔의 압입자에 대각선 길이로 측정한다.
3. 로크웰경도
   B 스케일(하중이 100kg), C 스케일(꼭지각이 120°, 하중은 150kg)이 있다.
4. 쇼어경도
   추를 일정한 높이에서 낙하시켜 반발한 높이로 측정한다. 완성품의 경우 많이 쓰인다.

✔ **굽힘시험**
- 모재 및 용접부의 연성, 결함의 유무 시험법으로 종류로는 표면, 이면, 측면 굴곡 시험이 있다.

✔ **금속학적 시험 순서**
- 시편채취→마운팅→연마→부식→검사

✔ **비파괴 시험 및 검사**
1. 외관검사(VT)
   비드의 외관, 나비, 높이 및 용입 불량, 언더컷, 오버랩등의 외관 양부검사
2. 누설검사(LT)
   기밀, 수밀, 유밀 및 일정한 압력을 요하는 제품에 이용되는 검사로 주로 수압, 공기압을 씀.
3. 침투검사(PT)
   표면에 미세한 균열, 피트 등의 결함에 첨부액을 표면 장력의 힘으로 침투시켜 세척한 후 현상액을 발라 결함을 검출하는 방법
4. 자기검사(MT)
   표면에 가까운 곳의 균열, 편석, 기공, 용입 불량 등의 검출에 사용되나 비자성체는 사용이 곤란함
5. 초음파검사(UT)
   0.5~15MHz의 초음파를 내부에 침투시켜 내부의 결함, 불균일 층의 유무를 알아낸다. 종류로는 투과법, 공진법, 펄스반사법(가장 일반적)이 있다. 장점으로는 위험하지 않으며 두께 및 길이가 큰 물체에도 사용 가능하나 결함 위치의 길이는 알 수 없으며 표면의 요철이 심한 것은 얇은 것은 검출이 곤란하다.
6. 방사선 투과 검사(RT) : 가장 확실하고 널리 사용된다.
   ① X선 투과 검사
      균열, 융합 불량, 기공, 슬래그 섞임 등의 내부 결함 검출에 사용된다. X선 발생 장치로는 관구식과 베타트론식이 있다. 단점으로는 미소 균열이나 모재 면에서 평행한 라미네이션 등의 검출은 곤란하다(후판곤란, 깊이,크기, 위치측정 가능 → 스테레오법).
   ② γ선 투과 검사
      X선으로 투과하기 힘든 후판에 사용한다. γ선원으로는 라듐, 코발트 60, 세슘 134, 이리듐이 있다.
7. 와류 검사(맴돌이 검사)
   금속 내에 유기된 와류 전류를 이용한 검사법으로 자기 탐상이 곤란한 비자성체 검사에 사용된다.

종합출제 예상문제

01 반복 하중을 받은 부재를 맞대기 용접하고자 한다. 다음 이음 형식 중 가장 적합한 것은?

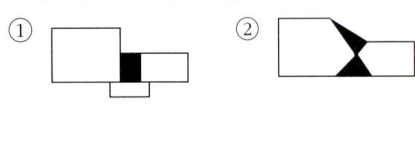

① ② ③ ④

02 용접 후처리에서 변형을 교정할 때 가열방법에 대한 설명으로 적당하지 않은 것은?

① 형재에 대한 직선 가열법
② 가열한 후 해머로 두드리는 법
③ 두꺼운 판에 대한 점가열법
④ 형강에 대한 쐐기가열법

03 용접부의 기계적 성질을 조사할 때 파괴 시험법에 해당되는 것은?

① 용접부의 X선 투과 시험
② 용접부의 자기 탐사 시험
③ 용접부의 초음파 시험
④ 용접부의 인장 시험

04 다음 그림에서 필릿 용접의 실제 목두께 (Actual throat)를 나타내는 것은?

① (1)
② (2)
③ (3)
④ (4)

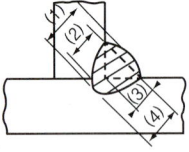

05 점 용접(Spot Welding)에서 3대 요소 중의 하나에 해당되는 것은?

① 용접전극   ② 용접전압
③ 용착량   ④ 용접전류

06 다음 그림과 같은 용접부에 하중 P=5000kgf이 작용할 때 인장응력(kgf/mm²)은?

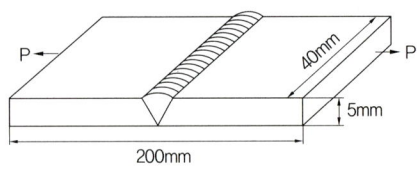

① 20   ② 25
③ 30   ④ 35

07 용접 홈의 설계 요령으로 틀린 설명은?

① 홈의 단면적을 가능한 작게 한다.
② 루트의 반지름을 가능한 작게 한다.
③ 적당한 루트 간격과 루트 면을 만들어 준다.
④ 홈의 각도를 작게 한다.

08 용접 설계에서 허용응력을 올바르게 나타낸 공식은?

① 허용응력 $= \dfrac{안전율}{이완력}$

② 허용응력 $= \dfrac{인장강도}{안전율}$

③ 허용응력 $= \dfrac{이완력}{안전율}$

④ 허용응력 $= \dfrac{안전율}{인장강도}$

09 용접작업 시 잔류응력을 될 수 있는 한 적게 하여야 할 경우 어떤 방법을 사용하는 것이 옳은가?

① 대칭법   ② 도열법
③ 비석법   ④ 후진법

정답 1. ②   2. ③   3. ④   4. ①   5. ④   6. ②   7. ②   8. ②   9. ③

10 그림과 같은 필릿용접부에 대한 다음 여러 설명 중 옳지 못한 것은?

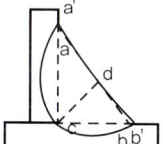

① a′c는 각장
② b′c는 각장
③ cd는 각장
④ cd는 이론 목두께

11 용접 후 잔류응력의 경감 방법이 아닌 것은?

① 노멀라이징(Normalizing)법
② 노내 풀림법
③ 피닝(Peening)법
④ 저온 응력완화법

12 용접이음 준비에 관한 설명으로 옳은 것은?

① 용접 이음 홈의 가공에는 가스 가공과 기계 가공이 있다.
② 가용접에는 본용접보다 지름이 약간 굵은 용접봉을 사용하는 것이 일반적이다.
③ 조립 및 가용접은 용접 시공상 중요한 공정으로 볼 수 없다.
④ 조립 순서는 수축이 큰 맞대기 이음을 나중에 용접하고, 그 다음에 아래 보기 자세 용접을 한다.

13 용접변형을 경감하기 위해 용접 비드를 쌓는 방법이 아닌 것은?

① 대칭법　　② 후퇴법
③ 억제법　　④ 스킵법

14 용접에 의한 잔류응력을 가장 적게 받는 것은?

① 정적강도　　② 취성파괴
③ 피로강도　　④ 좌굴변형

15 다음 그림과 같은 흠의 종류는 무슨 형 용접인가?

① U형
② V형
③ 양면 J형
④ J형

16 용접 전(前) 작업 검사가 아닌 것은?

① 용접공의 기량 확인
② 용접기기의 적합성 검사
③ 루트 간격
④ 크레이터 처리

17 용입의 모양에 가장 크게 영향을 미치는 것은?

① 용접봉
② 용접봉의 종류
③ 용접사
④ 모재

18 KS규격에서 용접 덧살붙임 표시 기호는?

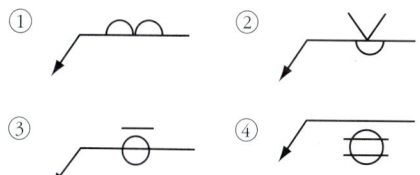

19 용접 작업 후 제품의 비파괴 검사를 실시하는 검사방법 중 방사선 투과 검사에 해당되는 것은?

① γ선 투과 검사
② 형광 침투 검사
③ 맴돌이전류 검사
④ 초음파 검사

정답 10. ③　11. ①　12. ①　13. ③　14. ①　15. ④　16. ④　17. ②　18. ①　19. ①

20 용접 순서에 관한 설명으로 옳은 것은?

① 용접물 중심 축에 대하여 수축력 모멘트의 합이 최대가 되도록 한다.
② 같은 평면 안에 많은 이음이 있을 때에는 수축은 가능한 중앙으로 보낸다.
③ 물품의 중심에 대하여 항상 대칭으로 용접을 진행시킨다.
④ 수축이 작은 이음을 가능한 먼저 용접하고, 수축이 큰 이음을 뒤에 용접한다.

21 용접에서 사용되는 피닝이란 어떤 작업인가?

① 다듬질 작업이다.
② 잔류응력을 제거하는 작업이다.
③ 슬래그를 제거하는 작업이다.
④ 모양을 수정하는 작업이다.

22 맞대기 용접의 흠의 모양이 아닌 것은?

① K형 ② X형
③ I형 ④ B형

23 용접의 시작 부분에 비하여 끝나는 부분 쪽의 잔류응력은 어떻게 다른가?

① 크다.
② 작다.
③ 양쪽이 같다.
④ 생기지 않는다.

24 선박과 같이 큰 구조물의 용접 잔류 응력경감에 가장 많이 사용되는 방법은?

① 노 내 응력제거 어닐링(Annealing)
② 저온응력 완화법
③ 점 수축법
④ 도열법

25 다음은 탄소당량에 대한 설명이다. 옳지 못한 것은?

① 탄소당량에 미치는 영향은 탄소가 가장 크다.
② 탄소당량이 높을수록 열영향부는 쉽게 경화된다.
③ 탄소당량이 높을수록 용접성이 좋아진다.
④ 탄소당량이 높아지면 예열온도를 높일 필요가 있다.

26 용접지그의 사용에는 ( ) 자세가 적당하다. 용접의 양부는 용접 전의 준비에 밀접한 관계가 있다. 또한 용접 변형의 양을 최소로 줄일 수가 있는 것이 중요한 사항이다. ( )에 가장 적당한 용어는?

① 위보기 ② 수평필릿
③ 수직필릿 ④ 아래보기

27 그림에서 보는 바와 같이 T형 이음에서 불완전한 용입일 때, 인장응력(σ_t)을 구하는 식은?

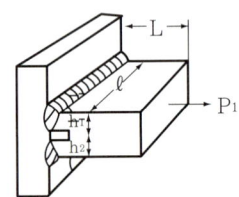

① $\sigma_1 = \dfrac{P_1}{(h_1 \times h_2)\,l}$

② $\sigma_1 = \dfrac{P_1}{L + l}$

③ $\sigma_1 = \dfrac{P_1}{(h_1 - h_2)\,l}$

④ $\sigma_1 = \dfrac{P_1}{(h_1 + h_2)\,l}$

정답 20. ③ 21. ② 22. ④ 23. ① 24. ② 25. ③ 26. ③ 27. ④

28 용착부의 인장응력 5kgf/mm², 용접선 유효 길이가 80mm이며, V형 맞대기로 완전 용입인 경우 하중 8,000kgf에 대한 판두께는 몇 mm로 계산되는가?(단, 하중은 용접선과 직각 방향임)

① 10mm   ② 20mm
③ 30mm   ④ 40mm

29 강판을 가스 절단하면 국부적인 급열 급냉을 받기 때문에 절단 끝이 팽창, 수축에 의하여 변형이 생긴다. 이 변형의 방지법 중 부적당한 것은?

① 피절단재를 고정하는 방법
② 수냉에 의하여 열을 제거하는 방법
③ 열응력이 대칭이 되도록 예열하는 방법
④ 절단부에 역각도를 주는 방법

30 용접이음의 안전율에 가장 영향을 미치지 아니하는 사항은?

① 모재 및 용착금속의 기계적 성질
② 재료의 용접성
③ 초음파 탐상시험
④ 하중의 종류

31 용접공사의 공정계획을 세우기 위해서 만들어야 하는 표가 아닌 것은?

① 공정표(工程表)   ② 산적표(山積表)
③ 인원배치표   ④ 강재중량표

32 용접결함인 용입 불량을 검사하고자 할 때 일반적으로 쓰이는 대표적인 시험과 검사 방법이 아닌 것은?

① 부식시험   ② 외관 육안검사
③ 방사선검사   ④ 굽힘시험

33 맞대기 용접에서 변형이 가장 적은 흠의 형상은 어느 것인가?

① V형 흠   ② U형 흠
③ X형 흠   ④ 한쪽 J형 흠

34 모재의 열 영향부가 경화할 때, 비드 가장자리(끝단)에 일어나기 쉬운 균열은?

① 유황균열   ② 토우균열
③ 비드 밑 균열   ④ 은점

35 다음 그림 중 필릿(용접) 겹치기 이음은?

①    ②

③   ④

36 용접이음이 짧거나 변형 및 잔류응력이 별로 문제가 되지 않는 1층 자동용접의 경우에 가장 적합한 용착법은?

① 대칭법   ② 전진법
③ 후진법   ④ 비석법

37 수축변형에 영향을 주는 요소 중 그 영향이 제일 적은 것은?

① 용접입열
② 판의 예열온도
③ 용접봉의 재질
④ 판 두께와 이음형상

38 용접 잔류응력의 완화법인 응력 제거풀림(Annealing)에서 적정온도는 625±25℃(탄소강)를 유지한다. 이때 유지시간은 판 두께 25mm에 대하여 약 몇 시간이 알맞는가?

① 30분   ② 1시간
③ 2시간 30분   ④ 3시간

정답   28. ②   29. ④   30. ③   31. ④   32. ①   33. ③   34. ②   35. ④   36. ②   37. ③   38. ②

39 용접기호의 보조기호 중 다듬질 방법의 표시 기호가 아닌 것은?

① 치핑(C) 　② 연삭(G)
③ 절삭(M) 　④ 보링(B)

40 인장강도 P, 사용응력 σ, 허용응력을 σ_a라 할 때, 안전율 공식으로 옳은 것은?

① 안전율 = P / $(\sigma \cdot \sigma_a)$
② 안전율 = P / σ_a
③ 안전율 = P / $(2 \cdot \sigma)$
④ 안전율 = P / σ

41 용접 접합면에 홈을 만드는 이유 중 가장 타당한 것은?

① 용접변형을 작게 하고, 수축을 크게 하기 위해
② 용접면을 깨끗이 하고 용접봉 소모를 적게 하기 위해
③ 용접금속이 잘 녹게 하고 열영향부를 크게 하기 위해
④ 용입을 양호하게 하고 이음강도를 높이기 위해

42 일반 T형 용접에 적당한 이음의 기본 방식은?

① V형 　② Y형
③ U형 　④ K형

43 용접부의 냉각속도에 관한 설명 중 맞지 않는 것은?

① 예열은 냉각속도를 완만하게 한다.
② 동일 입열에서 판두께가 두꺼울수록 냉각속도가 느리다.
③ 열전도율이 클수록 냉각속도가 빠르다.
④ 맞대기 이음보다 T형 이음용접이 냉각속도가 빠르다.

44 그림과 같이 불용착부가 있는 맞대기용접에서 용접부 길이 ℓ=240mm, 용접깊이 h=5mm, 판두께 t=15mm, 강재의 인장 강도가 50kgf/mm², 용접부의 허용응력이 9.5kgf/mm²일 때 하중 P는 몇 kgf까지 사용할 수 있는가?

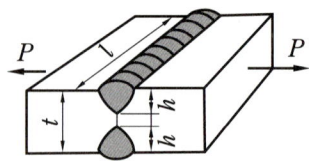

① 120,000 　② 34,200
③ 22,800 　④ 180,000

45 가접(Tack welding)에 대한 설명 중 틀린 것은?

① 가접은 본용접을 하기 전에 좌우의 홈 부분을 잠정적으로 고정하기 위한 짧은 용접이다.
② 가접은 슬래그 섞임, 기공 등의 결함이 수반하기 때문에 이음의 끝부분, 모서리 부분을 피해야 한다.
③ 가접은 쉬운 용접이므로 기초 용접공에 의해 실시하여 용접기량을 향상시킨다.
④ 가접에는 본용접보다도 지름이 약간 작은 용접봉을 사용한다.

46 대형 탱크 용접 시 가장 이상적인 용접 방법은?

① 백스탭 용접(Back step welding)
② 비석법(Skip welding)
③ 캐스케이드법(Cascade sequence method)
④ 블록법(Block sequence)

47 용착금속의 충격시험에 대한 설명 중 옳은 것은?

① 시험편의 파단에 필요한 흡수에너지가 크면 클수록 인성이 크다.
② 시험편의 파단에 필요한 흡수에너지가 작으면 작을수록 인성이 크다.
③ 시험편의 파단에 필요한 흡수에너지가 크면 클수록 취성이 크다.
④ 시험편의 파단에 필요한 흡수에너지가 취성과 상관 관계가 없다.

48 용접할 때 발생하는 변형을 교정하는 방법으로서 가장 적합하지 않은 것은?

① 박판에 대한 직선 수축 및 가열 팽창하는 방법
② 변형부를 절단하여 재용접하는 방법
③ 가열 후 해머질 하는 방법
④ 후판에 대하여 가열 후 압력을 걸고, 수중 냉각하는 방법

49 용접부를 검사하는 비파괴 시험이 아닌 것은?

① X선 시험
② 자기(磁氣)시험
③ 초음파시험
④ 인장시험

50 충격시험과 관계가 있는 것은?

① 로크웰   ② 브리넬
③ 비커스   ④ 샤르피

51 용접이음의 안전율은?

① 안전율＝인장강도/허용응력
② 안전율＝허용응력/인장강도
③ 안전율＝이음효율/허용응력
④ 안전율＝허용응력/이음효율

52 피닝(Peening)법의 설명으로 옳은 것은?

① 잔류 응력이 있는 제품의 용접부에 탄성 변형을 일으킨 다음, 하중을 제거하는 방법
② 치핑 해머로 용접부를 두드려 표면상에 소성 변형을 주는 방법
③ 용접선의 양측을 가스불꽃에 의해 가열한 다음, 곧 수냉하는 방법
④ 용접부 근방만을 국부 풀림하는 방법

53 스테인레스강(Stainless Steel)이나 고장력강 용접에서 잔류응력에 의해 결정 입계에 따라 발생되는 균열은?

① 응력 부식 균열
② 재열 균열
③ 횡균열
④ 종균열

54 연강재의 용접이음에서 충격하중에 대한 안전율은 일반적으로 얼마 정도인가?

① 3   ② 5
③ 8   ④ 12

55 필릿 용접에서 모재가 용접선에서 각을 이루는 경우의 변형은?

① 종수축   ② 좌굴 변형
③ 회전 변형   ④ 횡굴곡

56 용접에서 파괴의 종류 중 입계(Grain boundary)를 따라 전파되는 것은?

① 연성 파괴
② 피로 파괴
③ 취성 파괴
④ 응력부식 파괴

정답 47. ①   48. ①   49. ④   50. ④   51. ①   52. ②   53. ①   54. ④   55. ④   56. ④

57 필릿 용접의 이음강도를 계산할 때, 각장이 10mm이라면 목두께는?

① 약 3mm ② 약 7mm
③ 약 11mm ④ 약 15mm

58 한 부분의 몇 층을 쌓아 용접하다가 이것을 다음 부분의 층으로 연속시켜 전체가 단계를 이루도록 쌓는 용착법은?

① 비석법
② 덧살 올림법
③ 블록법
④ 캐스케이드법

59 T이음 등에서 강의 내부에 강판 표면과 평행하게 층상으로 발생되는 균열로서, 주요 원인은 모재의 비금속 개재물에 의한 것으로 이 결함의 종류는?

① 재열균열
② 루트균열(Root crack)
③ 라멜라테어(Lamellar tear)
④ 래미네이션균열(Lamination crack)

60 용접에서 잔류 응력의 완화법이 아닌 것은?

① 노내 풀림법
② 국부 풀림법
③ 기계적 응력 완화법
④ 고온 응력 완화법

61 용접이음의 설계를 할 때 주의할 사항이 아닌 것은?

① 아래보기 용접을 많이 하도록 한다.
② 용접작업에 지장을 주지 않도록 공간을 두어야 한다.
③ 맞대기 용접은 될 수 있는대로 피하고 필릿 용접을 하도록 한다.
④ 충격과 반복하중 그리고 저온과 인장강도 등에 대한 설계를 하여야 한다.

62 다음 그림과 같은 각종 용접이음의 형상 및 열의 확산을 나타낸 것 중 냉각이 가장 빠른 것은?

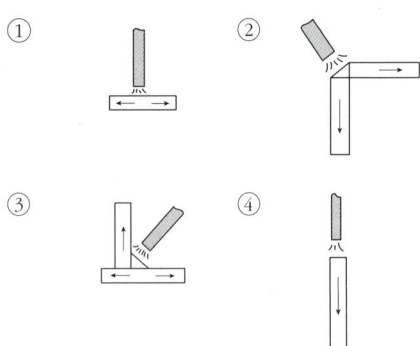

63 용접 조립된 대형 H형강을 들어 올리기 위해 리프팅 러그(Lifting lug)를 H형강에 붙이고자 한다. 그런데 플랜지와 웨브의 두께는 전체 형강의 치수에 비하여 상당히 작다. H형강을 올바르게 들어 올리기 위해서는 리프팅 러그(Lifting lug)를 어떤 요령으로 붙여야 하는가?

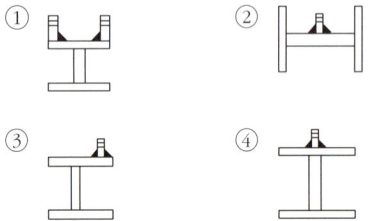

64 항복점에서 하중을 증가시키면 변율이 증가되어 최후에는 파단하게 된다. 이때 발생한 최대하중을 원단면적으로 나눈 값을 무엇이라고 하는가?

① 굽힘강도
② 인장강도
③ 최후강도
④ 비례한도

65 맞대기 이음 용접부의 굽힘 변형 방지법 중 부적당한 것은?

① 스트롱 백(Strong back)에 의한 구속
② 주변 고착
③ 이음부에 역각도를 주는 방법
④ 수냉각법

66 용접에서 수축변형의 종류에 해당되지 않는 것은?

① 횡굴곡   ② 역변형
③ 종굴곡   ④ 좌굴 변형

67 접합하는 부재 한쪽에 둥근 구멍을 뚫고 다른 쪽 부재와 겹쳐서 구멍을 완전히 용접하는 방법을 무슨 용접이라고 하는가?

① 심 용접(Seam weld)
② 플러그 용접(Plug weld)
③ 가용접(Tack weld)
④ 플레어 용접(Flare weld)

68 자성(磁性)을 띤 물체의 조직 내부의 단절부를 발견해 내는 방법은?

① 누수검사
② 현미경 조직검사
③ 자분 탐상 검사
④ 침투 검사

69 용접선에 수직하여 인장, 압축의 반복하중이 50ton이 작용하는 폭 500mm의 두 강판을 맞대기 V형 용접을 할 때, 허용응력이 600kgf/cm² 이라면 필요한 강판의 최소 두께는?

① 약 5mm   ② 약 13mm
③ 약 17mm   ④ 약 28mm

70 다음과 같은 옆면 필릿(Fillet) 용접이음에서 인장하중을 W, 전단응력을 τ, 필릿다리의 길이를 f(=h), 용접부의 목두께를 t라고 할 때 전단응력을 구하는 식은?

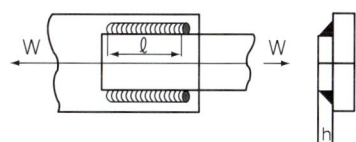

① $\tau = 1.414 \dfrac{W}{f\ell}$

② $\tau = 1.414 \dfrac{W}{\ell}$

③ $\tau = 0.707 \dfrac{W}{f\ell}$

④ $\tau = f \dfrac{\ell}{0.707W}$

71 다음 그림과 같이 구간용접 방향이 전체적으로 본용접 방향과 진행 방향에 반대되는 형식의 용접법은?

① 대칭법
② 백스텝법
③ 빌드업법
④ 스킵법

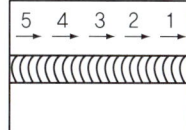

72 반복하중을 받는 용접이음의 강도 즉, 피로 강도에 영향을 주는 인자가 아닌 것은?

① 용접기의 종류
② 이음형상
③ 용접부의 표면상태
④ 하중상태

73 용착 효율을 구하는 식이 맞는 것은?

① $\dfrac{\text{용착금속의 중량}}{\text{용접봉 사용중량}} \times 100$

② $\dfrac{\text{용접봉 사용중량}}{\text{용착금속의 중량}} \times 100$

③ $\dfrac{\text{남은 용접봉의 중량}}{\text{용접봉 사용중량}} \times 100$

④ $\dfrac{\text{용접봉 사용중량}}{\text{남은 용접봉의 중량}} \times 100$

74 용접지그(Welding jig)에 대한 설명 중 틀린 것은?

① 용접물을 용접하기 쉬운 상태로 놓기 위한 것이다.
② 용접제품의 치수를 정확하게 하기 위한 것이다.
③ 변형을 억제하는 역할을 하기 위한 것이다.
④ 잔류응력을 제거하기 위한 것이다.

75 그림과 같이 굽힘 응력을 σ_b라 하고, 굽힘 단면계수를 W_b라 할 때, 휨 모우먼트 M_b를 구하는 식은?

① $M_b = \sigma_b \cdot W_b$

② $M_b = \dfrac{\sigma_b}{W_b}$

③ $M_b = \dfrac{\sigma_b \cdot W_b}{\ell}$

④ $M_b = \dfrac{\sigma_b \cdot W_b}{t}$

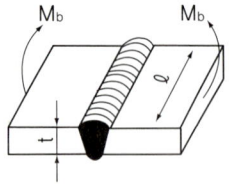

76 피닝(Peening)법에 관한 설명 중 옳은 것은?

① 용접 전 해머로 모재를 두드려 변형을 방지하는 법
② 용접부에 냉각속도를 느리게 하기 위해서 다른 재료로 모재를 덮어놓는 법
③ 맞대기 용접할 때 홈간격이 벌어지거나 수축되는 것을 방지하는 법
④ 용접 직후 비드가 고온일 때 비드를 두드려 용접금속부의 인장응력을 완화하는 법

77 용접의 특성을 설명한 것 중 틀린 것은?

① 공정이 절감된다.
② 재료가 절약된다.
③ 기밀, 수밀성을 얻을 수 있다.
④ 용접부는 응력집중에 둔감하다.

78 용접선에 직각 방향으로 수축한 변형을 무엇이라 하는가?

① 횡수축
② 종수축
③ 회전수축
④ 좌굴변형

79 가접 시 사용하는 용접봉은 어느것이 좋은가?

① 본용접과 지름이 같은 용접봉
② 본용접보다 지름이 작은 용접봉
③ 본용업보다 지름이 큰 용접봉
④ 어느 용접봉이나 관계가 없음

80 잔류응력 경감법 중 용접선의 양축을 가스 불꽃에 의해 약 150mm에 걸쳐 150~200℃로 가열한 후에 즉시 수냉함으로써 용접선 방향의 인장응력을 완화시키는 방법은?

① 국부응력 제거법
② 저온응력 완화법
③ 기계적 응력 완화법
④ 노내응력 제거법

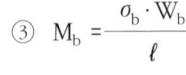 73. ① 74. ④ 75. ① 76. ④ 77. ④ 78. ① 79. ② 80. ②

81 용접설계 시 홈의 모양을 선택할 경우, 고려할 점이 아닌 것은?

① 완전한 용접부가 얻어질 것
② 홈가공이 쉬울 것
③ 용접금속의 양이 많을 것
④ 경제적일 것

82 금속의 응고 과정에서 방출된 기체가 빠져나가지 못하여 생긴 결함을 무엇이라고 하는가?

① 슬래그   ② 설파 프린트
③ 홀인   ④ 기공

83 다음과 같은 맞대기 이음 용접부의 피로강도와 관련된 설명 중 맞는 것은?

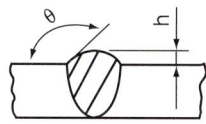

① θ가 작을수록, h가 클수록 피로강도는 향상된다.
② θ가 작을수록, h가 작을수록 피로강도는 향상된다.
③ θ가 클수록, h가 작을수록 피로강도는 향상된다.
④ 피로강도는 θ, h와 무관하다.

84 일반구조용 압연강재의 응력제거방법 중 노내의 국부풀림(Annealing) 유지 온도는?(단, 유지시간은 판두께 25mm에 대하여 1[h]이다)

① 350±25℃   ② 550±25℃
③ 625±25℃   ④ 725±25℃

85 엔드탭(End Tab)을 붙여 용접하는 이유는?

① 기공의 방지
② 용접변형 방지
③ 크레이터(Crater)부의 용접결함 방지
④ 용접 목두께의 증가

86 V형 맞대기 용접(완전한 용입)에서 판두께가 10mm, 용접선의 유효길이가 200mm 일 때, 여기에 5kgf/mm²의 인장(압축) 응력이 발생한다면 용접선에 직각방향으로 몇 kgf의 인장(압축)하중이 작용하겠는가?

① 2000kgf   ② 5000kgf
③ 10000kgf   ④ 15000kgf

87 두께 차이가 있는 강판을 맞대기 용접할 때 가장 알맞은 설명은?

① I형 그루브로 용접한다.
② I형 모서리 용접을 한다.
③ 단면의 변화율을 적게 하고 되도록 대칭을 이루도록 용접한다.
④ 그루브에 관계없이 용접한다.

88 다음 그림과 같은 맞대기 V형 용접이음의 인장응력의 크기(kgf/mm²)는?

① 5
② 6
③ 7
④ 8

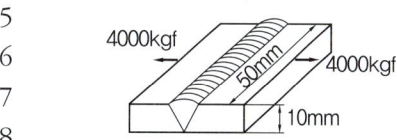

89 용접이음을 설계할 때 옳은 사항은?

① 맞대기 용접을 될 수 있는대로 피하고, 필릿용접을 하도록 한다.
② 판 두께가 다른 경우의 용접이음은 판두께의 단면 변화를 주지않고 용접한다.
③ 용접이음을 여러 개로 하고, 용접부위를 접근하여 설계한다.
④ 용접작업에 지장을 주지 않도록 공간을 남긴다.

90 양면 용접에 의하여 충분한 용입을 얻고 대단히 두꺼운 판의 용접에 가장 적합한 맞대기 홈의 형태는?

① T형   ② H형
③ L형   ④ I형

91 탐촉자로부터 시험편으로 진행하는 초음파의 전파율을 높이기 위하여, 탐상면과 탐촉자의 면 사이에 바르는 것은?

① 현상제   ② 세척제
③ 침투제   ④ 접촉매질

92 피복 아크 용접 시 전류가 과대할 때 생기기 쉬운 결함이 아닌 것은?

① 기공   ② 스패터
③ 언더 컷   ④ 슬래그 섞임

93 연강용 피복 아크 용접봉의 종류가 E4340이라고 할 때, 이 용접봉의 피복제의 계통은?

① 철분 산화철계
② 철분 저수소계
③ 특수계
④ 저수소계

94 연강판의 맞대기 용접 이음에서 굽힘 변형 방지법이다. 부적당한 것은?

① 스트롱 백(Strong back)에 의한 구속 방법
② 지그(Jig)로 정반에 고정하는 주변 고착법
③ 이음부에 미리 역각도를 주는 방법
④ 특수해머로 두들겨서 변형하는 방법

95 용접부에서 모재쪽의 온도구배의 불균일에 의한 원인 등으로 열응력이 발생되며 이것이 실온 상태까지 냉각될 때 일어나는 응력은?

① 휨 응력   ② 전단 응력
③ 잔류 응력   ④ 실 응력

96 겹쳐진 2부재의 한쪽에 둥근 구멍 대신에 좁고 긴 홈을 만들어 그 곳을 용접하는 것을 무슨 용접이라고 하는가?

① 겹치기 용접
② 플랜지 용접
③ T형 용접
④ 슬롯 용접

97 홈 가공을 끝낸 판을 제품으로 제작하기 위하여 조립하는 순서로서 적합하지 않은 것은?

① 수축이 큰 맞대기 이음을 먼저 용접하고 다음에 필릿 용접을 한다.
② 큰 구조물에서는 구조물의 중앙에서 끝으로 향하여 용접을 행한다.
③ 불필요한 변형 혹은 잔류응력이 남지 않도록 조립 순서를 정한다.
④ 조립 및 가접은 용접 결과에 영향을 미치지 않는다.

98 연강의 맞대기 용접이음에서 용착금속의 기계적 성질 40kgf/mm^{2}에 안전율이 5라면 이음의 허용응력(kgf/mm^2)은 얼마인가?

① 0.8kgf/mm^2 ② 8kgf/mm^2
③ 20kgf/mm^2 ④ 200kgf/mm^2

99 용접준비 사항 중 부품을 눌러주는 고정구에 속하는 것은?

① 용접지그(Welding jig)
② 포지셔너(Positioner)
③ 스트롱백(Strong back)
④ 앤빌(Anvil)

정답 90. ②   91. ④   92. ④   93. ③   94. ④   95. ③   96. ④   97. ④   98. ②   99. ③

100 용접부의 내부결함이 아닌 것은?

① 기공(氣孔)　　② 슬래그 혼입
③ 언더 컷　　　　④ 은점

101 다음 이음 효율을 구하는 식 중에서 가장 적당한 것은?

① 용접시편의 인장강도/모재의 인장 강도
② 모재의 인장강도/용착금속의 인장 강도
③ 용접재료의 항복강도/용접재료의 인장강도
④ 모재의 항복강도/모재의 인장강도

102 고전류, 고속도 용접일 때 가장 일어나기 쉬운 용접결함은?

① 언더 컷　　　　② 오버 랩
③ 스패터　　　　④ 용입불량

103 그림과 같은 용접이음은?

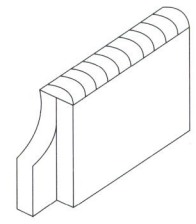

① H형 이음
② 변두리 이음
③ Y형 이음
④ 맞대기 이음

104 연강이라도 기온이 0℃ 이하로 떨어지면 저온 균열을 일으키기 쉬우므로 용접이음의 양폭 약 100mm폭을 가열하는데 다음 중 약 몇 ℃로 가열하는 것이 좋은가?

① 약 40~70℃
② 약 70~100℃
③ 약 100~130℃
④ 약 130~170℃

105 용접 변형의 경감 및 교정방법에서 용접부에 구리로 된 덮개판을 두든지 뒷면에서 용접부를 수냉 또는 용접부 근처에 물기 있는 석면, 천 등을 두고 모재에 용접입열을 막음으로써 변형을 방지하는 방법은?

① 롤링법　　　　② 피닝법
③ 도열법　　　　④ 억제법

106 용접 전 변형량을 대략 예측할 수 있을 때 사용할 수 있는 변형 방지법은?

① 역변형법　　　② 피닝법
③ 냉각법　　　　④ 국부 긴장법

107 연강을 용접 이음할 때 인장 강도가 21kgf/mm^2, 허용 응력이 7kgf/mm^{2}이다. 정하중에서 구조물을 설계할 경우, 안전율은 얼마인가?

① 1　　　　　　② 2
③ 3　　　　　　④ 4

108 오스테나이트계 스테인레스강을 용접할 때, 용접하여 가열한 후 급냉시키는 것이 바람직한데, 가장 타당한 이유는?

① 고온크랙(Crack)을 예방하기 위하여
② 기공의 확산을 막기 위하여
③ 용접 표면에 부착한 피복제를 쉽게 털어내기 위하여
④ 입계부식을 방지하기 위하여

정답 100. ③　101. ①　102. ①　103. ②　104. ①　105. ③　106. ①　107. ③　108. ④

109 용접이음을 주조와 비교할 때 용접이음의 일반적인 장점으로 틀린 것은?

① 설계변경, 개조, 수리가 용이하다.
② 이종재질의 접합이 불가능하다.
③ 목형이나 주형이 불필요하다.
④ 중량을 경감시킬 수 있다.

110 용접금속의 인장시험 또는 굽힘파면시험 때에 나타나는 물고기의 눈과 같이 빛나는 부분을 의미하는 용접결함은?

① 은점   ② 기점
③ 균열   ④ 선상조직

111 그림과 같은 T형 용접이음에서 하중 P=25kgf, 다리길이 h=10mm, 용접길이 L=60mm일 때, 허용 인장응력은 약 몇 kgf/cm²인가?

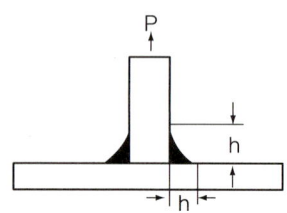

① 3kgf/cm²   ② 6kgf/cm²
③ 9kgf/cm²   ④ 12kgf/cm²

112 용접부에 인장, 압축의 반복하중 30ton이 작용하는 폭 600mm의 두 장의 강판을 I형 맞대기 용접 하였을 때, 두 강판의 두께가 몇 mm이면 견딜 수 있겠는가?(단, 허용 응력 =630kgf/cm²로 한다)

① 약 1mm   ② 약 2mm
③ 약 6mm   ④ 약 8mm

113 KS규격 용접도시기호에서 플러그(Plug) 용접기호는?

① ○   ② ◠
③ ⚑   ④ ⊓

114 취성 파괴를 방지하려고 할 때, 유의할 점으로 틀린 것은?

① 설계적으로 응력집중이 생기지 않게 유의해야 한다.
② 공작상 결함이 생기지 않게 유의해야 한다.
③ 잔류응력을 제거해야 한다.
④ 사용재료의 천이 온도가 높은 것을 택하여야 한다.

115 용접작업에 필요한 용접비용의 계산내용에 포함되지 않는 항목은?

① 용접 재료비 또는 용착금속 1당 비용
② 작업시간의 인건비와 전력요금
③ 기계 상각비와 보수비
④ 운반비와 탁송비

116 용접 후처리에서 노치인성의 설명으로 옳은 것은?

① 수소량이 적어지면 연성의 저하가 심해지는 성질
② 용접 전, 굽힘 가공하여 용접부에 균열이 생기는 성질
③ 강이 저온 충격하중 또는 노치의 응력집중 등에 대하여 견딜 수 있는 성질
④ 강이 고온 충격 하중 또는 노치의 응력 분산 등에 의해서 메지게 되는 성질

117 용접 후처리에서 가열하여 발생되는 열응력으로 소성변형을 일으키게 하여 변형을 교정하는 방법은?

① 롤러 가공법
② 가열 후 해머로 두드리는 법
③ 피닝법
④ 형재에 대한 직선 수축법

118 용접 준비에서 조립 및 가용접에 관한 설명으로 옳은 것은?

① 변형 혹은 잔류응력을 될 수 있는 대로 크도록 해야 한다.
② 가용접은 본 용접을 실시하기 전에 좌우의 홈 부분을 잠정적으로 고정하기 위한 짧은 용접이다.
③ 조립순서는 수축이 큰 이음을 나중에 용접한다.
④ 용접물의 중립축에 대하여 용접으로 인한 수축력 모멘트의 합이 100이 되도록 한다.

119 용접구조 설계의 순서를 다음과 같이 할 때 4번째 항은 어느 것인가?

> 1. 구조계획 2. 이음방법 3. 구조계산
> 4. (   ) 5. 공작도 6. 재료계산
> 7. 시방서

① 계획설계   ② 주문설계
③ 구조설계   ④ 지그설계

120 시료의 시험면 위에 일정한 높이에서 낙하시킨 해머의 튀어 올라가는 높이에 비례하는 값으로 구한 경도는?

① 쇼어경도   ② 비커스경도
③ 브리넬경도   ④ 로크웰경도

121 용접구조물 이음부의 설계 계산에 사용되는 응력은?

① 최대응력   ② 정적응력
③ 동적응력   ④ 허용응력

122 용접 변형의 교정에서 가열하는 방법으로 옳은 것은?

① 얇은 판에 대한 물 가열법
② 형재에 대하여 직선 가열법
③ 가열 전 해머로 두드리는 법
④ 두꺼운 판에 대하여 수냉시킨 후 압력을 걸고 가열하는 방법

123 모재의 인장강도가 50kgf/mm^{2}이고, 용접시편의 인장강도가 25kgf/mm^{2}으로 나타났을 때 이음효율은 몇 %인가?

① 40%   ② 50%
③ 60%   ④ 70%

124 잔류응력을 경감시키는 방법으로 틀린 것은?

① 용착 금속량의 증가
② 용착법의 적절한 선정
③ 적절한 용접순서의 선정
④ 적당한 예열

125 다음 검사법 중 시험편의 내부결함을 전혀 검사할 수 없는 검사방법은?

① 자기검사   ② 침투탐상검사
③ 초음파검사   ④ 방사선검사

126 용접결함인 접합 불량을 검사하고자 할 때 일반적으로 쓰이는 대표적인 시험과 검사방법이 아닌 것은?

① 부식시험   ② 외관 육안검사
③ 방사선검사   ④ 굽힘시험

정답 117. ④ 118. ② 119. ③ 120. ① 121. ④ 122. ② 123. ② 124. ① 125. ② 126. ①

127 그림에서 보는 바와 같이 맞대기 이음에서 불완전한 용입일 때, 인장응력(σ_1)을 구하는 식은?

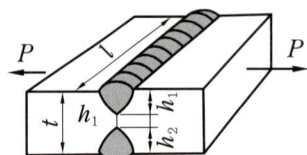

① $\sigma_1 = \dfrac{P}{(h_1 + h_2)}$

② $\sigma_1 = \dfrac{(h_1 + h_2)}{P}$

③ $\sigma_1 = \dfrac{t \cdot \ell}{P}$

① $\sigma_1 = \dfrac{P}{t \cdot \ell}$

128 용접 입열이 일정한 경우 열전도율이 큰 것일수록 냉각속도가 크다. 다음 금속 중 냉각속도가 가장 큰 것은?

① 연강   ② 스테인리스강
③ 알루미늄   ④ 동(銅)

129 경제성(용착효율)이 가장 좋은 용접법은?

① 일렉트로 슬래그(Electro-slag) 용접
② 불활성 가스(Mig)용접
③ CO_2 용접
④ 그래비티(Gravity)용접

130 용접 순서에 관한 설명으로 옳은 것은?

① 같은 평면 안에 많은 이음이 있을 때에는 수축은 가능한 중앙으로 보낸다.
② 용접물은 중립 축에 대한 수축력 모멘트 합이 1이 되게 한다.
③ 용접물 중심에 대하여 항상 대칭으로 용접한다.
④ 수축이 작은 이음을 가능한 먼저 용접한다.

131 저온 균열의 발생에 영향을 주는 주요인은?

① 용접변형
② 후열
③ 용착 금속의 확산성 수소
④ 가용접

132 응력측정 방법에 대한 설명으로 옳은 것은?

① 초음파 탐상 실험장치로 응력측정을 한다.
② 와류(Eddy current) 실험장치로 응력측정을 한다.
③ 만능 인장시험 장치로 응력측정을 한다.
④ 저항선 스트레인 게이지로 응력측정을 한다.

133 천이 온도는 재료가 연성파괴에서 무슨 파괴로 변화하는 온도범위를 말하는가?

① 취성 파괴   ② 탄성 파괴
③ 인성 파괴   ④ 피로 파괴

134 다음 중 용접 모재 균열 방지 대책으로 맞지 않는 것은?

① 예열을 한다.
② 후열을 한다.
③ 용접봉을 새 것으로 바꾼다.
④ 저수소계 용접봉을 사용한다.

135 용접 이음의 종류 중 맞대기 이음이 아닌 것은?

① I형 이음   ② V형 이음
③ T형 이음   ④ U형 이음

136 동일 체적의 아세틸렌을 용해시키는 것은?

① 아세톤 　　② 석유
③ 알코올 　　④ 물(H_2O)

137 용접 이음설계에 관한 설명 중 옳지 않은 것은?

① 이음부의 홈 모양은 응력 및 변형을 억제하기 위하여 될 수 있는 한 용착량이 적게 할 수 있는 모양을 선택하여야 한다.
② 용접 이음의 형식과 응력 집중의 관계를 항상 고려하여 될 수 있는 한 이음을 대칭으로 하여야 한다.
③ 용접물의 중립축을 생각하고, 그 중립축에 대하여 용접으로 인한 수축 모멘트의 합이 1이 되게 한다.
④ 국부적으로 열이 집중하는 것을 방지하고 재질의 변화를 적게 한다.

138 용접전류가 120A, 용접전압이 12V, 용접속도가 분당 18cm일 경우에 용접부의 입열량(Joules/cm)은?

① 3500J/cm 　　② 4000J/cm
③ 4800J/cm 　　④ 5100J/cm

139 엔드탭(End tab)의 설명 중 틀린 것은?

① 모재를 구속시킨다.
② 엔드탭은 모재와 다른 재질을 사용해야 한다.
③ 용접이 불량하게 되는 것을 방지한다.
④ 용접 끝단부에서의 자기쏠림 방지 등에도 효과가 있다.

140 용접부의 시험 및 검사법의 분류에서 전기, 자기 특성시험은 무슨 시험에 속하는가?

① 기계적 시험
② 물리적 시험
③ 야금학적 시험
④ 용접성 시험

141 가용접에 대한 설명으로 잘못된 것은?

① 가용접은 2층 용접을 말한다.
② 본용접봉보다 가는 용접봉을 사용한다.
③ 루트 간격을 소정의 치수가 되도록 유의한다.
④ 본용접과 비등한 기량을 가진 용접공이 작업한다.

142 단면이 가로 7mm, 세로 12mm 직사각형의 용접부를 인장하여 파단시켰을 때 최대하중의 3444kgf이었다면 용접부의 인장강도는 몇 kgf/mm^2인가?

① 31 　　② 35
③ 41 　　④ 46

143 서브머지드 아크용접에서 와이어 돌출 길이는 와이어 지름의 몇 배 전후가 적당한가?

① 2배 　　② 4배
③ 6배 　　④ 8배

144 용접변형 교정법의 종류가 아닌 것은?

① 형재에 대한 직선 수축법
② 얇은 판에 대한 곡선 수축법
③ 가열 후 해머질하는 법
④ 롤러에 의한 법

145 용접물을 용접하기 쉬운 상태로 위치를 자유자재로 변경하기 위해 만든 지그는?

① 스트롱 백(Strong back)
② 워크 픽스쳐(Work fixture)
③ 포지셔너(Positioner)
④ 클램핑 지그(Clamping jig)

정답 136. ④ 137. ③ 138. ② 139. ② 140. ② 141. ① 142. ③ 143. ④ 144. ② 145. ③

146 용접 이음의 피로 강도는 다음의 어느 것을 넘으면 파괴되는가?

① 연신율
② 최대하중
③ 응력의 최대값
④ 최소하중

147 용접부의 검사법 중 비파괴 검사(시험)법에 해당되지 않는 것은?

① 외관검사
② 침투검사
③ 화학시험
④ 방사선 투과시험

148 용접비드 부근이 특히 부식이 잘 되는 이유는 무엇인가?

① 과다한 탄소함량 때문에
② 담금질 효과의 발생 때문에
③ 소려효과의 발생 때문에
④ 잔류응력의 증가 때문에

149 두께 12[mm]의 연강판을 겹치기 용접이음을 하고, 인장하중 8000[kgf]를 작용시키고자 할 경우 용접선의 길이[mm]는?(단, 용접부의 허용응력은 4.5[kgf/mm²]이다)

① 224.7
② 184.7
③ 104.7
④ 204.7

150 가용접(Tack welding)에 대한 사항 중 틀린 것은?

① 부재 강도상 중요한 장소는 가용접을 피한다.
② 가용접용의 용접봉은 본용접보다 지름이 약간 굵은 것을 사용한다.
③ 본용접 전에 좌우의 홈부분을 잠정적으로 고정하기 위한 짧은 용접이다.
④ 가용접은 본용접 못지 않게 중요하다.

151 맞대기 용접 이음 홈의 종류가 아닌 것은?

① 양면 J형
② C형
③ K형
④ H형

152 그림과 같이 완전용입 T형 맞대기 용접이음에 굽힘 모멘트 $Mb=9000kgf/cm^2$ 가 작용할 때 최대 굽힘 응력(kgf/cm²)은?(단, L=400mm, L=300mm, t=20mm, P(kgf)는 하중이다)

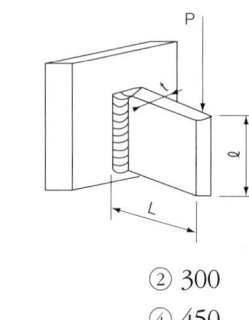

① 30
② 300
③ 45
④ 450

153 재료의 내부에 남아 있는 응력은?

① 좌굴응력
② 변동응력
③ 잔류응력
④ 공칭응력

154 용착 금속의 인장강도를 구하는 옳은 식은?

① 인장강도 = $\dfrac{\text{인장하중}}{\text{시험편의 단면적}}$

② 인장강도 = $\dfrac{\text{시험편의 단면적}}{\text{인장하중}}$

③ 인장강도 = $\dfrac{\text{표점거리}}{\text{연신율}}$

④ 인장강도 = $\dfrac{\text{연신율}}{\text{표점거리}}$

155 용접부의 인장시험에서 최초로 표점 사이의 거리 ℓ_0로 하고, 판단 후의 표점 사이의 거리 ℓ_1로 하면, 파단까지의 변형율 δ를 구하는 식으로 옳은 것은?

① $\delta = \dfrac{\ell_1 + \ell_0}{2\ell_0} \times 100(\%)$

② $\delta = \dfrac{\ell_1 - \ell_0}{2\ell_0} \times 100(\%)$

③ $\delta = \dfrac{\ell_1 + \ell_0}{\ell_0} \times 100(\%)$

④ $\delta = \dfrac{\ell_1 - \ell_0}{\ell_0} \times 100(\%)$

156 용접부의 시험법에서 시험편에 V형 또는 U형 등의 노치(Notch)를 만들고, 하중을 주어 파단시키는 시험방법은?

① 경도 시험
② 인장 시험
③ 굽힘 시험
④ 충격 시험

157 두께가 6.4mm인 두 모재의 맞대기 이음에서 용접 이음부가 4,536kgf의 인장 하중이 작용할 경우 필요한 용접부의 최소 허용길이(mm)는?(단, 용접부의 허용 인장응력은 14.06Kgf/mm²이다)

① 50.4mm
② 40.3mm
③ 30.1mm
④ 20.7mm

158 다음 그림과 같은 필릿이음의 용접부 인장응력(kgf/mm²)은 얼마 정도인가?

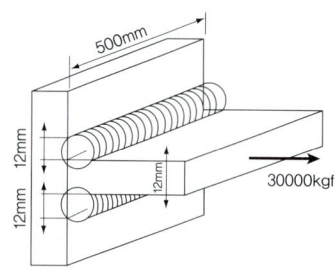

① 약 1.4kgf/mm²
② 약 3.5kgf/mm²
③ 약 5.2kgf/mm²
④ 약 7.6kgf/mm²

159 연강의 맞대기 용접 이음에서 용착금속의 인장강도가 40kgf/mm², 안전율이 8이면, 이음의 허용응력은?

① 5kgf/mm²
② 8kgf/mm²
③ 40kgf/mm²
④ 48kgf/mm²

160 용접 선의 양측을 정속으로 이동하는 가스 불꽃에 의하여 나비 약 150mm에 걸쳐서 150~200℃로 가열한 다음 곧 수냉하여 주로 용접선 방향의 응력을 제거하는 방법은 무엇인가?

① 피닝법
② 기계적 응력 완화법
③ 저온 응력 완화법
④ 국부 풀림법

정답 155. ② 156. ④ 157. ④ 158. ④ 159. ① 160. ③

PART

III 용접일반 및 안전관리

01 용접의 원리

Section 1 용접의 개요 및 원리

1 용접의 개요

용접이란 접합하고자 하는 금속 간의 물리적, 화학적으로 충분히 접근시켰을 때 생기는 원자 간의 인력(引力)으로 접합되는 것으로 금속 간의 거리는 약 $1\mathring{A}(10^{-8}\text{cm})$이다. 접합하고자 하는 두 개 이상의 재료를 용융, 반용융 또는 고상 상태에서 압력이나 용접 재료를 첨가하여 그 틈새나 간격을 메우는 원리를 말한다.

(1) 접합의 종류

① **기계적 접합** : 볼트, 리벳, 나사, 핀, 코어이음, 키, 접어잇기 등으로 결합하는 방법이다.
② **야금적 접합** : 고체 상태에 있는 두 개의 금속 재료를 열이나 압력 또는 열과 압력을 동시에 가해서 서로 접합하는 것으로 용접은 이에 속한다(이음효율 100%).

(2) 접합 방법에 따른 용접의 3가지 분류

① **융접** : 아크 용접, 가스용접, 특수 용접 등(모재, 용가재를 모두 녹임)
② **압접** : 전기저항 용접, 초음파 용접, 고주파 용접, 마찰 용접, 유도가열 용접(열+압력) 등
③ **납땜** : 연납땜, 경납땜 (450℃ 기준)

(3) 시공 방법에 의한 분류

① 수동 용접법
② 반자동 용접법
③ 자동 용접법

(4) 용접 자세

기본적으로 용접 자세는 4가지로 나누어지며, 그 외에 파이프 용접 등에 응용되어지는 용접 자세를 설명한다.

① 아래보기 자세(Flat position, F)

② 수직 자세(Vertical position, V)

③ 수평 자세(Horizontal position, H)

④ 위보기 자세(Over Head position, OH)

⑤ 전자세(All Position, AP)

Wrap UP

✔ **접합의 종류**
  1. 기계적 이음
  2. 야금적 이음 : 용접(이음효율 100%)

✔ **접합방법에 따른 용접의 분류**
  1. 융접 : 아크, 가스, 특수
  2. 압접 : 전기저항, 초음파, 고주파, 마찰, 유도가열
  3. 납땜 : 연납, 경납(450℃)

---

2 용접의 장·단점 및 역사

(1) 장점

① 작업 공정을 줄일 수 있다.

② 형상의 자유를 추구할 수 있다.

③ 이음 효율이 향상(기밀 · 수밀 유지)되었다.

④ 중량 경감, 재료 및 시간을 절약할 수 있다.

⑤ 보수와 수리가 용이하다.

(2) 단점

① 품질 검사가 곤란하다.

② 제품의 변형을 가져올 수 있다(잔류 응력 및 변형에 민감).

③ 유해 광선 및 가스 폭발 위험이 있다.

④ 용접공의 기능과 양심에 따라 이음부 강도가 좌우한다.

(3) 역사

① **제1기(1885~1902) :** 가스, 금속 및 탄소 아크, 전기 저항, 테르밋 용접

② **제2기(1926~1936) :** 잠호, 불활성 가스, 원자 수소 용접

③ 제3기(1948~1967) : 이산화탄소, 일렉트로, 초음파 용접

구 분	용 접 법	개 발 자
1885~1902년 (제1기)	탄소아크 용접 저항 용접 피복 아크 용접 테르밋 용접 가스용접	베르나도스(구소련) 톰슨(미국) 슬라비아노프(구소련) 골드 슈미트(독일) 푸세, 피카아르(프랑스)
1926~1936년 (제2기)	원자 수소 용접 불활성 가스용접 서머지드 용접 강력 납땜	랑그뮤어(미국) 호버어트(미국) 케네디(미국) 왓사만(미국)
1948~1958년 (제3기)	냉간압접 고주파 용접 일렉트로 슬래그 용접 마찰 용접 초음파 용접 전자빔 용접 레이저 용접	소우더(영국) 그로호오드 랏트(미국) 빠돈(구소련) 아니미니 초치코프(구소련) 비이튼 파워스(미국) 스를(프랑스) 고우다(荒田, 일본)

☑ 용접의 장점
1. 작업 공정 축소 가능
2. 형상의 자유 추구 가능
3. 이음 효율의 향상
4. 중량경감, 재료 및 시간의 절약
5. 보수, 수리 용이

☑ 용접의 단점
1. 품질검사 곤란
2. 제품의 변형 가능성 (잔류 응력 및 변형에 민감)
3. 유해 광선 및 가스 폭발 위험
4. 용접공에 따라 이음부 강도 다름

Section 2 피복 아크 용접의 특징

1 피복 아크 용접의 원리

피복 아크 용접(Shielded Metal Arc Welding, SMAW)은 전기 용접법이라고도 하며, 현재 여러 가지 용접법 중에서 가장 많이 쓰인다.

(+)극과 (-)극이 만나면 열과 소리(70%)와 빛(30%)을 수반하는데 피복 아크 용접은 그 사이에 아크열을 이용하여 접합하는 것이며 이용 범위는 연강을 비롯하여 고장력강, 스테인리스강, 비철금속, 주철 및 표면 경화된 것까지 용접할 수 있다. 이때 발생하는 아크열은 약 6,000℃ 정도이나 실제 이용 시 아크열은 3,500~5,000℃ 정도이다.

〈피복 아크 용접〉

(1) 피복 아크 용접의 용어 정의

① **아크** : 기체 중에서 일어나는 방전의 일종. 피복 아크 용접에서의 온도는 3,500~5,000℃

② **용융지(용융풀)** : 모재가 녹는 쇳물 부분

③ **용적** : 용접봉이 녹아 모재로 이행되는 쇳물 방울

④ **용착** : 용접봉이 녹아 용융지에 들어가는 것

⑤ **용입** : 모재가 녹은 깊이

(2) 용접회로

피복 아크 용접 회로는 용접기(Welding machine), 전극 케이블(Electrode cavle), 홀더(Holder), 피복 아크 용접봉(Coated electrode 또는 Covered electrode), 아크(Arc), 모재(Base metal), 접지 케이블(Ground cable)로 이루어져 있다.

☞ 용접기 → 전극 케이블 → 홀더 → 용접봉 및 모재 → 접지 케이블 → 용접기

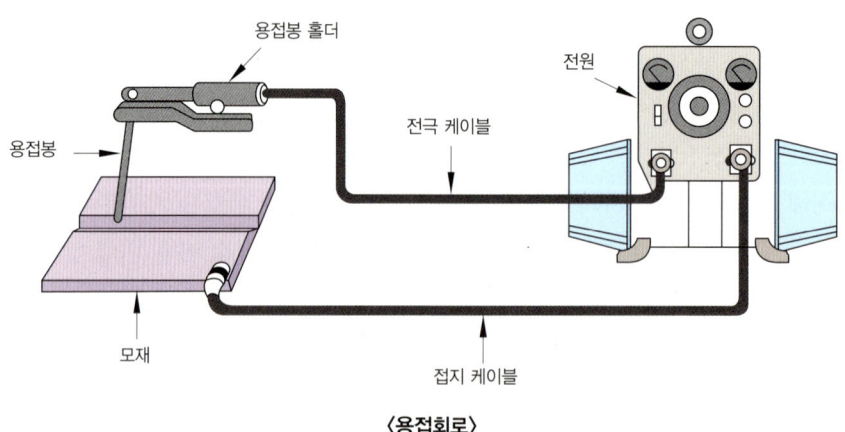

〈용접회로〉

✓ 피복 아크 용접의 용어 정리
1. 아크 : 기체 중에서 일어나는 방전의 일종으로 피복 아크 용접에서의 온도는 3500~5000℃
2. 용융지(용융풀) : 모재가 녹는 쇳물 부분
3. 용적 : 용접봉이 녹아 모재로 이행되는 쇳물 방울
4. 용착 : 용접봉이 녹아 용융지에 들어가는 것
5. 용입 : 모재가 녹은 깊이

2 피복 아크 용접의 전압 분포

아크 용접의 경우 용접봉(Electrode)과 모재(Base metal) 간의 전기적 방전에 의해 청백색을 띤 불꽃 방전이 일어나게 되는데, 이 현상을 "아크(Arc)"라 한다. 이는 전기적으로는 중성이며 이온화된 기체로 구성된 플라즈마(plasma)이다. 아크는 저전압 대전류의 방전에 의해 발생하며, 고온이고 강한 빛을 발생하게 되므로 용접용 전원으로 많이 이용되기도 한다. 이 아크를 통하여 약 10~500A의 전류가 흘러서 금속 증기와 그 주위의 각종 기체 분자가 해리되어 양전기를 띤 양이온(Positive ion)과 음전기를 띤 전자(Electron)로 전리(Ionization)되어 양이온은 음(-)극으로, 전자는 양(+)극으로 고속으로 끌려가기 때문에 전류가 흐르게 된다.

아크 길이를 길게 하면 아크 길이에 따라 전압은 달라진다. 양극과 음극 부근에서는 급격한 전압 강하가 일어나며, 아크 기둥 부근에서는 아크 길이에 따라 거의 비례하여 강하한다.

(1) 아크 전압

음극 전압 강하 + 양극 전압 강하 + 아크 기둥
전압 강하(플라즈마)

(2) 아크 길이가 길어짐에 따라 전극 재료가 일정
하다고 가정할 때 아크 기둥 전압 강하가 증가
함으로 아크 전압은 따라서 함께 커질 수 밖에
없다.

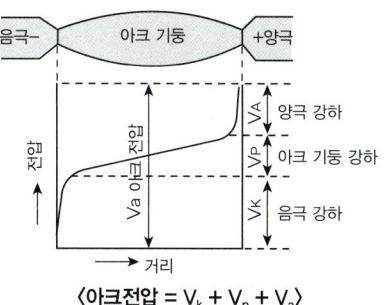

〈아크전압 = V_k + V_p + V_a〉

✔ **아크 전압**
- 음극 전압 강하 + 양극 전압 강하 + 아크 기둥 전압 강하
- 아크전압 = V_k + V_p + V_a

3 극성

극성은 직류에서만 존재하며, 종류는 직류 정극성과 직류 역극성이 있다. 또한 양극에서
발열량이 70% 이상 나온다.

(1) 직류 정극성(DCSP)

① 모재(+), 용접봉(-)

② 후판 용접에 적당하다.

③ 용접봉을 아낄 수 있다.

④ 용입이 깊다.

⑤ 비즈폭이 좁다.

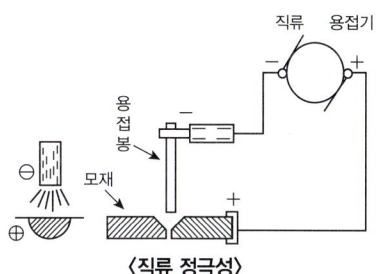

〈직류 정극성〉

(2) 직류 역극성(DCRP)

① 모재(-), 용접봉(+)

② 박판 용접

③ 용입이 얕다.

④ 용접봉 소모가 많다.

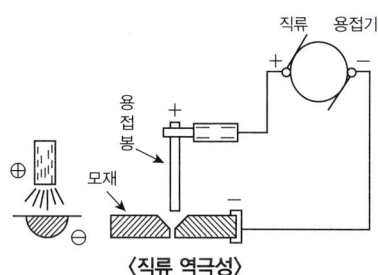

〈직류 역극성〉

- **직류 정극성(DCSP)**
  1. 모재 (+)(입열량 70%)   2. 용접봉 (−)   3. 용입이 깊다.
  4. 비드폭이 좁다.   5. 후판에 용접한다.   6. 용접봉을 아낄 수 있다.
- **용입 깊이의 순서**
  - 직류 정극성 〉 교류 〉 직류 역극성
    (DCSP)　　(AC)　　(DCRP)

4 아크 쏠림

아크 쏠림, 아크 블로, 자기 불림 등은 모두 동일한 말이며, 용접 전류에 의한 아크 주위에 발생하는 자장이 용접봉에 대하여 비대칭일 때 일어나는 현상이다.

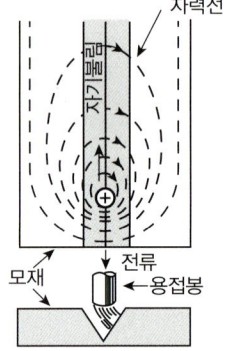

(1) 방지책

① 직류 용접기 대신 교류 용접기를 사용한다.
② 아크 길이를 짧게 유지한다.
③ 접지를 용접부로 멀리한다.
④ 긴 용접선에는 후퇴법을 사용한다.
⑤ 용접부의 시·종단에 엔드탭을 설치한다.

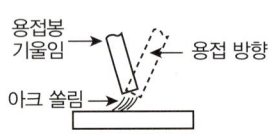

(a) 아크 쏠림 반대 방향으로 용접봉 기울임

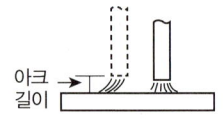

(b) 아크 길이를 짧게 함

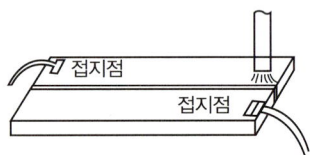

(c) 접지점을 2개 연결

- **아크 쏠림 방지책(아크쏠림, 아크블로, 자기불림)**
  1. 교류 용접기 사용
  2. 아크 길이를 짧게 유지
  3. 쏠림 반대쪽으로 용접봉 기울임
  4. 접지를 용접부로부터 멀리 함
  5. 긴 용접선은 후퇴법 이용
  6. 용접 시·종단에 엔드탭 설치

5 용접 입열

외부에서 용접 모재에 주어지는 열량으로 일반적으로 모재에 흡수되는 열량은 입열의 75~85%이다.

(1) 용접 입열 공식

$$H = \frac{60EI}{V}(J/cm)$$ (단, H는 입열, E는 전압, I는 전류, V는 속도)

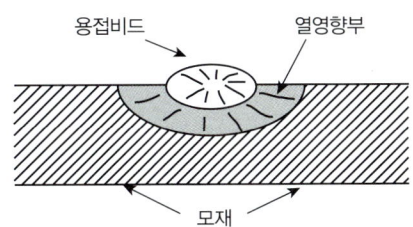

용접비드 / 열영향부 / 모재

하나 더

☞ **용접부를 구성하는 3대 요소**
• 용착금속, 열영향부, 모재

☞ **용접 시 열영향부의 입열량을 좌우하는 가장 중요한 요소**
• 용접전류

☞ **용접부에서 경도가 가장 높은 곳**
• 열영향부의 결정립의 조대화부분

✔ **용접 입열 공식**

$$H = \frac{60EI}{V}(J/cm)$$

✔ **용접부를 구성하는 3대 요소**
• 용착금속, 열영향부, 모재

✔ **용접시 열영향부의 입열량을 좌우하는 가장 중요한 요소**
• 용접전류

✔ **용접부에서 경도가 가장 높은 곳**
• 열영향부의 결정립의 조대화부분

6 용융 금속의 3가지 이행 형식

(1) 단락형

큰 용적이 용융지에 단락되어 표면 장력의 작용으로 인해 이행되는 형식으로 맨 용접봉, 박피봉 용접봉에서 발생한다.

(2) 스프레이형(분무상 이행형)

미세한 용적이 스프레이와 같이 날려 이행되는 형식으로 고산화티탄계, 일미나이트계 등에서 발생한다.

(3) 글로블러형(핀치 효과형)

비교적 큰 용적이 단락되지 않고 옮겨가는 형식으로 피복제가 두꺼운 저수소계 용접봉 등에서 발생한다.

▲ 단락형   ▲ 스프레이형   ▲ 글로블러형

〈용융 금속의 3가지 이행 형식〉

(4) 용융 속도

단위 시간당 소비되는 용접봉의 길이 또는 무게를 말하며, 용융 속도는 "아크 전류×용접봉 쪽 전압 강하"로써 결정된다.

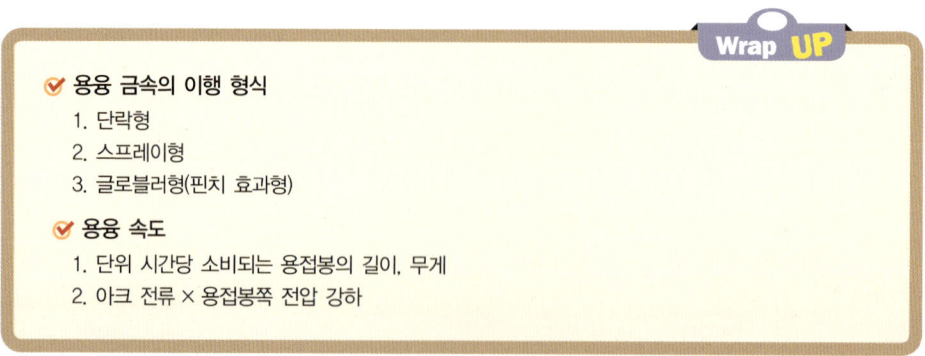

Wrap **UP**

☑ **용융 금속의 이행 형식**
   1. 단락형
   2. 스프레이형
   3. 글로블러형(핀치 효과형)

☑ **용융 속도**
   1. 단위 시간당 소비되는 용접봉의 길이, 무게
   2. 아크 전류 × 용접봉쪽 전압 강하

7 교류 아크 용접기

(1) 종류

① **탭 전환형** : 미세한 전류 조정이 불가능하다. 주로 소형에 쓰이고 있으며 전격에 위험이 있다. → 탭으로 정해진 전류만 발생한다.

② **가동 코일형** : 1차 코일의 거리 조정으로 전류를 조절한다. 하지만 가격이 고가여서 현재는 거의 사용되지 않는다.

③ **가동 철심형** : 우리나라에서 가장 많이 사용되는 용접기로, 미세한 전류 조정이 가능하다.

④ **가포화 리액터형** : 가변 저항의 변화로 용접 전류를 조정하며 원격 조정이 가능한 용접기이다. → 유선, 무선 가능하다.

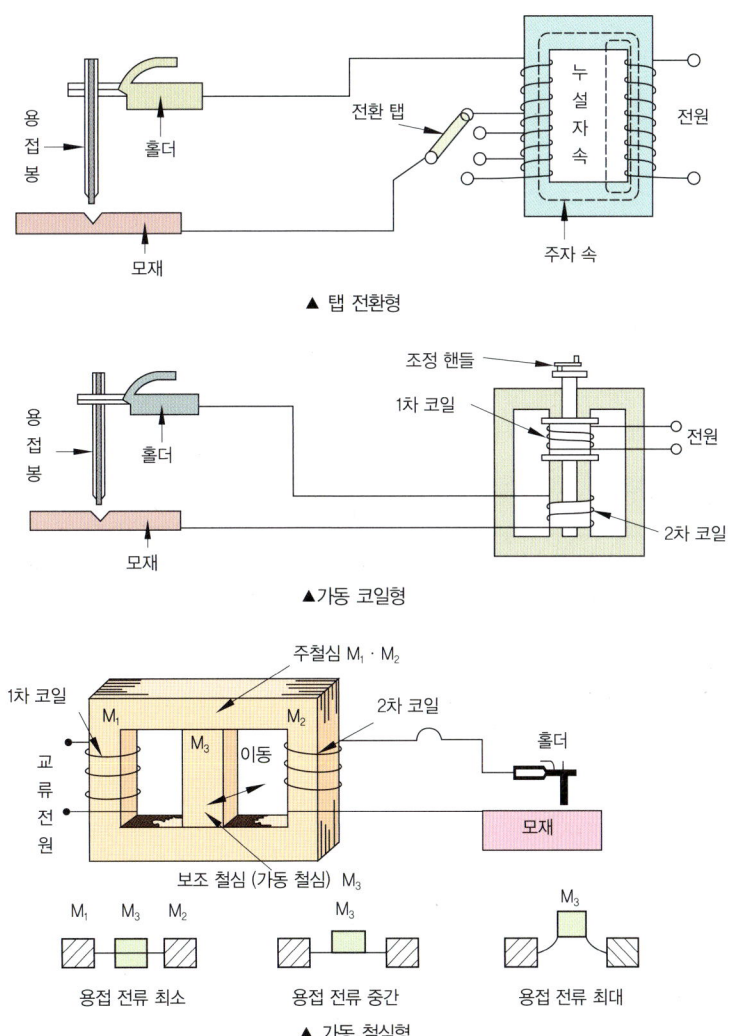

▲ 탭 전환형

▲가동 코일형

▲ 가동 철심형

PART III 용접일반 및 안전관리

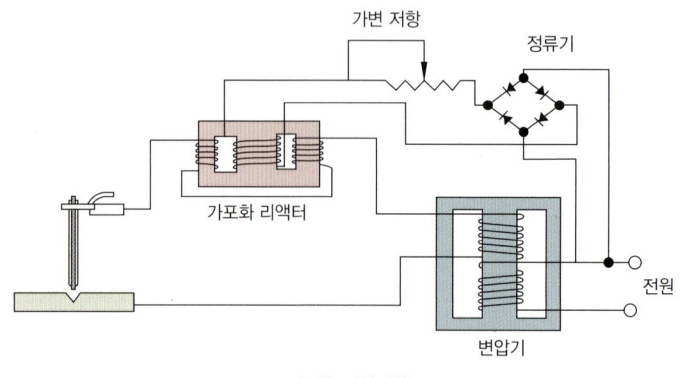

▲ 가포화 리액터형

(2) 특징

① 전원의 무부하 전압이 항상 재점호 전압보다 높아야 아크가 안정된다(무부하 전압
이란 아크가 발생하지 않을때 흐르는 전압).

② 용접기의 용량은 "AW(Arc Welder)"로 나타내며 이는 정격 2차 전류를 의미한다.

　예 AW200 : 정격 2차 전류가 200A임을 의미

③ 정격 2차 전류의 조정 범위는 20~110%이다.

(3) 교류 용접기를 취급할 때 주의 사항

① 정격 사용 이상으로 사용할 때 과열되어 소손이 생김

② 가동 부분, 냉각 팬을 점검하고 주유할 것

③ 탭 전환은 아크 발생 중지 후 행할 것

④ 2차축 단자의 한 쪽과 용접기 케이스는 반드시 접지할 것

⑤ 습한 장소, 직사광선이 드는 곳에서 용접기를 설치하지 말 것

(4) 교류 아크 용접기 부속 장치

① **전격 방지기** : 감전의 위험으로부터 작업자를 보호하기 위하여 2차 무부하 전압을
25V로 유지하는 장치

② **고주파 발생 장치** : 아크의 안정을 확보하기 위하여 상용 주파수의 아크 전류 외에
고전압(2000~3000V)의 고주파 전류(300~1000Kc)를 중첩시키는 방식

③ **핫 스타트 장치** : 처음 모재에 접촉한 순간의 0.2~0.25초 정도의 순간적인 대전류를
흘려서 아크의 초기 안정을 도모하는 장치로 일명 아크 부스터라 함.

④ **원격 제어 장치** : 용접기에서 멀리 떨어진 장소에서 전류와 전압을 조절할 수 있는
장치

하나 더

👉 핫 스타트 장치의 이점

• 아크 발생을 쉽게 한다.
• 기공 발생을 방지한다.
• 비드 이음부를 개선한다.

Wrap UP

☑ 교류 용접기의 종류
　　1. 탭 전환형: 미세 전류 조정 불가능, 전격의 위험이 큼
　　2. 가동 코일형: 1차 코일의 거리 조정
　　3. 가동 철심형: 미세 조정 가능
　　4. 가포화 리액터형: 가변 저항의 변화로 조정, 원격조정 가능

☑ 용접기의 용량
　　1. AW 200: 정격 2차 전류 200A임
　　2. 조정범위:20%~110% (40A~220A)

☑ 용접기 주유
　　1. 냉각팬　　　　2. 조정손잡이　　　　3. 구동바퀴

☑ 아크 드라이브의 전압을 160V로 고정
　　• 수하특성 중에서 단락 시에만 특히 전류가 증대되는 특징이다.

☑ 교류 용접기 부속장치
　　1. 전격 방지기 : 무부하 전압을 25V로 유지시켜 주는 장치
　　2. 고주파 발생장치
　　3. 핫 스타트 장치
　　　　• 아크 발생을 쉽게 한다.
　　　　• 기공 발생을 방지한다.
　　　　• 비드 이음부를 개선한다.
　　4. 원격 제어 장치

8 용접기의 사용률 및 역률과 효율

(1) 사용률

$$사용률(\%) = \frac{(아크시간)}{(아크시간 + 휴식시간)} \times 100$$

(2) 허용 사용률

$$허용 사용률(\%) = \frac{(정격\ 2차\ 전류)^2}{(실제\ 용접\ 전류)^2} \times 정격사용률$$

(3) 역률과 효율 (단위에 주의한다)

$$역률 = \frac{소비전력(kW)}{전원입력(kVA)} \times 100$$

$$효율 = \frac{아크출력}{소비전력} \times 100$$

① **소비 전력** = 아크 출력 + 내부 손실

② **전원 입력** = 무부하 전압 × 정격 2차 전류

③ **아크 출력** = 아크 전압 × 정격 2차 전류

(4) 교류 용접기에 콘덴서를 병렬로 설치했을 때의 이점

① 역률이 개선된다.

② 전원 입력이 적게 되어 전기 요금이 적게 발생된다.

③ 전압 변동률이 적어진다.

④ 배전선의 재료가 적어진다(선의 굵기를 줄일 수 있다).

⑤ 여러 개의 용접기를 접속할 수 있다.

☑ **핫 스타트 장치의 이점**
- 아크 발생을 쉽게 한다.
- 기공 발생을 방지한다.
- 비드 모양을 개선하고 아크 초기의 용입을 좋게 한다.
- 무부하 전압을 70V 이하로 저하할 수 있으며 전격 위험이 감소한다.

☑ **허용 사용률**

$$= \frac{(정격\ 2차\ 전류)^2}{(실제\ 용접\ 전류)^2} \times 정격사용률$$

☑ **역률**

$$= \frac{아크출력 + 내부손실}{무부하\ 전압 \times 정격\ 2차\ 전류} \times 100 = \frac{소비전력}{전원입력} \times 100$$

☑ **효율**

$$= \frac{아크전압 \times 정격\ 2차\ 전류}{아크출력 + 내부손실} \times 100 = \frac{아크출력}{소비전력} \times 100$$

9 직류 용접기

(1) 종류

① 발전기형(엔진 구동식, 모터 구동식)

전기가 없는 곳에서 사용 가능하다. 또한 정류기형에 비해 우수한 직류를 얻을 수 있는 장점이 있으나 소음이 크다.

② 정류기형

실리콘, 셀렌(특히, 먼지에 주의), 게르마늄 등을 이용하여 정류하여 직류를 얻는다.

③ 전지식

활용성이 매우 적다.

(2) 직류와 교류에 비교

직류는 시간에 관계없이 방향과 크기가 일정한 전기 에너지를 공급하므로 안정된 전기를 얻을 수 있다는 장점이 있다. 또한 교류에 비해 전격의 위험이 적다. 하지만 가격이 고가이며, 관리가 복잡하며, 우수한 피복제가 많이 생산되어 근래에는 교류가 많이 쓰이고 있다.

비교	직류	교류
아크 안정	안정	불안정
극성 변화	가능	불가능
아크 쏠림	쏠림	쏠림 방지
무부하 전압	40~60V	70~90V
전격 위험	적다	크다
비피복봉	사용 가능	사용 불가
구조	복자	간단
고장	많다	적다
역률	우수	떨어짐
소음	발전기형은 크다	대체적으로 적다
가격	고가	저가
용도	박판	후판

✓ **직류 용접기의 종류**
  1. 발전기형 : 우수한 직류를 얻는다.　 2. 정류기형　　 3. 전지식
✓ **정류기식 직류 아크 용접의 블록다이어그램**
  • 교류 − 변압기 − 가포화 리액터 − 정류기 − 직류

10 용접기의 특성

(1) 부 특성(부저항 특성)

전류가 작은 범위에서 전류가 증가하면 아크 저항이 작아져 아크 전압이 낮아지는 특성

(2) 수하 특성(피복아크 용접기의 특성)

부하 전류가 증가하면 단자 전압이 저하하는 특성이며 아크를 안정시키는 특성
$V = E - IR$ (V : 단자 전압, E : 전원 전압)

(3) 정전류 특성

아크 길이가 크게 변하여도 전류 값은 거의 변하지 않는 특성(전압은 증가)

- 이상 (1), (2), (3)은 수동 용접에 필요한 특성이다.

(4) 상승 특성

큰 전류에서 아크 길이가 일정할 때 아크 증가와 더불어 전압이 약간씩 증가하는 특성

(5) 정전압 특성(자기 제어 특성)

부하 전류가 변해도 단자 전압이 거의 변하지 않는 특성으로 자동 용접에 필요한 특성
이고 수하 특성과는 반대의 성질을 갖는 것으로 CP특성이라 함
→ 서브머지드 용접기, 불활성가스 금속아크 용접기의 특성

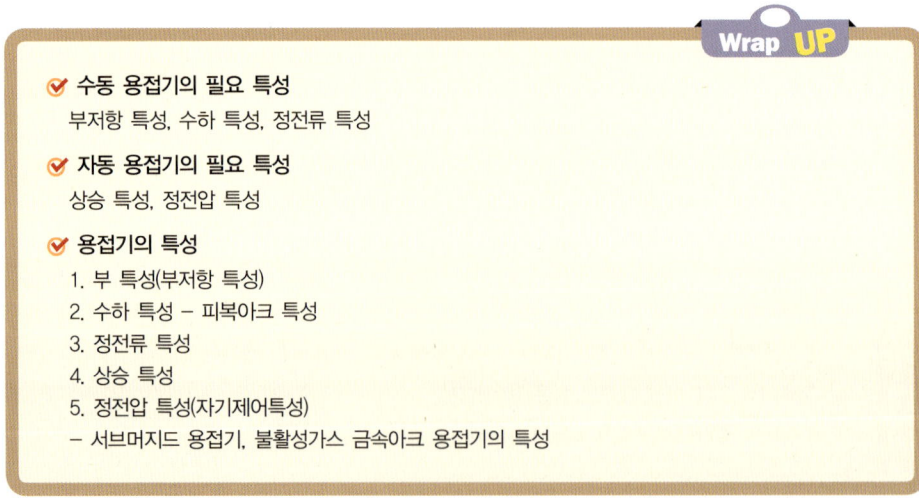

Wrap UP

✔ **수동 용접기의 필요 특성**
부저항 특성, 수하 특성, 정전류 특성

✔ **자동 용접기의 필요 특성**
상승 특성, 정전압 특성

✔ **용접기의 특성**
1. 부 특성(부저항 특성)
2. 수하 특성 – 피복아크 특성
3. 정전류 특성
4. 상승 특성
5. 정전압 특성(자기제어특성)
– 서브머지드 용접기, 불활성가스 금속아크 용접기의 특성

Section 2 피복 아크 용접의 특징

11 용접 작업용 기구 및 보호구

홀더(A형 안전), 케이블, 접지 클램프, 장갑, 앞치마, 발커버, 보안경 등이 있다.

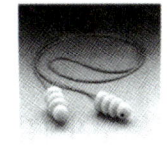

(1) 용접용 케이블

케이블의 2차측은 유연성이 요구되므로 캡타이어 전선을 사용한다. 또한 크기의 단위도 1개의 선은 의미가 없으므로 단면적으로 사용한다. 하지만 1차측은 고정된 선으로 유동성이 없어야 하므로 단성으로 지름을 사용하여 그 크기를 표시한다.

	200A	300A	400A
1차측 지름(mm)	5.5	8	14
2차측 단면적(mm²)	38(50)	50(60)	60(80)

(2) 차광 유리

아크 불빛은 적외선과 자외선을 포함하고 있어 눈을 보호하기 위하여 빛을 차단하는 차광 유리를 사용하여야 한다. 일반적으로 금속 아크 용접에서는 차광도 번호 10~13번까지 사용되면 전류와 용접봉의 지름이 커질수록 차광도 번호가 큰 것을 사용한다. 탄소 아크 용접에서는 14번이 사용된다.

(3) 퓨즈

$$퓨즈 = \frac{1차입력(kVA)}{전원전압(200V)}$$ (1차 입력에서 전류, 전압이 주어지면 곱해준다)

퓨즈는 규정 값보다 크거나 구리선, 철선 등을 퓨즈 대용으로 사용해서는 안 된다.

Wrap UP

✓ **1차 케이블에 비해 2차 케이블의 지름이 큰 것을 사용하는 이유**
  • 1차 케이블보다 2차 케이블의 전류가 높으므로
✓ **퓨즈의 용량**
  • 퓨즈 $= \dfrac{\text{1차입력(kVA)}}{\text{전원전압(200V)}}$

12 피복 아크 용접의 피복제

용접봉, 용가재, 전극봉 등은 모두 동일한 말이며, 심선의 재료는 저탄소 림드강으로 황, 인 등의 불순물의 양을 제한하여 제조한다(모재의 재질과 같은 것을 사용).

(1) 용착 금속의 보호 형식

① **슬래그 생성식(무기물형)** : 슬래그로 산화, 질화 방지 및 탈산 작용
  (슬래그의 역할 – 외부공기 차단, 급랭 방지, 탈산정련) → 일미나이트계
② **가스 발생식** : 대표적으로 셀롤로오스가 있으며 전자세 용접이 용이함.
③ **반가스 발생식** : 슬래그 생성식과 가스 발생식의 혼합
  (급랭 시 영향 – 조직의 조밀화로 깨어지기 쉽다)

(2) 피복제의 작용

산 · 질화 방지, 아크 안정, 서냉으로 취성 방지, 합금 원소 첨가, 슬래그의 박리성 증대, 유동성 증가 등

(3) 피복제의 종류

① **가스 발생제** : 석회석, 셀롤로오스, 톱밥, 아교
② **슬래그 생성제** : 석회석, 형석, 탄산나트륨, 일미나이트
③ **아크 안정제** : 규산나트륨, 규산칼륨, 산화티탄, 석회석
④ **탈산제** : 페로실리콘, 페로망간, 페로티탄, 페로바나듐
⑤ **고착제** : 규산나트륨, 규산칼륨, 아교, 소맥분, 해초

하나 더

☞ 슬래그의 염기도 = $\dfrac{\Sigma 염기성\ 성분}{\Sigma 산성\ 성분}$

☞ 탈산제의 역할

• 산소와 결합하여 산소를 제거하는 작용

☞ 탈산제로서 탈산능력이 큰 원소

• Al

☞ 탈인반응이 일어나는 시기

• 용융슬래그 중에 FeO와 CaO이 존재하는 경우 탈인반응이 일어난다.

☞ 탈황, 탈인반응

• 탈황 반응은 염기도가 높을수록 크다.

• 탈인율(%P)은 용융슬래그가 산성일수록 크다.

• 탈황율(%S)은 산화철율(%FO)에 반비례한다.

Wrap UP

✅ **용착 금속의 보호형식**

1. 슬래그 생성식(일미나이트)
2. 가스발생식(셀롤로오스)
3. 반가스발생식

✅ **피복제의 종류**

1. 가스 발생제 : 석회석, 셀롤로오스, 톱밥, 아교
2. 슬래그 생성제 : 석회석, 형석, 탄산나트륨, 일미나이트
3. 아크 안정제 : 규산나트륨, 규산칼륨, 산화티탄, 석회석
4. 탈산제 : 페로실리콘, 페로망간, 페로티탄, 페로바나듐
5. 고착제 : 규산나트륨, 규산칼륨, 아교, 소맥분, 해초

✅ **저수소계 용접봉은 300~360℃에서 2시간 건조**

✅ **일반 용접봉은 70~100℃에서 30분~1시간 건조**

✅ 슬래그의 염기도 = $\dfrac{\Sigma 염기성\ 성분}{\Sigma 산성\ 성분}$

✅ **탈산제의 역할**

• 산소와 결합하여 산소를 제거하는 작용

13 용접봉의 규격

(1) 용접봉의 기호

$$E\ 43 \bigcirc \square$$

- E 는 전기 용접봉
- 43은 최저 인장 강도(kg/mm^2)
- ○는 용접자세(0, 1은 전 자세, 2는 F, H-Fillet, 3은 F, 4는 전자세 또는 특정 자세)
- □는 피복제의 종류

하나 더

- 인장강도 : 당길 때 견디는 힘

(2) 종류

① E4301(일미나이트계)

② E4303(라임티탄계) : 스테인레스피복제

③ E4311(고셀로오스계) : 가스실드계

④ E4313(고산화티탄계) : 고온균열 가능

　㉠ 산화티탄 35%, 아크안정, CR봉, 비드좋다, 경구조물, 경자동차, 박판용접

　㉡ 피복제 중 산화티탄을 약 25% 정도 포함된 용접봉으로 일반구조용접에 많이 사용되는 것, 작업성 우수

⑤ E4316(저수소계)

　㉠ 수소의 함량이 일반의 1/10 함유, 기계적 성질이 우수

　㉡ 피복제는 습기를 흡수하기 쉽기 때문에 사용 전에 300~350℃ 정도 건조시켜 사용한다.

　㉢ 기계적 성질이 다른 연강봉보다 우수하기 때문에 중요 강도 부재, 고압용기, 후판 중 구조물, 탄소 당량이 높은 기계 구조물, 유황 함유량이 높은 강등의 용접에 양호한 용접이 가능

⑥ E4324(철분산화티탄계)

⑦ E4327(철분산화철계)

⑧ E4326(철분저수소계)

⑨ E4340(특수계)

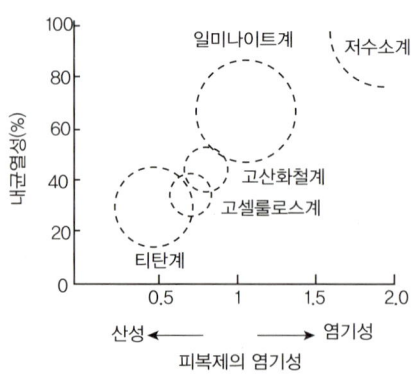

⑩ 용접봉 지름(KS규격으로 지름으로 지정)

    1, 1.4, 2, 2.6, 3.2, 4, 4.5, 5, 5.5, 6, 6.4, 7, 8, 9, 10

하나 더

☞ 용접기호 E4327 중 "27"의 뜻
- E : 피복금속 아크용접봉
- 43 : 용착금속의 최소 인장 강도
- 27 : 피복제 계통(0, 1은 전자세, 2는 F, H-Fillet, 3은 F, 4는 전자세 또는 특정자세)

☞ 용접기호 "E4327-AC-5-400"에서 용접봉의 지름
- 5mm

☞ 아연도금 철판의 용접에 가장 적합한 용접봉
- 고셀룰로오스계

☞ 기계적 성질 : E4316 〉 E4301 〉 E4313

☞ 작업성 : E4313 〉 E4301 〉 E4316

☞ 용접봉의 내균열성(염기성이 클수록 내균열성이 좋다)

☞ 산화티탄계 → 고산화티탄계

☞ 산화티탄 + 석회석 → 라임티탄계

(3) 고장력강용 피복 아크 용접봉

항복점 32kg/mm² 이상의 강으로 연강의 강도를 높이기 위해 Ni, Cr, Mn, Si, Cu, Ti, V, Mo, B 등을 첨가하는 저합금강 용접봉으로 연강 용접봉에 비해 판 두께를 얇게 할 수 있어 구조물의 자중을 줄일 수 있으며, 기초공사가 간단해지고, 재료의 취급이 용이해진다.

(4) 용접봉의 선택과 보관

편심율은 3% 이내에 용접봉을 선택하며, 용접 자세 및 장소, 모재의 재질, 이음의 모양 등을 고려하여 선택하며 보관 시는 특히 습기에 주의해야 된다.

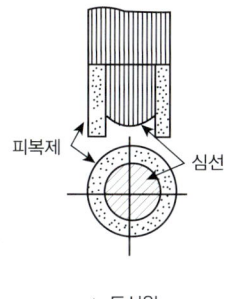

▲ 동심원

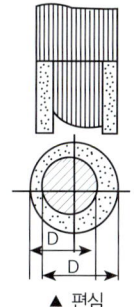

▲ 편심

✔ **용접봉의 종류**

1. E4301(일미나이트계)
2. E4303(라임티탄계) – 스텐인리스 피복제
3. E4311(고셀롤로오스계) – 가스실드계
4. E4313(고산화티탄) – 고온균열 가능
5. E436(저수소계)
6. E4324(철분산화티탄계)
7. E4327(철분산화철계)
8. E4326(철분저수소계)
9. E4340(특수계)

✔ **기계적 성질**

• E4316 〉 E4301 〉 E4313

✔ **피복제의 역할(용제)**

1. 아크 안정, 산·질화 방지, 용적의 미세화
2. 서냉으로 취성방지, 탈산정련, 슬래그 박리성 증대
3. 유동성 증가, 전기절연작용

✔ **피복제가 얇은 경우 가스실드계 4311이다.**

1. 피복이 얇고 슬래그 생성이 작아 수직, 위보기 자세에 좋다.
2. 용접 홈이 적은 경우에 사용한다.
3. 아크는 스프레이형이다.
4. 용입이 깊고 스패터가 많다.
5. 비드 파형이 약간 거칠다.
6. 다른 용접봉보다 용접 전류를 낮게 하는 게 좋다.
7. 70~100℃에서 사용 전 1시간 정도 건조시켜야 한다.

14 피복 아크 용접 작업

(1) 용접 전류

일반적으로 심선의 단면적 $1mm^2$ 에 대하여 10~11A 정도로 한다.

(2) 아크 길이

아크 길이는 3mm 정도이며 지름이 2.6mm 이하의 용접봉은 심선의 지름과 거의 같은 것이 좋다. 또한 아크 길이가 길어지면 전압에 비례하여 증가하며 발열량도 증대된다.

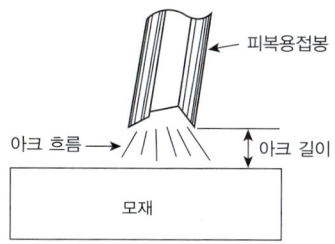

(3) 용접 속도

모재에 대한 용접선 방향이 아크 속도 또는 운봉 속도를 말한다.

① **용접 속도에 영향을 주는 요소**

  ㉠ 용접봉의 종류 및 전류값

  ㉡ 이음모양

  ㉢ 모재의 재질

  ㉣ 위빙의 유무

② **아크 전압 및 전류와 용접 속도와의 관계**

  ㉠ 전압 및 전류가 일정할 때 속도가 증가되면 비드의 나비는 감소하여 용입 또한 감소된다.

  ㉡ 실제 작업에서는 비드의 겉모양을 손상시키지 않는 범위 내에서는 약간 빠른 편이 좋다.

(4) 용접봉의 각도

① **작업각** : 용접봉과 이음 방향에 나란하게 세워진 수직 평면과 각도로 표시

② **진행각** : 용접봉과 용접선이 이루는 각도로 용접봉과 수직선 사이의 각도로 표시

▲ 작업각   ▲ 진행각

〈용접봉의 각도〉

(5) 아크 발생 및 중단

① 아크 발생 방법으로는 찍기법(Tapping method)과 긁기법(Scratch method)이 있다.

② 초보자는 후자를 사용한다.

③ 아크를 처음 발생할 때 아크 길이는 약간 길게 한다(3~4mm).

④ 아크의 중단 시는 아크 길이를 짧게 하여 크레이터를 채운 후 재빨리 든다.

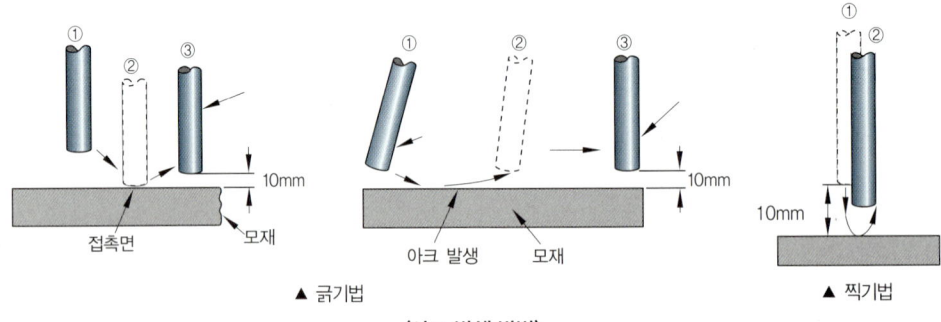

▲ 긁기법   ▲ 찍기법

〈아크 발생 방법〉

(6) 운봉법

① **아래 보기 V형 용접**

용접, 원형, 부채꼴

② **아래 보기 Fillet 용접**

직선, 타원형, 삼각형

③ **수평 용접**

직선, 타원형

④ **수직 용접**

직선, 부채꼴(이상은 하진), 직선, 삼각형, 백스탭(상진법)

⑤ **위보기 용접**

직선, 부채꼴

☑ E7018 대신 E6010을 파이프 용접에서 사용하는 이유는?
  • 루트부의 기용 예방 및 용입 상태 개선, 피복이 얇아 슬래그 방해가 되지 않으므로

15 용접 결함

용접 결함은 크게 치수상 결함(변형, 치수 및 형상 불량)과 구조상 결함(언더컷, 오버랩 등) 및 성질상 결함(기계적, 화학적 성질 불량)으로 나눌 수 있다.

〈용접부 결함의 원인과 방지 대책〉

결함의 종류 및 모양	발생 원인	결함 방지 대책
기공	– 용접부의 습기, 녹, 먼지, 페인트, 이물질 부착 – 용접봉 건조 불량 – 전류 높고, 아크 길이가 길 때 – 용접 속도 과대	– 습기, 이물질 제거 등 용접부를 깨끗이 함. – 용접봉건조 – 적정 전류, 아크 길이 조정 – 용접속도 낮춤.
피트	– 급속한 응고	– 위빙하거나 예열함.
슬래그 섞임	– 전층의 슬래그 제거 불량 – 전류의 과서, 운봉 부적절 – 봉의 각도 부적당 – 운봉 속도가 느릴 때 – 용접 이음의 부적당	– 각층마다 슬래그를 깨끗이 제거함. – 전류를 약간 더 세게, 운봉법 조절 – 용접부 예열, 봉의 각도 조절 – 운봉속도 약간 빠르게 – 루트 간격을 좀더 넓게 함.
용입 불량	– 이음 설계의 불량 – 용접 속도가 너무 빠를 때 – 용접 전류가 너무 낮을 때 – 용접봉 선택 불량	– 루트 간격 및 홈각도를 좀 더 크게 함. – 용접속도를 조금 낮춤. – 용접 전류를 좀더 높임. – 적정 용접봉 굵기 선택
언더컷	– 전류가 너무 높을 때 – 아크 길이가 너무 길 때 – 무적당한 용접봉 사용시 – 용접 속도가 너무 빠를 때 – 부적당한 운봉법 사용시	– 전류를 좀더 낮춤. – 적정 아크 길이 유지 – 적정 용접봉 종류와 굵기 사용 – 용접 속도를 좀더 낮춤. – 적정 운봉법 사용
균열	– 이음의 강성이 큰 경우 – 부적당한 용접봉 사용시 – 모재에 탄소, 망간 등의 합금원소 함량과다 – 용접부의 급냉 – 모재에 유황 등 함량 과다 – 용접 전류 및 속도 과대 – 아크길이 부적당	– 예열 피닝, 비드 배치법 변경 – 적정 용접봉 선택 사용 – 적정 모재 선택 – 용접부 급냉 방지, 예열, 후열 – 유황함량 검사 – 용접 전류, 속도 조정 – 아크길이 조정
스패터 부착	– 전류가 높을 때 – 건조 불량 용접봉 사용시 – 아크 길이가 너무 길 때 – 운봉법 불량	– 전류를 좀 더 낮춤. – 건조된 용접봉 사용 – 아크 길이를 낮춤. – 적정 운봉법 사용

☞ 은점에 대하여
• 용접 결함의 일종
• 속이 비고 둘레에 취화부가 있는 원형의 결함
• 수소가 원인이므로 은점의 방지는 수소 침입을 방지해야 함.

☑ 용접 결함
  1. 치수상 결함 : 변형, 치수불량
  2. 구조상 결함 : 언더컷, 오버랩, 균열, 스패터, 용입불량, 슬래그 섞임, 기공 등
  3. 성질상 결함 : 기계적, 화학적

☑ KSB 0845 code에서 통점 결함의 분류 방사선 투과법에서
  • 1종 : 기공   • 2종 : 용입 부족, 슬래그, 융합 부족   • 3종 : 균열   • 4종 : 텅스텐 혼입

☑ 이음 강도가 클 때 : 균열을 일으킬 수 있다.

☑ 기공의 원인이 되는 것
  • 수소, CO_2의 과잉   • 용접부의 급속한 응고
  • 모재의 황 함유량 과대   • 기름, 페인트, 녹
  • 아크길이, 전류의 부적당   • 용접속도 빠를 때

☑ 선상조직
  • 비금속 개재물이나 기공이 있는 파단면으로서 냉각 과정에서 생기는 조직이며 전류의 세기와는
    관계없다.

☑ 취성파면 : 모재의 파면이 은백색으로 빛나는 파면이다.

Section 3 전기저항용접의 특징

1 전기 저항 용접의 개요

용접물에 전류가 흐를 때 발생되는 저항열로 접합부가 가열되었을 때 가압하여 접합하는 용접이다.

(1) 저항 용접의 3대 요소

① 용접 전류

저전압 대전류 방식으로 전압은 1~10V 정도이지만 전류는 수만 또는 수십만 암페어이다.

② 통전 시간

열전도가 큰 것은 대전류를 사용하여 통전 시
간을 짧게 하고 연강 등은 대전류를 사용하지
않고 통전 시간을 길게 한다.

③ 가압력

모재와 모재, 전극과 모재 사이에 접촉 저항은
전극의 가압력이 클수록 작아진다.

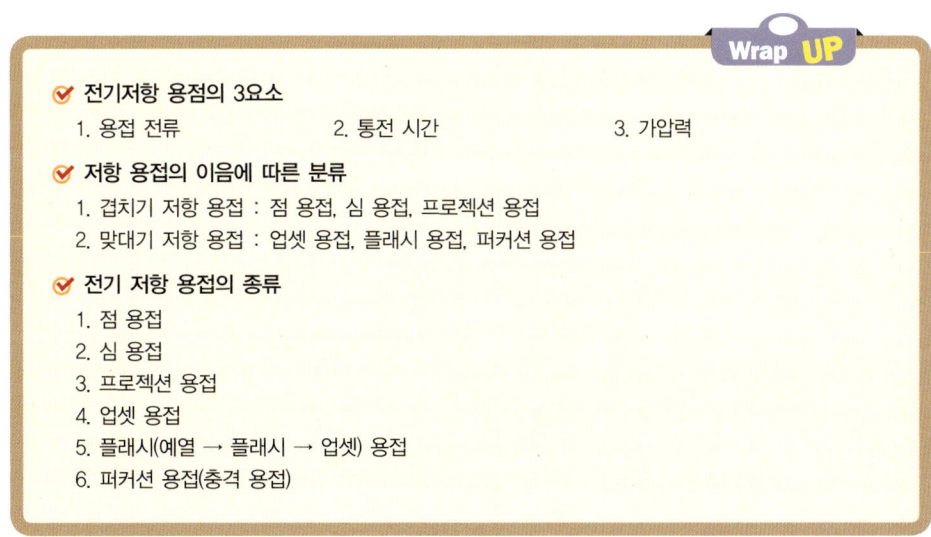

저항 용접의 원리

(2) 이음 형상에 따라 분류

① **겹치기 저항 용접** : 점 용접, 심 용접, 프로젝션 용접
② **맞대기 저항 용접** : 업셋 용접, 플래시 용접, 퍼커션 용접

(3) 특징

① 용접사의 기능에 무관하다.
② 용접 시간이 짧고 대량 생산에 적합하다.
③ 용접부가 깨끗하다.
④ 산화 작용 및 용접 변형이 적다.
⑤ 가압 효과로 조직이 치밀하다.
⑥ 설비가 복잡하고 가격이 비싸다.
⑦ 후열 처리가 필요하다.
⑧ 이종 금속에 접합은 불가능하다.

Wrap UP

☑ **전기저항 용접의 3요소**
　1. 용접 전류　　　　　　2. 통전 시간　　　　　　3. 가압력

☑ **저항 용접의 이음에 따른 분류**
　1. 겹치기 저항 용접 : 점 용접, 심 용접, 프로젝션 용접
　2. 맞대기 저항 용접 : 업셋 용접, 플래시 용접, 퍼커션 용접

☑ **전기 저항 용접의 종류**
　1. 점 용접
　2. 심 용접
　3. 프로젝션 용접
　4. 업셋 용접
　5. 플래시(예열 → 플래시 → 업셋) 용접
　6. 퍼커션 용접(충격 용접)

2 전기 저항 용접의 종류

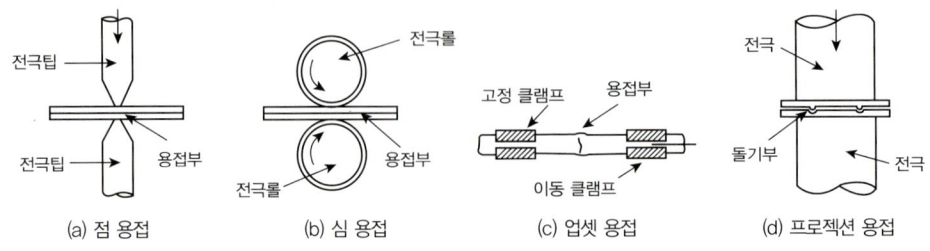

(a) 점 용접   (b) 심 용접   (c) 업셋 용접   (d) 프로젝션 용접

〈전기 저항 용접의 종류〉

(1) 점 용접

① 열 영향부가 좁으며 돌기가 없다.

② 박판 용접 및 대량 생산에 적합하다.

③ 바둑알 모양처럼 생긴 것을 너깃이라 한다.

④ 용융점이 높은 재료, 열전도가 큰 재료 및 전기적 저항이 작은 재료는 용접이 곤란하다.

⑤ 구멍을 가공할 필요가 없고 숙련을 요하지 않는다.

⑥ 과정

접촉 저항에 온도 상승 → 접촉부의 변화, 변형 및 저항 감소 → 용융 → 용접부의 가압력에 의해서 용접부 생성

⑦ 종류로는 단극식, 다전극식, 직렬식, 맥동, 인터랙 점 용접이 있다.

⑧ 전극의 종류로는 R형, P형, F형, C형, E형이 있다.

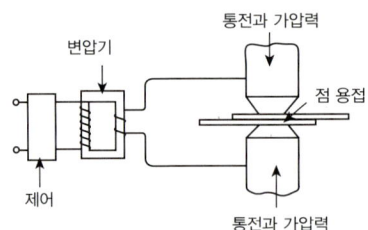

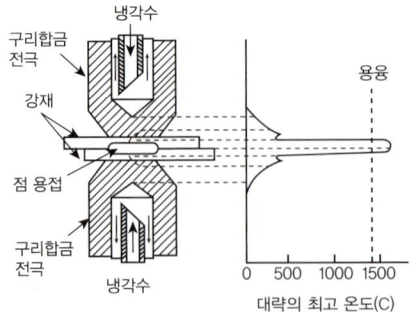

〈점 용접〉

(2) 심 용접

① 점 용접에 비해 가압력은 1.2~1.6배, 용접 전류는 1.5~2.0배 증가한다.

② 단속 통전법, 연속 통전법, 맥동 통전법 등이 있다.

③ 이음 형상에 따라 원주 심, 세로 심이 있다.

④ 용접 방법에 따라 매시 심, 포일 심, 맞대기 심, 롤러 심이 있다.

⑤ 기·수·유밀성을 요하는 0.2~4mm 정도 얇은 판에 이용한다.

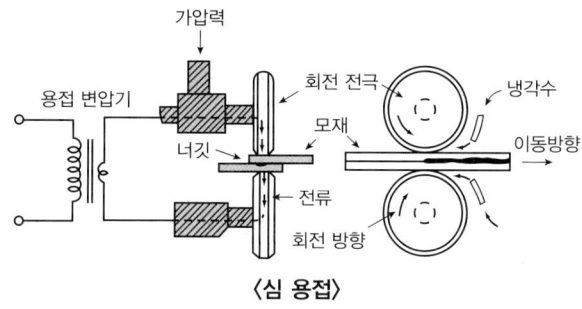

〈심 용접〉

(3) 업셋 용접

① 용접 모재를 맞대어 가압하고 전류를 통하면 접촉 저항으로 발열되어 일정한 온도에 달했을 때 축 방향으로 강한 압력을 가해 접합한다.

② 불꽃의 비산이 없다.

③ 플래시 용접에 비해 열영향부가 커진다.

④ 비대칭 단면적이 큰 것, 박판 등의 용접은 곤란하다.

⑤ 용접부의 접합 강도는 우수하다.

⑥ 용접부의 산화물이나 개재물이 밀려나와 건전한 접합이 이루어진다.

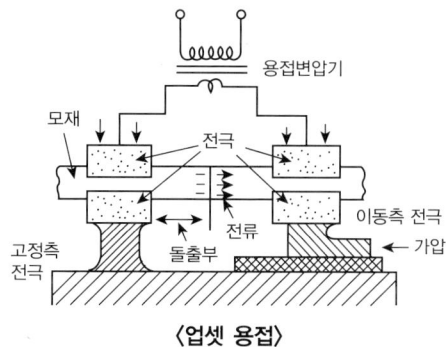

〈업셋 용접〉

(4) 돌기 용접(프로젝션 용접)

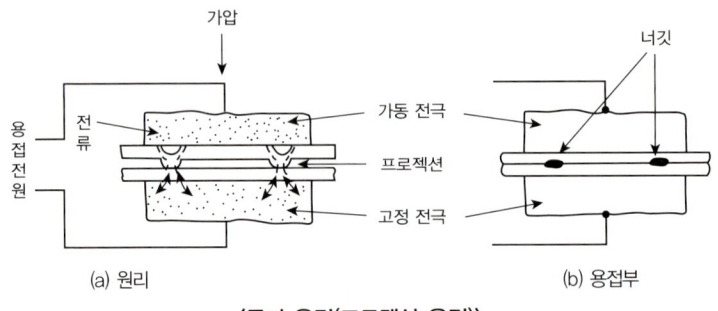

〈돌기 용접(프로젝션 용접)〉

(5) 플래시 용접

① 용접물에 간격을 두어 설치하고 전류를 통하여 발열 및 불꽃 비산을 지속시켜 접합면이 골고루 가열되었을 때 가압하여 접합한다.
② 예열 → 플래시 → 업셋 순으로 진행된다.
③ 열영향부 및 가열 범위가 좁다.
④ 이음 신뢰도가 높고 강도가 좋다.
⑤ 용접 시간, 소비 전력이 적다.
⑥ 용접면에 산화물의 개입이 적다.
⑦ 종류가 다른 재료의 용접이 가능하다.
⑧ 강재, 니켈, 니켈 합금 등에 적합하다.

(6) 충격 용접(퍼커션 용접)

축전기에 축전된 전기 에너지를 짧은 시간(1000분의 1초 이내)에 방출시켜 금속 용접면에 매우 짧은 시간에 방전시켜 이때 발생된 열로 가압하여 접합한다.

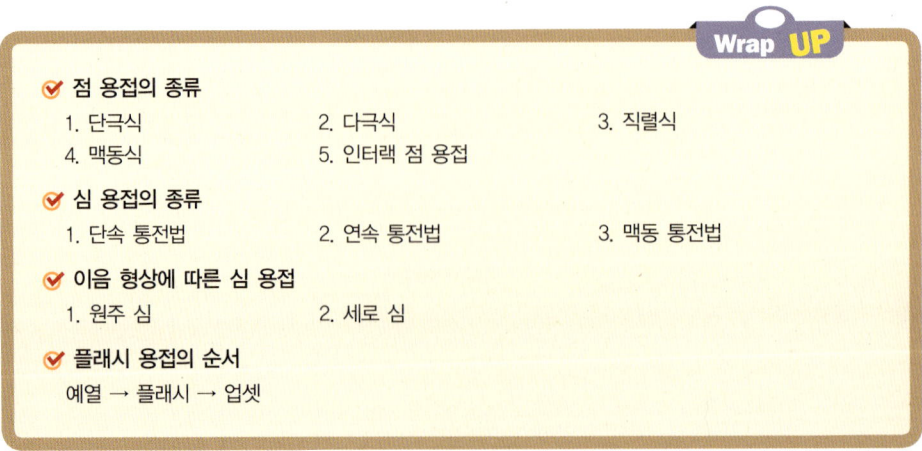

Wrap UP

☑ **점 용접의 종류**
1. 단극식   2. 다극식   3. 직렬식
4. 맥동식   5. 인터랙 점 용접

☑ **심 용접의 종류**
1. 단속 통전법   2. 연속 통전법   3. 맥동 통전법

☑ **이음 형상에 따른 심 용접**
1. 원주 심   2. 세로 심

☑ **플래시 용접의 순서**
예열 → 플래시 → 업셋

Section 4 가스용접 및 절단

1 가스용접의 개요

(1) 가스용접의 원리

가연성 가스(아세틸렌, 석탄가스, 수소 가스, LPG 등)와 지연성 가스(산소)의 혼합으로 가스가 연소할 때 발생하는 열(약 2800℃ 정도)을 이용하여 모재를 용융시키면서 용접봉을 공급하여 접합하는 방법이다. 피복 아크 용접과 같은 용접의 일종이다.

> **하나 더**
>
> ☞ **가연성 가스** : 스스로 타는 가스
> ☞ **조연성 가스** : 자신은 타지 않고 연소를 돕는 가스

(2) 가스용접의 장·단점

① 장점
  ㉠ 전기가 필요 없다.
  ㉡ 용접기의 운반이 비교적 자유롭다.
  ㉢ 용접 장치의 설비비가 전기 용접에 비하여 싸다.
  ㉣ 불꽃을 조절하여 용접부의 가열 범위를 조정하기 쉽다.
  ㉤ 박판 용접에 적당하다.

> **하나 더**
>
> ☞ 박판 – 얇은 판을 의미하며 3.0mm를 기준으로 한다.

  ㉥ 용접되는 금속의 응용 범위가 넓다.
  ㉦ 유해 광선의 발생이 적다.
  ㉧ 용접 기술이 쉬운 편이다.
② 단점
  ㉠ 고압가스를 사용하기 때문에 폭발, 화재의 위험이 크다.
  ㉡ 열효율이 낮아서 용접 속도가 늦다.
  ㉢ 아크 용접에 비해 불꽃의 온도가 낮다.
  ㉣ 금속이 탄화 및 산화될 우려가 많다.
  ㉤ 열의 집중성이 나빠 효율적인 용접이 어렵다.

ⓗ 일반적으로 신뢰성이 적다.

ⓢ 용접부의 기계적 강도가 떨어진다.

ⓞ 가열 범위가 넓어 용접 응력이 크고, 가열 시간 또한 오래 걸린다.

Wrap UP

☑ **균열**
- 저온 균열 : 언더비드크랙, 토우균열, 루트크랙, 힐균열, 라멜라티어
- 고온 균열 : 설퍼 균열
- 균열의 주원인 → H_2
- 필릿용접부에 생기는 저온 균열이며 모재의 열팽창에 의한 비틀림의 주요 원인인 용접 결함 → 힐 크랙
- 용접금속이 응고할 때 방출된 가스 때문에 발생되는 것으로 상당히 큰 거동으로 주위가 먼저 응고된 경우에 형성되는 용접 구조적 결함 → 피트

☑ **균열 발생의 원인**
1. 수소
2. 내·외적인 힘
3. 변태
4. 용착금속의 화학성분
5. 노치에 의한 균열

---

1 용접용 가스

(1) 지연성 가스

① 자신은 타지 않으면서 다른 물질의 연소를 돕는 것이 지연성 가스이다. 대표적으로 O_2 가 있다.

② 분자량이 16으로 공기 중에 21%가 존재한다.

③ 무색, 무취, 무미의 기체로 1 l 의 중량은 0℃, 1기압에서 1.429g이다. 또한 비중은 1.105로 공기보다 무겁다.

④ 용융점은 -219℃, 비등점은 -183℃이다.

⑤ -119℃에서 50기압으로 압축하면 담황색의 액체가 된다.

⑥ 금, 백금 등을 제외한 다른 금속과 화합하여 산화물을 만든다.

⑦ 산소의 제조 방법

  ㉠ 화학 약품에 의한 방법

  ㉡ 물의 전기 분해에 의한 방법

  ㉢ 공기 중에서 산소를 채취하는 방법

(2) 가연성 가스

① 가연성 가스의 조건

  ㉠ 불꽃 온도가 높을 것

  ㉡ 연소 속도가 클 것

  ㉢ 발열량이 빠를 것

  ㉣ 용융 금속과 화학 반응을 일으키지 않을 것

② 아세틸렌(C_2H_2)

  ㉠ 카바이드로부터 제조된다.

  ㉡ 순수한 것은 무색, 무취의 기체이다.

  ㉢ 인화 수소, 유화 수소, 암모니아 같은 불순물을 혼합할 때 악취가 난다.

  ㉣ 비중은 0.906으로 공기보다 가볍고, 가연성 가스로 가장 많이 사용된다.

  ㉤ 15℃, 1기압에서 1 l 의 무게는 1.176g이며, -15℃, 15기압에서 충전한다.

  ㉥ 여러 가지 액체에 잘 용해되며 물에는 같은 양, 석유에는 2배, 밴젠에는 4배, 알콜에서는 6배, 아세톤에는 25배 용해되며, 그 용해량은 압력에 따라 증가한다. 단, 소금물에서는 용해되지 않는다.

  ㉦ 대기압에서 -82℃이면 액화하고, -85℃이면 고체로 된다.

  ㉧ 406~408℃에서 자연발화된다.

  ㉨ 마찰, 진동, 충격에 의하여 폭발 위험성이 있다.

  ㉩ 은, 수은, 동과 접촉 시 120℃ 부근에서 폭발성이 있다.

③ 수소(H_2)

  ㉠ 무색, 무미, 무취로 불꽃은 육안으로 확인이 곤란하다.

  ㉡ 납땜이나 수중 절단용으로 사용한다.

  ㉢ 가장 가볍고(0℃, 1기압에서 1 l 의 무게는 0.0899g), 확산 속도가 빠르다.

  ㉣ 폭발성이 강한 가연성 가스이다.

  ㉤ 고온, 고압에서는 취성이 생길 수 있다.

  ㉥ 제조법으로는 물의 전기 분해 및 코크스의 가스화법으로 제조한다.

④ 액화 석유 가스(L.P.G)

  ㉠ 공기보다 무겁다(비중 1.5).

  ㉡ 석유계 탄화 수소계 혼합물로 화염 분위가 산화되기 때문에 용접용으로는 부적합하여 절단용으로 주로 사용된다.

  ㉢ 프로판, 부탄 등 알칸 계열의 8종이 있다.

  ㉣ 상온에서는 무색, 투명하고, 약간의 냄새가 있다.

  ㉤ 발열량이 높다.

ⓑ 열의 집중성이 아세틸렌보다 떨어진다.

⑤ 도시가스

ⓐ 납땜의 열원으로 주로 사용한다.

ⓑ 수소, 메탄, 일산화탄소, 질소 등을 포함하고 있다.

⑥ 천연가스

ⓐ 유전, 습지대 등에서 분출한다.

ⓑ 주성분은 메탄(CH_4)이다.

하나 더

☞ **가스용접 시 용제를 사용하는 이유**
- 모재표면의 산화물, 불순물을 제거하기 위하여

☞ **연강용 가스용접봉의 특성 중 응력을 제거한 것**
- SR
- 응력을 제거하지 않은 것 − NSR
- GA43에서 43은 최소 인장강도를 의미함.

Wrap UP

✔ **지연성 가스**
- O_2, 공기

✔ **가연성 가스**

1. 아세틸렌	2. 수소	3. L.P.G
4. 도시가스	5. 천연가스	

✔ **가스의 발열량(C의 함량이 많을수록 발열량이 높다)**
1. 아세틸렌(C_2H_2) : 12,753kcal/cm^2
2. 에탄(C_2H_6) : 14,515kcal/cm^2
3. 프로판(C_3H_8) : 20,550kcal/cm^2
4. 부탄(C_4H_{10}) : 26,691kcal/cm^2

✔ **산소와 혼합 시 불꽃의 최고 온도**
1. 아세틸렌(C_2H_2) : 3,430℃
2. 수소(H_2) : 2,900℃
3. 프로판(C_3H_8) : 2,820℃
4. 메탄(CH_4) : 2,700℃

✔ **용기도색**
- 아세틸렌 − 황색
- 산소 − 녹색
- 아르곤 − 회색
- 수소 − 주황색
- 질소 − 회색

✔ **Ar가스의 충전압**
- 회색용기로 140kgf/cm2

☑ **수소의 성질**

- 0℃, 1기압에서 1ℓ의 무게를 가지며, 확산속도가 빠르다.
- 무미, 무취하며, 불꽃이 육안 확인이 어렵다(청색).
- 납땜, 수중 절단용으로 사용한다.
- 비드 밑 균열의 원인이다.
- 기공 원인이 된다.
- 고온, 고압에서 취성의 원인이다.
- 머리카락 모양처럼 생기는 헤어크랙 원인이다.
- 물고기 눈처럼 빛나는 은점의 원인이다.
- 제조법은 물의 전기분해법, 코크스의 가스화법이 있다.

3 아세틸렌 발생기

(1) 카바이드(CaC_2)

① 산화 칼슘(생석회)에 코크스를 가하여 만든다.

② 비중이 2.2이다.

③ 무색이나 제조 과정에서 불순물 함유로 회흑색을 띤다.

④ 물과 반응하여 아세틸렌을 만든다.

⑤ 카바이드 1kg를 물과 작용할 때 475kcal의 열과 348l의 아세틸렌이 발생한다.

(2) 카바이드를 취급할 때 주의사항

① 발생기 밖에서 물이나 습기에 노출되어서는 안 된다.

② 저장하는 통 가까이 빛이나 인화 가능한 어떤 것도 엄금한다.

③ 카바이드를 옮길 때는 모넬 메탈이나 목재 공구를 사용한다.

④ 아세틸렌의 제조 방법

ㄱ 투입식(물 속에 카바이드를 투입하여 가스 발생)

- 발생 가스 온도가 낮다.
- 불순물 발생이 적다.
- 대량 생산에 적당하다.
- 청소 및 취급이 용이하다.
- 물의 사용량이 많다.
- 설치 면적이 많이 든다.
- 카바이드 덩어리의 크기가 일정해야 한다.

ⓒ 주수식(카바이드에 소량에 물을 공급하여 가스 발생)
　　　　• 물의 소비가 적다.
　　　　• 취급이 간단하고 안전도가 높다.
　　　　• 반응열이 높고 불순물이 많다.
　　　　• 청소가 불편하다.
　　　　• 지연 가스 발생의 우려가 있다.
　　　ⓒ 침지식(카바이드를 기종의 주머니에 넣고 필요할 때만 물에 접촉하여 가스 발생)
　　　　• 구조가 간단하다.
　　　　• 취급이 용이하다.
　　　　• 이동용에 적합하다.
　　　　• 지연 가스 발생이 쉽다.
　　　　• 온도 상승이 크다.
　　　　• 불순 가스 발생이 많고 폭발 위험이 많다.

⑤ **취급상 주의사항**
　　　㉠ 빙결되었을 때 온수나 증기를 사용하여 녹인다.
　　　㉡ 충격, 타격, 진동이 없어야 한다.
　　　㉢ 화기가 가까이 있으면 안 된다.
　　　㉣ 발생기 물의 온도는 60℃ 이하로 한다.
　　　㉤ 카바이드 교환은 옥외에서 작업하며, 검사는 비눗물을 사용하여 검사한다.
　　　㉥ 발생기의 운반 및 보관 사용하지 않을 때 기종 내의 가스 및 카바이드를 제거한다.

⑥ **압력에 따라 분류**
　　　저압식($0.07kg/cm^2$ 이하), 중압식($0.07{\sim}1.3kg/cm^2$), 고압식($1.3kg/cm^2$ 이상)으로 분류된다.

　　✔ **아세틸렌 발생기의 압력에 따른 분류**
　　　1. 저압식 : $0.07kg/cm^2$ 이하
　　　2. 중압식 : $0.07{\sim}1.3kg/cm^2$
　　　3. 고압식 : $1.3kg/cm^2$ 이상

4 아세틸렌의 폭발성

변 수	조 건
온도	• 406~408℃ : 자연발화 • 505~515℃ : 폭발위험 • 780℃ : 자연폭발
압력	• 1.3기합 이하에서 사용 • 1.5기압 : 충격, 가열 등의 자극으로 폭발 • 2기압 : 자연폭발
외력	• 압력이 주어진 아세틸렌 가스에 충격, 마찰, 진동 등에 의하여 폭발의 위험성이 있다.
혼합 가스	• 공기 또는 산소가 혼합한 경우 불꽃 또는 불티 등으로 착화, 폭발의 위험성 이 있다 (아세틸렌 15%, 산소 85%에서 가장 위험하다.) • 인화수소를 포함한 경우 : 0.002% 이상 폭발성, 0.06% 이상 자연 폭발
화합물 영향	• 구리, 구리합금(구리 62%이상), 은, 수은, 습기, 녹, 암모니아
건조 상태	• 120℃에서 맹렬한 폭발성

5 용해 아세틸렌

(1) 용해 아세틸렌의 특징

① 아세톤 1 l 에 324 l 의 아세틸렌이 용해된다.

② 용해 아세틸렌 1kg를 기화시키면 905 l 의 아세틸렌 가스가 발생한다.

③ 압력이 높아 역화에 위험이 적다.

④ 저장, 운반이 간단하다.

⑤ 순도를 높일 수 있으며, 가스 압력을 일정하게 할 수 있다.

⑥ 낮은 온도에서도 작업이 가능하다.

⑦ 아세틸렌 15%, 산소 85%에서 가장 위험하다.

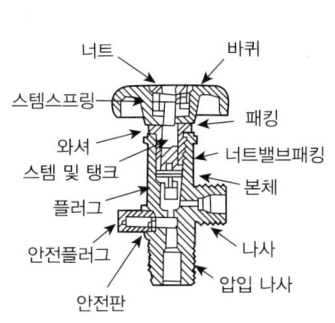

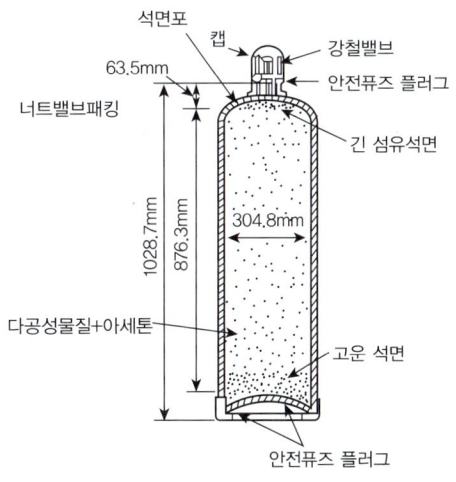

(2) 용해 아세틸렌 용기

① 내용적 15 *l*, 30 *l*, 50 *l* 의 3종이 있다.

② 15℃, 15기압으로 충전한다.

③ 폭발 방지를 위해 105℃±5℃에서 녹는 퓨즈가 2개 있다.

④ 규조토, 목탄, 석면의 다공성 물질에 아세톤이 흡수되어 있다.

⑤ 용기 색은 황색으로 되어 있다.

(3) 용기 안의 아세틸렌 양

① C = 905 (A - B)

(C : 아세틸렌 가스 양, A : 병 전체의 무게, B : 빈 병의 무게)

(4) 호스(도관)

① 도관의 색은 적색을 사용한다.

② 10kg/cm^2 의 내압 시험에 합격하여야 한다.

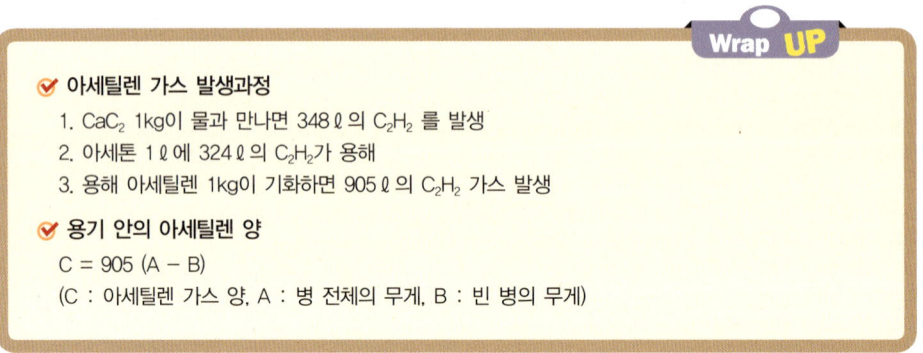

Wrap UP

✔ **아세틸렌 가스 발생과정**

1. CaC$_2$ 1kg이 물과 만나면 348ℓ의 C$_2$H$_2$ 를 발생
2. 아세톤 1ℓ에 324ℓ의 C$_2$H$_2$가 용해
3. 용해 아세틸렌 1kg이 기화하면 905ℓ의 C$_2$H$_2$ 가스 발생

✔ **용기 안의 아세틸렌 양**

C = 905 (A - B)

(C : 아세틸렌 가스 양, A : 병 전체의 무게, B : 빈 병의 무게)

6 산소 용기와 호스

(1) 산소 용기

① 최고 충전 압력(FP)은 보통 35℃에서 150기압으로 한다.

② 용기의 내압 시험 압력(TP)는 최고 충전 압력의 5/3로 한다.

③ 산소 용기는 보통 5000 *l*, 6000 *l*,

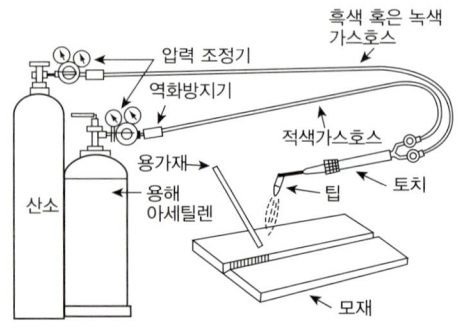

7000 l 의 3종류가 있다.

④ 용기의 색은 녹색이다.

(2) 산소 용기를 취급할 때 주의점

① 타격, 충격을 주지 말 것

② 직사광선, 화기가 있는 고온의 장소를 피할 것

③ 용기 내의 압력이 너무 상승(170기압)되지 않도록 할 것

④ 밸브가 동결되었을 때 더운 물 또는 증기를 사용하여 녹일 것

⑤ 누설 검사는 비눗물로 할 것

⑥ 용기 내의 온도는 항상 40℃ 이하로 유지할 것

⑦ 용기 및 밸브 조정기 등에 기름이 부착되지 않도록 할 것

⑧ 다른 가연성 가스와 함께 보관하지 말 것

□	봄베 제작자의 명칭
O₂	충전 가스
△	용기 제조자의 용기 번호 및 제조 번호
V 40.6	내용적 l (실측)
W 65.4	봄베 중량(kg)
D 82000	내압 시험 연월일
TP 250	봄베의 내압 시험 압력 (kgf/cm²)
FP 150	최고 충전 압력(kgf/cm²)

〈산소 용기의 표시〉

(3) 용접용 호스

① 사용 압력에 충분히 견딜 것

② 도관의 크기 6.3mm, 7.9mm, 9.5mm의 3종이 있음.

③ 길이는 5m 정도로 할 것

④ 길이는 필요 이상으로 길게 하지 말 것

⑤ 충격이나 압력을 주지 말 것

⑥ 호스 내부의 청소는 압축 공기를 사용할 것

⑦ 빙결된 호스는 더운 물로 사용하여 녹일 것

⑧ 가스 누설 결과는 비눗물로 할 것

⑨ 도관의 색은 녹색 또는 검정색을 사용할 것

⑩ 90kgf/cm² 의 내압 시험에 합격할 것

⑪ 호스의 연결은 고압 죔용 밴드를 사용할 것

(4) 산소의 총 가스량 및 사용 시간 계산

① 산소 용기의 총 가스량 = 내용적 × 기압

② 사용할 수 있는 시간 = 산소용기의 총 가스량 ÷ 시간당 소비량

> **하나 더**
>
> ☞ 산소의 내용적 40.7ℓ, 100kgf/cm² 로 충전, 프랑스식 팁 100번 사용 시 표준불꽃을 몇 시간
> 사용이 가능한가?
> • (40.7×100) / 100 = 40.7시간

7 가스 불꽃의 종류

(1) 불꽃의 구성

① 백심(불꽃심), 속불꽃, 겉불꽃으로 구성되어 있다.

② 온도가 가장 강한 부분이 속불꽃으로 3200~3500℃

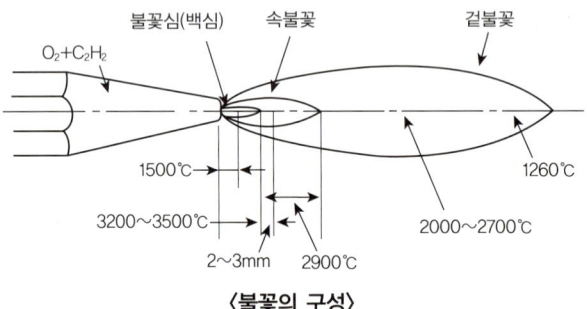

〈불꽃의 구성〉

(2) 불꽃의 종류

종류	혼합비	용도
중성불꽃	1~1.2 : 1	연강, 반영강, 주철, 구리, 아연, 납, 은, 알루미늄, 니켈, 주강 등에 사용
산화불꽃	산소과잉 불꽃	구리, 황동, 아연 등은 고온의 열이 가해지면 기화하기 때문에 이 불꽃을 사용할 때 금속 표면에 산화물이 생겨 기화를 방지함.
탄화불꽃	아세틸렌 과잉불꽃	탄화불꽃은 산화 작용이 일어나지 않기 때문에 산화를 방지할 필요가 있는 스테인리스강, 스텔라이트, 모넬메탈 등에 사용

하나 더

☞ **중성불꽃 혼합비는 산소 : 아세틸렌**이며, 이론적으로는 2.5 : 1로, 1.5는 공기 중에서 얻는다.

☞ **산소-아세틸렌가스 불꽃 중 온도가 가장 높은 것**
  • 산화불꽃

☞ **가스용접 시 산소와 프로판의 가스 혼합비**
  • 4.5 : 1

8 역류, 역화 및 인화

① 산소가 아세틸렌 도관쪽으로 흘러 들어가는 현상이 역류이다.
② 불꽃이 팁 끝에서 순간적으로 폭음을 내며 들어갔다가 꺼지는 현상이 역화이다.
③ 불꽃이 혼합실까지 들어가는 현상이 인화이다.
④ 특히, 역류 및 인화가 되었을 때는 위험하다. 역화가 일어날 때는 토치를 식혀준 뒤 작업을 하여야 한다.

종류	원인	방지법
역류	• 산소 압력 과다 • C_2H_2 공급량 부족	• 팁을 깨끗이 청소한다. • 산소를 차단시킨다. • 아세틸렌을 차단시킨다. • 안전기와 발생기를 차단시킨다.
역화	• 팁 끝의 과열 • 가스 압력 부적당 • 팁의 조임 불량	• 용접 팁을 물에 담가 식힌다. • 아세틸렌을 차단한다. • 토치의 기능을 점검한다.
인화	• 가스 압력 부적당 • 팁 끝이 막힘	• 팁을 깨끗이 청소한다. • 가스 유량을 적당하게 조정한다. • 토치 및 각 기구를 점검한다. • 호스의 비틀림이 없게 한다. • 우선 아세틸렌을 차단한 후 산소를 차단한다.

9 가스용접용 재료 및 용제

(1) 가스용접봉

① 연강용, 주철용, 비철 금속 재료용 등이 있다.
② NSR(용접된 그대로), SR(응력 제거 풀림 625±25℃)이 있다.
③ 지름은 1.6, 2.0, 2.6, 3.2, 4.0, 5.0, 7.0이 있으며 길이는 모두 1,000mm이다.
④ 용접봉 지름과 판 두께와의 관계

$$D = \frac{T}{2} + 1 \quad (D : 지름, \, T : 판\ 두께)$$

⑤ 가스용접봉의 종류

- GA46 : 적색
- GA43 : 청색
- GA35 : 황색
- GB46 : 백색
- GB43 : 흑색
- GB35 : 자색
- GB32 : 녹색

(2) 용제

① 모재 표면이 불순물과 산화물의 제거로 양호한 용접이 되도록 도와준다.

② 종류

용접 금속	용제의 종류
연강	사용하지 않음
고탄소강, 주철, 특수강	탄산수소나트륨, 탄산나트륨, 황혈염, 붕사, 붕산 등
구리, 구리 합금	붕사, 붕산, 플루오르 나트륨, 규산나트륨, 인산화물 등
알루미늄	염화나트륨, 염화칼슘, 염화리튬, 플루오르화칼륨, 황산칼륨 등

하나 더

☞ 연강은 경우에 따라 충분한 용제 작용을 돕기 위해 규산나트륨, 붕사, 붕산을 사용할 때가 있다.

✔ **표준불꽃의 구성요소**

1. 백심(불꽃심) : 환원성 불꽃
2. 속불꽃 : 고열부분, 용접불꽃(3200~3500℃)
3. 겉불꽃 : 산소와 결합, 완전연소

✔ **산소와 아세틸렌 불꽃의 종류**

1. 중성불꽃 : 표준불꽃
2. 산화불꽃 : 산화성 불꽃, 산소과잉 불꽃, 바깥불꽃으로만 형성
 → 구리, 황동, 아연 등 용접
3. 탄화불꽃 : 아세틸렌 과잉불꽃, 환원성 불꽃으로, 산소부족 시 발생
 → 산화방지가 필요한 스테인리스강, 스텔라이트, 모넬메탈용

✔ **불꽃조절**

- 아세틸렌의 압력은 산소의 압력의 1/10 정도로 $0.1 \sim 0.4 \text{kgf/cm}^2$로 조절
- 산소의 압력은 $3 \sim 4 \text{kgf/cm}^2$로 조절한다.
- 아세틸렌을 먼저 열고 점화 후 산소를 조절

✔ **가스용접에서의 용제의 종류**

1. 연강
2. 고탄소강, 주철, 특수강
3. 구리 및 구리합금
4. 알루미늄

✔ **가스용접봉의 두께**

$$D = \frac{T}{2} + 1$$

✔ **용제의 종류**

1. 연강 : 사용하지 않는다.
2. 구리용 : 붕사, 붕산, 염화나트륨, 염화리튬, 플루오르화나트륨
3. Aℓ용 : 염화칼륨, 염화나트륨, 황산칼륨
4. 연납용 : 염산, 염화아연, 염화암모늄, 송진, 수지
5. 경납용 : 붕사, 붕산, 염화리튬, 빙정석, 산화제1동
6. 주철용 : 중탄산나트륨, 탄산나트륨, 붕사

🔟 토치 및 팁

(1) 구조

밸브, 혼합실, 손잡이로 이루어져 있다.

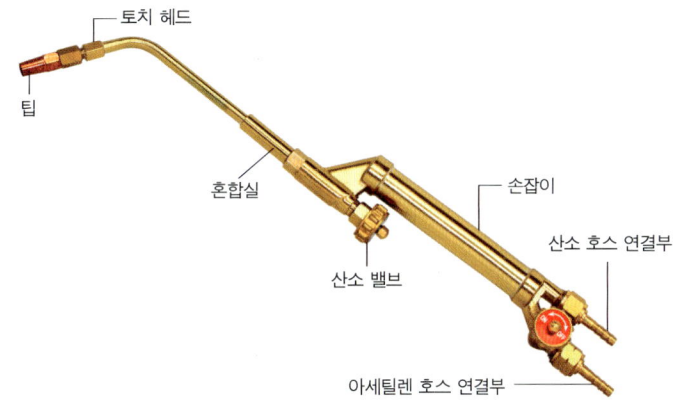

〈가스 용접 토치의 구조〉

(2) 분류

① 압력에 따른 분류 : 저압식(0.07kg/cm^2 이하), 중압식($0.07\text{kg/cm}^2 \sim 0.4\text{kg/cm}^2$), 고압식($0.4\text{kg/cm}^2$ 이상)이 있다.

② 크기에 따른 분류 : 소·중·대형으로 분류되며 각각의 크기는 300~350mm, 400~450mm, 500mm 이상이다.

(3) 토치의 종류

토치의 종류	특징	크기
A형 (불변압식) 독일형	니들 밸브가 없다. 종류 : A1호, A2호, A3호	용접할 수 있는 강판의 두께
B형 (가변압식) 프랑스형	니들 밸브가 있어 불꽃 조절 용이하다.	1시간당 소비되는 아세틸렌 소비량

① 독일식 : 1번 두께 1mm, 2번 두께 2mm로 표시

② 프랑스식 100번 : 아세틸렌 가스 소비량 100 l

③ 독일식 1번은 프랑스식 100번과 같다고 생각하면 된다.

④ KS 규격 : A형(A1, A2, A3), B형(B0, B1, B2)

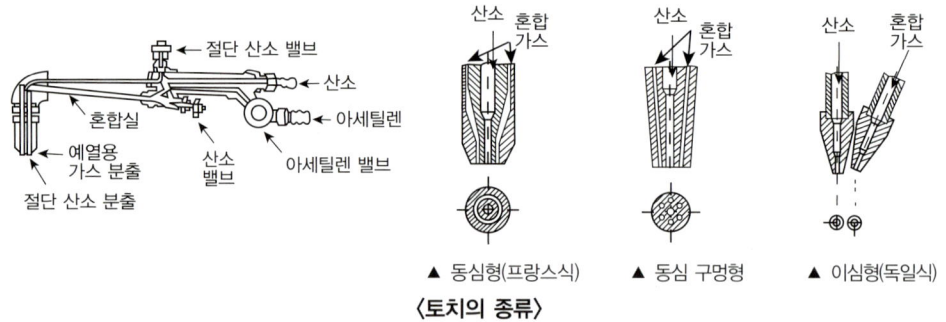

〈토치의 종류〉

(4) 토치의 구비 조건 및 취급 요령

① 안정성이 높을 것

② 역화가 없을 것

③ 기름 또는 그리스 토치에 바르지 말 것

④ 팁의 청소는 팁 클리너를 사용할 것

⑤ 팁을 교환 시는 밸브를 반드시 잠글 것

Wrap UP

☑ 토치의 압력에 따른 분류

1. 저압식 : 0.07kg/cm² 이하
2. 중압식 : 0.07~0.4kg/cm²
3. 고압식 : 0.4kg/cm² 이상

☑ C₂H₂ 발생기의 분류

• 중압식은 0.07~1.3kg/cm²

11 부속장치

(1) 안전기

① 가스의 역류, 역화로 인한 위험을 방지할 수 있는 구조로 되어 있을 것
② 빙결이 되어 있을 때는 온수나 증기를 사용하여 녹일 것
③ 유효 수주는 25mm 이상을 유지할 것
④ 종류는 수봉식과 스프링 식이 있음.

(2) 청정기

카바이드에 발생한 아세틸렌 가스에 불순물로 인한 용착 금속의 성질의 악화 및 기기의 부식, 불꽃 온도 저하, 역류, 역화, 폭발 위험이 있으므로 불순물을 제거해야 한다.
① 물리적 방법 : 수세법, 여과법
② 화학적 방법 : 헤라톨, 카타리졸, 아카린, 프랑크린
③ 청정색의 변색 : 황갈색 → 청색, 회색

(3) 압력 조정기

① 비눗물로 점검
② 작동 순서 : 부르동관 → 켈리브레이팅 링크 → 섹터 기어 → 피니언 → 눈금관
③ 종류
㉠ 프랑스식(스텝형) : 매우 예민한 작동　　㉡ 독일식(노즐형) : 고장이 적음.

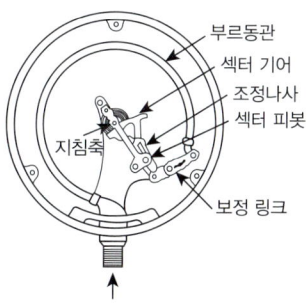

부르동관
섹터 기어
조정나사
섹터 피봇
지침축
보정 링크

Wrap UP

✔ **가스용접 장치의 부속 장치**
1. 안전기　　　2. 청정기　　　3. 압력 조정기

✔ **청정기의 종류**
1. 물리적 방법 : 수세법, 여과법
2. 화학적 방법 : 헤라톨, 카타리졸, 아카린, 플랑크린

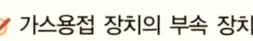

12 보호구 및 공구

(1) 보안경

가스용접을 할 때 차광도 번호의 시작은 일반적으로 4~5번(3.2mm)이며, 12.7mm 이상은 6~8번을 사용한다.

(2) 보호구 및 공구

보호복, 토치 라이터, 팁 클리너, 용접 지그, 집게, 와이어 브러시 등이 있다.

▲ 슬래그 해머와 와이어 브러시   ▲ 용접용 기타 공구   ▲ 전류계

13 산소-아세틸렌 용접 작업

(1) 전진법(좌진법)

① 용접봉이 토치보다 앞서 나가는 것을 생각하면 된다.
② 오른쪽 → 왼쪽으로 진행한다.

(2) 후진법(우진법)

① 용접봉이 토치 뒤에 있는 것을 생각하면 된다.
② 왼쪽 → 오른쪽으로 진행한다.

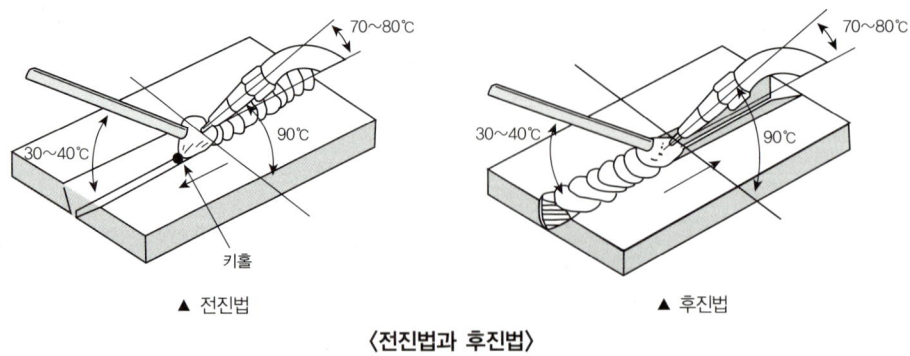

▲ 전진법   ▲ 후진법

〈전진법과 후진법〉

(3) 전진법과 후진법 비교

비교 내용	후진법	전진법
열 이용률	좋다	나쁘다
용접속도	빠르다	느리다
홈 각도	60°	80°
변형	적다	크다
산화성	적다	크다
비드 모양	나쁘다	좋다
용도	후판	박판

하나 더

☞ 전진법은 비드 모양만 좋고 모든 것은 후진법에 비해 나쁘다고 생각하면 된다.

14 절단

(1) 일반적인 특징

① 온도가 높다.
② 산소 절단보다 비용이 크게 저렴하다.
③ 절단면이 곱지 못하다.
④ 용도 : 주철, 망간강, 비철 금속 등에 적용할 수 있다.

(2) 절단의 종류

① 가스 절단
　ㄱ 주로 강 또는 저합금강의 절단에 널리 이용됨
　ㄴ 산소-아세틸렌 불꽃으로 약 850~900℃ 정도로 예열하고, 고압의 산소를 분출시켜 철의 연소 및 산화로 절단한다.
　ㄷ 주철, 비철금속, 스테인리스강과 같은 고합금강은 절단이 곤란하다.
　ㄹ 절단에 영향을 주는 요소
　　• 팁의 모양 및 크기　　• 산소의 순도와 압력
　　• 절단 속도　　• 예열 불꽃의 세기
　　• 팁의 거리 및 각도　　• 사용 가스
　　• 절단재의 재질 및 두께 및 표면 상태

ⓜ 합금 원소가 절단에 미치는 영향

- 탄소(0.25% 이하의 강은 절단이 가능하나 4% 이상의 것은 분말 절단을 해야 한다)
- 고규소, 고망간 등은 절단이 곤란하다. 하지만 망간의 경우는 예열을 하면 절단이 가능하다.
- 탄소량이 적은 니켈강은 절단이 용이하다.
- 크롬 5% 이하는 절단이 용이하지만 10% 이상은 분말 절단을 한다.
- 순수한 몰리브덴은 절단이 곤란하다.
- 텅스텐은 20% 이상은 절단이 곤란하다.
- 구리 2%까지는 영향을 받지 않는다.
- 알루미늄 10% 이상은 절단이 곤란하다.

ⓗ 산소 절단법

- 산소와 아세틸렌의 혼합비가 1.4 ~ 1.7 : 1일 때 불꽃의 온도가 가장 높다.
- 절단 속도는 산소의 순도 및 압력, 팁의 모양, 모재의 온도 등에 따라 영향을 받으며, 고속 분출을 얻기 위해서는 다이버전트 노즐을 사용한다.
- 드래그의 길이는 판 두께의 즉, 20%가 좋다.
- 팁 끝과 강판의 거리는 1.5~2mm 정도로 한다.
- 사용가스 비교

아세틸렌	프로판
• 혼합비 1 : 1 • 점화 및 불꽃 조절이 쉽다. • 예열 시간이 짧다. • 표면의 녹 및 이물질 등에 영향을 덜 받는다. • 박판의 경우 절단 속도가 빠르다.	• 혼합비 1 : 4.5 • 절단면이 곱고 슬래그가 잘 떨어진다. • 중첩 절단 및 후판에서 속도가 빠르다. • 분출 공이 크고 많다. • 산소 소비량이 많아 전체적인 경비는 비슷하다.

하나 더

👉 **다이버전트 노즐**
- 보통 팁의 20~25% 절단속도를 증가시켜 준다.

② 아크 절단

ⓐ 개요

- 전극과 모재 사이에 아크를 발생시켜 그 열로 모재를 용융 절단
- 압축 공기, 산소 기류 함께 쓰면 능률적임.
- 정밀도는 가스 절단보다 떨어지나 가스 절단이 곤란한 재료에 사용이 가능

ⓑ 탄소 아크 절단

- 탄소(많이 사용하나 소모성이 크다), 흑연(전기적 저항이 적고 높은 사용 전류에 적합) 전극봉과 금속 사이에 아크를 발생하여 절단
- 사용 전원은 직류 정극성이 바람직하지만 때로는 교류도 사용 가능

ⓒ 금속 아크 절단
- 보통은 용접봉에 값이 비싸 잘 쓰이지 않고 있으나, 토치나 탄소 용접봉이 없을 때 쓰임. 탄소 전극봉 대신에 특수 피복제를 입한 전극봉을 써서 절단
- 사용 전원은 직류 정극성이 바람직하지만 교류도 사용 가능

ⓔ 산소 아크 절단
- 사용 전원은 직류 정극성이 널리 쓰임, 때로는 교류도 사용
- 중공의 피복강 전극으로 아크를 발생(예열원)시키고 그 중심부에서 산소를 분출시켜 절단하는 방법으로 절단 속도가 큼. 하지만 절단면이 고르지 못한 단점도 있음.

ⓜ 플라즈마 제트 절단(PAW)
- 무부하 전압이 높은 직류 정극성 이용
- 플라즈마 10000℃ 이상을 이용하여 절단
- 아르곤 + 수소(질소 + 수소)가스 이용하여 아르곤만 사용할 때보다 속도를 증가시킬 수 있음.
- 특수 금속, 비금속, 내화물도 절단이 가능
- 아크방전에 있어 양극 사이에 강한 빛을 발하는 부분을 열원으로 하여 절단
- 비금속 절단가능 → 열적 핀치 효과, 자기적 핀치효과
- 절단면이 슬래그가 부착되지 않고 열 영향부가 적어 변형이 거의 없음.

하나 더

☞ **플라즈마 아크용접에서 용접이 곤란한 것**
- 텅스텐과 백금

☞ **스테인레스강에 사용되는 플라즈마 절단작동 가스로 적당한 것**
- 질소 + 수소

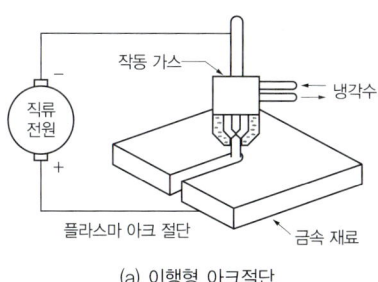

(a) 이행형 아크절단

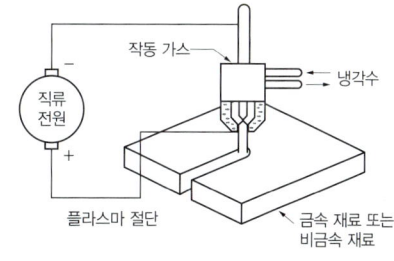

(b) 비이행형 아크절단

ⓑ 티그 및 미그 절단

- 티그 절단은 열적 핀치 효과에 의한 플라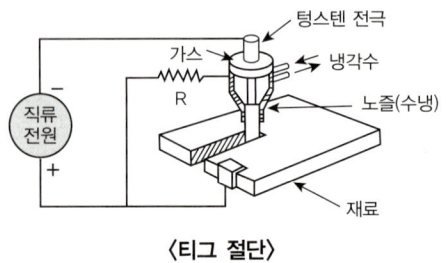
  즈마로 전달하는 방법으로 전원으로는
  직류 정극성이 사용됨. 주로 알루미늄,
  구리 및 구리 합금, 스테인리스강과 같
  은 금속 재료에 절단에만 사용하며 가스
  로는 아르곤과 수소 혼합 가스가 사용

  〈티그 절단〉

- 미그 절단은 금속 전극에 대전류를 흘려 절단하는 것으로, 전원으로는 직류 역극성
  이 사용됨. 보호 가스는 산소를 혼합한 아르곤 가스를 쓰는 것이 효과적임. 알루미
  늄과 같이 산화에 강한 금속 절단에 사용됨.

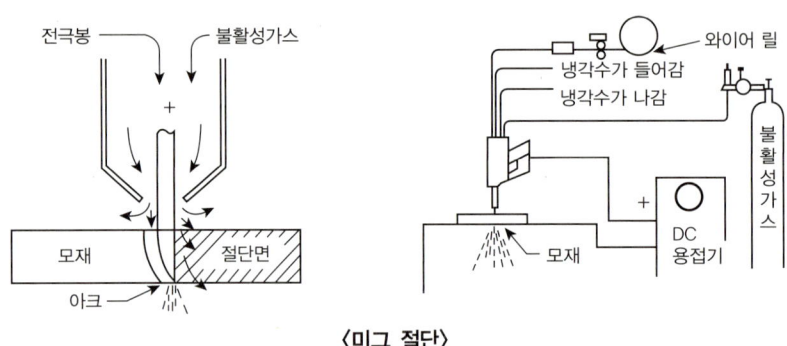

〈미그 절단〉

하나 더

☞ TiG 절단 시 사용가스
- Ar + H$_2$

ⓢ 아크 에어 가우징
- 탄소 아크 절단에 압축 공기를 병용하여 결함을 제거한다(흑연으로 된 탄소봉에
  구리 도금을 한 전극 사용).
- 균열의 발견이 특히 쉽고 소음이 없다.
- 가스 가우징에 작업 능률이 2~3배로 높아 경제적이다.
- 사용 압력이 6~7kg/cm^2 으로 철, 비금속이 모두 절단된다.
- 직류 역극성이 사용된다(전압 35~45V, 전류 200~500A).

③ 분말 절단
ⓐ 철분 및 플럭스 분말을 자동적으로 산소에 혼입 공급하여 산화열 혹은 용제작용
  을 이용하여 절단하는 방법으로 2종류가 있다.
ⓑ 철분 절단은 크롬 철, 스테인리스강, 주철, 구리, 청동에 이용된다. 오스테나이트

계는 사용하지 않는다.

ⓒ 분말 절단은 크롬 철, 스테인리스강
이 쓰인다.

ⓔ 철, 비철 금속 및 콘크리트 절단에
도 쓰인다.

④ **기타 가스 절단의 종류**

㉠ 수중 절단(40m까지 가능)

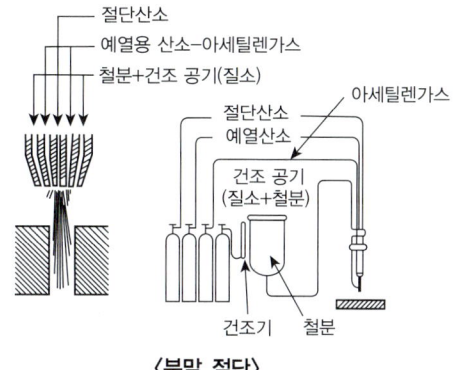

〈분말 절단〉

• 주로 침몰선의 해체, 교량 건설 등
에 사용된다.

• 예열용 가스로는 아세틸렌(폭발에 위험), 수소(수심에 관계없이 사용이 가능하
나 예열 온도가 낮다), 프로판가스(LPG), 벤젠이 사용된다.

• 예열 불꽃은 육지보다 크게 절단 속도는 느리게 한다.

㉡ 산소창 절단

• 토치 대신 내경이 3.2~6mm, 길이 1.5~3m
의 강관을 통하여 절단 산소를 내보내고 이
강관의 연소하는 발생 열에 의해 절단한다.

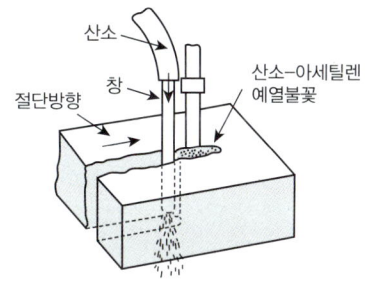

• 아세틸렌 가스가 필요 없으며 강괴 후판의
절단 및 암석 천공 등에 쓰인다.

㉢ 가스 가우징

• 용접 뒷면 따내기, 금속 표면의 흠 가공을 하기 위하여 깊은 흠을 파내는 가공법
으로 흠의 폭과 깊이의 비는 1 : 1~3 정도가 좋다.

• 가스용접에 절단용 장치를 이용할 수 있다. 단지 팁은 비교적 저압으로서 대용
량의 산소를 방출할 수 있도록 슬로 다이버전트를 사용한다.

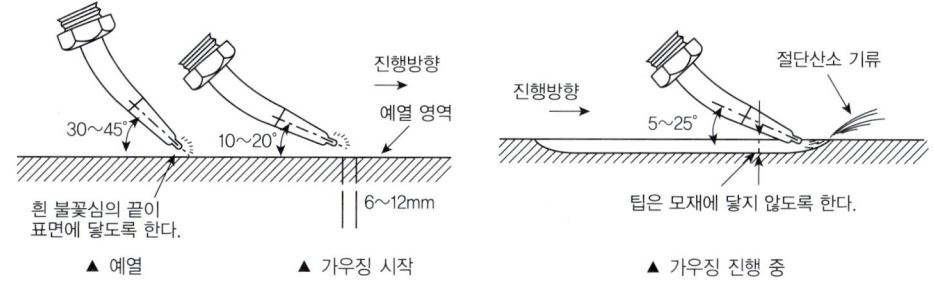

▲ 예열   ▲ 가우징 시작   ▲ 가우징 진행 중

ㄹ 스카핑
- 강제 표면의 탈탄 층 또는 흠을 제거하기 위해 사용한다.
- 가우징과 달리 표면을 얇고 넓게 깎는 것이다.

 하나 더

👉 **스카핑의 속도**
- 냉간재 : 5~7m/min
- 열간재 : 20m/min

⑤ **가스 절단 장치**
ㄱ 가스용접과 모든 장치가 똑같다.
ㄴ 팁의 모양
- 동심형(프랑스식)
- 이심형(독일식)

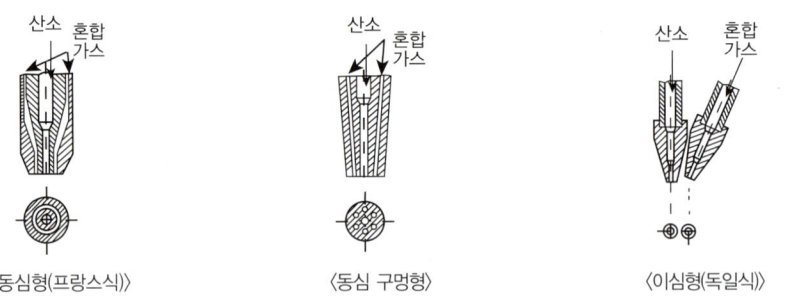

〈동심형(프랑스식)〉　　　〈동심 구멍형〉　　　〈이심형(독일식)〉

ㄷ 자동 절단기가 있어 곧고 긴 직선 절단 등에 사용된다.
ㄹ 형 절단기는 트레이스 형식에 따라 수동식, 기계식, 전 자석식, 광 전관식을 사용하고 있다.

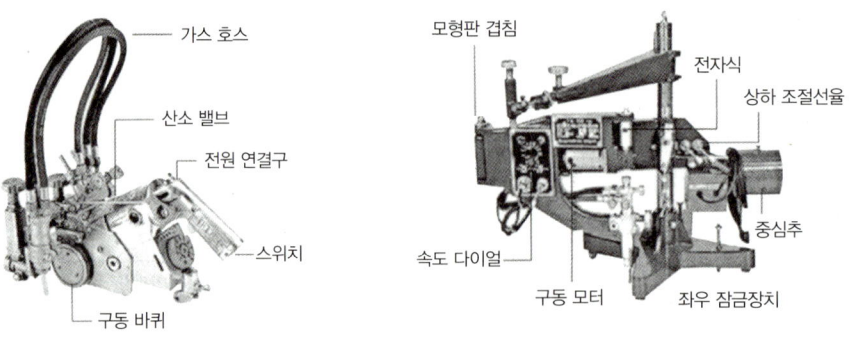

▲ 소형 자동 가스 절단기　　　▲ 대형 자동 가스 절단기

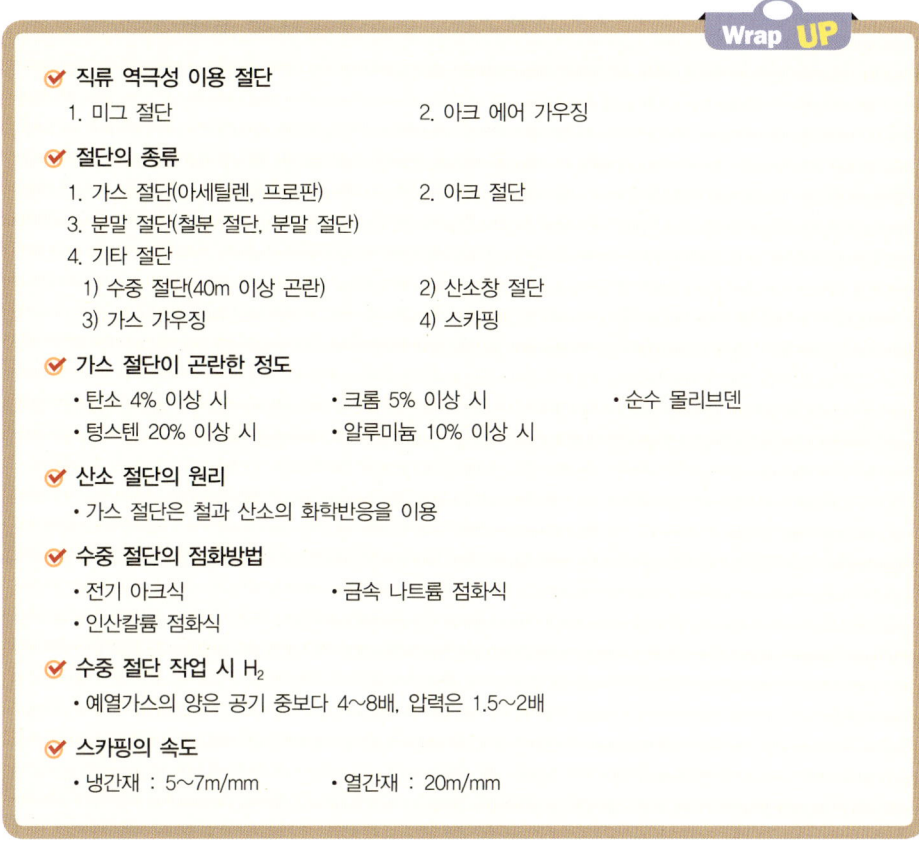

Wrap UP

☑ **직류 역극성 이용 절단**

1. 미그 절단　　　　　　　　2. 아크 에어 가우징

☑ **절단의 종류**

1. 가스 절단(아세틸렌, 프로판)　　2. 아크 절단
3. 분말 절단(철분 절단, 분말 절단)
4. 기타 절단
　1) 수중 절단(40m 이상 곤란)　2) 산소창 절단
　3) 가스 가우징　　　　　　4) 스카핑

☑ **가스 절단이 곤란한 정도**

- 탄소 4% 이상 시　　　- 크롬 5% 이상 시　　　- 순수 몰리브덴
- 텅스텐 20% 이상 시　　- 알루미늄 10% 이상 시

☑ **산소 절단의 원리**

- 가스 절단은 철과 산소의 화학반응을 이용

☑ **수중 절단의 점화방법**

- 전기 아크식　　　　　- 금속 나트륨 점화식
- 인산칼륨 점화식

☑ **수중 절단 작업 시 H_2**

- 예열가스의 양은 공기 중보다 4~8배, 압력은 1.5~2배

☑ **스카핑의 속도**

- 냉간재 : 5~7m/mm　　- 열간재 : 20m/mm

15 납땜법

(1) 납땜의 원리

접합하고자 하는 금속을 용융시키지 않고 이들 두 금속 사이에 용융점이 낮은 금속을 첨가하여 접합하는 방법이다. 융점이 450℃ 이하를 연납땜, 450℃ 이상을 경납땜이라 부른다.

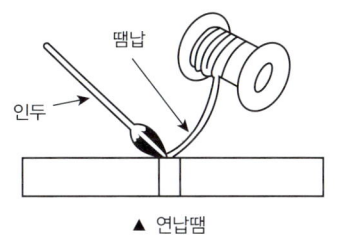

▲ 연납땜

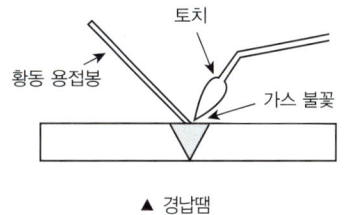

▲ 경납땜

(2) 땜납의 구비 조건

① 모재보다 용융점이 낮을 것

② 표면 장력이 작아 모재 표면에 잘 퍼질 것

③ 유동성이 좋아 틈이 잘 메워질 수 있을 것

④ 모재와 친화력이 있을 것

(3) 연납

① **주석-납**

 ㉠ 대표적 연납이다.

 ㉡ 흡착 작용은 주석의 함유량이 많아지면 커진다.

② **카드뮴-아연납**

 ㉠ 모재에 가공 경화를 주지 않고 이음 강도가 요구될 때 쓰인다.

 ㉡ 카드뮴(40%), 아연(60%)은 알루미늄 저항 납땜에 사용된다.

③ **저용점 납땜**

 ㉠ 주석-납 합금에 비스무트를 첨가한 것이 사용된다.

 ㉡ 100℃ 이하의 용융점을 가진 납땜을 의미한다.

(4) 경납

① **은납**

 ㉠ 은, 구리, 아연을 주성분으로 경우에 따라 카드뮴, 니켈, 주석 등을 첨가하여 만든다.

 ㉡ 융점이 비교적 낮고 유동성이 좋다.

 ㉢ 인장 강도, 전·연성이 우수하고 색깔이 은백색으로 미려하다.

 ㉣ 철강, 스테인리스강, 구리 및 구리합금 등에 쓰인다.

 ㉤ 가격이 고가라는 단점이 있다.

② **동납**

 ㉠ 구리 85% 이상에 납을 말한다.

 ㉡ 철강, 니켈 및 구리-니켈 합금에 쓰인다.

③ **황동납**

 ㉠ 구리와 아연을 주성분으로 한 납이다.

 ㉡ 아연의 증가에 따라 인장강도가 증가한다.

 ㉢ 철강 및 구리, 구리 합금용이다.

 ㉣ 과열로 인한 아연의 증발로 다공성의 이음이 되기 쉽다.

④ **인동납**

 ㉠ 구리를 주성분으로 소량에 은, 인을 포함한다.

 ㉡ 유동성이 좋고 전기 전도도 및 기계적 성질이 좋다.

 ㉢ 황을 함유한 고온 가스 중에서 사용은 피한다.

⑤ 알루미늄납

　㉠ 알루미늄에 구리, 규소, 아연을 첨가한 납이다.

　㉡ 작업성이 떨어진다.

⑥ 양은납

　㉠ 구리(47%) – 아연(11%) – 니켈(42%)의 합금이다.

　㉡ 니켈의 함유량이 늘어나면 융점이 높아지고 색이 변한다.

　㉢ 융점이 높고 강인하여 철강, 동, 황동, 모넬메탈 등에 사용된다.

(5) 용제

① 용제의 구비 조건

　㉠ 산화 피막 및 불순물을 제거할 수 있을 것

　㉡ 모재와 친화력이 좋고 유동성이 우수할 것

　㉢ 슬래그 제거가 용이하고, 인체에 무해할 것

　㉣ 부식 작용이 적을 것

　㉤ 용제의 유효 온도 범위와 납땜 온도가 일치할 것

② 용제의 종류

적용	종류
연납용	염화아연, 염산, 염화암모늄
경납용	붕사, 붕산, 빙정석, 산화제일동, 식염
경금속용	염화리튬, 염화나트륨, 염화칼륨, 염화아연, 플루오르화리튬

✅ **용제의 구비 조건**
1. 산화 피막 및 불순물을 제거할 수 있을 것
2. 모재와 친화력이 좋고 유동성이 우수할 것
3. 슬래그 제거가 용이하고, 인체에 무해할 것
4. 부식 작용이 적을 것
5. 용제의 유효 온도 범위와 납땜 온도가 일치할 것

✅ **연납땜의 종류**
1. 주석+납　　　　2. 카드뮴+아연납(40:60)　　　　3. 주석+납+비스무트(저융점)

✅ **용제의 종류**
1. 연강 : 사용하지 않는다.
2. 고탄소강, 주철, 특수강 : 탄산수소나트륨, 탄산나트륨, 붕사, 붕산
3. 구리 및 구리합금 : 붕사, 붕산, 플루오르화나트륨, 규산나트륨
4. 알루미늄 : 염화나트륨, 염화칼륨, 염화리튬
5. 연납용 : 염화아연, 염산, 염화암모늄
6. 경납용 : 붕사, 붕산, 빙정석, 산화제일동, 식염, 염화아연
7. 경금속용 : 염화리튬, 염화나트륨, 염화칼륨

02 특수용접의 종류와 장단점

Section 1 불활성 가스 아크 용접

(1) 개요

① 고능률적이며 전자세 용접에 적합하다.

② 피복제 또는 용제가 필요 없다(He, Ar 가스 사용).

③ 산화가 쉬운 금속의 용접에 적합하다.

④ 용착부의 제반 성질이 우수하다.

(2) 불활성 가스 텅스텐 아크 용접(TIG 용접, GTAW)

① 장점

　㉠ 용접된 부분이 더 강해진다.

　㉡ 연성, 내부식성이 증가한다.

　㉢ 플럭스가 불필요하며 비철 금속 용접이 용이하다.

　㉣ 보호 가스가 투명하여 용접사가 용접 상황을 볼 수 있다.

　㉤ 용접 스패터를 최소한으로 하여 전자세 용접이 가능하다.

　㉥ 용접부 변형이 적다.

② 단점

　㉠ 소모성 용접을 쓰는 용접 방법보다 용접 속도가 느리다.

　㉡ 텅스텐 전극이 오염될 경우 용접부가 단단하고 취성을 가질 수 있다.

　㉢ 용가재의 끝 부분이 공기에 노출되면 용접부의 금속 오염된다.

　㉣ 가격이 고가이다. 텅스텐 전극이 가격 상승을 초래, 용접기 가격도 고가이다.

　㉤ 후판에는 사용할 수 없다(3mm 이하에 박판에 사용, 주로 0.4~0.8mm에 쓰인다).

③ 특징

　㉠ 전극이 녹지 않는 비용극식, 비소모식이다.

　㉡ 헬륨-아크 용접, 아르곤 용접

　㉢ 용접 전원으로 직류, 교류가 모두 쓰인다.

ⓔ 직류 정극성(폭이 좁고 깊은 용입을 얻음) → 높은 전류, 용접봉은 정극성일 때는 끝을 뾰족하게 가공, 용입이 깊고, 비드 폭은 좁아지며, 용접 속도는 빠르다.

ⓜ 직류 역극성(폭이 넓고 얕은 용입을 얻음) → 청정 작용이 있다. 특수한 경우 Al, Mg 등의 박판 용접에만 쓰이고 있다. 용입이 얕고, 비드 폭은 넓어진다. 정극성보다 4배 정도 사이즈가 큰 용접봉을 사용한다.

하나 더

☞ 청정작용이란 아르곤 가스의 이온이 모재 표면 산화막에 충돌하여 산화막을 파괴 제거하는 작용을 말한다.

☞ He , Ar은 투명한 불꽃이 보임 → 10,000℃

ⓗ 교류를 사용할 때는 아크가 불안정하므로 고주파 약전류를 이용한다. 용입과 비드 폭은 정극성과 역극성의 중간 정도로 하며, 약간에 청정작용도 있다.

ⓢ 전극봉은 전자 방사 능력이 좋고, 낮은 전류에서도 아크 발생이 쉽고 오손 또한 적은 토륨 1~2%를 포함한 텅스텐 전극봉을 사용한다.

종류	색 구분	용 도
순 텅스텐	초록	낮은 전류를 사용하는 용접에 사용, 가격은 저가이다.
1% 토륨	노랑	전류 전도성이 우수하며, 순 텅스텐보다 가격은 다소 고가이나 수명이 길다.
2% 토륨	빨강	박판 정밀용접에 사용한다.
지로코니아	갈색	교류용접에 주로 사용한다.

◎ 토치는 공랭식과 수랭식이 있다(200A 기준).

ⓩ 실드 가스는 주로 Ar이 사용되고 있으며, He을 쓰기도 한다.

비교내용	아르곤 (Ar)	헬륨 (He)
아크 전압	낮다	높다
아크 발생	쉽다	어렵다
아크 안정	우수	불량
청정 작용	우수 (DCRP와 AC)	거의 없다
용입(모재 두께)	얕다(박판)	깊다(후판)
열 영향부	넓다	좁다
가스 소모량	적다	많다
사용 용접법	수동 용접	자동 용접

ⓒ 용융점이 낮은 금속, 즉 납, 주석 또는 주석의 합금 등의 용접에는 이용되지 않는다.

👉 **TIG 용접 시 가스가 다량일 경우**
- 난류현상
- 품질불량
- 아크 불안정

👉 **전극봉의 전극조건**
- 고용융점의 금속
- 전자방출이 잘되는 금속
- 낮은 온도에서 아크발생이 쉽고 오손이 적을 것
- 열전도성이 좋은 금속

(3) 불활성 가스 금속 아크 용접(GMAW)

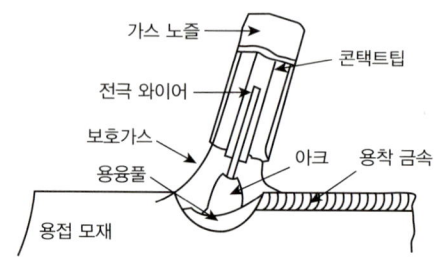

① 장점
  ㉠ 용접기 조작이 간단하여 손쉽게 용접할 수 있다.
  ㉡ 용접속도가 빠르다.
  ㉢ 슬래그이 없고 스팩터가 최소로 되기 때문에 용접 후처리가 불필요하다.
  ㉣ 용착효율이 좋다(수동 피복 아크 용접 60%, MIG는 95%).
  ㉤ 전자세 용접이 가능하며, 용입이 크며, 전류 밀도도 높다.

② 단점
  ㉠ 장비가 고가이고, 이동해서 사용하기 곤란하다.
  ㉡ 토치가 용접부에 접근하기 곤란한 경우 용접하기 어렵다.
  ㉢ 슬래그이 없기 때문에 취성이 발생할 우려가 있다.
  ㉣ 옥외에서 사용하기 힘들다.

③ 특징
  ㉠ 전극이 녹는 용극식, 소모식이다.
  ㉡ 상품명: 에어코우메틱, 시그마, 필터아크, 아르고노오트 용접법
  ㉢ 전류밀도가 티그용접의 2배, 일반용접의 4~6배로 매우 크고 용적이행은 스프레이형이다.
  ㉣ 전자세 용접이 가능하고 판 두께가 3~4mm 이상의 Al · Cu 합금, 스테인리스강, 연강용접에 이용된다.

ⓜ 아크길이는 6~8mm를 사용하며 전진법을 주로 사용한다.

ⓗ He 가스는 Ar 가스를 사용할 때보다 용입 및 속도를 증가시킬 수 있다.

ⓢ 전원은 정전압 특성을 가진 직류 역극성이 주로 사용된다.

ⓞ 토치 공랭식(200A 이하), 수랭식이 있다.

ⓩ 실드 가스 종류

종류	용도 및 특징
Ar	전류 밀도가 크고, 청정 능력이 좋다.
He	용입이 비교적 깊고, 비드 폭이 좁다. Al, Mg 같은 비철금속에 이용된다.
Ar+He(25%)	용입이 깊고, 아크 안정성이 우수하다. 후판에 사용되며 모재 두께가 두꺼울수록 헬륨의 함량을 증가시키면 된다.
Ar+CO$_2$	아크가 안정되고, 용용 금속의 이행을 빨리 촉진시켜 스패터를 줄일 수 있다. 연강, 저합금강, 스테인리스강의 용접에 이용된다.
Ar+He(90%)+CO$_2$	단락형 이행으로 주로 오스테나이트계 스테인레스강 용접에 사용된다.
Ar+O$_2$	언터컷을 방지할 수 있고, 스테인리스강 용접에 주로 사용된다.

 하나 더

☞ 번백시간

• 불활성가스 금속아크용접의 제어장치로서 크레이터 처리 기능에 의해 낮아진 전류가 서서히 줄어들면서 아크가 끊어지는 것으로 이면용접 부위가 녹아내리는 것을 방지하는 제어기능을 함.

 Wrap UP

☑ GTAW에서 Al, Mg을 용접 시 전원
  • 직류 역극성, ACHF(고주파 교류 전원), Ar 가스 이용

☑ 텅스텐의 종류
  1. 순텅스텐 – 초록(낮은 전류)   2. 1% 토륨 – 노랑(전류 전도성 우수)
  3. 2% 토륨 – 빨강(박판 정밀)   4. 지르코니아 – 갈색(교류용접)

☑ 불활성가스 금속 아크 용접의 와이어 송급방식
  1. 푸시   2. 풀   3. 푸시–풀   4. 더블푸시

☑ GTAW의 상품명
  1. 헬륨–아크용접   2. 아르곤용접

☑ GMAW의 상품명
  1. 에어코우메틱   2. 시그마   3. 필터아크   4. 아르고노오트

☑ 서브머지드 아크 용접의 상품명
  1. 유니언엘트 용접   2. 링컨 용접   3. 잠호 용접

☑ 서브머지드 용접 장치
  심선을 공급하는 장치, 전압제어장치, 접촉팁, 대차로 구성

Section 2 **서브머지드 아크 용접(잠호 용접)**

(1) 특징

서브머지드 아크용접은 용제 속에서 아크를 발생시켜 잠호 용접이라고 하며 상품명으로는 유니언멜트 용접, 링컨 용접이라고 불려지고 전원으로는 직류(400A 이하에 역극성을 모두 사용하여 박판에 사용-), 교류가 모두 사용된다.

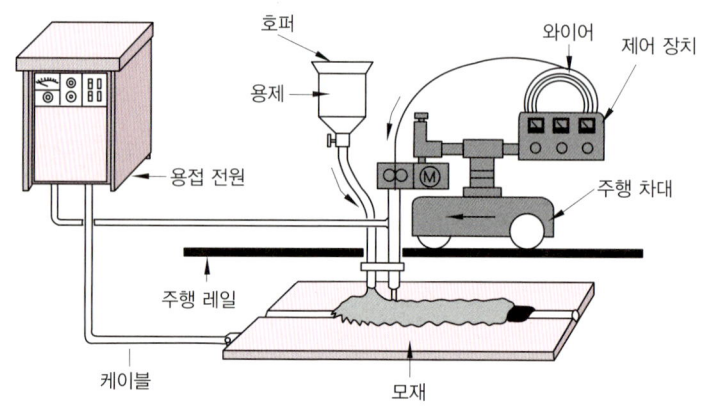

〈서브머지드 아크 용접 장치〉

① 장점
  ㉠ 용접속도가 수동 용접에 비해 10~20배, 용입은 2~3배 정도가 커서 능률적이다.
  ㉡ 용접홈의 크기가 작아도 되며 용접재료의 소비 및 용접변형이 적다.
  ㉢ 용접 조건만 일정하다면 용접공의 기술 차이에 의한 품질 격차가 거의 없어 이음의 신뢰도를 높일 수 있다.
  ㉣ 한번 용접으로 75mm까지 가능하다.

② 단점
  ㉠ 설비비가 고가이며 와이어 및 용제의 선정이 어렵다.
  ㉡ 아래보기 수평 필렛 자세에 한정한다.
  ㉢ 홈의 정밀도가 높아야 한다(루트 간격 0.8mm이하, 홈 각도 오차±5°, 루트 오차±1mm).
  ㉣ 용접부가 보이지 않아 용접부를 확인할 수 없다.
  ㉤ 시공 조건을 잘못 잡으면 제품의 불량률이 커진다.
  ㉥ 입열량이 커서 용접 금속의 결정립의 조대화로 충격값이 커진다.

③ 종류
  ㉠ 용접기 용량에 따른 분류: 전류에 따라 4000A(M형), 2000A(UE형, USW형), 1200A(DS형, SW형), 900A(UMW형, FSW형)로 나눈다.

ⓛ 전극의 종류에 따른 분류

종류	전극 배치	특징	용도
텐덤식	2개의 적극을 독립 전원에 접속	비드 폭이 족고 용입이 깊음, 용접 속도가 빠름	파이프라인의 용접에 사용
횡직렬식	2개의 용접봉 중심이 한 곳에 만나도록 배치	아크 복사열에 의해 용접 용입이 매우 얇음, 자기 불림이 생길 수가 있음	육성 용접에 주로 사용
횡병렬식	2개 이상의 용접봉을 나란히 옆으로 배열	용입은 중간 정도이며 비드 폭이 넓어짐	

하나 더

☞ **탠덤식**

• 다전극방식에 의한 용접장치의 분류 중 두 개의 전극 와이어를 독립된 전원에 접속하며 용접선에 따라 전극의 간격을 10~30mm 정도로 하여 2개의 전극 와이어를 동시에 녹게 함으로써 한꺼번에 많은 양의 용착금속을 얻을 수 있는 용접법

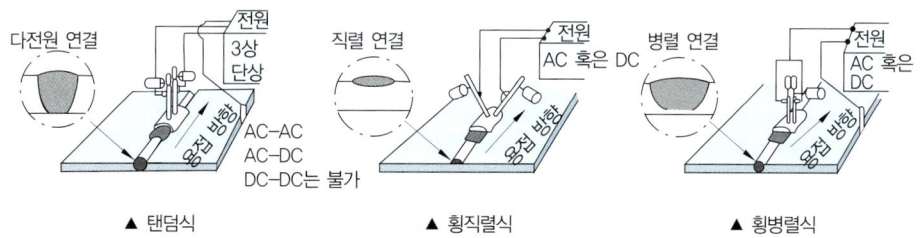

▲ 탠덤식　　　▲ 횡직렬식　　　▲ 횡병렬식

〈전극의 종류에 따른 분류〉

④ **와이어의 종류**

　㉠ 1.2~12.7mm가 있으며 보통은 2.4~7.9mm가 사용된다.

　㉡ 12.5kg(s), 25kg(M), 75kg(L), 100kg(XL)이 있다.

　㉢ 표면은 녹 방지 또는 전기적 접촉을 원활하게 하기 위해 구리 도금을 한다.

　㉣ 망간에 양에 따라 L(저망간, 0.6% 이하), M(중망간, 1.25% 이하), H(고망간, 2.25% 이하), K는 탈산작용

　㉤ 저합금강 및 고장력강에 기계적 성질을 개선하기 위해 Ni, Cr, Mo 등을 첨가한다.

⑤ **용제의 종류**

　㉠ 용제의 역할 : 아크안정, 절연작용, 용접부의 오염 방지, 합금원소 첨가, 급랭방지, 탈산정련 작용 등의 역할을 한다.

ⓛ 용제의 종류

종류	특징	기타
용융형	• 흡습성이 적어 보관이 편리하다. • 식별이 불가능하다. • 고속용접에 적합 • 용제의 화학적 균일성이 양호 • 비드 외관이 아름답다. • 용융시 분해되거나 산화되는 원소를 첨가할 수 있다.	입자가 가늘수록 고전류를 사용하며, 용입이 얕고 비드 폭이 넓은 평활한 비드를 얻을 수 있다.
소결형	• 착색이 가능하여 식별이 가능하다. • 흡습성이 강하다.	기계적 강도가 필요한 곳에 사용하며, 비드 외관이 용융형에 비해 나쁘다.
혼성형	• 용융형+소결형	

하나 더

☞ 용제 살포량이 너무 많으면 가스가 밖으로 배출되지 못해 기공 발생 우려가 있고, 너무 적으면 아크가 노출되어 용접부를 보호할 수 없어 비드가 거칠고 기공이 생길 수 있다.

(2) 용접 방법

① **전진법** : 용입 감소, 비드 폭이 증가, 비드 면이 편평
② **후진법** : 용입 증가, 비드 폼이 좁고, 비드 면이 높아짐
③ 플럭스의 두께는 양을 서서히 증가하면서 불빛이 새어 나오지 않도록 한다.
④ 비드 폭은 아크전압에 정비례한다.
⑤ 용입은 전류에 정비례하고 비드 폭과는 별로 관계 없다.
⑥ 용입은 용접봉 사이즈에 반비례한다.
⑦ 용입은 용접 속도에 반비례한다.

하나 더

☞ **서브머지드 아크용접에서 기공의 원인**
• 용접속도가 너무 빠르면 용제의 보호가 원활하지 못해 공기 중에 수분이 흡습되어 기공이 발생한다.

☞ **서브머지드 아크용접에서 용접헤드 부분**
• 송급장치, 전압제어상자, 콘택트조오

✓ 서브머지드 용접 장치 중 헤드부분
1. 송급장치, 전압제어상자, 콘택트조오
2. 알루미늄 합금 용접은 못함
3. 엔드탭을 붙여서 시공
4. 핀치효과 이행
5. 와이어 직경이 적은 것이 용입이 깊음

✓ 서브머지드 아크용접기의 전극에 종류에 따른 분류
1. 텐덤식
2. 횡직렬식
3. 횡병렬식

✓ 서브머지드 아크용접의 용제종류
1. 용융형
2. 소결형
3. 혼성형

Section 3 이산화탄소 아크 용접

(1) 원리

불활성 가스 금속 아크 용접과 원리가 같으며, 불활성 가스 대신 탄산가스를 사용한 용극식 용접법이다. 일반적으로 플럭스 코어드가 많이 사용된다.

(2) 특징

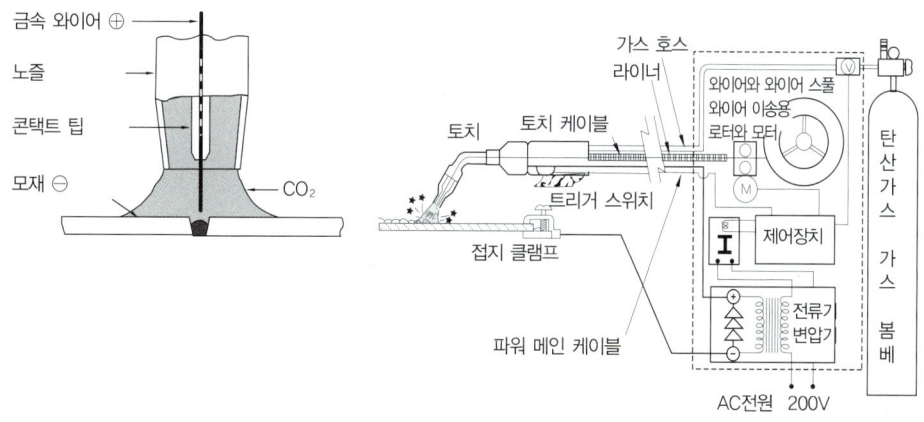

〈이산화탄소 아크 용접기의 구조와 원리〉

① 장점
㉠ 가는 와이어로 고속 용접이 가능하며 수동용접에 비해 용접비용이 저렴하다.
㉡ 가시아크이므로 시공이 편리하고, 스패터가 적어 아크가 안정하다.

ⓒ 전자세 용접이 가능하고 조작이 간단하다.

ⓔ 잠호용접에 비해 모재표면에 녹과 거칠기에 둔감하다.

ⓜ 미그용접에 비해 용착금속의 기공 발생이 적다.

ⓗ 용접전류의 밀도가 크므로 용입이 깊고, 용접속도를 매우 빠르게 할 수 있다.

ⓢ 산화 및 질화가 되지 않는 양호한 용착금속을 얻을 수 있다.

ⓞ 보호가스가 저렴한 탄산가스라서 용접 경비가 적게 든다.

ⓩ 강도와 연신성이 우수하다.

② 단점

ⓖ 탄산가스를 사용하므로 작업량 환기에 유의한다.

ⓛ 비드외관이 타 용접에 비해 거칠다.

ⓒ 고온상태의 아크 중에서는 산화성이 크고 용착금속의 산화가 심하여 기공 및 그 밖의 결함이 생기기 쉽다.

(3) 종류

① 용극식

ⓖ 솔리드 와이어 이산화탄소법

ⓛ 솔리드 와이어 혼합 가스법

- $CO_2 + O_2$ 법

- $CO_2 + Ar$ 법

- $CO_2 + Ar + O_2$ 법

ⓒ 용제가 들어있는 와이어 CO_2 법

- 아아고스 아크법(컴파운드 와이어)

- 퓨즈 아크법

- 유니언 아크법(자성용)

- 버나드 아크 용접(NCG법)

하나 더

☞ **웨팅작용에 대하여**

- 복합와이어 아크용접에서 보호가스로 이산화탄소에 아르곤가스를 혼합하여 사용하면 언더컷이 극소화되고 비드 가장자리를 따라 모재 결합부가 균일하게 용융이 일어나는 현상이 일어나는데 이러한 현상을 웨팅작용(Wetting action)이라 한다.

② 비용극식

ⓖ 탄소 아크법

ⓛ 텅스텐 아크법

☞ 이산화탄소 아크용접의 솔리드와이어 용접봉
  "5GA – 50W – 1.2 – 20"의 의미
• 50W : 용착금속의 최소인장강도
• 1.2 : 와이어 굵기
• 20 : 와이어의 무게

(4) 전원

정전압특성이나 상승특성을 이용한 직류 또는 교류를 사용한다.

(5) 와이어

0.9~2.4mm까지 있으나 주로 1.2~1.6mm가 주로 쓰이며, 녹방지를 위하여 구리 도금이 되어 있다. 크기는 10kg과 20kg이 있다.

(6) 용도

철도, 차량, 건축, 조선, 전기, 기계, 토목 기계 등에 쓰인다.

(7) CO_2 농도에 따른 인체의 영향

3~4% 두통, 15% 이상 위험, 30% 이상 치명적이다.

☞ CO_2 용접에서 전류, 전압의 역할
• 전류 : 와이어 송급속도
• 전압 : 비드형상 결정
☞ CO_2 용접
• 100A일 때 18 ~ 22V 정도
• 용제가 들어있는 와이어 CO_2 빔
  ① 아아고스아크법(컴파운드 와이어)
  ② 퓨즈아크법
  ③ 유니언아크법(자성용)
  ④ 버나드아크용접법(NCG법)
    (퓨즈아크법 : 와이어의 둘레에 가는 강선을 나선으로 감고 그 틈새에 용제를 바른 것)
☞ CO_2 용접시 전압이 클 경우 발생되는 현상
• 웨이브축에 언더컷이 나오기 쉽다.
• 비드는 평형, 스패터 부착이 쉽다.

- ☑ **이산화탄소 아크 용접**
  1. 용극식
     1) 솔리드와이어
     2) 플럭스코어드
  2. 비용극식
     1) 탄소아크법
     2) 텅스텐아크법 → 자기 제어 특성을 이용하여 전극 와이어 송급

- ☑ **솔리드 와이어 혼합 가스법(MAG)**
  1. $CO_2 + O_2$　　　　　2. $CO_2 + Ar$　　　　　3. $CO_2 + Ar + O_2$

- ☑ **용제가 들어있는 와이어 CO_2법**
  1. 아아고스 아크법(컴파운드 와이어)　2. 퓨즈 아크법
  3. 유니언 아크법　　　　　　　　　　4. 버나드 아크 용접법(NCG법)

- ☑ **CO_2 농도에 따른 인체의 해**
  1. 3~4% : 두통, 뇌빈혈　　　　　2. 15% 이상 시 : 위험
  3. 30% 이상 시 : 치명적

- ☑ **전류의 위험도**
  - 5mA(위험 수반하지 않음)　　　　• 10mA(고통수반, 쇼크)
  - 20mA(고통을 느끼고 근육 수축)　• 50mA~100mA(순간적으로 사망)

Section 4 　논실드 아크 용접

(1) 원리

옥외에서 사용 가능하도록 플럭스가 첨가된 복합 와이어를 사용하여 용접을 진행한다.

(2) 특징

① **장점**

　㉠ 보호가스나 용제가 불필요하다.

　㉡ 바람이 있는 옥외에서도 사용 가능하다.

　㉢ 전원으로는 교류 및 직류를 모두 사용할 수 있다.

　㉣ 전자세 용접이 가능하다.

　㉤ 용접비드가 아름답고 슬래그의 박리성이 우수하다.

　㉥ 용접장치가 간단하고 운반이 편리하다.

　㉦ 아크를 중단하지 않고 연속용접을 할 수 있다.

② 단점

    ㉠ 용착금속에 기계적 성질이 다소 떨어진다.

    ㉡ 와이어 가격이 고가이다.

    ㉢ 아크빛이 강하며, 보호가스 발생이 많아 용접선이 잘 안 보인다.

☑ 유니언 아크 용접

린데회사의 상품명이다. 용입이 깊고, 비드외관이 고우며, 언더컷과 스패터 발생이 적고 기계적 성질과 슬래그의 박리성이 매우 양호한 용접이다. 용접비가 피복아크 용접의 35~37% 정도 저렴하다.

Section 5 플라즈마 아크 용접

(1) 원리

기체의 가열로 전리된 전자의 이온이 혼합되어 도전성을 띤 가스체를 플라즈마라고 하며 이때 발생된 온도는 10,000~30,000℃ 정도이다. 아크 플라즈마를 좁은 틈으로 고속도로 분출시켜 생기는 고온의 불꽃을 이용해서 절단 용사, 용접하는 방법이다.

  ① 열적핀치 효과(냉각으로 인한 단면 수축으로 전류밀도 증대)

  ② 자기적핀치 효과(방전 전류에 의해 작용과 전류의 작용으로 단면 수축하여 전류밀도 증대)

(2) 특징

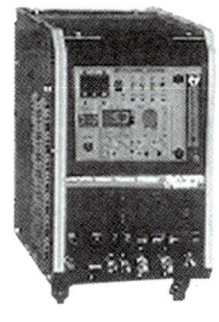

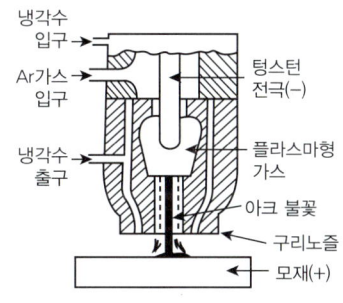

① 장점

ⓐ 아크형태가 원통이고 지향성이 좋아, 아크길이가 변해도 용접부는 거의 영향을 받지 않는다.

ⓑ 용입이 깊고 비드 폭이 좁으며 용접속도가 빠르다.

ⓒ 다른 용접으로는 V형 등으로 용접할 것도 I형으로 용접이 가능하며, 1층 용접으로 완성 가능하다.

ⓓ 전극봉이 토치 내의 노즐 안쪽에 들어가 있으므로 모재에 부딪힐 염려가 없으므로 용접부에 텅스텐 오염에 염려가 없다.

ⓔ 용접부의 기계적 성질이 우수하다.

ⓕ 작업이 쉽다(박판, 덧붙이, 납땜에도 이용되며 수동용접도 쉽게 설계).

② 단점

ⓐ 설비비가 고가이다.

ⓑ 용접속도가 빨라 가스의 보호가 불충분하다.

ⓒ 무부하 전압이 높다.

ⓓ 모재표면을 깨끗이 하지 않으면 플라즈마 아크상태가 변하여 용접부에 품질이 저하된다.

(3) 사용 가스 및 전원

① 사용가스로는 아르곤, 수소를 사용하며 모재에 따라 질소 또는 공기도 사용한다.

② 전원은 직류가 사용된다.

(4) 용도

탄소강, 스테인리스강, 티탄, 니켈합금, 구리 등에 적합하다.

하나 더

☞ **플라즈마 제트 절단에서 열적핀치효과의 역할은?**

• 아크의 단면은 가늘게 되고 전류밀도도 증가하여 온도가 상승하며, 단면은 수축함

✔ **플라즈마를 구성하는 물질**
  양이온, 중성자, 음전자

✔ **유도 방사 현상을 이용한 시종일관된 전자파의 증폭 발전을 일으키는 용접장치**
  메이저 용접장치

Section 6 일렉트로 슬래그 용접

(1) 원리

서브머지드 아크용접에서와 같이 처음에는 플럭스 안에서 모재와 용접봉 사이에 아크가 발생하여 플럭스가 녹아서 액상의 슬래그가 되며 전류를 통하기 쉬운 도체의 성질을 갖게 되면서 아크는 꺼지고 와이어와 용융슬래그 사이에 흐르는 전류의 저항 발열을 이용하는 자동 용접법이다.

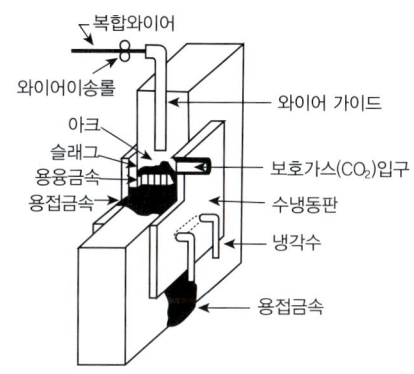

(2) 특징

① 전기저항 열을 이용하여 용접(주울의 법칙 적용)한다.

② 두꺼운 판의 용접으로 적합하다(단층으로 용접이 가능).

③ 매우 능률적이고 변형이 적다.

④ 홈 모양은 I형이기 때문에 홈 가공이 간단하다.

⑤ 변형이 적고, 능률적이고 경제적이다.

⑥ 아크가 보이지 않고 아크 불꽃이 없다.

⑦ 기계적 성질이 나쁘다.

⑧ 노치 취성이 크다(냉각 속도가 늦기 때문에).

⑨ 가격이 고가이다.

⑩ 용접 시간에 비하여 준비 시간이 길다.

⑪ 용도로는 보일러 드럼, 압력용기의 수직 또는 원주 이음, 대형 부품의 롤러 등에 후판 용접에 쓰인다.

Wrap UP

☑ **전기저항열**

$$Q = 0.24 I^2 RT$$

일랙트로 가스용접(인클로오스 탄산가스용접)

(1) 원리

일랙트로 슬래그 용접과 거의 비슷한 용접방법으로 수직자동용접이라고도 한다. 플럭스를 사용하지 않고 실드 가스(탄산가스)를 사용하여 용접봉과 모재 사이에 발생한 아크 열에 의하여 모재를 용융하는 방법이다.

(2) 특징

① 일랙트로 슬래그 용접보다는 두께가 얇은 중후판(40~50mm)에 적당하다.

② 용접속도가 빠르고 용접홈은 가스 절단 그대로 사용한다.

③ 용접 후 수축, 변형, 비틀림 등의 결함이 없다.

④ 용접금속의 인성은 떨어진다.

⑤ 용접속도는 자동으로 조절된다.

⑥ 스패터 및 가스 발생이 많고 용접 작업을 할 때 바람에 영향을 많이 받는다.

> **하나 더**
>
> 👉 **일랙트로 가스용접에 주로 사용되는 가스**
> • CO_2 가스   • 인클로스 용접

Section 8 전자 빔 용접

(1) 원리

고진공 중에서 전자를 전자 코일로서 적당한 크기로 만들어 양극 전압에 의해 가속시켜 접합부에 충돌시켜 그 열로 용접하는 방법이다.

(2) 특징

① 용접부가 좁고 용입이 깊다.

② 얇은 판에서 두꺼운 판까지 광범위한 용접이 가능하다 (정밀 제품에 자동화에 좋다).

③ 고용융점 재료 또는 열전도율이 다른 이종 금속과의 용접이 용이하다.

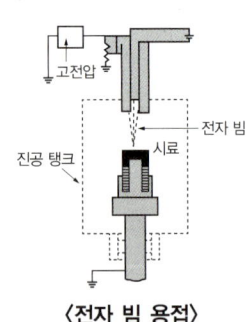

〈전자 빔 용접〉

④ 용접부가 대기의 유해한 원소와 차단되어 양호한 용접부를 얻을 수 있다.

⑤ 고속 용접이 가능하므로 열 영향부가 적고, 완성 치수에 정밀도가 높다.

⑥ 고진공형, 저진공형, 대기압형이 있다.

⑦ 저전압 대전류형, 고전압 소전류형이 있다.

⑧ 피용접물의 크기 제한을 받으며 장치가 고가이다.

⑨ 용접부의 경화 현상이 일어나기 쉽다.

⑩ 배기장치 및 X선 방호가 필요하다.

Section 9 테르밋 용접

(1) 원리

테르밋 반응에 의한 화학 반응열을 이용하여 용접한다.

(2) 특징

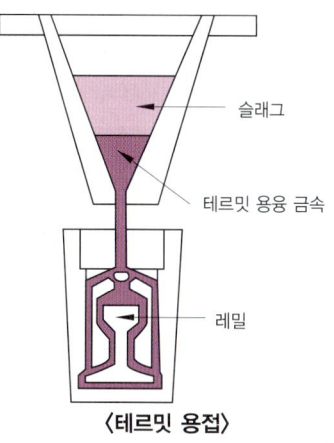

① 테르밋제는 산화철 분말(FeO, Fe_2O_3, Fe_3O_4) 약 3~4, 알루미늄 분말을 1로 혼합한다 (2800℃의 열이 발생).

② 점화제로는 과산화바륨, 마그네슘이 있다.

③ 용융 테르밋 용접과 가압 테르밋 용접이 있다.

④ 작업이 간단하고 기술습득이 용이하다.

⑤ 전력이 불필요하다.

⑥ 용접시간이 짧고 용접후의 변형도 적다.

⑦ 용도로는 철도 레일, 덧붙이 용접, 큰 단면의 주조, 단조품의 용접에 이용된다.

슬래그

테르밋 용융 금속

레일

〈테르밋 용접〉

Section 10 원자 수소 용접

(1) 원리

수소 가스 분위기 중에서 2개의 텅스텐 용접봉 사이에 아크를 발생시키면 수소 분자는 아크의 고열을 흡수하여 원자상태 수소로 열 해리되며, 다시 모재 표면에서 냉각되어 분자 상태로 결합될 때 방출되는 열(3000~4000℃)을 이용하여 용접하는 방법이다.

(2) 특징

① 용접부의 산화나 질화가 없어 특수금속 용접이 용이하다.
② 연성이 좋고 표면이 깨끗한 용접부를 얻는다.
③ 발열량이 많아 용접 속도가 빠르고 변형이 적다.
④ 기술적인 어려움이 있다.
⑤ 비용의 과다 등으로 차차 응용 범위가 줄어들고 있다.
⑥ 특수금속(스테인리스강, 크롬, 니켈, 몰리브덴)에 이용된다.
⑦ 고속도강, 바이트 등 절삭 공구의 제조에 사용한다.

하나 더

☞ 원자수소 용접의 수소의 변화
• H → 2H → H2
  (흡열) (발열)

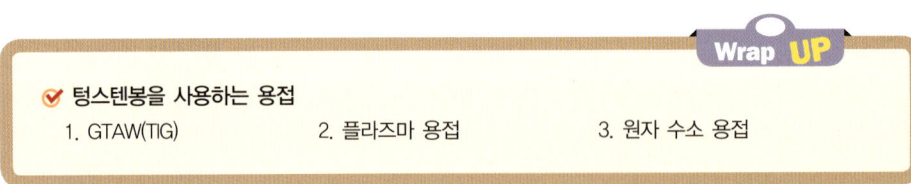

Wrap UP

✔ 텅스텐봉을 사용하는 용접
　1. GTAW(TIG)　　　　　2. 플라즈마 용접　　　　　3. 원자 수소 용접

Section 11 아크 점 용접

(1) 원리

아크의 높은 열과 집중성을 이용하여 접합부의 한쪽에서 0.5~5초 정도 아크를 발생시켜 융합하는 방법이다.

(2) 특징

① 1~3mm 정도 위판과 3.2~6mm 정도 아래 판에 맞추어서 용접한다.

② 극히 얇은 판을 사용할 때는 용락을 방지하기 위하여 구리 받침쇠를 사용하여 용락을 방지한다.

③ 종류로는 불활성가스 텅스텐 아크 점 용접법(비용극식)과 용극식(불활성 가스 금속 아크 용접법, 이산화탄소 아크 용접, 피복 아크 용접)이 있다.

Section 12 초음파 용접

(1) 원리

초음파 진동 에너지로 변환하여 접합 재료에 전달, 가압 및 마찰에 의한 열로 접합하는 방법(압접임을 기억할 것)이다.

(2) 특징

① 냉간압접에 비해 주어지는 압력이 작아 변형이 적다.

② 압연한 그대로의 용접이 된다.

③ 이종금속의 용접도 가능하다.

④ 극히 얇은 판, 즉 필름도 쉽게 용접한다.

⑤ 판의 두께에 따라 용접 강도가 현저히 달라진다.

⑥ 용접장치로는 초음파 발진기, 진동자, 진동 전달 기구, 압접 팁으로 구성된다.

⑦ 접합재료의 종류 및 판의 두께에 따라 접합조건이 달라지나 접합부의 외부 변형을 적게 한다는 의미에서 가급적 단시간으로 한다.

Section 13 가스 압접

(1) 원리

접합부를 가스불꽃으로 재결정온도 이상 가열하고 축 방향으로 가압하여 접합하는 방식이다.

(2) 특징

① 이음부에 탈탄층이 전혀 없다.

② 전력 및 용접봉 용제가 필요 없다.

③ 장치가 간단하고 설비비 및 보수비가 싸다.

④ 작업이 거의 기계적이다.

⑤ 종류로는 밀착 맞대기 방법, 개방 맞대기 방법이 있다.

Section 14 마찰 용접

(1) 원리

접합하고자 하는 재료를 접촉시키고 하나는 고정시키며 다른 하나를 가압, 회전하여 발생되는 마찰열로 적당한 온도가 되었을 때 접합하는 방법이다.

(2) 특징

① 컨벤셔널형과 플라이휠형이 있다.

② 자동화가 용이하여 숙련이 필요 없다.

③ 접합재료의 단면은 원형으로 제한한다.

④ 상대운동을 필요로 하는 것은 곤란하다.

Section 15 단락 이행 용접(Short arc welding)

(1) 원리

불활성가스 금속 아크 용접과 비슷하나 1초 동안 100회 이상 단락하여 아크 발생 시간이 짧아 모재의 열 입력도 적어진다.

(2) 특징

① 가는 솔리드 와이어를 이용한다.

② 스프레이형이다.

③ 0.8mm 정도의 박판 용접에 이용된다.

④ 와이어 종류는 0.76mm, 0.89mm, 1.14mm 정도로 규소-망간계이다.

Section 16 플라스틱 용접

(1) 원리

용접방법으로는 열기구 용접, 마찰 용접, 열풍 용접, 고주파 용접 등을 이용할 수 있으나 열풍 용접이 주로 사용되고 있다.

(2) 특징

① 전기 절연성이 좋다.
② 가볍고 비강도가 크다.
③ 열가소성만 용접이 가능하다.

Section 17 스터드 용접

(1) 원리

스터드 용접은 크게 저항용접에 의한 것, 충격용접에 의한 것, 아크용접에 의한 것으로 구분되며, 특히, 아크용접은 모재와 스터드 사이에 아크를 발생시켜 용접한다.

(2) 특징

① 자동 아크용접이다.
② 페놀 피복제를 이용하여 볼트, 환봉, 핀 등을 용접한다.
③ 0.1~2초 정도의 아크가 발생한다.
④ 셀렌 정류기의 직류 용접기를 사용한다. 교류도 사용 가능하다.
⑤ 짧은 시간에 용접되므로 변형이 극히 적다.
⑥ 철강재 이외에 비철 금속에도 쓸 수 있다.
⑦ 아크를 보호하고 집중하기 위해 도기로 만든 페룰을 사용하며 융착부의 오염방지 및 용접사의 눈을 보호한다.

> **하나 더**
>
> ☞ 아크를 보호하고 집중시키기 위하여 도기로 만든 페룰이라는 기구를 사용하는 용접
> • 스터드 용접

Section 18 레이저 빔 용접

(1) 원리

유도방사에 의한 빛의 증폭이란 뜻으로, 레이저에서 얻어진 접속성이 강한 단색광선으로 강렬한 에너지를 가지고 있으며, 이때의 광선출력을 이용하여 접합한다.

(2) 특징

① 용접장치는 고체금속형, 가스방전형, 반도체형이 있다.
② 아르곤, 질소, 헬륨으로 냉각하여 레이저 효율을 높인다.
③ 원격조작이 가능하고 육안으로 확인하면서 용접이 가능하다.
④ 에너지 밀도가 크고, 고융점을 가진 금속에 이용한다.
⑤ 정밀용접도 가능하다.
⑥ 불량도체 및 접근하기 곤란한 물체도 용접이 가능하다.

Section 19 고주파 용접

고주파 전류를 도체의 표면에 집중적으로 흐르게 하는 성질인 표피효과와 전류방향이 반대인 경우 서로 근접해서 생기는 성질인 근접효과를 이용하여 용접부를 가열하여 용접하는 방법이다.

Section 20 아크 이미지 용접

전자빔, 레이저 광선과 비슷하게 탄소아크나 태양광선 등의 열을 렌즈로 모아서 모재에 집중시켜 용접하는 방법으로 박판용접이 가능하다(특히, 우주공간에서는 수증기가 없기 때문에 3500~5000℃의 열을 얻을 수 있다).

Section 21 로봇 용접

인간의 수작업을 대신하여 로봇이 용접하는 것으로 크게 저항 용접용 로봇과 아크 용접용 로봇이 있으며, 직교 좌표형 및 다관절형이 있다. 로봇 용접은 사람이 하기에 위험한 작업이나 또는 단순반복 작업 등에 이용되고 있으며, 용접이 원활히 되기 위해서는 포지셔너, 턴테이블, 센서, 주행 대차, 컨베이어 장치 등의 주변 장치가 필요하다.

> **Wrap UP**
>
> ✓ **로봇 용접의 동작 형태로 분류(하부 3축에 의한 분류)**
> • 좌표형 로봇, 원통 좌표형 로봇, 다관절 로봇
>
> ✓ **로봇의 구성**
> • 구동부와 제어부를 가동시키기 위한 에너지를 동력원이라고 하고, 에너지를 기계적인 움직임으로 변환하는 자기 명령으로 구성
>
> ✓ **제어로부터의 분류(제어의 형태에 따라 산업 등 로봇의 분류)**
> • PTP 로봇제어, 서브제어로봇, 논서보제어, CP로봇제어

03 안전관리

Section 1 재해 발생 빈도

① **연천인율** : 1년간 작업하는 데 천 명당 발생하는 산업 재해율

　　연천인율= 재해건수/재적 평균 근로자 수×1000

② **도수율(F.R.)** : 산업 재해 빈도수

　　도수율= 재해건수/연근로시간 수×106

③ **도수율과 연천인율의 관계**

　　연천인율= 도수율×2.4 도수율= 연천인율/2.4

④ **강도율** : 재해의 경중, 재해 손실 정도

　　강도율= 근로일수/연근로자 수×1000

Section 2 안전 표식의 색채

① **적색** : 방화 금지, 방향 표시
② **황색** : 주의 표시
③ **오렌지색** : 위험 표시
④ **녹색** : 안전 지도, 위생 표시
⑤ **청색** : 주의, 수리 중, 송전 중 표시
⑥ **진한 보라색** : 방사능 위험 표시
⑦ **백색** : 주의 표시
⑧ **흑색** : 방향 표시

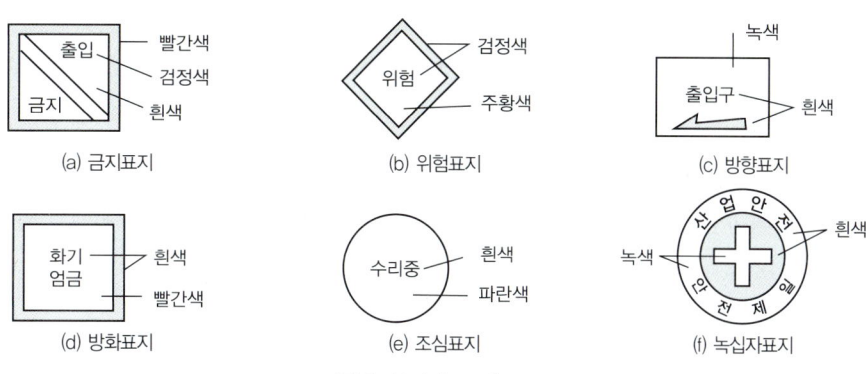

〈각종 안전의 표지〉

Section 3 작업 환경

① **채광** : 창문의 크기가 바닥 면적에 1/5 이상이어야 한다.

② **환기** : 창문의 크기가 바닥 면적에 1/25 이상이어야 한다.

③ **조명** : 초정밀 작업은 600Lux 이상, 정밀 작업은 300Lux 이상, 보통 작업은 150Lux 이상, 기타 작업은 60Lux 이상이어야 한다.

④ **습도** : 50~68%가 작업하기에 가장 적당한 습도이다.

⑤ **작업 온도** : 법정온도, 표준온도, 감각온도가 있으며 작업에 종류에 따라 달라진다. 일반적인 작업에서 표준 온도는 15~20℃ 정도이다.

⑥ **소음** : dB(데시벨), 허용한계값 85~95dB 정도이다.

Section 4 통행과 운반

① 통행로 위의 높이 2m 이하에서는 장애물이 없을 것

② 기계와 다른 시설과의 폭은 80cm 이상으로 할 것

③ 좌측 통행할 것

④ 작업자나 운반자에게 통행을 양보할 것

Section 5 화재 및 폭발 방지책

① 인화성 액체의 반응 또는 취급은 폭발 범위 이하 농도로 할 것
② 석유류와 같이 도전성이 나쁜 액체의 취급 시에는 마찰 등에 의해 정전기 발생이 우려되므로 주의할 것
③ 점화원의 관리를 철저히 할 것
④ 예비 전원의 설치 등 필요한 조치를 할 것
⑤ 방화 설비를 갖출 것
⑥ 가연성 가스나 증기 유출 여부를 철저히 검사할 것
⑦ 화재가 발생할 때 연소를 방지하기 위하여 그 물질로부터 적절한 보유 거리를 확보할 것

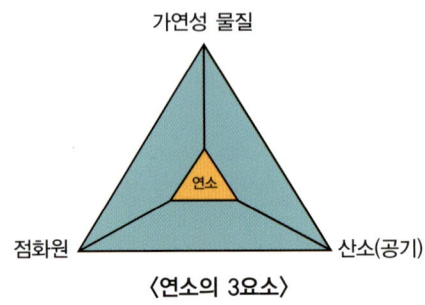

〈연소의 3요소〉

☞ **화재의 분류**
A–일반(백색), B–유류(황색), C–전기(청색), D–금속(무색)

Section 6 소화기

① **포말 소화기** : 보통 화재, 기름 화재에는 적합하나 전기 화재는 부적합하다.
② **분말 소화기** : 기름 화재에 적합하여 기타 화재에도 양호하다.
③ **CO_2 소화기** : 전기 화재에 적합하여 기타 화재에도 양호하다.

Section 7 전기 용접 작업의 재해

① 전격(감전)
② 유해 가스 및 유독 가스에 의한 중독
③ 유해 광선에 의해 재해

✅ 안전 표식의 색채

1. 적색 : 방화 금지, 방향 표시
2. 황색 : 주의 표시
3. 오렌지색 : 위험 표시
4. 녹색 : 안전 지도, 위생 표시
5. 청색 ; 주의, 수리 중, 송전 중 표시
6. 진한 보라색 : 방사능 위험 표시
7. 백색 : 주의 표시
8. 흑색 : 방향 표시

✅ 화재의 분류

1. A – 일반(백색)
2. B – 유류(황색)
3. C – 전기(청색)
4. D – 금속(무색)

✅ 소화기

1. 포말 소화기 : 보통 화재, 기름 화재에는 적합하나 전기 화재는 부적합하다.
2. 분말 소화기 : 기름 화재에 적합하여 기타 화재에도 양호하다.
3. CO_2 소화기 : 전기 화재에 적합하여 기타 화재에도 양호하다.

✅ 화상에 관하여

1. 1도 화상 : 일광욕 후 가벼운 화상, 피부층에만 손상
2. 2도 화상 : 표피와 진피 모두 영향을 미친 화상, 통증과 부어오름
3. 3도 화상 : 진피 전체와 피하지방까지 손상, 감각이 마비됨
4. 4도 화상 : 표피와 진피 모두 탄화됨. 근육, 심줄, 골 조직까지 손상

종합출제 예상문제

01 가스용접의 단점 및 장점에 관한 각각의 설명으로 틀린 것은?

① 단점 : 불꽃의 온도가 아크 불꽃에 비하여 낮다.
② 단점 : 폭발의 위험성이 크다.
③ 장점 : 산소-아세틸렌 가스용접은 쉽게 설비할 수 있고 그 설비 비용이 싸다.
④ 장점 : 열의 집중성이 좋아서 효율적인 용접을 할 수 있다.

02 불활성 가스용접법중 TIG 용접의 상품명으로 불려지는 것은?

① 에어 코우 매틱 용접법
② 헬륨 아크 용접법
③ 필러 아크 용접법
④ 아르고 노트 용접법

03 아크 빛으로 인해 혈안이 되고 눈이 부었을 때, 우선 취해야 할 일로 가장 옳은 것은?

① 온수로 씻은 후 휴식을 취한다.
② 소금물로 씻은 후 작업한다.
③ 안약을 넣은 후 작업한다.
④ 냉습포를 눈 위에 얹고 안정을 취한다.

04 아크 용접봉의 심선 주위에 피복되어 있는 피복제의 역할 중 옳지 않은 것은?

① 용융금속에 대하여 탈산작용을 한다.
② 아크의 발생과 아크의 안정을 좋게 한다.
③ 슬래그를 만들어 용착금속의 급랭을 방지한다.
④ 스패터링을 많게 한다.

05 서브머지드 아크용접의 용접헤드에 속하지 않는 것은?

① 심선공급장치   ② 전압제어상자
③ 용접 레일   ④ 콘택트 조오

06 용접 작업 시 안전 수칙으로 옳지 않은 것은?

① 우천 시에는 옥외 작업을 하지 않는다.
② 용접 작업 전에 소화기 및 소화수를 준비한다.
③ 용접 작업 시 보조 장비를 갖추고 작업한다.
④ 수도관 및 가스관 등을 접지로 한다.

07 가스절단 하기 위한 조건 중에서 적당치 못한 것은?

① 모재가 산화연소되는 온도는 그 금속의 용융점보다 높을 것
② 생성된 금속산화물의 용융온도는 모재의 용융온도보다 낮은 것
③ 생성된 산화물은 유동성이 좋을 것
④ 금속의 화합물 중에 연소되지 않는 물질이 적을 것

08 용접에서 홀더 및 어스의 접속이 불량할 때 생기는 현상 중 올바르지 못한 것은?

① 전력의 손실이 많아진다.
② 전격을 일으키기 쉽다.
③ 용접전류가 많게 된다.
④ 아크가 불안정하게 된다.

정답 1. ④   2. ②   3. ④   4. ④   5. ③   6. ④   7. ①   8. ③

09 직류 아크용접기의 특성에 관한 설명 중 틀린 것은?

① 아크가 안정되어 있다.
② 얇은 판, 비철금속 등의 용접 시에는 주로 정극성을 이용한다.
③ 아크 블로우가 발생한다.
④ 보수관리 등 손질을 자주해야 한다.

10 브레이징(Brazing)은 저온 용가재를 사용하여 모재를 녹이지 않고 용가재만 녹여 용접을 이행하는 방식인데, 섭씨 몇 도 이상에서 이행하는 방식인가?

① 350℃
② 400℃
③ 450℃
④ 600℃

11 탄산가스 아크 용접장비 중 필요치 않은 것은?

① 용접전원
② 심선공급장치
③ 산소병
④ 제어조정기(Control box)

12 아크 용접봉의 피복 배합제 중 가스 발생제는?

① 붕사
② 형석
③ 톱밥
④ 구리

13 중유 탱크의 보수 용접 시 안전상 가장 중요한 것은?

① 될 수 있는 한 적은 인원수로 작업한다.
② 감시원을 배치한다.
③ 환기가 잘되는 곳에서 한다.
④ 용접 전에 탱크를 증기 등으로 세척한다.

14 경납용으로 쓰이지 않는 용제는?

① 염화아연($ZnCl_2$)
② 붕사($Na_2B_4O \cdot 10H_2O$)
③ 빙정석($Na_3 AlF_6$)
④ 산화제일동(Cu_2O)

15 아크 전류가 180[A], 아크 전압이 30[V], 용접 속도가 12[cm/min]인 경우, 용접의 단위 길이 1cm당 발생하는 용접 입열은?

① 27,000 J/cm
② 28,500 J/cm
③ 31,500 J/cm
④ 32,000 J/cm

16 다음 중 아크 에어 가우징 작업 시 알맞은 압축공기의 압력은?

① 1~2 kgf/cm^2
② 3~4 kgf/cm^2
③ 6~7 kgf/cm^2
④ 10~15 kgf/cm^2

17 아크 용접기에 핫 스타트(Hot start) 장치를 사용하므로써 얻어지는 장점에 해당되지 않는 것은?

① 아크 발생이 쉽다.
② 기공 발생을 방지한다.
③ 비드 이음부를 개선한다.
④ 크레이터 처리가 용이하다.

18 상품명이 유니온 멜트(Union melt)용접이라고도 하는 것은?

① 플래시버트 용접
② 서브머지드 아크용접
③ 일렉트로 슬래그 용접
④ 고주파유도 용접

19 저항 점용접의 3대 요소가 아닌 것은?

① 용접전류
② 통전시간
③ 전극의 가압력
④ 전극의 구조

정답 9. ② 10. ③ 11. ③ 12. ③ 13. ④ 14. ① 15. ① 16. ③ 17. ④ 18. ② 19. ④

20 피복 배합제의 성질 중 특히 슬래그화를 목적으로 한 성분이 아닌 것은?

① 마그네슘(Mg)
② 붕사($Na_2B_4O_7 \cdot 10H_2O$)
③ 탄산칼륨(K_2CO_3)
④ 고토(MgO)

21 용접기에 필요한 전기의 입력(入力)은 명판(銘坂)에 기재되어 있으나 만약 기재되어 있지 않을 경우는 그 대략치를 다음과 같이 산정할 수 있다. 즉, 정격 2차 전류=300A, 최고 2차 무부하 전압=85V, 정격사용률=50%라 하면 필요한 1차 입력은 얼마 정도인가?

① 18kVA   ② 12kVA
③ 51kVA   ④ 25kVA

22 피복 아크 용접봉을 사용할 때 피복제의 효과가 아닌 것은?

① 아크의 안정과 아크의 발생을 돕는다.
② 탈산 정련 작용을 하고, 냉각 속도를 느리게 한다.
③ 용적율 조대화하고 용착 효율을 높인다.
④ 용착 금속의 표면을 보호하며, 불순물을 제거한다.

23 피복 아크 용접에서, 부하(負荷) 전류가 증가하면 단자(端子) 전압이 낮아지는 특성은?

① 정전압 특성   ② 수하특성
③ 상승특성   ④ 동전류 특성

24 맞대기 저항용접 방법이 아닌 것은?

① 업셋용접(Upset butt welding)
② 퍼커션용접(Percussion welding)
③ 플래시 용접(Flash butt welding)
④ 프로젝션 용접(Projection welding)

25 불활성 가스 금속아크 용접 중의 청정작용은?

① 헬륨가스 사용 시 발생된다.
② 직류 정극성 및 교류 용접 시 발생된다.
③ 직류 역극성에서 발생한다.
④ 고장력강 용접 시 적용되는 현상이다.

26 직류용접에서 발생하는 마그네틱 블로우(Magnetic blow)의 방지책으로 적당치 않는 것은?

① 후퇴법으로 용접한다.
② 전류를 적게 하여 용접한다.
③ 짧은 아크를 사용한다.
④ 접지점을 용접부에서 멀리한다.

27 AW-300[A]의 교류아크 용접기를 실제 200[A]로써, 사용할 경우 허용사용율은 112%가 되었다. 이것에 대한 옳은 설명은?

① 위험하다.
② 적당하지 못하다.
③ 연속사용이 가능하다.
④ 사용 중 띄엄띄엄 쉬었다 해야 한다.

28 전기 작업에서 안전 사항으로 적합하지 않은 것은?

① 저압 전기는 안심하고 어느 작업이든 할 수 있다.
② 퓨즈는 규정된 용량의 알맞은 것을 끼운다.
③ 전선이나 코드의 접속부는 절연물로서 완전히 피복하여 둔다.
④ 작업 정지 시 스위치는 떼어 놓는다.

정답   20. ①   21. ①   22. ③   23. ②   24. ④   25. ③   26. ②   27. ③   28. ①

29 탄산가스 아크 용접의 특징 중 옳은 것은?

① 타 용접법에 비해 경비가 고가이다.
② 림드강엔 용접이 잘 안 된다.
③ 용제를 사용해야 한다.
④ 산소, 질소를 함유치 않는 우수한 용착 금속이 얻어진다.

30 모재 표면 위에 전극와이어보다 앞에 미세한 입상의 용제를 산포하면서 이 용제 속에 용접봉을 연속적으로 공급하여 용접하는 방법은?

① 서브머지드 아크 용접
② 불활성 가스 아크 용접
③ 탄산가스 아크 용접
④ 플러그 용접

31 불활성가스 텅스텐 아크 용접법에서 텅스텐 전극의 수명을 연장시키기 위하여 아크를 끊은 후 전극의 온도가 얼마일 때까지 불활성 가스를 흐르게 하는가?

① 약 150℃   ② 약 300℃
③ 약 450℃   ④ 약 600℃

32 피복 아크 용접봉 기호와 피복제 계통을 각각 연결한 것 중 틀린 것은?

① E 4324 – 라임티타니아계
② E 4301 – 일미나이트계
③ E 4327 – 철분산화철계
④ E 4313 – 고산화티탄계

33 아크 용접에서 전격 및 감전방지를 위한 주의사항 중 틀린 것은?

① 협소한 장소에서의 작업 시 신체를 노출하지 않는다.
② 무부하 전압이 높은 교류 아크용접기를 사용한다.
③ 작업을 중지할 때는 반드시 스위치를 끈다.
④ 홀더는 반드시 정해진 장소에 놓는다.

34 용접기의 유지보수 시에 지켜야 할 사항이다. 옳지 못한 것은?

① 용접기는 습기나 먼지가 많은 곳에 설치하지 말아야 한다.
② 용접기에는 철분이 쌓여서는 안 된다.
③ 전환탭 등은 사포로서 깨끗이 청소한다.
④ 용접기는 어떤 부분에도 주유해서는 안 된다.

35 가스 절단법에 사용되는 프로판가스의 성질을 설명한 것 중 틀린 것은?

① 공기보다 가볍다.
② 액화성이 있다.
③ 연소 시 수증기를 발생한다.
④ 석유정제과정의 부산물이다.

36 용접의 특징 중에서 잘못 설명된 것은?

① 재료가 절약된다.
② 기밀, 수밀성이 우수하다.
③ 변형, 수축이 없다.
④ 기공(Blow hole), 균열 등 결함이 있다.

37 전자 빔 용접의 장점에 해당되지 않는 것은?

① 예열이 필요한 재료를 예열없이 국부적으로 용접할 수 있다.
② 잔류응력이 적다.
③ 용접입열이 적으므로 열영향부가 적어 용접변형이 적다.
④ 시설비가 적게 든다.

정답 29. ④ 30. ① 31. ② 32. ① 33. ② 34. ④ 35. ① 36. ③ 37. ④

38 화재에 대한 설명으로 잘못 연결된 것은?

① A급 화재 – 일반가연물화재
② B급 화재 – 유류화재
③ C급 화재 – 전기화재
④ D급 화재 – 종합화재

39 일반적으로 연강용 피복 아크 용접에서 용접봉은 가늘고 모재는 두꺼운 경우가 많으므로 모재와 용접봉이 다같이 알맞게 녹으려면 어떤 경우가 좋은가?

① 모재에 발열량이 더 많은 것이 좋다.
② 용접봉에 발열량이 2배 더 많은 것이 좋다.
③ 용접봉에 발열량이 3배 더 많은 것이 좋다.
④ 모재와 용접봉의 발열량이 둘다 적은 것이 좋다.

40 직류 용접기와 교류 용접기에 대한 설명 중 옳은 것은?

① 직류 용접기는 교류보다 가격이 싸다.
② 교류 용접기는 직류보다 구조가 복잡하다.
③ 직류 용접기는 교류보다 아크가 안정되어 있다.
④ 교류 용접기는 직류보다 전격의 위험이 적다.

41 기밀을 필요로 하는 용기 및 긴 파이프 제작 등의 연속적인 용접작업에 주로 사용되는 전기용접은?

① 스폿(Spot)용접
② 심(Seam)용접
③ 업셋 버트(Upset butt)용접
④ 플래시 버트(Flash butt)용접

42 직류 정극성과 관련되는 설명은?

① 모재에 +, 용접봉에 −극을 연결한다.
② 모재에 −, 용접봉에 +극을 연결한다.
③ 직류 정극성은 DCRP로 표시한다.
④ 직류 정극성으로 용접 시 용입이 얕고 비드폭이 넓다.

43 직류아크 용접기의 장점이 아닌 것은?

① 아크쏠림의 방지가 가능하다.
② 감전의 위험이 적다.
③ 아크가 안정하다.
④ 극성의 변화가 가능하다.

44 피복 아크 용접에 필요한 특성으로 아크를 안정시키는 데 필요한 특성은?(단, 부하 전류 증가로 단자 전압 저하함.)

① 자기제어 특성   ② 수하 특성
③ 정전압 특성   ④ 회로 특성

45 감전방지에 대한 내용 중에서 맞는 것은?

① 전격방지장치는 매일 점검하여야 한다.
② 피복아크 용접봉은 절연되어 있으므로 통전 중 손으로 붙잡아도 감전되지 않는다.
③ 홀더의 절연만 충분하면 전격방지장치는 필요 없다.
④ 자동전격방지장치를 붙이지 않은 용접기에서는 용접 작업 중 아크가 발생될 때가, 발생되지 않을 때보다 감전위험이 크다.

정답   38. ④   39. ①   40. ③   41. ②   42. ①   43. ①   44. ②   45. ①

46 실드 가스로서 주로 탄산가스를 사용하여 용융부를 보호하여 탄산가스 분위기 속에서 아크를 발생시켜 그 아크열로 모재를 용융시켜 용접하는 방법은?

① 테르밋 용접
② 일렉트로 가스용접
③ 전자 빔 용접
④ 슬래그 용접

47 불활성 가스 아크 용접 방법 중 용가재(Filler metal)를 전극으로 하여 용접하는 방법은?

① 가스압접　　② 마찰용접
③ MIG용접　　④ TIG용접

48 아크용접에서 자기불림 현상과 관계없는 것은?

① 접지점은 용접부에서 가까이 한다.
② 직류를 사용한다.
③ 교류를 사용한다.
④ 긴 아크를 사용할 때 나타난다.

49 재료를 접촉, 회전시켜 발생하는 열과 가압력을 이용하여 접합하는 용접법은?

① 스터드(Stud)용접
② 단조(Forge)용접
③ 확산(Diffusion)용접
④ 마찰(Friction)용접

50 교류아크 용접기로서 용접전류의 원격조정이 가능한 용접기는?

① 탭전환형
② 가포화리액터형
③ 가동철심형
④ 가동코일형

51 용접봉의 피복제에 습기가 있을 때 용접하면 나타나는 결함은?

① 기공(Blow hole)의 발생
② 크레이터(Crater)의 발생
③ 슬래그 섞임(Slag inclusion)의 발생
④ 오버 랩(Over lap)의 발생

52 용접에 해당되지 않는 것은?

① CO_2아크 용접
② 레이저 용접
③ 프로젝션 용접
④ 원자 수소 용접

53 강력한 탈산작용이 있으며 고장력강의 용접에 좋고, 기계적 성질, 내균열성이 우수한 용접봉은?

① 일미나이트계 용접봉
② 고산화티탄계 용접봉
③ 저수소계 용접봉
④ 고셀룰로스계 용접봉

54 라임티탄계의 고장력강용 피복아크 용접봉은?

① D5001　　② D5003
③ D5300　　④ D5326

55 플라스틱 용접방법으로서 적당치 않은 방법은?

① 열풍으로 가열하는 방법
② 고주파에 의해서 가열, 압착하는 방법
③ 마찰열에 의해서 압착하는 방법
④ 교류전류에 피복용접봉을 이용하는 방법

정답　46. ②　47. ③　48. ③　49. ④　50. ②　51. ①　52. ③　53. ③　54. ②　55. ④

56 일렉트로 슬래그 용접에서 심선과 용융슬래그 속에 흐르는 전류의 저항 발열량(Q)은?(단, E는 전압, I는 전류이다)

① Q = 0.15EI ② Q = 0.24EI
③ Q = 0.42EI ④ Q = 0.53EI

57 용접 피복제의 성분 중 아크안정제의 역할을 하는 것은?

① 알루미늄 ② 마그네슘
③ 니켈 ④ 석회석

58 용접기의 1차선에 비하여 2차선에 굵은 도선을 사용하는 이유는?

① 2차 전압이 1차 전압보다 높기 때문이다.
② 2차선의 방열을 좋게 하기 때문이다.
③ 2차 전류가 1차 전류보다 많이 때문이다.
④ 전선의 유연성을 좋게 하기 때문이다.

59 피복 아크 용접의 보호기구가 아닌 것은?

① 핸드실드(Hand shield)
② 커넥터(Connector)
③ 헬멧(Helmet)
④ 앞치마(Apron)

60 가스용접 시 중독의 재해를 예방하기 위한 방법으로 가장 적당한 것은?

① 역류(逆流)방지에 힘쓴다.
② 환기를 잘 한다.
③ 작업장 외에 청소를 깨끗이 한다.
④ 작업물에 부착된 인화물을 완전히 제거한다.

61 CO_2용접 작업 시, 이산화탄소의 농도가 몇 %이면 두통이나 빈혈을 일으키기 시작하는가?

① 12~13% ② 9~10%
③ 6~7% ④ 3~4%

62 순(純)알루미늄을 용접할 때, 가장 부적당한 용접법은?

① 불활성 가스 아크 용접
② 서브머지드 아크 용접
③ 점 용접
④ 산소 - 아세틸렌 가스용접

63 용접 퓸(Fume)에 대해서 서술한 것 중 올바른 것은?

① 용접 퓸은 인체에 영향이 없으므로 아무리 마셔도 괜찮다.
② 실내 용접 작업에서는 환기설비가 필요하다.
③ 용접봉 피복제의 종류에 상관없이 비슷하다.
④ 용접 퓸은 입자상 물질이며, 가제마스크로 충분히 차단할 수가 있으므로 안전에는 문제점이 없다.

64 피복 아크 용접 시 아크전압 20[V], 아크 전류 100[A], 용접속도 50[cm/min]일 때, 용접입열[Joule/cm]은?

① 2000 ② 2400
③ 2800 ④ 3000

65 아크 용접기의 특성 중, 아크 길이가 상당히 크게 변해도 전류값은 많이 변하지 않는 특성은?

① 정전압 특성 ② 부하 특성
③ 정전류특성 ④ 상승 특성

정답 56. ② 57. ④ 58. ③ 59. ② 60. ② 61. ④ 62. ② 63. ② 64. ② 65. ③

66 MIG용접 시 사용되는 전원은 직류의 어느 특성곡선을 사용하는가?

① 수하 특성
② 동전류 특성
③ 정전압 특성
④ 정극성 특성

67 AW-300의 교류용접기에서 2차 무부하 전압이 75[V], 아크전압이 35[V]이고, 내부손실의 합이 3[kW]이라 할 경우 이 용접기의 역율은 얼마인가?

① 78[%]
② 60[%]
③ 54[%]
④ 44[%]

68 전기화재 시 사용되는 소화 대책 중 가장 적당한 방법은?

① 분말소화기
② 물
③ 모래
④ 포말소화기

69 텅스텐 전극봉을 사용하는 용접은?

① 산소 - 아세틸렌용접
② 아크용접
③ MIG용접
④ TIG용접

70 전기 아크용접봉에서 피복제의 작용에 속하지 않는 것은?

① 산화 질화방지
② 아크의 안정
③ 용적(Droplet)의 미세화
④ 용착금속의 급냉

71 가스용접 불꽃에서 아세틸렌과 산소의 혼합비율이 1:1.15~1.70인 불꽃은 무슨 불꽃인가?

① 아세틸렌불꽃
② 아세틸렌과잉불꽃
③ 표준불꽃
④ 산소과잉불꽃

72 피복 아크 용접봉에서 슬래그 생성의 작용을 하지 않는 것은?

① 일미나이트
② 이산화망간
③ 규산나트륨
④ 셀룰로스

73 전기저항 용접법 중 주로 기밀, 수밀, 유밀성을 필요로 할 때 가장 적합한 용접법은?

① 점 용접법
② 심 용접법
③ 프로젝션 용접법
④ 플래시 용접법

74 잠호 용접법에서 다전극 용접 중 두 개의 와이어를 똑같은 전원에 접속하여 비드 폭이 넓고 용입이 깊은 용접부를 얻기 위한 방식은?

① 탠덤식
② 횡병렬식
③ 횡직렬식
④ 종직렬식

75 아크 용접(직류사용)에서 모재를 양(-)극에 용접봉을 음(+)극에 연결하는 극성은?

① 정극성
② 용극성
③ 비용극성
④ 역극성

76 직류 정극성에 대한 설명으로 올바르지 못한 것은?

① 모재를 (+)극에, 용접봉을 (-)극에 연결한다.
② 용접봉의 용융이 느리다.
③ 모재의 용입이 깊다.
④ 두꺼운 판의 용접에는 거의 쓰지 않는다.

정답 66. ③ 67. ② 68. ① 69. ④ 70. ④ 71. ④ 72. ④ 73. ② 74. ② 75. ④ 76. ④

77 고진공 중에서 고속의 전자 빔을 접합부에 대고 그 충격발열을 이용하여 행하는 용접법은?

① 초음파 용접법 ② 고주파 용접법
③ 전자 빔 용접법 ④ 심 용접법

78 용접자세에 사용되는 기호 중 "F"가 나타내는 것은?

① 아래보기 자세 ② 수직자세
③ 위보기 자세 ④ 수평자세

79 스테인레스나 알루미늄 합금의 납땜이 어려운 가장 큰 이유는?

① 적당한 용제가 없기 때문에
② 강한 산화막이 있기 때문에
③ 융점이 높기 때문에
④ 친화력이 강하기 때문에

80 티그(TIG)용접에서 전극을 모재에 접촉시키지 않아도 아크 발생이 되는 이유는?

① 아크 안정제를 사용하기 때문에
② 전압을 높게 하기 때문에
③ 고주파 발생장치를 사용하기 때문에
④ 텅스텐의 작용으로 인해서

81 용접이나 절단에 사용되는 연료가스가 가져야 할 성질 중 틀린 것은?

① 불꽃의 온도가 높을 것
② 연소 속도가 느릴 것
③ 발열량이 클 것
④ 용융금속과 화학반응을 일으키지 않을 것

82 저수소계 용접봉을 원래의 하드보드 박스에서 꺼낸 후 저장하는 방법으로 가장 옳은 것은?

① 재포장하여 저장한다.
② 공구 창고 내에 사이즈별로 저장한다.
③ 건조로에 넣어 저장한다.
④ 아무렇게나 저장해도 상관없다.

83 1차 입력이 35[kVA]의 용접기에서 전원 전압이 200[V]이면 퓨즈의 용량은 몇 [A]인가?

① 7060A   ② 235A
③ 165A   ④ 175A

84 자기 불림(Magnetic blow)의 방지책으로서 적합하지 않은 것은?

① 직류 전류 대신에 교류 전류를 사용할 것
② 긴 용접에는 될 수 있는대로 후진법을 사용할 것
③ 접지점을 용접부에서 가까운 곳에 할 것
④ 아크 길이를 되도록 짧게 할 것

85 용접의 원리상 가스 압접, 단접, 전기저항 용접을 압접이라고 하는데, 가스용접, 아크 용접 및 테르밋 용접을 무엇이라고 하는가?

① 가압접   ② 에네르기법
③ 열용접   ④ 융접

86 중성불꽃일 때, B형 가스용접 토치의 팁 번호가 250일 때, 이것을 올바르게 설명한 것은?

① 판 두께 250[mm]까지 용접한다.
② 1시간에 250리터의 아세틸렌가스를 소비하는 것이다.
③ 1시간에 250리터의 산소가스를 소비하는 것이다.
④ 1시간에 250[cm]까지 용접한다.

정답 77. ③ 78. ① 79. ② 80. ③ 81. ② 82. ③ 83. ④ 84. ③ 85. ④ 86. ②

87 압접의 종류에 속하지 않는 것은?

① 단접(Forged welding)
② 마찰 용접(Friction welding)
③ 점 용접(Spot welding)
④ 전자 빔 용접(Electron welding)

88 전기저항 용접의 특징 중 잘못된 것은?

① 용접시간이 극히 짧다.
② 재료손실이 적고, 용가재가 필요없다.
③ 숙련공이 필요없다.
④ 서로 다른 금속끼리 용접할 수 없다.

89 용접전류 200[A], 전압 40[V]일 때 전력은?

① 2kW   ② 4kW
③ 6kW   ④ 8kW

90 용접 이음의 기타 이음에 비하여 단점으로 옳은 것은?

① 작업공정이 증가함
② 두께의 제한이 있음
③ 잔류 응력이 발생함
④ 공기 밀폐와 수분 밀폐가 안 됨

91 산소병에 새겨진 각인 중 내압 시험 압력의 기호는?

① V   ② W
③ TP   ④ FP

92 원자 수소 용접 시 일어나는 상태변화이다. 이때 (A)항과 (B)항의 열의 상태를 올바르게 나타낸 것은?

$$H_2 \xrightarrow{\text{(A)}} 2H \xrightarrow{\text{(B)}} H_2$$

(분자상태)   (원자상태)   (분자상태)

① (A) : 발열, (B) : 발열
② (A) : 발열, (B) : 흡열
③ (A) : 흡열, (B) : 발열
④ (A) : 흡열, (B) : 흡열

93 용접부에 외부에서 주어지는 열량을 용접 입열이라고 한다. 피복아크 용접에서 아크가 용접의 단위 길이 1cm당 발생하는 전기적 에너지 H는 아크전압E(Volt), 아크 전류 I(ampere), 용접속도 V(cm/min)라 할 때, 어떤 관계식으로 주어지는가?

① $H = \dfrac{EI}{60V}$ (J/cm)

② $H = \dfrac{60EI}{V}$ (J/cm)

③ $H = \dfrac{60V}{EI}$ (J/cm)

④ $H = \dfrac{V}{60EI}$ (J/cm)

94 용적 40리터의 산소용기에서 고압력계가 90kgf/cm^{2}으로 나타났다면, 300리터의 노즐로서 몇 시간 용접을 할 수 있는가?(단, 산소와 아세틸렌의 혼합비는 1:1이다)

① 6시간   ② 12시간
③ 15시간   ④ 18시간

정답 87. ④ 88. ④ 89. ④ 90. ③ 91. ③ 92. ③ 93. ② 94. ②

95 TIG용접으로 알루미늄 용접 시 가장 옳은 방법은?

① 직류 정극성(DCSP) 사용
② 직류 역극성(DCRP) 사용
③ 교류(AC) 사용
④ 고주파수 교류(ACHF) 사용

96 경납땜의 융점은 몇 도(℃) 이상인가?

① 300℃   ② 312℃
③ 450℃   ④ 120℃

97 용접기의 효율을 구하는 식 중 맞는 것은?

① (소비 전력÷아크 출력)×100%
② (아크 출력÷소비 전력)×100%
③ (아크 전압×전류)×100%
④ (무부하 전압×아크 전류)×100%

98 아크용접에 대한 설명 중 틀린 것은?

① 아크용접은 차폐가스로서 탄산가스를 사용하는 소모 전극식 용접법이다.
② 용접장치, 용접전원 등 장치로서는 MIG용접과 같은 점이 많다.
③ 아크용접에서는 탈산제로서 Mn 및 Si를 포함한 용접와이어를 사용한다.
④ 아크용접에서는 차폐가스로 소량의 수소를 혼합한 것을 사용한다.

99 산소 − 아세틸렌 가스용접시 가장 적절한 복장은?

① 장갑만 사용한다.
② 장갑, 안전복, 보호안경을 사용한다.
③ 안전모, 장갑만 사용한다.
④ 안전복만 착용한다.

100 점용접에서 용접점이 앵글재와 같이 용접 위치가 나쁠 때, 보통팁으로는 용접이 어려운 경우에 사용하는 전극의 종류는?

① R형팁   ② P형팁
③ C형팁   ④ E형팁

101 아크 용접 및 산소−아세틸렌 가스용접에서 작업안전에 관한 각각의 설명으로 틀린 것은?

① 절연형 홀더를 사용한다.
② 2차 무부하 전압이 높은 용접기를 사용한다.
③ 산소 가스 누설검사는 비눗물로 한다.
④ 아세틸렌 가스 용기는 화기(火氣)에 접근시키지 않는다.

102 에어코우매틱(Air comatic) 용접법, 시그마(Sigma) 용접법, 필러아크 용접법 등은 어느 것과 관계가 있는가?

① TIG 용접법
② MIG 테르밋 용접법
③ 용접법
④ 심(Seam) 용접법

103 저항용접에 의한 압접에서 전류 20[A], 전기저항 30[Ω] 통전시간 10[sec]일 때, 저항열은 몇 [cal]인가?

① 14,400cal   ② 28,800cal
③ 48,800cal   ④ 24,400cal

104 일렉트로 슬래그 용접의 원리는?

① 슬래그 내부에 흐르는 전류에 의해 발생되는 에너지로, 모재와 와이어를 용융시키는 용접이다.
② CO_2 분위기에서 전류에 의해 발생되는 에너지로 모재와 와이어를 용융시키는 용접이다.
③ 잠호 용접과 같은 용접으로 플럭스 대신 CO_2로 분위기를 만드는 용접이다.
④ 피복아크 용접 시 CO_2 분위기를 만들어 결함을 줄이는 용접이다.

105 프로판 가스 절단과 비교하여 아세틸렌가스 절단의 장점이 아닌 것은?

① 점화하기 쉽다.
② 중성불꽃을 만들기 쉽다.
③ 슬래그가 쉽게 떨어진다.
④ 박판 절단 시 절단속도가 빠르다.

106 탄산가스 실드 아크 용접에서, 탄산가스에 의한 중독으로 인체의 치사량에 해당하는 탄산가스의 농도는 몇 %인가?

① 0.4% 이상   ② 30% 이상
③ 20% 이상   ④ 10% 이상

107 정격 2차 전류가 300[A], 정격사용율 [40%]인 아크용접기로 200[A]의 용접 전류를 사용하여 용접하는 경우의 허용사용률 (%)은?

① 60%   ② 70%
③ 80%   ④ 90%

108 용접성이 다른 연강봉에 비해 우수하나 흡습하기 쉽고, 비드 시작점과 끝점에서 아크 불안정으로 기공이 생기기 쉬운 용접봉 계열은?

① 저수소계 용접봉
② 일미나이트계 용접봉
③ 철분 산화 티탄계 용접봉
④ 고산화 티탄계 용접봉

109 발전형 직류용접기와 비교할 때, 정류기형 직류용접기의 특성이 아닌 것은?

① 직류를 얻는데 소음이 안 난다.
② 정류기의 파손에 주의해야 한다.
③ 완전한 직류를 얻지 못한다.
④ 보수와 점검이 어렵다.

110 아크전류 200[A], 무부하 전압 80[V], 아크 전압 30[V]인 교류 용접기를 사용할 때, 역율과 효율은?(단, 내부손실은 4[kW]임)

① 52.5[%], 50[%]
② 62.5[%], 60[%]
③ 63.5[%], 65[%]
④ 64.5[%], 70[%]

111 TIG 용접에서 아크 스타트를 쉽게 하고, 아크가 안정화되도록 용접기에 설비하는 것은?

① 콘덴서   ② 가동철심
③ 고주파발생기   ④ 리액터

112 땜납을 선택할 때, 요구사항으로 틀린 것은?

① 모재와의 친화력이 좋을 것
② 적당한 용융온도와 유동성을 가질 것
③ 금, 은, 공예품 등의 납땜에는 색조(色調)가 같을 것
④ 모재와의 전위차(電位差)가 가능한 한 많을 것

정답 104. ① 105. ③ 106. ② 107. ④ 108. ① 109. ④ 110. ② 111. ③ 112. ④

113 가스 가우징(Gouging)법을 가장 올바르게 설명한 것은?

① 가스의 순도 조절 방식
② 가스불꽃과 산소로 용접부의 결함 제거, 홈을 파는 방식
③ 절단 작업의 실제방식
④ 저압 토치의 압력 조절장치

114 교류 용접기의 특성이 아닌 것은?

① 아크가 안정하다.
② 취급이 쉽고 고장이 적다.
③ 보수가 용이하다.
④ 직류보다 감전의 위험이 많다.

115 감전 방지에는 다음과 같은 사항을 지켜야 한다. 이 중 틀린 것은?

① 홀더 케이블 및 용접기의 접속 및 절연 상태에 주의한다.
② 개로 전압이 높은 용접기는 사용하지 말아야 한다.
③ 어스(Earth)를 완전하게 접속한다.
④ 전격 방지기를 부착하였을 때에는 보호 장갑을 사용하지 않는 것이 좋다.

116 용접자세의 기호와 설명이 맞는 것은?

① V : 수평
② H : 수직
③ OH : 위보기
④ F : 전자세

117 잠호 용접의 장점에 속하지 않는 것은?

① 대전류를 사용하므로 용입이 깊다.
② 비드 외관이 아름답다.
③ 적당한 와이어와 용제를 써서 용착 금속의 모든 성질을 개선할 수 있다.
④ 용접 시 아크가 잘 보여 확인할 수 있다.

118 용접의 장·단점에 대한 각각의 설명으로 옳은 것은?

① 장점 : 용접부의 품질 검사가 용이하다.
② 장점 : 두께에 관하여 거의 무제한으로 접합할 수 있다.
③ 단점 : 이음 구조가 복잡하고, 완전한 기밀성, 수밀성을 얻을 수 없다.
④ 단점 : 작업공정의 단축이 불가능하여 비경제적이다.

119 연강용 피복아크 용접봉에서 피복제의 편심율은 몇 % 이내 이어야 하는가?

① 10%
② 15%
③ 30%
④ 3%

120 아크 용접 시 작업자에게 가장 위험한 부분은?

① 배전판
② 홀더 노출부
③ 용접기
④ 케이블

121 정격전류 300[A], 정격사용률 40(%)인 아크용접기로서 실제로 150[A]의 전류로서 용접한다고 할 때, 허용사용률은 얼마인가?

① 130%
② 140%
③ 150%
④ 160%

122 심(Seam) 용접법에서 전류를 통하는 방법이 아닌 것은?

① 심(Seam)통전법
② 띔(Intermittent)통전법
③ 맥동(Pulsation)통전법
④ 연속(Continuous)통전법

정답 113. ② 114. ① 115. ④ 116. ③ 117. ④ 118. ② 119. ④ 120. ② 121. ④ 122. ①

123 항해, 항공의 보안시설 또는 위험의 표시 사항에 해당되는 KS규격 안전 색채는?

① 파랑　　　　② 빨강
③ 노랑　　　　④ 주황

124 맞대기 저항용접에 해당하는 것은?

① 스폿 용접　　② 심 용접
③ 프로젝션 용접　④ 업셋 용접

125 가스용접봉 표시법 중 GA 43-5에서 'GA' 가 뜻하는 것은?

① 용접봉의 종류　② 인장강도
③ 지름　　　　④ 경도

126 가스절단에 관한 설명으로 옳지 않은 것은?

① 절단속도가 일정할 때에는 산소 소비량을 증가시키면 드랙(Drag)은 길어진다.
② 다이버전트 노즐(Divergent nozzle)은 가스절단할 때 고속 분출을 얻는데 적합하다.
③ 절단속도는 절단 산소의 압력이 높고, 산소 소비량이 많을수록 거의 비례적으로 증가한다.
④ 가스절단은 강의 절단에 널리 이용된다.

127 피복 아크 용접법에서 탄산제는 용융금속 중에 어느 것과 결합하여 어느 것을 제거하는 작용을 하나?

① 산소와 결합하여 질소를 제거하는 작용
② 산소와 결합하여 산소를 제거하는 작용
③ 산소와 결합하여 탄산가스를 제거하는 작용
④ 산소와 결합하여 규소를 제거하는 작용

128 서브머지드 아크 용접에서 용접기를 전류 용량으로 구별할 때, 최대 전류에 해당되지 않는 것은?

① 600[A]　　　② 900[A]
③ 2000[A]　　　④ 4000[A]

129 아크피복 배합제의 성질을 설명한 것 중 잘못된 것은?

① 탄산나트륨(Na_2CO_3)은 아크 안정 및 슬래그화한다.
② 탄산칼륨(K_2CO_3)은 탈산제이다.
③ 빙정석($Na_2 AlF_6$)은 슬래그화한다.
④ 니켈, 니크롬선, 구리(Cu)는 합금제이다.

130 테르밋 용접에서 테르밋제란 무엇과 무엇의 혼합물인가?

① 붕사와 붕사의 분말
② 탄소와 규소의 분말
③ 알루미늄과 산화철의 분말
④ 알루미늄과 납의 분말

131 아크 절단법에 해당되는 것은?

① 금속분말절단
② 플라즈마제트절단
③ 수중 절단
④ 산소창절단

132 전류의 저항발열을 이용한 용접법은?

① 일렉트로 슬래그 용접
② 잠호용접
③ 초음파 용접
④ 폭발용접

정답　123. ④　124. ④　125. ①　126. ①　127. ②　128. ①　129. ②　130. ③　131. ②　132. ①

133 가연성 가스 저장실에서의 주의사항으로 가장 적합한 것은?

① 휴대용 손전등만을 사용한다.
② 기름걸레 등을 통과 통 사이에 끼워 충격을 받지 않도록 한다.
③ 조명은 형광등으로만 한다.
④ 많은 사람들이 출입하여 안전을 검사한다.

134 아크 용접에서 피복 배합제 중 탈산제에 해당되는 것은?

① 산성백토　　② 규산나트륨
③ 산화티탄　　④ 페로망간

135 KS 안전색채에서 "주황"색이 표시하는 사항은?

① 위생　　② 방사능
③ 위험　　④ 구호

136 아크 용접에서 전류의 세기와 무관한 것은?

① 용입불량　　② 선상조직
③ 오버랩　　④ 언더 컷

137 모재를 녹이지 않고 접합하는 것은 어느 것인가?

① 가스용접　　② 아크 용접
③ 심용접　　④ 납땜

138 CO_2 아크용접에 대한 설명 중 틀린 것은?

① CO_2 아크용접은 차폐가스로서 탄산가스를 사용하는 소모 전극식 용접법이다.
② 용접장치, 용접전원 등 장치로서는 MIG용접과 같은 점이 많다.
③ CO_2 아크용접에서는 탈산제로서 Mn 및 Si를 포함한 용접와이어를 사용한다.
④ CO_2 아크용접에서는 차폐가스로 CO_2에 소량의 수소를 혼합한 것을 사용한다.

139 일렉트로 슬래그 용접(Electro—slag welding)에서 사용되는 수냉식 판의 재료는?

① 알루미늄　　② 니켈
③ 구리　　④ 연강

140 용접기의 통전시간을 6분, 휴식시간을 4분이라 할 때 이 용접기의 사용율은 몇 %나 되겠는가?

① 20%　　② 40%
③ 60%　　④ 80%

141 가스용접용 가스가 갖추어야 할 성질에 해당되지 않는 것은?

① 불꽃의 온도가 높을 것
② 연소속도가 빠를 것
③ 발열량이 적을 것
④ 용융금속과 화학반응을 일으키지 않을 것

정답　133. ③　134. ④　135. ③　136. ②　137. ④　138. ④　139. ③　140. ③　141. ③

142 D급 화재에 해당하는 것은?

① 목재, 종이 등에 의한 화재
② 유류에 의한 화재
③ 전기 화재
④ 금속 화재

143 용해 아세틸렌을 안전하게 취급하는 방법이다. 잘못된 것은?

① 아세틸렌병은 반드시 세워서 사용한다.
② 아세틸렌 가스의 누설은 폭발을 초래하기 쉬우므로 반드시 성냥불로 검사해야 한다.
③ 아세틸렌 밸브가 얼었을 때는 더운 물로 데워야 하며 불꽃을 사용해서는 안 된다.
④ 밸브 고장으로 아세틸렌 누출 시는 통풍이 잘되는 곳으로 병을 옮겨 놓아야 한다.

144 가스 절단면에서 절단면에 생기는 드래그 라인(Drag line)에 관한 설명 중 틀린 것은?

① 절단면에 일정간격의 평행 곡선 모양으로 나타난다.
② 가스 절단의 양부를 판정하는 기준이 된다.
③ 산소 소비량을 증가시키면 드래그가 길어진다.
④ 강판 두께의 약 20%를 표준으로 하고 있다.

145 아크 절단법이 아닌 것은?

① 금속아크 절단
② 미그아크 절단
③ 플라스마 제트 절단
④ 서브머지드 아크 절단

146 아크 에어 가우징(Arc air gouging) 작업에서 탄소봉의 노출 길이가 길어지고, 외관이 거칠어지는 가장 큰 원인은?

① 전류가 높은 경우
② 전류가 낮은 경우
③ 가우징 속도가 빠른 경우
④ 가우징 속도가 느린 경우

147 직류 정극성에 대한 설명으로 올바르지 못한 것은?

① 모재를 (+)극에, 용접봉을 (-)극에 연결한다.
② 용접봉의 용융이 느리다.
③ 모재의 용입이 깊다.
④ 용접 비드의 폭이 넓다.

148 점(spot) 용접의 3대 요소로 옳지 않은 것은?

① 용접전압   ② 용접전류
③ 통전시간   ④ 가압력

149 일렉트로 슬래그(Electro slag) 용접은 다음 중 어떤 종류의 열원을 사용하는 것인가?

① 전류의 전기저항열
② 용접봉과 모재 사이에서 발생하는 아크열
③ 원자의 분리 융합 과정에서 발생하는 열
④ 점화제의 화학반응에 의한 열

150 주로 상하부재의 접합을 위하여 한편의 부재에 구멍을 뚫어, 이 구멍 부분을 채우는 형태의 용접방법은?

① 필릿 용접   ② 맞대기 용접
③ 플러그 용접   ④ 플래시 용접

151 다음 중 가장 높은 열을 발생시킬 수 있는 용접 방법은?

① 테르밋 용접
② 일렉트로 슬래그 용접
③ 플라즈마 용접
④ 원자수소 용접

152 아크 용접 시 감전 방지에 관한 내용 중 틀린 것은?

① 비가 내리는 날이나 습도가 높은 날에는 특히 감전에 주의를 하여야 한다.
② 전격방지 장치는 매일 점검하지 않으면 안 된다.
③ 홀더의 절연상태가 충분하면 전격 방지 장치는 필요 없다.
④ 용접기의 내부에 함부로 손을 대지 않는다.

153 보기와 같은 아크 용접봉이 있다. 용접봉의 지름은 얼마인가?

[보기 : E4316-AC-5-400]

① 5mm   ② 43mm
③ 400mm   ④ 16mm

154 다음 중 용접기를 설치해서는 안 되는 장소는?

① 진동이나 충격이 없는 장소
② 휘발성 가스가 있는 장소
③ 기름이나 증기가 없는 장소
④ 주위온도가 -5℃인 장소

155 용접기의 보수 및 점검 시 지켜야 할 사항으로 틀린 것은?

① 2차측 단자의 한쪽과 용접기 케이스는 접지해서는 안 된다.
② 각 부분 냉각팬을 점검하고 주유해야 한다.
③ 탭 전환의 전기적 접속부는 자주 샌드페이퍼 등으로 잘 닦아준다.
④ 용접 케이블 등의 파손된 부분은 절연 테이프로 감아야 한다.

156 가스용접 작업에 필요한 보호구에 대한 설명 중 틀린 것은?

① 보호안경은 적외선, 자외선, 강렬한 가시광선과 비산되는 불꽃에서 눈을 보호한다.
② 보호장갑은 화상방지를 위하여 꼭 착용한다.
③ 앞치마와 팔덮개 등은 착용하면 작업하기에 힘이 들기 때문에 착용하지 않아도 된다.
④ 유해가스가 발생할 염려가 있을 때에는 방독면을 착용한다.

157 아크 용접에서 피복제의 주요 작용으로 가장 알맞은 설명은?

① 용착금속의 합금 원소 제거
② 용융점이 높은 적당한 점성의 무거운 슬래그 생성
③ 용착금속의 탈산 정련작용
④ 용착금속의 응고와 냉각속도 증가

158 피복 아크 용접에서 직류 정극성의 설명으로 틀린 것은?

① 모재를 +극에, 용접봉을 −극에 연결한다.
② 모재의 용입이 얕아진다.
③ 두꺼운 판의 용접에 적합하다.
④ 용접봉의 용융이 늦다.

159 경납땜에서 갖추어야 할 조건으로 틀린 것은?

① 기계적, 물리적, 화학적 성질이 좋아야 한다.
② 접합이 튼튼하고 모재와 친화력이 없어야 한다.
③ 모재와 야금적 반응이 만족스러워야 한다.
④ 모재와의 전위차가 가능한 한 적어야 한다.

160 CO_2 가스로 충전된 CO_2 가스 용량은 무엇으로 나타내는가?

① CO_2 가스 조정기의 압력
② 용기 내의 가스 중량
③ 충전 전의 용기 중량
④ 충전 후의 용기 중량

161 이음부의 겹침을 판 두께 정도로 하고 겹쳐진 폭 전체를 가압하여 심 용접을 하는 방법은?

① 매시 심용접(Mash seam welding)
② 포일 심용접(Foil seam welding)
③ 맞대기 심용접(Butt seam welding)
④ 인터랙 심용접(Interact seam welding)

162 아크용접 중 방독마스크를 쓰지 않아도 되는 용접 재료는?

① 주강
② 황동
③ 아연 도금판
④ 카드뮴 합금

163 유니온멜트 용접 또는 케네디 용접이라고 부르기도 하며 용제(Flux)를 사용하는 용접법은?

① 서브머지드 용접
② 불활성가스용접
③ 원자수소 용접
④ CO_2 가스용접

정답 158. ② 159. ② 160. ② 161. ① 162. ② 163. ①

국가기술자격
필기시험문제

한국산업인력공단 시행
2008 ~ 2018 용접산업기사
기출문제 및 해설
(31회분)

국가기술자격 필기시험문제

2008년 3월 2일 기사 제1회 필기시험				수험 번호	성명
자격 종목	종목코드	시험시간	형별		
용접산업기사	2026	1시간 30분	B		

제1과목 용접야금 및 용접설비제도

01 주철의 용접 시 주의사항으로 틀린 것은?

① 용접 전류는 필요 이상 높이지 말고 지나치게 용입을 깊게 하지 않는다.
② 비드의 배치는 짧게 해서 여러 번의 조작으로 완료한다.
③ 용접봉은 가급적 지름이 큰 것을 사용한다.
④ 용접부를 필요 이상 크게 하지 않는다.

> **!** 주철 용접 시는 가급적 용입을 얕게 하기 위하여 가는 용접봉을 사용한다.

02 다음 중 금속의 일반적 특성으로 틀린 것은?

① 모든 금속은 상온에서 고체이며 결정체이다.
② 열과 전기의 좋은 양도체이다.
③ 전성 및 연성이 풍부하다.
④ 금속적 광택을 가지고 있다.

> **!** **금속의 공통적 성질**
> • 실온에서 고체이며, 결정체이다(단, 수은은 액체).
> • 빛을 발산하고 고유의 광택이 있다.
> • 가공이 용이하고 연·전성이 크다.
> • 열, 전기의 양도체이다.
> • 비중이 크고 경도 및 용융점이 높다.

03 금속 재료의 냉간가공에 따른 일반적 성질 변화 중 옳지 않은 것은?

① 인장강도 증가   ② 경도 증가
③ 연신율 감소   ④ 피로강도 감소

> **!** 냉간 가공 시 인장강도, 경도, 피로강도는 증가하고 전연성과 연신율, 수축률은 감소한다.

04 규소가 탄소강에 미치는 일반적 영향으로 틀린 것은?

① 강의 인장강도를 크게 한다.
② 연신율을 감소시킨다.
③ 가공성을 좋게 한다.
④ 충격값을 감소시킨다.

> **!** 규소(Si)는 강도, 경도가 증가하나 가공성이 떨어지며 내식성과 내마멸성이 증가된다.

05 연강을 0℃ 이하에서 용접할 경우 예열하는 요령으로 올바른 것은?

① 용접 이음의 양쪽 폭 100mm 정도를 40~75℃로 예열한다.
② 용접 이음부를 약 500~600℃로 예열한다.
③ 용접 이음부의 홈 안을 700℃ 전후로 예열한다.
④ 연강은 예열이 필요 없다.

> **!** 0℃ 이하로 온도가 떨어지면 저온 균열이 생기므로 저온 균열을 방지하기 위해서 홈 양끝 100mm 나비를 40~70℃로 예열한 후 용접하는 것이 좋다.

06 고장력강의 용접 시 일반적인 주의사항으로 잘못된 것은?

① 용접봉은 저수소계를 사용한다.
② 용접 개시 전 이음부 내부를 청소한다.
③ 위빙 폭을 크게 하지 말아야 한다.
④ 아크 길이는 최대한 길게 유지한다.

! 고장력강의 용접 시 아크 길이를 짧게 하고 위빙 폭을 작게 하는 것이 결함을 줄이는 방법이다.

07 Fe-C 평형상태도에서 γ-철의 결정구조는?

① 면심입방격자   ② 체심입방격자
③ 조밀육방격자   ④ 혼합결정격자

! γ-Fe은 면심입방격자, α-Fe은 체심입방격자, δ-Fe은 체심입방격자

08 합금강에 첨가한 원소의 일반적인 효과가 잘못된 것은?

① Ni-강인성 및 내식성 향상
② Ti-내식성 향상
③ Cr-내식성 감소 및 연성 증가
④ W-고온강도 향상

! 크롬(Cr)은 경도, 강도 증가, 함유량에 따라 내식성, 내열성, 내마멸성이 증가하며 자경성이 증가되며 10% 이상 시는 가스절단이 곤란하다.

09 다음 중 적열 취성의 주원인이 되는 원소는?

① 질소   ② 황
③ 수소   ④ 망간

!
탄소강에서 생기는 취성(메짐)

취성의 종류	현상	원인
청열 취성	강이 200~300℃로 가열되면 경도, 강도가 최대로 되고, 연신율, 단면 수축률은 줄어들게 되어 메지게 되는 것으로 이때 표면에 청색의 산화 피막이 생성된다.	P
적열 취성	고온 900℃ 이상에서 물체가 빨갛게 되어 메지는 것을 적열 취성이라 한다.	S
상온 취성	충격, 피로 등에 대하여 깨지는 성질로 일명 냉간 취성이라고도 한다.	P

10 다음 그림은 체심입방 A·B형 격자를 나타낸 것이다. 격자 내의 B원자수는?
(단, ○:A 원자, ●:B 원자)

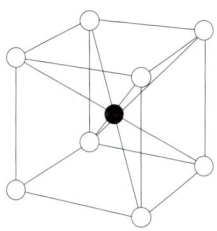

① 8   ② 4
③ 2   ④ 1

! A원자는 ⅛ × 8 = 1, B 원자는 1이므로 체심입방 격자의 원자수는 2이다.

11 용접설비제도에 사용하는 문자의 크기에 있어서 일반치수숫자 및 기술문자의 크기는?

① 2.24~4.5mm
② 3.15~6.3mm
③ 6.3~12.5mm
④ 9~18mm

! 용접제도에서 문자의 크기는 일반적으로 3.15~6.3mm 이다.

12 기계제도에서 단면도에 관한 설명으로 틀린 것은?

① 가상의 절단면을 정투상법에 의하여 나타낸 투상도를 말한다.
② 주로 대칭인 물체의 중심선을 기준으로 내부 모양과 외부 모양을 동시에 표현하는 방법이 한쪽 단면도이다.
③ 단면 부분은 단면이란 것을 표시하기 위하여 해칭 또는 스머징을 한다.
④ 해칭은 주된 중심선에 대해서 $60°$로 굵은 실선의 등간격으로 표시한다.

! 해칭은 45° 각도로 가는 실선으로 표시한다.

13 핸들이나 바퀴 등의 암 및 림, 리브, 훅 등의 절단면을 90˚ 회전하여 그린 단면도는?

① 온 단면도
② 한쪽 단면도
③ 부분 단면도
④ 회전 단면도

14 A0의 도면 치수는 얼마인가?(단, 단위는 mm 이다.)

① 841×1189
② 594×841
③ 841×1783
④ 594×1682

15 물체의 모양을 가장 잘 나타낼 수 있는 투상면은?

① 평면도   ② 정면도
③ 우측면도   ④ 좌측면도

16 용접부 보조기호 중 끝단부를 매끄럽게 처리하도록 하는 기호는?

17 다음 용접기호를 설명한 것으로 올바른 것은?

$$C \boxed{} n \times \ell(e)$$

① C = 슬롯부의 폭
② I = 용접부의 개수 (용접수)
③ n = 용접부의 길이
④ (e) = 크레이터 길이

18 다음 용접의 명칭과 기호가 맞지 않는 것은?

① 겹침 이음 : ＼／
② 가장자리 용접 : ｜｜｜
③ 서페이싱 : ⌒
④ 서페이싱 이음 : ＝

19 다음 그림의 보조기호의 용접기호를 바르게 설명한 것은?

$$\boxed{\text{MR}}$$

① 영구적인 덮개판을 사용
② 평면(동일평면)으로 다듬질
③ 제거 가능한 덮개판을 사용
④ 끝단부를 매끄럽게 다듬질

20 원 또는 다각형에 감긴 실을 잡아당기면서 풀어갈 때 실 위의 한 점이 그려가는 것을 이어서 얻은 선을 무엇이라 하는가?

① 포물선
② 쌍곡선
③ 인벌류트 곡선
④ 사이클로이드곡선

21 용접부의 안전율(Safety factor)을 나타낸 것은?

① 안전율 = $\dfrac{\text{극한강도}}{\text{허용응력}} \times 100\%$

② 안전율 = $\dfrac{\text{극한응력}}{\text{전단응력}} \times 100\%$

③ 안전율 = $\dfrac{\text{피로강도}}{\text{굽힘응력}} \times 100\%$

④ 안전율 = $\dfrac{\text{굽힘응력}}{\text{피로응력}} \times 100\%$

22 맞대기나 필릿 용접부의 비드표면과 모재와의 경계부에 발생하는 용접균열은?

① 힐 균열(Heel crack)
② 토 균열(Toe creack)
③ 비드 밑 균열(Under bead crack)
④ 루트 균열(Root crack)

! 용접 균열의 종류
 • 토 균열 : 비드표면과 모재와의 경계부분에 생기는 결함
 • 비드 밑 균열 : 외부에서 볼 수 없는 균열
 • 루트 균열 : 용접 첫 층의 루트 근방에 생기는 결함
 • 크레이터 균열 : 용접을 끝낸 직후의 크레이트 부분에 생기는 결함
 • 라미네이션 균열 : 모재의 재질 결함

23 똑같은 두께의 재료를 다음 보기와 같이 용접할 때 냉각속도가 가장 빠른 이음은?

①
②
③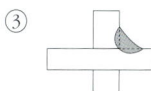
④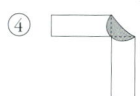

24 다음 그림에서 필릿 용접의 실제 목두께(Actual throat)를 나타내는 것은?

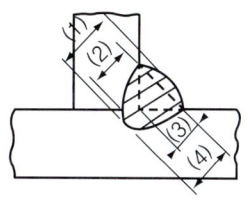

① (1)　　　　② (2)
③ (3)　　　　④ (4)

! (1) : 실제 목두께, (2) : 이론 목두께

25 용접 준비에서 조립 및 가용접에 관한 설명으로 옳은 것은?

① 변형 혹은 잔류응력을 될 수 있는대로 크도록 해야 한다.
② 가용접은 본 용접을 실시하기 전에 좌우의 홈 부분을 잠정적으로 고정하기 위한 짧은 용접이다.
③ 조립순서는 수축이 큰 이음을 나중에 용접한다.
④ 용접물의 중립축에 대하여 용접으로 인한 수축력 모멘트의 합이 100이 되도록 한다.

26 다음 금속 중 냉각속도가 가장 큰 금속은?

① 연강　　　　② 알루미늄
③ 구리　　　　④ 스테인리스강

! 열전도율은 은 > 구리 > 금 > 알루미늄 > 마그네슘 > 아연 > 니켈 > 철 순이며 열전도율과 전기전도율은 비슷하다.

27 용착부의 인장응력이 5kgf/mm², 용접선 유효길이가 80mm이며, V형 맞대기로 완전 용입인 경우 하중 8000kgf에 대한 판두께는 몇 mm인가?(단, 하중은 용접선과 직각 방향임)

① 10mm ② 20mm
③ 30mm ④ 40mm

!
- 허용응력 $= \dfrac{하중}{단면적} = \dfrac{하중}{두께 \times 용접선\ 길이}$
- 두께 $= \dfrac{8000}{5 \times 80} = 20$

28 다음 용접 변형 교정 방법 중 적합하지 않은 것은?

① 얇은 판에 대한 점 수축법
② 형재에 대한 직선 수축법
③ 가열 후 해머질하는 법
④ 변형 된 부위를 줄질하는 법

29 용접이음의 강도는 이음에 어떤 부하가 작용하는지를 생각해야 하는데 그 부하에 속하지 않는 것은?

① 수직력(P) ② 굽힘모멘트(H)
③ 비틀림 모멘트(T) ④ 응력강도(K)

30 자기검사에서 피검사물의 자화방법은 물체의 형상과 결함의 방향에 따라서 여러 가지가 사용된다. 그 중 옳지 않은 것은?

① 투과법 ② 축 통전법
③ 직각 통전법 ④ 극간법

!
자기 검사에는 축 통전법, 극간법, 관통법, 코일법, 직각 통전법이 있다.

31 피복아크 용접기에서 AW300, 무부하전압 70V, 아크전압 30V를 사용할 때(내부손실 3KW) 역률과 효율은 각각 얼마인가?

① 역률 75.8%, 효율 57.2%
② 역률 72.3%, 효율 64.7%
③ 역률 67.4%, 효율 71%
④ 역률 57.1%, 효율 75%

!
- 효율 $= \dfrac{아크출력}{소비전력} \times 100 = \dfrac{9}{12} \times 100 = 75\%$
- 역률 $= \dfrac{소비전력}{전원입력} \times 100 = \dfrac{12}{21} \times 100 = 57.1\%$
- 전원입력 = 무부하 전압 × 정격2차전류 = 70 × 300 = 21,000VA = 21kVA
- 아크출력 = 아크전압 × 정격2차 전류 = 30 × 300 = 9,000W = 9kW
- 소비전력 = 아크출력 + 내부손실 = 9 + 3 = 12

32 계산 또는 필릿용접의 치수 이상으로 표면 위에 용착된 금속은?

① 이면비드 ② 덧붙이
③ 개선 홈 ④ 용접의 루트

33 용접이음을 설계할 때 주의할 사항이 아닌 것은?

① 아래보기 용접을 많이 하도록 한다.
② 용접보조기구 및 장비를 사용하여 작업조건을 좋게 만든다.
③ 용접진행은 부재의 자유단에서 고정단으로 향하여 용접하게 한다.
④ 부재 전체에 가능한 열의 분포가 일정하게 되도록 한다.

34 초음파탐상법 중 가장 많이 사용되는 검사법은?

① 투과법 ② 펄스반사법
③ 공진법 ④ 자기검사법

!
초음파 검사는 0.5~15MHz의 초음파를 이용하며 투과법, 펄스반사법, 공진법이 사용되며 펄스반사법을 가장 많이 이용한다.

35 아크 전류가 300A, 아크 전압이 25V, 용접 속도가 20cm/min인 경우 용접길이 1cm당 발생되는 용접 입열(J/cm)은?

① 20,000   ② 22,500

③ 25,500   ④ 30,000

> **!**
>
> $$\cdot H = \frac{60EI}{V} = \frac{60 \times 25 \times 300}{20} = 22,500(J/cm)$$

36 다음 중 이음 효율을 구하는 식으로 맞는 것은?

① 용접이음의 허용응력 / 모재의 허용응력

② 모재의 인장강도 / 용착금속의 인장강도

③ 용접재료의 항복강도 / 용접재료의 인장강도

④ 모재의 인장강도 / 용접시편의 인장강도

37 다층 용접 시 한 부분의 몇 층을 용접하다가 이것을 다음 부분의 층으로 연속시켜 전체가 단계를 이루도록 용착시켜 나가는 방법은?

① 후퇴법(Backstep method)

② 캐스케이드법(Cascade method)

③ 블록법(Block method)

④ 덧살올림법(Build-up method)

> **!**
>
> **다층 용접법의 종류**
> - 덧살올림법(빌드업법) : 열영향이 크고 슬래그 섞임의 우려가 있다. 한랭 시, 구속이 클 때 후판에서 첫 층에 균열 발생 우려가 있다. 하지만 가장 일반적인 방법이다.
> - 캐스케이드법 : 한 부분의 몇 층을 용접하다가 이것을 다음 부분의 층으로 연속시켜 용접하는 방법으로 후퇴법과 같이 사용하며, 용접결함 발생이 적으나 잘 사용되지 않는다.
> - 전진블록법 : 한 개의 용접봉으로 살을 붙일 만한 길이로 구분해서 홈을 한 부분에 여러 층으로 완전히 쌓아 올린 다음, 다음 부분으로 진행하는 방법으로 첫 층에 균열발생 우려가 있는 곳에 사용된다.

38 강판 두께 9mm, 용접선 유효길이 150mm, 홈의 깊이 h_1, h_2가 각각 3mm인 V형 맞대기 용접을 불완전 용입으로 용접하고, 9000kgf의 하중이 용접선과 직각 방향으로 작용하는 경우 압축 응력은 몇 kgf/mm²인가?

① 20   ② 15

③ 10   ④ 5

> **!**
>
> $$압축응력 = \frac{하중}{단면적} = \frac{하중}{용접선\ 길이 \times 홈\ 길이}$$
> $$= \frac{9000}{150 \times (3+3)} = 10$$

39 끝이 구면인 특수한 해머로써 용접부를 연속적으로 때려 용접표면상에 소성변형을 주어 인장응력을 완화하는 방법은?

① 전진법   ② 스킵법

③ 후퇴법   ④ 피닝법

> **!**
>
> 피닝법은 용접부를 연속적으로 타격하여 표면상에 소성변형을 주어 응력을 제거하는 방법이다.

40 본 용접에서 용착법의 종류에 해당되지 않는 것은?

① 대칭법   ② 풀림법

③ 후퇴법   ④ 스킵법

> **!**
>
> **일반 열처리의 종류**
> - 담금질(퀜칭) : 강을 강하게 만든다. 소금물 최대효과
> - 뜨임(템퍼링) : 담금질로 인한 취성 제거, 강인성 증가(MO, W, V)
> - 풀림(어닐링) : 재질의 변화, 내부응력 제거, 서냉처리 – 국부풀림온도 625±25℃
> - 불림(노멀라이징) : 조직의 균일화, 공랭, 미세조직화, A_3 변태점에서 실시

41 가스 용접에서 역화의 원인이 될 수 없는 것은?

① 아세틸렌의 압력이 높을 때
② 팁 끝이 모재에 부딪혔을 때
③ 스패터가 팁의 끝 부분에 덮혔을 때
④ 토치에 먼지나 물방울이 들어갔을 때

! **역류, 역화 및 인화**
• 산소가 아세틸렌 도관쪽으로 흘러 들어가는 현상이 역류이다.
• 불꽃이 팁 끝에서 순간적으로 폭음을 내며 들어갔다가 꺼지는 현상이 역화이다.
• 불꽃이 혼합실까지 들어가는 현상이 인화이다.
• 역류 및 인화가 되었을 때는 위험하며, 역화가 일어날 때는 토치를 식혀준 뒤 작업을 하여야 한다.

42 전격 방지를 위한 준비 작업으로 틀린 것은?

① 피용접물과 용접 케이스를 접지시킨다.
② 면장갑을 끼고 그 위에 용접용 장갑을 낀다.
③ 우천시에는 용접기의 과열을 방지하기 위하여 비에 젖도록 하는 것이 좋다.
④ 전격방지 장치가 설치된 용접기를 사용한다.

43 가스용접에서 산소 압력조정기의 압력조정 나사를 오른쪽으로 돌리면 밸브는 어떻게 되는가?

① 잠겨진다.
② 중립상태로 된다.
③ 고정된다.
④ 열리게 된다.

! 산소 압력 조정기의 압력 조정나사를 오른쪽으로 돌리면 밸브가 열리도록 되어 있다.

44 금속과 금속을 충분히 접근시키면 금속원자 사이에 인력이 작용하여 그 인력에 의하여 금속을 영구 결합시키는 것이 아닌 것은?

① 융접　② 압접
③ 납땜　④ 리벳이음

45 1차 입력이 22kVA인 피복 아크용접기에서 전원 전압이 220V라면 퓨즈는 다음 중 몇 A가 가장 적합한가?

① 50A　② 100A
③ 200A　④ 400A

! $$\text{퓨즈의 용량} = \frac{\text{1차입력}}{\text{전원입력}} = \frac{22000}{220} = 100A$$

46 산소 아세틸렌 가스로 절단이 가장 잘 되는 금속은?

① 연강　② 알루미늄
③ 스테인리스강　④ 구리

47 내용적 40리터의 산소용기에 조정기의 고압측 압력계가 50kgf/cm²를 지시하고 있다면, 이 용기에서 잔류산소가 몇 리터(L) 있는가?

① 100L　② 200L
③ 1000L　④ 2000L

! $$\text{총 가스량} = \text{내용적(L)} \times \text{압력(P)} = 40 \times 50 = 20,000L$$

48 피복아크 용접봉의 피복제 중 아크 안정제는?

① 규산칼륨　　　② 탄가루
③ 마그네슘　　　④ 페로크롬

49 서브머지드 아크용접의 용제에 대한 설명이다. 용융형 용제의 특성이 아닌 것은?

① 비드 외관이 아름답다.
② 흡습성이 높아 재건조가 필요하다.
③ 용제의 화학적 균일성이 양호하다.
④ 용융 시 분해되거나 산화되는 원소를 첨가할 수 있다.

50 직류 아크 용접에서 정극성의 특징에 해당되는 것은?

① 용접봉의 용융이 빠르다.
② 비드 폭이 넓다.
③ 모재의 용입이 깊다.
④ 박판 용접에 용이하다.

51 아크용접 시 발생되는 유해한 광선은?

① X-선　　　② 감마선(γ)
③ 알파선(a)　　　④ 적외선

52 단조에 비교하여 용접의 장점이 아닌 것은?

① 재료의 두께에 제한이 없다.
② 시설비가 적게 든다.
③ 수축변형 및 잔류응력이 발생한다.
④ 서로 다른 금속을 접합할 수 있다.

53 보호가스와 용극방식에 의한 분류 중 용제가 들어 있는 와이어 CO_2 법이 아닌 것은?

① 아코스 아크법　　　② 스카핑 아크법
③ 퓨즈 아크법　　　④ 유니언 아크법

54 가스용접에서 판두께를 t(mm)라면 용접봉의 지름 D(mm)를 구하는 식으로 옳은 것은?(단, 모재의 두께는 1mm 이상인 경우이다)

① $D = t + 1$　　　② $D = \dfrac{t}{2} + 1$

③ $D = \dfrac{t}{3} + 2$　　　④ $D = \dfrac{t}{4} + 2$

55 가스용접에서 충전가스 용기의 도색을 표시한 것이다. 틀린 것은?

① 산소 - 녹색
② 수소 - 주황색
③ 프로판 - 회색
④ 아세틸렌 - 청색

56 가스 절단법에 사용되는 프로판가스의 성질을 설명한 것 중 틀린 것은?

① 공기보다 가볍다.
② 액화성이 있다.
③ 증발잠열이 크다.
④ 석유정제과정의 부산물이다.

> ❗ 프로판 비중은 1.52이다.

57 다음 중 연납의 종류가 아닌 것은?

① 주석 - 납
② 인 - 구리
③ 납 - 카드뮴
④ 카드뮴 - 아연

> ❗ • 연납과 경납의 기준점은 450℃이다.
> • 연납의 종류 : 주석 - 납, 납 - 카드뮴납, 납 - 은납, 저융접 땜납, 카드뮴 - 아연납 등
> • 경납의 종류 : 은납, 황동납, 인동납, 망간납, 양은납, 알루미늄납 등

58 플라스마 아크 용접법의 종류에 해당되지 않는 것은?

① 중간형 아크법
② 이행형 아크법
③ 용적형 아크법
④ 비이행형 아크법

> ❗ 플라즈마 아크 용접법에는 이행형, 비이행형, 중간형 아크법이 있다.

59 산소 아세틸렌 불꽃에서 아세틸렌이 이론적으로 완전 연소하는데 필요한 산소 : 아세틸렌의 연소비는?

① 1.5 : 1
② 1 : 1.5
③ 2.5 : 1
④ 1 : 2.5

60 TIG용접 중 직류 정극성을 사용하여 용접했을 때 용접효율을 가장 많이 올릴 수 있는 재료는?

① 스테인리스강
② 알루미늄합금
③ 마그네슘합금
④ 알루미늄주물

> ❗ 직류 정극성은 폭이 좁고, 용입이 깊고, 용접 속도가 빠르며 용접효율이 가장 좋은 재료는 스테인리스강이다.

국가기술자격 필기시험문제

2008년 5월 11일 기사 제2회 필기시험

자격 종목	종목코드	시험시간	형별	수험 번호	성명
용접산업기사	2026	1시간 30분	A		

제1과목 용접야금 및 용접설비제도

01 용접 후 제품의 잔류 응력을 제거하는 방법이 아닌 것은?

① 저온 응력 완화법
② 노내 풀림법
③ 국부 풀림법
④ 오스템퍼링

❗ 잔류 응력을 줄이는 방법은 일반 열처리법 중 풀림법을 주로 사용하며 노내 풀림법, 국부 풀림법, 저온 응력 완화법, 기계적 응력 완화법, 피닝법 등이 있다.

02 고장력강 용접 시 주의사항 중 틀린 것은?

① 용접봉은 저수소계를 사용한다.
② 아크 길이는 가능한 짧게 유지한다.
③ 위빙 폭은 용접봉 지름의 3배 이상으로 한다.
④ 용접개시 전에 용접할 부분을 청소한다.

❗ 고장력강 용접 시에는 저수소계 용접봉을 사용하고, 아크 길이를 짧게 하며, 위빙 폭을 작게 하여 결함을 방지한다.

03 피복 아크 용접봉에 습기가 많을 때 나타나는 것은?

① 아크가 안정해진다.
② 용접부에 기공이나 균열이 생기기 쉽다.
③ 용접 비드 폭이 넓어지고 비드가 깨끗해진다.
④ 용접 후 각 변형이 작아진다.

04 주철 용접이 곤란한 이유 중 맞지 않는 것은?

① 수축이 많아 균열이 생기기 쉽다.
② 용융금속 일부가 연화된다.
③ 용착 금속에 기공이 생기기 쉽다.
④ 흑연의 조대화 등으로 모재와의 친화력이 나쁘다.

❗ 주철을 용접할 때 주의사항
• 보수용접을 행하는 경우 본바닥이 나타날 때까지 잘 깎아낸 후 용접한다.
• 파열의 끝에 작은 구멍을 뚫는다.
• 용접전류는 필요 이상 높이지 말고, 직선비드를 사용하며, 깊은 용입을 얻지 않는다.
• 될 수 있는 대로 가는 지름의 것을 사용한다.
• 비드 배치는 짧게 여러 번 한다.
• 피닝작업을 하여 변형을 줄인다.
• 가스용접을 할 때 중성 불꽃 및 탄화 불꽃을 사용하며, 플럭스를 충분히 사용한다.
• 두꺼운 판의 경우에는 예열과 후열 후 서냉한다.

05 오스테나이트계 스테인리스강의 용접 시 발생하기 쉬운 고온 균열에 영향을 주는 합금원소 중에서 균열의 증가에 가장 관계가 깊은 원소는?

① C
② Mo
③ Mn
④ S

❗ 고온 균열의 주원인은 황(S) 성분이 함유되어 있을 때

06 순철의 자기변태온도는 약 얼마인가?

① 210℃　　　　② 738℃
③ 768℃　　　　④ 910℃

> **!**
> 자기변태는 어느 일정한 온도에서 원자 배열은 변화하지 않고 자성을 잃거나 얻는 것이다. 순철의 자기변태점은 768℃이다.
> • A_1 변태점 210℃
> • A_2 변태점 768℃
> • A_3 변태점 912℃
> • A_4 변태점 1400℃

07 아크용접에서 피복제의 역할에 대하여 틀린 것은?

① 용착금속을 보호
② 용착금속에 산소 및 수소공급
③ 아크의 안정
④ 용착금속의 급냉방지

> **!**
> **피복제의 역할(용제)**
> • 아크안정, 산·질화 방지, 용적의 미세화
> • 서냉으로 취성방지, 탈산정련, 슬래그 박리성 증대
> • 유동성 증가, 전기절연작용

08 다음 중 열영향부의 냉각속도에 영향을 미치는 용접조건이 아닌 것은?

① 용접전류　　　② 아크전압
③ 용접속도　　　④ 무부하 전압

> **!**
> 무부하 전압과 열영향부의 냉각속도는 아무런 상관이 없다.

09 알루미늄의 성질을 설명한 것으로 틀린 것은?

① 비중이 가벼워 경금속에 속한다.
② 전기 및 열의 전도율이 좋다.
③ 산화 피막의 보호 작용으로 내식성이 좋다.
④ 염산에 아주 강하다.

> **!**
> 알루미늄은 대기 중에서 쉽게 산화되고 염산에는 침식이 빨리 진행된다.

10 질화법의 종류가 아닌 것은?

① 가스 질화법　　② 연 질화법
③ 액체 침질법　　④ 고체 질화법

> **!**
> **질화법**
> • 암모니아 가스를 이용한다.
> • 높은 표면경도를 얻는다.
> • 처리 시간이 길다.
> • 내식성이 증가한다.
> • 내마멸성이 커진다.

11 다음 용접 기호의 설명으로 틀린 것은?

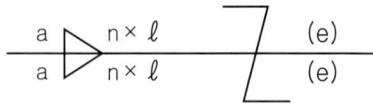

① 목두께가 a인 지그재그 단속필릿 용접이다.
② n은 용접부의 개수를 말한다.
③ l 은 용접부의 길이로 크레이터부를 포함한다.
④ (e)는 인접한 용접부간의 거리를 표시한다.

> **!**
> l 은 용접부의 길이를 의미한다.

12 다음 중 평면도법에서 인벌류트 곡선에 대한 설명이다. 올바른 것은?

① 원기둥에 감긴 실의 한 끝을 늦추지 않고 풀어나갈 때 이 실의 끝이 그리는 곡선이다.

② 1개의 원이 직선 또는 원주 위를 굴러갈 때 그 구르는 원의 원주 위의 1점이 움직이며 그려 나가는 자취를 말한다.

③ 전동원이 기선 위를 굴러갈 때 생기는 곡선을 말한다.

④ 원뿔을 여러 가지 각도로 절단하였을 때 생기는 곡선이다.

! 인벌류트 곡선이란 실을 감고 잡아당기면서 풀어 나가면 실의 끝점이 그리는 곡선을 의미한다.

13 투상법에서 시점과 대상물의 각 점을 연결하고 대상물의 형태를 투상면에 찍어내기 위하는 선은?

① 투상면　　② 시점
③ 시선　　　④ 투상선

! 투상선이란 시점과 대상물의 각 점을 연결하고 대상물의 형태를 투상면에 찍어내기 위한 선을 의미한다.

14 도면의 크기에서 A4 제도 용지의 크기는?(단, 단위는 mm이다)

① 594 × 841
② 420 × 594
③ 297 × 420
④ 210 × 297

! **용지의 규격**
· A4 = 297 × 210mm
· A3 = 297 × 420mm
· A2 = 420 × 594mm
· A1 = 594 × 841mm
· A0 = 841 × 1189mm

15 도면의 작도시에 패킹, 얇은 판 등을 표시하는 아주 굵은 선의 굵기는 가는 선의 몇 배 정도인가?

① 1　　　　② 2
③ 3　　　　④ 4

! 아주 굵은 실선은 가는 실선의 4배이다.

16 다음 중 그림과 같은 리벳 이음의 명칭은?

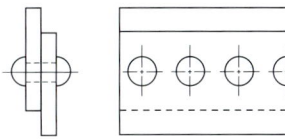

① 1줄 맞대기 이음
② 1줄 겹치기 이음
③ 1줄 지그재그 맞대기 이음
④ 1줄 지그재그 겹치기 이음

17 특수한 가공을 하는 부분 등 특별한 요구사항을 적용할 수 있는 범위를 표시하는 데 사용하는 선은?

① 굵은 1점 쇄선
② 지그재그선
③ 굵은 실선
④ 아주 굵은 실선

! 특수 지정선은 굵은 1점 쇄선으로 나타낸다.

18 용접의 기본기호 중 가장자리 용접을 나타내는 것은?

① ⊕　　　　② |||
③ ✕　　　　④ ⊖

! ③ 양면 V형 맞대기 이음
④ 심 용접

19 한쪽면 K형 맞대기 이음 용접의 기본 기호는?

① || ② ✕

③ ⊻   ④ Y

> **!**
> ① 평면형 평행 맞대기 이음
> ② 양면 V형 맞대기 이음
> ④ 부분 용입 한쪽V형

20 다음의 용접기호 중에서 플러그 용접을 나타내는 기호는?

① ⊓   ② ⊖

③ ○   ④ ◺

> **!**
> ① 플러그 용접   ② 심 용접
> ③ 스폿 용접   ④ 필릿 용접

제2과목 용접구조설계

21 용접구조물을 설계할 때 주의해야 할 사항 중 틀린 것은?

① 구조상의 불연속부 및 노치부를 피한다.
② 용접금속은 가능한 다듬질 부분에 포함되지 않게 한다.
③ 용접구조물은 가능한 균형을 고려한다.
④ 가능한 용접이음을 집중, 접근 및 교차하도록 한다.

> **!**
> 용접부는 가능한 용접 이음부가 한 곳에 집중되지 않도록 설계해야 한다.

22 아크용접에서 한쪽 끝에서 다른 쪽 끝을 향해 연속적으로 진행하는 용접 방법으로서 용접이음이 짧은 경우나 변형과 잔류응력이 그다지 문제가 되지 않을 때 이용되는 용착방법은?

① 전진법   ② 전진블록법
③ 캐스케이드법   ④ 스킵법

> **!**
> 전진법은 용접 시작 부분보다 끝나는 부분이 수축 및 잔류응력이 커서 용접 이음이 짧고, 변형 및 잔류응력이 그다지 문제가 되지 않을 때, 사용용접이 음이 짧은 경우나 잔류응력이 적을 때 사용한다.

23 피닝(Peening)에 대한 설명으로 맞는 것은?

① 특수해머로 용착부를 1번 정도 때려 용착부의 균열을 점검한다.
② 특수해머로 용착부를 1번 정도 때려 용착부의 굽힘 응력을 완화시킨다.
③ 특수해머로 용착부를 연속으로 때려 용착부의 기공을 점검한다.
④ 특수해머로 용착부를 연속으로 때려 용착부의 인장 응력을 완화시킨다.

> **!**
> 피닝법은 용접부를 연속적으로 타격하여 표면상에 소성변형을 주어 응력을 제거하는 방법이다.

24 저온 응력 완화법은 일정한 온도로 가열하고, 급냉시켜 용접선 방향의 인장 잔류 응력을 완화하는 방법이다. 이때 가스염은 용접선을 중심으로 폭 몇 mm를 정속도 이동하며, 몇 ℃ 정도로 가열시키는가?

① 50mm, 50℃
② 100mm, 100℃
③ 150mm, 200℃
④ 200mm, 300℃

> **!**
> 저온 응력 완화법이란 가스 불꽃을 이용하여 폭 150mm, 150~200℃ 정도 가열 후 수냉하여 용접선 방향의 인장 응력을 완화시키는 방법이다.

25 용접 결함의 종류 중 구조상 결함이 아닌 것은?

① 기공, 슬래그 섞임
② 변형, 형상불량
③ 용입불량, 융합불량
④ 표면결함, 언더컷

> **!**
> 구조상의 결함에는 언더컷, 오버랩, 스패터, 용입 불량, 기공, 균열, 선상조직, 은점 등이 있다.

26 맞대기 용접 이음 홈의 종류가 아닌 것은?

① 양면 J형　　② C형

③ K형　　　　④ H형

❗ C형 홈의 종류는 없다.

27 그림과 같은 용접부에 발생하는 인장응력(σ_t)은 약 몇 kgf/mm^{2}인가?

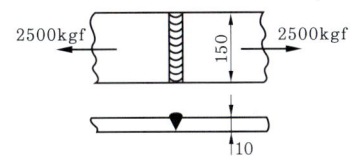

2500kgf ← → 2500kgf　150　10

① 1.46　　　② 1.67

③ 2.16　　　④ 2.66

❗ $$압축응력 = \frac{하중}{단면적} = \frac{2500}{150 \times 10}$$
$$= 1.67$$

28 용접구조물 작업 시 고려하여야 할 사항으로 틀린 것은?

① 변형 및 잔류 응력을 경감시킬 수 있어야 한다.

② 변형이 발생될 때 변형을 쉽게 제거할 수 있어야 한다.

③ 가능한 구속용접을 한다.

④ 구조물의 형상을 유지할 수 있어야 한다.

❗ 용접구조물 용접 시 주의할 점
• 수축이 큰 이음을 먼저 용접하고 다음에 필릿 용접을 한다.
• 큰 구조물은 구조물의 중앙에서 끝으로 향하여 용접을 한다.
• 용접선에 대하여 수축력의 합이 영(0, zero)이 되도록 한다.
• 리벳과 같이 쓸 때는 용접을 먼저 한다.
• 용접 불가능한 곳이 없도록 한다.
• 물품의 중심에 대하여 대칭으로 용접을 진행한다.
• 용접이음은 한 곳에 집중되지 않도록 한다.

29 용접봉의 소요량 계산에 사용하는 용착효율이란?

① $\dfrac{용착금속의 중량}{용접봉의 사용중량} \times 100$

② $\dfrac{용접봉의 사용중량}{용착금속의 중량} \times 100$

③ $\dfrac{용착금속의 중량}{용접봉의 전중량} \times 100$

④ $\dfrac{용접봉의 전중량}{용착금속의 중량} \times 100$

30 각종 금속의 예열에 관한 설명으로 잘못된 것은?

① 고장력강, 저합금강, 주철의 경우 용접 홈을 50~350℃로 예열한다.

② 연강을 0℃ 이하에서 용접할 경우 이음의 폭 100mm 정도를 40~75℃ 정도로 예열한다.

③ 열전도가 좋은 구리합금, 알루미늄 합금은 예열이 필요 없다.

④ 고급 내열 합금에서도 용접균열 방지를 위해 예열을 한다.

❗ 열전도도가 큰 합금은 냉각속도가 빠르므로 구리 합금, 알루미늄 합금 등은 저온 취성이 발생할 수 있으므로 예열이 필요하다.

31 잔류 응력의 측정법을 정량법과 정성법으로 분류할 때 정량법에 해당하는 것은?

① 부식법

② 분할법

③ 자기적법

④ 응력 와니스법

❗ • 정량법 : 분할법, 절취법, 드릴링법
• 정성법 : 자기적 방법, 부식법, 와니스법

32 폭 50mm, 두께 12.7mm인 강판 두장을 38mm만큼 겹쳐서 전주 필릿용접을 하였다. 여기에 외력 P＝9000kgf의 하중을 작용시킬 때 필요한 필릿용접 이음의 치수(목길이)는 몇 cm인가?(단, 용접부의 허용응력은 $\sqrt{\sigma_a}$＝1020kgf/cm²이다.)

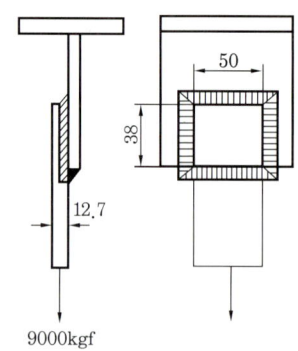

① 0.99　　　② 1.4
③ 0.49　　　④ 0.7

> **!**
> ・허용응력 = $\dfrac{1.414 \times \text{하중}}{\text{목길이}}$
> ・하중 = $\dfrac{9000}{(2 \times 5) + (2 \times 3.8)}$ = 511.36
> ・목길이 = $\dfrac{1.414 \times 511.36}{1020}$ = 0.7

33 다음 중에서 플레어 용접은?

① 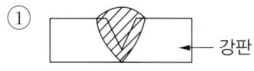 ─ 강판

② 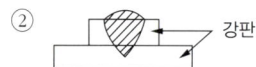 ─ 강판

③ 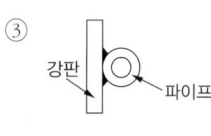 강판 ─── 파이프

④ 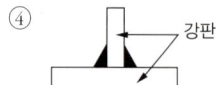 ─ 강판

34 용접 시 발생되는 잔류응력의 영향과 관계 없는 것은?

① 경도 감소　　　② 좌굴 변형
③ 부식　　　　　④ 취성 파괴

> **!**
> 잔류 응력의 영향으로 좌굴 변형, 부식, 취성 파괴가 발생할 수 있다.

35 용접부 검사에서 초음파 탐상 시험법에 속하는 것은?

① 펄스 반사법　　　② 코머렐 시험법
③ 킨젤 시험법　　　④ 슈나트 시험법

> **!**
> **노치취성시험**
> ・노치취성시험의 종류 : 샤르피, 로버트슨 시험, 밴더빈 시험, 칸티어 시험, 슈나트시험, 티퍼시험 등
> ・용접 연성 시험 : 코머렐, 킨젤 시험 등
> ・로버트슨 시험 : 시험편의 노치부를 액체질소로 냉각하고 반대쪽을 가스 불꽃으로 가열하여 거의 직선적인 온도구배를 주고, 시험균열 상태를 알아보는 시험법
> ・티퍼시험 : 시험편을 저온에서 인장파단시켜 파면의 천이온도를 구함
> ・교호법 : 열 영향을 세밀하게 분포시킬 때 사용

36 탱크나 용기의 용접부에 기밀·수밀을 검사하는 데, 가장 적합한 검사 방법은?

① 외관검사　　　② 누설검사
③ 침투검사　　　④ 초음파검사

> **!**
> 누설검사(LT)는 기밀, 수밀, 유밀 등 일정한 압력을 요구하는 제품에 이용되는 검사이다.

37 연강의 맞대기 용접이음에서 인장강도가 28kgf/mm²이고, 안전율이 5일 때 이음의 허용응력은 약 몇 kgf/mm²인가?

① 0.18　　　② 1.80
③ 0.56　　　④ 5.60

> **!**
> 안전율 = $\dfrac{\text{인장강도}}{\text{허용응력}}$
>
> 허용응력 = $\dfrac{\text{인장강도}}{\text{안전율}}$ = $\dfrac{28}{5}$ = 5.6

38 용접 지그를 적절히 사용할 때의 이점이 아닌 것은?

① 용접작업을 쉽게 한다.
② 용접균열을 방지한다.
③ 제품의 정밀도를 높인다.
④ 대량 생산을 할 때 사용한다.

!

지그의 사용 목적
• 대량 생산이 가능하다.
• 용접 작업을 쉽게 해준다.
• 제품 치수를 정확하게 한다.
• 용접부의 신뢰성이 높아진다.
• 다듬질을 좋게 한다.
• 변형을 억제한다.

39 맞대기 용접부의 접합면에 홈(Groove)을 만드는 가장 큰 이유는?

① 용접 결함 발생을 적게 하기 위하여
② 제품의 치수를 맞추기 위하여
③ 용접부의 완전한 용입을 위하여
④ 용접 변형을 줄이기 위하여

!

용접부의 완전한 용입을 위하여 홈 가공을 하나, 용입이 허용하는 한 홈 각도는 작은 것이 좋다.

40 용접 시 잔류응력을 경감시키기 위한 시공법이 아닌 것은?

① 용접부의 수축을 억제한다.
② 용착금속을 적게 한다.
③ 예열을 한다.
④ 비석법에 의한 비드 배치를 한다

41 잠호용접의 장점에 속하지 않는 것은?

① 대전류를 사용하므로 용입이 깊다.
② 비드 외관이 아름답다.
③ 작업능률이 피복금속 아크 용접에 비하여 판두께 12mm에서 2~3배 높다.
④ 용접시 아크가 잘 보여 확인할 수 있다.

!

잠호용접은 용접 시 아크가 보이지 않는다는 뜻으로 서브머지 아크 용접을 일컫는 말이며, 유니언멜트 용접법이라고도 한다.

42 피복금속 아크 용접에서 운봉 속도가 너무 느리면 나타나는 결함은?

① 언더컷   ② 용입불량
③ 고운 비드   ④ 오버랩

!

오버랩은 주로 용접 전류가 낮을 때 발생하고 운봉 속도가 너무 느릴 때 발생한다.

43 피복아크 용접봉 홀더에 관한 설명으로 틀린 것은?

① 무게가 무겁고 전기 절연이 잘 되어 있지 않는 것이 좋다.
② 용접봉 잡는 기구이다.
③ 케이블을 용접봉 홀더에 접속할 때에는 완전하게 연결하여야 한다.
④ 케이블의 접촉불량에 의한 저항열이 발생하지 않도록 주의해야 한다.

!

용접 작업을 할 때 가장 위험한 부분은 용접봉 홀더 노출부이며, 이 부분에서 주로 용접사가 감전을 일으킬 수 있으므로 현재 홀더는 A형 안전홀더를 사용하고 있다.

44 용접봉 홀더 200호로 접속할 수 있는 최대 홀더용 케이블의 도체공칭 단면적은 몇 mm²인가?

① 22 ② 30
③ 38 ④ 50

정격 용접 전류	200	300	400
1차 케이블(지름/mm)	5.5	8	14
2차 케이블(단면적/mm²)	38	50	60

45 KS 안전색에서 황적색이 표시하는 사항은?

① 위생 ② 방사능
③ 위험 ④ 구호

!

안전 표식의 색채
• 적색 : 방화 금지, 방향 표시, 정지, 고도의 위험
• 황색 : 주의 표시
• 오렌지색 : 위험 표시
• 녹색 : 안전 지도, 위생 표시
• 청색 : 주의, 수리 중, 송전 중 표시
• 진한 보라색 : 방사능 위험 표시
• 백색 : 주의 표시
• 흑색 : 방향 표시

46 가스용접에서 산소용기에 각인되어 있는 것의 설명이 틀린 것은?

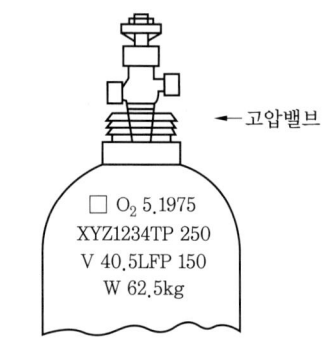
← 고압밸브

☐ O_2 5.1975
XYZ1234TP 250
V 40.5LFP 150
W 62.5kg

① V-내용적
② W-순수가스의 중량
③ TP-내압시험 압력
④ FP-최고충전 압력

!

W : 용기의 중량

47 독일식 가스용접 토치의 팁 번호가 7번일 때 용접할 수 있는 가장 적당한 강판의 두께는 몇 mm인가?

① 4~5 ② 6~8
③ 9~12 ④ 13~15

!

독일식 팁 번호는 강판의 두께와 같으므로 7번은 판 두께가 6~8mm 용접에 가능하다.

48 연강용 피복아크 용접봉의 종류 중 철분산화 철계는 어느 것인가?

① E4311 ② E4327
③ E4340 ④ E4303

!

용접봉의 종류
• E4301(일미나이트계)
• E4303(라임티탄계) – 스테인리스 피복제
• E4311(고셀룰로오스계) – 가스실드계
• E4313(고산화티탄계) – 고온균열 가능
• E4316(저수소계)
• E4324(철분산화티탄계)

49 보통 절단시 판두께가 12.7mm일 때 표준 드래그(Drag)의 길이는 몇 mm인가?

① 2.4 ② 5.2
③ 5.6 ④ 6.4

!

드래그는 판 두께의 1/50이므로 12.7 × 0.2 = 2.54이다.

50 가스용접에서 전진법과 후진법을 비교할 때 각각의 설명으로 옳은 것은?

① 후진법에서 용접변형이 작다.
② 후진법에서 용착금속이 급랭한다.
③ 전진법에서 열 이용률이 좋다.
④ 전진법에서 용접속도는 빠르다.

!

전진법은 후진법에 비해 비드 모양만 좋고 나머지는 모두 후진법이 좋다.

51 TIG용접을 직류 정극성으로 하면 비드는 어떻게 되는가?

① 비드 폭이 역극성보다 넓어진다.
② 비드 폭이 역극성보다 좁아진다.
③ 비드 폭이 역극성과 같아진다.
④ 비드와는 관계없다.

> **!**
> 직류 정극성은 폭이 좁고, 용입이 깊고, 용접 속도가 빠르며 용접효율이 좋으며 용접봉은 천천히 녹고 가장 좋은 재료는 스테인리스강이다.

52 산소병 취급방법에서 틀린 것은?

① 밸브는 기름칠하여 항상 유연해야 한다.
② 산소병을 뉘어 두지 않는다.
③ 사용 전에 비눗물로 가스 누설검사를 한다.
④ 산소병은 화기로부터 멀리한다.

> **!**
> 밸브에 기름이 묻어 있으면 화재 우려가 있다.

53 아크 빛으로 인해 혈안이 되고 눈이 부었을 때 우선 조치해야 할 사항으로 가장 옳은 것은?

① 온수로 씻은 후 작업한다.
② 소금물로 씻은 후 작업한다.
③ 심각한 사안이 아니므로 계속 작업한다.
④ 냉습포를 눈 위에 얹고 안정을 취한다.

> **!**
> 아크 광선은 자외선과 적외선의 영향으로 전광성 안염, 결막염 등을 일으킬 수 있으며 광선에 눈이 노출되었을 때에는 가장 효과 있는 처방은 냉습포를 눈 위에 얹고 안정을 취하는 것이 좋다.

54 미세한 알루미늄과 산화철 분말을 혼합한 테르밋제에 과산화바륨을 마그네슘 분말을 혼합한 점화제를 넣고, 이것을 점화하면 점화제의 화학 반응에 의해 그 발열로 용접하는 것은?

① 가스 용접   ② 전자 빔 용접
③ 플라즈마 용접   ④ 테르밋 용접

> **!**
> **테르밋 용접**
> • 금속 산화물이 알루미늄에 의하여 산소를 빼앗기는 테르밋 반응을 이용하여 용접하는 방법이다.
> • 테르밋제는 산화철 분말(FeO, Fe_2O_3, Fe_3O_4) 약 3~4, 알루미늄 분말을 1로 혼합한다(2800℃의 열이 발생).
> • 점화제로는 과산화바륨, 마그네슘이 있다.
> • 용융 테르밋 용접과 가압 테르밋 용접이 있다.
> • 작업이 간단하고 기술습득이 용이하다.
> • 전력이 불필요하다.

55 불활성 가스 용접법 중 TIG 용접의 상품명으로 불려지는 것은?

① 에어 코우메틱 용접법
  (Air comatic welding)
② 헬륨 아크 용접법
  (Helium arc welding)
③ 필러 아크 용접법
  (Filler arc welding)
④ 아르곤 노트 용접법
  (Argon naut welding)

> **!**
> TIG 용접은 GTAW라 하여 헬륨 아크 용접, 헬리아크 용접, 아르곤 용접, 아르곤 아크 용접이라 한다.

56 다음 용접법 중 가장 두꺼운 판을 용접할 때 능률적인 것은?

① 불활성 가스 텅스텐 아크 용접
② 서브머지드 아크 용접
③ 점 용접
④ 산소-아세틸렌 가스 용접

> **!**
> 서브머지드 아크 용접은 고전류로 용접할 수 있으며 용착 속도가 빠르고 용입이 깊다.
> • 용접속도가 수동 용접에 비해 10~20배, 용입은 2~3배 정도가 커서 능률적이다.
> • 용접 홈의 크기가 작아도 되며 용접재료의 소비 및 용접 변형이 적다.
> • 용접 조건만 일정하다면 용접공의 기술 차이에 의한 품질 격차가 거의 없어 이음의 신뢰도를 높일 수 있다.
> • 한번 용접으로 75mm까지 가능하다.

57 연강용 피복아크 용접봉 심선의 철(Fe) 이외의 화학 성분에 대하여 KS에서 규정하고 있는 것은?

① C, Si, Mo, P, S, Cu
② C, Si, Cr, P, S, Cu
③ C, Si, Mn, P, S, Cu
④ C, Si, Mn, Mo, P, S

!

철강의 주요 원소는 탄소(C), 규소(Si), 망간(Mn), 인(P), 황(S), 구리(Cu)이다.

58 브레이징(Brazing)은 저온 용가재를 사용하여 모재를 녹이지 않고 용가재만 녹여 용접을 이행하는 방식인데, 섭씨 몇 ℃ 이상에서 이행하는 방식인가?

① 350℃   ② 400℃
③ 450℃   ④ 600℃

!

450℃를 기준으로 경납과 연납으로 구분한다.

59 다음 중 용접에 속하지 않는 용접은?

① 아크용접   ② 가스용접
③ 초음파용접   ④ 스터드용접

!

압접의 종류 : 전기저항용접, 초음파용접, 고주파용접, 마찰용접, 유도가열용접

60 불활성가스 금속 아크용접의 특징에 대한 설명으로 틀린 것은?

① TIG 용접에 비해 용융속도가 느리고 박판 용접에 적합하다.
② 각종 금속 용접에 다양하게 적용할 수 있어 응용 범위가 넓다.
③ 보호 가스의 가격이 비싸 연강 용접의 경우에는 부적당하다.
④ 비교적 깨끗한 비드를 얻을 수 있고 CO_2 용접에 비해 스패터 발생이 적다.

!

불활성가스 금속 아크용접의 특징
• 전극이 녹는 용극식, 소모식이다.
• 상품명 : 에어 코우메틱, 시그마, 필터아크, 아르고노우트 용접법
• 전류밀도가 티그용접의 2배, 일반용접의 4~6배로 매우 크고 용적이행은 스프레이형이다.
• 전자세 용접이 가능하고 판 두께가 3~4mm 이상의 Al·Cu 합금, 스테인리스강, 연강용접에 이용된다.
• 아크길이는 6~8mm를 사용하며 전진법을 주로 사용한다.
• He가스는 Ar가스를 사용할 때보다 용입 및 속도를 증가시킬 수 있다.
• 전원은 정전압 특성을 가진 직류 역극성이 주로 사용된다.

국가기술자격 필기시험문제

2008년 7월 27일 기사 제3회 필기시험				수험 번호	성명
자격 종목	종목코드	시험시간	형별		
용접산업기사	2026	1시간 30분	B		

제1과목 용접야금 및 용접설비제도

01 주철 보수용접 시 균열의 연장을 방지하기 위하여 용접 전에 균열의 끝에 하는 조치로 다음 중 가장 적합한 것은?

① 정지 구멍을 뚫는다.
② 가접을 한다.
③ 직선 비드를 쌓는다.
④ 리베팅을 한다.

! 주철의 균열 발생 시 균열발생 부분에 구멍(정지구멍)을 뚫고 그 부분을 따내고 재용접한다.

02 강의 담금질(Quenching) 조직 중 경도가 가장 큰 것은?

① 솔바이트   ② 페라이트
③ 오스테나이트   ④ 마텐자이트

! 담금질은 일반 열처리 법의 하나로 경도와 강도를 증가시키는 목적으로 실시하며, 마텐자이트 조직을 얻는다.

03 용접작업에서 예열의 목적이 아닌 것은?

① 용접부의 냉각속도를 빠르게 한다.
② 용접부의 기계적 성질을 향상시킨다.
③ 용접부의 변형과 잔류응력 발생을 적게 한다.
④ 용접부의 열영향부와 용착금속의 경화를 방지한다.

! **예열의 목적**
• 모재의 수축응력을 감소하여 균열발생 억제
• 냉각속도를 느리게 하여 모재의 취성방지
• 용착금속의 수소성분이 나갈 수 있는 여유를 주어 비드 밑 균열 방지

04 오스테나이트계 스테인리스강의 용접 시 고온균열의 원인이 아닌 것은?

① 아크 길이가 짧을 때
② 크레이터처리를 하지 않을 때
③ 모재가 오염되어 있을 때
④ 구속력을 가해진 상태에서 용접할 때

! 아크 길이가 길면 고온 균열의 원인이 된다.

05 용착금속의 결함이 아닌 것은?

① 기공   ② 은점
③ 선상조직   ④ 라미네이션

! 1. 용접 결함
• 치수상 결함 : 변형, 치수불량
• 구조상 결함 : 언더컷, 오버랩, 균열, 스패터, 용입불량, 슬래그 섞임, 기공 등
• 성질상 결함 : 기계적, 화학적
2. KSB 0845 code에서 통접 결함의 분류(방사선 투과법에서)
• 1종 : 기공
• 2종 : 용입부족, 슬래그, 융합 부족
• 3종 : 균열
• 4종 : 텅스텐 혼입
(라미네이션은 얇은 판과 판상의 조직이 층을 이루어 겹쳐진 것을 말한다)

06 입방정계에 해당하지 않는 결정격자의 종류는?

① 단순입방격자
② 체심입방격자
③ 조밀입방격자
④ 면심입방격자

07 면심입방격자의 슬립(Slip) 면은?

① (111)면　　② (101)면
③ (001)면　　④ (010)면

> ❗ 면심입방격자의 슬립면은 (111)이다.

08 철(Fe)의 비중은 약 얼마인가?

① 6.9　　② 7.8
③ 8.9　　④ 10.4

> ❗ 철은 비중은 7.8이다.

09 용접균열은 고온 균열과 저온 균열로 구분된다. 크레이터 균열과 비드 밑 균열에 대하여 옳게 나타낸 것은?

① 크레이터 균열-고온 균열,
　비드 밑 균열-고온 균열
② 크레이터 균열-저온 균열,
　비드 밑 균열-저온 균열
③ 크레이터 균열-저온 균열,
　비드 밑 균열-고온 균열
④ 크레이터 균열-고온 균열,
　비드 밑 균열-저온 균열

10 용접결함 중 언더컷의 발생 원인이 아닌 것은?

① 전류가 너무 높을 때
② 용접속도가 느릴 때
③ 아크 길이가 길 때
④ 부적당한 용접봉을 사용할 때

> ❗ **1. 언더컷의 원인**
> • 전류가 너무 높을 때
> • 아크 길이가 너무 길 때
> • 부적당한 용접봉을 사용했을 때
> • 용접 속도가 적당하지 않을 때
> • 용접봉 선택 불량 언더컷은 용접속도가 빠를 때, 용접 전류가 높을 때, 아크 길이가 길 때 발생한다.
>
> **2. 언더컷 방지대책**
> • 낮은 전류를 사용한다.
> • 짧은 아크 길이를 유지한다.
> • 유지 각도를 바꾼다.
> • 용접 속도를 늦춘다.
> • 적절한 봉을 선택한다.

11 투상법 중 등각투상도법에 대한 설명으로 가장 적합한 것은?

① 한 평면 위에 물체의 실제 모양을 정확히 표현하는 방법을 말한다.
② 정면, 측면, 평면을 하나의 투상면 위에서 동시에 볼 수 있도록 입체도로 그려진 투상도이다.
③ 물체의 주요면을 투상면에 평행하게 놓고, 투상면에 대하여 수직보다 다소 옆면에서 보고 나타낸 투상도이다.
④ 도면에 물체의 앞면과 뒷면을 동시에 표시하는 방법이다.

12 주문하는 사람이 주문하는 물건의 크기, 형태, 정밀도, 정보 등의 주문내용을 나타낸 도면은?

① 계획도　　② 제작도
③ 견적도　　④ 주문도

> ❗ 도면의 분류
> • 목적에 따른 분류 : 계획도, 주문도, 견적도, 승인도, 제작도, 설명도 등
> • 내용에 따른 분류 : 부품도, 배관도, 배선도, 접속도, 공정도, 계통도 등

13 그림과 같이 판재를 90°로 중립면의 변화 없이 구부리려고 한다. 판재의 총 길이는 몇 mm 인가?(단, π는 3.14로 하고, 단위는 mm임.)

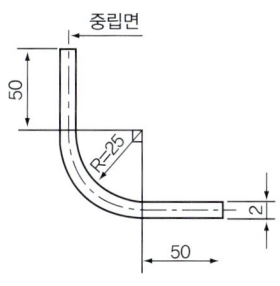

① 135.42   ② 137.68

③ 140.82   ④ 142.39

> **!**
> 총 길이 = $50 + 50 + 2\pi r/360 \times 90$
>   = $100 + 3.14 \times 26/2 = 140.82$

14 핸들이나 바퀴 등의 암 및 리브, 훅, 축, 구조물의 부재 등의 절단면을 표시하는 데 가장 접합한 단면도는?

① 부분 단면도
② 회전도시 단면도
③ 조합에 의한 단면도
④ 한쪽 단면도

> **!**
> 회전 단면도는 핸들, 축 등의 물체를 절단하여 단면 모양을 90° 회전하여 표현한다.

15 선을 긋는 방법에 대한 설명 중 틀린 것은?

① 평행선은 선 간격을 선 굵기의 3배 이상으로 하여 긋는다.
② 1점 쇄선은 긴쪽 선으로 시작하고 끝나도록 긋는다.
③ 파선이 서로 평행할 때에는 서로 엇갈리게 긋는다.
④ 실선과 파선이 서로 만나는 부분은 띄워지도록 긋는다.

> **!**
> 실선과 파선이 서로 만나는 부분에서는 파선의 끝이 실선에 닿아야 한다.

16 선의 용도가 특수한 가공을 하는 부분 등 특별한 요구사항을 적용할 수 있는 범위를 표시하는 데 사용하는 선의 종류는?

① 가는 2점 쇄선   ② 굵은 1점 쇄선
③ 가는 1점 쇄선   ④ 굵은 실선

> **!**
> 특수 지정선으로 굵은 1점 쇄선을 사용한다.

17 용접 기호 중에서 스폿 용접을 표시하는 기호는?

①    ②

③ ○   ④

> **!**
> ① 심용접   ② 플러그 용접
> ③ 스폿 용접   ④ 서페이싱 이음

18 그림과 같은 용접기호의 설명으로 올바른 것은?

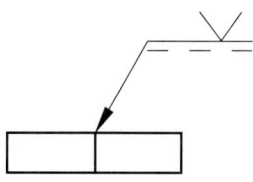

① 이음의 화살표 쪽에 용접을 한다.
② 양쪽에 용접을 한다.
③ 화살표 반대쪽에 용접을 한다.
④ 어느 쪽에 용접을 해도 무방하다.

> **!**
> 용접기호 중 지시선이 실선 쪽에 표시되었으므로 화살표 쪽을 용접하는 것이며, 지시선이 파선 쪽에 표시되면 화살표 반대쪽에 용접을 한다.

19 다음 그림과 같은 용접 보조기호를 바르게 설명한 것은?

① 오목하게 처리한 필릿 용접
② 용접한 그대로 처리한 필릿 용접
③ 볼록하게 처리한 필릿 용접
④ 매끄럽게 처리한 필릿 용접

20 도형의 치수기입에 사용되는 기본적인 요소와 관계없는 것은?

① 외형선　　　② 치수보조선
③ 지시선　　　④ 치수 수치

> ❗ 외형선은 선의 우선순위에서 가장 앞선다.
> 선의 우선순위 : 외형선 - 은선 - 절단선 - 무게 중심선 순이다.

제2과목 용접구조설계

21 용접선의 양측을 일정속도로 이동하는 가스 불꽃에 따라 나비 약 150mm를 150~200℃로 가열한 후 바로 수냉하는 응력제거방법은?

① 기계적 응력 완화법
② 피닝법
③ 저온 응력 완화법
④ 국부 풀림법

> ❗ 저온 응력 완화법이란 모재를 수냉하여 용접선 방향의 인장응력을 완화시키는 방법이다.

22 B 스케일과 C 스케일 두 가지가 있는 경도시험법은?

① 브리넬경도　　　② 로크웰경도
③ 비커스경도　　　④ 쇼어경도

> ❗ 경도 시험법
> • 브리넬경도 : 압입자의 크기로 경도 측정
> • 비커스경도 : 내면각이 136°인 다이아몬드 사각뿔 압입자의 대각선 길이로 측정
> • 로크웰경도 : B 스케일(하중이 100kg), C 스케일(꼭지각이 120°, 하중은 150kg)이 있다. 로크웰 경도는 지름 1.58mm인 강구(B 스케일)과 꼭지각이 120°인 원뿔형(C 스케일)의 다이아몬드 압입자를 사용한다.
> • 쇼어경도 : 추를 일정한 높이에서 낙하시켜 반발한 높이로 측정한다. 완성품의 경우 많이 쓰인다.

23 점 용접의 3대 요소 중의 하나에 해당되는 것은?

① 용접전극의 모양
② 용접전압의 세기
③ 용착량의 크기
④ 용접전류의 세기

> ❗ 전기 저항 용접의 3대 요소 : 용접전류, 통전시간, 가압력

24 다음 그림과 같은 완전 용입된 연강판 맞대기 이음부에 굽힘모멘트 M_b = 10000kgf · cm가 작용할 때 용접부에 발생하는 최대 굽힘응력은 약 kgf/cm² 인가?(단, 용접길이 300mm이고, 판두께는 10mm이다)

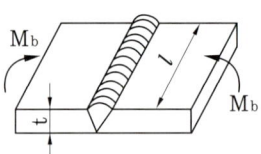

① 0.2　　　② 20
③ 200　　　④ 2000

> ❗
> • 굽힘응력 = $\dfrac{\text{굽힘 모멘트}}{\text{단면계수}}$ = $\dfrac{\text{굽힘 모멘트}}{\dfrac{\text{용접선 길이} \times \text{두께}^2}{6}}$
>
> $= \dfrac{6 \times 10,000}{30 \times 1^2} = 2000$

25 모재의 인장강도가 50kgf/mm²이고 용접 시편의 인장강도가 25kgf/mm²으로 나타났을 때 이음 효율은?

① 40% ② 50%
③ 60% ④ 70%

❗
$$\text{이음 효율} = \frac{\text{용접시험편 인장강도}}{\text{모재인장강도}} \times 100$$
$$= \frac{25}{50} \times 100 = 50\%$$

26 용접이음의 충격강도에서 취성파괴의 일반적인 특징이 아닌 것은?

① 온도가 높을수록 발생하기 쉽다.
② 거시적 파면 상황은 판 표면에 거의 수직이고 평탄하게 연성이 작은 상태에서 파괴된다.
③ 파괴의 기점은 각종 용접결함, 가스절단부 등에서 발생된 예가 많다.
④ 항복점 이하의 평균 응력에서도 발생한다.

❗
취성파괴는 재료의 연성이 부족해 소성변형이 되지 못하고 파괴되는 것으로 온도 저하, 잔류 응력 등도 취성파괴의 원인이 된다.

27 응력제거 풀림의 효과에 대한 설명으로 틀린 것은?

① 치수틀림의 방지
② 열영향부의 템퍼링 연화
③ 충격저항의 감소
④ 크리이프 강도의 향상

❗
응력제거 풀림은 응력을 제거할 목적으로 실시되며 충격저항의 감소 효과는 없다.

28 단위 시간당 소비되는 용접봉의 길이 또는 중량으로 표시되는 것은?

① 용접 길이 ② 용융 속도
③ 용접 입열 ④ 용접 효율

❗
용융속도 = 아크전류 × 용접봉 쪽 전압 강하

29 용접변형 방지법 중 냉각법에 속하지 않는 것은?

① 살수법 ② 수냉동판 사용법
③ 비석법 ④ 석면포 사용법

❗
비석법(스킵법)은 용접 변형을 줄일 수 있는 용착법이다.

30 용접 지그의 사용 목적이 아닌 것은?

① 용접작업을 쉽게 해 작업능률을 높인다.
② 용접공의 기능 수준을 높이고 숙련기간을 단축한다.
③ 대량생산을 하기 위하여 사용한다.
④ 제품의 정밀도와 용접부의 신뢰성을 높인다.

❗
지그의 사용 목적
· 대량 생산이 가능하다.
· 용접 작업을 쉽게 해준다.
· 제품 치수를 정확하게 한다.
· 용접부의 신뢰성이 높아진다.
· 다듬질을 좋게 한다.
· 변형을 억제한다.

31 설계 단계에서의 일반적인 용접변형 방지법으로 틀린 것은?

① 용접 길이가 감소될 수 있는 설계를 한다.
② 용착금속을 증가시킬 수 있는 설계를 한다.
③ 보강재 등 구속이 커지도록 구조 설계를 한다.
④ 변형이 적어질 수 있는 이음 부분을 배치한다.

32 일반적으로 용접이음을 설계하는 데 충격 하중을 받는 연강의 안전율은 얼마로 해야 하는가?

① 12   ② 8
③ 5   ④ 3

33 용접의 여러 결함 중 내부결함에 해당되지 않는 것은?

① 크레이터 처리 불량
② 슬래그 혼입
③ 선상조직
④ 기공

34 용접부의 연성 결함을 조사하기 위하여 주로 사용되는 시험법은?

① 인장시험   ② 굽힘시험
③ 피로시험   ④ 충격시험

35 그림과 같이 강판의 두께가 9mm이고 용접길이가 200mm이며 최대 인장하중이 72000kgf이 작용하고 있을 때 용접부에 발생하는 인장 응력은 약 kgf/mm²인가?

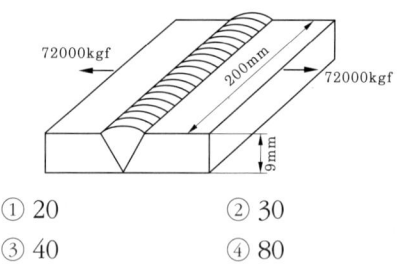

① 20   ② 30
③ 40   ④ 80

 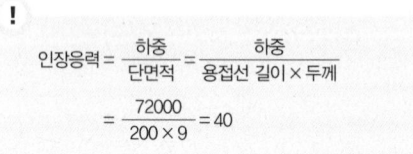
36 용접작업에서 가접시 주의하여야 할 사항으로 틀린 것은?

① 용접봉은 본 용접 작업시에 사용하는 것보다 약간 굵은 것을 사용한다.
② 본 용접과 동일한 기량을 갖는 용접자로 하여금 가접하게 한다.
③ 본 용접과 같은 온도에서 예열을 한다.
④ 가접의 위치는 부품의 끝, 모서리, 각 등과 같이 단면이 급변하여 응력이 집중되는 곳은 가능한 피한다.

37 용접할 때 발생하는 변형을 교정하는 방법으로서 틀린 것은?

① 두꺼운 판에 대한 점 수축법

② 절단에 의하여 성형하고 재용접하는 방법

③ 가열 후 해머링하는 방법

④ 두꺼운 판에 대하여 가열 후 압력을 가하고 수냉하는 방법

38 일반적인 각 변형의 방지 대책으로 틀린 것은?

① 역변형의 시공법을 사용한다.

② 용접속도가 빠른 용접법을 이용한다.

③ 판 두께가 얇을수록 첫 패스 측의 개선 깊이를 크게 한다.

④ 개선각도는 작업에 지장이 없는 한도 내에서 크게 하는 것이 좋다.

39 그림과 같은 필릿 용접에서 목 두께를 나타내는 것은?

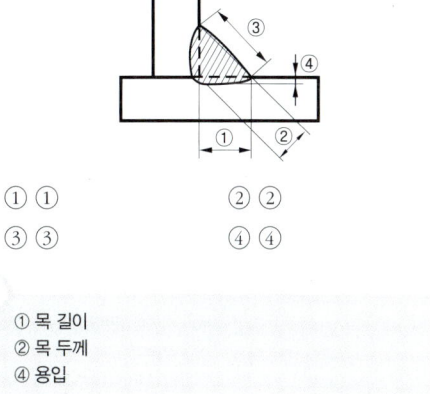

① ①　　　　　　　② ②

③ ③　　　　　　　④ ④

40 용접부의 부식에 대한 설명으로 틀린 것은?

① 입계부식은 용접 열영향부의 오스테나이트입계에 Cr이 석출될 때 발생한다.

② 용접부의 부식은 전면부식과 국부부식으로 분류한다.

③ 틈새부식은 오버랩이나 언더컷 등의 틈 사이의 부식을 말한다.

④ 용접부의 잔류응력은 부식과 관계없다.

제3과목 용접일반 및 안전관리

41 용접기에 대한 구비 조건에 대한 설명으로 옳은 것은?

① 역률 및 효율이 좋아야 한다.

② 사용 중에 온도 상승이 커야 한다.

③ 전류 조정이 용이하고 전류 변동이 커야 한다.

④ 아크 발생이 잘 되도록 직류일 경우 무부하 전압이 90V 이상이어야 한다.

42 다음 중에서 용접기의 수하특성과 가장 관련이 깊은 것은?

① 저항 – 열의 특성
② 전류 – 전력의 특성
③ 전압 – 전류의 특성
④ 전력 – 저항의 특성

> ! 용접기에 필요한 특성
> • 부특성(부저항특성) : 전류가 작은 범위에서 전류가 증가하면 저항이 작아져 아크전압이 낮아지는 특성
> • 수하특성(피복아크용접기의 특성) : 부하전류가 증가하면 단자전압이 저하하는 특성
> • 정전류특성 : 아크길이가 크게 변하여도 전류값은 거의 변하지 않는 특성
> • 상승특성 : 큰 전류에서 아크길이가 일정할 때 아크 증가와 더불어 전압이 약간씩 증가하는 특성
> • 정전압특성(자기제어특성) → 서브머지드, CO_2용접, GMAW 특성
> • 수하특성과는 반대의 성질을 갖는 것으로 부하 전류가 변해도 단자 전압이 거의 변하지 않는 것으로 CP특성이라 한다. → 자동용접의 특징

43 교류 아크 용접기에 해당되지 않는 것은?

① 탭 전환형 아크 용접기
② 가동 철심형 아크 용접기
③ 가동 코일형 아크 용접기
④ 정류기형 아크 용접기

> ! 교류 용접기의 종류
> • 탭 전환형 : 미세전류조정 불가능
> • 가동 코일형 : 1차 코일의 거리 조정
> • 가동 철심형 : 미세 조정가능
> • 가포화 리액터형 : 가변 저항의 변화로 조정, 원격조정 가능

44 납땜에 사용되는 용제가 갖춰야 할 조건으로 틀린 것은?

① 용제의 유효 온도 범위와 납땜 온도가 일치할 것
② 전기 저항 납땜에 사용되는 용제는 부도체일 것
③ 모재나 땜납에 대한 부식 작용이 최소한일 것
④ 납땜 후 슬래그의 제거가 용이할 것

> ! 땜납의 구비 조건
> • 모재보다 용융점이 낮을 것
> • 표면 장력이 작아 모재 표면에 잘 퍼질 것
> • 유동성이 좋아 틈이 잘 메워질 수 있을 것
> • 모재와 친화력이 있을 것. 전기 저항 납땜에 사용되는 용제는 전도체이어야 한다.

45 가스용접의 연료가스 중 불꽃 온도가 가장 높은 것은?

① 아세틸렌   ② 수소
③ 프로판   ④ 천연가스

> ! 아세탈렌 가스는 불꽃 온도가 가장 높다.

46 교류 아크 용접기에서 용접전류의 조정범위는 정격 2차 전류의 몇 % 정도인가?

① 20~110%   ② 40~170%
③ 60~190%   ④ 80~210%

> ! 아크 교류 용접기의 용량
> • 정격 2차전류(AW 200)
> • 범위는 20~110%(40~220)

47 다음 금속 중 냉각 속도가 가장 빠른 것은?

① 구리
② 알루미늄
③ 스테인리스강
④ 연강

48 산소 호스는 몇 kgf/cm^2 정도의 압력으로 실시하는 내압시험에서 이상이 없어야 하는가?

① 90   ② 70
③ 50   ④ 10

> ! 내압시험(TP)은 산소 호스 90기압, 아세틸렌 호스 10기압으로 실시한다.

49 교류 용접기와 비교한 직류 용접기의 특징 설명으로 맞는 것은?

① 아크안정이 우수하다.
② 전격의 위험이 많다.
③ 용접기의 고장이 적다.
④ 용접기의 가격이 저렴하다.

50 초음파 용접법으로 금속을 용접하고자 할 때 이 용접법에 알맞은 금속 모재의 두께는 일반적으로 몇 mm 정도가 가장 좋은가?

① 0.01~2   ② 2~5
③ 8~9   ④ 10~20

! 초음파 용접법을 이용하여 용접할 때 알맞은 금속 모재의 두께는 0.01~2mm이다.

51 피복금속 아크 용접법에서 탈산제는 용융금속 중의 무엇을 제거하는 작용을 하는가?

① 질소를 제거하는 작용
② 산소를 제거하는 작용
③ 탄산가스를 제거하는 작용
④ 규소를 제거하는 작용

! 탈산제는 용융금속 속에 들어있는 산소를 제거(탈산)하는 작용을 한다.

52 용접 작업이 다음과 같은 과정으로 진행되는 경우에 가장 적합한 것은?

용접재료준비 → 절단 및 가공 → 용접부청소 → (　　) → 본용접 → 검사 및 판정 → 완성

① 가접   ② 용접자세
③ 도장   ④ 전개도

! 용접부 청소를 한 후 본 용접 전에 가접을 실시한다.

53 일렉트로 슬래그 용접의 특징 설명으로 틀린 것은?

① 후판 용접에 적당하다.
② 용접 능률과 용접 품질이 우수하다.
③ 용접진행 중 직접 아크를 눈으로 관찰할 수 없다.
④ 높은 입열로 인하여 용접부의 기계적 성질이 좋다.

54 가스 용접에서 수소가스 충전용기의 도색 표시로 맞는 것은?

① 회색   ② 백색
③ 청색   ④ 주황색

! 용기도색
• 아세틸렌 – 황색
• 산소 – 녹색
• 아르곤 – 회색
• 수소 – 주황색
• 질소 – 회색

55 산소 – 아세틸렌 토치로 3.2mm 이하의 모재를 용접 차광유리의 차광번호로서 가장 적당한 것은?

① 4~5
② 6~7
③ 8~9
④ 10~11

56 이산화탄소가스 아크 용접에서 솔리드 와이어 혼합에 속하지 않는 것은?

① $CO_2 + O + N$
② $CO_2 + O_2$
③ $CO_2 + Ar$
④ $CO_2 + CO$

57 정격 2차 전류 300A의 용접기에서 실제로 200A의 용접하면 허용 사용율은 얼마인가?(단, 정격 사용율은 60%이다.)

① 43%　　　② 90%

③ 135%　　　④ 300%

!

$$허용사용률 = \frac{정격 \ 2차 \ 전류^2}{실제 \ 용접 \ 전류^2} \times 100$$

$$= \frac{300^2}{200^2} \times 60 = 135\%$$

58 가스 압접의 특징 설명으로 틀린 것은?

① 이음부의 탈탄층이 전혀 없다.
② 장치가 간단하여 설비비, 보수비가 싸다.
③ 용가재 및 용제가 불필요하다.
④ 작업이 거의 수동이어서 숙련공만 할 수 있다.

59 주로 상하부재의 접합을 위하여 한편의 부재에 구멍을 뚫어 이 구멍 부분을 채우는 형태의 용접방법은?

① 필릿 용접
② 맞대기 용접
③ 플러그 용접
④ 플래시 용접

60 플래시 용접의 특징 설명으로 틀린 것은?

① 가열범위가 좁고 열영향부가 좁다.
② 용접면을 아주 정확하게 가공할 필요가 없다.
③ 서로 다른 금속의 용접은 불가능하다.
④ 용접시간이 짧고 전력 소비가 적다.

정답　　　　　　　　　: : 2008년 7월 27일 기출문제 정답

01	02	03	04	05	06	07	08	09	10
①	④	①	①	④	③	①	②	④	②
11	12	13	14	15	16	17	18	19	20
②	④	③	②	④	②	③	①	④	①
21	22	23	24	25	26	27	28	29	30
③	②	④	④	②	①	③	②	③	②
31	32	33	34	35	36	37	38	39	40
②	①	①	②	③	①	①	④	②	④
41	42	43	44	45	46	47	48	49	50
①	③	④	②	①	①	①	①	①	①
51	52	53	54	55	56	57	58	59	60
②	①	④	④	①	①	③	④	③	③

2009년 3월 1일 기사 제1회 필기시험				수험 번호	성명
자격 종목	종목코드	시험시간	형별		
용접산업기사	2026	1시간 30분	B		

제1과목 용접야금 및 용접설비제도

01 용접부를 풀림처리 했을 때 얻는 효과는?

① 잔류응력 감소 및 경화부가 연화된다.
② 잔류응력이 커진다.
③ 조직이 조대화되며 취성이 생긴다.
④ 별로 변화가 없다.

!

일반 열처리의 종류
• 담금질(퀜칭) : 강을 강하게 만든다. 소금물 최대 효과
• 뜨임(템퍼링) : 담금질로 인한 취성 제거, 강인성 증가 (MO, W, V) (가열 후 냉각)
• 풀림(어닐링) : 재질의 변화, 내부응력 제거, 서냉 → 국부 풀림온도 625±25℃
• 불림(노멀라이징) : 조직의 균일화, 공랭, 미세조직화(A₃ 변태점 : 912℃)

02 두 종 이상의 금속 원자가 간단한 원자비로 결합되어 성분 금속과는 다른 성질을 가지는 독립된 화합물을 형성할 때 이것을 무엇이라고 하는가?

① 동소 변태
② 금속간 화합물
③ 고용체
④ 편석

!

금속간 화합물은 친화력이 강한 성분 금속이 화학적으로 결합되며, 각 성분 금속과의 성질이 다른 독립된 화합물을 말한다.

03 강의 조직을 표준상태로 하기 위하여 철강상태도의 A_3 선 이상의 온도로 가열한 후 공기 중에서 냉각하는 열처리는?

① 담금질　　② 풀림
③ 불림　　④ 뜨임

!

불림(노멀라이징) : 조직의 균일화, 공랭, 미세조직화 (A_3 변태점 : 912℃)

04 강자성체로만 나열된 것은?

① Fe, Ni, Co
② Fe, Pt, Sb
③ Bi, Sn, Au
④ Co, Sn, Cu

!

강자성체 : 철(768℃), 니켈(358℃), 코발트(1160℃)

05 면심입방(F·C·C) 금속이 아닌 것은?

① Al　　② Pt
③ Mg　　④ Au

!

금속결정의 종류
• 체심입방격자(B·C·C) : 강도가 크고 전연성이 떨어지는 원소, 예) W, Cr, Mo, V 등
• 면심입방격자(F·C·C) : 전연성이 풍부하여 가공성이 우수한 원소 예) Au, Ag, Cu, Ni, Al, Pb, Pt 등
• 조밀육방격자(H·C·P) : 전연성 및 가공성이 불량한 원소, 예) Mg, Ti, Zn, Zr, Be, Cd 등

06 아크 용접에서 발생하는 용접 입열량(H)을 구하는 공식은?(단, E는 아크전압, I는 아크 전류(A), V는 용접속도(cm/min)이다.)

① $H(J/cm) = \dfrac{60EI}{V}$

② $H(J/cm) = \dfrac{V}{60EI}$

③ $H(J/cm) = \dfrac{EI}{60V}$

④ $H(J/cm) = \dfrac{60V}{EI}$

07 인장 시험을 통해 측정할 수 없는 것은?

① 항복강도   ② 탄성계수

③ 연신율   ④ 피로강도

> ❗ 인장시험은 기계적 시험법으로 인장강도, 역률, 탄성한도, 내력, 항복점, 연신율, 단면수축률 등을 측정할 수 있다.

08 담금질할 때에 잔류하는 오스테나이트를 마텐자이트화 하기 위해 보통의 담금질을 한 다음 실온 이하의 온도로 냉각 열처리하는 것은?

① 마템퍼링
② 완전풀림
③ 서브제로처리
④ 구상화풀림

> ❗ **심냉처리(서브제로처리)**
> 담금질된 강의 경도를 증가시키고 시효변형을 방지하고 담금질한 강의 잔류 오스테나이트를 제거하기 위한 목적으로 0℃ 이하의 온도에서 처리하는 것

09 주철(Cast iron)의 특성 설명 중 잘못된 것은?

① 절삭성이 우수하다.
② 내마모성이 우수하다.
③ 강에 비해 충격값이 현저하게 높다.
④ 진동 흡수 능력이 우수하다.

> ❗ **주철의 특성**
> • 주철은 탄소 함유량 1.7~6.68%의 강이다.
> • 실용적 주철은 2.5~4.5%이다.
> • 전·연성이 작고 가공이 안 된다.
> • 비중은 7.1~7.3으로 흑연이 많아질수록 낮아진다.
> • 담금질, 뜨임은 안되나 주조 응력의 제거 목적으로 풀림처리는 가능하다.
> • 자연 시효 : 주조 후 장시간 방치하여 주조 응력을 증가하는 것이다. 주철은 탄소 함유량이 높기 때문에 비중 및 융점이 낮고 충격값이 작아서 취성이 발생하기 쉽다.

10 탄소강에서 용접성을 나쁘게 하는 적열취성을 방지하는 원소는?

① 탄소   ② 인
③ 유황   ④ 망간

> ❗ 적열취성의 주요 원인은 황이며 방지제는 Mn이다.

11 다음 그림과 같은 제3각법 투상도에서 A가 정면도일 때 배면도는?

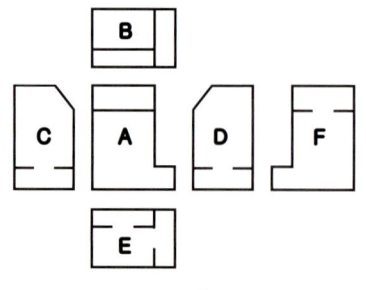

① E   ② C
③ D   ④ F

12 용접의 명칭에 따른 KS 용접기호 표시가 틀린 것은?

① 이면 용접 : ∨
② 가장자리 용접 : |||
③ 표면 육성 : ⌒⌒
④ 표면접합부 : ▭

13 다음 그림의 용접기호를 바르게 설명한 것은?

① 경사 접합부　　② 겹침 접합부
③ 점 용접　　　　④ 플러그 용접

14 화살표 쪽을 용접하는 필릿 용접기호로 맞는 것은?

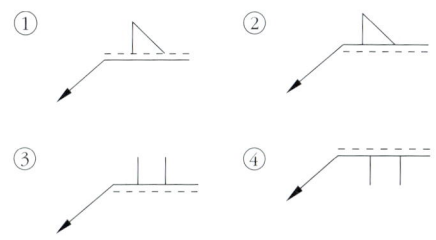

15 스케치도의 필요성에 관한 설명으로 관계가 먼 것은?

① 동일한 기계를 제작할 필요가 있는 경우
② 제작도면을 오래도록 보존할 필요가 있는 경우
③ 사용 중인 기계의 부품이 파손된 경우
④ 사용 중인 기계의 부품 개조가 필요한 경우

16 아래 용접 기호 설명 중 틀린 것은?

$$C \ominus n \times \ell (e)$$

① C : 용접부 너비
② n : 용접부 수
③ ℓ : 용접부 길이
④ (e) : 단속용접 길이

! (e) : 간격

17 기계제도에 사용하는 문자의 종류가 아닌 것은?

① 한글　　　　　② 로마자
③ 아라비아 숫자　④ 상형문자

18 선의 종류 중 가는 2점 쇄선의 용도가 아닌 것은?

① 가공 전 또는 후의 모양을 표시하는 데 사용
② 도시된 단면의 앞쪽에 있는 부분을 표시하는 데 사용
③ 가공에 사용하는 공구, 지그 등의 위치를 참고로 나타내는 데 사용
④ 대상물의 보이지 않는 부분의 모양을 표시하는 데 사용

! 가상선(가는 이점 쇄선)
• 도시된 물체의 앞면을 표시
• 인접부분을 참고로 표시
• 가공 전 또는 가공 후의 모양을 표시
• 이동하는 부분의 이동위치를 표시
• 공구, 지그 등의 위치를 표시
• 반복을 표시하는 선

19 치수의 배치방법 종류가 아닌 것은?

① 직렬 치수 배치방법
② 병렬 치수 배치방법
③ 평행 치수 배치방법
④ 누진 치수 배치방법

20 그림 (a)와 같이 정면, 평면, 측면을 하나의 투상면 위에 동시에 볼 수 있도록 두 개의 옆면 모서리가 수평선과 30°가 되게 하여 그림 (b)와 같이 세 축이 120°의 등각이 되도록 입체도로 투상한 것은?

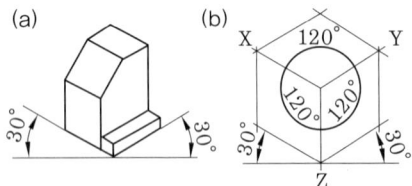

① 정 투상도   ② 등각 투상도
③ 부등각 투상도   ④ 투시도

> ❗ 등각 투상도는 물체의 정면, 평면, 측면을 하나의 추상도에서 볼 수 있도록 나타낸 것으로 물체를 3개의 각도로 나누어 나타낸다.

제2과목 용접구조설계

21 맞대기 용접의 이음효율을 구하는 공식으로 가장 적당한 것은?

① 이음효율 = $\dfrac{\text{용착금속의 인장강도}}{\text{모재의 항복강도}} \times 100(\%)$

② 이음효율 = $\dfrac{\text{모재의 인장강도}}{\text{용착금속의 인장강도}} \times 100(\%)$

③ 이음효율 = $\dfrac{\text{용착시험편의 인장강도}}{\text{모재의 인장강도}} \times 100(\%)$

④ 이음효율 = $\dfrac{\text{용접재료의 항복강도}}{\text{용착금속의 인장강도}} \times 100(\%)$

22 강판의 두께 15mm, 폭 100mm의 V형 홈을 맞대기 용접이음할 때 이음효율을 80%, 판의 허용응력을 35kgf/mm²로 하면 인장력(kgf)은 얼마까지 허용할 수 있는가?

① 35000kgf   ② 38000kgf
③ 40000kgf   ④ 42000kgf

> ❗
> • 허용응력 = $\dfrac{\text{하중}}{\text{단면적}} = \dfrac{\text{하중}}{\text{두께} \times \text{용접선 길이}}$
> • 하중 = 35 × 15 × 100 = 52500
> • 이음 효율이 80%이므로 5200 × 0.8 = 42000(kg)까지 허용할 수 있다.

23 양면 용접에 의하여 충분한 용입을 얻으려고 할 때 사용되며 두꺼운 판의 용접에 가장 적합한 맞대기 홈의 형태는?

① J형   ② H형
③ V형   ④ I형

> ❗
> 맞대기 홈 형상의 종류와 두께와의 관계
> • I형 : 판 두께 6mm까지
> • V형 : 판 두께 6~19mm
> • J형 : 판 두께 6~19mm
> • 양면 J형 : 판 두께 12mm 이상
> • U형 : 판 두께 16~50mm
> • H형 : 판 두께 50mm 이상

24 가접 시 주의해야 할 사항으로 틀린 것은?

① 본 용접자와 동등한 기량을 갖는 용접자가 가용접을 시행한다.
② 본 용접과 같은 온도에서 예열을 한다.
③ 개선 홈 내의 가접부는 백치핑으로 완전히 제거한다.
④ 가접의 위치는 부품의 끝 모서리나 각 등과 같이 응력이 집중되는 곳에 한다.

> ❗
> 가접 시 주의할 사항
> • 홈 안에는 가접을 피하되, 불가피한 경우엔 본 용접 전에 갈아낸다.
> • 응력이 집중되는 곳은 피한다.
> • 전류는 본 용접보다 높게 하며, 용접봉의 지름은 가는 것을 사용한다. 또한 너무 짧게 하지 않는다.
> • 시·종단에 엔드탭을 설치하기도 한다.
> • 가접사도 본 용접사에 비하여 기량이 떨어지면 안 된다.
> • 가접은 응력이 집중되는 것을 피해야 한다.

25 자분탐상법의 특징 설명으로 틀린 것은?

① 시험편의 크기, 형상 등에 구애를 받는다.
② 내부결함의 검사가 불가능하다.
③ 작업이 신속 간단하다.
④ 정밀한 전처리가 요구되지 않는다.

26 용접 후 처리에서 외력만으로 소성변형을 일으켜 변형을 교정하는 방법은?

① 박판에 대한 점 수축법
② 가열 후 해머링하는 법
③ 롤러에 거는 법
④ 형재에 대한 직선 수축법

! 용접 후 변형 교정법
• 박판에 대한 점 수축법 : 소성가공을 이용
• 형재에 대한 직선 수축법
• 가열 후 해머질하는 방법
• 후판에 대해 가열 후 압력을 가하고 수냉하는 법(순서)
• 롤러에 거는 법
• 절단하여 정형 후 재용접하는 법
• 피닝법

27 일반적으로 용접순서를 결정할 때 주의사항으로 틀린 것은?

① 동일 평면 내에 이음이 많을 경우, 수축은 가능한 한 자유단으로 보낸다.
② 중심선에 대해 대칭을 벗어나면 수축이 발생하여 변형된다.
③ 가능한 한 수축이 작은 이음을 먼저 용접하고 수축이 큰 이음은 나중에 한다.
④ 리벳과 용접을 병용하는 경우에는 용접이음을 먼저 하여 용접열에 의한 리벳의 풀림을 피한다.

! 용접 조립의 순서
• 수축이 큰 이음을 먼저 용접하고 다음에 필릿 용접을 한다.
• 큰 구조물은 구조물의 중앙에서 끝으로 향하여 용접을 한다.
• 용접선에 대하여 수축력의 합이 영(0, zero)이 되도록 한다.
• 리벳과 같이 쓸 때는 용접을 먼저 한다.
• 용접 불가능한 곳이 없도록 한다.
• 물품의 중심에 대하여 대칭으로 용접을 진행한다.

28 피닝(Peening)법에 관한 설명 중 옳은 것은?

① 용접에 의한 변형을 미리 예측하여 용접하기 전에 변형을 주고 용접하는 법
② 용접부에 냉각속도를 느리게 하기 위해서 다른 재료로 모재를 덮어 놓는 법
③ 맞대기 용접할 때 홈 간격이 벌어지거나 수축되는 것을 방지하는 법
④ 용접부를 구면상의 특수한 해머로 비드를 두드려 용접 금속부의 용접에 의한 수축변형을 감소시키며, 잔류응력을 완화하는 법

! 피닝법은 용접부를 연속적으로 타격하여 표면상에 소성 변형을 주어 응력을 제거하는 방법이다.

29 오스테나이트계 스테인리스강을 용접할 때 용접하여 가열한 후 급냉시키는 이유로 가장 적합한 것은?

① 고온크랙(Crack)을 예방하기 위하여 급냉시킨다.
② 기공의 확산을 막기 위하여 급냉시킨다.
③ 용접 표면에 부착한 피복제를 쉽게 털어내기 위하여 급냉시킨다.
④ 입간부식을 방지하기 위하여 급냉시킨다.

! 오스테나이트 스테인리스강 용접 시 입계부식을 방지하기 위하여 용접 후 급냉한다.

30 불활성 가스 텅스텐 아크 용접에서 직류 역극성(DCRP)으로 용접할 경우 비드 폭과 용입에 대한 설명으로 맞는 것은?

① 용입이 얕고 비드 폭이 넓다.
② 용입이 깊고 비드 폭이 좁다.
③ 용입이 얕고 비드 폭이 좁다.
④ 용입이 깊고 비드 폭이 넓다.

! 직류 역극성은 비드 폭이 넓고 용입은 얕다.

31 용접부의 시작점과 끝점에 충분한 용입을 얻기 위해 사용되는 것은?

① 엔드탭 ② 포지셔너
③ 회전지그 ④ 고정지그

! 엔드탭의 사용목적은 모재의 제품성을 살리기 위한 것으로 용접의 시작부와 끝부분에 설치하는 보조판으로 모재와 동일한 재질이고 동일한 홈의 종류이어야 한다.

32 수축량에 미치는 용접시공 조건의 영향 설명 중 틀린 것은?

① 루트 간격이 클수록 수축이 크다.
② 구속도가 클수록 수축이 작다.
③ 용접봉의 직경이 클수록 수축이 크다.
④ 위빙을 하는 쪽이 수축이 작다.

33 필릿용접에서 다리길이가 10mm일 때 이론상 목두께는 몇 mm인가?

① 약 5.0mm ② 약 6.1mm
③ 약 7.1mm ④ 약 8.0mm

! 목두께 = 0.707 × h
= 0.707 × 10 = 7.07

34 그림과 같이 강판두께가 t = 19mm, 용접선의 유효 길이 ℓ = 200mm이고, h_1, h_2가 각각 8mm일 때, 하중 P = 7000kgf에 대한 인장응력은 약 몇 kgf/mm^2인가?

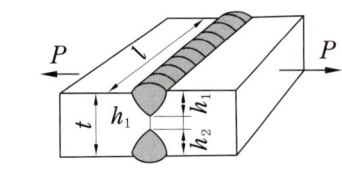

① 0.2 ② 2.2
③ 4.8 ④ 6.8

! • 인장응력 = $\dfrac{하중}{단면적}$ = $\dfrac{P}{(h_1 + h_2) \times \ell}$
= $\dfrac{7000}{(8+8) \times 200}$ = 2.18

35 본 용접에서 그림과 같은 비드 만들기 순서로 용접하는 용착법은?

$$1 \quad 4 \quad 2 \quad 5 \quad 3 \longrightarrow$$

① 대칭법
② 후퇴법
③ 스킵법
④ 살수법

! **용접진행 방향에 따른 분류**
• 전진법 : 용접 시작 부분보다 끝나는 부분이 수축 및 잔류 응력이 커서 용접 이음이 짧고, 변형 및 잔류응력이 그다지 문제가 되지 않을 때 사용
• 후퇴법 : 용접을 단계적으로 후퇴하면서 전체 길이를 용접하는 방법으로 수축과 잔류 응력을 줄이는 방법
• 대칭법 : 용접할 전 길이에 대하여 중심에서 좌우로 또는 용접물 형상에 따라 좌우 대칭으로 용접하여 변형과 수축 응력을 경감한다.
• 비석법 : 스킵법이라고도 하며 짧은 용접 길이로 나누어 놓고 간격을 두면서 용접하는 방법으로 특히 잔류응력을 작게 할 경우 사용한다.
• 교호법 : 열영향을 세밀하게 분포시킬 때 사용

36 다음 그림과 같은 필릿 용접이음에서 용접선의 방향과 하중의 방향이 직교한 것을 무슨 이음이라고 하는가?

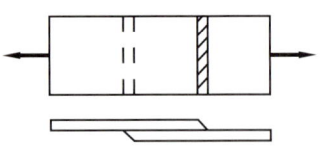

① 전면 필릿 이음
② 측면 필릿 이음
③ 양면 필릿 이음
④ 경사 필릿 이음

37 용접변형의 경감 및 교정방법에서 용접부에 구리로 된 덮개판을 두든지 뒷면에 용접부를 수냉 또는 용접부 근처에 물기 있는 석면, 천등을 두고 모재에 용접입열을 막음으로써 변형을 방지하는 방법은?

① 롤링법   ② 피닝법
③ 냉각법   ④ 억제법

> **!**
> 1. 잔류 응력 제거법
> ・노내풀림법   ・국부풀림법
> ・기계적 응력 완화법   ・저온 응력 완화법
> ・피닝법
> 2. 변형 방지법
> ・억제법   ・역변형법
> ・도열법
> ・용착법(대칭법, 스킵법, 후퇴법)
> 3. 잔류응력 측정법
> ・자기적 방법   ・응력이완법
> ・X-선법 용접 변형 및 잔류 응력 제거 방법

38 TIG 용접 이음부 설계에서 I형 맞대기 용접 이음의 설명으로 적합한 것은?

① 판 두께가 12mm 이상의 두꺼운 판용접에 이용된다.
② 판 두께가 6~20mm 정도의 다층비드 용접에 이용된다.
③ 판 두께가 3mm 정도의 박판용접에 많이 이용된다.
④ 판 두께가 20mm 이상의 두꺼운 판용접에 이용된다.

39 아래 그림과 같은 용접부의 종류는?

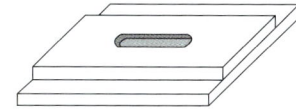

① 플러그 용접   ② 슬롯 용접
③ 플레어 용접   ④ 필릿 용접

> **!**
> 슬롯 용접은 겹쳐 있는 두 장의 판재를 용접하기 위하여 한 쪽 판에 구멍이나 긴 홈을 가공하여 용접하는 방법이다.

40 용착금속의 인장 또는 굽힘시험했을 경우 파단면에 생기며 은백색 파면을 갖는 결함은?

① 기공   ② 크레이터
③ 오버랩   ④ 은점

> **!**
> **수소의 성질**
> ・0℃, 1기압에서 1L의 무게를 가지며, 확산속도가 빠르다.
> ・무미, 무취이며, 불꽃의 육안 확인이 어렵다(청색).
> ・납땜, 수중 절단용으로 사용된다.
> ・비드 밑 균열의 원인이다.
> ・기공 원인이 된다.
> ・제조법은 물의 전기분해법, 코크스의 가스화법이 있다.
> ・납땜, 수중절단에 이용, 고온, 고압에서 취성의 원인이다.
> ・머리카락 모양처럼 생기는 헤어크랙의 원인이다.
> ・물고기 눈처럼 빛나는 은점의 원인이다.

제3과목 용접일반 및 안전관리

41 저항 용접법 중 맞대기 용접에 속하는 것은?

① 스폿 용접
② 심 용접
③ 방전충격용접
④ 프로젝션 용접

> **!**
> **전기 저항 용접분류**
> ・겹치기 용접 : 점 용접, 심 용접, 프로젝션 용접
> ・맞대기 용접 : 플래시 용접, 업셋 용접, 퍼커션 용접

42 피복 아크 용접에서 아크 쏠림 현상의 방지 대책으로 틀린 것은?

① 용접봉의 끝을 아크쏠림 방향으로 기울인다.
② 교류아크 용접기를 사용한다.
③ 접지점을 용접부로부터 멀리한다.
④ 아크 길이를 짧게 유지한다.

> **!**
> **아크 쏠림 방지책(아크쏠림, 아크블로, 자기불림)**
> ・교류 용접기를 사용한다.
> ・아크 길이를 짧게 유지한다.
> ・쏠림 반대쪽으로 용접봉 기울인다.
> ・접지를 용접부로부터 멀리 함
> ・긴 용접선은 후퇴법을 이용한다.
> ・용접 시종단에 엔드탭 설치

43 저항용접에 의한 압접은 전기 저항열로서 모재를 용융상태로 만들고 외력을 가하여 접합 하는 용접법이다. 이때 발생하는 저항열을 구하는 식은?(단, Q : 저항열, I : 전류, R : 전기저항, t : 통전시간[초])

① $Q = 0.24IR^2t$　　② $Q = 0.24I^2R^2t$

③ $Q = 0.24I^2Rt$　　④ $Q = 0.24I^3Rt$

44 아세틸렌 가스의 폭발 위험성에 관한 설명으로 틀린 것은?

① 아세틸렌 가스는 매우 타기 쉬운 기체이다.

② 아세틸렌 가스는 매우 안전한 화합물이다.

③ 아세틸렌 가스는 충격, 마찰 등의 외력이 작용하면 폭발 위험성이 있다.

④ 아세틸렌 가스는 구리, 수은(Hg) 등과 접촉하면 폭발 화합물을 생성한다.

45 스테인리스강에 사용되는 플라즈마 절단 작동가스로 가장 적합한 것은?

① 아세틸렌　　② 프로판

③ 아르곤+수소　　④ 질소+수소

46 지혈 및 출혈 시 응급조치방법으로 옳지 않은 것은?

① 정맥출혈 시는 압박붕대나 손에 가제를 대고 누르면서 상처 부위를 높게 한다.

② 동맥출혈 시는 응급 조치로 지혈대나 압박붕대, 지압법 등으로 지혈시킨 후 의사의 조치를 받는다.

③ 피하 출혈 시에는 냉습포를 한 뒤에 온습포를 댄다.

④ 신체의 다른 부분보다 부상당한 팔과 다리를 낮게 처들어야 한다.

> ! 응급조치를 할 때에는 신체의 다른 부분보다 부상당한 팔과 다리를 다른 부분보다 높게 들어야 한다.

47 가스 용접봉 및 용제에 관한 각각의 설명으로 틀린 것은?

① 용제는 건조한 분말, 페이스트 또는 용접봉 표면에 피복한 것도 있다.

② 용제의 융점은 모재의 융점보다 낮은 것이 좋다.

③ 연강의 가스 용접에는 용제를 필요로 하지 않는다.

④ 가스용접은 탄화 불꽃이 되기 쉬운데다 공기 중의 탄소를 흡수하여 용융 금속이 탄화되는 경우가 많다.

48 아크용접 시 작업자에게 가장 위험한 부분은?

① 배전판
② 용접봉 홀더 노출부
③ 용접기
④ 케이블

> ! 용접 작업 중 가장 위험한 부분은 용접봉 홀더이며 이 부분에서 용접사의 감전사고가 많이 일어나므로 A형 안전 홀더를 사용하여야 한다.

49 피복 아크 용접봉의 선택 시 고려해야 할 사항으로 거리가 먼 것은?

① 아크의 안정성
② 용접봉의 내균열성
③ 스패터링
④ 용착금속 내의 슬래그의 양

> ! 용접봉을 선택할 때에는 아크 안정성, 내균열성, 스패터링 등을 고려하여야 한다.

50 불활성가스 아크용접인 것은?

① 테르밋용접　　② TIG용접

③ 산소-수소용접　　④ 플라즈마용접

> ! 불활성가스 아크용접에는 불활성 가스텅스텐 아크용접, 불활성가스 금속아크용접이 있다.

51 용접법을 분류한 것 중 용접에 해당되지 않는 것은?

① 아크용접 ② 가스용접
③ MIG용접 ④ 마찰용접

> **!**
> 1. 접합 방법에 따른 용접의 3가지 분류
> • 융접 : 아크 용접, 가스 용접, 특수 용접 등(모재, 용가재를 모두 녹임)
> • 압접 : 전기저항 용접, 초음파 용접, 고주파 용접, 마찰 용접, 유도가열 용접 등(열+압력)
> • 납땜 : 연납땜, 경납땜(450℃ 기준)마찰 용접은 압접에 속한다.

52 아크용접에서 피복제의 주된 역할을 설명한 것 중 옳은 것은?

① 전기 통전작용을 한다.
② 용융점이 높은 적당한 점성의 무거운 슬래그를 생성한다.
③ 용착금속의 탈산 정련작용을 한다.
④ 용착금속의 냉각속도를 빠르게 한다.

> **!**
> 피복제의 역할(용제)
> • 아크안정, 산·질화 방지, 용적의 미세화
> • 서냉으로 취성방지, 탈산정련, 슬래그 박리성 증대
> • 유동성 증가, 전기절연작용

53 가스용접장치에서 충전가스 용기의 도색이 잘못 연결된 것은?

① 탄산가스 – 청색
② 염소 – 백색
③ 아세틸렌 – 황색
④ 아르곤 – 회색

> **!**
> 용기도색
> • 아세틸렌 – 황색   • 산소 – 녹색
> • 아르곤 – 회색   • 수소 – 주황색
> • 질소 – 회색

54 서브머지드 아크 용접법의 설명 중 잘못된 것은?

① 용융속도와 용착속도가 빠르며, 용입이 깊다.
② 비소모식이므로 비드의 외관이 거칠다.
③ 개선각을 작게 하여 용접의 패스 수를 줄일 수 있다.
④ 용접선이 짧거나 불규칙한 경우 수동에 비해 비능률적이다.

> **!**
> 서브머지드 아크용접기의 특징
> • 용접속도가 수동 용접에 비해 10~20배, 용입은 2~3배 정도가 커서 능률적임
> • 용접홈의 크기가 작아도 되며 용접재료의 소비 및 용접 변형이 적음
> • 용접 조건만 일정하다면 용접공의 기술 차이에 의한 품질 격차가 거의 없어 이음의 신뢰도를 높일 수 있음
> • 한번 용접으로 75mm까지 가능
> • 설비가 고가이며 와이어 및 용제의 선정이 어려움
> • 아래보기 수평 필릿 자세에 한정
> • 홈의 정밀도가 높아야 함(루트 간격 0.8mm 이하, 홈 각도 오차 5°, 루트 오차 1mm)
> • 용접부가 보이지 않아 용접부를 확인할 수 없다.
> • 시공 조건을 잘못 잡으면 제품의 불량률이 커짐
> • 입열량이 커서 용접 금속의 결정립의 조대화로 충격값이 커짐

55 15℃, 15기압에서 아세톤 1리터에 대하여 아세틸렌 가스 몇 리터가 용해되는가?

① 285L ② 325L
③ 375L ④ 420L

> **!**
> 아세틸렌 1리터에 아세톤 25배가 용해되므로 15×25=375이다.

56 철심을 움직여 그로 인하여 발생하는 누설 자속을 변동시켜 전류를 조절하는 용접기는?

① 탭 전환형 ② 가동철심형
③ 가동코일형 ④ 가포화 리액터형

57 탄산가스 아크용접에 대한 설명 중 올바르지 못한 것은?

① 전류 밀도가 높아 용입이 깊고 용접속도를 빠르게 할 수 있다.

② 가시(可視) 아크이므로 시공이 편리하다.

③ 특수한 용제를 사용하므로 용접부에 슬래그 섞임이 없고 용접후의 처리가 간단하다.

④ 용착금속의 기계적 성질 및 금속학적 성질이 우수하다.

58 용접부 외부에서 주어지는 열량을 용접입열(Weld heat input)이라 하는데, 용접입열이 충분하지 못할 때 발생하는 용접 결함은?

① 용입불량   ② 선상조직

③ 용접균열   ④ 은점

59 가스용접에서 산화 불꽃은 어떤 금속 용접에 가장 적합한가?

① 황동   ② 연강

③ 모넬메탈   ④ 스텔라이트

!

불꽃의 종류

종류	혼합비	용도
중성불꽃	1~1.2:1	연강, 반연강, 주철, 구리, 아연, 납, 은, 알루미늄, 니켈, 주강 등에 사용
산화불꽃	산소과잉불꽃	구리, 황동, 아연 등은 고온의 열이 가해지면 기화하기 때문에 이 불꽃을 사용할 때 금속 표면에 산화물이 생겨 기화를 방지한다.
탄화불꽃	아세틸렌 과잉불꽃	탄화 불꽃은 산화 작용이 일어나지 않기 때문에 산화를 방지할 필요가 있는 스테인리스강, 스텔라이트, 모넬메탈 등에 사용된다.

60 탄산가스(CO_2) 아크 용접에서 O_2의 해를 방지하기 위하여 와이어에 Mn을 첨가하여 용접한다. 이때의 반응식 중 올바른 것은?

① $2FeO + Mn = Fe + MnO_2$

② $Mn + 2FeO_3 = 2Fe + MnO_6$

③ $Mn + FeO = Fe + MnO$

④ $FeO_2 + Mn = FeO + MnO$

!

$Mn + FeO = Fe + MnO$, $Si = Fe + Si$

정답   : : 2009년 3월 1일 기출문제 정답

01	02	03	04	05	06	07	08	09	10
①	②	③	①	③	①	④	③	③	④
11	12	13	14	15	16	17	18	19	20
④	①	②	②	②	④	④	④	③	②
21	22	23	24	25	26	27	28	29	30
③	④	②	④	①	③	③	④	④	①
31	32	33	34	35	36	37	38	39	40
①	③	③	②	③	①	③	③	②	④
41	42	43	44	45	46	47	48	49	50
③	①	③	②	④	④	④	②	④	③
51	52	53	54	55	56	57	58	59	60
④	④	②	④	③	②	③	①	①	③

국가기술자격 필기시험문제

2009년 5월 10일 기사 제2회 필기시험				수험 번호	성명
자격 종목	종목코드	시험시간	형별		
용접산업기사	2026	1시간 30분	B		

제1과목 용접야금 및 용접설비제도

01 피복배합제의 성분에서 슬래그 생성제로 사용되는 것이 아닌 것은?

① 탄산바륨($BaCO_3$)
② 이산화망간(MnO_2)
③ 석회석($CaCO_3$)
④ 산화티탄(TiO_2)

❗ **피복제의 종류**
• 가스 발생제 : 석회석, 셀룰로오스, 톱밥, 아교 등
• 슬래그 생성제 : 석회석, 형석, 탄산나트륨, 일미나이트 등
• 아크 안정제 : 규산나트륨, 규산칼륨, 산화티탄, 석회석
• 탈산제 : 페로실리콘, 페로망간, 페로티탄, 페로바나듐
• 고착제 : 규산나트륨, 규산칼륨, 아교, 소맥분, 해초 등

02 탄소강의 물리적 성질 변화에서 탄소량의 증가에 따라 증가되는 것은?

① 비중
② 열팽창계수
③ 열전도도
④ 전기저항

❗ **1. 탄소량이 증가 시 증가하는 것**
• 강도, 경도   • 비열
• 보자력   • 전기저항
2. 탄소량이 증가 시 감소하는 것
• 인성, 전성   • 연신율, 충격값
• 비중, 선팽창계수   • 내식성, 용접성

03 일반적으로 열이 전달되기 쉬운 정도를 표시할 때 열전도율이 사용되고 있다. 용접 입열이 일정할 경우 냉각속도가 가장 느린 것은?

① 연강
② 스테인리스강
③ 알루미늄
④ 구리

❗ • 열전도율이 낮으면 냉각속도가 늦어진다.
• 열전도율은 은 > 구리 > 금 > 알루미늄 > 마그네슘 > 아연 > 니켈 > 철 순이다.

04 탄소강에 포함된 원소 중 실온에서 충격치를 저하시켜 상온취성의 원인이 되며 결정립을 조대화시키는 것은?

① P
② S
③ Mn
④ Au

05 금속의 공통적인 특성으로 틀린 것은?

① 이온화하면 양(+)이온이 된다.
② 열과 전기의 양도체이다.
③ 전성과 연성이 좋다.
④ 강도, 경도, 비중이 비교적 작다.

❗ **금속의 공통적 성질**
• 실온에서 고체이며, 결정체이다(단, 수은은 액체).
• 빛을 발산하고 고유의 광택이 있다.
• 가공이 용이하고, 연·전성이 크다.
• 열, 전기의 양도체이다.
• 비중이 크고 경도 및 용융점이 높다.

06 동일 금속일 경우 재결정 온도가 낮아지는 원인과 가장 거리가 먼 것은?

① 가공도가 작을수록
② 가공시간이 길수록
③ 금속의 순도가 높을수록
④ 가공 전의 결정입자가 미세할수록

07 2개 성분의 금속이 용해된 상태에서는 균일한 용액으로 되나 응고 후에는 성분 금속이 각각 결정이 되어 분리되며, 2개의 성분금속이 고용체를 만들지 않고 기계적으로 혼합될 수 있는 조직은?

① 공정조직   ② 공석조직
③ 포정조직   ④ 포석조직

> **!** 공정반응은 1148℃, 탄소 함유량 4.3%에서 발생하여 주철이 생성되는 것을 공정주철이라 한다.

08 철강을 순철, 강, 주철로 분류할 경우 기준이 되는 것은?

① 황(S) 함유량
② 탄소(C) 함유량
③ 망간(Mn) 함유량
④ 규소(Si) 함유량

> **!** 철강은 탄소 함유량에 따라 순철, 강, 주철로 구분된다.

09 금속의 열전도율이 큰 순서로 나열된 것은?

① Cu 〉Ag 〉Al 〉Au
② Ag 〉Cu 〉Au 〉Al
③ Ag 〉Al 〉Au 〉Cu
④ Au 〉Cu 〉Ag 〉Al

10 주철의 용접이 곤란하고 어려운 이유에 대한 설명으로 틀린 것은?

① 주철은 연강에 비하여 여리며 주철의 급랭에 의한 백선화로 수축이 많아 균열이 생기기 쉽기 때문이다.
② 주철 속에 기름, 흙, 모래 등이 있는 경우에 용착이 불량하거나 모재와의 친화력이 나빠지기 때문이다.
③ 일산화탄소 가스가 발생하여 용착 금속에 기공이 생기기 쉽기 때문이다.
④ 크롬 탄화물이 결정입계에 석출하기 쉽기 때문이다.

11 KS 규격에서 평면형 평행 맞대기 이음 용접을 의미하는 기호는?

> **!** ① 양면 플랜지형 맞대기 이음
> ② 평면형 맞대기 이음
> ③ 한쪽면 V형 맞대기 이음
> ④ 양면 V형 맞대기 이음

12 특별한 도시 방법에서 도형 내의 특정한 부분이 평면이란 것을 표시할 필요가 있을 경우에 나타내는 표시 방법으로 가장 적합한 것은?

① 정사각형 기호(□)를 사용한다.
② R 기호를 사용한다.
③ P 기호를 사용한다.
④ 가는 실선의 대각선을 긋는다.

13 제3각법의 그림 기호 표시를 올바르게 나타낸 것은?

①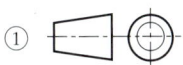

②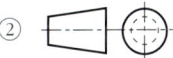

③

④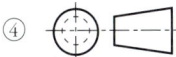

14 정투상법의 제3각법에서 투상하여 보는 순서는?

① 눈 → 물체 → 투상면
② 눈 → 투상면 → 물체
③ 물체 → 투상면 → 눈
④ 물체 → 눈 → 투상면

15 기계나 장치 등의 실체를 보고 프리핸드로 그린 도면은?

① 배치도　　　② 기초도
③ 장치도　　　④ 스케치도

16 현장용접 보조기호 표시를 올바르게 표현한 것은?

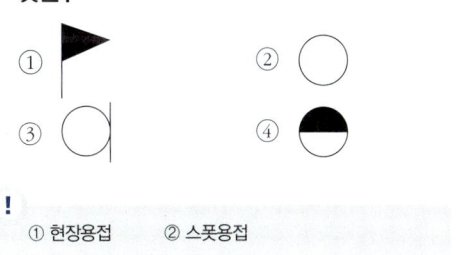

17 도면의 분류에서 설명도의 용도로 가장 적합한 것은?

① 주문자 또는 기타 관계자의 승인을 얻기 위한 도면이다.
② 사용자에게 물품의 구조, 기능, 성능 등을 알려주기 위한 도면이다.
③ 지역 내의 건물 위치나 공장 내부에 기계 등의 설치위치의 상세한 정보를 나타낸 도면이다.
④ 견적 내용을 나타낸 도면이다.

18 제도의 목적을 달성하기 위한 기본 요건으로 틀린 것은?

① 대상물의 도형이 있으면 필요로 하는 크기, 모양, 자세 위치의 정보를 포함하지 않아야 한다.
② 애매한 해석이 생기지 않도록 표현상 명확한 뜻을 갖고 있어야 한다.
③ 무역 및 기술의 국제 교류의 입장에서 국제성을 갖고 있어야 한다.
④ 기술의 각 분야에 걸쳐 가능한 한 정확성, 보편성을 갖고 있어야 한다.

19 KS 규격에서 용접부 및 용접부의 표면 형상 보조기호 설명으로 틀린 것은?

① ── : 평면(동일한 면으로 마감처리함)
② ⌣ : 토우(끝단부)를 오목하게 함
③ M : 영구적인 이면 판재를 사용함
④ MR : 제거 가능한 이면 판재를 사용함

20 선의 종류에 따른 용도 설명으로 틀린 것은?

① 외형선 : 대상물의 보이는 부분의 모양을 표시하는 선

② 지지선 : 기초, 기술 등을 표시하기 위하여 끌어내는 데 쓰이는 선

③ 파단선 : 그 절단 위치를 대응하는 그림에 표시하는 선

④ 해칭 : 도형의 한정된 특정 부분을 다른 부분과 구별하는 데 사용하는 선

! 선의 종류와 용도
- 외형선 – 굵은 실선
- 가는 실선 – 치수선, 치수보조선, 지시선, 회전단면선, 수준면선, 해칭선
- 은선 – 가는 파선 또는 굵은 파선
- 가는 1점 쇄선 – 중심선, 기준선, 피치선
- 가는 2점 쇄선 – 가상선 무게 중심선
- 굵은 1점 쇄선 – 특수 지정선
- 파단선 – 물체의 일부를 파단한 곳을 표시하는 선으로 불규칙한 파형의 가는 실선 또는 지그재그선

제2과목 용접구조설계

21 가접 시 주의해야 할 사항으로 틀린 것은?

① 본 용접자와 동등한 기량을 갖는 용접자가 가접을 시행한다.

② 가접 위치는 부품의 끝 모서리나 각 등과 같이 응력이 집중되는 곳을 피한다.

③ 본 용접과 같은 온도에서 예열을 한다.

④ 용접봉은 본 용접 작업 시에 사용하는 것보다 약간 굵은 것을 사용한다.

! 가접 시 주의할 점
- 홈 안에는 가접을 피하되, 불가피한 경우엔 본 용접 전에 갈아낸다.
- 응력이 집중되는 곳은 피한다.
- 전류는 본 용접보다 높게 하며, 용접봉의 지름은 가는 것을 사용한다. 또한 너무 짧게 하지 않는다.
- 시·종단에 엔드탭을 설치하기도 한다.
- 가접사도 본 용접사에 비하여 기량이 떨어지면 안 된다. 가접 시 본 용접보다 가는 용접봉을 사용해야 한다.

22 용접부의 부근을 냉각시켜서 용접변형을 방지하는 냉각법의 종류에 해당되지 않는 것은?

① 석면포 사용법　　② 피닝법

③ 살수법　　　　　④ 수냉동판 사용법

! 피닝법이란 용접부를 연속적으로 두드려서 표면에 소성변형을 주어 응력을 제거하는 방법이다.

23 용접부 인장시험에서 최초의 길이가 40mm이고, 인장시험편의 파단 후의 거리가 50mm일 경우에 변형률 ε는?

① 10%　　　　　② 15%

③ 20%　　　　　④ 25%

!
$$\cdot \text{변형률} = \frac{\text{나중길이} - \text{처음길이}}{\text{처음길이}} \times 100$$
$$= \frac{50 - 40}{40} \times 100$$
$$= 25\%$$

24 일반적인 용접순서를 결정하는 유의사항 설명으로 틀린 것은?

① 용접 구조물이 조립되어 감에 따라 용접작업이 불가능한 곳이나 곤란한 경우가 생기지 않도록 한다.

② 용접물의 중심에 대하여 항상 대칭으로 용접을 해나간다.

③ 수축이 작은 이음을 먼저 용접하고 수축이 큰 이음(맞대기 등)은 나중에 용접한다.

④ 용접 구조물의 중립축에 대하여 용접 수축력의 모멘트의 합이 0이 되게 한다.

! 용접 조립 순서
- 수축이 큰 이음을 먼저 용접하고 다음에 필릿 용접을 한다.
- 큰 구조물은 구조물의 중앙에서 끝으로 향하여 용접을 한다.
- 용접선에 대하여 수축력의 합이 영(0, zero)이 되도록 한다.
- 리벳과 같이 쓸 때는 용접을 먼저 한다.
- 용접 불가능한 곳이 없도록 한다.
- 물품의 중심에 대하여 대칭으로 용접 진행수축이 큰 이음을 먼저 용접하고 다음에 수축이 작은 이음을 용접한다.

25 판의 홈 용접에서 용접의 진행과 더불어 이동하는 열원의 전방 홈 간격이 열렸다 닫혔다 하는 현상으로 주로 열원 이동 중에 있어서 용융지 부근 모재의 용접선 방향에의 열팽창에 기인하여 생기는 용접변형은?

① 회전변형
② 세로 굽힘변형
③ 팽창변형
④ 비틀림변형

26 본 용접하기 전에 적당한 예열을 함으로서 얻어지는 효과 설명으로 가장 적당한 것은?

① 예열을 하게 되면 용접성은 좋아지나 용접결함을 수반한다.
② 변형과 잔류 응력이 많이 발생한다.
③ 용접부의 냉각속도를 느리게 하여 균열 발생이 적게 된다.
④ 용접부의 냉각속도가 빨라지고 높은 온도에서 큰 영향을 받는다.

> **!**
> **예열의 목적**
> • 모재의 수축응력을 감소하여 균열발생 억제
> • 냉각속도를 느리게 하여 모재의 취성방지
> • 용착금속의 수소성분이 나갈 수 있는 여유를 주어 비드 밑 균열 방지
> • 경화증대는 목적이 아니다.

27 용접 후 처리에서 노치인성의 설명으로 옳은 것은?

① 수소량이 적어지면 연성의 저하가 심해지는 성질
② 용접 전, 굽힘 가공하여 용접부에 균열이 생기는 성질
③ 강이 저온, 충격 하중 또는 노치의 응력 집중 등에 대하여 견딜 수 있는 성질
④ 강이 고온 충격 하중 또는 노치의 응력 분산 등에 의해서 메지게 되는 성질

28 두 부재 사이의 휨 부분을 용접하는 것으로 용접부 형상이 V형, X형, K형 등이 있는 용접은?

① 플러그 용접
② 슬롯 용접
③ 플랜지 용접
④ 플레어 용접

29 응력 제거 풀림에 의해 얻어지는 효과에 해당되지 않는 것은?

① 용접 잔류 응력이 제거된다.
② 응력 부식에 대한 저항력이 증대된다.
③ 용착 금속 중의 수소제거에 의한 연성이 증대된다.
④ 충격저항이 감소하고 크리프 강도가 향상된다.

> **!**
> **일반 열처리의 종류**
> • 담금질(퀜칭) : 강을 강하게 만든다. 소금물 최대효과
> • 뜨임(템퍼링) : 담금질로 인한 취성제거, 강인성증가(MO, W, V)
> • 풀림(어닐링) : 재질의 변화, 내부응력제거, 부식에 대한 저항력 증대, 연성의 증대, 국부풀 림온도 625±25℃
> • 불림(노멀라이징) : 조직의 균일화, 공랭, 미세 조직화(A3 변태점 912℃)

30 그림과 같이 폭 60mm, 두께 12mm의 강판을 60mm만을 겹쳐서 전둘레 필릿용접을 한다. 여기에 9000kgf의 하중을 작용시킨다면 필릿용접의 치수는 약 몇 mm인가?(단, 용접의 허용응력은 1,000kgf/cm²으로 한다.)

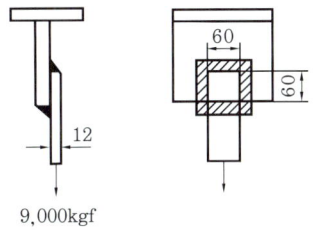

9,000kgf

① 5.3
② 9.2
③ 12.1
④ 16.4

> **!**
> • 허용응력 = $\dfrac{1.414 \times 하중}{목길이}$
>
> • 하중 = $\dfrac{9000}{(2 \times 6)+(2 \times 6)} = 375$
>
> • 목길이 = $\dfrac{1.414 \times 375}{1000} = 0.53cm = 5.3mm$

31 계산 또는 필릿 용접의 치수 이상으로 표면 위에 용착된 금속은?

① 이면비드   ② 덧붙이
③ 개선 홈   ④ 용접의 루트

> ❗ 덧붙이는 필릿 용접의 치수 이상으로 표면 위에 용착된 금속이다.

32 용접 이음의 설계를 할 때의 주의 사항으로 틀린 것은?

① 용접작업에 지장을 주지 않도록 공간을 둔다.
② 용접 이음을 한 쪽으로 집중되게 접근하여 설계하지 않도록 한다.
③ 용접선은 될 수 있는 한 교차하도록 한다.
④ 가능한 한 아래보기 용접을 많이 하도록 한다.

> ❗ 용접 이음부가 한 곳에 집중되지 않도록 설계해야 한다.

33 아래 그림과 같은 필릿 용접부의 종류는?

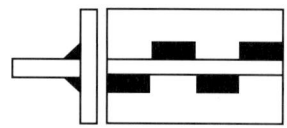

① 연속 병렬 필릿용접
② 연속 지그재그 필릿용접
③ 단속 병렬 필릿용접
④ 단속 지그재그 필릿용접

34 KS 규격에서 E4340 용접봉의 피복제의 계통으로 맞는 것은?

① 일미나이트계   ② 고산화티탄계
③ 저수소계   ④ 특수계

> ❗ **용접봉의 종류**
> • E4301(일미나이트계)
> • E4303(라임티탄계) – 스테인리스 피복제
> • E4311(고셀룰로오스계) – 가스실드계
> • E4313(고산화티탄계) – 고온균열 가능
> • E4316(저수소계)
> • E4324(철분산화티탄계)
> • E4326(철분저수소계)
> • E4327(철분산화철계)

35 맞대기 용접이음의 가접 또는 첫 층에서 보이는 세로 균열의 일종으로 약 200℃ 이하의 저온에서 발생하는 균열은?

① 설퍼 균열   ② 라미네이션 균열
③ 루트 균열   ④ 헤어 균열

36 맞대기 용접 이음에서 강판의 두께 6mm이고 용접길이 200mm, 인장하중 6000kgf 작용 시 용접 이음부에 발생하는 인장응력은 몇 kgf/mm²인가?

① 4   ② 5
③ 6   ④ 7

> ❗ $인장응력 = \dfrac{인장하중}{단면적} = \dfrac{6000}{6 \times 200} = 5$

37 용접봉의 선택 기준으로 거리가 먼 것은?

① 모재의 재질   ② 제품의 형상
③ 용접 자세   ④ 사용 보호구

> ❗ **용접봉의 선택과 보관**
> 편심율은 3% 이내에 용접봉을 선택하며, 용접 자세 및 장소, 모재의 재질, 이음의 모양 등을 고려하여 선택하며 보관 시엔 특히 습기에 주의해야 한다.

38 잔류 응력이 존재하는 용접구조물에 어떤 하중을 걸어 용접부를 약간 소성변형시킨 다음 하중을 제거하면 잔류 응력이 감소하는 현상을 이용하는 방법은?

① 국부 응력 제거법
② 저온 응력 완화법
③ 피닝법
④ 기계적 응력 완화법

! 기계적 응력 완화법은 용접부에 하중을 가하여 소성변형을 일으켜 응력을 제거한다.

39 일반적인 용접변형 교정방법의 종류가 아닌 것은?

① 얇은 판에 대한 점 수축법
② 형재에 대한 직선 수축법
③ 변형된 부위를 줄질하는 법
④ 가열 후 해머링하는 법

40 용접작업에서 지그 사용 시 얻어지는 효과로 틀린 것은?

① 대량생산의 경우 용접 조립 작업을 단순화시킨다.
② 제품의 마무리 정밀도를 향상시킨다.
③ 용접 변형을 억제하고 적당한 역변형을 주어 정밀도를 높인다.
④ 용접작업은 용이, 작업능률이 저하된다.

! **지그의 사용 목적**
• 대량 생산이 가능하다.
• 용접 작업을 쉽게 해준다.
• 제품 치수를 정확하게 한다.
• 용접부의 신뢰성이 높아진다.
• 다듬질을 좋게 한다.
• 변형을 억제한다.

41 아크 용접 작업에서 전격의 방지대책으로 가장 거리가 먼 것은?

① 절연 홀더의 절연부분이 파손되면 즉시 교환할 것
② 접지선은 수도 배관에 할 것
③ 용접작업을 중단 혹은 종료 시에는 즉시 스위치를 끊을 것
④ 습기 있는 장갑, 작업복, 신발 등을 착용하고 용접 작업을 하지 말 것

42 냉간압접의 장점에 해당되지 않는 것은?

① 접합부가 가공 경화된다.
② 접합부에 열영향이 없다.
③ 압접기구가 간단하다.
④ 접합부의 전기저항은 모재와 거의 비슷하다.

! 접합부가 가공 경화되는 것 : 냉간압접의 단점

43 피복 아크 용접봉에 사용하는 피복제의 주된 역할이 아닌 것은?

① 아크를 안정시킨다.
② 용착금속의 탈산 정련 작용을 한다.
③ 용착 금속의 용적을 미세화하여 용착 효율을 낮춘다.
④ 스패터의 발생을 적게 한다.

! **피복제의 역할(용제)**
• 아크 안정   • 산·질화 방지
• 용적의 미세화   • 서냉으로 취성방지
• 탈산정련   • 슬래그 박리성 증대
• 유동성 증가   • 전기 절연작용

44 탄산가스 아크 용접에서 중독 및 질식사고의 원인이 되는 가스는?

① 수소(H_2) ② 암모니아(NH_3)
③ 일산화탄소(CO) ④ 아세틸렌(C_2H_2)

!
CO_2 농도
· 3~4% 두통, 뇌빈혈 · 15% 이상 위험
· 30% 이상 치명적
· CO_2 아크 용접에서 이산화탄소로 인하여 중독 및 질식사고가 일어날 수 있다.

45 본 용접 전 가접에서의 주의사항 설명으로 틀린 것은?

① 본 용접보다도 지름이 굵은 용접봉을 사용한다.
② 강도상 중요한 부분에는 가접을 피한다.
③ 용접의 시점 및 종점이 되는 끝 부분은 가접을 피한다.
④ 본 용접과 비슷한 기량을 가진 용접사에 의해 실시하는 것이 좋다.

!
가접 시 주의 사항
· 홈 안에는 가접을 피하되, 불가피한 경우엔 본 용접 전에 갈아낸다.
· 응력이 집중되는 곳은 피한다.
· 전류는 본 용접보다 높게 하며, 용접봉의 지름은 가는 것을 사용한다. 또한 너무 짧게 하지 않는다.
· 시·종단에 엔드탭을 설치하기도 한다.
· 가접사도 본 용접사에 비하여 기량이 떨어지면 안 된다.

46 다음 보기 중 용접의 자동화에서 자동제어의 장점에 해당되는 사항으로만 조합한 것은?

> ① 제품의 품질이 균일화되어 불량품이 감소한다.
> ② 원자재, 원료 등의 증가된다.
> ③ 인간에게는 불가능한 고속작업이 가능하다.
> ④ 위험한 사고의 방지가 불가능하다.
> ⑤ 연속작업이 가능하다.

① ①, ②, ④ ② ①, ③, ④
③ ①, ③, ⑤ ④ ①, ②, ③, ④, ⑤

47 서브머지드 아크용접 장치의 구성 및 종류에 관한 설명으로 틀린 것은?

① 용접 전류는 용접 전원으로부터 용접 전극을 통하여 공급된다.
② 용접 능률의 향상을 위해 2개 이상의 전극을 동시에 사용하는 다전극 용접기가 실용화되고 있다.
③ 용접전원으로는 직류가 시설비가 싸고 자기불림 현상이 매우 커서 많이 사용된다.
④ 와이어 송급장치, 전압제어장치, 콘택트 조, 후락스 호퍼를 일괄하여 용접머리(Welding head)라고 한다.

!
서브머지드 아크 용접기의 특징
· 용접속도가 수동 용접에 비해 10~20배, 용입은 2~3배 정도가 커서 능률적이다.
· 용접 홈의 크기가 작아도 되며 용접재료의 소비 및 용접 변형이 적다.
· 용접 조건만 일정하다면 용접공의 기술 차이에 의한 품질 격차가 거의 없어 이음의 신뢰도를 높일 수 있다.
· 한 번 용접으로 75mm까지 가능하다.
· 설비가 고가이며 와이어 및 용제의 선정이 어렵다.
· 아래보기 수평 필릿 자세에 한정한다.
· 홈의 정밀도가 높아야 한다(루트 간격 0.8mm이하, 홈 각도 오차 5°, 루트 오차 1mm).
· 용접부가 보이지 않아 용접부를 확인할 수 없다.
· 시공 조건을 잘못 잡으면 제품의 불량률이 커진다.
· 입열량이 커서 용접 금속의 결정립의 조대화로 충격값이 커진다.

48 용접부의 안전율로 맞는 것은?

① 안전율 $= \dfrac{인장강도}{허용응력} \times 100(\%)$

② 안전율 $= \dfrac{인장강도}{굽힘응력} \times 100(\%)$

③ 안전율 $= \dfrac{허용응력}{굽힘강도} \times 100(\%)$

④ 안전율 $= \dfrac{인장응력}{피로응력} \times 100(\%)$

49 용접기의 유지보수 및 점검 시에 지켜야 할 사항으로 틀린 것은?

① 용접기는 습기나 먼지가 많은 곳은 가급적 설치를 하지 말아야 한다.
② 2차측 단자의 한쪽과 용접기 케이스는 접지를 확실히 해둔다.
③ 탭 전환의 전기적 접속부는 자주 샌드페이퍼 등으로 잘 닦아 준다.
④ 용접기는 어떤 부분에도 주유해서는 안 된다.

!

용접기 주유
• 냉각팬   • 조정손잡이   • 구동바퀴

50 용접법의 분류에서 압접, 단접, 전기저항 용접을 압접이라고 하는데, 아크용접, 가스용접 및 테르밋 용접을 무엇이라 하는가?

① 가압접   ② 에네르기법
③ 열용접   ④ 융접

51 가스 아크 용접장치에 해당없는 것은?

① 용접 토치   ② 보호가스 설비
③ 제어 장치   ④ 플럭스 공급장치

52 피복 아크 용접 시 아크 쏠림 방지 대책이 아닌 것은?

① 용접봉 끝을 아크 쏠림 반대 방향으로 기울인다.
② 직류 용접으로 하지 말고 교류 용접으로 한다.
③ 접지점은 될 수 있는대로 용접부에서 멀리 한다.
④ 긴 아크를 사용한다.

!

아크 쏠림 방지책(아크쏠림, 아크블로, 자기불림)
• 교류 용접기 사용
• 아크 길이를 짧게 유지
• 쏠림 반대쪽으로 용접봉 기울임
• 접지를 용접부로부터 멀리 한다.
• 긴 용접선은 후퇴법 이용
• 용접 시종단에 엔드탭 설치

53 피복 아크 용접에서 용접 전류가 너무 높거나 낮을 때 발생하는 용접 결함의 종류와 가장 거리가 먼 것은?

① 용입불량   ② 선상조직
③ 오버랩   ④ 언더컷

54 아세틸렌 압력조정기의 구비조건 설명으로 틀린 것은?

① 가스의 방출량이 많아도 유량이 안정되어 있어야 한다.
② 조정압력은 용기 내의 가스량이 변해도 항상 일정해야 한다.
③ 조정압력과 방출압력과의 차이가 클수록 좋다.
④ 얼어붙지 않고 동작이 예민해야 한다.

55 1차 압력이 30KVA인 피복 아크 용접기에서 전원 전압이 200V라면 퓨즈의 용량은 몇 A가 가장 적합한가?

① 75A   ② 100A
③ 150A   ④ 300A

!

$$\text{퓨즈용량} = \frac{\text{1차입력}}{\text{전원입력}} = \frac{30000}{200} = 150$$

56 KS 규격에서 E4324 용접봉의 피복제의 계통으로 맞는 것은?

① 저수소계   ② 철분산화티탄계
③ 특수계   ④ 일루미나이트계

!

용접봉의 종류
• E4301(일미나이트계)
• E4303(라임티탄계) – 스테인리스 피복제
• E4311(고셀룰로오스계) – 가스실드계
• E4313(고산화티탄계) – 고온균열 가능
• E4316(저수소계)
• E4324(철분산화티탄계)
• E4326(철분저수소계)
• E4327(철분산화철계)

57 가스 압접의 특징 설명으로 틀린 것은?

① 장치가 복잡하고 설비비, 보수비가 비싸다.

② 이음부에 탈탄층이 거의 없다.

③ 작업이 거의 기계적이다.

④ 용가재 및 용제가 필요 없다.

❗ 가스 압접은 장치가 간단하고 설비비, 보수비가 저렴하다.

58 가스용접 시 팁 끝이 순간적으로 막히면 가스 분출이 나빠지고 토치의 가스 혼합실까지 불꽃이 그대로 전달되어 토치가 빨갛게 달구어지는 현상은?

① 역류   ② 난류

③ 인화   ④ 역화

❗ **역류, 역화, 인화**
- 역류 : 산소가 아세틸렌 도관쪽으로 흘러 들어 가는 현상
- 역화 : 불꽃이 팁 끝에서 순간적으로 폭음을 내며 들어갔다가 꺼지는 현상
- 인화 : 불꽃이 혼합실까지 들어가는 현상
- 역류 및 인화가 되었을 때는 위험하며, 역화가 일어날 때는 토치를 식혀준 뒤 작업을 하여야 한다.

종류	원인	방지법
역류	·산소 압력 과다 ·C_2H_2 공급량 부족	·팁을 깨끗이 청소한다. ·산소를 차단시킨다. ·아세틸렌을 차단시킨다. ·안전기와 발생기를 차단시킨다.
역화	·팁 끝의 과열, ·가스 압력 부적당 ·팁의 조임 불량	·용접 팁을 물에 담가 식힌다. ·아세틸렌을 차단한다. ·토치의 기능을 점검한다.
인화	·가스 압력 부적당 ·팁 끝이 막힘	·팁을 깨끗이 청소한다. ·가스 유량을 적당하게 조정 ·토치 및 각 기구를 점검한다. ·호스의 비틀림이 없게 한다. ·우선 아세틸렌을 차단한 후 산소를 차단한다.

59 다음 설명에서 A, B에 들어갈 값으로 맞는 것은?

> 용해 아세틸렌가스는 15℃에서 (A) kgf/cm^{2}로 충전하며, 15℃, 1kgf/cm^{2}에서 1 ℓ 아세톤은 (B) ℓ 의 아세틸렌가스는 용해한다.

① A = 1.5, B = 10   ② A = 25, B = 35

③ A = 15, B = 25   ④ A = 10, B = 15

60 접합할 모재를 용융시키지 않고 모재보다 용융점이 낮은 금속을 사용하여 두 모재 간의 모세관 현상을 이용하여 금속을 접합하는 것은?

① 특수용접   ② 납땜

③ 아크용접   ④ 압접

❗ **납땜의 원리**
접합하고자 하는 금속을 용융시키지 않고 이들 두 금속 사이에 용융점이 낮은 금속을 첨가하여 접합하는 방법이다.

정답

:: 2009년 5월 10일 기출문제 정답

01	02	03	04	05	06	07	08	09	10
①	④	②	①	④	①	①	②	②	④
11	12	13	14	15	16	17	18	19	20
②	④	④	②	④	①	②	①	②	③
21	22	23	24	25	26	27	28	29	30
④	②	④	③	①	③	③	④	④	①
31	32	33	34	35	36	37	38	39	40
②	③	④	④	③	②	④	④	③	④
41	42	43	44	45	46	47	48	49	50
②	①	③	③	①	③	③	①	④	④
51	52	53	54	55	56	57	58	59	60
④	④	②	③	③	②	①	④	④	②

국가기술자격 필기시험문제

2009년 7월 26일 기사 제3회 필기시험				수험 번호	성명
자격 종목	종목코드	시험시간	형별		
용접산업기사	2026	1시간 30분	B		

제1과목 용접야금 및 용접설비제도

01 잔류 응력 제거 방법으로서 용접선의 양측을 가스 불꽃으로 나비 약 150mm에 걸쳐서 150~200℃로 가열한 다음 수냉하는 방법은?

① 기계적 응력 완화법
② 피닝법
③ 저온 응력 완화법
④ 확산 풀림법

02 피복 아크 용접 시 용융 금속 중에 침투한 산화물을 제거하는 탈산제로 쓰이지 않는 것은?

① 망간철   ② 규소철
③ 산화철   ④ 티탄철

❗ 탈산제는 용융 금속 속에 들어 있는 산소를 제거하는 작용을 말하며 탈산제로 철-규소, 철-망간, 알루미늄 등이 있다.

03 맞대기 용접 이음의 가접 또는 첫 층에서 루트 근방의 열 영향부에서 발생하여 점차 비드 속으로 들어가는 균열은?

① 토 균열   ② 루트 균열
③ 세로 균열   ④ 크레이터 균열

❗ 용접 균열의 종류
• 토 균열 : 비드표면과 모재와의 경계부분에 생기는 결함
• 비드 밑 균열 : 외부에서 볼 수 없는 균열
• 루트 균열 : 용접 첫 층의 루트 근방에 생기는 결함
• 크레이터 균열 : 용접을 끝낸 직후의 크레이트 부분에 생기는 결함
• 라미네이션 균열 : 모재의 재질 결함

04 포정반응 설명으로 적합한 것은?

① 하나의 고용체에 다른 액체가 작용하여 다른 고용체를 형성하는 반응
② 2종 이상의 물질이 고체 상태로 완전히 융합되는 것
③ 하나의 액체에서 고체와 다른 종류의 액체를 동시에 형성하는 반응
④ 하나의 액체를 어떤 온도로 냉각시키면서 동시에 2개 또는 그 이상의 종류의 고체를 생기게 하는 반응

❗ 포정 반응은 탄소 함유량 0.1~0.55 온도 1495℃에서 일어난다.

05 면심입방격자(FCC)에서 단위격자 중에 포함되어 있는 원자의 수는 몇 개인가?

① 2   ② 4
③ 6   ④ 8

❗
금속결정의 종류

종류	특징	원자의 수	금속
체심 입방 격자(B·C·C)	강도가 크고 전·연성은 떨어진다.	2	Cr, Mo, W, V, Ta, K, Na, α-Fe, δ-Fe
면심 입방 격자(F·C·C)	전·연성이 풍부하여 가공성이 우수하다.	4	Ag, Al, Au, Cu, Ni, Pb, Pt, Ca, γ-Fe
조밀 육방 격자(F·C·P)	전·연성 및 가공성이 불량하다.	4	Ti, Be, Mg, Zn, Zr

06 철강의 용접 시 열 영향부에 대한 설명으로 틀린 것은?

① 탄소의 함량이 많을수록 경화 현상이 발생하기 쉽다.
② 오스테나이트까지 가열된 조직은 급냉으로 마텐자이트 조직이 된다.
③ 조직이 마텐자이트가 되면 경도가 증가한다.
④ 조직이 마텐자이트가 되면 연신율이 증가한다.

07 주철의 용접성으로 틀린 것은?

① 수축이 많아 균열이 생기기 쉽다.
② 일산화탄소 가스가 발생하여 용착금속에 기공 발생이 적다.
③ 500~600℃의 예열 및 후열이 필요하다.
④ 주철 속에 기름, 흙, 모래 등이 있는 경우에 용착이 불량하거나 모재와의 친화력이 나쁘다.

> ❗ 주철 용접은 수축이 크고 균열이 발생하기 쉽고 기포 발생이 많으며, 급열·급랭으로 용접부의 백선화로 절삭 가공이 어려워 용접이 곤란하다.

08 일반적인 금속 원자의 단위 결정격자의 종류가 아닌 것은?

① 체심입방격자   ② 정밀입방격자
③ 면심입방격자   ④ 조밀육방격자

09 저수소계 피복 아크 용접봉의 건조 조건으로 가장 적절한 것은?

① 70~100℃, 1시간
② 200~250℃, 30분
③ 300~350℃, 1~2시간
④ 400~450℃, 30분

> ❗ **용접봉의 건조**
> • 저수소계(E4316) : 300~350℃의 온도에서 1~2시간 건조
> • 일반 용접봉 : 70~100℃의 온도에서 30분~1시간 건조

10 금속을 가열한 다음 급속히 냉각시켜 재질을 경화시키는 열처리 방법은?

① 풀림   ② 뜨임
③ 불림   ④ 담금질

> ❗ **일반 열처리의 종류**
> • 담금질(퀜칭) : 강을 강하게 만든다. 소금물 최대 효과
> • 뜨임(템퍼링) : 담금질로 인한 취성 제거, 강인성 증가 (MO, W, V) (가열 후 냉각)
> • 풀림(어닐링) : 재질의 변화, 내부응력제거, 서냉 → 국부 풀림온도 625±25℃
> • 불림(노멀라이징) : 조직의 균일화, 공랭, 미세조직화(A₃ 변태점 : 912℃)

11 다음 용접기호의 설명으로 옳은 것은?

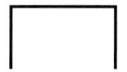

① 플러그 용접   ② 뒷면 용접
③ 스폿 용접   ④ 심 용접

12 치수 기입 방법에서 치수선과 치수 보조선에 대한 설명으로 틀린 것은?

① 치수선과 치수 보조선은 가는 실선으로 긋는다.
② 치수선은 원칙적으로 치수 보조선을 사용하여 긋는다.
③ 치수선은 원칙적으로 지시하는 길이 또는 각도를 측정하는 방향으로 평행하게 긋는다.
④ 치수 보조선은 지시하는 치수의 끝에 해당하는 도형상의 점 또는 선의 중심을 지나 치수선에 평행으로 긋는다.

13 도면의 보관방법 및 출고에 대한 설명으로 가장 거리가 먼 것은?

① 원도는 화재나 수해로부터 안전하도록 방재 처리를 한 도면 보관함에 격리하여 보관한다.

② 도면 보관함에는 도면번호, 도면크기 등을 표시하여 사용이 쉽게 한다.

③ 복사도에는 출고용 도장을 찍지 않아도 사용이 가능하며, 도면이 심하게 파손되었을 때는 현장에서 즉시 태워 버린다.

④ 원도는 도면을 변경하고자 하는 이외에는 출고하지 않으며, 곧바로 생산 현장에 출고할 때는 복사도를 출고한다.

14 도면의 분류에서 내용에 따른 분류에 해당하지 않는 것은?

① 전개도　　　　② 부품도
③ 기초도　　　　④ 조립도

！
도면의 분류
• 목적에 따른 분류 : 계획도, 주문도, 견적도, 승인도, 제작도, 설명도 등
• 내용에 따른 분류 : 부품도, 배관도, 배선도, 접속도, 공정도, 계통도 등

15 대상물의 보이지 않는 부분을 표시하는 데 쓰이는 선의 종류는?

① 굵은 실선　　　② 가는 파선
③ 가는 실선　　　④ 가는 이점 쇄선

！
대상물이 보이지 않는 부분을 표시할 때는 숨은선을 사용하며 가는 파선이나 굵은 파선을 사용한다.

16 경사면부가 있는 대상물에서 그 경사면의 실형을 나타낼 필요가 있는 경우에 그리는 투상도는?

① 보조 투상도　　② 부분 투상도
③ 국부 투상도　　④ 회전 투상도

！
보조 투상도는 물체가 경사면에 있어 실험을 나타낼 필요가 있을 때 이용한다.

17 국가 및 기구에 대한 규격기호를 틀리게 연결한 것은?

① 국제표준화기구 – ISO
② 미국 – USA
③ 일본 – JIS
④ 스위스 – SNV

！
국제규격
• 미국 – ANSI　　　　• 영국 – BS
• KS – 한국산업규격　• 일본 – JIS

18 CAD 인터페이스 종류 중 소프트웨어 인터페이스가 아닌 것은?

① GKS(Graphical Kernel System)
② IGES(Initial Graphics Exchange Specification)
③ RS-232C
④ DXF(Date Exchange File)

！
RS – 232C는 통신 프로토콜을 나타낸다.

19 용접 기본기호 중 맞대기 이음 용접 기호가 아닌 것은?

① Ⅱ　　　　　　② V
③ Y　　　　　　④ L

！
① 평면형 평행 맞대기 이음
② 한쪽면 V형 맞대기 이음
③ 부분 용입 한쪽면 V형 맞대기 이음

20 정투상법에서 제3각법은 (①) →(②) →(③) 순서로 투상한다. ( ) 속의 번호에 들어갈 용어로 맞는 것은?

① ① 눈 ② 물체 ③ 투상면
② ① 눈 ② 투상면 ③ 물체
③ ① 물체 ② 눈 ③ 투상면
④ ① 투상면 ② 물체 ③ 눈

> **!**
> **정투상법의 투상순서**
> • 정투상법에서 1각법은 눈 → 물체 → 투상면
> • 정투상법에서 3각법은 눈 → 투상면 → 물체

제2과목 용접구조설계

21 용접 전 예열을 하는 목적에 대한 설명으로 틀린 것은?

① 용접부와 인접된 모재의 수축 응력을 증가시키기 위하여 예열을 실시한다.
② 임계온도를 통과하여 냉각될 때 냉각 속도를 느리게 하여 열영향부와 용착 금속의 경화를 방지하고 연성을 높여 준다.
③ 약 200℃의 범위를 통과하는 시간을 지연시켜 용착 금속 내의 수소의 방출 시간을 줌으로서 비드 밑 균열을 방지한다.
④ 온도 분포가 완만하게 되어 열응력의 감소로 변형과 잔류응력 발생을 적게 한다.

> **!**
> **예열의 목적**
> • 모재의 수축응력을 감소하여 균열발생 억제
> • 냉각속도를 느리게 하여 모재의 취성방지
> • 용착금속의 수소성분이 나갈 수 있는 여유를 주어 비드 밑 균열 방지
> • 기계적 성질 향상
> • 경화증대는 예열의 목적이 아니다.

22 특수한 구면상의 선단을 갖는 해머(Hammer)로 용접부를 연속적으로 타격해줌으로써 표면의 소성변형을 주어 잔류 응력을 제거하는 방법은?

① 기계적 응력 완화법
② 저온 응력 완화법
③ 피닝법
④ 응력제거 풀림법

> **!**
> 피닝법이란 용접부를 연속적으로 두드려서 표면에 소성변형을 주어 응력을 제거하는 방법이다.

23 맞대기 용접 및 필릿 용접 이음시 각 변형을 교정할 때 이용하는 이면담금질 방법은?

① 점 가열법   ② 송엽 가열법
③ 선상 가열법   ④ 격자 가열법

24 연강의 맞대기 용접 이음에서 용착 금속의 기계적 성질 중 인장강도가 40kgf/mm², 안전율이 5라면 용접이음의 허용응력(kgf/mm²)은 얼마인가?

① 0.8   ② 8
③ 20   ④ 200

> **!**
> $$허용응력 = \frac{인장강도}{안전율} = \frac{40}{5} = 8$$

25 자기 탐상 검사가 되지 않는 금속재료의 용접부 표면 검사법으로 가장 적합한 것은?

① 외관 검사
② 침투 탐상 검사
③ 초음파 탐상 검사
④ 방사선 투과 검사

> **!**
> **비파괴 검사의 표면검사와 내면검사**
> • 표면검사 : VT, LT, PT, 와류검사
> • 내면검사 : 방사선검사, 초음파검사

26 필릿 용접 이음의 수축 변형에서 모재가 용접선에 각을 이루는 경우를 각 변형이라고 하는 데 각 변형과 같이 쓰이는 용어는?

① 가로 굽힘　　② 세로 굽힘
③ 회전 굽힘　　④ 원형 굽힘

27 인장시험 결과 시험편의 파단 후의 단면적 20mm²이고 원단면적 25mm²일 때 단면수축률은?

① 20%　　② 30%
③ 40%　　④ 50%

!
$$단면수축률 = \frac{원단면적 - 파단\ 후\ 단면적}{원단면적} \times 100$$
$$= \frac{25 - 20}{25} \times 100 = 20\%$$

28 용접경비를 적게 하고자 할 때 유의할 사항으로 가장 관계가 먼 것은?

① 용접봉의 적절한 선정과 그 경제적 사용 방법
② 재료 절약을 위한 방법
③ 용접 지그의 사용에 의한 위보기 자세의 이용
④ 용접사의 작업 능률의 향상

29 그림과 같은 겹치기 이음의 필릿 용접을 하려고 한다. 허용응력을 5kgf/mm²라 하고 인장 하중을 5000kgf, 판 두께 12mm이라고 할 때, 필요한 용접 유효 길이는 약 몇 mm인가?

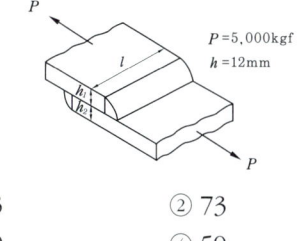

$P = 5,000$kgf
$h = 12$mm

① 83　　② 73
③ 69　　④ 59

!
$$\cdot 응력 = \frac{하중}{단면적} = \frac{P}{(h_1 + h_2) \times \ell}$$
$$\ell = \frac{1.414P}{응력 \times (h_1 + h_2)} = \frac{1.414 \times 5000}{5 \times (12 + 12)} = 58.9$$

30 용접 이음을 설계할 때 주의사항이 아닌 것은?

① 가급적 아래보기 용접을 많이 하도록 한다.
② 용접 작업에 지장을 주지 않도록 공간을 두어야 한다.
③ 용접 이음을 한쪽으로 집중되게 접근하여 설계하지 않도록 한다.
④ 맞대기 용접은 될 수 있는 대로 피하고 필릿 용접을 하도록 한다.

!
용접 조립의 순서
• 수축이 큰 이음을 먼저 용접하고 다음에 필릿 용접을 한다.
• 큰 구조물은 구조물의 중앙에서 끝으로 향하여 용접을 한다.
• 용접선에 대하여 수축력의 합이 영(0, zero)이 되도록 한다.
• 리벳과 같이 쓸 때는 용접을 먼저 한다.
• 용접 불가능한 곳이 없도록 한다.
• 물품의 중심에 대하여 대칭으로 용접을 진행한다.

31 설계 단계에서의 일반적인 용접 변형 방지법 중 틀린 것은?

① 용접 길이가 감소될 수 있는 설계를 한다.
② 용착 금속을 감소시킬 수 있는 설계를 한다.
③ 보강재 등 구속이 작아지도록 설계를 한다.
④ 변형이 적어질 수 있는 이음 부분을 배치한다.

32 동일한 길이를 용접하는 경우라도 판 두께, 용접 자세, 작업장소 등이 변동되면 용접에 소요하는 작업량도 변하게 되는데 이 작업량에 영향을 주는 것을 각기 계수로 표시하고 이 계수를 실제의 용접 길이에 곱한 것을 무슨 용접 길이라고 하는가?

① 도면상의 용접 길이
② 환산 용접 길이
③ 돌림 용접 길이
④ 가공 후 용접 길이

> **!**
> 환상 용접 길이 = 계수 × 실제의 용접 길이

33 다음 그림과 같은 용접이음의 형상기호 종류는?

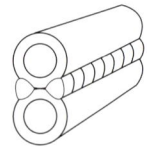 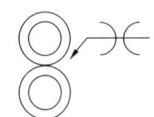

① 필릿 용접 X형
② 플러그 용접 K형
③ 모서리 용접 V형
④ 플레어 용접 X형

34 용접 시공에 의한 변형 경감법에 해당되지 않는 것은?

① 대칭법   ② 후진법
③ 스킵법   ④ 도열법

> **!**
> 도열법 : 용접 중에 모재의 입열을 최소화하기 위하여 용접부 주위에 물을 적신 석면이나 동판을 대어 용접열을 흡수시키는 방법으로 용접변형 방지법 중 하나이다.

35 용접부에 발생하는 기공(Blow hole)이나 피트(Pit)와 같은 결함의 원인이 될 수 없는 것은?

① 이음부에 녹이나 이물질 부착
② 용접봉 건조 불량
③ 용접 홈 각도의 과대
④ 용접속도의 과대

36 가용접(Tack Welding) 시 주의해야 할 사항이 아닌 것은?

① 본 용접자와 동등한 기량을 갖는 용접자가 가용접을 시행할 것
② 본 용접과 같은 온도에서 예열을 할 것
③ 가용접 위치는 부품의 끝 모서리나 각 등과 같이 응력이 집중되는 곳을 피할 것
④ 용접봉은 본 용접 작업 시에 사용하는 것보다 약간 굵은 것을 사용할 것

> **!**
> **가접 시 주의 사항**
> • 홈 안에는 가접을 피하되, 불가피한 경우엔 본 용접 전에 갈아낸다.
> • 응력이 집중되는 곳은 피한다.
> • 전류는 본 용접보다 높게 하며, 용접봉의 지름은 가는 것을 사용한다. 또한 너무 짧게 하지 않는다.
> • 시·종단에 엔드탭을 설치하기도 한다.
> • 가접사도 본 용접사에 비하여 기량이 떨어지면 안 된다.

37 용접 구조물의 수명과 관련이 있는 것은?

① 작업 태도 ② 아크 타임율
③ 피로 강도 ④ 작업율

!
피로는 물체가 견딜 수 있는 힘보다 작은 힘을 연속으로 받는 상태를 말하며 이때 견딜 수 있는 힘을 피로강도라 하고 피로강도와 용접 구조물의 수명은 깊은 관련이 있다.

38 용접이음 중에서 접합하는 2부재 사이에서 양쪽 면에 홈을 파고 용접하는 양쪽면 홈 이음 형은?

① I형 홈 ② J형 홈
③ H형 홈 ④ V형 홈

39 레이저 용접장치의 기본형에 속하지 않는 것은?

① 고체 금속형 ② 가스 방전형
③ 반도체형 ④ 에너지형

!
• 레이저 용접장치의 기본형
• 고체 금속형
• 반도체형

40 용접변형 방지법에서 역변형법의 설명에 해당되는 것은?

① 공작물을 가접 또는 지그로 고정하여 변형의 발생을 방지하는 법
② 용접 금속 및 모재의 수축에 대하여 용접 전에 반대 방향으로 굽혀 놓고 용접 작업하는 법
③ 비드를 좌우대칭으로 놓아 변형을 방지하는 법
④ 용접 진행 방향으로 띔 용접을 하여 변형을 방지하는 법

!
변형 방지법
• 억제법 : 모재를 가접 또는 지그를 사용하여 변형 억제
• 도열법 : 용접부 주위에 물을 적신 석면, 동판을 대어 열을 흡수시키는 방법
• 역변형법 : 용접 전에 변형의 크기 및 방향을 예측하여 미리 반대로 변형시키는 방법
• 용착법 : 대칭법, 후퇴법, 스킵법 등을 사용

41 교류 아크 용접기 부속장치 중 아크 발생 시 용접봉이 모재에 접촉하지 않아도 아크가 발생되는 것은?

① 핫 스타트 장치 ② 원격 제어장치
③ 전격 방지장치 ④ 고주파 발생장치

!
교류 아크 용접기 부속 장치
• 전격 방지기 : 감전의 위험으로부터 작업자를 보호하기 위하여 2차 무부하 전압을 25V로 유지하는 장치
• 고주파 발생장치 : 아크의 안정을 확보하기 위하여 상용 주파수의 아크 전류 외에 고전압(2000~3000V)의 고주파 전류(300~1000K₂)를 중첩시키는 방식
• 핫 스타트 장치 : 처음 모재에 접촉한 순간 0.2~0.25초 정도의 순간적인 대전류를 흘려서 아크의 초기 안정을 도모하는 장치로 일명 아크 부스터라 함.
• 원격제어장치 : 용접기에서 멀리 떨어진 장소에서 전류와 전압을 조절할 수 있는 장치

42 아세틸렌이 접촉하면 화합물을 만들어 맹렬한 폭발성을 가지게 되는 것이 아닌 것은?

① Fe ② Cu
③ Ag ④ Hg

!
아세틸렌은 은(Ag), 구리(Cu), 수은(Hg), 습기, 녹 등에 접촉하면 폭발성을 가진다.

43 피복 아크 용접 시 아크 길이가 너무 길 때 발생하는 현상이 아닌 것은?

① 스패터가 심해진다.
② 용입 불량이 나타난다.
③ 아크가 불안정된다.
④ 용융 금속이 산화 및 질화되기 어렵다.

44 교류 용접기에서 무부하 전압 80V, 아크전압 25V, 아크 전류 300A이며, 내부손실 3kW라 하면 이때 용접기의 효율은 약 몇 %인가?

① 71.4%　　② 70.1%
③ 68.3%　　④ 66.7%

!

$$\text{효율} = \frac{\text{아크 출력}}{\text{소비 전력}} \times 100$$

$$= \frac{7.5}{10.5} \times 100 = 71.4\%$$

• 아크출력 = 아크전압 × 정격2차 전류
　　　= 25 × 300 = 7500W = 7.5kW
• 소비전력 = 아크출력 + 내부손실 = 7.5 + 3 = 10.5

45 교류 용접기에 역률 개선용 콘덴서를 사용하였을 때의 이점 설명으로 틀린 것은?

① 입력 kVA가 많아지므로 전력 요금이 싸진다.
② 전원 용량이 적어도 된다.
③ 배전선의 재료가 절감된다.
④ 전압 변동율이 적어진다.

46 스터드 용접(Stud Welding)법의 특징 중 잘못된 것은?

① 아크열을 이용하여 자동적으로 단시간에 용접부를 가열 용융하여 용접하는 방법으로 용접변형이 극히 적다.
② 대체적으로 모재가 급열, 급냉되기 때문에 저탄소강에 용접하기가 좋다.
③ 용접 후 냉각속도가 비교적 느리므로 용착 금속부 또는 열영향부가 경화되는 경우가 적다.
④ 철강 재료 외에 구리, 황동, 알루미늄, 스테인리스강에도 적용이 가능하다.

!
스터드 용접법의 특징
• 자동 아크용접이다.
• 페놀 피복제를 이용하여 볼트, 환봉, 핀 등을 용접한다.
• 0.1~2초 정도의 아크가 발생한다.
• 셀렌 정류기의 직류 용접기를 사용한다. 교류도 사용 가능하다.
• 짧은 시간에 용접되므로 변형이 극히 적다.
• 철강재 이외에 비철 금속에도 쓸 수 있다.
• 아크를 보호하고 집중하기 위해 도기로 만든 페룰을 사용하며 용착부의 오염 방지 및 용접사의 눈을 보호한다.

47 TIG, MIG, 탄산가스 아크 용접 시 사용하는 차광렌즈 번호는?

① 12~13　　② 8~10
③ 6~7　　④ 4~5

48 아크 용접용 로봇에 사용되는 것으로 동작기구가 인간의 팔꿈치나 손목 관절에 해당하는 부분의 움직임을 갖는 것으로 회전 → 선회 → 선회운동을 하는 로봇은?

① 극 좌표 로봇　　② 관절 좌표 로봇
③ 원통 좌표 로봇　　④ 직각 좌표 로봇

49 두 개의 모재에 압력을 가해 접촉시킨 후 회전시켜 발생하는 열과 가압력을 이용하여 접합하는 용접법은?

① 스터드 용접　　② 마찰 용접
③ 단조 용접　　④ 확산 용접

!
마찰 용접법의 원리
접합하고자 하는 재료를 접촉시켜 하나는 고정시키고 다른 하나는 가압, 회전하여 발생되는 마찰열로 적당한 온도가 되었을 때 접합

50 탄산가스 아크 용접에 관한 설명 중 틀린 것은?

① MIG 용접과 같이 비철금속, 스테인리스강을 쉽게 용접할 수 있다.
② MIG 용접에서 불활성 가스 대신 탄산가스를 사용한다.
③ 전자동 용접과 반자동 용접이 주로 이용되고 있다.
④ MIG 용접에 비하여 비드표면이 깨끗하지 못하다.

!
탄산가스 아크 용접법의 특징
• 가는 와이어로 고속 용접이 가능하며 수동용접에 비해 용접비용이 저렴하다.
• 가시아크이므로 시공이 편리하고, 스팩터가 적어 아크가 안정하다.
• 전자세 용접이 가능하고 조작이 간단하다.
• 잠호용접에 비해 모재표면의 녹과 거칠기에 둔감하다.
• 미그용접에 비해 용착금속의 기공 발생이 적다.
• 용접전류의 밀도가 크므로 용입이 깊고, 용접 속도를 매우 빠르게 할 수 있다.

51 아세틸렌 가스의 성질로 틀린 것은?

① 순수한 아세틸렌 가스는 무색, 무취의 기체이다.

② 각종 액체에 잘 용해되며 알코올에는 25배가 용해된다.

③ 비중이 0.906으로 공기보다 약간 가볍다.

④ 산소와 적당히 혼합하여 연소시키면 약 3000~3500℃의 높은 열을 낸다.

52 산업용 용접 로봇의 일반적인 분류에 속하지 않는 것은?

① 지능 로봇   ② 시퀀스 로봇

③ 평행좌표 로봇   ④ 플레이백 로봇

53 용접구조물의 제작에 가장 많이 사용되는 대표적인 용접이음의 종류에 해당되는 것으로만 구성된 것은?

① 맞대기 이음, 필릿 이음

② 수직 이음, 원형 이음

③ I형 이음, J형 이음

④ 플러그 이음, 슬롯 이음

54 불활성 가스 텅스텐 아크 용접의 직류 역극성 용접에서 사용 전류의 크기에 상관없이 정극성 때보다 어떤 전극을 사용하는 것이 좋은가?

① 가는 전극 사용   ② 굵은 전극 사용

③ 같은 전극 사용   ④ 전극에 상관없음

55 가스 용접 토치에 대한 설명 중 틀린 것은?

① 토치는 손잡이, 혼합실, 팁으로 구성되어 있다.

② 가스 용접 토치는 사용되는 산소 가스의 압력에 따라 저압식, 중압식, 고압식으로 분류된다.

③ 토치의 구조에 따라 불변압식과 가변압식으로 분류한다.

④ 불변압식 토치는 분출 구멍의 크기가 일정하고 팁의 능력도 일정하기 때문에 불꽃의 능력을 변경할 수 없다.

56 전극 물질이 일정할 때 모재와 용접봉 사이의 아크전압에 대한 설명으로 맞는 것은?

① 전류의 증가와 더불어 감소한다.

② 아크의 길이와 더불어 증가한다.

③ 아크의 길이에 관계없다.

④ 전류의 증가와 더불어 증가한다.

57 용접 설비의 점검 및 유지에 관한 설명 중 틀린 것은?

① 회전부와 가동부분에 윤활유가 없도록 한다.
② 용접기가 전원에 잘 접속되어 있는가를 점검한다.
③ 전환 탭은 사포를 사용해서 깨끗이 청소한다.
④ 용접기는 습기나 먼지 많은 곳에 설치하지 않도록 한다.

! 용접기 주유
• 냉각팬   • 조정손잡이
• 구동바퀴

58 가스 용접에서 판 두께를 t(mm)라면 용접봉의 지름 D(mm)를 구하는 식으로 옳은 것은?(단, 모재의 두께는 1mm 이상인 경우이다)

① $D = t+1$
② $D = \dfrac{t}{2}+1$
③ $D = \dfrac{t}{3}+2$
④ $D = \dfrac{t}{4}+2$

! 용접봉 지름(D) = $\dfrac{\text{모재두께}}{2}$ +1

59 피복 아크 용접에서 용융 금속의 이행 형식에 속하지 않는 것은?

① 단락형   ② 스프레이형
③ 글로뷸러형   ④ 리액터형

! 용융 금속의 이행 형식
• 단락형
• 용적형(글로뷸러형)
• 스프레이형

60 피복 아크 용접에 비해 가스 용접의 장점이 아닌 것은?

① 가열할 때 열량 조절이 비교적 자유롭다.
② 가열범위가 커서 용접응력이 크다.
③ 전원설비가 없는 곳에서도 쉽게 설치할 수 있다.
④ 유해 광선의 발생이 적다.

! 가스 용접의 장점
• 전기가 필요 없다.
• 용접기의 운반이 비교적 자유롭다.
• 용접 장치의 설비가 전기 용접에 비하여 싸다.
• 불꽃을 조절하여 용접부의 가열 범위를 조정하기 쉽다.
• 박판 용접에 적당하다.
• 용접되는 금속의 응용 범위가 넓다.
• 유해 광선의 발생이 적다.
• 용접 기술이 쉬운 편이다.

정답

:: 2009년 7월 26일 기출문제 정답

01	02	03	04	05	06	07	08	09	10
③	③	②	①	②	④	②	②	③	④
11	12	13	14	15	16	17	18	19	20
①	④	③	①	②	①	②	③	④	②
21	22	23	24	25	26	27	28	29	30
①	③	③	②	②	①	①	③	④	④
31	32	33	34	35	36	37	38	39	40
③	②	④	④	③	④	③	③	④	②
41	42	43	44	45	46	47	48	49	50
④	①	④	①	①	③	①	②	②	①
51	52	53	54	55	56	57	58	59	60
②	③	①	②	②	②	①	②	④	④

국가기술자격 필기시험문제

2010년 3월 7일 기사 제1회 필기시험				수험 번호	성명
자격 종목	종목코드	시험시간	형별		
용접산업기사	2026	1시간 30분	A		

제1과목 용접야금 및 용접설비제도

01 이종의 원자가 결정격자를 만드는 경우 모재 원자보다 작은 원자가 고용할 때 모재원자의 틈새 또는 격자결함에 들어가는 경우의 구조는?

① 치환형 고용체
② 변태형 고용체
③ 침입형 고용체
④ 금속간 고용체

02 연강용 피복 아크 용접봉의 심선에 주로 사용되는 것은?

① 주강
② 합금강
③ 저탄소 림드강
④ 특수강

! 피복 아크 용접봉의 심선은 주로 저탄소 림드강을 사용한다

03 철 – 탄소 합금에서 6.67% C를 함유하는 탄화철 조직은?

① 시멘타이트
② 레데브라이트
③ 페라이트
④ 오스테나이트

! 금속 조직 중에서 경도가 가장 높은 것은 시멘타이트 조직으로 탄소 함유량이 증가할수록 재료의 강도와 경도는 높아지고 전연성은 감소한다.

04 강의 기계적 성질 중에서 온도가 상온보다 낮아지면 충격치가 감소되는 현상은?

① 저온취성
② 청열인성
③ 상온취성
④ 적열인성

05 주철의 종류 중 칼슘이나 규소를 첨가하여 흑연화를 촉진시켜 미세 흑연을 균일하게 분포시키거나 백주철을 열처리하여 연신율을 향상시킨 주철은?

① 반 주철
② 회 주철
③ 구상 흑연 주철
④ 가단 주철

06 공구강이나 자경성이 강한 특수강을 연화 풀림하는 데 적합한 방법은?

① 응력 제거 풀림
② 항온 풀림
③ 구상화 풀림
④ 확산 풀림

! 항온 풀림은 공구강이나 자경성이 강한 특수강을 연화 풀림하는데 적합하다.

07 가공경화에 의해 발생된 내부응력의 원자배열 상태는 변하지 않고 감소하는 현상은?

① 편석
② 회복
③ 재결정
④ 조질

08 KS 규격의 연강용 피복 아크 용접봉 중 철분 산화 티탄계는?

① E4311
② E4324
③ E4327
④ E4316

! 용접봉의 종류
- E4301(일미나이트계)
- E4303(라임티탄계) – 스테인리스 피복제
- E4311(고셀룰로오스계) – 가스실드계
- E4313(고산화티탄계) – 고온균열 가능
- E4316(저수소계)
- E4324(철분산화티탄계)
- E4326(철분저수소계)
- E4327(철분산화철계)

09 금속재료를 일정 온도에서 일정 시간 유지 후 냉각시킨 조직이며 주조, 단조, 기계가공 및 용접 후에 잔류응력을 제거하는 풀림방법은?

① 연화 풀림 ② 구상화 풀림
③ 응력제거 풀림 ④ 항온 풀림

> **!** 응력제거 풀림은 응력을 제거할 목적으로 실시되며 충격저항의 감소 효과는 없다.

10 피복 아크 용접에서 용접입열(Weld heat input)을 표시하는 식 중 옳은 것은?(단, H: 용접입열(Joule/cm), E:아크전압(V), I:아크전류(A), V:용접속도(cm/min))

① $H(J/cm) = \dfrac{60EI}{V}$

② $H(J/cm) = \dfrac{80EI}{V}$

③ $H(J/cm) = \dfrac{100EI}{V}$

④ $H(J/cm) = \dfrac{120EI}{V}$

11 다음 용접기호에서 보조기호 도시는?

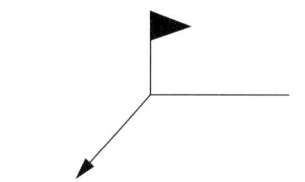

① 필릿 용접기호 ② 원둘레 용접기호
③ 현장 용접기호 ④ 플러그 용접기호

12 건설 또는 제조에 필요한 정보를 전달하기 위한 도면으로 제작도가 사용되는데, 이 종류에 해당되는 것으로만 조합된 것은?

① 계획도, 시공도, 견적도
② 설명도, 장치도, 공정도
③ 상세도, 승인도, 주운도
④ 상세도, 시공도, 공정도

13 용접 보조기호 없이 기본기호로만 표시하는 경우 보조기호가 없는 것의 가장 가까운 의미는?

① 기본기호의 조합으로써 용접부 표면 형상을 나타내기가 어렵다는 의미이다.
② 보조기호와 기본기호의 중복에 의해 보조기호를 생략한 경우이다.
③ 용접부 표면을 자세히 나타낼 필요가 없다는 것을 의미한다.
④ 필요한 보조기호화가 매우 곤란한 경우임을 의미한다.

14 다음 용접부 기호를 올바르게 설명한 것은?

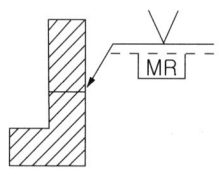

① 화살표 반대쪽 한면 V형 맞대기 용접한다.
② 화살표 쪽의 이면비드를 기계절삭에 의한 가공을 한다.
③ 화살표 반대쪽에 제거 가능한 이면 판재를 사용한다.
④ 화살표 반대쪽에 영구적인 덮개판을 사용한다.

> **!** 파선에 기호가 있으면 화살표 반대쪽에 용접한다는 의미이며 MR은 제거 가능한 덮개판을 사용한다는 것이다.

15 KS의 부문별 분류기호 중 B에 해당하는 분야는?

① 기본　　　② 기계
③ 전기　　　④ 조선

> **!**
> KS의 부분별 분류기호
> • A : 기본
> • B : 기계
> • C : 전기
> • D : 금속
> • V : 조선

16 도면에서 해칭하는 방법으로 맞는 것은?

① 해칭은 주된 단면도의 주된 중심선에 대하여 55°로 가는 실선의 등간격으로 긋는다.
② 해칭은 주된 단면도의 주된 중심선에 대하여 35°로 가는 실선의 등간격으로 긋는다.
③ 해칭은 주된 중심선 또는 단면도의 주된 외형선에 대하여 35°로 가는 점선의 등간격으로 긋는다.
④ 해칭은 주된 중심선 또는 단면도의 주된 외형선에 대하여 45°로 가는 실선의 등간격으로 긋는다.

> **!**
> 해칭은 45°로 가는 실선의 등간격으로 표시한다.

17 CAD 시스템의 도입에 따른 일반적인 적용 효과에 해당되지 않는 것은?

① 품질 향상
② 원가 절감
③ 경쟁력 강화
④ 신뢰성 약화

18 도면의 양식 및 도면 접기에 대한 설명 중 틀린 것은?

① 도면의 크기 치수에 따라 굵기 0.5mm 이상의 실선으로 윤곽선을 그린다.
② 도면의 오른쪽 아래 구석에 표제란을 그리고 도면번호, 도명, 기업명, 책임자 서명, 도면 작성년월일, 척도 및 투상법을 기입한다.
③ 도면은 사용하기 편리한 크기와 양식을 임의대로 중심 마크를 설치한다.
④ 복사한 도면을 접을 때 그 크기는 원칙으로 210×297mm(A4 의 크기)로 한다.

> **!**
> 중심마크는 도면의 상하, 좌우 중앙의 4개소에 표시하는 것이며 도면의 사진촬영 및 복사할 때 편의를 목적으로 한다.

19 다음 용접부를 기호로 표시한 것이다. 용접부의 모양으로 옳은 것은?

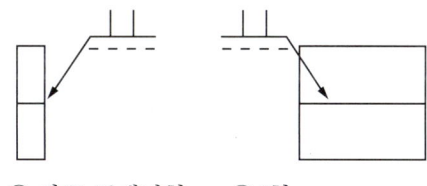

① 한쪽 플랜지형　　② I형
③ 플러그　　　　　④ 필릿

20 정투상에서 투상면에 수직한 직선과 평면은 평화면에 어떤 투상으로 나타나는가?

① 직선은 점으로, 평면은 직선으로 나타난다.
② 직선은 실제길이로, 평면은 단축되어 나타난다.
③ 직선은 실제길이보다 짧게, 평면은 실제형태로 나타난다.
④ 직선은 점으로, 평면은 단축되어 나타난다.

21 다음 그림과 같은 용접부에 인장하중이 5000kgf 작용할 때 인장응력은 몇 kgf/mm²인가?

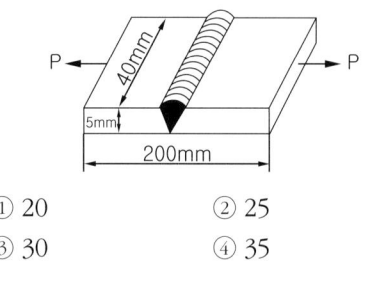

① 20
② 25
③ 30
④ 35

!
$$인장응력 = \frac{하중}{단면적} = \frac{하중}{두께 \times 용접선\ 길이}$$
$$= \frac{5,000}{5 \times 40} = 25$$

22 용접봉 종류 중 피복제에 석회석이나 형석을 주성분으로 하고 용착금속 중의 수소 함유량이 다른 용접봉에 비해서 1/10 정도로 현저하게 낮은 용접봉은?

① E4301
② E4303
③ E4311
④ E4316

!
E4316(저수소계) 용접봉의 특징
· 수소의 함량이 일반 용접봉의 1/10, 기계적 성질 우수
· 피복제는 습기를 흡수하기 쉽기 때문에 사용 전에 300~350℃ 정도 건조시켜 사용한다.
· 기계적 성질이 다른 연강봉보다 우수하기 때문에 중요 강도 부재, 고압용기, 후판 등 구조물, 탄소 당량이 높은 기계구조물, 유황 함유량이 높은 강 등의 용접에 양호하다.
· 저수소계 용접봉은 피복제에 석회석, 형석을 주성분으로 한 용접봉으로 피복제가 두껍고 아크가 불안정하고 용접 속도가 느리며 작업성이 좋지 않다.

23 용접 후 열처리(PAHT)의 목적이 아닌 것은?

① 용접 열영향부의 경화
② 파괴인성의 향상
③ 함유가스의 제거
④ 형상치수의 안정

24 탐촉자를 이용하여 결함의 위치 및 크기를 검사하는 비파괴 시험방법은?

① 방사선투과시험
② 초음파탐상시험
③ 침투탐상시험
④ 자분탐상시험

!
초음파 탐상법의 특징
· 탐촉자를 이용하여 0.5~15MHz의 초음파를 내부에 침투시켜 내부의 결함, 불균일층의 유무를 알아낸다.
· 종류로는 투과법, 공진법, 펄스반사법(가장 일반적)이 있다.
· 위험하지 않으며 두께 및 길이가 큰 물체에도 사용 가능하나 결함 위치의 길이는 알 수 없다.
· 표면의 요철이 심한 것과 얇은 것은 검출이 곤란하다.

25 용융금속의 이행은 용적의 이행상태로 분류하는데 이에 속하지 않는 것은?

① 글로뷸러형
② 스프레이형
③ 단락형
④ 원자형

!
용적 이행형식
· 단락형
· 스프레이형
· 용적형(글로뷸러형)

26 용접이음에서 취성파괴의 일반적 특징에 대한 설명 중 틀린 것은?

① 온도가 높을수록 발생하기 쉽다.
② 항복점 이하의 평균응력에서도 발생한다.
③ 파괴의 기점은 응력, 변형이 집중하는 구조적 및 현상적인 불연속부에서 발생한다.
④ 거시적 파면상황은 판표면에 거의 수직이다.

27 용접선이 교차를 피하기 위하여 부재에 파놓은 부재꼴의 오목 들어간 부분을 무엇이라고 하는가?

① 스켈롭(Scallop)
② 노치(Notch)
③ 오손(Pick up)
④ 너깃(Nugget)

!
스켈롭은 용접선이 교차를 피하기 위해 부재에 파놓은 부채꼴의 오목 들어간 부분이다.

28 겹쳐진 2부재의 한쪽에 둥근 구멍 대신에 좁고 긴 홈을 만들어 놓고 그 곳을 용접하는 용접법은?

① 겹치기 용접
② 플랜지 용접
③ T형 용접
④ 슬롯 용접

29 설계자는 구조물의 설계뿐만 아니라 제작공정의 제반사항을 알아야 용접비용과 품질을 좌우하는 용접요령을 지시할 수 있는데, 설계자가 알아야 할 요령 중 맞지 않는 것은?

① 용접기의 1차 및 2차 케이블의 용량이 충분할 것
② 가능한 아래보기 자세로 용접하도록 할 것
③ 가능한 짧은 시간에 용착량이 많게 용접할 것
④ 가능한 낮은 전류를 사용할 것

30 용접제품의 정밀도와 신뢰성을 향상시키고 용접 작업능률을 높이기 위하여 사용되는 일종의 용접용 고정구를 무엇이라고 하는가?

① 컴비네이션 셋
② 핫 스타트 장치
③ 엔드탭
④ 지그

! **지그의 사용 목적**
• 대량 생산이 가능하다.
• 용접 작업을 쉽게 해준다.
• 제품 치수를 정확하게 한다.
• 용접부의 신뢰성이 높아진다.
• 다듬질을 좋게 한다.
• 변형을 억제한다.

31 용접작업 시 용접 길이를 짧게 나누어 간격을 두면서 용접하는 방법으로 피용접물 전체에 변형이나 잔류 응력이 적게 발생하도록 하는 용착법은?

① 대칭법   ② 도열법
③ 비석법   ④ 후진법

! **용접진행 방향에 따른 분류**
• 전진법 : 용접 시작 부분보다 끝나는 부분이 수축 및 잔류 응력이 커서 용접 이음이 짧고, 변형 및 잔류응력이 그다지 문제가 되지 않을 때 사용
• 후퇴법 : 용접을 단계적으로 후퇴하면서 전체 길이를 용접하는 방법으로 수축과 잔류 응력을 줄이는 방법
• 대칭법 : 용접할 전 길이에 대하여 중심에서 좌우 또는 용접물 형상에 따라 좌우 대칭으로 용접하여 변형과 수축 응력을 경감한다.
• 비석법 : 스킵법이라고도 하며 짧은 용접 길이로 나누어 놓고 간격을 두면서 용접하는 방법으로 특히 잔류응력을 작게 할 경우 사용한다.
• 교호법 : 열영향을 세밀하게 분포시킬 때 사용

1 2 3 4 5   5→4→3→2→1
(a) 전진법   (b) 후퇴법

4   2   1   3   1 4 2 5 3
(c) 대칭법   (d) 스킵법

32 용접 후 언더컷의 결함보수 방법으로 적합한 것은?

① 단면적이 작은 용접봉을 사용하여 보수 용접한다.
② 정지 구멍을 뚫어 보수 용접한다.
③ 절단하여 다시 용접한다.
④ 해머링하여 준다.

! **용접 결함 보수**
• 언더컷 발생 : 가는 용접봉으로 재용접
• 오버랩, 기공, 슬래그 : 발생 부분 깎아 내고 재용접
• 균열 : 발생 부분에 구멍을 뚫고 그 부분을 따내고 재용접

33 판재의 두께 8mm를 아래보기 자세로 15m, 판재의 두께 15mm를 수직 맞대기 용접자세로 8m 용접하였다. 이때 환산 용접길이는 얼마인가?(단, 아래보기 맞대기 용접의 환산 계수는 1.32이고 수직 맞대기 용접의 환산 계수는 4.32이다)

① 44.28m   ② 48.56m
③ 54.36m   ④ 61.24m

34 용접 시공 전에 준비사항이 아닌 것은?

① 이음 면이 정확히 되어있나 확인한다.
② 덧붙임 용접 시는 마멸부분을 제거하지 않고, 그대로 이용하여 용접한다.
③ 시공 면에 기름, 녹 등을 제거한다.
④ 습기는 가열하여 제거한다.

! 덧붙임 용접은 육상용접(보수용접)으로 마멸된 부분을 가공 후 재용접해야 한다.

35 용접전류가 과대하고, 아크길이가 길며 운봉 속도가 빠른 용접일 때 가장 일어나기 쉬운 용접결함은?

① 언더컷　　　② 오버랩
③ 융합불량　　④ 용입불량

! 언더컷은 용접전류가 너무 높고, 아크 길이가 너무 길 때, 용접속도가 빠르고 용접봉의 선택이 불량할 때 발생한다.

36 용접 순서를 결정하는 데 기준이 되는 유의사항으로 틀린 것은?

① 수축이 작은 이음은 먼저하고 수축이 큰 이음은 가급적 뒤에 한다.
② 같은 평면 안에 많은 이음이 있을 때에는 수축은 가급적 자유단으로 보낸다.
③ 용접물의 중심에 대하여 항상 대칭으로 용접을 진행시킨다.
④ 용접물의 중립축을 생각하고 그 중립축에 대하여 용접으로 인한 수축력 모멘트의 합이 0이 되도록 한다.

! 용접 조립의 순서
· 수축이 큰 이음을 먼저 용접하고 다음에 필릿 용접을 한다.
· 큰 구조물은 구조물의 중앙에서 끝으로 향하여 용접을 한다.
· 용접선에 대하여 수축력의 합이 영(0, zero)이 되도록 한다.
· 리벳과 같이 쓸 때는 용접을 먼저 한다.
· 용접 불가능한 곳이 없도록 한다.
· 물품의 중심에 대하여 대칭으로 용접을 진행한다.

37 그림과 같은 V형 맞대기 용접에서 굽힘 모멘트(Mb)가 10,000kgf·cm 작용하고 있을 때, 최대 굽힘 응력은 몇 kgf/cm²인가?(단, ℓ = 150mm, t = 20mm이고 완전 용입일 때이다.)

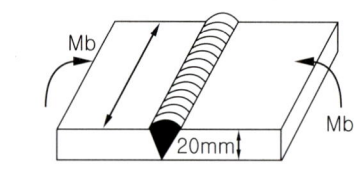

① 10　　　　② 1000
③ 100　　　④ 10000

!
$$굽힘응력 = \frac{굽힘모멘트}{단면계수} = \frac{굽힘모멘트}{\frac{용접선길이 \times 두께^2}{6}}$$

$$= \frac{6 \times 10,000}{15 \times 2^2} = 1000$$

38 다음과 같은 필릿 용접 이음부에 하중 P가 작용할 때 용접부에 발생하는 응력의 크기를 구하는 식은?(단, 필릿 용접부에 작용하는 응력은 같다.)

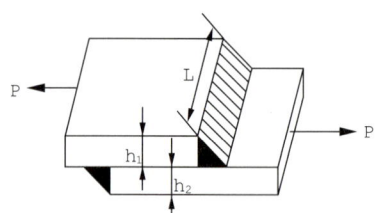

① $\dfrac{\sqrt{2}P}{(h_1+h_2)L}$　　② $\dfrac{PL}{\sqrt{2}\,h_1 L}$

③ $\dfrac{2P}{(h_1+h_2)L}$　　④ $\dfrac{P}{(h_1+h_2)L}$

39 그림과 같은 V형 맞대기 용접에서 각부의 명칭 중에서 옳지 못한 것은?

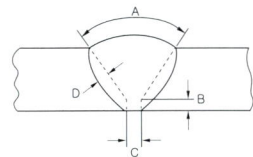

① A는 홈 각도   ② B는 루트 면
③ C는 루트 간격   ④ D는 오버랩

!
D : 목두께

40 파괴시험 방법의 종류 중에서 기계적 시험에 속하지 않는 것은?

① 인장 시험   ② 굽힘 시험
③ 충격 시험   ④ 파면 시험

!
기계적 시험은 인장시험, 경도시험, 굽힘시험, 동적시험 등이 있다.

제3과목 용접일반 및 안전관리

41 모재를 녹이지 않고 접합하는 것은?

① 가스 용접
② 피복 아크 용접
③ 서브머지드 아크 용접
④ 납땜

!
납땜의 원리
• 접합하고자 하는 금속을 용융시키지 않고 이들 두 금속 사이에 용융점이 낮은 금속을 첨가하여 접합하는 방법이다.
• 용점이 450℃ 이하일 때 연납땜 450℃ 이상일 때 경납땜이라 부른다.
• 납땜은 용접하고자 하는 재료보다 낮은 금속을 녹여 접합하는 방법으로 모재는 녹이지 않고 용가재만을 용융 첨가하여 표면 장력을 이용하여 접합하는 방법이다.

42 가스용접에서 아세틸렌이 과잉으로 된 불꽃은?

① 중성산화불꽃   ② 탄화불꽃
③ 산화불꽃   ④ 중성불꽃

!
불꽃의 종류

종류	혼합비	용도
중성불꽃	1~1.2:1	연강, 반연강, 주철, 구리, 아연, 납, 은, 알루미늄, 니켈, 주강 등에 사용
산화불꽃	산소과잉 불꽃	구리, 황동, 아연 등은 고온의 열이 가해지면 기화하기 때문에 이 불꽃을 사용할 때 금속 표면에 산화물이 생겨 기화를 방지한다.
탄화불꽃	아세틸렌 과잉불꽃	탄화 불꽃은 산화 작용이 일어나지 않기 때문에 산화를 방지할 필요가 있는 스테인리스강, 스텔라이트, 모넬메탈 등에 사용된다.

43 가스용접에서 전진법과 후진법의 비교 설명으로 가장 올바르지 않은 것은?

① 용접속도는 후진법이 전진법보다 빠르다.
② 열 이용률은 후진법이 전진법보다 좋다.
③ 소요 홈 각도는 후진법이 전진법보다 크다.
④ 용접변형은 후진법이 전진법보다 작다.

44 가스 용접에서 팁이 막혔을 때 뚫는 방법 중 옳은 것은?

① 철판 위에 가볍게 문지른다.
② 내화 벽돌 위에 가볍게 문지른다.
③ 팁 클리너로 제거한다.
④ 가는 철사로 제거한다.

45 가스절단 작업 시 예열불꽃 세기의 영향을 맞게 설명한 것은?

① 예열불꽃이 강할 때 절단면이 거칠어진다.
② 예열불꽃이 강할 때 드래그가 증가한다.
③ 예열불꽃이 강할 때 절단속도가 늦어진다.
④ 예열불꽃이 강할 때 슬래그 중의 철 성분의 박리가 쉽다.

46 아세틸렌 가스 공급관로에 사용할 수 없는 재료는?

① 주철　　　　　② 스테인리스강
③ 연강　　　　　④ 구리

!
아세틸렌은 은(Ag), 구리(Cu), 수은(Hg) 등과 접촉하면 폭발한다.

47 다전극 서브머지드 아크 용접 시 두 개의 전극 와이어를 각각 독립된 전원에 연결하는 방식은?

① 횡병렬식　　　　② 횡직렬식
③ 퓨즈식　　　　　④ 텐덤식

!
서브머지드 아크 용접의 다전극 방식에 의한 분류
• 텐덤식 : 두 개의 전극 와이어를 각각 독립된 전원에 연결
• 횡병렬식 : 같은 종류의 전원에 두 개의 전극을 연결
• 횡직렬식 : 두 개의 와이어에 전류를 직렬로 연결

48 용접봉 홀더 200호로 접속할 수 있는 최대 홀더용 케이블의 도체 공칭 단면적은 몇 mm^2 인가?

① 22　　　　　② 30
③ 38　　　　　④ 50

!
용접용 케이블

종류	200A	300A	400A
차측 지름(mm)	5.5	8	14
2차측 단면적(mm)	38(50)	50(60)	60(80)

49 용착속도(Rate of deposition)를 올바르게 설명한 것은?

① 용접심선이 10분간에 용융되는 길이
② 용접심선이 1분간에 용융되는 중량
③ 용접봉 혹은 심선의 소모량
④ 단위시간에 용착되는 용착금속의 량

50 용접 흄(Fume)에 대해서 서술한 것 중 올바른 것은?

① 용접 흄은 인체에 영향이 없으므로 아무리 마셔도 괜찮다.
② 실내 용접 작업에서는 환기설비가 필요하다.
③ 용접봉의 종류와 무관하며 전혀 위험은 없다.
④ 용접 흄은 입자상 물질이며, 가제마스크로 충분히 차단할 수가 있음으로 인체에 해가 없다.

51 정격 2차 전류 200[A], 정격사용율 50%인 아크 용접기로 실제 150[A]의 전류로 용접할 경우 허용사용율은 약 몇 %인가?

① 69%　　　　　② 78%
③ 89%　　　　　④ 95%

!
$$허용사용률 = \frac{전격\ 2차\ 전류^2}{실제\ 용접\ 전류^2} \times 정격\ 사용률$$
$$= \frac{200^2}{150^2} \times 50 = 88.8\%$$

52 일렉트로 슬래그 용접법의 원리는?

① 가스 용해열을 이용한 용접법
② 전기 저항열을 이용한 용접법
③ 수중 압력을 이용한 용접법
④ 비가열식을 이용한 용접법

!
일렉트로 슬래그 용접의 원리
플럭스 안에서 모재와 용접봉 사이에 아크가 발생하여 플럭스가 녹아서 액상의 슬래그가 되며 전류를 통하기 쉬운 도체의 성질을 갖게 되면서 아크는 꺼지고 와이어와 용융 슬래그 사이에 흐르는 전류의 저항 발열을 이용하는 자동 용접법이다.

53 가스 절단 작업에서 프로판가스와 아세틸렌가스를 사용하였을 경우를 비교한 사항 중 옳지 않은 것은?

① 포갬 절단 속도는 프로판 가스를 사용하였을 때가 빠르다.
② 슬래그 제거가 쉬운 것은 프로판 가스를 사용하였을 경우이다.
③ 후판 절단 시 절단 속도는 프로판 가스를 사용하였을 때가 빠르다.
④ 산소는 아세틸렌 가스가 프로판 가스보다 약간 더 필요하다.

54 스테인리스강이나 알루미늄 합금의 납땜이 어려운 가장 큰 이유는?

① 적당한 용제가 없기 때문에
② 강한 산화막이 있기 때문에
③ 융점이 높기 때문에
④ 친화력이 강하기 때문에

! 스테인레스강이나 알루미늄 합금은 산화피막이 생기므로 납땜하기는 곤란하다.

55 역류, 역화, 인화 등을 막기 위해 사용하는 수봉식 안전기 취급 시 주의사항이 아닌 것은?

① 수봉관에 규정된 선까지 물을 채운다.
② 안전기가 얼었을 경우 가스토치로 해빙시킨다.
③ 한 개의 안전기에는 반드시 한 개의 토치를 설치한다.
④ 수봉관의 수위는 작업 전에 반드시 점검한다.

! 안전기가 얼었을 때는 온수를 이용하여 해빙시킨다.

56 무부하 전압 80V, 아크 전압 30V, 아크 전류 200A까지의 아크용접기의 역률을 계산하면?(단, 내부손실은 4kW이다)

① 80%   ② 62.5%
③ 90%   ④ 72.5%

!

- 효율 $= \dfrac{\text{아크 출력}}{\text{소비 전력}} \times 100 = \dfrac{6}{10} \times 100 = 60\%$

- 역률 $= \dfrac{\text{소비 전력}}{\text{전원 입력}} \times 100$

    $= \dfrac{10}{16} \times 100 = 62.5\%$

- 전원입력 = 무부하 전압 × 정격2차 전류
    $= 80 \times 200 = 16,000VA = 16kVA$
- 아크출력 = 아크전압 × 정격2차 전류
    $= 30 \times 200 = 6,000W = 6kW$
- 소비전력 = 아크출력 + 내부손실 = 6 + 4 = 10

57 아크 용접에서 인체 유해성분에 가장 영향을 미치는 가스는?

① 일산화탄소가스
② 황산가스
③ 질소가스
④ 메탄가스

58 TIG 용접에 사용되는 전극의 조건 중 틀린 것은?

① 고용융점의 금속
② 전자 방출이 잘되는 금속
③ 열 전도성이 좋은 금속
④ 전기 저항률이 큰 금속

59 용접 전의 일반적인 준비사항에 해당되지 않는 것은?

① 제작 도면을 잘 이해하고 작업내용을 충분히 검토한다.

② 용착금속과 홈의 선택에 대하여 이해한다.

③ 예열, 후열의 필요성 여부는 중요하지 않으므로 검토를 안해도 된다.

④ 용접전류, 용접순서, 용접조건을 미리 정해둔다.

!

용접부의 검사
• 용접 전의 검사 : 용접설비, 용접봉, 모재, 용접준비, 시공조건, 용접사의 기량 등
• 용접 중의 검사 : 각 층의 융합상태, 슬래그 섞임, 균열, 비드 겉모양, 크레이터 처리, 변형상태, 용접봉건조, 용접전류, 용접순서, 운봉법, 용접자세, 예열온도, 층간온도 점검 등
• 용접 후의 검사 : 후열 처리 방법, 교정 작업의 점검, 변형치수 등의 검사용접 전, 후에 실시하는 예열이나 후열은 미리 검토하는 것이 좋다.

60 아크 기둥의 전압을 올바르게 설명한 것은?

① 아크 기둥의 전압은 아크 길이에 거의 관계가 없다.

② 아크 기둥의 전압은 아크 길이에 거의 정비례하여 증가한다.

③ 아크 기둥의 전압은 아크 길이에 거의 반비례하여 감소한다.

④ 아크 기둥의 전압은 아크 길이에 거의 반비례하여 증가한다.

!

아크전압 = 음극 전압 강하 + 양극 전압 강하 + 아크 기둥 전압강하
즉, 아크 기둥의 전압은 아크 길이에 비례하여 증가한다.

국가기술자격 필기시험문제

2010년 5월 9일 기사 제2회 필기시험

		수험 번호	성명
자격 종목	종목코드 시험시간 형별		
용접산업기사	2026 1시간 30분 B		

제1과목 용접야금 및 용접설비제도

01 탄소 이외의 원소가 강의 성질에 미치는 영향 중 황(S)의 함유량이 많을 경우 발생하기 쉬운 결함은?

① 적열 취성　　② 청열 취성
③ 저온 취성　　④ 뜨임 취성

> **!** 탄소강에서 생기는 취성
>
> | 취성의 종류 | 현상 | 원인 |
> |---|---|---|
> | 청열 취성 | 강이 200~300℃로 가열되면 경도, 강도가 최대로 되고, 연신율, 단면 수축률은 줄어들게 되어 메지게 되는 것으로 이때 표면에 청색의 산화 피막이 생성된다. | P |
> | 적열 취성 | 고온 900℃ 이상에서 물체가 빨갛게 되어 메지는 것을 적열취성이라 한다. | S |
> | 상온 취성 | 충격, 피로 등에 대하여 깨지는 성질로 일명 냉간 취성이라고도 한다. | P |

02 다음 중 탄소 공구강의 구비 조건으로 틀린 것은?

① 가격이 저렴할 것
② 강인성 및 내충격성이 우수할 것
③ 내마모성이 작을 것
④ 상온 및 고온경도가 클 것

> **!** 탄소 공구강 구비조건
> • 고온 경도, 내마모성이 커야 한다.
> • 열처리, 가공이 쉽고 가격이 저렴해야 한다.
> • 강인성 및 내충격성이 좋아야 한다.

03 가스용접봉을 선택할 때 고려하여야 할 조건에 대한 설명으로 맞지 않는 것은?

① 가능한 모재와 동일한 재질로서 모재를 강화시킬 수 있어야 한다.
② 용접봉의 용융온도가 모재보다 높아야 한다.
③ 용접부의 기계적 성질에 나쁜 영향을 주어서는 안 된다.
④ 용접봉의 재질 중에 불순물을 포함하지 않아야 한다.

04 피복 아크 용접봉의 플럭스(Flux)에 함유되어 있는 탈산제가 아닌 것은?

① Fe – Mn　　② Fe – Si
③ Fe – Ti　　④ Fe – Cu

> **!** 피복 아크 용접봉의 탈산제 종류
> • Al
> • Fe – Si
> • Fe – Ti
> • Fe – Mn
> • 탈산제는 용융 금속 속에 들어 있는 산소를 제거하는 작용을 말한다.

05 다음 중 용강 중의 질소 함유량을 나타내는 시버츠의 법칙으로 맞는 것은?(단, [N]:용강 중의 질소의 함량, KN:평형점수, P_{N_2} : 기상 중의 질소의 분압이다)

① $[N] = K_N \sqrt{P_{N_2}}$

② $[N] = \dfrac{1}{K_N} \sqrt{P_{N_2}}$

③ $[N] = K^3_N \sqrt{P_{N_2}}$

④ $[N] = \dfrac{1}{K^3_N} \sqrt{P_{N_2}}$

06 탄소강에서 탄소(C)의 함유량이 증가할 경우에 해당하는 것은?

① 경도 증가, 연성 감소
② 경도 감소, 연성 감소
③ 경도 증가, 연성 증가
④ 경도 감소, 연성 증가

07 브리넬 경도계의 경도 값의 정의는 무엇인가?

① 시험하중을 압입자국의 깊이로 나눈 값
② 시험하중을 압입자국의 높이로 나눈 값
③ 시험하중을 압입자국의 표면적으로 나눈 값
④ 시험하중을 압입자국의 체적으로 나눈 값

08 재열 균열을 방지하기 위한 방법으로 옳은 것은?

① 입열을 최소화하여 결정립의 조대화를 억제한다.
② Al, Pb 등을 첨가하여 HAZ부의 조대화를 촉진시킨다.
③ 용접 시 용접부 구속을 증가시켜 비틀림을 방지한다.
④ 후열처리 시 최고가열 온도를 모재의 Tempering 온도 이상으로 한다.

09 용접 전에 적당한 온도로 예열하는 목적으로 틀린 것은?

① 수축 변형을 감소시키기 위하여
② 냉각속도를 빠르게 하기 위하여
③ 잔류응력을 경감시키기 위하여
④ 연성을 증가시키기 위하여

10 다음 중 체심입방격자를 갖는 금속이 아닌 것은?

① W   ② Mo
③ Al   ④ V

11 특수한 용도의 선으로 얇은 부분의 단면도시를 명시하는 데 사용하는 선은?

① 아주 굵은 실선
② 가는 1점 쇄선
③ 파단선
④ 가는 2점 쇄선

12 출력하는 도면이 많거나 도면의 크기가 크지 않을 경우 도면이나 문자들을 마이크로 필름화를 하는 장치는?

① CIM 장치   ② CAE 장치
③ CAT 장치   ④ COM 장치

! 도면이나 문자들을 마이크로 필름화하는 장치는 COM 장치이다.

13 다음 그림과 같은 용접 보조기호를 올바르게 설명한 것은?

① 오목하게 처리한 필릿 용접
② 용접한 그대로 처리한 필릿 용접
③ 볼록하게 처리한 필릿 용접
④ 매끄럽게 처리한 필릿 용접

14 도면에 마련해야 하는 양식에 관한 설명 중 틀린 것은?

① 비교 눈금은 도면 용지의 가장자리에서 가능한 한 윤곽선에 겹쳐서 중심마크에 대칭으로, 나비는 최대 5mm로 배치한다.
② 윤곽선은 최소 0.5mm 이상의 실선으로 그리는 것이 좋다.
③ 도면을 마이크로 필름으로 촬영하거나 복사할 때 편의를 위하여 중심마크를 표시한다.
④ 부품란에는 도면번호, 도면명칭, 척도, 부상법 등을 기입한다.

! 표제란
• 도면의 오른쪽 아래에 그림
• 도번, 도명, 척도, 투상법, 도면 작성일, 제도자 등을 기입

15 다음 그림과 같은 용접기호를 올바르게 설명한 것은?

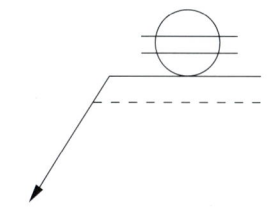

① 화살표 쪽의 심(Seam) 용접
② 화살표 반대쪽의 필릿(Fillet) 용접
③ 화살표 쪽의 스폿(Spot) 용접
④ 화살표 쪽의 플러그(Plug) 용접

16 용접 기본기호 중 점 용접 기호는?

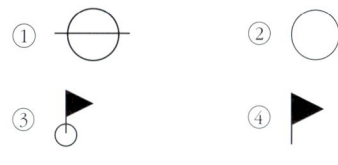

! ② : 점 용접
③ : 현장 온둘레 용접
④ : 현장 용접

17 다음 용접 기호를 설명한 것으로 틀린 것은?

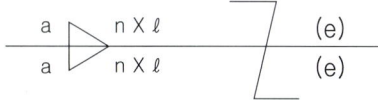

① 목 두께가 a인 지그재그 단속 필릿 용접이다.
② n은 용접부의 개수를 말한다.
③ l 은 용접부의 길이로 크레이터부를 포함한다.
④ (e)는 인접한 용접부 간의 거리를 표시한다.

! l 은 용접부의 길이로 크레이터부는 제외한다.

18 가는 1점 쇄선의 용도에 의한 명칭이 아닌 것은?

① 중심선　　　　② 기준선
③ 피치선　　　　④ 숨은선

19 다음 그림에서 용접부 기호의 명칭으로 옳은 것은?

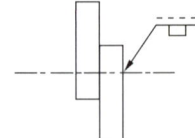 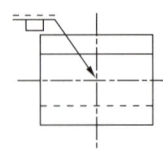

① 필릿 용접　　　　② 점 용접
③ 플러그 용접　　　④ 이면 용접

20 핸들이나 바퀴 등의 암 및 리브, 훅, 축, 구조물의 부재 등의 절단면을 표시하는 데 가장 적합한 단면도는?

① 부분 단면도
② 회전도시 단면도
③ 조합에 의한 단면도
④ 한쪽 단면도

21 가용접 시 주의하여야 할 사항으로 맞는 것은?

① 가용접은 본 용접에 비해 중요하지 않으므로 대충 용접한다.
② 가용접에 사용되는 용접봉은 본 용접보다 굵은 용접봉을 사용한다.
③ 본 용접자와 동등한 기량을 갖는 용접자로 하여금 가접하게 한다.
④ 가용접의 위치는 부품의 끝, 모서리, 각 등과 같이 응력이 집중되는 곳에서 한다.

22 연강 맞대기 용접의 완전용입 이음에서 모재 인장강도에 대한 용접 시험편 인장강도의 이음 효율은 보통 얼마인가?

① 100%　　　　② 80%
③ 60%　　　　　④ 40%

23 용접시공시 관리의 기본 회로(Circle)를 설명한 것으로 가장 적당한 것은?

① 확인 → 계획 → 실시 → 행동
② 계획 → 확인 → 실시 → 행동
③ 계획 → 실시 → 행동 → 확인
④ 계획 → 실시 → 확인 → 행동

24 특수강 용접 시 용접봉의 선택에서 가장 먼저 고려해야 할 것은?

① 작업성(사용하기 쉬운가의 여부)
② 용접성(용접한 부분의 기계적 성질)
③ 환경성(작업의 조건 및 안전한가 여부)
④ 경제성(제반 경비 단가)

25 다음 그림의 용접이음 중 적은 하중이나 충격 또는 반복하중을 받지 않는 곳에 사용하는 이음현상은?

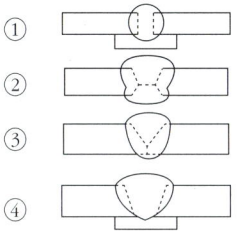

26 용접지그를 선택하는 기준 설명 중 틀린 것은?

① 청소하기 쉬워야 한다.
② 용접변형을 억제할 수 있는 구조이어야 한다.
③ 피용접물과의 고정과 어려운 구조이어야 한다.
④ 작업 능률이 향상되어야 한다.

27 연강을 인장시험으로 측정할 수 없는 것은?

① 항복점   ② 연신율
③ 재료의 경도   ④ 단면수축률

> ! 인장시험은 기계적 시험법으로 인장강도, 역률, 탄성한도, 내력, 항복점, 연신율, 단면수축률 등을 측정할 수 있다.

28 용접이음의 안전율에 영향을 미치는 주요 인자(因子)로 고려할 사항으로 가장 적절하게 나열한 것은?

① 모재의 기계적 성질, 모재의 보관방법, 용접기의 종류, 용착금속의 기계적 성질, 파괴시험
② 재료의 가격성, 용접사의 기능, 용접자세, 하중의 형상, 모재의 보관방법
③ 용착금속의 기계적 성질, 작업장소, 용접자세, 용접기의 종류, 하중의 형상
④ 모재의 기계적 성질, 재료의 용접성, 용접방법, 하중의 종류, 용접자세

> ! 모재의 기계적 성질, 재료의 용접성, 용접방법, 하중의 종류, 용접자세는 용접이음의 안전율에 영향을 미친다.

29 용접부 결함의 종류중 구조상의 결함이 아닌 것은?

① 기공   ② 슬래그 섞임
③ 융합불량   ④ 변형

> ! **용접의 결함**
> • 치수상 결함 : 변형, 용접 금속부 크기 및 형상 부적당
> • 구조상 결함 : 기공, 슬래그 섞임, 용입 불량, 융합 불량, 균열, 표면 결함
> • 성질상 결함 : 인장강도, 항복강도, 연성, 피로강도 부족, 충격에 의한 파괴 등

30 무부하 전압이 80V, 아크전압 35V, 아크전류 400A이라 하면 교류 용접기의 역률과 효율은 각각 약 몇 %인가?(단, 내부손실 4kW이다.)

① 역률 : 51%, 효율 : 72%
② 역률 : 56%, 효율 : 78%
③ 역률 : 61%, 효율 : 82%
④ 역률 : 66%, 효율 : 88%

31 용접이음을 설계할 때 일반적인 주의 사항으로 틀린 것은?

① 강도가 약한 필릿 용접은 될 수 있는 대로 피하고 맞대기 용접을 하도록 한다.
② 용접작업에 지장을 주지 않도록 충분한 공간을 준다.
③ 용접이음이 한 곳으로 집중되거나, 접근되도록 한다.
④ 가급적 능률이 좋은 아래보기 용접을 많이 하도록 한다.

32 맞대기 용접 이음의 홈의 종류가 아닌 것은?

① I형 홈　　　　② V형 홈
③ T형 홈　　　　④ U형 홈

33 피복 아크 용접에서 용접부의 균열 방지대책으로 맞지 않는 것은?

① 적당한 예열과 후열을 한다.
② 염기도가 적은 용접봉을 선택한다.
③ 적절한 축도로 운봉을 한다.
④ 지수소계 용접봉을 사용한다.

34 초음파 탐상법의 종류에 속하지 않은 것은?

① 투과법　　　　② 펄스반사법
③ 공진법　　　　④ 관통법

35 용접 홈의 형상 중 V형 홈에 대한 설명으로 옳은 것은?

① 판 두께가 대략 6mm 이하의 경우 양면 용접이 사용한다.
② 양쪽 용접에 의해 완전한 용입을 얻으려고 할 때 쓰인다.
③ 판 두께 3mm 이하로 루트 간격 없이 한쪽에서 용접할 때 쓰인다.
④ 보통 판 두께 20mm 이하의 판에서 한쪽 용접으로 완전한 용입을 얻고자 할 때 쓰인다.

36 AW-400인 용접기 50대를 설치하고자 할 때 전원 변압기는 어느 정도 용량을 설비해야 하는가?(단, 용접기의 평균전류는 200A, 무부하 전압은 80V, 사용율은 70%이다)

① 320kVA　　　　② 420kVA
③ 460kVA　　　　④ 560kVA

37 플러그 용접(Plug Welding)의 설명으로 알맞은 것은?

① 고진공 중에서 고속전자 방출에 의한 충격 발열을 이용하여 접합하는 용접 방법

② 접합하는 부재 한쪽에 원형 구멍을 뚫고 판의 표면까지 가득하게 용접하고 다른 쪽 부재와 접합하는 용접 방법

③ 겹친 모재를 전극의 선단에 끼워놓고 전류를 집중시켜 국부적으로 가열과 동시 가입하는 용접방법

④ 맞대기 저항용접의 일종이며 접합부를 충분히 가열한 다음 큰 압력으로 면을 접합하는 용접방법

! **플러그 용접**
접합하고자 하는 부재 한쪽에 구멍을 뚫고 판의 표면까지 가득하게 용접하고 다른 쪽 부재와 접합하는 용접법이다.

38 각 변형의 방지대책에 관한 설명 중 틀린 것은?

① 개선 각도는 작업에 지장이 없는 한도 내에서 작게 하는 것이 좋다.

② 용접속도가 빠른 용접법을 이용한다.

③ 구속지그를 활용한다.

④ 판 두께와 개선형상이 일정할 때 용접봉 지름이 작은 것을 이용하여 패스의 수를 높인다.

39 용착부의 인장응력이 5kgf/mm², 용접선 유효길이가 80mm이며, V형 맞대기로 완전 용입한 경우 하중 8000kgf에 대한 판 두께는 몇 mm인가?(단, 하중은 용접선과 직각 방향임.)

① 10mm   ② 20mm
③ 30mm   ④ 40mm

! 허용응력 $= \dfrac{P}{A} = \dfrac{P}{t \times l}$

$t = \dfrac{P}{\sigma \times l} = \dfrac{8000}{5 \times 80} = 20$

40 용접부 내부에 모재표면과 평행하게 충상으로 형성되어 있는 균열은?

① 라멜라테어 균열
② 라미네이션 균열
③ 재열 균열
④ 힐 균열

제3과목 용접일반 및 안전관리

41 산소와 아세틸렌 가스 용기 취급 시 주의할 점으로 틀린 것은?

① 산소용기는 직사광선을 피하고 60℃ 이하에서 보관한다.

② 아세틸렌 용기는 반드시 세워서 사용해야 한다.

③ 산소병을 운반 시는 반드시 캡을 씌워 이동한다.

④ 가스누설 점검은 수시로 실시하며 비눗물로 한다.

! 산소용기는 40℃ 이하에서 보관한다.

42 용해 아세틸렌을 용기에 15℃, 15기압으로 충전할 때 아세틸렌은 1ℓ의 아세톤에 몇 ℓ가 용해되는가?

① 375 l ② 200 l
③ 250 l ④ 275 l

! 아세틸렌 1리터에 아세톤 25배 용해되므로 $15 \times 25 = 375$ l

43 아크 발생열에 의하여 피복제가 분해되어 일산화탄소, 이산화탄소, 수증기 등의 가스 발생제가 되는 가스실드식 피복제의 성분은?

① 규산나트륨   ② 셀룰로오스
③ 규사   ④ 일미나이트

! **피복제의 종류**
• 가스 발생제 : 석회석, 셀룰로오스, 톱밥, 아교 등
• 슬래그 생성제 : 석회석, 형석, 탄산나트륨, 일미나이트 등
• 아크 안정제 : 규산나트륨, 규산칼륨, 산화티탄, 석회석
• 탈산제 : 페로실리콘, 페로망간, 페로티탄, 페로바나듐
• 고착제 : 규산나트륨, 규산칼륨, 아교, 소맥분, 해초 등

44 용접기의 보수 및 점검 시 지켜야 할 사항으로 틀린 것은?

① 2차측 단자의 한쪽과 용접기 케이스는 접지해서는 안 된다.
② 가동부분, 냉각팬을 점검하고 회전부 등에는 주유를 해야 한다.
③ 탭 전환의 전기적 접속부는 자주 샌드 페이퍼 등으로 잘 닦아준다.
④ 용접 케이블 등의 파손된 부분은 절연 테이프로 감아야 한다.

45 가스절단에서 절단용 산소의 순도가 낮은 것을 사용하였을 때 설명으로 맞는 것은?

① 슬래그 박리성이 양호하다.
② 절단속도가 느리고 절단면이 거칠어진다.
③ 절단시간이 단축된다.
④ 절단 홈의 폭이 좁아지고, 절단효율과는 무관하다.

> ❗ 가스절단 시 낮은 순도의 산소를 사용하면 절단 속도가 저하되고 절단면이 거칠어진다.

46 잠호 용접기에서 용접전류는 직류 또는 교류가 사용되고 아크의 복사열에 의해 모재를 가열 용융시켜 용접을 행하며 용입이 얕은 관계로 스테인리스강 등의 덧붙이 용접에 잘 쓰이는 다전극 방식은?

① 횡병렬식
② 횡직렬식
③ 텐덤식
④ 다전원 연결 텐덤식

> ❗ 횡직렬식 잠호용접기는 2개 용접봉 중심선의 연장이 모재 위의 한점에 만나도록 배치, 용입이 매우 얕고, 덧붙이 용접에 사용된다.

47 점(Spot) 용접의 3대 요소가 아닌 것은?

① 가압력 ② 전류의 세기
③ 통전시간 ④ 도전율

> ❗ 점 용접의 3대 요소
> • 용접 전류   • 통전시간   • 가압력

48 아크길이에 따라 전압이 변동하여도 아크전류는 거의 변하지 않는 특성은?

① 아크 부특성 ② 수하 특성
③ 정전류 특성 ④ 정전압 특성

> ❗ 용접기에 필요한 특성
> • 부특성(부저항특성) : 전류가 작은 범위에서 전류가 증가하면 저항이 작아져 아크전압이 낮아지는 특성
> • 수하특성(피복아크용접기의 특성) : 부하전류가 증가하면 단자전압이 저하하는 특성
> • 정전류특성 : 아크길이가 크게 변하여도 전류값은 거의 변하지 않는 특성
> → 여기까지 수동용접의 특징임
> • 상승특성 : 큰 전류에서 아크길이가 일정할 때 아크 증가와 더불어 전압이 약간씩 증가하는 특성
> • 정전압특성(자기제어특성) : 수하특성과는 반대의 성질을 갖는 것으로 부하 전류가 변해도 단자 전압이 거의 변하지 않는 것으로 CP특성이라 한다. 서브머지드, CO_2 용접, GMAW의 특성이다. → 자동용접의 특징임

49 용접 작업을 하지 않을 때에는 용접기의 2차 무부하 전압을 역 25V 이하로 유지하고 용접봉을 모재에 접촉하는 순간에만 릴레이가 작동하여 용접이 가능토록 한 장치는?

① 원격 제어 장치
② 전격 방지 장치
③ 핫 스타트 장치
④ 고주파 발생 장치

> ❗ 교류 아크 용접기 부속 장치
> • 전격 방지기 : 감전의 위험으로부터 작업자를 보호하기 위하여 2차 무부하 전압을 25V로 유지하는 장치
> • 고주파 발생장치 : 아크의 안정을 확보하기 위하여 상용 주파수의 아크 전류 외에 고전압(2000~3000V)의 고주파 전류(300~1000Kc)를 중첩시키는 방식
> • 핫 스타트 장치 : 처음 모재에 접촉한 순간 0.2~0.25초 정도의 순간적인 대전류를 흘려서 아크의 초기 안정을 도모하는 장치로 일명 아크 부스터라 한다.
> • 원격제어장치 : 용접기에서 멀리 떨어진 장소에서 전류와 전압을 조절할 수 있는 장치

50 연강용 피복아크 용접봉에서 피복제의 편심율은 몇 % 이내이어야 하는가?

① 10%   ② 15%
③ 30%   ④ 3%

51 용접의 장점에 관한 일반적인 설명으로 틀린 것은?

① 이종(異種) 재료도 접합시킬 수 있다.
② 수밀성과 기밀성이 좋다.
③ 재료의 두께가 제한을 받는다.
④ 보수와 수리가 용이하다.

52 안전·보건표지의 색채, 색도기준 및 용도에서 정한 파란색의 용도로 맞는 것은?

① 금지   ② 경고
③ 안내   ④ 지시

53 납땜 작업 시 용제가 갖추어야 할 조건이 아닌 것은?

① 땜납의 표면잠력을 맞추어서 모재와의 친화력이 낮을 것
② 납땜 후 슬래그 제거가 용이할 것
③ 청정한 금속면의 산화를 방지할 것
④ 모재나 땜납에 대한 부식작용이 최소한일 것

54 탄소 아크 절단에 압축공기를 병용하여 전극홀더의 구멍에서 탄소 전극봉에 나란히 분출하는 고속의 공기를 분출시켜 용융금속을 불어내어 홈을 파는 방법은?

① 가스 가우징   ② 스카핑
③ 산소창 절단   ④ 아크에어 가우징

55 산소－아세틸렌가스의 혼합비가 1:1 정도이고, 표준불꽃이라고도 하는 것은?

① 산화불꽃   ② 탄화불꽃
③ 중성불꽃   ④ 산소과잉 불꽃

56 아르곤 가스는 1기압 하에서 약 6500 ℓ 의 양이 약 몇 기압으로 용기에 충전되어 공급하는가?

① 15　　　　　　② 25

③ 140　　　　　④ 180

> **!**
>
> 아르곤 가스는 1기압 하에서 6500 ℓ 의 양을 140기압으로 압축시켜 충전한다.

57 저항용접에 의한 압접에서 전류 20A, 전기저항 30Ω, 방전시간 10sec일 때 발열량은 몇 cal인가?

① 14400　　　　② 28800

③ 48800　　　　④ 24400

> **!**
>
> 발열량 구하는 식 $Q = 0.24I^2RT$
> $0.24 \times 20^2 \times 30 \times 10 = 28,800$

58 일렉트로 슬래그 용접에서 사용되는 수냉식 판의 재료는?

① 알루미늄　　　② 니켈

③ 구리　　　　　④ 연강

59 용해 아세틸렌의 이점에 해당되지 않는 것은?

① 아세틸렌 발생기와 부속기구가 필요하다.

② 운반이 비교적 용이하다.

③ 발생기를 사용하지 않으므로 폭발의 위험성이 적다.

④ 순도가 높아 불순물에 의해 용접부의 강도가 저하되지 않는다.

> **!**
>
> 용해 아세틸렌은 발생기가 필요없다.

60 가스용접이나 절단에 사용되는 연료가스가 가져야 할 성질 중 틀린 것은?

① 불꽃의 온도가 높을 것

② 연소 속도가 느릴 것

③ 발열량이 클 것

④ 용융금속과 화학반응을 일으키지 않을 것

> **!**
>
> **가연성 가스의 조건**
> • 불꽃 온도가 높을 것
> • 연소 속도가 클 것
> • 발열량이 빠를 것
> • 용융 금속과 화학 반응을 일으키지 않을 것. 연료 가스는 불꽃온도가 높고, 연소 속도가 빠르고 발열량이 크며, 용융 금속과 화학 반응을 일으키지 않아야 한다.

정답

:: 2010년 5월 9일 기출문제 정답

01	02	03	04	05	06	07	08	09	10
①	③	②	④	①	①	③	①	②	③
11	12	13	14	15	16	17	18	19	20
①	④	④	④	①	②	③	④	③	②
21	22	23	24	25	26	27	28	29	30
③	①	④	②	③	③	③	④	④	②
31	32	33	34	35	36	37	38	39	40
③	③	②	④	④	④	②	④	②	①
41	42	43	44	45	46	47	48	49	50
①	①	②	①	②	②	④	③	②	④
51	52	53	54	55	56	57	58	59	60
③	④	①	④	③	③	②	③	①	②

2010년 7월 25일 기사 제3회 필기시험				수험 번호	성명
자격 종목	종목코드	시험시간	형별		
용접산업기사	2026	1시간 30분	A		

제1과목 용접야금 및 용접설비제도

01 다음 보기를 공통적으로 설명하고 있는 표면 경화법은?

- 강을 NH_3 가스 중에서 500~550℃로 20~100시간 정도 가열한다.
- 경화 깊이를 깊게 하기 위해서는 시간을 길게 하여야 한다.
- 표면층에 합금 성분이 Cr, Al, Mo 등이 단단한 경화층을 형성하며 특히, Al은 경도를 높여주는 역할을 한다.

① 질화법 ② 침탄법
③ 크로마이징 ④ 화염경화법

!
질화법
암모니아(NH_3) 가스를 이용하여 520℃에서 50~100시간 가열하면 Al, Cr, Mo 등이 질화되며 질화가 불필요하면 Ni, Sn 도금을 한다.

02 결정입자의 크기와 형상에 대한 설명 중 맞는 것은?

① 냉각속도가 빠르면 결정핵 수는 많아진다.
② 냉각속도가 빠르면 입자는 조대화된다.
③ 냉각속도가 느리면 결정핵 수는 많아진다.
④ 냉각속도가 느리면 입자는 미세해진다.

!
냉각속도가 빠르면 핵 발생이 증가하여 결정핵 수가 많아진다.

03 강의 용접 열영향부 조직 중 가열온도 범위가 900~1100℃이고 재결정으로 인해 미세화, 인성 등 기계적 성질이 양호한 것은?

① 조립역 ② 세립역
③ 모재원질역 ④ 취화역

!
세립역은 강의 용접 열영향부 조직 중 가열온도 범위가 900~1100℃이고 재결정으로 인해 미세화, 인성 등 기계적 성질이 양호하다.

04 피복 아크 용접봉에 습기가 많을 때 나타나는 것은?

① 아크가 안정해진다.
② 용접부에 기공이나 균열이 생기기 쉽다.
③ 용접 비드 폭이 넓어지고 비드가 깨끗해진다.
④ 용접 후 각 변형이 작아진다.

05 다음 중 강자성체에 속하는 것은?

① Fe, Co, Ni ② Fe, Ag, Zn
③ Fe, Sb, Ni ④ Fe, Co, Cu

!
강자성체의 변태온도
- Fe : 768℃   · Ni : 358℃
- Co : 1160℃

06 탄소강의 물리적 성질 변화에서 탄소량의 증가에 따라 증가되는 것은?

① 비중
② 열팽창계수
③ 열전도도
④ 전기저항

> ❗
> 1. 탄소량이 증가 시 증가하는 것
>   • 강도, 경도   • 비열
>   • 보자력   • 전기저항
> 2. 탄소량이 증가 시 감소하는 것
>   • 인성, 전성   • 연신율, 충격값
>   • 비중, 선팽창계수 • 내식성, 용접성

07 철을 서냉하면 910℃에서 단위격자의 특성이 다르게 된다. 이를 무엇이라고 하는가?

① 금속간 화합
② 치환
③ 변태
④ 공간격자

> ❗
> 1. 철의 변태점
>   • A₀ 변태점 - 210℃
>   • A₁ 변태점 - 768℃
>   • A₃ 변태점 - 912℃
>   • A₄ 변태점 - 1400℃
> 2. 동소변태 : 고체 내에서 원자 배열이 변하는 것
>   • α-Fe(체심), γ-Fe(면심), δ-Fe(체심)
>   • 동소변태 금속 : Fe(912℃, 1400℃), Co(477℃), Ti(830℃), Sn(18℃) 등
> 3. 자기변태 : 원자 배열은 변화가 없고 자성만 변하는 것
>   • 순수한 시멘타이트는 210℃ 이하에서 강자성체, 그 이상에서는 상자성체
>   • 자기변태 금속 : Fe(768℃), Co(1160℃)

08 금속재료에 포함된 원소 중 용접부의 균열에 가장 큰 영향을 미치는 원소는?

① 크롬(Cr)
② 규소(Si)
③ 황(S)
④ 니켈(Ni)

> ❗
> 용접부 균열에 가장 큰 영향을 미치는 원소는 유황이며 적열취성의 원인이 된다.

09 용접부의 노내 응력 제거 방법 중 가열부를 노에 넣을 때 및 꺼낼 때의 노내 온도는 몇 ℃ 이하로 하는가?

① 300℃
② 400℃
③ 500℃
④ 600℃

> ❗
> **노내 풀림법**
> 가열부를 노에 넣을 때나 꺼낼 때 노내 온도를 300℃ 이하로 유지한다.

10 피복 배합제의 성분 중 슬래그 생성제의 역할에 대한 설명으로 틀린 것은?

① 기공이나 내부 결함을 방지한다.
② 용융점이 높은 무거운 슬래그를 만든다.
③ 용접부의 표면을 덮어 산화와 질화를 방지한다.
④ 용착금속의 냉각속도를 느리게 한다.

> ❗
> 피복제의 종류
>   • 가스 발생제 : 석회석, 셀룰로오스, 톱밥, 아교 등
>   • 슬래그 생성제 : 석회석, 형석, 탄산나트륨, 일미나이트 등
>   • 아크 안정제 : 규산나트륨, 규산칼륨, 산화티탄, 석회석
>   • 탈산제 : 페로실리콘, 페로망간, 페로티탄, 페로바나듐
>   • 고착제 : 규산나트륨, 규산칼륨, 아교, 소맥분, 해초 등

11 다음 그림 중 모서리 이음을 나타낸 것은?

①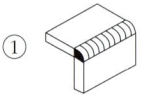
②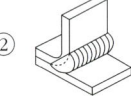
③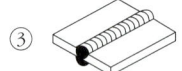
④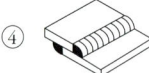

12 스케치 방법 중 평면으로 복잡한 윤곽을 갖고 있는 부품의 경우 그 면에 광명단 등을 바르고 스케치 용지에 찍어 그 면의 실형을 얻는 것은?

① 프리핸드법
② 본뜨기법
③ 프린트법
④ 사진촬영법

> ❗
> 스케치도를 그리는 방법에는 프리핸드법, 모양뜨기법, 프린트법, 사진촬영법이 있다.

13 KS의 부문별 분류기호에서 V는 어느 부문을 뜻하는 것인가?

① 금속　　　　② 기계
③ 조선　　　　④ 광산

> !
> **KS의 부문별 분류기호**
> • A : 기본　　• B : 기계
> • C : 전기　　• D : 금속
> • E : 광산　　• V : 조선

14 표제란의 척도란에 척도 값을 1:2, 1:5 등과 같이 기입하는 척도의 종류로 맞는 것은?

① 현척　　　　② 배척
③ 실척　　　　④ 축척

> !
> 축척이란 실물 크기를 도면에 일정한 비율로 줄여서 그리는 것이다.

15 아래 그림의 화살표 쪽의 인접부분을 참고로 표시하는데 사용하는 선의 명칭은?

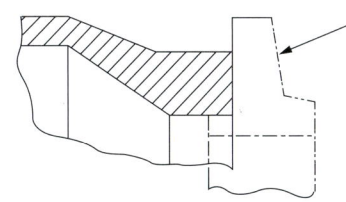

① 외형선　　　　② 숨은선
③ 파단선　　　　④ 가상선

> !
> **가상선(가는 이점 쇄선)**
> • 도시된 물체의 앞면을 표시
> • 인접부분을 참고로 표시
> • 가공 전 또는 가공 후의 모양을 표시
> • 이동하는 부분의 이동위치를 표시
> • 공구, 지그 등의 위치를 표시
> • 반복을 표시하는 선

16 기계재료의 표시기호 중 SM25C에서 '25C'가 뜻하는 것은?

① 재료의 최저 인장강도
② 재료의 용도표시
③ 재료의 탄소함유량
④ 재료의 제조방법

17 그림의 용접기호 설명 중 가장 적절하지 않은 것은?

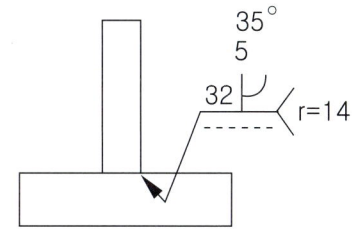

① 루트 반지름 14[mm]
② 루트 간격 5[mm]
③ 홈(그루부) 각도 35°
④ 루트 깊이 32[mm]

> !
> 용입이 깊이가 32mm이다.

18 외형도에 있어서 필요로 하는 요소의 일부분만을 오려서 국부적으로 단면도를 표시한 도면을 무슨 단면도라고 하는가?

① 한쪽 단면도　　② 온 단면도
③ 부분 단면도　　④ 회전도시 단면도

> !
> **단면의 종류**
> • 온 단면도(전단면도) : 물체의 1/2을 절단
> • 한쪽 단면도(반단면) : 물체의 1/4을 절단(상하 또는 좌우가 대칭인 물체)
> • 부분 단면 : 필요한 장소의 일부분만을 파단하여 단면을 나타내는 방법으로 절단부는 파단선으로 표시
> • 회전 단면 : 핸들, 바퀴의 암, 리브, 훅, 축 등의 단면은 정규의 투상법으로 나타내기 어렵기 때문에 물품은 축에 수직한 단면으로 절단하여 단면과 90°우회전하여 나타냄
> • 계단 단면 : 절단면이 투상면에 평행 또는 수직한 여러 면으로 되어 있어 명시할 곳을 계단 모양으로 절단하여 나타냄

19 CAD의 특징에 대한 설명으로 틀린 것은?

① 점, 선 및 원 등을 이용하여 도형을 정확하게 그릴 수 있다.

② 필요에 따라 도면을 확대, 축소, 이동 등이 가능하다.

③ 도형을 2차원적으로만 그리고 입체적으로는 그릴 수 없다.

④ 방대한 자료를 컴퓨터에 저장하여 데이터베이스를 구축하여 설계의 생산성을 향상시킬 수 있다.

> ! CAD 형상 모델링의 종류에는 와이어 프레임, 서피스, 솔리드 모델링이 있으며 서피스 모델링은 3차원 형상으로 활용된다.

20 KS에 의한 용접 보조기호 ▽의 명칭을 올바르게 설명한 것은?

① 평면 마감 처리한 V형 맞대기 용접

② 이면 용접이 있으며 표면 모두 평면 마감 처리한 볼록양면 V형 용접

③ 이면 용접이 있으며 표면 모두 평면 마감 처리한 오목 필릿 용접

④ 이면 용접이 있으면 표면 모두 평면 마감 처리한 V형 맞대기 용접

제2과목 용접구조설계

21 용접이음 설계 시 충격하중을 받는 연강의 안전율로 적당한 것은?

① 3   ② 5
③ 8   ④ 12

> ! **연강 용접이음의 안전율**
> • 정하중 : 3
> • 동하중 − 단진응력 : 5
> • 동하중 − 교번응력 : 8
> • 충격하중 : 12

22 용접이 완료된 후에 발생되는 응력부식의 원인으로 맞는 것은?

① 과다한 탄소함량

② 담금질 효과

③ 뜨임효과

④ 잔류응력의 증가

23 두께가 6.4mm인 두 모재의 맞대기 이음에서 용접이음부가 4536kgf의 인장하중이 작용할 경우 필요한 용접부의 최소 허용길이(mm)는 약 얼마인가?(단, 용접부의 허용인장응력은 14.06kgf/mm²이다.)

① 50.4mm   ② 40.3mm
③ 30.1mm   ④ 20.7mm

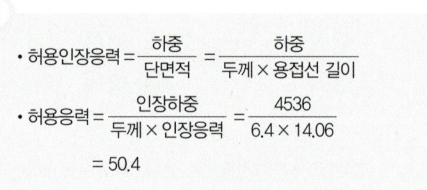

> ! • 허용인장응력 $= \dfrac{\text{하중}}{\text{단면적}} = \dfrac{\text{하중}}{\text{두께} \times \text{용접선 길이}}$
> • 허용응력 $= \dfrac{\text{인장하중}}{\text{두께} \times \text{인장응력}} = \dfrac{4536}{6.4 \times 14.06}$
> $= 50.4$

24 금속의 응고 과정에서 방출된 기체가 빠져나가지 못하여 생긴 결함을 무엇이라고 하는가?

① 슬래그   ② 설퍼 프린트
③ 홀인   ④ 기공

> ! 기공은 금속의 응고 과정에서 방출된 기체가 빠져 나가지 못하면 발생되는 결함이다.

25 용접선에 따라 응력을 제거할 목적으로서 압축응력 부분을 가스불꽃으로 가열한 직후에 수냉하여 그 부위를 소성 변형시켜 잔류응력을 감소시키는 것은?

① 역제법   ② 역 변형법
③ 도열법   ④ 저온응력 완화법

> ! 저온응력 완화법은 가스 불꽃을 이용하여 150~200℃ 정도 가열 후 수냉하는 방법이다.

26 용접 구조물을 제작할 때 피로강도를 향상시키기 위한 방법을 올바르게 설명한 것은?

① 가능한 응력 집중부에는 용접부가 집중되도록 한다.
② 열처리 또는 기계적인 방법으로 용접부 잔류응력을 완화시킬 것
③ 냉간가공 또는 야금적 변태를 이용하여 기계적 강도를 완화시킬 것
④ 표면가공, 다듬질 등에 의하여 단면이 급변하게 할 것

> **!** 열처리 또는 기계적인 방법을 통해 잔류응력을 완화시키며 피로강도를 향상시킨다.

27 용접지그 사용 시 장점에 대한 설명으로 틀린 것은?

① 용접작용을 용이하게 한다.
② 제품의 정도를 균일하게 향상시킨다.
③ 작업능률이 향상되므로 변형이 생긴다.
④ 공정수를 절약하므로 작업능률이 좋다.

> **!** **지그의 사용 목적**
> • 대량 생산이 가능하다.
> • 용접 작업을 쉽게 해준다.
> • 제품 치수를 정확하게 한다.
> • 용접부의 신뢰성이 높아진다.
> • 다듬질을 좋게 한다.
> • 변형을 억제한다.

28 용접부에 발생하는 잔류응력 완화법이 아닌 것은?

① 응력제거 어닐링법
② 피닝법
③ 고온응력 완화법
④ 기계적응력 완화법

> **!** 잔류응력 완화법에는 노내풀림법, 국부풀림법, 저온응력 완화법, 기계적 응력완화법, 피닝법 등이 있다.

29 용접비용을 줄이기 위한 방법으로 고려해야 할 사항 중 틀린 것은?

① 대기시간을 길게 한다.
② 용접이음부가 적은 경제적인 설계를 한다.
③ 재료의 효과적인 사용계획을 세운다.
④ 용접지그를 활용한다.

30 용접이 교차하는 곳에는 응력집중이 생기기 쉬워 부채꼴 오목부를 붙인다. 이것을 무엇이라 하는가?

① 빌드업(Build up)
② 스켈롭(Scallop)
③ 블록(Block)
④ 캐스케이드(Cascade)

> **!** 스켈롭은 용접선의 교차를 피하기 위해 부재에 파놓은 부채꼴의 오목 들어간 부분이다.

31 I형 맞대기 이음 용접에서 용착금속의 최대인 장응력이 100kgf/mm²이고 안전율이 5이라면 이음의 허용응력은 몇 kgf/mm²인가?

① 10   ② 20
③ 40   ④ 500

> **!**
> • 안전율 $= \dfrac{인장강도}{굽힘응력}$
>
> • 허용응력 $= \dfrac{인장강도}{안전율} = \dfrac{100}{5} = 20$

32 용접순서를 결정할 때의 주의 사항으로서 틀린 것은?

① 수축은 자유단으로 보낸다.
② 대칭으로 용접한다.
③ 수축이 큰 이음은 먼저 용접한다.
④ 리벳과 용접을 병용할 때 리벳을 먼저 한다.

! **용접구조물 용접 시 주의할 점**
• 수축이 큰 이음을 먼저 용접하고 다음에 필릿용접을 한다.
• 큰 구조물은 구조물의 중앙에서 끝으로 향하여 용접을 한다.
• 용접선에 대하여 수축력의 합이 영(0, zero)이 되도록 한다.
• 리벳과 같이 쓸 때는 용접을 먼저 한다.
• 용접 불가능한 곳이 없도록 한다.
• 물품의 중심에 대하여 대칭으로 용접을 진행한다.
• 용접이음은 한 곳에 집중되지 않도록 한다.

33 자분 탐상 검사의 자화방법이 아닌 것은?

① 축 통전법   ② 관통법
③ 극간법   ④ 원형법

! **자분 탐상 검사 종류**
• 축 통전법   • 극간법
• 관통법   • 코일법
• 직각통전법

34 용접 길이를 짧게 나누어 간격을 두면서 용접하는 방법으로 피용접물 전체에 변형이나 잔류응력이 적게 발생하도록 하는 용착법은?

① 전진법   ② 후진법
③ 블록법   ④ 비석법

! **용접진행 방향에 따른 분류**
• 전진법 : 용접 시작 부분보다 끝나는 부분이 수축 및 잔류 응력이 커서 용접 이음이 짧고, 변형 및 잔류응력이 그다지 문제가 되지 않을 때 사용
• 후퇴법 : 용접을 단계적으로 후퇴하면서 전체 길이를 용접하는 방법으로 수축과 잔류 응력을 줄이는 방법
• 대칭법 : 용접할 전 길이에 대하여 중심에서 좌우로 또는 용접물 형상에 따라 좌우 대칭으로 용접하여 변형과 수축 응력을 경감한다.
• 비석법 : 스킵법이라고도 하며 짧은 용접 길이로 나누어 놓고 간격을 두면서 용접하는 방법으로 특히 잔류응력을 작게 할 경우 사용한다.
• 교호법 : 열영향을 세밀하게 분포시킬 때 사용

35 본 용접하기 전에 적당한 예열을 함으로서 얻어지는 효과가 아닌 것은?

① 예열을 하게 되면 기계적 성질이 향상된다.
② 용접부의 냉각속도를 느리게 하여 균열 발생이 적게 된다.
③ 용접부의 변형과 잔류 응력을 경감시킨다.
④ 용접부의 냉각속도가 빨라지고 높은 온도에서 큰 영향을 받는다.

! **예열의 목적**
• 모재의 수축응력을 감소하여 균열발생 억제
• 냉각속도를 느리게 하여 모재의 취성방지
• 용착금속의 수소성분이 나갈 수 있는 여유를 주어 비드 밑 균열 방지
• 경화증대는 예열의 목적이 아니다.

36 다음 그림과 같은 필릿 용접에서 이론 목두께는?

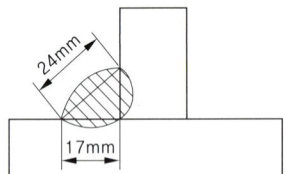

① 약 8.5mm   ② 약 17mm
③ 약 24mm   ④ 약 12mm

! 이론 목두께 = 0.707 × h
= 0.707 × 17 = 12.01

37 피복 아크 용접에서 언더컷(Under cut)의 발생 원인이 아닌 것은?

① 용접 속도가 부적당할 때
② 용접전류가 너무 높을 때
③ 부적당한 용접봉을 사용할 때
④ 용착부가 급냉될 때

! **언더컷이 발생하는 원인**
• 용접속도가 빠를 때
• 용접 전류가 높을 때
• 아크 길이가 길 때

38 용접의 장점에 대한 설명으로 틀린 것은?

① 이음효율이 높다.
② 수밀, 기밀, 유밀성이 우수하다.
③ 저온취성이 생길 우려가 없다.
④ 재료의 두께에 제한이 없다.

> **!**
> **용접의 장점**
> • 작업 공정을 줄일 수 있다.
> • 형상의 자유를 추구할 수 있다.
> • 이음 효율 향상
> • 중량 경감, 재료 및 시간의 절약
> • 보수, 수리가 용이

39 피닝(Peening)에 대한 설명으로 맞는 것은?

① 특수해머로 용착부를 1번 정도 때려 용착부의 균열을 점검한다.
② 특수해머로 용착부를 1번 정도 때려 용착부의 굽힘응력을 완화시킨다.
③ 특수해머로 용착부를 연속으로 때려 용착부의 기공을 점검한다.
④ 특수해머로 용착부를 연속으로 때려 용착부의 인장응력을 완화시킨다.

> **!**
> 피닝은 용착부를 연속적으로 용착부를 두드려서 표면상의 소성변형을 주어 응력을 제거하는 방법이다.

40 필릿 용접이음부의 보수에 관한 설명으로 옳지 않은 것은?

① 간격이 1.5mm 이하인 경우 그대로 규정된 다리길이로 용접한다.
② 간격이 1.5~4.5mm의 경우 6mm 정도의 뒷댐판을 대고 용접한다.
③ 간격이 4.5mm 이상인 경우 라이너(Liner)를 넣고 용접한다.
④ 간격이 4.5mm 이상인 경우 부족한 판을 300mm 이상 잘라내어 교환한 후 용접한다.

41 맞대기 저항용접에 해당하는 것은?

① 스폿 용접
② 매시 심 용접
③ 프로젝션 용접
④ 업셋 용접

> **!**
> **전기 저항용접의 이음형상에 따른 분류**
> • 겹치기 용접 : 점 용법, 심 용접, 프로젝션 용접
> • 맞대기 용접 : 플래시 용접, 업셋용접, 피커션 용접

42 용접을 장시간 하게 되면 용접 흄 또는 가스를 흡수하게 되는데 그 방지대책 및 주의사항으로 가장 적당하지 않은 것은?

① 아연, 합금, 납 등의 모재에 대해서는 특히 주의를 요한다.
② 환기 통풍을 잘한다.
③ 절연형 홀더를 사용한다.
④ 보호 마스크를 착용한다.

43 교류아크 용접에서 전원전류는 몇 사이클 마다 극성이 변하는가?

① 1/2   ② 1/3
③ 1/4   ④ 1/5

> **!**
> 교류전원은 60Hz를 사용하며 초당 120번이 바뀌고 극성은 1/2마다 바뀐다.

44 피복 금속 아크 용접봉의 피복 배합제의 주요 성분이 아닌 것은?

① 고착성분
② 슬래그 생성 성분
③ 아크안정 성분
④ 전기도체 성분

45 다음 중에서 용접기의 수하특성과 가장 관련이 깊은 것은?

① 저항 – 열의 특성
② 전류 – 전력의 특성
③ 전압 – 전류의 특성
④ 전력 – 저항의 특성

46 가스절단에서 예열불꽃이 약할 때 일어나는 현상으로 가장 거리가 먼 것은?

① 절단 속도가 늘어진다.
② 드래그가 증가한다.
③ 절단이 중단되기 쉽다.
④ 절단면의 위 기슭이 녹아 둥글게 된다.

47 카바이드 취급 시 주의사항으로 틀린 것은?

① 운반 시 타격, 충격, 마찰 등을 주지 말 것
② 카바이트 통에서 카바이드를 꺼낼 때에는 모넬메탈이나 목재공구를 사용할 것
③ 카바이드는 개봉 후 잘 닫아 안전상 습기가 침투하도록 보관할 것
④ 저장소 가까이에 인화성 물질이나 화기를 가까이 하지 말 것

48 TIG 용접에서 아크 스타트를 쉽게 하고, 아크가 안정화되도록 용접기에 설비하는 것은?

① 콘덴서
② 가동철심
③ 고주파발생기
④ 리액터

49 소화 작업에 대한 설명 중 틀린 것은?

① 화재가 발생하면 화재 경보를 한다.
② 화재 시는 가스밸브를 조이고 전기 스위치를 끈다.
③ 전기배선 시설의 수리 시는 전기가 통하는지 여부를 확인한다.
④ 유류 및 카바이드에 붙은 불은 물로 끄는 것이 좋다.

50 자동용접에 필요한 기구 중 대형파이프를 원주용접할 때 사용하는 기구는?

① 용접 포지셔너(Welding positioner)
② 턴테이블(Turn table)
③ 매니플레이터(Manipulator)
④ 터닝롤러(Turning roller)

51 가스용접에 사용되는 가연성 가스의 완전 연소식의 화학식으로 틀린 것은?

① $C_2H_2 + 2.5O_2 = 2CO_2 + H_2O$
② $H_2 + 0.5O_2 = H_2O$
③ $C_3H_8 + 5O_2 = 3CO_2 + 2H_2O_2$
④ $CH_4 + 2O_2 = CO_2 + 2H_2O$

52 교류 용접기와 비교한 직류 용접기의 특징 설명으로 맞는 것은?

① 아크의 안정성이 우수하다.
② 전격의 위험이 많다.
③ 용접기의 고장이 적다.
④ 용접기의 가격이 저렴하다.

> ! 직류 용접기는 아크가 안정되고 극성 변화가 가능하며 전격 위험이 적다.

53 분말절단법 중 플럭스(Flux) 절단에 주로 사용되는 재료는?

① 스테인리스 강판
② 알루미늄 탱크
③ 저합금 강판
④ 강관

54 핀치효과에 의해 열에너지의 집중도가 좋고 고온이 얻어지므로 용입이 깊고 비드 폭이 좁은 접합부가 형성되며, 용접속도가 빠른 것이 특징인 용접은?

① 플라스마 아크 용접
② 테르밋 용접
③ 전자빔 용접
④ 원자 수소 아크 용접

> ! 플라스마 아크 용접은 고온의 불꽃을 이용해서 절단, 용접, 용사하는 방법으로 열적 핀치 효과와 자기적 핀치 효과가 있다.

55 세브머지드 아크 용접 시 사용하는 용융형 용제의 특징에 대한 설명으로 틀린 것은?

① 흡습성이 높아 재건조가 필요하다.
② 비드 외관이 아름답다.
③ 용제의 화학적 균일성이 양호하다.
④ 미용융 용제는 재사용이 가능하다.

> ! **용제의 종류**
>
> | 종류 | 특징 | 용도 |
> |---|---|---|
> | 용융형 | • 흡습성이 적어 보관이 편리하다.
• 식별이 불가능하다.
• 고속용접에 적합
• 용제의 화학적 균일성이 양호 | 입자가 가늘수록 고전류를 사용하며, 용입이 얕고 비드 폭이 넓은 평활한 비드를 얻을 수 있다. |
> | 소결형 | • 착색이 가능하여 식별이 가능
• 흡습성이 강하다. | 기계적 강도가 필요한 곳에 사용하며, 비드 외관이 용융형에 비해 나쁘다. |
> | 혼성형 | • 용융형+소결형 | |

56 산소 및 아세틸렌용기 취급에 대한 설명 중 올바른 것은?

① 산소병은 60℃ 이하, 아세틸렌 병은 30℃ 이하의 온도에서 보관한다.
② 아세틸렌 병은 눕혀서 운반하되 운반 도중 충격을 주어서는 안 된다.
③ 아세틸렌 병은 폭발의 위험을 방지하기 위하여 산소병과 5m 이상 간격을 두고 설치한다.
④ 산소병 내에 다른 가스를 혼합해서는 안 되며 누설시험 시는 비눗물을 사용한다.

57 연강용 피복 아크 용접 중 가스 실드계의 대표적인 용접봉으로 피복제 중에 유기물을 20～30% 정도 포함하고 있는 것은?

① 라임티타니아계   ② 저수소계
③ 철분산화철계   ④ 고셀룰로오스계

> ! 고셀룰로오스계(E4311)
> 피복제에 가스 발생제 셀룰로오스를 20～30% 정도 함유한 용접봉으로 주로 위보기(OH)자세 용접에 적합하다.

58 이산화탄소(CO_2) 아크 용접법의 특징을 설명한 것 중 옳은 것은?

① 적용 재질이 비철계통으로 한정되어 있다.

② 용착금속의 기계적 성질이 나쁘다.

③ 용입이 깊고 용접속도를 빠르게 할 수 있다.

④ 아크를 볼 수 없으므로 시공이 불편하다.

> **!**
>
> **이산화탄소 용접의 특징**
> - 가는 와이어로 고속 용접이 가능하며 수동용접에 비해 용접비용이 저렴하다.
> - 가시 아크이므로 시공이 편리하고, 스팩터가 적어 아크가 안정하다.
> - 전자세 용접이 가능하고 조작이 간단하다.
> - 잠호용접에 비해 모재표면의 녹과 거칠기에 둔감하다.
> - 미그용접에 비해 용착금속의 기공 발생이 적다.
> - 용접전류의 밀도가 크므로 용입이 깊고, 용접속도를 매우 빠르게 할 수 있다.
> - 산화 및 질화가 되지 않는 양호한 용착금속을 얻을 수 있다.
> - 보호가스가 저렴한 탄산가스라서 용접 경비가 적게 든다.
> - 강도와 연신성이 우수하다.
> - 탄산가스를 사용하므로 작업량 환기에 유의한다.
> - 비드외관이 타 용접에 비해 거칠다.
> - 고온상태의 아크 중에서는 산화성이 크고 용착 금속의 산화가 심하여 기공 및 그 밖의 결함이 생기기 쉽다.

59 저항용접에 의한 압점은 전기저항 열로써 모재를 용융상태로 만들고 외력을 가하여 접합하는 용접법이다. 이때 발생하는 저항열을 구하는 식은?[단, Q:저항열, I:전류, R:전기저항, t:통전시간(초)]

① $Q = 0.24IR^2t$ 　　② $Q = 0.24I^2Rt$

③ $Q = 0.24I^2R^2t$ 　　④ $Q = 0.24I^2Rt^2$

60 용접용어 중 용착부를 만들기 위하여 녹여서 첨가하는 금속을 무엇이라고 하는가?

① 용제 　　　　② 용접금속

③ 용가재 　　　④ 덧살

2011년 3월 20일 기사 제1회 필기시험				수험 번호	성명
자격 종목	종목코드	시험시간	형별		
용접산업기사	2026	1시간 30분	A		

제1과목 용접야금 및 용접설비제도

01 용접재료 중 고장력강의 경우 용접에 있어서 균열을 예방하는 방법으로 올바른 것은?

① 예열과 후열 처리를 한다.
② 높은 경도의 재질을 선택한다.
③ 고산화티탄계 용접봉을 사용한다.
④ 용접부의 구속력을 크게 하여 용접한다.

02 탄소강의 표준조직이 아닌 것은?

① 페라이트　　② 마텐자이트
③ 펄라이트　　④ 시멘타이트

! 탄소강 표준조직
・오스테나이트조직 : γ-Fe의 FCC 조직이고 상자성체임
・페라이트조직 : α-Fe, δ-Fe의 BCC 조직이고 강자성체임
・펄라이트조직 : 공석강의 조직이고 페라이트보다 강도, 경도가 크고 자성이 있음
・시멘타이트조직 : Fe_3C로 고온에서 탄화철로 발생하며 경도가 높고 취성이 크고 강자성체임
・레데뷰라이트조직 : 공정주철의 조직임

03 용접분위기 중에서 발생하는 수소의 원(源)이 아닌 것은?

① 플럭스 중의 유기물
② 결정수를 포함한 광물
③ 플럭스에 흡수된 수분
④ 모재의 성분

04 용접 후 열처리의 목적으로 틀린 것은?

① 수소 등의 가스 흡수
② 용접 열영향 경화부의 연화
③ 용접부의 연성 및 인성 향상
④ 잔류 응력의 완화와 치수 안정화

05 15℃에서 15기압을 하면 아세톤 1리터에 대하여 아세틸렌 가스 몇 리터가 용해되는가?

① 285L　　② 350L
③ 375L　　④ 420L

! 아세틸렌가스는 아세톤에 25배가 용해되므로 15×25=375L가 됨

06 시멘타이트를 구상화하는 구상화 풀림의 효과로 옳은 것은?

① 인성 및 절삭성이 개선된다.
② 잔류응력이 커진다.
③ 조직이 조대화되며 취성이 생긴다.
④ 별로 변화가 없다.

07 고장력강의 용접 시 일반적인 주의사항으로 잘못된 것은?

① 용접봉은 저수소계를 사용한다.
② 용접 개시 전 이음부 내부를 청소한다.
③ 위빙 폭을 크게 하지 말아야 한다.
④ 아크 길이는 최대한 길게 유지한다.

08 강의 충격시험 시의 천이온도에 대해 가장 올바르게 설명한 것은?

① 재료가 연성 파괴에서 취성 파괴로 변화하는 온도 범위를 말한다.
② 충격 시험한 시편의 평균 온도를 말한다.
③ 천이온도가 낮은 강을 노치감도가 날카롭다고 한다.
④ 천이온도가 높은 강을 노치인성이 풍부하다고 한다.

!
천이 온도란 재료가 연성파괴에서 취성파괴로 변하는 온도로 400℃~600℃ 정도가 됨.

09 특수황동의 종류에 속하지 않는 것은?

① 에드미럴티 황동
② 네이벌 황동
③ 쾌삭 황동
④ 코어손 황동

10 다음 금속 중 면심입방격자(FCC)에 속하는 것은?

① 니켈
② 크롬
③ 텅스텐
④ 몰리브덴

!
금속결정의 종류

종류	특징	원자의 수	금속
체심 입방 격자 (B·C·C)	강도가 크고 전·연성은 떨어진다.	2	Cr, Mo, W, V, Ta, K, Na, α-Fe, δ-Fe
면심 입방 격자 (F·C·C)	전·연성이 풍부하여 가공성이 우수하다.	4	Ag, Al, Au, Cu, Ni, Pb, Pt, Ca, γ-Fe
조밀 육방 격자 (F·C·P)	전·연성 및 가공성이 불량하다.	4	Ti, Be, Mg, Zn, Zr

11 대상물의 보이는 부분의 모양을 표시하는 데 쓰이는 외형선의 종류는?

① 굵은 실선
② 가는 실선
③ 굵은 1점 쇄선
④ 은선

!
선의 종류와 용도
• 외형선 – 굵은 실선
• 가는 실선 – 치수선, 치수보조선, 지시선, 회전단면선, 수준면선, 해칭선
• 은선 – 가는 파선 또는 굵은 파선
• 가는 1점 쇄선 – 중심선, 기준선, 피치선
• 가는 2점 쇄선 – 가상선 무게 중심선
• 굵은 1점 쇄선 – 특수 지정선
• 파단선 – 물체의 일부를 파단한 곳을 표시하는 선으로 불규칙한 파형의 가는 실선 또는 지그 재그선
• 가는 실선, 아주 굵은 실선 – 특수 용도, 가는 1점 쇄선은 중심선, 기준선, 피치선으로 숨은선은 파선으로 나타냄

12 재료의 조절도 기호에서 풀림상태(연질)를 표시하는 기호는?

① H
② A
③ B
④ 1/2H

!
재료의 조질도
• A : 풀림(어닐링)
• H : 경질
• 1/2H : 1/2경질
• S : 표준조직

13 CAD시스템의 도입에 따른 적용 효과가 아닌 것은?

① 시제품 제작을 현저히 줄일 수 있는 방법을 제공한다.
② 설계에서의 수정 사항에 대한 신속한 대응이 가능하다.
③ 설계 오류에 따른 검증 절차가 분산되어 정보를 제공한다.
④ 생산성 향상 및 대외 신뢰도의 향상이 가능하다.

14 그림과 같은 용접기호의 설명으로 올바른 것은?

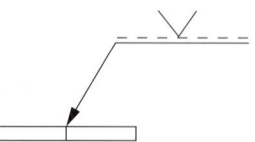

① 이음의 화살표 쪽에 용접을 한다.
② 양쪽에 용접을 한다.
③ 화살표 반대쪽에 용접을 한다.
④ 어느 쪽에 용접을 해도 무방하다.

15 KS에서 일반구조용 압연강재의 종류를 나타내는 기호는?

① SS   ② SM45C

③ SWS400   ④ SPC

> **!**
> - SS : 일반구조용 압연강재
> - SM400 : 기계구조용 탄소강재
> - SWS : 용접구조용 압연강재
> - SCP : 냉간압연 강판

16 도면에 사용하는 윤곽선의 굵기로 가장 적합한 것은?

① 0.2mm   ② 0.25mm

③ 0.3mm   ④ 0.5mm

17 프로젝션(Projection) 용접의 단면치수는 무엇으로 하는가?

① 너깃의 지름
② 구멍의 바닥 치수
③ 다리길이 치수
④ 루트 간격

18 용접 기호 중에서 스폿 용접을 표시하는 기호는?

①    ②

③ ◯   ④ ――

19 면이 평면으로 가공되어 있고, 복잡한 윤곽을 갖는 부품인 경우에 그 면에 광명단 등을 발라 스케치 용지에 찍어 그 면의 실형을 얻는 스케치 방법은?

① 프리핸드법   ② 프린트법
③ 모양뜨기법   ④ 사진촬영법

20 복사한 도면을 접었을 경우에 어느 부분이 표면으로 나오게 하여야 하는가?

① 표제란이 있는 부분
② 부품란이 있는 부분
③ 정면도가 있는 부분
④ 조립도가 있는 부분

제2과목 용접구조설계

21 완전 맞대기 용접이음이 단순굽힘모멘트 M_b=9800N·cm을 받고 있을 때, 용접부에 발생하는 최대굽힘응력은?(단, 용접선 길이 =200mm, 판 두께=25mm이고, 굽힘응력 방향은 용접선에 수직이다.)

① 196.0   ② 470.4

③ 376.3   ④ 235.2

> **!**
> $$\text{굽힘응력} = \frac{\text{굽힘 모멘트}}{\text{단면계수}} = \frac{\text{굽힘 모멘트}}{\frac{\text{용접선 길이}\times\text{두께}^2}{6}}$$
> $$= \frac{6\times9,800}{20\times1^2} = 470.4$$

22 다음 그림에서 용접 홈(Groove)의 각부 명칭을 올바르게 설명한 것은?

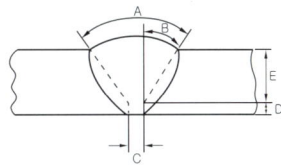

① A:베벨 각도, B:홈 각도, C:루트 간격, D:루트면, E:홈 깊이

② A:홈 각도, B:베벨 각도, C:루트면, D:루 간격, E:홈 깊이

③ A:홈 각도, B:베벨 각도, C:루트면, D:루각도, E:홈 깊이

④ A:홈 각도, B:베벨 각도, C:루트 간격, D:루트면, E:홈 깊이

23 가접 시 주의해야 할 사항으로 틀린 것은?

① 본 용접자와 동등한 기량을 갖는 용접자가 가용접을 시행한다.

② 본 용접과 같은 온도에서 예열을 한다.

③ 개선 홈 내의 가접부는 백치핑으로 완전히 제거한다.

④ 가접의 위치는 부품의 끝 모서리나 각 등과 같이 응력이 집중되는 곳에 한다.

> **! 가접 시 주의 사항**
> • 홈 안에는 가접을 피하되, 불가피한 경우엔 본 용접 전에 갈아낸다.
> • 응력이 집중되는 곳은 피한다.
> • 전류는 본 용접보다 높게 하며, 용접봉의 지름은 가는 것을 사용한다. 또한 너무 짧게 하지 않는다.
> • 시·종단에 엔드탭을 설치하기도 한다.
> • 가접사도 본 용접사에 비하여 기량이 떨어지면 안 된다. 가접 시 본 용접보다 가는 용접봉을 사용해야 한다.

24 용접이음의 피로강도에 대한 설명으로 틀린 것은?

① 피로강도에 영향을 주는 요소는 이음 형상, 하중상태, 용접부 표면상태, 부식 환경 등이 있다.

② S-N선도를 피로선도라 부르며, 응력 변동이 피로한도에 미치는 영향을 나타내는 선도를 말한다.

③ 일반적으로 용접 구조물을 받는 응력은 정응력보다도 반복응력을 받는 경우가 적다.

④ 하중, 변위 또는 열응력이 반복되어 재료가 손상(균열의 발생이나 파단 등)하는 현상을 피로라고 한다.

25 끝이 구면이 특수한 해머로써 용접부를 연속적으로 때려 용접표면상에 소성변형을 주어 잔류응력을 완화하는 방법은?

① 구속법   ② 스킵법
③ 가열법   ④ 피닝법

> **!** 피닝은 용착부를 연속적으로 용착부를 두드려서 표면상의 소성변형을 주어 응력을 제거하는 방법이다.

26 용접시공 시 용접순서에 관한 설명으로 가장 옳은 것은?

① 용접물 중립축에 대하여 수축력 모멘트의 합이 최대가 되도록 한다.

② 동일 평면 내에 많은 이음이 있을 때에는 수축은 가능한 한 중앙으로 보낸다.

③ 용접물의 중심에 대하여 항상 대칭으로 용접을 진행시킨다.

④ 수축이 작은 이음을 가능한 한 먼저 용접하고, 수축이 큰 이음은 나중에 용접한다.

> **! 용접 설계 시 주의사항**
> • 수축이 큰 이음을 먼저 용접하고 다음에 필릿 용접을 한다.
> • 큰 구조물은 구조물의 중앙에서 끝으로 향하여 용접을 한다.
> • 용접선에 대하여 수축력의 합이 영(0, zero)이 되도록 한다.
> • 리벳과 같이 쓸 때는 용접을 먼저 한다.
> • 용접 불가능한 곳이 없도록 한다.
> • 물품의 중심에 대하여 대칭으로 용접 진행
> • 용접이음은 한 곳에 집중되지 않도록 한다.

27 다음 그림과 같이 S_1, S_2의 다리길이가 다를 때 필릿 용접부의 단면적의 공식으로 맞는 것은?

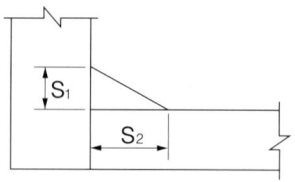

① 단면적 $= \dfrac{S_1 + S_2}{4}$

② 단면적 $= S_1 \times S_2$

③ 단면적 $= \dfrac{S_1 + S_2}{2}$

④ 단면적 $= \dfrac{S_1 \times S_2}{2}$

28 맞대기 용접에서 변형이 가장 적은 홈의 형상은?

① V형 홈
② U형 홈
③ X형 홈
④ 한쪽 J형 홈

29 용접경비를 산출하는 경우 가공부의 크기, 부재의 상태, 용접시간 등 많은 사항을 고려해야 하는데 보통 용접경비를 산출하는 것으로 가장 적당한 것은?

① 용접 길이 1m 당 제(諸)자료에 의하여 산출한다.
② 2시간당 들어가는 제반 비용에 의하여 산출한다.
③ 용접봉 10kg 사용량을 기준으로 산출한다.
④ 용접 홈의 길이와 높이 폭을 감안한 용접부피를 기준으로 산출한다.

30 다음 그림과 같이 완전용입의 평판 맞대기 용 접이음에 인장하장 P=10000N일 때 인장응력은?(판 두께 t=10mm, 용접선 길이 l=200mm)

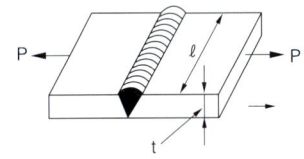

① 20N/mm^2　② 15N/mm^2
③ 10N/mm^2　④ 5N/mm^2

!
• 허용인장응력 $= \dfrac{하중}{단면적} = \dfrac{하중}{두께 \times 용접선 \ 길이}$

• 허용응력 $= \dfrac{인장하중}{두께 \times 인장응력} = \dfrac{10,000}{200 \times 10}$

　　　　　$= 5$

31 용접의 결함 중 기공의 발생 원인으로 틀린 것은?

① 이음부에 기름, 페인트 등 이물질이 있을 때
② 용접 이음부가 서냉될 때
③ 아크 분위기 속에 수소가 많을 때
④ 아크 분위기 속에 일산화탄소가 많을 때

32 용접 후 잔류응력을 제거 또는 경감시킬 필요가 있을 때 사용하는 응력제거 방법이 아닌 것은?

① 피닝법
② 노내 풀림법
③ 고온응력완화법
④ 기계적응력완화법

33 아크 용접 시 6mm 이상 두꺼운 강판용접의 용접 홈의 형상으로 거리가 먼 것은?

① I형　　　　② U형
③ 양면 J형　　④ H형

!
맞대기 홈의 형상
• I 형 : 판 두께 6mm까지
• V형 : 판 두께 6~19mm까지
• J형 : 판 두께 6~19mm까지
• 양면 J형 : 판 두께 12mm 이상
• H형 : 판 두께 6~19mm까지

34 용접부의 노치인성(Notch toughness)을 조사하기 위해 시행되는 시험법은?

① 맞대기 용접부의 인장시험
② 샤르피 충격시험
③ 저사이클 피로시험
④ 브리넬경도시험

35 용접, 결함부 보수용접에서 균열부를 용접시 균열의 진행을 방지하기 위해 사용하는 방법으로 가장 적당한 것은?

① 엔드탭을 사용한다.
② 살포법을 사용한다.
③ 스톱 홀을 뚫는다.
④ 백비드를 낸다.

> **!**
> **용접 결함 보수**
> • 언더컷 발생 : 가는 용접봉으로 재용접
> • 오버랩, 기공, 슬래그 : 발생 부분 깎아 내고 재용접
> • 균열 : 발생 부분에 구멍을 뚫고 그 부분을 따내고 재용접

36 용착법 중에서 일명 비석법이라고도 하면 용접길이를 짧게 나누어 간격을 두면서 용접하는 방법으로 변형이나 잔류응력을 비교적 적게 발생하는 용착방법은?

① 스킵법   ② 대칭법
③ 덧살 올림법   ④ 전진블록법

37 용접작업에서 급열, 급냉에 의한 열응력이나 변형, 균열을 방지하는 방법으로 가장 올바른 것은?

① 용접 전 칸막이를 하고 용접한다.
② 용접 전 모재를 예열한다.
③ 용접부 앞면에 냉각수를 뿌리며 용접한다.
④ 용접 전용장치를 선택하여 사용한다.

38 다음과 같은 용착시공 방법은?

(용접 중심선 단면도)

① 띄움법   ② 캐스케이드법
③ 살붙이법   ④ 전진블록법

39 V형에 비하여 홈의 폭이 좁아도 되고 또한 루트간격을 "0"으로 해도 작업성과 용입이 좋으며 한 쪽에서 용접하여 충분한 용입을 얻을 필요가 있을 때 사용하는 이음 형상은?

① I형   ② U형
③ X형   ④ K형

40 로크웰 B스케일에서 시험하중에 의한 압입깊이와 기준하중에 의한 압입깊이의 차를 h라 할 때 경도값을 구하는 공식으로 맞는 것은?

① HRB = 100-500h
② HRB = 130-400h
③ HRB = 130-500h
④ HRB = 100-400h

> **!**
> **B 스케일의 경도값 구하는 식**
> • HRB = 130 − 500h

제3과목 용접일반 및 안전관리

41 원격제어 방식이 뛰어난 교류 아크 용접기는?

① 가동 코일형   ② 가동 철심형
③ 가포화 리액터형 ④ 탭 전환형

> **!**
> **교류 용접기의 종류**
> • 탭 전환형 : 코일의 감긴 수에 따라 전류 조정, 미세전류 조정이 어려움
> • 가동 코일형 : 코일의 조정으로 전류 조정
> • 가동 철심형 : 가동철심으로 저류 조정, 미세 전류 조정 용이
> • 가포화 리액터형 : 원격조정이 가능
> • 직류 용접기의 종류: 발전기형·정류기형·전지형

42 냉간 압점 시 주의해야 할 점이 아닌 것은?

① 표면을 깨끗이 한다.
② 표면산화 방지에 유의한다.
③ 손으로 접촉면을 만지지 않는다.
④ 작업 전 모재를 0℃ 이하로 한다.

43 피복 아크 용접작업 시 주의할 사항으로 옳지 못한 것은?

① 용접봉은 건조시켜 사용할 것
② 용접전류의 세기는 적절히 조절할 것
③ 앞치마는 고무복으로 된 것을 사용할 것
④ 습기가 있는 보호구를 사용하지 말 것

44 다음 용접법 중 압점이 아닌 것은?

① 마찰 용접
② 플래시 맞대기 용접
③ 초음파 용접
④ 전자 빔 용접

45 아크 용접기의 바깥 케이스를 어스시키는 가장 중요한 이유는?

① 용접기에 과잉전류가 흐르는 것을 방지하기 위하여
② 누전되었을 때 작업자의 감전을 방지하기 위하여
③ 용접기의 과열을 방지하기 위하여
④ 용접기의 효율을 높이기 위하여

46 불활성가스 금속 아크 용접의 특징 설명으로 틀린 것은?

① TIG 용접에 비해 용융속도가 느리고 박판 용접에 적합하다.
② 각종 금속 용접에 다양하게 적용할 수 있어 응용범위가 넓다.
③ 보호 가스의 가격이 비싸 연강 용접의 경우에는 부적당하다.
④ 비교적 깨끗한 비드를 얻을 수 있고 CO_2 용접에 비해 스패터 발생이 적다.

47 산업, 보건표지의 색채, 색도기준 및 용도에서 파란색 또는 녹색에 대한 보조색으로 사용되는 색채는?

① 빨간색 ② 흰색
③ 검은색 ④ 노란색

> **!**
> **안전 표식의 색채**
> • 적색 : 방화, 금지, 정지, 고도의 위험
> • 황색 : 주의 표시
> • 오렌지색 : 위험 표시
> • 녹색 : 안전 지도, 위생 표시
> • 청색 : 주의, 수리 중, 송전 중 표시
> • 진한 보라색 : 방사능 위험 표시
> • 백색 : 주의 표시
> • 흑색 : 방향 표시

48 납땜의 용제가 갖추어야 할 조건에 대한 설명으로 틀린 것은?

① 용제의 유효온도 범위와 납땜 온도가 일치할 것
② 모재와 납땜에 대한 부식 작용이 최소한일 것
③ 전기 저항 납땜에 사용되는 것은 비전도체일 것
④ 침지땜에 사용되는 것은 수분을 함유하지 않을 것

49 산소용기의 각인 표시에서 내용적을 표시하는 기호와 단위가 각각 올바르게 구성된 것은?

① 기호 : DT, 단위 : kgf
② 기호 : TP, 단위 : Mpa
③ 기호 : V, 단위 : L
④ 기호 : LT, 단위 : kg/h

50 서브머지드 아크 용접법 중 다전극의 일종으로서, 두 전극에서 아크가 발생되고 그 복사열에 의해 용접이 이루어지므로 비교적 용입이 얕아 주로 스테인리스강 등이 덧붙이 용접에 흔히 사용하는 용접 방식은?

① 텐덤식(Tamdem process)
② 횡병렬식(Parallel transverse process)
③ 횡직렬식(Series transverse process)
④ 데버식(Dever process)

51 가스절단에서 산소 중에 불순물이 증가될 때 나타나는 결과에 대한 설명으로 틀린 것은?

① 절단 속도가 늦어진다.
② 산소의 소비량이 적어진다.
③ 절단면이 거칠어진다.
④ 슬래그의 이탈성이 나빠진다.

52 중압식 가스용접 토치에서 사용되는 아세틸렌가스의 압력으로 적당한 것은?

① 0.001~0.007Mpa
② 0.007~0.13Mpa
③ 0.13~0.25Mpa
④ 0.25Mpa 이상

53 아크용접 작업에서 전류가 인체에 미치는 영향 중 몇mA 이상인 전류가 인체에 흐르면 심장마비를 일으켜 사망할 위험이 있는가?

① 50mA   ② 30mA
③ 20mA   ④ 10mA

> **!**
> **전류에 따른 감전의 영향**
> • 1mA : 감전의 느낌이 있다.
> • 5mA : 고통의 느낌이 있다.
> • 20mA : 근육의 수축 등의 고통이 있다.
> • 50~100mA : 순간적인 사망의 위험이 있다.

54 가연성 가스 등이 있다고 판단되는 용기를 보수 용접하고자 할 때 안전사항으로 가장 적당한 것은?

① 고온에서 점화원이 되는 기기를 갖고 용기 속으로 들어가서 보수 용접한다.
② 용기 속을 고압산소를 사용하여 환기하며 보수 용접한다.
③ 용기 속의 가연성 가스 등을 고온의 증기로 세척을 한 후 환기를 시키면서 보수 용접한다.
④ 용기 속의 가연성 가스 등이 다 소모되었으면 그냥 보수 용접한다.

55 돌기 용접(Projection welding)의 특징 중 틀린 것은?

① 용접부의 거리가 작은 점 용접이 가능하다.
② 전극 수명이 길고 작업 능률이 높다.
③ 작은 용접점이라도 높은 신뢰도를 얻을 수 있다.
④ 한 번에 한 점씩만 용접할 수 있어서 속도가 느리다.

2011년 3월 20일 기출문제

56 탄소전극과 모재 사이에서 발생된 아크에 의해 금속을 용융함과 동시에 고압의 압축공기를 전극과 평행으로 분출시켜 용융 금속을 불어내어 홈을 파는 방법은?

① 스카핑
② 산소아크 절단
③ 아크에어 가우징
④ 플라스마 아크 절단

57 직류 아크용접 중의 전압분포에서 양극 전압강하 V_1, 음극 전압강하 V_2, 아크기둥 전압강하 V_3로 분류할 때, 아크전압 V_a는 어떻게 표시되는가?

① $V_a = V_1 - V_2 + V_3$

② $V_a = V_1 - V_2 - V_3$

③ $V_a = V_1 + V_2 + V_3$

④ $V_a = V_1 + V_2 - V_3$

58 정격 2차 전류 400A, 정격 사용율이 50%인 교류 아크 용접기로서 250A로 용접할 때, 이 용접기의 허용 사용율은?

① 128%

② 122%

③ 112%

④ 95%

!

$$허용사용률 = \frac{정격\ 2차\ 전류^2}{실제\ 용접\ 전류^2} \times 정격\ 사용률$$

$$= \frac{400^2}{240^2} \times 50 = 128\%$$

59 피복아크 용접봉에 탄소(C)량을 적게 하는 가장 주된 이유는?

① 스패터 방지

② 용락 방지

③ 산화 방지

④ 균열 방지

60 가스 절단이 곤란한 주철, 스테인리스강 및 비철금속의 절단부에 용제를 공급하며 절단하는 방법은?

① 특수절단

② 분말절단

③ 스카핑

④ 가스 가우징

!

분말절단

• 철분 및 플럭스 분말을 자동적으로 산소에 혼입·공급하여 산화열 혹은 용제 작용을 이용하여 절단하는 방법으로 2종류가 있다.

• 철분 절단은 크롬철, 스테인리스강, 주철, 구리, 청동에 이용되며, 오스테나이트계는 사용하지 않는다.

• 분말 절단은 크롬철, 스테인리스강이 쓰인다.

• 철, 비철 금속 및 콘크리트 절단에도 쓰인다.

국가기술자격 필기시험문제

2011년 6월 12일 기사 제2회 필기시험

자격 종목	종목코드	시험시간	형별	수험 번호	성명
용접산업기사	2026	1시간 30분	B		

제1과목 용접야금 및 용접설비제도

01 알루미늄의 성질을 설명한 것으로 틀린 것은?

① 비중이 가벼워 경금속에 속한다.
② 전기 및 열의 전도율이 좋다.
③ 산화 피막의 보호 작용으로 내식성이 좋다.
④ 염산에 아주 강하다.

> **!**
> Al은 철강에 비하여 일반 용접법으로 용접이 곤란한 이유는 열팽창계수가 크기 때문이다. Al의 전기 전도율은 구리에 비해 65%이다.
> **1. Al의 성질**
> • 경금속, 2.7(비중), 융점 660℃
> • 산화피막 – 대기 중 부식방지, 해수와 산알카리에 부식
> • 열, 전기의 양도체 (65%)
> • 면심입방격자
> • 80% 이상의 진한질산에 침식을 견딘다
> **2. 알루미늄 합금 용접 시 청정작용이 잘되는 조건**
> • Ar 가스 사용
> • 직류 역극성
> • 전원은 ACHF(고주파 교류)

02 저융점의 FeS가 결정입계에 개재하여 발생하는 취성으로 Mn을 첨가하여 이것을 방지하는 것은?

① 청열 취성　　② 적열 취성
③ 뜨임 취성　　④ 저온 취성

03 금속재료의 용접에서 용접변형을 일으키는 가장 큰 원인은?

① 용접자세
② 금속의 수축과 팽창
③ 용접 홈의 모양
④ 용접속도

04 저온응력 완화법은 용접선 양측을 일정속도로 이동하는 가스불꽃에 의하여 약 150mm를 가열한 다음 수냉하는 방법이다. 이때 일반적인 가열온도는?

① 50～100℃
② 100～150℃
③ 150～200℃
④ 200～300℃

05 용접에 의한 경화가 가장 현저한 스테인리스강은?

① 마텐자이트 스테인리스강
② 페라이트 스테인리스강
③ 오스테나이트 스테인리스강
④ 2상 스테인리스강

06 열영향부(HAZ)의 기계적 특성을 향상시키기 위하여 가장 많이 취하는 방법은?

① 특수한 용가재를 사용한다.
② 용접부를 피닝한다.
③ 용접부의 냉각속도를 빠르게 한다.
④ 용접부를 예열과 후열을 한다.

07 고장력강의 용접열영향부 중에서 경도값이 가장 높게 나타나는 부분은?

① 세립역　　　　② 조립역
③ 중간역　　　　④ 입상펄라이트역

> ! 고장력강의 용접 열영향부 중에서 경도값이 가장 높게 나타나는 부분은 조립역이다.

08 서브머지드 아크 용접 시 용융지에서 금속정련 반응이 일어날 때 용접금속의 청정도 및 인성과 매우 깊은 관계가 있는 것은?

① 플럭스(Flux)의 염기도
② 플럭스(Flux)의 소결도
③ 플럭스(Flux)의 입도
④ 플럭스(Flux)의 용융도

09 다음 조직 중 순철에 가장 가까운 것은?

① 펄라이트
② 오스테나이트
③ 소르바이트
④ 페라이트

> ! 순철에 가까운 조직은 페라이트 조직이다.

10 면심입방격자(FCC)에서 단위격자 중에서 포함되어 있는 원자의 수는 몇 개인가?

① 2　　　　② 4
③ 6　　　　④ 8

11 도면의 윤곽선의 규정된 간격을 그려야 한다. 도면을 철하는 부분의 경우 A3 용지의 가장자리에서부터의 최소 간격은?

① 10mm　　　　② 20mm
③ 25mm　　　　④ 30mm

12 도면의 명칭에 관한 용어 중 구조물, 장치에 있어서의 관의 접속·배치의 실태를 나타낸 계통도는?

① 공정도　　　　② 배선도
③ 배관도　　　　④ 계장도

13 핸들이나 바퀴 등의 암 및 림, 리브, 훅 등의 절단부위를 90° 회전시켜서 그 투상도에 그린 단면도는?

① 온 단면도
② 한쪽 단면도
③ 부분 단면도
④ 회전도시 단면도

> ! 단면의 종류
> • 온 단면도(전단면도) : 물체의 1/2을 절단
> • 한쪽 단면도(반단면) : 물체의 1/4을 절단(상하 또는 좌우가 대칭인 물체)
> • 부분 단면 : 필요한 장소의 일부분만을 파단하여 단면을 나타내는 방법으로 절단부는 파단선으로 표시
> • 회전 단면 : 핸들, 바퀴의 암, 리브, 훅, 축 등의 단면은 정규의 투상법으로 나타내기 어렵기 때문에 물품은 축에 수직한 단면으로 절단하여 단면과 90°우회전하여 나타냄.
> • 계단 단면 : 절단면이 투상면에 평행 또는 수직한 여러 면으로 되어 있어 명시할 곳을 계단 모양으로 절단하여 나타냄.

14 기계재료의 표시 방법에서 기호 설명으로 옳지 않은 것은?

① B-봉　　　　② C-주조품
③ F-강　　　　④ P-판

> ! 기계재료의 표시법
> • B : 봉
> • C : 주조품
> • S : 강
> • P : 판

15 CAD 시스템을 사용하여 얻을 수 있는 장점이 아닌 것은?

① 도면의 품질이 좋아진다.
② 도면작성 시간이 단축된다.
③ 수치결과에 대한 정확성이 증가한다.
④ 설계제도의 규격화와 표준화가 어렵다.

16 실형의 물건에 광면단 등 도료를 발라 용지에 찍어 스케치하는 방법은?

① 사진촬영법
② 본뜨기법
③ 프리핸드법
④ 프린트법

17 다음 중 가는 실선으로만 구성된 것이 아닌 것은?

① 치수선-지시선-치수보조선
② 지시선-회전단면선-치수보조선
③ 치수선-회전단면선-절단선
④ 수준면선-치수보조선-치수선

18 그림과 같은 용접기호가 심(Seam) 용접부에 도시되어 있다. 다음 중 설명이 잘못된 것은?

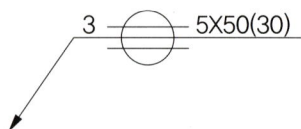

① 심 용접부의 폭은 3mm이다.
② 심 용접부의 길이는 50mm이다.
③ 심 용접부의 거리는 30mm이다.
④ 심 용접부의 두께는 5mm이다.

19 도면 크기의 종류 중 호칭방법과 치수(A×B)가 맞지 않는 것은?(단, 단위는 mm이다)

① A0 = 841 × 1189
② A1 = 594 × 841
③ A3 = 297 × 420
④ A4 = 220 × 297

20 다음과 같은 용접 기본기호의 명칭으로 맞는 것은?

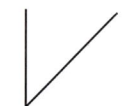

① 개선각이 급격한 V형 맞대기 용접
② 가장자리 용접
③ 필릿 용접
④ 일면 개선형 맞대기 용접

21 맞대기 용접 시에 사용되는 엔드탭(End tab)에 대한 설명으로 틀린 것은?

① 용접 시작부와 끝부분에 가접한 후 용접한다.
② 용접 시작부와 끝부분에 결함을 방지한다.
③ 모재와 다른 재질을 사용해야 한다.
④ 모재와 같은 두께와 홈을 만들어 사용한다.

22 인장강도 P, 사용응력 σ, 허용응력 σ_a라 할 때, 안전율 공식으로 옳은 것은?

① 안전율 $= P/(\sigma \times \sigma_a)$
② 안전율 $= P/\sigma_a$
③ 안전율 $= P/(2 \times \sigma)$
④ 안전율 $= P/\sigma$

!
$$안전율 = \frac{인장강도}{허용응력}$$

23 한쪽 모재 구멍을 이용하여 구멍안쪽과 다른 모재의 표면을 용접하는 것은?

① 플러그 용접 ② 마찰 용접
③ 플랜지 용접 ④ 플레어 용접

24 필릿 용접이음의 파면시험은 시험편을 파단시킨 후 용접부를 검사하는 방법이다. 다음 중 파면시험으로 검사할 수 없는 것은?

① 용입불량
② 슬래그 잠입
③ 라미네이션 균열
④ 기공

25 용접봉에 용착효율은 용접봉의 소요량을 산출하거나 용접 작업시간을 판단하는 데 필요하다. 용착효율(%)을 나타내는 식으로 맞는 것은?

① 용착효율 $= \dfrac{피복제의\ 중량}{용착금속의\ 중량} \times 100(\%)$

② 용착효율 $= \dfrac{용착금속의\ 중량}{피복제의\ 중량} \times 100(\%)$

③ 용착효율 $= \dfrac{용착금속의\ 중량}{용접봉\ 사용중량} \times 100(\%)$

④ 용착효율 $= \dfrac{용접봉\ 사용중량}{용착금속의\ 중량} \times 100(\%)$

!
$$용착효율 = \frac{용착금속의\ 중량}{용접봉\ 사용중량} \times 100$$

26 용접부 시험법 중 파괴시험법에 해당되는 것은?

① 와류 시험
② 현미경 조직 시험
③ X선 투과 시험
④ 형광 침투 시험

!
비파괴시험법
• VT : 외관검사
• MT : 자분탐상
• PT : 침투탐상(형광 F)
• UT : 초음파탐상
• RT : 방사선검사
• LT : 누설검사
• ECT : 맴돌이검사

27 용접입열이 일정한 경우 열전도율(λ)이 큰 것일수록 냉각속도가 크다. 다음 금속 중 냉각 속도가 가장 빠른 것은?

① 연강 ② 스테인리스강
③ 알루미늄 ④ 동(銅)

28 용접구조물에서 파괴 및 손상의 원인으로 가장 거리가 먼 것은?

① 재료 불량　　② 사용 불량
③ 설계 불량　　④ 시공 불량

29 다음 그림과 같은 맞대기 용접 이음에서 강판의 두께를 10mm로 하고 최대 2500N의 인장하중을 작용시킬 때 필요한 용접 길이는?(단, 용접부의 허용인장응력은 10N/mm²이다)

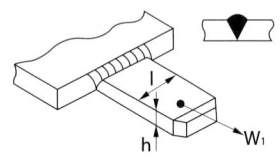

① 25mm　　② 23mm
③ 20mm　　④ 18mm

> **!**
> • 허용응력 $= \dfrac{P}{A} = \dfrac{P}{t \times l}$
>
> • $t = \dfrac{P}{\sigma \times l} = \dfrac{25000}{10 \times 10} = 25mm$

30 용착금속 중의 수소량과 산소량이 가장 적은 용접봉은?

① 라임티타니아계
② 고셀룰로오스계
③ 일루미나이트계
④ 저수소계

31 용접용어 중 아크 용접의 비드 끝에서 오목하게 파진 곳이라고 정의하는 것은?

① 스패터(Spatter)
② 크레이터(Crater)
③ 피트(Pit)
④ 오버랩(Overlap)

32 용접이음 설계 시 일반적인 주의사항으로 틀린 것은?

① 가급적 능률이 좋은 아래보기 용접을 많이 할 수 있도록 할 것
② 가급적 용접선을 교차시키도록 할 것

③ 용접작업에 지장을 주지 않도록 충분한 공간을 갖도록 할 것
④ 용접 이음을 1개소로 집중시키거나 너무 접근시키지 않을 것

> **!**
> **용접구조물 용접 시 주의할 점**
> • 수축이 큰 이음을 먼저 용접하고 다음에 필릿 용접을 한다.
> • 큰 구조물은 구조물의 중앙에서 끝으로 향하여 용접을 한다.
> • 용접선에 대하여 수축력의 합이 영(0, zero)이 되도록 한다.
> • 리벳과 같이 쓸 때는 용접을 먼저 한다.
> • 용접 불가능한 곳이 없도록 한다.
> • 물품의 중심에 대하여 대칭으로 용접을 진행한다.
> • 용접이음은 한 곳에 집중되지 않도록 한다.
> • 가급적 용접선이 교차하지 않도록 할 것
> • 가급적 능률이 좋은 아래보기 용접을 많이 할 수 있도록 할 것
> • 작업에 지장이 없도록 충분한 공간을 확보할 것

33 용접부에 인장, 압축의 반복하중 30ton이 작용하는 폭 600mm인 두 장의 강판을 I형 맞대기 용접하였을 때, 두 강판의 두께가 약 몇 mm이면 견딜 수 있는가?(단, 허용응력 = 6.3kg/mm²로 한다)

① 1mm　　② 2mm
③ 6mm　　④ 8mm

> **!**
> • 허용응력 $= \dfrac{P}{t \times l}$
>
> $l = \dfrac{30000}{6.3 \times 600}$
>
> $= 7.93$

34 가접 시 주의해야 할 사항으로 옳은 것은?

① 본 용접자(者)보다 용접 기량이 낮은 용접자가 가접을 시행한다.
② 가접 위치는 부품의 끝 모서리나 각 등과 같이 응력이 집중되는 곳에 가접한다.
③ 가접 간격은 일반적으로 판 두께의 150~300배 정도로 하는 것이 좋다.
④ 용접봉은 본 용접 작업 시에 사용하는 것보다 가는 것을 사용한다.

35 레이저 용접의 특징 설명으로 틀린 것은?

① 좁고 깊은 용접부를 얻을 수 있다.
② 대입열 용접이 가능하고, 열영향부의 범위가 넓다.
③ 고속 용접과 용접 공정의 융통성을 부여할 수 있다.
④ 접합되어야 할 부품의 조건에 따라서 한 방향의 용접으로 접합이 가능하다.

36 용접변형 방지법 중 냉각법에 속하지 않는 것은?

① 살수법
② 수냉동판 사용법
③ 비석법
④ 석면포 사용법

37 용접 후 잔류응력 제거를 목적으로 일반적으로 판 두께가 25mm인 용접 구조용 압연강재 또는 탄소강의 경우 노내 풀림 시 온도로 가장 적당한 것은?

① 325±25℃
② 425±25℃
③ 625±25℃
④ 825±25℃

38 구조용 강재 용접부의 피로강도에 영향을 주는 인자로 가장 거리가 먼 것은?

① 이음 형상
② 용접결함의 존재
③ 용접구조상의 응력집중
④ 용접선 길이

39 용접부의 잔류응력을 제거하는 방법에 해당되지 않는 것은?

① 노내 풀림법　　② 국부 풀림법
③ 피닝법　　　　　④ 코킹법

40 용접시공에서 예열을 하는 목적을 잘못 설명한 것은?

① 용접부와 인접한 모재의 수축응력을 감소하고 균열을 방지하기 위하여 예열을 한다.
② 냉각속도를 지연시켜 열영향부와 용착금속의 경화를 방지하기 위하여 예열을 한다.
③ 냉각속도를 지연시켜 용접금속 내에 수소성분을 배출함으로서 비드 밑 균열(Under bead crack)을 방지한다.
④ 탄소성분이 높을수록 임계점에서의 냉각속도가 느리므로 예열을 할 필요가 없다.

41 다음 중 필릿 용접을 나타낸 그림은?

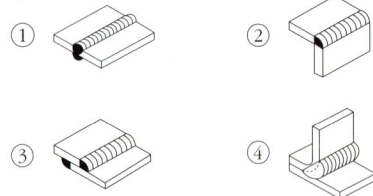

42 TIG 용접에 관한 사항 중 올바른 것은?

① 직류는 TIG 용접기에 사용할 수 없다.
② 직류 역극성은 직류 정극성에 비해 비드 폭이 좁다.
③ 두꺼운 모재일수록 직류 정극성으로 한다.
④ 교류는 TIG 용접기에 사용할 수 없다.

43 용접기는 아크의 안정을 위하여 아크 용접전원의 외부 특성 곡선이 필요하다. 관련이 없는 것은?

① 수하 특성 ② 정전압 특성
③ 상승 특성 ④ 과부하 특성

> **!**
> **용접기에 필요한 특성**
> • 부특성(부저항특성) : 전류가 작은 범위에서 전류가 증가하면 저항이 작아져 아크전압이 낮아지는 특성
> • 수하특성(피복아크용접기의 특성) : 부하전류가 증가하면 단자전압이 저하하는 특성
> • 정전류특성 : 아크길이가 크게 변하여도 전류값은 거의 변하지 않는 특성
> → 여기까지 수동용접의 특징임.
> • 상승특성 : 큰 전류에서 아크길이가 일정할 때 아크 증가와 더불어 전압이 약간씩 증가하는 특성
> • 정전압특성(자기제어특성) : 수하특성과는 반대의 성질을 갖는 것으로 부하 전류가 변해도 단자 전압이 거의 변하지 않는 것으로 CP특성이라 한다. 서브머지드, CO_2 용접, GMAW의 특성이다. → 자동용접의 특징임.

44 가스용접 작업 시 전진법과 후진법의 비교 중 전진법의 특징이 아닌 것은?

① 열 이용률이 양호하다.
② 용접속도가 느리다.
③ 용접변형이 크다.
④ 용접가능한 판 두께가 5mm 정도로 얇다.

45 초음파 용접의 특징 설명 중 옳지 않은 것은?

① 냉간압접에 비하여 주어지는 압력이 작으므로 용접물의 변형이 적다.
② 용접 입열이 적고 용접부가 좁으며 용입이 깊어 이종 금속의 용접이 불가능하다.
③ 용접물의 표면처리가 간단하고 압연한 그대로의 재료도 용접이 가능하다.
④ 얇은 판이나 필름(Film)의 용접도 가능하다.

46 심(Seam) 용접에서 용접법의 종류가 아닌 것은?

① 플래시 심 용접(Flash seam welding)
② 맞대기 심 용접(Butt seam welding)
③ 매시 심 용접(Mash seam welding)
④ 포일 심 용접(Foil seam welding)

47 피복 아크 용접에서 정극성과 역극성의 설명으로 옳은 것은?

① 용접봉을 (−)극에, 모재에 (+)극을 연결하면 정극성이라 한다.
② 정극성일 때 용접봉의 용융속도는 빠르고 모재의 용입은 얕아진다.
③ 역극성일 때 용접봉의 용융속도는 빠르고 모재의 용입은 깊어진다.
④ 박판의 용접은 주로 정극성을 이용한다.

> **!**
> **직류 정극성(DCSP)**
> • 모재 (+) (입열량 70%)   • 용접봉 (−)
> • 용입이 깊다.   • 비드폭 좁다.
> • 후판에 용접   • 용접봉을 아낄 수 있다.

48 MIG 용접의 특징에 대한 설명으로 틀린 것은?

① 반자동 또는 전자동 용접기로 용접속도가 빠르다.
② 정전압 특성 직류용접기가 사용된다.
③ 상승특성의 직류용접기가 사용된다.
④ 아크 자기 제어 특성이 없다.

49 표피효과(Skin effect)와 근접효과(Proximity effect)를 이용하여 용접부를 가열 용접하는 방법은?

① 초음파 용접(Ultrasonic welding)
② 마찰 용접(Friction pressure welding)
③ 폭발 압접(Explosive welding)
④ 고주파 용접(High-frequency welding)

50 가스절단 방법의 종류에 해당되지 않는 것은?

① 가스 시공
② 보통가스 절단
③ 분말 절단
④ 플라스마 제트 절단

51 TIG 용접 중 직류 정극성을 사용하여 용접했을 때 용접효율을 가장 많이 올릴 수 있는 재료는?

① 스테인리스강
② 알루미늄합금
③ 마그네슘합금
④ 알루미늄주물

52 40kVA의 교류아크 용접기의 전원전압이 200V일 때 전원스위치에 넣을 퓨즈의 용량은 몇 A인가?

① 50A   ② 100A
③ 150A   ④ 200A

> **!**
>
> $$퓨즈용량 = \frac{1차입력}{전원입력} = \frac{40000}{200} = 200$$

53 연강용 피복 아크 용접봉의 종류와 피복제의 계통이 서로 맞게 연결된 것은?

① E4301 : 일루미나이트계
② E4303 : 저수소계
③ E4311 : 라임티타니아계
④ E4313 : 고셀룰로오스계

> **!**
>
> **용접봉의 종류**
> · E4301(일미나이트계)
> · E4303(라임티탄계) – 스테인리스 피복제
> · E4311(고셀룰로오스계) – 가스실드계
> · E4313(고산화티탄계) – 고온균열 가능
> · E4316(저수소계)
> · E4324(철분산화티탄계)
> · E4326(철분저수소계)
> · E4327(철분산화철계)

54 정격출력전류가 180A인 교류 아크 용접기의 최고 무부하 전압으로 맞는 것은?

① 30V 이하
② 50V 이하
③ 80V 이하
④ 100V 이하

55 가스절단면에서 절단면에 생기는 드래그 라인(Drag line)에 관한 설명으로 틀린 것은?

① 절단속도가 일정할 때 산소 소비량이 적으면 드래그 길이가 길고 절단면이 좋지 않다.
② 가스 절단의 양부를 판정하는 기준이 된다.
③ 절단속도가 일정할 때 산소 소비량을 증가시키면 드래그 길이는 길어진다.
④ 드래그 길이는 주로 절단속도, 산소 소비량에 따라 변화한다.

56 용접 중 아크 빛으로 인하여 눈이 혈안이 되고 붓는 수가 있는데 이때 우선 취해야 할 조치로 가장 적절한 것은?

① 밖에 나가 먼 산을 바라본다.
② 눈에 소금물을 넣는다.
③ 안약을 넣고 계속 작업한다.
④ 냉습포를 눈 위에 얹고 안정을 취한다.

57 MIG용접 시 직류 역극성에 의한 용적 이행은?

① 핀치 이행
② 스프레이 이행
③ 입적 이행
④ 단락 이행

58 교류아크 용접 시 아크시간이 6분이고 휴식 시간이 4분일 때 사용률은 얼마인가?

① 40% ② 50%
③ 60% ④ 70%

!

$$= \frac{\text{아크발생시간}}{\text{아크발생시간} + \text{아크정지시간}} \times 100$$

$$= \frac{6}{6+4} \times 100$$

$$= 60\%$$

59 피복아크 용접에서 전류가 인체에 미치는 영향 중 고통을 느끼고 강한 근육 수축이 일어나며 호흡이 곤란한 경우의 감전전류 값은 몇 mA 정도인가?

① 1~5mA
② 20~50mA
③ 100~150mA
④ 200~300mA

60 피복 아크 용접봉에서 아크를 안정시키는 피복제의 성분은?

① 산화티탄 ② 페로망간
③ 마그네슘 ④ 알루미늄

국가기술자격 필기시험문제

2011년 8월 21일 기사 제3회 필기시험				수험 번호	성명
자격 종목	종목코드	시험시간	형별		
용접산업기사	2026	1시간 30분	B		

제1과목 용접야금 및 용접설비제도

01 다음 중 감마철(γ-Fe)의 결정구조는?

① 면심입방격자　② 체심입방격자
③ 조밀입방격자　④ 사방입방격자

> **!**
> **금속결정의 종류**
>
> | 종류 | 특징 | 핵의 수 | 금속 |
> |---|---|---|---|
> | 체심 입방 격자 (B·C·C) | 강도가 크고 전·연성은 떨어진다. | 2 | Cr, Mo, W, V, Ta, K, Na, α-Fe, δ-Fe |
> | 면심 입방 격자 (F·C·C) | 전·연성이 풍부하여 가공성이 우수하다. | 6 | Ag, Al, Au, Cu, Ni, Pb, Pt, Ca, γ-Fe |
> | 조밀 육방 격자 (F·C·P) | 전·연성 및 가공성이 불량하다. | 4 | Ti, Be, Mg, Zn, Zr |

02 합금강에 첨가한 각 원소의 일반적인 효과가 잘못된 것은?

① Ni - 강인성 및 내식성 향상
② Ti - 내식성 향상
③ Cr - 내식성 감소 및 연성 증가
④ W - 고온강도 향상

03 오스테나이트계 스테인레스강에서 발생하는 응력부식 균열의 특징에 대한 설명 중 틀린 것은?

① 산소는 응력부식을 가속화시키는 작용을 한다.
② 초기의 균열이 발견되지 않는 잠복기를 거친 후 균열이 급격히 진행된다.
③ 외부에서 수축력이 작용하면 응력부식 균열 저항성이 감소된다.
④ 완전 오스테아니트계 스테인레스강보다 오스테나이트상과 페라리트상이 혼합된 스테인레스강의 응력부식균열이 저항성이 더 높다.

04 용접한 오스테이나트 스테인리강의 입간부식을 방지하기 위해 사용하는 탄화물 안정화 원소에 속하지 않는 것은?

① Ti　② Nb
③ Ta　④ Al

> **!**
> Ti, Be, Mg, Zn, Zr

05 GA 46이라 표시된 영간용 가스 용접봉 규격에서 '46'은 무엇을 의미하는가?

① 용착금속의 최소 인장강도 수준
② 용접봉의 표준 조직번호
③ 용착금속의 최소 연신율 구분
④ 용접봉의 피복제의 종류

06 주철용접에서 예열을 실시할 때 얻는 효과 중 틀린 것은?

① 변형의 저감
② 열영향부 경도의 증가
③ 이종재료 용접 시의 온도기울기 감소
④ 사용 중인 주조의 탄수화물 오염의 저감

07 화살표가 지시하는 면의 밀러지수로 바른 것은? (단, x, y, z축의 절편의 길이는 2, 1, 3 이다)

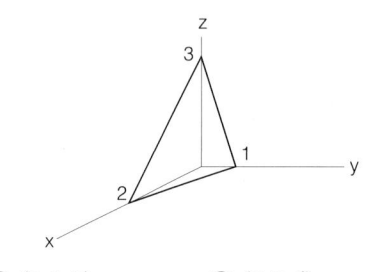

① (2 1 3)
② (2 3 6)
③ (3 1 2)
④ (3 6 2)

08 아크 분위기는 대부분이 플럭스를 구성하고 있는 유기물 탄산염 등에서 발생한 가스로 구성되어 있다. 다음 중 아크 분위기의 가스 성분에 속하지 않는 것은?

① He
② CO
③ CO_2
④ H_2

09 가스 용접 산소(O_2)와 함께 연소되어 가장 높은 온도의 불꽃을 발생시키는 가스는?

① 수소(H_2)
② 프로판(C_3H_8)
③ 메탄(CH_4)
④ 아세틸렌(C_2H_2)

10 용접부의 연성시험 방법에 사용되는 굽힘시험 시험편의 외부에 적용되는 변형량을 산축하는 식으로 맞는 것은?(단, ε는 % 변형율, t는 굽힘 시험편의 두께, R은 굽힘시험 시 내부의 반경 이다.)

① $\varepsilon = \dfrac{100t}{2R+t}$
② $\varepsilon = \dfrac{100t}{2R}$

③ $\varepsilon = \dfrac{100t}{4R+t}$
④ $\varepsilon = \dfrac{100t}{4R}$

> **!**
>
> 변형율 $= \dfrac{\text{변형 후 길이} - \text{변형 전 길이}}{\text{변형 전 길이}} \times 100$
>
> $= \dfrac{62-50}{50} \times 100 = 24\%$

11 도형에 관한 용어 중 "대상물의 사면에 대항하는 위치에 그린 투상도"를 뜻하는 것은?

① 주 투상도
② 보조 투상도
③ 회전 투상도
④ 부분 투상도

12 선에 관한 용어 중 "대상물의 일부분을 가상으로 제외했을 경우의 경계를 나타내는 선"을 뜻하는 것은?

① 절단선
② 피치선
③ 파단선
④ 무게 중심선

13 도면에는 도면의 크기에 따라 굵기 몇 mm 이상의 윤곽선을 그리는가?

① 0.2mm
② 0.25mm
③ 0.3mm
④ 0.5mm

14 다음 보기와 같이 용접부 표면 또는 용접부 형상을 나타내는 기호에 대한 설명으로 옳은 것은?

MR

① 동일한 면으로 마감 처리
② 영구적인 이면 판재 사용
③ 토우를 매끄럽게 함
④ 제거 가능한 이면 판재 사용

15 척도의 종류 중 축척(Contraction scale)으로 그릴 때의 내용을 바르게 설명한 것은?

① 도면의 치수는 실물을 축척된 치수를 기입한다.
② 포제란의 척도란 "NS"라고 기입한다.
③ 포제란의 척도란에 2:1, 20:1 등으로 기입한다.
④ 도면의 치수는 실물을 실제치수를 기입한다.

16 X, Y, Z 방향의 축을 기준으로 공간상에 하나의 점을 표시할 때 각 축에 대한 X, Y, Z에 대응하는 좌표값으로 표시하는 CAD 시스템의 좌표계의 명칭은?

① 직교좌표계   ② 극좌표계
③ 원통좌표계   ④ 구면좌표계

17 일반적으로 부품의 모양을 스케치하는 방법이 아닌 것은?

① 프린트법   ② 프리핸드법
③ 판화법   ④ 사진촬영법

18 용접 시방서(WPS)에 반드시 표기해야 되는 내용이 아닌 것은?

① 후열처리 방법   ② 모재재질
③ 용접봉의 종류   ④ 비파괴 검사방법

19 다음의 용접기호를 바르게 설명한 것은?

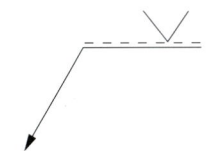

① 화살표 쪽의 용접
② 양면대칭 부분 용입의 용접
③ 양면대칭 용접
④ 화살표 반대쪽의 용접

20 다음 그림에 대한 명칭으로 맞는 것은?

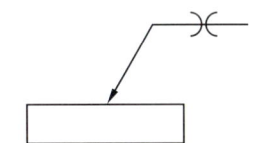

① 맞대기 용접
② 연속 필릿 용접
③ 슬롯 용접
④ 플랜지형 맞대기 용접

제2과목 용접구조설계

21 일반적으로 양쪽필릿 용접이음에서 다리길이는 판 두께의 몇 % 정도가 가장 적당한가?

① 60%   ② 75%
③ 85%   ④ 100%

22 맞대기 용접이음의 덧살은 용접이음의 강도에 어떤 영향을 주는가?

① 덧살은 보강 덧붙임으로서의 가치가 거의 없고 오히려 피로강도를 감소시킨다.

② 덧살을 크게 하면 강도가 증가하고 취성이 좋아진다.

③ 덧살을 작게 하면 응력집중이 커지고 강도가 좋아진다.

④ 덧살이 커지면 피로강도에는 영향하지 않는 것으로 생각해도 되나 정적강도에는 크게 영향을 미친다.

23 용접변형에서 수축변형에 영향을 미치는 인자로서 다음 중 영향을 가장 적게 미치는 것은?

① 판 두께와 이음형상

② 판의 예열온도

③ 용접입열

④ 용접 자세

24 TIG 용접 이음부 설계에서 I형 맞대기 용접이음의 설명으로 적합한 것은?

① 판 두께가 12mm 이상의 두꺼운 판용접에 이용된다.

② 판 두께가 6~20mm 정도의 다층 비드 용접에 이용된다.

③ 판 두께가 3mm 정도 박판 용접에 많이 이용된다.

④ 판 두께가 20mm 이상의 두꺼운 판용접에 이용된다.

25 설비에 사용되는 용접기가 결정되면 필요한 전원 변압기의 용량(Q)을 결정하는데, 용접기를 1대 설치하는 경우 필요한 전원 변압기의 용량(Q)를 구하는 식은?(단, α:용접기 사용률, β:용접기 부하율, P:용접기 1대당 최대용량, n:용접기 대수)

① $Q = \sqrt{\alpha} \times \beta \times P$

② $Q = \sqrt{n\alpha} \times \sqrt{(n-1)\alpha} \times \beta \times P$

③ $Q = \alpha \times \beta \times P$

④ $Q = n \times \alpha \times \beta \times P$

26 본 용접이 용착법에서 용접방향에 따른 비드 배치법이 아닌 것은?

① 전진법과 후진법

② 대칭법

③ 스킵법

④ 펄스반사법

27 두께 10mm, 폭 20mm인 시편을 인장시험한 후 파단된 부위를 측정하였더니 두께 8mm, 폭 16mm가 되었을 때 단면수축률은 얼마인가?

① 82%   ② 64%

③ 48%   ④ 36%

!
$$= \frac{\text{최초 단면적} - \text{나중 단면적}}{\text{최초 단면적}} \times 100$$
$$= \frac{200 - 128}{200} \times 100$$
$$= 36\%$$

28 용접 이음을 설계할 때 유의사항으로 틀린 것은?

① 용접 작업에 지장을 주지 않도록 공간을 남긴다.

② 가능한 한 아래보기 자세로 작업이 가능하도록 한다.

③ 용접선의 교차를 최대한도로 줄여야 한다.

④ 국부적인 열의 집중을 받도록 한다.

!
용접구조물 용접 시 주의할 점
- 수축이 큰 이음을 먼저 용접하고 다음에 필릿 용접을 한다.
- 큰 구조물은 구조물의 중앙에서 끝으로 향하여 용접을 한다.
- 용접선에 대하여 수축력의 합이 영(0, zero) 이 되도록 한다.
- 리벳과 같이 쓸 때는 용접을 먼저 한다.
- 용접 불가능한 곳이 없도록 한다.
- 물품의 중심에 대하여 대칭으로 용접을 진행한다.
- 용접이음은 한 곳에 집중되지 않도록 한다.
- 가급적 용접선이 교차하지 않도록 할 것
- 가급적 능률이 좋은 아래보기 용접을 많이 할 수 있도록 할 것
- 작업에 지장이 없도록 충분한 공간을 확보할 것

29 용접직후 피닝(Peening)을 하는 주목적으로 맞는 것은?

① 도료 및 산화된 부분을 없애기 위해서
② 응력을 강하게 하기 위해서
③ 용접 후 잔류응력을 방지하기 위해서
④ 용접이음 효율을 좋게 하기 위해서

30 맞대기 용접이음에서의 각 변형 방지대책이 아닌 것은?

① 개선 각도는 작업에 지장이 없는 한도 내에서 작게 하는 것이 좋다.
② 판 두께가 얇을수록 첫 패스측은 개선 깊이를 크게 한다.
③ 용접속도가 느린 용접법을 이용한다.
④ 역변형의 시공법을 사용한다.

31 다음과 같은 식에서 (A)에 들어갈 적당한 용어는?

$$(A) = \frac{\text{용착금속무게}}{\text{사용된 용접와이어(봉)의 무게}} \times 100(\%)$$

① 용접효율   ② 재료효율
③ 가동율   ④ 용착효율

❗

$$\text{용착효율} = \frac{\text{용착금속의 중량}}{\text{용접봉 사용중량}} \times 100$$

32 용접설계에서 허용응력을 올바르게 나타낸 공식은?

① 허용응력 = $\dfrac{\text{안전율}}{\text{이완력}}$

② 허용응력 = $\dfrac{\text{인장강도}}{\text{이완력}}$

③ 허용응력 = $\dfrac{\text{이완력}}{\text{안전율}}$

④ 허용응력 = $\dfrac{\text{안전율}}{\text{인장강도}}$

❗

$$\text{허용응력} = \frac{P}{A} = \frac{P}{t \times l}$$

33 플러그 용접의 전단강도의 구멍의 면적당 전 용착금속의 인장 강도의 몇 % 정도인가?

① 60~70%   ② 80~90%
③ 40~50%   ④ 20~30%

34 표점거리가 50mm인 인장 시험편을 인장시험한 결과 62mm로 늘어났다면 연신율은 얼마인가?

① 12%   ② 18%
③ 24%   ④ 20%

❗

$$\text{연신율} = \frac{\text{변형 후 길이} - \text{변형 전 길이}}{\text{변형 전 길이}} \times 100$$
$$= \frac{62-50}{50} \times 100 = 24\%$$

35 용접 절차 검증서(PQR)를 작성하기 위하여 PQ test를 수행하는데 가장 적당한 사람은?

① 관리책임자
② 숙련된 용접사
③ 용접 절차서(WPS)에 의해 용접하는 용접사
④ 용접 초보자

36 다음 용접결함 중 용접사의 기량과 가장 관계가 없는 것은?

① 슬래그 잠입   ② 용입불량

③ 비드 밑 터짐   ④ 언더컷

37 전 용접길이에 X선 검사를 하여 결함이 1개도 발견되지 않았을 때 용접이음의 효율은?

① 85%   ② 90%

③ 100%   ④ 30%

38 용접 이음에서 중판 이상의 두꺼운 판의 용접을 위한 홈설계 시 고려하여야 할 사항으로 틀린 것은?

① 루트 간격의 최대치는 사용하는 용접봉의 지름을 하도록 한다.

② 루트 반지름은 가능한 크게 한다.

③ 홈의 단면적은 가능한 크게 한다.

④ 최소 10° 정도는 전후좌우로 용접봉을 움직일 수 있는 각도를 만든다.

39 가용접(Tack welding)을 할 때 주의할 사항으로 틀린 것은?

① 잔류응력이 남지 않도록 한다.

② 특히 용접순서를 고려해야 한다.

③ 본 용접을 하는 홈(Groove) 내에 용접을 한다.

④ 본 용접과 동일 정도의 기량을 가진 용접사가 해야 한다.

> **!**
> **가접의 원리**
> • 홈 안에는 가접을 피하되, 불가피한 경우엔 본 용접 전에 갈아낸다.
> • 응력이 집중되는 곳은 피한다.
> • 전류는 본용접보다 높게 하며, 용접봉의 지름은 가는 것을 사용한다. 또한 너무 짧게 하지 않는다.
> • 시·종단에 엔드탭을 설치하기도 한다.
> • 가접사도 본 용접사에 비하여 기량이 떨어지면 안 된다.

40 용접부의 가로방향 수축량을 계산하는 공식으로 옳은 것은?(단, $\triangle t$ 는 온도 변화량, L은 팽창한 길이, α는 선팽창계수, $\triangle \ell$ 은 수축량이다.)

① $\triangle \ell = \dfrac{a}{\triangle t} \times L$

② $\triangle \ell = \dfrac{L^2}{\triangle t} \times a$

③ $\triangle \ell = a \times L \times \triangle t$

④ $\triangle \ell = \dfrac{\triangle t}{L} \times a$

제3과목 용접일반 및 안전관리

41 각종 용접법은 그 종류에 따라 다른 이름으로 불리워지고 있다. 틀리게 짝지어진 것은?

① 퍼커션 용접 – 충돌 용접

② 서브머지드 아크 용접 – 잠호 용접

③ 버트 용접 – 불꽃 용접

④ 프로젝션 용접 – 돌기 용접

42 내균열성이 가장 좋은 피복 아크 용접봉은?

① 알루미나이트계

② 저수소계

③ 고셀룰로오스계

④ 고산화티탄계

43 다음 보기 중 용접의 자동화에서 자동제어의 장점에 해당되는 사항으로만 모두 조합한 것은?

> (1) 제품의 품질이 균일화되어 불량품이 감소한다.
> (2) 원자재, 원료 등이 증가된다.
> (3) 인간에게는 불가능한 고속작업이 가능하다.
> (4) 위험한 사고의 방지가 불가능하다.
> (5) 연속작업이 가능하다.

① (1), (2), (4)
② (1), (2), (3), (5)
③ (1), (3), (5)
④ (1), (2), (3), (4), (5)

! 지그의 사용 목적
- 대량 생산이 가능하다.
- 용접 작업을 쉽게 해준다.
- 제품 치수를 정확하게 한다.
- 용접부의 신뢰성이 높아진다.
- 다듬질을 좋게 한다.
- 변형을 억제한다.

44 용접지그를 사용할 때의 이점으로 틀린 것은?

① 작업을 쉽게 할 수 있다.
② 공정수를 절약하므로 능률이 좋다.
③ 제품의 제작 속도가 느리다.
④ 제품의 정도가 균일하다.

45 아크전류가 일정할 때 아크전압이 높아지면 용접봉의 용융속도가 늦어지고, 아크전압이 낮아지면 용융속도가 빨라지는 아크 특성은?

① 부저항 특성(부특성)
② 아크길이 자기제어 특성
③ 절연 회복 특성
④ 전압 회복 특성

46 피복 아크 용접봉의 피복제의 주된 역할에 대한 설명으로 맞는 것은?

① 용착금속의 탈산, 정련 작용을 막는다.
② 용착금속에 적당한 합금원소의 첨가를 막는다.
③ 용착금속의 냉각속도를 느리게 하여 급랭을 방지한다.
④ 모재표면의 산화물의 제거를 방지한다.

! 피복제의 역할(용제)
- 아크안정, 산·질화 방지, 용적의 미세화
- 서냉으로 취성방지, 탈산정련, 슬래그 박리성 증대
- 유동성 증가, 전기절연작용

47 AW300 용접기의 정격사용률이 40%일 때 200A로 용접을 하면 10분 작업 중 몇 분까지 아크를 발생해도 용접기에 무리가 없는가?

① 3분   ② 5분
③ 7분   ④ 9분

!

$$\text{허용사용률} = \frac{\text{정격 2차 전류}^2}{\text{실제 용접 전류}^2} \times \text{정격 사용률}$$

$$= \frac{300^2}{200^2} \times 40 = 90\%$$

48 탄산가스 아크용접에서 기공이 발생하는 원인으로 가장 거리가 먼 것은?

① CO_2 가스 유량이 부족하다.
② 토치의 겨눔 위치가 부적당하다.
③ CO_2 가스에 공기가 혼입되어 있다.
④ 노즐에 스패터가 많이 부착되어 있다.

! 탄산가스 아크용접에서 기공이 발생하는 원인
- CO_2유량의 부족
- CO_2에 공기가 혼입됨
- 노즐에 스패터가 많이 부착됨

49 아크 용접 시 전격에 의해 몸에 근육수축을 가져오는 경우의 전류값으로 가장 적당한 것은?

① 10mA　　② 20mA

③ 1mA　　④ 5mA

> !
> **1. 전류의 위험도**
> • 5mA(위험 수반하지 않음)
> • 10mA(고통수반, 쇼크)
> • 20mA(고통을 느끼고 근육 수축)
> • 50mA~100mA(순간적으로 사망)
> **2. CO_2 농도**
> • 3~4% 두통,뇌빈혈
> • 15% 이상 위험
> • 30% 이상 치명적

50 불활성 가스 텅스텐 아크 용접의 직류 역극성 용접에서 사용 전류의 크기에 상관없이 정극성 때보다 어떤 전극을 사용하는 것이 좋은가?

① 가는 전극 사용
② 굵은 전극 사용
③ 같은 전극 사용
④ 전극에 상관없음

51 저수소계 피복 금속 아크 용접봉은 사용 전에 몇 ℃ 정도에서 건조해야 하는가?

① 300~350℃　　② 400~450℃

③ 500~550℃　　④ 600~650℃

> !
> **용접봉의 건조**
> • 저수소계 용접봉은 300~350℃에서 2시간 건조
> • 일반 용접봉은 70~100℃에서 30분~1시간 건조

52 용접기의 1차선에 비하여 2차선에 굵은 도선을 사용하는 이유는?

① 2차 전압이 1차 전압보다 높기 때문에
② 2차선의 방열을 좋게 하기 위해서
③ 2차 전류가 1차 전류보다 높기 때문에
④ 전선의 유연성을 좋게 하기 위해서

53 압력 조정기(Pressure regulator)의 구비조건으로 틀린 것은?

① 동작이 예민해야 한다.
② 빙결하지 않아야 한다.
③ 조정압력과 방출압력과의 차이가 커야 한다.
④ 조정압력은 용기 내의 가스량이 변화하여도 항상 일정해야 한다.

54 점(Spot) 용접 시의 안전사항 중 틀린 것은?

① 보호 장갑을 착용하여야 한다.
② 용접기에 어스(Earth)는 필요시에 따라 실시한다.
③ 판재의 기름을 제거한 후 용접한다.
④ 보호 안경을 착용하여야 한다.

55 아크 용접 작업 중 아크 쏠림 현상이 가장 심하게 발생될 수 있는 조건은?

① 교류전원을 이용하여 와전류 발생
② 직류전원을 이용하여 아크쏠림 발생
③ 교류전원을 이용하여 아크쏠림 발생
④ 아크의 길이를 짧게 할 때 발생

> !
> **아크 쏠림 방지책(아크쏠림, 아크블로, 자기불림)**
> • 교류 용접기를 사용한다.
> • 아크 길이를 짧게 유지한다.
> • 쏠림 반대쪽으로 용접봉 기울인다.
> • 접지를 용접부로부터 멀리 함
> • 긴 용접선은 후퇴법을 이용한다.
> • 용접 시종단에 엔드탭 설치아크쏠림 반대 방향으로 기울여서 용접해야 한다.

56 용해된 아세틸렌의 양은 50리터의 용기에서 21리터가 포화 흡수되어 있는데, 15℃, 15기압에서 아세톤 1리터에 아세틸렌 324리터가 용해되어 있다면 50리터 용기에서 아세틸렌 약 몇 리터를 용해시킬 수 있는가?

① 3246L
② 1169L
③ 4156L
④ 6804L

!
아세틸렌의 용해 21 × 324 = 6804 ℓ

57 서브머지드 아크 용접법의 설명 중 잘못된 것은?

① 용융속도와 용착속도가 빠르며 용입이 깊다.
② 비소모식이므로 비드의 외관이 거칠다.
③ 모재두께가 두꺼운 용접에서의 효율적이다.
④ 용접선이 수직인 경우 적용이 곤란하다.

!
서브머지드 아크 용접의 특성
· 고전류로 용접할 수 있으며 용착속도가 빠르고 용입이 깊다.
· 용접속도가 수동 용접에 비해 10~20배, 용입은 2~3배 정도가 커서 능률적이다.
· 용접홈의 크기가 작아도 되며 용접재료의 소비 및 용접 변형이 적다.
· 용접 조건만 일정하다면 용접공의 기술 차이에 의한 품질 격차가 거의 없어 이음의 신뢰도를 높일 수 있다.
· 한번 용접으로 75mm까지 가능하다.

58 용접용어 중 아크 용접의 비드 끝에서 오목하게 파진 곳을 뜻하는 것은?

① 크레이터
② 언더컷
③ 오버랩
④ 스패터

59 잠호용접의 자동이송장치에 대한 설명 중 틀린 것은?

① 판을 용접할 경우 암(Arm)이 자동으로 전진 또는 후퇴한다.
② 원형체일 경우 따로 설치한 롤러가 회전하여 자동이송이 된다.
③ 와이어의 송급장치, 제어장치, 콘택트 팁, 용제호퍼를 일괄하여 용접헤드라고 한다.
④ 와이어의 송급은 전류제어장치에 의하여 와이어 롤러가 회전한다.

60 용접재는 판 두께를 측정하는 측정기로 가장 적당한 것은?

① 각장게이지
② 버니어 캘리퍼스
③ 다이어게이지
④ 내경마이크로미터

정답

:: 2011년 8월 21일 기출문제 정답

01	02	03	04	05	06	07	08	09	10
①	③	③	④	①	②	④	①	④	①
11	12	13	14	15	16	17	18	19	20
②	③	④	④	④	①	③	④	④	④
21	22	23	24	25	26	27	28	29	30
②	①	④	③	①	④	④	④	③	③
31	32	33	34	35	36	37	38	39	40
④	②	①	③	②	③	③	③	③	③
41	42	43	44	45	46	47	48	49	50
③	②	③	③	②	③	④	②	②	②
51	52	53	54	55	56	57	58	59	60
①	③	③	②	②	④	②	①	④	②

실전 모의고사 · **381**

국가기술자격 필기시험문제

2012년 3월 4일 기사 제1회 필기시험				수험 번호	성명
자격 종목	종목코드	시험시간	형별		
용접산업기사	2026	1시간 30분	A		

제1과목 용접야금 및 용접설비제도

01 스테인리스강 중에서 내식성, 내열성, 용접성이 우수하여 대표적인 조성이 18Cr-8Ni인 계통은?

① 마텐자이트계
② 페라이트계
③ 오스테나이트계
④ 솔바이트계

> **!**
> **오스테나이트 스테인레스강**
> • Cr(18) : Ni(8)의 비율
> • 예열하지 않음
> • 층간온도 320℃를 지킨다.
> • 용접봉은 얇고 모재와 같은 종으로 한다.
> • 낮은 전류로 용접입열을 줄인다.
> • 짧은 아크 유지, 크레이터처리 한다.

02 용접금속의 파단면에 매우 미세한 주상정(柱狀晶)이 서릿발 모양으로 병립하고 그 사이에 현미경으로 보이는 정도의 비금속 개재물이나 기공을 포함한 조직이 나타나는 결함은?

① 선상조직
② 은점
③ 슬래그 혼입
④ 용입불량

> **!**
> **선상조직**
> 선상조직은 주상정이 서릿발 모양으로 병립하고 비금속 개재물이나 기공을 포함하는 조직으로 용착금속의 냉각속도가 빠를 때 발생한다.

03 용접부의 노내 응력 제거 방법에서 가열부를 노에 넣을 때 및 꺼낼 때의 노내 온도는 몇 ℃ 이하로 하는가?

① 180℃
② 200℃
③ 250℃
④ 300℃

04 Fe-C 평형상태도에서 순철의 용융온도는?

① 약 1530℃
② 약 1495℃
③ 약 1145℃
④ 약 723℃

05 황(S)의 해를 방지할 수 있는 적합한 원소는?

① Mn(망간)
② Si(규소)
③ Al(알루미늄)
④ Mo(몰리브덴)

06 합금공구강 강재 종류의 기호 중 주로 절삭 공구강용에 적용되는 것은?

① STS 11
② SM 55
③ SS 330
④ SC 350

07 용접금속에 수소가 침입하여 발생하는 결함이 아닌 것은?

① 언더 비드 크랙
② 은점
③ 미세균열
④ 언더 필

08 대상 편석이 고스트 선(Ghost Line)을 형성 시키고 상온취성의 원인이 되는 원소는?

① Mn   ② Si

③ S   ④ P

!
탄소강에서 생기는 취성

취성의 종류	현상	원인
청열 취성	강이 200~300℃로 가열되면 경도, 강도가 최대로 되고, 연신율, 단면 수축률은 줄어들게 되어 메지게 되는 것으로 이때 표면에 청색의 산화 피막이 생성된다.	P
적열 취성	고온 900℃ 이상에서 물체가 빨갛게 되어 메지는 것을 적열 취성이라 한다.	S
상온취성	충격, 피로 등에 대하여 깨지는 성질로 일명 냉간 취성이라고도 한다.	P

09 레데부라이트(Ledeburite)를 옳게 설명한 것은?

① δ 고용체의 석출을 끝내는 고상선
② Cemetite의 용해 및 응고점
③ γ 고용체로부터 α 고용체와 Cementite 가 동시에 석출되는 점
④ γ 고용체와 Fe_3C와의 공정주철

10 슬립에 의한 변형에서 철(Fe)의 슬립면과 슬립방향이 맞지 않는 것은?

① {110}, ⟨111⟩   ② {112}, ⟨111⟩
③ {123}, ⟨111⟩   ④ {111}, ⟨111⟩

11 한국산업표준(KS)의 분류기호와 해당 부문의 연결이 틀린 것은?

① KS K : 섬유   ② KS B : 기계
③ KS E : 광산   ④ KS D : 건설

!
KS의 부문별 분류기호
- A : 기본   • B : 기계   • C : 전기
- D : 금속   • E : 광산   • V : 조선

12 다음 용접기호 표시를 올바르게 설명한 것은?

$$C \;\ominus\; n \times \ell\,(e)$$

① 지름이 C이고, 용접길이 ℓ인 스폿 용접이다.
② 지름이 C이고, 용접길이 ℓ인 플러그 용접이다.
③ 용접부 너비가 C이고, 용접개수 n이 심 용접이다.
④ 용접부 너비가 C이고, 용접개수 n이 스폿 용접이다.

13 용접 보조기호 중 토우를 매끄럽게 하는 것을 의미하는 것은?

①    ②

③  M   ④ MR

!
① : 평면
② : 끝단을 매끄럽게 함
③ : 제거가능한 덮개 이용
④ : 영구적인 덮개 이용

14 치수 문자를 표시하는 방법에 대하여 설명한 것 중 틀린 것은?

① 길이 치수문자는 mm 단위를 기입하고 단위기호를 붙이지 않는다.
② 각도 치수문자는 도(°)의 단위만 기입하고 분(′), 초(″)는 붙이지 않는다.
③ 각도 치수문자를 라디안으로 기입하는 경우 단위 기호 Rad 기호를 기입한다.
④ 치수문자의 소수점은 아래쪽의 점으로 하고 약간 크게 찍는다.

15 도면 크기의 치수가 "841×1189"인 경우 호칭방법은?

① A0   ② A1
③ A2   ④ A3

16 그림과 같이 대상물의 사면에 대향하는 위치에 그린 투상도는?

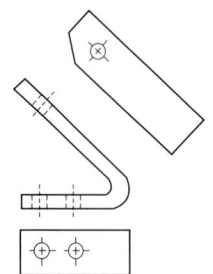

① 회전 투상도   ② 보조 투상도
③ 부분 투상도   ④ 국부 투상도

! 보조투상도는 경사부가 있는 물체에 정투상도를 그리며 그 물체의 실형을 나타낼 수 없으므로 그 경사면과 맞서는 위치에 경사면의 실형을 나타낸다.

17 다음 그림이 나타내는 용접 명칭으로 옳은 것은?

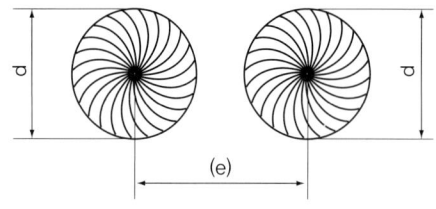

① 플러그 용접
② 점 용접
③ 심 용접
④ 단속 필릿 용접

18 도형 내의 특정한 부분이 평면이라는 것을 표시할 경우 맞는 기입 방법은?

① 가는 2점 쇄선으로 대각선을 기입
② 은선으로 대각선을 기입
③ 가는 실선으로 대각선을 기입
④ 가는 1점 쇄선으로 사각형을 기입

19 전개도를 그리는 방법에 속하지 않는 것은?

① 평행선 전개법
② 나선형 전개법
③ 방사선 전개법
④ 삼각형 전개법

! 전개법은 평행선법, 방사선법, 삼각형 전개법이 있다.

20 물체의 모양을 가장 잘 나타낼 수 있는것으로 그 물체의 가장 주된 면, 즉 기본이 되는 명의 투상도 명칭은?

① 평면도   ② 좌측면도
③ 우측면도   ④ 정면도

제2과목 용접구조설계

21 용접변형의 종류 중 박판을 사용하여 용접하는 경우 아래 그림과 같이 생기는 물결 모양의 변형으로, 한번 발생하면 교정하기 힘든 변형은?

① 좌굴변형   ② 회전변형
③ 가로 굽힘 변형   ④ 가로 수축

22 용접이음 설계에서 홈의 특징을 설명한 것으로 틀린 것은?

① I형 홈은 홈 가공이 쉽고 루트 간격을 좁게 하면 용착금속의 양도 적어져서 경제적인 면에서 우수하다.

② V형 홈은 홈 가공이 비교적 쉽지만 판의 두께가 두꺼워지면서 용착 금속량이 증대한다.

③ X형 홈은 양쪽에서의 용접의 의해 완전한 용입을 얻는 데 적합하다.

④ U형 홈은 두꺼운 판을 양쪽에서 용접에 의해서 충분한 용입을 얻으려고 할 때 사용한다.

23 용접부에 균열이 있을 때 보수하려면 균열이 더 이상 진행되지 못하도록 균열 진행 방향의 양단에 구멍을 뚫는다. 이 구멍을 무엇이라 하는가?

① 스톱 홀(Stop Hole)
② 핀 홀(Pin Hole)
③ 블로 홀(Blow Hole)
④ 피트(Pit)

24 용접부 인장시험에서 최초의 길이가 50mm이고 인장시험편의 파단 후의 거리가 60mm일 경우에 변형율은?

① 10%　　　　② 15%
③ 20%　　　　④ 25%

!

$$변형율 = \frac{파단\ 후\ 길이 - 최초\ 길이}{최초\ 길이} \times 100$$

$$= \frac{60 - 50}{50} \times 100 = 20\%$$

25 기계나 용접구조물을 설계할 때 각 부분에 발생되는 응력이 어떤 크기 값을 기준으로 하여 그 이내이면 인정되는 최대 허용치를 표현하는 응력은?

① 사용응력
② 잔류응력
③ 허용 응력
④ 극한 강도

26 미소한 결함이 있어 응력의 이상 집중에 의하여 성장하거나 새로운 균열이 발생될 경우 변형 개방에 의한 초음파가 방출하게 되는데 이러한 초음파를 AE검출기로 탐상함으로서 발생장소와 균열의 성장속도를 감지하는 용접 시험 검사법은?

① 누설 탐상검사법
② 전자초음파법
③ 진공검사법
④ 음향 방출 탐상검사법

27 겹쳐진 두 부재의 한쪽에 둥근 구멍 대신에 좁고 긴 홈을 만들어 놓고 그 곳을 용접하는 용접법은?

① 겹치기 용접
② 플랜지 용접
③ T형 용접
④ 슬롯 용접

28 용접부에 발생한 잔류응력을 완화시키는 방법에 해당되지 않는 것은?

① 기계적 응력 완화법
② 저온 응력 완화법
③ 피닝법
④ 선상 가열법

29 용접 설계에 있어 일반적인 주의사항으로 틀린 것은?

① 용접에 적합한 구조의 설계를 할 것
② 반복하중을 받는 이음에서는 특히 이음 표면을 볼록하게 할 것
③ 용접이음을 한 곳으로 집중 근접시키지 않도록 할 것
④ 강도가 약한 필릿 용접은 가급적 피할 것

> **!**
> **용접구조물 용접 시 주의할 점**
> • 수축이 큰 이음을 먼저 용접하고 다음에 필릿 용접을 한다.
> • 큰 구조물은 구조물의 중앙에서 끝으로 향하여 용접을 한다.
> • 용접선에 대하여 수축력의 합이 영(0, zero)이 되도록 한다.
> • 리벳과 같이 쓸 때는 용접을 먼저 한다.
> • 용접 불가능한 곳이 없도록 한다.
> • 물품의 중심에 대하여 대칭으로 용접을 진행한다.
> • 용접이음은 한 곳에 집중되지 않도록 한다.
> • 가급적 용접선이 교차하지 않도록 할 것
> • 가급적 능률이 좋은 아래보기 용접을 많이 할 수 있도록 할 것
> • 작업에 지장이 없도록 충분한 공간을 확보할 것

30 맞대기 용접 이음에서 모재의 인장강도가 50N/mm²이고 용접 시험편의 인장강도가 25N/mm²으로 나타났을 때 이음 효율은?

① 40%
② 50%
③ 60%
④ 70%

> **!**
> 이음 효율 $= \dfrac{용접시험편\ 인장강도}{모재인장강도} \times 100$
>
> $= \dfrac{50-25}{50} \times 100 = 50\%$

31 다음 중 용접 균열성 시험이 아닌 것은?

① 리하이 구속 시험
② 휘스코 시험
③ CTS 시험
④ 코메렐 시험

32 V형 홈에 비해 홈의 폭이 좁아도 되고 루트 간격을 "0"으로 해도 작업성과 용입이 좋으나 홈 가공이 어려운 단점이 있는 이음 형상은?

① H형 홈
② X형 홈
③ I형 홈
④ U형 홈

33 용접이음의 내식성에 영향을 미치는 인자로서 틀린 것은?

① 이음 형상
② 플럭스(Flux)
③ 잔류 응력
④ 인장 강도

34 쇼어 경도(Hs) 측정 시 산출 공식으로 맞는 것은?(단, h_0 : 해머의 낙하 높이, h_1 : 해머의 반발높이)

① $Hs = \dfrac{10,000}{65} \times \dfrac{h_0}{h_1}$

② $Hs = \dfrac{65}{10,000} \times \dfrac{h_1}{h_0}$

③ $Hs = \dfrac{65}{10,000} \times \dfrac{h_0}{h_1}$

④ $Hs = \dfrac{10,000}{65} \times \dfrac{h_1}{h_0}$

35 용접 구조 설계자가 알아야 할 용접 작업 요령으로 틀린 것은?

① 용접기 및 케이블의 용량을 충분하게 준비한다.
② 용접보조기구 및 장비를 사용하여 작업조건을 좋게 만든다.
③ 용접 진행은 부재의 자유단에서 고정단으로 향하여 용접하게 한다.
④ 열의 분포가 가능한 부재 전체에 일정하게 되도록 한다.

36 노 내 풀림법으로 잔류 응력을 제거하고자 할 때 연강재 용접부 최대 두께가 25mm인 경우 가열 및 냉각속도 R이 만족시켜야 하는 식은?

① $R \leqq 500(deg/h)$
② $R \leqq 200(deg/h)$
③ $R \leqq 300(deg/h)$
④ $R \leqq 400(deg/h)$

> ! 냉각속도는 $R \leq \dfrac{200 \times 25}{t}$ 에서 두께가 25이므로 $R \leq 200(deg/h)$이다.

37 피복 아크용접 결함 중 용입불량의 원인으로 틀린 것은?

① 이음 설계의 불량
② 용접 속도가 너무 빠를 때
③ 용접 전류가 너무 높을 때
④ 용접봉 선택 불량

> !
> 1. 언더컷의 원인
> • 전류가 너무 높을 때
> • 아크 길이가 너무 길 때
> • 부적당한 용접봉을 사용했을 때
> • 용접 속도가 적당하지 않을 때
> • 용접봉 선택 불량언더컷은 용접속도가 빠를 때, 용접 전류가 높을 때, 아크 길이가 길 때 발생한다.
> 2. 언더컷 방지 대책
> • 낮은 전류를 사용한다.
> • 짧은 아크 길이를 유지한다.
> • 유지 각도를 바꾼다.
> • 용접 속도를 늦춘다.
> • 적정봉을 선택한다.

38 설계 단계에서 용접부 변형을 방지하기 위한 방법이 아닌 것은?

① 용접 길이가 감소될 수 있는 설계를 한다.
② 변형이 적어질 수 있는 이음부분을 배치한다.
③ 보강재 등 구속이 커지도록 구조설계를 한다.
④ 용착 금속을 증가시킬 수 있는 설계를 한다.

39 다음 그림과 같이 두께(h) = 10mm인 연강판에 길이(ℓ) = 400mm로 용접하여 1000N의 인장하중(P)을 작용시킬 때 발생하는 인장응력(σ)은?

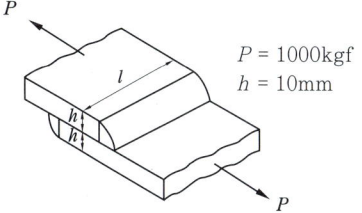

$P = 1000kgf$
$h = 10mm$

① 약 177MPa
② 약 125MPa
③ 약 177KPa
④ 약 125KPa

> ! 인장강도 $= \dfrac{\text{최대하중}}{\text{완단면도}} = \dfrac{P}{A} = \dfrac{1.414P}{\text{단면적}}$
> $= \dfrac{1.414 \times 10,000 \times 0.102}{(1+1) \times 40}$
> $= 1.80 kg/cm^2 = 1.80 \times 98.07$
> $= 176.8 kPa(1N = 0.102 kgf이며,$
> $= 98.07 kPa)$

40 용접 시 탄소량이 높아지면 어떤 대책을 세우는 것이 가장 적당한가?

① 지그를 사용한다.
② 예열 온도를 높인다.
③ 용접기를 바꾼다.
④ 구속 용접을 한다.

제3과목 용접일반 및 안전관리

41 인체에 흐르는 전류의 값에 따라 나타나는 증세 중 근육운동은 자유로우나 고통을 수반한 쇼크(Shock)를 느끼는 전류량은?

① 1mA
② 5mA
③ 10mA
④ 20mA

> !
> 1. 전류의 위험도
> • 5mA(위험 수반하지 않음)
> • 10mA(고통수반, 쇼크)
> • 20mA(고통을 느끼고 근육 수축)
> • 50mA~100mA(순간적으로 사망)
> 2. CO_2 농도
> • 3~4% 두통,뇌빈혈 • 15% 이상 위험
> • 30% 이상 치명적

42 스터드 용접(Stud Welding)법의 특징 설명으로 틀린 것은?

① 아크열을 이용하여 자동적으로 단시간에 용접부를 가열 용융하여 용접하는 방법으로 용접변형이 극히 적다.

② 탭 작업, 구멍 뚫기 등이 필요 없이 모재에 볼트나 환봉 등을 용접할 수 있다.

③ 용접 후 냉각속도가 비교적 느리므로 용착금속부 또는 열영향부가 경화되는 경우가 적다.

④ 철강 재료 외에 구리, 황동, 알루미늄, 스테인리스강에도 적용이 가능하다.

43 납땜부를 용제가 들어 있는 용융 땜 조에 침지하여 납땜하는 방법과 이음 면에 땜납을 삽입하여 미리 가열된 염욕에 침지하여 가열하는 두 방법이 있는 납땜법은?

① 가스 납땜   ② 담금 납땜
③ 노 내 납땜   ④ 저항 납땜

> **!**
> 담금납땜은 납땜부에 용제가 들어 있는 용융땜 조에 침지하여 납땜하는 방법과 이음면에 땜납을 삽입하여 미리 가열된 염욕에 침지하여 가열하는 방법이 있다.

44 아크 용접법과 비교할 때 레이저 하이브리드 용접법의 특징으로 틀린 것은?

① 용접속도가 빠르다.
② 용입이 깊다.
③ 입열량이 높다.
④ 강도가 높다.

45 피복 아크 용접 작업 중 스패터가 발생하는 원인으로 가장 거리가 먼 것은?

① 전류가 높을 때
② 운봉이 불량할 때
③ 건조되지 않은 용접봉을 사용했을 때
④ 아크 길이가 너무 짧을 때

46 피복 아크 용접에서 자기 쏠림을 방지하는 대책은?

① 접지점은 가능한 한 용접부에 가까이 한다.
② 용접봉 끝을 아크 쏠림 방향으로 기울인다.
③ 직류 용접 대신 교류 용접으로 한다.
④ 긴 아크를 사용한다.

> **!**
> 아크 쏠림 방지책(아크쏠림, 아크블로, 자기불림)
> • 교류 용접기를 사용한다.
> • 아크 길이를 짧게 유지한다.
> • 쏠림 반대쪽으로 용접봉 기울인다.
> • 접지를 용접부로부터 멀리 함
> • 긴 용접선은 후퇴법을 이용한다.
> • 용접 시종단에 엔드탭 설치아크쏠림 반대 방향으로 기울여서 용접해야 한다.

47 실드 가스로서 주로 탄산가스를 사용하여 용융부를 보호하여 탄산가스 분위기 속에서 아크를 발생시켜 그 아크열로 모재를 용융시켜 용접하는 방법은?

① 테르밋 용접
② 실드 용접
③ 전자 빔 용접
④ 일렉트로 가스 아크 용접

48 가스도관(호스) 취급에 관한 주의사항 중 틀린 것은?

① 고무호스에 무리한 충격을 주지 말 것
② 호스 이음부에는 조임용 밴드를 사용할 것
③ 한랭 시 호스가 얼면 더운 물로 녹일 것
④ 호스의 내부 청소는 고압 수소를 사용할 것

49 산소−아세틸렌 불꽃에 대한 설명으로 틀린 것은?

① 불꽃은 불꽃심, 속불꽃, 겉불꽃으로 구성되어 있다.

② 불꽃의 종류는 탄화, 중성, 산화불꽃으로 나눈다.

③ 용접작업은 백심 불꽃 끝이 용융금속에 닿도록 한다.

④ 구리를 용접할 때 중성 불꽃을 사용한다.

50 100A 이상 300A 미만의 아크 용접 및 절단에 사용되는 차광유리의 차광도 번호는?

① 4~6
② 7~9
③ 10~12
④ 13~14

51 테르밋 용접에 관한 설명으로 틀린 것은?

① 테르밋 혼합제는 미세한 알루미늄 분말과 산화철의 혼합물이다.

② 테르밋 반응 시 온도는 약 4,000℃이다.

③ 테르밋 용접 시 모재가 강일 경우 약 800~900℃로 예열시킨다.

④ 테르밋은 차축, 레일, 선미 프레임 등 단면이 큰 부재 용접 시 사용한다.

52 탄산가스(CO_2) 아크 용접에 대한 설명 중 틀린 것은?

① 전자세 용접이 가능하다.

② 용착금속의 기계적, 야금적 성질이 우수하다.

③ 용접전류의 밀도가 낮아 용입이 얕다.

④ 가시(可視) 아크이므로 시공이 편리하다.

> **!**
> **이산화탄소 용접의 특징**
> • 가는 와이어로 고속 용접이 가능하며 수동용접에 비해 용접비용이 저렴하다.
> • 가시 아크이므로 시공이 편리하고, 스패터가 적어 아크가 안정하다.
> • 전자세 용접이 가능하고 조작이 간단하다.
> • 잠호용접에 비해 모재표면의 녹과 거칠기에 둔감하다.
> • 미그용접에 비해 용착금속의 기공 발생이 적다.
> • 용접전류의 밀도가 크므로 용입이 깊고, 용접 속도를 매우 빠르게 할 수 있다.
> • 산화 및 질화가 되지 않는 양호한 용착금속을 얻을 수 있다.
> • 보호가스가 저렴한 탄산가스라서 용접 경비가 적게 든다.
> • 강도와 연신성이 우수하다.
> • 탄산가스를 사용하므로 작업량 환기에 유의한다.
> • 비드외관이 타 용접에 비해 거칠다.
> • 고온상태의 아크 중에서는 산화성이 크고 용착 금속의 산화가 심하여 기공 및 그 밖의 결함이 생기기 쉽다.

53 아크 용접 작업에서 전격의 방지대책으로 틀린 것은?

① 절단 홀더의 절연부분이 노출되면 즉시 교체한다.

② 홀더나 용접봉은 절대로 맨손으로 취급하지 않는다.

③ 밀폐된 공간에서는 자동 전격방지기를 사용하지 않는다.

④ 용접기의 내부에 함부로 손을 대지 않는다.

54 가스절단에 영향을 미치는 인자 중 절단속도에 대한 설명으로 틀린 것은?

① 절단속도는 모재의 온도가 높을수록 고속절단이 가능하다.

② 절단속도는 절단산소의 압력이 높을수록 정비례하여 증가한다.

③ 예열불꽃의 세기가 약하면 절단속도가 늦어진다.

④ 절단속도는 산소 소비량이 적을수록 정비례하여 증가한다.

55 피복 아크 용접봉의 피복제 작용을 설명한 것으로 틀린 것은?

① 아크를 안정시킨다.
② 점성을 가진 무거운 슬래그를 만든다.
③ 용착금속의 탄산정련작용을 한다.
④ 전기절연 작용을 한다.

56 상하 부재의 접합을 위해 한편의 부재에 구멍을 내어 이 구멍 부분을 채워 용접하는 것은?

① 플레어 용접   ② 플러그 용접
③ 비드 용접   ④ 필릿 용접

57 절단하려는 재료에 전기적 접촉을 하지 않으므로 금속재료뿐만 아니라 비금속의 절단도 가능한 절단법은?

① 플라즈마(Plasma) 아크 절단
② 불활성가스 텅스텐(TIG) 아크 절단
③ 산소 아크 절단
④ 탄소 아크 절단

58 전기저항 용접 시 발생되는 발열량 Q를 나타내는 식은?

① $Q = 0.24I^2Rt$ ② $Q = 0.24IR^2t$
③ $Q = 0.24I^2R^2t$ ④ $Q = 0.24IRt$

59 이론적으로 순수한 카바이드 5kg에서 발생할 수 있는 아세틸렌량은 약 몇 리터인가?

① 3480L   ② 1740L
③ 348   ④ 34.8L

> **!**
> 1. 카바이트 1kg당 약 348ℓ의 아세틸렌 가스가 발생하므로 348×5 = 1740ℓ가 된다.
> 2. 아세틸렌 가스 발생과정
> ① CaC 1kg이 물과 만나면 348의 C_2H_2를 발생
> ② 아세톤 1에 324의 C_2H_2가 용해된다.
> ③ 용해 아세틸렌 1kg이 기화하면 905의 C_2H_2 가스 발생

60 가스 실드계의 대표적인 용접봉으로 피복이 얇고 슬래그가 적으므로 좁은 홈의 용접이나 수직상진, 하진 및 위보기 용접에서 우수한 작업성을 가진 용접봉은?

① E4301   ② E4311
③ E4313   ④ E4316

01	02	03	04	05	06	07	08	09	10
③	①	④	①	①	①	④	④	④	④
11	12	13	14	15	16	17	18	19	20
④	③	②	②	①	②	①	③	②	④
21	22	23	24	25	26	27	28	29	30
①	④	①	③	③	④	④	④	②	②
31	32	33	34	35	36	37	38	39	40
④	④	④	④	③	②	③	④	③	②
41	42	43	44	45	46	47	48	49	50
③	③	②	③	④	③	④	④	③	③
51	52	53	54	55	56	57	58	59	60
②	③	③	④	②	②	①	①	②	②

국가기술자격 필기시험문제

2012년 5월 20일 기사 제2회 필기시험				수험 번호	성명
자격 종목	종목코드	시험시간	형별		
용접산업기사	2026	1시간 30분	B		

제1과목 용접야금 및 용접설비제도

01 용접 후 열처리의 목적이 아닌 것은?

① 용접 잔류응력 제거
② 용접 열영향부 조직개선
③ 응력부식 균열방지
④ 아크열량 부족보충

> **!**
> **일반 열처리의 종류**
> • 담금질(퀜칭) : 강을 강하게 만든다. 소금물 최대 효과
> • 뜨임(템퍼링) : 담금질로 인한 취성 제거, 강인성 증가 (MO, W, V) (가열후 냉각)
> • 풀림(어닐링) : 재질의 변화, 내부응력제거, 부식에 대한 저항력 증대, 연성의 증대, 국부 풀림온도 625±25℃
> • 불림(노멀라이징) : 조직의 균일화, 공랭, 미세조직화(A₃ 변태점 : 912℃)

02 2종 이상의 금속원자가 간단한 원자비로 결합되어 본래의 물질과는 전혀 다른 결정격자를 형성할 때 이것을 무엇이라고 하는가?

① 동소변태
② 금속간 화합물
③ 고용채
④ 편석

03 다음 중 적열취성을 일으키는 유화물 편석을 제거하기 위한 열처리는?

① 재결정 풀림
② 확산 풀림
③ 구상화 풀림
④ 항온 풀림

04 냉간 가공한 강을 저온으로 뜨임하면 질소의 영향으로 경화가 되는 경우를 무엇이라 하는가?

① 질량효과
② 저온경화
③ 자기확산
④ 변형시효

> **!**
> 변형시효는 냉간가공한 강을 상온에 방치하여도 시간이 지남에 따라 경도의 증가, 연신율의 증가, 충격치의 저하 등이 일어난다.

05 탄소강의 A_2, A_3 변태점이 모두 옳게 표시된 것은?

① A_2 = 723℃, A_3 = 1400℃
② A_2 = 763℃, A_3 = 910℃
③ A_2 = 723℃, A_3 = 910℃
④ A_2 = 910℃, A_3 = 1400℃

> **!**
> **강의 변태점**
> • A_1변태점 : 210℃ • A_2변태점 : 768℃
> • A_3변태점 : 912℃ • A_4변태점 : 1400℃

06 저탄소강 용접금속의 조직에 대한 설명으로 맞는 것은?

① 용접 후 재가열하면 여러 가지 탄화물 또는 a상이 석출하여 용접성질을 저하시킨다.
② 용접금속의 조직은 대부분 페라이트이고 다층용접의 경우는 미세 페라이트이다.
③ 용접부가 급냉되는 경우는 레데뷰라이트가 생성한 백선조직이 된다.
④ 용접부가 급냉되는 경우는 시멘타이트 조직이 생성된다.

07 피복 아크 용접 시 용융 금속 중에 침투한 산화물을 제거하는 탈산제로 쓰이지 않는 것은?

① 망간철　　　　② 규소철
③ 산화철　　　　④ 티탄철

08 용접 제품의 열처리 선택조건과 가장 관련이 적은 것은?

① 용접부의 치수　　② 용접부의 모양
③ 용접부의 재질　　④ 가공경화

09 응력 제거 풀림의 효과를 나타낸 것 중 틀린 것은?

① 용접 잔류응력의 제거
② 치수 비틀림 방지
③ 충격 저항 증대
④ 응력부식에 대한 저항력 감소

10 순철은 상온에서 어떤 조직을 갖는가?

① γ-Fe의 오스테나이트
② α-Fe의 페라이트
③ α-Fe의 펄라이트
④ γ-Fe의 마텐자이트

11 한국산업규격에서 냉간압연 강판 및 강대 종류의 기호 중 "드로잉용"을 나타내는 것은?

① SPCC　　　　② SPCD
③ SPCE　　　　④ SPCF

12 용접부 및 용접부 표면의 형상 보조기호 중 영구적인 이면 판재를 사용할 때 기호는?

① ―――――　　② M

③ MR　　　　④

13 선의 종류에 따른 용도에 의한 명칭으로 틀린 것은?

① 굵은 실선-외형선
② 가는 실선-치수선
③ 가는 1점 쇄선-기준선
④ 가는 파선-치수 보조선

> **!**
> 선의 종류와 용도
> • 외형선 – 굵은 실선
> • 가는 실선 – 치수선, 치수보조선, 지시선, 회전단면선, 수준면선, 해칭선
> • 은선 – 가는 파선 또는 굵은 파선으로
> • 가는 1점 쇄선 – 중심선, 기준선, 피치선
> • 가는 2점 쇄선 – 가상선 무게 중심선
> • 굵은 1점 쇄선 – 특수지정선
> • 파단선 – 물체의 일부를 파단한 곳을 표시하는 선으로 불규칙한 파형의 가는 실선 또는 지그재그선

14 일반적으로 사용되는 용접부의 비파괴 시험의 기본기호를 나타낸 것으로 잘못 표기한 것은?

① UT : 초음파 시험
② PT : 와류 탐상 시험
③ RT : 방사선 투과 시험
④ VT : 육안 시험

> **!**
> 비파괴시험법
> • VT : 외관검사
> • MT : 자분탐상
> • PT : 침투탐상(형광 F)
> • UT : 초음파탐상
> • RT : 방사선검사
> • LT : 누설검사
> • ECT : 맴돌이검사

15 다음의 용접 보조기호에 대한 명칭으로 옳은 것은?

① 블록 필릿 용접
② 오목 필릿 용접
③ 필릿 용접 끝단 부를 매끄럽게 다듬질
④ 한쪽 면 V형 맞대기 용접 평면 다듬질

16 다음 용접기호 설명 중 틀린 것은?

① 그림 ∨는 V형 맞대기 용접을 의미한다.
② 그림 ◸는 필릿 용접을 의미한다.
③ 그림 ○는 점 용접을 의미한다.
④ 그림 ∧는 플러그 용접을 의미한다.

17 다음 그림은 용접 실제 모양을 표시한 것이다. 기호 표시로 올바른 것은?

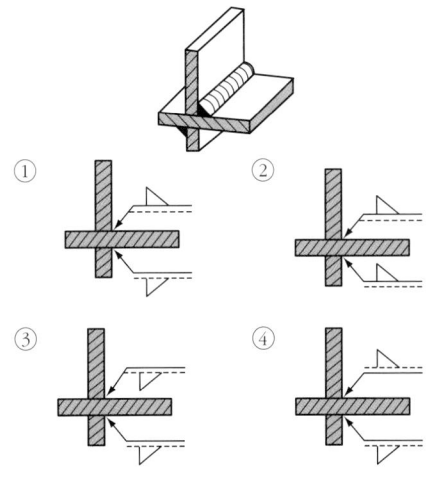

18 다음 중 치수 보조기호의 설명으로 옳은 것은?

① Sø - 원통의 지름
② C-45°의 모떼기
③ R-구의 지름
④ □-직사각형의 변

19 다음 그림과 같은 원뿔을 단면 M-N으로 경사지게 잘랐을 때 원뿔에 나타난 단면 형태는?

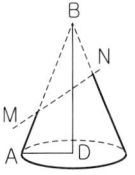

① 원   ② 타원
③ 포물선   ④ 쌍곡선

20 다음 중 "복사도를 재단할 때의 편의를 위해서 원도(原圖)에 설정하는 표시"를 뜻하는 용어는?

① 중심마크   ② 비교눈금
③ 재단마크   ④ 대조번호

제2과목 용접구조설계

21 용접 잔류응력의 완화법인 응력제거 풀림(Annealing)에서 적정온도는 625±25℃(탄소강)를 유지한다. 이때 유지시간은 판 두께 25mm에 대하여 약 몇 시간이 적당한가?

① 30분   ② 1시간
③ 2시간 30분 ④ 3시간

22 탄소함유량이 약 0.25%인 탄소강을 용접할 때 예열온도는 약 몇 ℃ 정도가 적당한가?

① 90~150℃
② 150~260℃
③ 260~420℃
④ 420~550℃

23 용접성 시험 중 용접부 연성시험에 해당하는 것은?

① 로버트슨 시험　② 카안 인열 시험
③ 킨젤 시험　　　④ 슈나트 시험

24 용접이음의 충격강도에서 취성파괴의 일반 적인 특징이 아닌 것은?

① 항복점 이하의 평균응력에서도 발생한다.
② 온도가 낮을수록 발생하기 쉽다.
③ 파괴의 기점은 각종 용접결함, 가스절단부 등에서 발생된 예가 많다.
④ 거시적 파면상황은 판 표면에 거의 수평이고 평탄하게 연성이 큰 상태에서 파괴된다.

25 용적 40리터의 아세틸렌 용기의 고압력계에서 60기압이 나타났다면, 가변압식 300번 팁으로 약 몇 시간을 용접할 수 있는가?

① 4.5시간　　　② 8시간
③ 10시간　　　④ 20시간

 ・가변압식 300번 팁이란 1시간에 소모되는 아세틸렌의 소모량을 나타낸다.
・가스의 총량은 내용적 × 압력이다.
・$\dfrac{40 \times 60}{300} = 8$시간이다.

26 그림과 같은 용접 이음의 종류는?

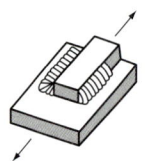

① 전면 필릿 용접
② 경사 필릿 용접
③ 양쪽 덮개판 용접
④ 측면 필릿 용접

27 용접이음의 부식 중 용접 잔류응력 등 인장 응력이 걸리거나 특정의 부식 환경으로 될 때 발생하는 부식은?

① 입계부식　　　② 틈새부식
③ 접촉부식　　　④ 응력부식

28 용접구조의 설계상 주의사항에 대한 설명 중 틀린 것은?

① 용접이음의 집중, 접근 및 교차를 피한다.
② 용접 치수는 강도상 필요한 치수 이상으로 하지 않는다.
③ 두꺼운 판을 용접할 경우에는 용입이 얕은 용접법을 이용하여 층수를 늘인다.
④ 판면에 직각방향으로 인장하중이 작용할 경우에는 판의 이방성에 주의한다.

29 방사선 투과 검사에 대한 설명 중 틀린 것은?

① 내부 결함 검출이 용이하다.
② 라미네이션(Lamination) 검출도 쉽게 할 수 있다.
③ 미세한 표면 균열은 검출되지 않는다.
④ 현상이나 필름을 판독해야 한다.

30 용접부를 연속적으로 타격하여 표면층에 소성 변형을 주어 잔류 응력을 감소시키는 방법은?

① 저온 응력 완화법
② 피닝법
③ 변형 교정법
④ 응력 제거 어닐링

31 서브머지드 아크용접에서 용접선의 전후에 약 150mm×150mm×판 두께 크기의 엔드 탭(End tab)을 붙여 용접비드를 이음끝에서 약 100mm 정도 연장시켜 용접완료 후 절단하는 경우가 있다. 그 이유로 가장 적당한 것은?

① 용접 후 모재의 급냉을 방지하기 위하여
② 루트간격이 너무 클 때, 용락을 방지하기 위하여
③ 용접시점 및 종점에서 일어나는 결함을 방지하기 위하여
④ 용접선의 길이가 너무 짧을 때, 용접 시공하기가 어려우므로 원활한 용접을 하기 위하여

32 용착금속의 인장강도가 40kgf/mm이고 안전율이 5라면 용접이음의 허용응력은 얼마인가?

① 8kgf/mm ② 20kgf/mm
③ 40kgf/mm ④ 200kgf/mm

!

· 허용응력 = $\dfrac{\text{인장강도}}{\text{안전율}} = \dfrac{40}{5} = 8$

33 구조물 용접에서 용접선이 만나는 곳 또는 교차하는 곳에 응력 집중을 방지하기 위해 만들어 주는 부채꼴 오목부를 무엇이라 하는가?

① 스캘럽(Scallop)
② 포지셔너(Positioner)
③ 매니퓰레이터(Manipulator)
④ 원뿔(Cone)

!

스켈럽은 용접이음이 한곳에 집중되거나 근접하면 용접에 의한 잔류응력이 커지고 용착금속이 여러 본 용접열을 받게 되어 열화하는 경우가 있기 때문에 모재에 부채꼴 노치를 만들어 용접선이 교차하지 않도록 설계한 것이다.

34 잔류 응력이 있는 제품에 하중을 주고 용접부에 약간의 소성 변형을 일으킨 다음 하중을 제거하는 잔류 응력 제거법은?

① 저온 응력 완화법
② 기계적 응력 완화법
③ 고온 응력 완화법
④ 피닝법

35 용접구조물의 재료 절약 설계 요령으로 틀린 것은?

① 가능한 표준 규격의 재료를 이용한다.
② 재료는 쉽게 구입할 수 있는 것으로 한다.
③ 고장이 났을 경우 수리할 때의 편의도 고려한다.
④ 용접할 조각의 수를 가능한 많게 한다.

36 그림과 같은 맞대기 용접 이음 홈의 각부 명칭을 잘못 설명한 것은?

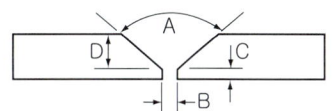

① A-홈 각도
② B-루트간격
③ C-루트면
④ D-홈 길이

!

D는 홈깊이를 의미함

37 필릿 용접부의 내력(단위 길이당 허용력) f = 1700kgf/cm의 작용을 견디어 낼 수 있는 용접 치수(다리 길이) h는 약 몇 mm인가?(단, 용접부의 허용응력 = 1000kgf/cm이다.)

① 12 ② 17
③ 21 ④ 25

38 용접금속의 균열에서 저온균열의 루트크랙은 실험에 의하면 약 몇 ℃ 이하의 저온에서 일어나는가?

① 200℃ 이하
② 400℃ 이하
③ 600℃ 이하
④ 800℃ 이하

39 용접 제품의 설계자가 알아야 하는 용접 작업 공정의 제반 사항 중 맞지 않는 것은?

① 용접기 및 케이블의 용량은 충분하게 준비한다.
② 홈 용접에서 용접 품질상 첫 패스는 뒷댐판 없이 용접한다.
③ 가능한 높은 전류를 사용하여 짧은 시간에 용착량을 많게 용접한다.
④ 용접 진행은 부재의 자유단으로 향하게 한다.

40 용접 후 열처리(PWHT) 중 응력제거 열처리의 목적과 가장 관계가 없는 것은?

① 응력부식균열 저항성의 증가
② 용접변형 방지
③ 용접열영향부의 연화
④ 용접부의 잔류응력 완화

제3과목 용접일반 및 안전관리

41 구리 및 구리합금의 가스용접용 용제에 사용되는 물질은?

① 중탄산소다
② 염화칼슘
③ 붕사
④ 황산칼륨

42 가스용접에서 전진법에 비교한 후진법의 설명으로 틀린 것은?

① 열이용률이 좋다.
② 용접속도가 빠르다.
③ 용접 변형이 크다.
④ 후판에 적합하다.

! 전진법과 후진법의 비교

비교 내용	후진법	전진법
열 이용률	좋다	나쁘다
용접 속도	빠르다	느리다
홈 각도	60°	80°
변형	적다	크다
산화성	적다	크다
비드 모양	나쁘다	좋다
용도	후판	박판

* 전진법은 비드 모양만 좋고 모든 것이 후진법에 비해 나쁘다고 생각하면 된다.

43 피복 아크 용접에서 아크 길이가 긴 경우 발생하는 용접결함에 해당되지 않는 것은?

① 선상조직
② 스패터
③ 기공
④ 언더컷

44 테르밋 용접에서 테르밋제란 무엇과 무엇의 혼합물인가?

① 탄소와 붕사의 분말
② 탄소와 규소의 분말
③ 알루미늄과 산화철의 분말
④ 알루미늄과 납의 분말

! 테르밋 용접의 원리와 특성
• 테르밋 반응에 의한 화학 반응열을 이용하여 용접한다.
• 테르밋제는 산화철 분말(FeO, FeO, FeO) 약 3~4, 알루미늄 분말을 1로 혼합한다.
• 점화제로는 과산화바륨, 마그네슘이 있다.
• 용융 테르밋 용접과 가압 테르밋 용접이 있다.
• 작업이 간단하고 기술습득이 용이하다.
• 전력이 불필요하다.
• 용접시간이 짧고 용접 후의 변형도 적다.
• 용도로는 철도 레일, 덧붙이 용접, 큰 단면의 주조, 단조품의 용접에 이용된다.

45 피복 아크 용접 시 안전홀더를 사용하는 이유로 맞는 것은?

① 자외선과 적외선 차단
② 유해가스 중독 방지
③ 고무장갑 대용
④ 용접작업 중 전격예방

46 MIG용접 시 사용되는 전원은 직류의 무슨 특성을 사용하는가?

① 수하 특성
② 동전류 특성
③ 정전압 특성
④ 정극성 특성

47 피복 아크 용접봉에서 피복제의 편심률은 몇 % 이내이어야 하는가?

① 3%   ② 6%
③ 9%   ④ 12%

!

편심율은 $\dfrac{D'-D}{D} \times 100$이며 3% 이내이어야 한다.

48 피복 아크 용접에서 피복제의 주된 역할 중 틀린 것은?

① 전기 절연작용을 한다.
② 탈산 정련작용을 한다.
③ 아크를 안정시킨다.
④ 용착금속의 급냉을 돕는다.

!

피복제의 역할(용제)
• 아크안정, 산·질화 방지, 용적의 미세화
• 서냉으로 취성방지, 탈산정련, 슬래그 박리성 증대
• 유동성 증가, 전기절연작용

49 아크 용접기의 사용률을 구하는 식으로 옳은 것은?

① 사용률(%) $= \dfrac{\text{아크시간}+\text{휴식시간}}{\text{아크시간}} \times 100$

② 사용률(%) $= \dfrac{\text{아크시간}}{\text{아크시간}+\text{휴식시간}} \times 100$

③ 사용률(%) $= \dfrac{\text{휴식시간}}{\text{아크시간}} \times 100$

④ 사용률(%) $= \dfrac{\text{아크시간}}{\text{휴식시간}} \times 100$

50 연강용 피복 아크 용접봉의 피복제 계통에 속하지 않는 것은?

① 철분산화철계
② 철분저수소계
③ 저셀룰로오스계
④ 저수소계

!

용접봉의 종류
• E4301(일미나이트계)
• E4303(라임티탄계) – 스테인리스 피복제
• E4311(고셀룰로오스계) – 가스실드계
• E4313(고산화티탄계) – 고온균열 가능
• E4316(저수소계)
• E4324(철분산화티탄계)
• E4326(철분저수소계)
• E4327(철분산화철계)
• E4340(특수계)

51 탄산가스 아크 용접의 특징에 대한 설명으로 틀린 것은?

① 전류밀도가 높아 용입이 깊고 용접속도를 빠르게 할 수 있다.
② 적용 재질이 철 계통으로 한정되어 있다.
③ 가시 아크이므로 시공이 편리하다.
④ 일반적인 바람의 영향을 받지 않으므로 방풍장치가 필요 없다.

52 연납에 대한 설명 중 틀린 것은?

① 연납은 인장강도 및 경도가 낮고 용융점이 낮으므로 납땜작업이 쉽다.

② 연납의 흡착작용은 주로 아연의 함량에 의존되며 아연 100%의 것이 가장 좋다.

③ 대표적인 것은 주석 40%, 납 60%의 합금이다.

④ 전기적인 접합이나 기밀, 수밀을 필요로 하는 장소에 사용된다.

53 용접용 케이블 이음에서 케이블을 홀더 끝이나, 용접기 단자에 연결하는 데 쓰이는 부품의 명칭은?

① 케이블 티그(Tig)

② 케이블 태그(Tag)

③ 케이블 러그(Lug)

④ 케이블 래그(Lag)

54 직류와 교류 아크 용접기를 비교한 것으로 틀린 것은?

① 아크 안정 : 직류용접기가 교류용접기보다 우수하다.

② 전격의 위험 : 직류용접기가 교류용접기보다 많다.

③ 구조 : 직류용접기가 교류용접기보다 복잡하다.

④ 역률 : 직류용접기가 교류용접기보다 매우 양호하다.

55 연강용 피복 아크 용접봉 종류 중 특수계에 해당하는 용접봉은?

① E 4301   ② E 4311

③ E 4324   ④ E 4340

56 TIG, MIG, 탄산가스 아크 용접 시 사용하는 차광렌즈 번호로 가장 적당한 것은?

① 12~13   ② 8~9

③ 6~7   ④ 4~5

57 점 용접(Spot Welding)의 3대 요소에 해당되는 것은?

① 가압력, 통전시간, 전류의 세기
② 가압력, 통전시간, 전압의 세기
③ 가압력, 냉각수량, 전류의 세기
④ 가압력, 냉각수량, 전압의 세기

!
저항용접의 3대 요소는 전류의 세기, 통전시간, 가압력이다.

58 아크용접용 로봇(Robot)에서 용접작업에 필요한 정보를 사람이 로봇(Robot)에게 기억(입력)시키는 장치는?

① 전원장치
② 조작장치
③ 교시장치
④ 머니플레이터

59 TIG 용접기에서 직류 역극성을 사용하였을 경우 용접 비드의 형상으로 맞는 것은?

① 비드 폭이 넓고 용입이 깊다.
② 비드 폭이 넓고 용입이 얕다.
③ 비드 폭이 좁고 용입이 깊다.
④ 비드 폭이 좁고 용입이 얕다.

60 직류 아크 용접기에서 발전형과 비교한 정류기형의 특징 설명으로 틀린 것은?

① 소음이 적다.
② 취급이 간편하고 가격이 저렴하다.
③ 교류를 정류하므로 완전한 직류를 얻는다.
④ 보수 점검이 간단하다.

국가기술자격 필기시험문제

2012년 8월 26일 기사 제3회 필기시험				수험 번호	성명
자격 종목	종목코드	시험시간	형별		
용접산업기사	2026	1시간 30분	A		

제1과목 용접야금 및 용접설비제도

01 맞대기 용접 이음의 가접 또는 첫 층에서 루트 근방의 열영향부에서 발생하여 점차 비드 속으로 들어가는 균열은?

① 토 균열
② 루트 균열
③ 세로 균열
④ 크레이터 균열

❗ **저온균열의 유형**
- 루트균열 : 맞대기 용접이음의 가접 또는 첫층에서 루트 부근에서 열영향부에서 발생하여 점차 비드속으로 들어가는 균열
- 라멜라티어균열 : T형이음, 모서리이음 등에서 강의 내부에 평행하게 층상으로 발생하는 균열
- 라미네이션균열 : 모재의 재질결함으로 기포가 압연되어 생기는 균열
- 토우균열 : 비드표면과 모재의 경계부에서 발생
- 힐균열 : 필렛의 루트부근에서 발생하는 저온 균열이며 모재의 수축과 팽창에 의한 뒤틀림이 원인
- 세로균열 : 용접비드에 평행하게 발생한 균열
- 크레이터균열 : 용접비드의 크레이터 부분에 발생한 균열

02 2성분계의 평형상태도에서 액체, 고체 어떤 상태에서도 두 성분이 완전히 융합하는 경우는?

① 공정성
② 전율포정형
③ 편정형
④ 전율고용형

❗ **2성분계 평행상태도**
- 전율고용형 : 두 성분이 조성, 조합에서 완전히 서로 고용되어 한 개의 상을 나타내는 것
- 부분고용형(포정형) : α고용체+융체 ↔ β고용체
- 부분고용형(공정형) : 융체 ↔ α고용체+β고용체

03 용접 결함 중 비드 밑(Under Bead) 균열의 원인이 되는 원소는?

① 산소
② 수소
③ 질소
④ 탄산가스

❗ 비드 밑 균열은 비드 밑 아래쪽에 생기는 균열로서 수소(H_2)가 주로 원인임

04 일반적으로 고장력강은 인장강도가 몇 N/mm^2 이상일 때를 말하는가?

① 290
② 390
③ 490
④ 690

❗ 고장력강은 490N/mm^2 이상의 인장강도를 가지는 강을 의미함.

05 오스테나이트계 스테인리스강의 용접 시 유의사항으로 틀린 것은?

① 예열을 한다.
② 짧은 아크 길이를 유지한다.
③ 아크를 중단하기 전에 크레이터 처리를 한다.
④ 용접 입열을 억제한다.

❗ **오스테나이트스테인레스강**
- Cr(18) : Ni(8)의 비율
- 예열하지 않는다.
- 층간온도 320℃를 지킨다.
- 용접봉은 얇고 모재와 같은 종으로 한다.
- 낮은 전류로 용접입열을 줄인다.
- 짧은 아크 유지, 크레이터처리 한다.

06 응력제거 열처리법 중에서 노 내 풀림 시 판 두께가 25mm인 일반구조용 압연강재, 용접 구조용 압연강재 또는 탄소강의 경우 일반적으로 노 내 풀림 온도로 가장 적당한 것은?

① 300±25℃　　② 400±25℃
③ 525±25℃　　④ 625±25℃

07 다음 중 산소에 의해 발생할 수 있는 가장 큰 용접결함은?

① 은점　　　　② 헤어크랙
③ 기공　　　　④ 슬래그

08 제품이 너무 크거나 노 내에 넣을 수 없는 대형 용접 구조물은 노 내 풀림을 할 수 없으므로 용접부 주위를 가열하여 잔류 응력을 제거하는 방법은?

① 저온 응력 완화법
② 기계적 응력 완화법
③ 국부 응력 제거법
④ 노 내 응력 제거법

09 주철의 용접 시 주의사항으로 틀린 것은?

① 용접 전류는 필요 이상 높이지 말고 지나치게 용입을 깊게 하지 않는다.
② 비드의 배치는 짧게 해서 여러 번의 조작으로 완료한다.
③ 용접봉은 가급적 지름이 굵은 것을 사용한다.
④ 용접부를 필요 이상 크게 하지 않는다.

! **주철을 용접할 때 주의사항**
• 보수용접을 행하는 경우 본바닥이 나타날 때까지 잘 깎아낸 후 용접한다.
• 파열의 끝에 작은 구멍을 뚫는다.
• 용접전류는 필요 이상 높이지 말고, 직선비드를 사용하며, 깊은 용입을 얻지 않는다.
• 될 수 있는 대로 가는 지름의 것을 사용한다.
• 비드 배치는 짧게 여러 번 한다.
• 피닝작업을 하여 변형을 줄인다.
• 가스용접을 할 때 중성 불꽃 및 탄화 불꽃을 사용하며, 플럭스를 충분히 사용한다.
• 두꺼운 판의 경우에는 예열과 후열 후 서냉한다.

10 동일 강도의 강에서 노치 인성을 높이기 위한 방법이 아닌 것은?

① 탄소량을 적게 한다.
② 망간을 될수록 적게 한다.
③ 탈산이 잘 되도록 한다.
④ 조직이 치밀하도록 한다.

11 용접의 기본기호 중 가장자리 용접을 나타내는 것은?

①　②
③　④

! ① 겹침용접
② 급경사면 한쪽 V형 홈 맞대기용접
③ 가장자리용접
④ 서페이싱용접

12 건설 또는 제조에 필요한 정보를 전달하기 위한 도면으로 제작도가 사용되는데, 이 종류에 해당되는 것으로만 조합된 것은?

① 계획도, 시공도, 견적도
② 설명도, 장치도, 공정도
③ 상세도, 승인도, 주문도
④ 상세도, 시공도, 공정도

13 용접 도면에서 기호의 위치를 설명한 것 중 틀린 것은?

① 화살표는 기준선이 한쪽 끝에 각을 이루며 연결된다.
② 좌·우 대칭인 용접부에서는 파선은 필요 없고 생략하는 편이 좋다.
③ 파선은 연속선의 위 또는 아래에 그을 수 있다.
④ 용접부(용접면)가 이음의 화살표 쪽에 있으면 기호는 파선 쪽의 기준선에 표시한다.

14 다음 중 도면용지 A0의 크기로 옳은 것은?

① 841×1189mm ② 594×841mm

③ 420×594mm ④ 297×420mm

> **!** 도면의 크기와 종류
> • A4 = 297 × 210mm • A3 = 297 × 420mm
> • A2 = 420 × 594mm • A1 = 594 × 841mm
> • A0 = 841 × 1189mm

15 용접부 및 용접부 표면의 형상 보조기호 중 제거 가능한 이면 판재를 사용할 때 기호는?

① ② ③ M ④ MR

> **!** ① 끝단부를 매끄럽게 다듬질
> ② 오목형
> ③ 영구적인 덮개판
> ④ 제거가능한 덮개판

16 용접부의 비파괴시험 기호로서 "RT"로 표시하는 비파괴 시험 기호는?

① 초음파 시험

② 자분탐상 시험

③ 침투탐상 시험

④ 방사선 투과 시험

17 그림과 같이 치수를 둘러싸고 있는 사각 틀(□) 이 뜻하는 것은?

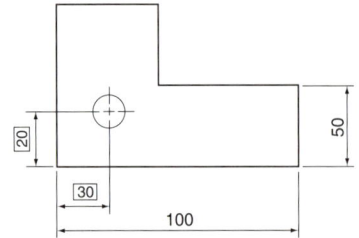

① 정사각형의 한 변의 길이

② 이론적으로 정확한 치수

③ 판 두께의 치수

④ 참고치수

18 제도에서 사용되는 선의 종류 중 가는 2점 쇄선의 용도를 바르게 나타낸 것은?

① 물체의 가공 전 또는 가공 후의 모양을 표시하는 데 쓰인다.

② 도형의 중심선을 간략하게 나타내는 데 쓰인다.

③ 특수한 가공을 하는 부분 등 특별한 요구사항을 적용할 수 있는 범위를 표시하는 데 쓰인다.

④ 대상물의 실제 보이는 부분을 나타낸다.

> **!** 선의 종류와 용도
> • 외형선 – 굵은 실선
> • 가는 실선 – 치수선, 치수보조선, 지시선, 회전단면선, 수준면선, 해칭선
> • 은선 – 가는 파선 또는 굵은 파선으로
> • 가는 1점 쇄선 – 중심선, 기준선, 피치선
> • 가는 2점 쇄선 – 가상선 무게 중심선
> • 굵은 1점 쇄선 – 특수지정선
> • 파단선 – 물체의 일부를 파단한 곳을 표시하는 선으로 불규칙한 파형의 가는 실선 또는 지그재그선

19 도면을 그리기 위하여 도면에 설정하는 양식에 대하여 설명한 것 중 틀린 것은?

① 윤곽선 : 도면으로 사용된 용지의 안쪽에 그려진 내용을 확실히 구분되도록 하기 위함

② 도면의 구역 : 도면을 축소 또는 확대했을 경우, 그 정도를 알기 위함

③ 표제란 : 도면 관리에 필요한 사항과 도면 내용에 관한 중요한 사항을 정리하여 기입하기 위함

④ 중심 마크 : 완성된 도면을 영구적으로 보관하기 위하여 도면을 마이크로 필름을 사용하여 사진 촬영을 하거나 복사하고자 할 때 도면의 위치를 알기 쉽도록 하기 위하여 표시하기 위함

20 주로 대칭 모양의 물체를 중심선을 기준으로 내부 모양과 외부 모양을 동시에 표시하는 단면도는?

① 회전 단면도　　② 부분 단면도
③ 한쪽 단면도　　④ 전단면도

!
단면의 종류
• 온 단면도(전단면도) : 물체의 1/2을 절단
• 한쪽 단면도(반단면) : 물체의 1/4을 절단(상하 또는 좌우가 대칭인 물체)
• 부분 단면 : 필요한 장소의 일부분만을 파단하여 단면을 나타내는 방법으로 절단부는 파단선으로 표시
• 회전 단면 : 핸들, 바퀴의 암, 리브, 훅, 축 등의 단면은 정규의 투상법으로 나타내기 어렵기 때문에 물품은 축에 수직한 단면으로 절단하여 단면과 90°우회전하여 나타냄
• 계단 단면 : 절단면이 투상면에 평행 또는 수직한 여러 면으로 되어 있어 명시할 곳을 계단 모양으로 절단하여 나타냄

제2과목 용접구조설계

21 맞대기 용접 이음에서 이음 효율을 구하는 식은?

① 이음효율 $= \dfrac{\text{모재의 인장강도}}{\text{용접시험편의 인장강도}} \times 100$

② 이음효율 $= \dfrac{\text{용접시험편의 인장강도}}{\text{모재의 인장강도}} \times 100$

③ 이음효율 $= \dfrac{\text{허용 응력}}{\text{사용 응력}} \times 100$

④ 이음효율 $= \dfrac{\text{사용 응력}}{\text{허용 응력}} \times 100$

22 용접 이음을 설계할 때 주의사항으로 옳은 것은?

① 용접 길이는 되도록 길게 하고, 용착금속도 많게 한다.
② 용접 이음을 한 군데로 집중시켜 작업의 편리성을 도모한다.
③ 결함이 적게 발생하는 아래보기 자세를 선택한다.
④ 강도가 강한 필릿 용접을 주로 선택한다.

!
용접구조물 용접 시 주의할 점
• 수축이 큰 이음을 먼저 용접하고 다음에 필릿 용접을 한다.
• 큰 구조물은 구조물의 중앙에서 끝으로 향하여 용접을 한다.
• 용접선에 대하여 수축력의 합이 영(0, zero)이 되도록 한다.
• 리벳과 같이 쓸 때는 용접을 먼저 한다.
• 용접 불가능한 곳이 없도록 한다.
• 물품의 중심에 대하여 대칭으로 용접을 진행한다.
• 용접이음은 한 곳에 집중되지 않도록 한다.
• 가급적 용접선이 교차하지 않도록 할 것
• 가급적 능률이 좋은 아래보기 용접을 많이 할 수 있도록 할 것
• 작업에 지장이 없도록 충분한 공간을 확보할 것

23 다음 그림과 같은 용접이음 명칭은?

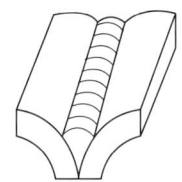

① 겹치기 용접　　② T 용접
③ 플레어 용접　　④ 플러그 용접

24 응력제거 열처리법 중에서 가장 잘 이용되고 있는 방법으로써 제품 전체를 가열로 안에 넣고 적당한 온도에서 일정시간 유지한 다음 노 내에서 서냉시킴으로써 잔류 응력을 제거하는데 연강류 제품을 노 내에서 출입시키는 온도는 몇 도를 넘지 않아야 하는가?

① 100℃　　② 300℃
③ 500℃　　④ 700℃

25 꼭지각이 136°인 다이아몬드 사각추의 압입자를 시험하중으로 시험편에 압입한 후 측정하여 환산표에 의해 경도를 표시하는 시험법은?

① 로크웰 경도 시험
② 브리넬 경도 시험
③ 비커스 경도 시험
④ 쇼어 경도 시험

! 경도 시험
• 브리넬경도 : 압입자의 크기로 경도 측정
• 비커스경도 : 내면 각이 136°인 다이아몬드 사각뿔 압입자의 대각선 길이로 측정
• 로크웰경도 : B스케일(하중이 100kg), C스케일(꼭지각이 120°, 하중은 150kg)이 있다.
• 쇼어경도 : 추를 일정한 높이에서 낙하시켜 반발한 높이로 측정한다.

26 용접부의 피로강도 향상법으로 맞는 것은?

① 덧붙이 크기를 가능한 최소화한다.
② 기계적 방법으로 잔류 응력을 강화한다.
③ 응력 집중부에 용접 이음부를 설계한다.
④ 야금적 변태에 따라 기계적인 강도를 낮춘다.

27 용접 열영향부에서 생기는 균열에 해당되지 않는 것은?

① 비드 밑 균열(Under Bead Crack)
② 세로 균열(Longitudinal Crack)
③ 토 균열(Toe Crack)
④ 라멜라테어 균열(Lamella Tear Crack)

28 용접이음에서 취성파괴의 일반적 특징에 대한 설명 중 틀린 것은?

① 온도가 높을수록 발생하기 쉽다.
② 항복점 이하의 평균응력에서도 발생한다.
③ 파괴의 기점은 응력과 변형이 집중하는 구조적 및 형상적인 불연속부에서 발생하기 쉽다.
④ 거시적 파면상황은 판 표면에 거의 수직이다.

29 다음 그림과 같은 순서로 하는 용착법을 무엇이라고 하는가?

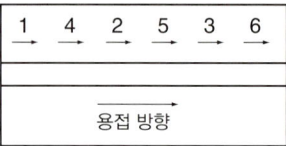

① 전진법   ② 후퇴법
③ 캐스케이드법   ④ 스킵법

! 용착법
• 전진법 : 용접 시작 부분보다 끝나는 부분이 수축 및 잔류응력이 커서 용접이음이 짧고 변형 및 잔류응력이 그다지 문제가 되지 않을 때 사용
예 전진법 1 2 3 4 5
• 후진법 : 용접을 단계적으로 후퇴하면서 전체적 길이를 용접하는 방법으로 수축과 잔류응력을 줄이는 방법
예 후진법 5 4 3 2 1
• 대칭법 : 용접전 길이에 대하여 중심에서 좌우로 또는 용접부의 형상에 따라 좌우대칭으로 용접하여 변형과 수축응력을 경감한다
예 대칭법 4 2 1 3
• 비석법(스킵법) : 짧은 동점길이로 나누어 놓고 간격을 두면서 용접하는 방법으로 특히 잔류응력을 적게 할 경우에 사용
예 스킵법(비석법) 1 4 2 5 3

30 용접구조물의 수명과 가장 관련이 있는 것은?

① 작업 태도   ② 아크 타임율
③ 피로강도   ④ 작업율

31 잔류 응력을 제거하는 방법이 아닌 것은?

① 저온 응력 완화법
② 기계적 응력 완화법
③ 피닝법(Peening)
④ 담금질 열처리법

32 그림과 같은 필릿 용접에서 목 두께를 나타내는 것은?

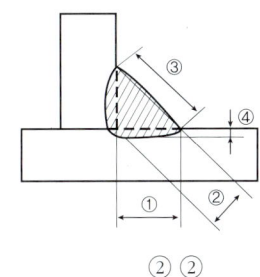

① ①
② ②
③ ③
④ ④

! ①은 목 길이 ②는 목 두께 ③은 각장(다리길이)을 표시함.

33 용접부의 파괴 시험법 중에서 화학적 시험방법이 아닌 것은?

① 함유수소시험
② 비중시험
③ 화학분석시험
④ 부식시험

34 2매의 판이 100°의 각도로 조립되는 필릿 용접 이음의 경우 이론 목두께는 다리 길이의 약 몇 %인가?

① 70.7%
② 65%
③ 50%
④ 55%

! 이론 목두께 = 0.707 × h
　　　　 = 0.707 × cos45° = 70.7%

35 연강을 0℃ 이하에서 용접할 경우 예열하는 방법은?

① 이음의 양쪽 폭 100mm 정도를 40℃～75℃로 예열하는 것이 좋다.
② 이음의 양쪽 폭 150mm 정도를 150℃～200℃로 예열하는 것이 좋다.
③ 비드 균열을 일으키기 쉬우므로 50℃～350℃로 용접홈을 예열하는 것이 좋다.
④ 200℃～400℃ 정도로 홈을 예열하고 냉각속도를 빠르게 용접한다.

36 용접부의 시점과 끝나는 부분에 용입 불량이나 각종 결함을 방지하기 위해 주로 사용되는 것은?

① 엔드탭
② 포지셔너
③ 회전 지그
④ 고정 지그

37 65%의 용착효율을 가지고 단일의 V형 홈을 가진 20mm 두께의 철판을 3m 맞대기 용접했을 때, 필요한 소요 용접봉의 중량은 약 몇 kgf인가?(단, 20mm 철판의 용접부 단면적은 2.6cm²이고, 용착 금속의 비중은 7.85 이다.)

① 7.42
② 9.42
③ 11.42
④ 13.42

!
$$용접봉의 중량 = \frac{단면적 \times 비중 \times 용접길이}{용착효율}$$
$$= \frac{2.6 \times 7.85 \times 3 \times 100}{0.65}$$
$$= 9.42 kgf$$

38 용접 제품을 제작하기 위한 조립 및 가접에 대한 일반적인 설명으로 틀린 것은?

① 강도상 중요한 곳과 용접의 시점과 종점이 되는 끝부분을 주로 가접한다.
② 조립 순서는 용접 순서 및 용접 작업의 특성을 고려하여 계획한다.
③ 가접 시에는 본 용접보다도 지름이 약간 가는 용접봉을 사용하는 것이 좋다.
④ 불필요한 잔류응력이 남지 않도록 미리 검토하여 조립 순서를 정한다.

! 가접시 주의 사항
• 홈 안에는 가접을 피하되, 불가피한 경우엔 본용접 전에 갈아낸다.
• 응력이 집중되는 곳은 피한다.
• 전류는 본용접보다 높게 하며, 용접봉의 지름은 가는 것을 사용한다. 또한 너무 짧게 하지 않는다.
• 시·종단에 엔드탭을 설치하기도 한다.
• 가접사도 본 용접사에 비하여 기량이 떨어지면 안 된다.

39 그림과 같이 강판 두께(t) 19mm, 용접선의 유효길이(ℓ) 200mm, h_1, h_2가 각각 8mm, 하중(P) 7000kgf가 작용할 때 용접부에 발생하는 인장응력은 약 몇 kgf/mm²인가?

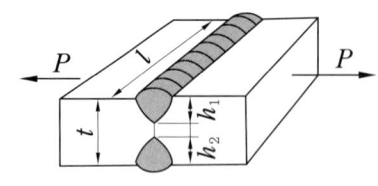

① 0.2
② 2.2
③ 4.8
④ 6.8

> ❗ $$인장응력 = \frac{하중}{단면적} = \frac{P}{(h_1 + h_2) \times \ell}$$
> $$= \frac{7000}{(8+8) \times 200} = 2.19$$

40 용접작업에서 지그 사용 시 얻어지는 효과로 틀린 것은?

① 용접 변형을 억제하고 적당한 역변형을 주어 변형을 방지한다.
② 제품의 정밀도가 낮아진다.
③ 대량생산의 경우 용접 조립 작업을 단순화시킨다.
④ 용접작업은 용이하고 작업능률이 향상된다.

> ❗ **지그의 사용 목적**
> • 대량 생산이 가능하다.
> • 용접 작업을 쉽게 해준다.
> • 제품 치수를 정확하게 한다.
> • 용접부의 신뢰성이 높아진다.
> • 다듬질을 좋게 한다.
> • 변형을 억제한다.

41 교류 아크 용접기의 용접 전류 조정 방법에 의한 분류에 해당하지 않는 것은?

① 가동 철심형
② 가동 코일형
③ 탭 전환형
④ 발전형

> ❗ **교류 용접기의 종류**
> • 탭전환형 : 미세전류조정 불가능
> • 가동 코일형 : 1차 코일의 거리 조정
> • 가동 철심형 : 미세 조정가능
> • 가포화 리액터형 : 가변 저항의 변화로 조정, 원격조정 가능

42 정격 2차 전류 300A의 용접기에서 실제로 200A의 전류로서 용접한다고 가정하면 허용 사용률은 얼마인가?(단, 정격 사용률은 40%라고 한다.)

① 80%
② 85%
③ 90%
④ 95%

> ❗ $$허용 사용률 = \frac{전격 2차 전류^2}{실제 용접 전류^2} \times 정격 사용률$$
> $$= \frac{300^2}{200^2} \times 40 = 90\%$$

43 탄산가스 아크 용접장치에 해당되지 않는 것은?

① 용접 토치
② 보호 가스 설비
③ 제어 장치
④ 플럭스 공급 장치

44 피복 아크 용접법이 가스 용접법보다 우수한 점이 아닌 것은?

① 열의 집중성이 좋다.
② 용접 변형이 적다.
③ 유해 광선의 발생이 적다.
④ 용접부의 강도가 크다.

45 서브머지드 아크 용접의 다전극 방식에 의한 분류 중 같은 종류의 전원에 두 개의 전극을 접속하여 용접하는 것으로 비드 폭이 넓고, 용입이 깊은 용접부를 얻기 위한 방식은?

① 탠덤식　　　　② 횡병렬식
③ 횡직렬식　　　　④ 종직렬식

46 가스용접으로 주철을 용접할 때 가장 적당한 예열온도는 몇 ℃인가?

① 300~400℃
② 500~600℃
③ 700~800℃
④ 900~1000℃

47 용접기에서 떨어져 작업을 할 때 작업 위치에서 전류를 조정할 수 있는 장치는?

① 전자 개폐 장치
② 원격 제어 장치
③ 전류 측정기
④ 전격 방지 장치

48 공업용 아세틸렌가스 용기의 도색은?

① 녹색　　　　② 백색
③ 황색　　　　④ 갈색

!
용기도색
• 아세틸렌 – 황색　　• 산소–녹색
• 아르곤 – 회색　　　• 수소–주황색
• 질소 – 회색

49 이음부의 루트 간격 치수에 특히 유의하여야 하며, 아크가 보이지 않는 상태에서 용접이 진행된다고 하여 잠호 용접이라고도 부르는 용접은?

① 피복 아크 용접
② 서브 머지드 아크 용접
③ 탄산가스 아크 용접
④ 불활성가스 금속 아크 용접

50 산소 용기의 취급상의 주의사항으로 잘못된 사항은?

① 운반이나 취급에서 충격을 주지 않는다.
② 가연성 가스와 함께 저장하여 누설되어도 인화되지 않게 한다.
③ 기름이 묻은 손이나 장갑을 끼고 취급하지 않는다.
④ 운반 시 가능한 한 운반 기구를 이용한다.

!
산소 용기를 취급할 때 주의점
• 타격, 충격을 주지 말 것
• 직사광선, 화기가 있는 고온의 장소를 피할 것
• 용기 내의 압력이 너무 상승(170기압)되지 않도록 할 것
• 밸브가 동결되었을 때 더운 물, 또는 증기를 사용하여 녹일 것
• 누설 검사는 비눗물로 할 것
• 용기 내의 온도는 항상 40℃ 이하로 유지할 것
• 용기 및 밸브 조정기 등에 기름이 부착되지 않도록 할 것
• 다른 가연성 가스와 함께 보관하지 않을 것

51 중량물의 안전운반에 관한 설명 중 잘못된 것은?

① 힘이 센 사람과 약한 사람이 조를 짜며 키가 큰 사람과 작은 사람이 한 조가 되게 한다.
② 화물의 무게가 여러 사람에게 평균적으로 걸리게 한다.
③ 긴 물건은 작업자의 같은 쪽 어깨에 메고 보조를 맞춘다.
④ 정해진 자의 구령에 맞추어 동작한다.

52 용접법의 분류에서 융접에 속하는 것은?

① 테르밋 용접　　② 단접
③ 초음파 용접　　④ 마찰 용접

53 피복 아크 용접봉의 피복제 중에 포함되어 있는 주성분이 아닌 것은?

① 아크 안정제　　② 가스 억제제
③ 슬래그 생성제　　④ 탈산제

54 냉간 압접의 일반적인 특징으로 틀린 것은?

① 용접부가 가공 경화된다.
② 압접에 필요한 공구가 간단하다.
③ 접합부의 열 영향으로 숙련이 필요하다.
④ 접합부의 전기저항은 모재와 거의 동일하다.

55 용가재인 전극 와이어를 와이어 송급 장치에 의해 연속적으로 보내어 아크를 발생시키는 용극식 용접 방식은?

① TIG 용접
② MIG 용접
③ 탄산가스 아크용접
④ 마찰용접

56 금속과 금속의 원자간 거리를 충분히 접근시키면 금속원자 사이에 인력이 작용하여 그 인력에 의하여 금속을 영구 결합시키는 것이 아닌 것은?

① 융접　　　　② 압접
③ 납땜　　　　④ 리벳이음

57 연강용 피복 아크 용접봉 중 내균열성이 가장 좋은 용접봉은?

① 고셀룰로오스계
② 일미나이트계
③ 고산화티탄계
④ 저수소계

58 연강의 가스 절단 시 드래그(Drag) 길이는 주로 어느 인자에 의해 변화하는가?

① 예열과 절단 팁의 크기
② 토치 각도와 진행 방향
③ 예열 불꽃 및 백심의 크기
④ 절단 속도와 산소소비량

59 피복 아크 용접봉의 단면적 1mm²에 대한 적당한 전류 밀도는?

① 6~9A
② 10~13A
③ 14~17A
④ 18~21A

60 이음 형상에 따른 저항용접의 분류 중 맞대기 용접이 아닌 것은?

① 플래시 용접
② 버트심 용접
③ 점 용접
④ 퍼커션 용접

> **!**
> 전기저항용접은 접합의 종류 중 압접이며 겹치기법, 맞대기 용접법으로 구분된다.
> • 겹치기 : 점용접, 심용접, 프로젝션(돌기용접)
> • 맞대기 : 업셋, 플래시(예열 – 플래시 – 업셋), 퍼커션(충격 용접)

정답   :: 2012년 8월 26일 기출문제 정답

01	02	03	04	05	06	07	08	09	10
②	④	②	③	①	④	③	③	③	②
11	12	13	14	15	16	17	18	19	20
③	④	④	①	④	④	②	①	②	③
21	22	23	24	25	26	27	28	29	30
②	③	③	②	③	①	②	①	④	③
31	32	33	34	35	36	37	38	39	40
④	②	②	②	①	①	②	①	②	②
41	42	43	44	45	46	47	48	49	50
④	③	④	③	②	②	②	③	②	②
51	52	53	54	55	56	57	58	59	60
①	①	②	③	②	④	④	④	④	③

국가기술자격 필기시험문제

2013년 3월 10일 기사 제1회 필기시험				수험 번호	성명
자격 종목	종목코드	시험시간	형별		
용접산업기사	2026	1시간 30분	A		

제1과목 용접야금 및 용접설비제도

01 적열취성의 원인이 되는 것은?

① 탄소 ② 수소
③ 질소 ④ 황

> ❗
> • 적열취성 : 황(S)
> • 상온취성, 청열취성 원인 : 인(P)

02 용접 중 용융된 강의 탈산, 탈황, 탈인에 관한 설명으로 적합한 것은?

① 용융 슬래(slag)은 염기도가 높을수록 탈인율이 크다.
② 탈황 반응시 용융 슬래(slag)은 환원성, 산성과 관계없다.
③ Si, Mn 함유량이 같을 경우 저수소계 용접봉은 티탄계 용접봉보다 산소 함유량이 적어진다.
④ 관구이론은 피복아크용접봉의 플럭스(flux)를 사용한 탈산에 관한 이론이다.

> ❗
> 규소, 망간 함유량이 같을 경우 저수소계 용접봉은 티탄계 용접봉보다 산소 함유량이 적어진다.

03 서브머지드 용접에서 소결형 용제의 사용 전 건조온도와 시간은?

① 150~300℃에서 1시간 정도
② 150~300℃에서 2시간 정도
③ 400~600℃에서 1시간 정도
④ 400~600℃에서 3시간 정도

> ❗
> 서브머지드 용접에서 소결형 용제의 사용 전 건조 온도 : 150~300℃에서 1시간

04 철강의 용접부 조직 중 수지상결정조직으로 되어 있는 부분은?

① 모재 ② 열영향부
③ 용착금속부 ④ 융합부

> ❗
> 철강의 용접부 조직 중 수지상결정조직으로 되어 있는 부분은 용착금속부이다.

05 금속재료의 일반적인 특징이 아닌 것은?

① 금속결합인 결정체로 되어 있어 소성가공이 유리하다.
② 열과 전기의 양도체이다.
③ 이온화하면 음(-)이온이 된다.
④ 비중이 크고 금속적 광택을 갖는다.

> ❗
> **금속재료의 일반적인 특징**
> • 이온화하면 양이온이 된다.
> • 비중이 크고 금속적 광택을 갖는다.
> • 열과 전기의 양도체이다.
> • 금속 결합인 결정체로 되어 있어 소성가공이 유리하다.

06 일반적인 주철의 탄소함량은?

① 0.03% ② 2.11~6.67%

③ 1.0~1.3% ④ 0.03~0.08%

!
주철의 탄소함유량 : 2.11~6.67%

07 용접 후 강재를 연화시키기 위하여 기계적, 물리적 특성을 변화시켜 함유 가스를 방출시키는 것으로 일정시간 가열 후 노 안에서 서냉하는 금속의 열처리 방법은?

① 불림 ② 뜨임

③ 풀림 ④ 재결정

!
• 풀림 : 용접 후 강재를 연화시키기 위해 기계적, 물리적 특성을 변화시켜 함유 가스를 방출시키는 것으로 일정 시간 가열 후 노 안에서 서냉
• 불림 : 강의 표준상태로 하기 위해 가공조직의 균일화, 결정립의 미세화, 기계적 성질의 향상을 목적으로 실사
• 뜨임 : 담금질된 강을 A1 변태점 이하의 일정한 온도로 가열하여 인성 증가
• 질량효과 : 재료의 내외부에 열처리 효과의 차이가 나는 현상

08 큰 재료일수록 내·외부 열처리 효과의 차이가 생기는 현상으로 강의 담금질성에 의하여 영향을 받는 현상은?

① 시효경화 ② 노지효과

③ 담금질 효과 ④ 질량효과

09 오스테나이트계 스테인리스강 용접부의 입계부식 균열 저항성을 증가시키는 원소가 아닌 것은?

① Nb ② C

③ Ti ④ Ta

!
오스테나이트계 스테인리스강 용접부의 입계부식 균열 저항성을 증가시키는 원소
• Nb(네오테늄)
• Ti(티탄)
• Ta(탈륨)

10 철의 동소 변태에 대한 설명으로 틀린 것은?

① α-철 : 910℃ 이하에서 체심입방격자이다.

② γ-철 : 910~1,400℃에서 면심입방격자이다.

③ β-철 : 1,400~1,500℃에서 조밀육방격자이다.

④ δ-철 : 1,400~1,538℃에서 체심입방격자이다.

!
철의 동소 변태
• α-철 : 910℃ 이하에서 체심입방격자이다.
• γ-철 : 910~1,400℃에서 면심입방격자이다.
• δ-철 : 1,400~1,538℃에서 체심입방격자이다.
• β-철 : 1,400~1,500℃에서 면심입방격자이다.

11 선의 용도 중 가는 실선을 사용하지 않는 것은?

① 숨은선 ② 지시선

③ 치수선 ④ 회전단면선

!
가는실선
• 파단선 • 해칭선
• 치수선 • 치수보조선
• 지시선 • 회전단면선

12 전개도를 그리는 기본적인 방법 3가지에 해당하지 않는 것은?

① 평행선 전개법 ② 삼각형 전개법

③ 방사선 전개법 ④ 원통형 전개법

!
전개도를 그리는 기본적인 방법 3가지
• 평행선 전개법
• 삼각형 전개법
• 방사선 전개법

13 도면에서 2종류 이상의 선이 같은 장소에서 중복될 경우 우선되는 선의 순서는?

① 외형선-숨은선-중심선-절단선
② 외형선-중심선-절단선-숨은선
③ 외형선-중심선-숨은선-절단선
④ 외형선-숨은선-절단선-중심선

❗ 도면에서 2종류 이상의 선이 같은 장소에서 외형선-숨은선-절단선-중심선

14 도면의 분류 중 표현 형식에 따른 설명으로 틀린 것은?

① 선도 : 투시 투상법에 의해서 입체적으로 표현한 그림의 총칭이다.
② 전개도 : 대상물을 구성하는 면을 평면으로 전개한 그림이다.
③ 외관도 : 대상물의 외형 및 최소한의 필요한 치수를 나타낸 도면이다.
④ 곡면선도 : 선체, 자동차 차체 등의 복잡한 곡면을 여러 개의 선으로 나타낸 도면이다.

❗ 도면의 분류 중 표현 형식
• 전개도 : 대상물을 구성하는 면을 평면으로 전개한 그림
• 외관도 : 대상물의 외형 및 최소한의 필요한 치수를 나타낸 도면
• 곡면선도 : 선체, 자동차 차체 등의 복잡한 곡면을 여러 개의 선으로 나타낸 도면

15 부품의 면이 평면으로 가공되어 있고, 복잡한 윤곽을 갖는 부품인 경우에 그 면에 광명단 등을 발라 스케치 용지에 찍어 그 면의 실형을 얻는 스케치 방법은?

① 프리핸드법   ② 프린트법
③ 본뜨기법   ④ 사진촬영법

❗ 프린트법
부품의 면이 평면으로 가공되어 있고, 복잡한 윤곽을 갖는 부품인 경우에 그 면에 광명단 등을 발라 스케치 용지에 찍어 그 면의 실형을 얻는 스케치 방법

16 재료 기호 중 "SM400C"의 재료 명칭은?

① 일반 구조용 압연 강재
② 용접 구조용 압연 강재
③ 기계 구조용 탄소 강재
④ 탄소 공구 강재

❗ SM400C 용접 구조용 압연 강재

17 KS 용접기호 중 [보기]와 같은 보조기호의 설명으로 옳은 것은?

[보기]

① 끝단부를 2번 오목하게 한 필릿 용접
② K형 맞대기 용접 끝단부를 2번 오목하게 함
③ K형 맞대기 용접 끝단부를 매끄럽게 함
④ 매끄럽게 처리한 필릿 용접

❗ 끝단부를 매끄럽게 처리한 필릿 용접

18 KS규격에 의한 치수 기입의 원칙 설명 중 틀린 것은?

① 치수는 되도록 주 투상도에 집중한다.
② 각 형체의 치수는 하나의 도면에서 한 번만 기입한다.
③ 기능 치수는 대응하는 도면에 직접 기입해야 한다.
④ 치수는 되도록 계산으로 구할 수 있도록 기입한다.

❗ 치수 기입
• 기능 치수는 대응하는 도면에 직접 기입해야 한다.
• 각 형체의 치수는 하나의 도면에서 한 번만 기입한다.
• 치수는 되도록 주추상도에 집중한다.

19 투상도의 배열에 사용된 제1각법과 제3각법의 대표 기호로 옳은 것은?

① 제1각법 : ▱⊕ 제3각법 : ⊕▱
② 제1각법 : ⊕▱ 제3각법 : ⊕▱
③ 제1각법 : ▱⊕ 제3각법 : ⊕▱
④ 제1각법 : ⊕▱ 제3각법 : ▱⊕

20 다음 그림과 같은 형상을 한 용접기호에 대한 설명으로 옳은 것은?

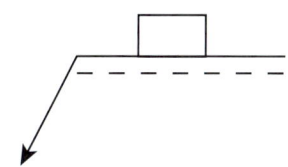

① 플러그 용접기호로 화살표 반대쪽 용접이다.
② 플러그 용접기호로 화살표쪽 용접이다.
③ 스폿 용접기호로 화살표 반대쪽 용접이다.
④ 스폿 용접기호로 화살표쪽 용접이다.

!
플러그 용접(□)기호로 화살표쪽 용접이다.

제2과목 용접구조설계

21 용접부에서 발생하는 저온 균열과 직접적인 관계가 없는 것은?

① 열영향부의 경화현상
② 용접잔류 응력의 존재
③ 용착금속에 함유된 수소
④ 합금의 응고 시에 발생하는 편석

!
저온 균열과 직접적인 관련 있는 것
• 용착금속에 함유된 수소
• 용접잔류 응력의 존재
• 열영향부의 경화현상

22 용접 입열량에 대한 설명으로 옳지 않은 것은?

① 모재에 흡수되는 열량은 보통 용접 입열량의 약 98%정도이다.
② 용접 전압과 전류의 곱에 비례한다.
③ 용접속도에 반비례한다.
④ 용접부에 외부로부터 가해지는 열량을 말한다.

23 필릿 용접에서 목길이가 10mm일 때 이론 목두께는 몇 mm인가?

① 약 5.0   ② 약 6.1
③ 약 7.1   ④ 약 8.0

!
이론 목두께 $= l \times \cos 45 = 10 \times 0.707 = 7.07$

24 용접작업 중 예열에 대한 일반적인 설명으로 틀린 것은?

① 수소의 방출을 용이하게 하여 저온 균열을 방지한다.
② 열영향부와 용착금속의 경화를 방지하고 연성을 증가시킨다.
③ 물건이 작거나 변형이 많은 경우에는 국부 예열을 한다.
④ 국부 예열의 가열 범위는 용접선 양쪽에 50~100mm정도로 한다.

!
예열
• 국부 예열의 가열 범위는 용접선 양쪽에 50~100mm정도로 한다.
• 열영향부와 용착금속의 경화를 방지하고 연성을 증가시킨다.
• 수소의 방출을 용이하게 하여 저온 균열을 방지한다.
• 물건이 작거나 변형이 많은 경우 국부예열 금지

25 용접수축에 의한 굽힘 변형 방지법으로 틀린 것은?

① 개선 각도는 용접에 지장이 없는 범위에서 작게 한다.

② 판 두께가 얇은 경우 첫 패스 측의 개선 깊이를 작게 한다.

③ 후퇴법, 대칭법, 비석법 등을 채택하여 용접한다.

④ 역변형을 주거나 구속 지그로 구속한 후 용접한다.

> **!** 용접수축에 의한 굽힘 변형 방지법
> • 역변형을 주거나 구속 지그로 구속한 후 용접한다.
> • 후퇴법, 대칭법, 비석법 등을 채택하여 용접한다.
> • 개선 각도는 용접에 지장이 없는 범위에서 작게 한다.
> • 판 두께가 얇은 경우 첫 패스 측의 개선 깊이를 크게 한다.

26 용접 후 잔류 응력을 완화하는 방법으로 가장 적합한 것은?

① 피닝(peening)

② 치핑(chipping)

③ 담금질(quenching)

④ 노멀라이징(normalizing)

> **!** 용접 후 잔류 응력 완화하는 방법으로 적합한 것은 피닝법, 기계적 응력 완화법, 저온응력 완화법

27 중판 이상 두꺼운 판의 용접을 위한 홈 설계 시 고려사항으로 틀린 것은?

① 적당한 루트 간격과 루트 면을 만들어 준다.

② 홈의 단면적은 가능한 한 작게 한다.

③ 루트 반지름은 가능한 한 작게 한다.

④ 최소 10° 정도 전후 좌우로 용접봉을 움직일 수 있는 홈 각도를 만든다.

> **!** 중판 이상 두꺼운 판의 용접을 위한 홈 설계시 고려 사항
> • 최소 10°정도 전·후 좌우로 용접봉을 움직일수 있는 홈 각도를 만든다.
> • 루트 반지름은 가능한 한 크게 한다.
> • 홈의 단면적은 가능한 한 작게 한다.
> • 적당한 루트 간격과 루트 면을 만들어 준다.

28 응력 제거 풀림의 효과가 아닌 것은?

① 충격 저항의 감소

② 용착금속 중 수소 제거에 의한 연성의 증대

③ 응력 부식에 대한 저항력 증대

④ 크리프 강도의 향상

> **!** 응력제거 풀림의 효과
> • 크리프 강도의 향상
> • 응력 부식에 대한 저항력이 좋다.
> • 용착금속 중 수소 제거에 의한 연성의 증대

29 강판의 맞대기 용접이음에서 가장 두꺼운 판에 사용할 수 있으며 양면 용접에 의해 충분한 용입을 얻으려고 할 때 사용하는 홈의 종류는?

① V형 　　② U형

③ I형 　　④ H형

> **!** 홈의 종류
> • H형 : 가장 두꺼운 판에 사용할 수 있으며 양면 용접에 의해 충분한 용입을 얻으려고 할 때 사용
> • I형 : 맞대기 용접에서 가장 얇은 박판에 사용
> • V형 : 맞대기 용접에서 한쪽 방향의 완전한 용입을 얻고자 할 때
> • X형 : 이음홈 형상 중에서 동일한 판 두께에 대하여 가장 변형이 적게 설계된 것

30 용접이음에서 피로 강도에 영향을 미치는 인자가 아닌 것은?

① 용접기 종류 　　② 이음 형상

③ 용접 결함 　　④ 하중 상태

> **!** 피로 강도에 영향을 미치는 인자
> • 이음 형상
> • 용접 결함
> • 하중 상태

31 용접부에 하중을 걸어 소성변형을 시킨 후 하중을 제거하면 잔류응력이 감소되는 현상을 이용한 응력제거 방법은?

① 기계적 응력 완화법
② 저온 응력 완화법
③ 응력 제거 풀림법
④ 국부 응력 제거법

!
- 저온 응력 완화법 : 용접선 양측을 가스불꽃에 의하여 나비 약 150mm를 150~200℃ 정도의 비교적 낮은 온도로 가열한 다음 수냉하는 방법
- 피닝법 : 해머로써 용접부를 연속적으로 때려 용접 표면에 소성 변형을 주는 방법

32 용접에 사용되고 있는 여러 가지 이음 중에서 다음 그림과 같은 용접이음은?

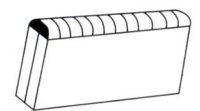

① 변두리 이음   ② 모서리 이음
③ 겹치기 이음   ④ 맞대기 이음

!
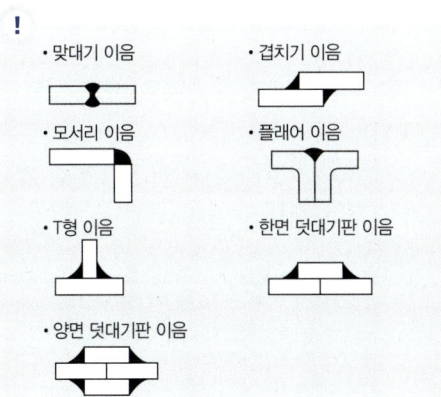
- 맞대기 이음
- 겹치기 이음
- 모서리 이음
- 플래어 이음
- T형 이음
- 한면 덧대기판 이음
- 양면 덧대기판 이음

33 용접 구조 설계상 주의 사항으로 틀린 것은?

① 용접 부위는 단면 형상의 급격한 변화 및 노치가 있는 부위로 한다.
② 용접 치수는 강도상 필요한 치수 이상으로 크게 하지 않는다.
③ 용접에 의한 변형 및 잔류응력을 경감시킬 수 있도록 한다.
④ 용접 이음을 감소시키기 위하여 압연 형재, 주단조품, 파이프 등을 적절히 이용한다.

!
용접 부위는 단면 형상의 급격한 변화 및 노치가 없는 부위로 한다.

34 판 두께가 같은 구조물을 용접할 경우 수축 변형에 영향을 미치는 용접 시공 조건으로 틀린 것은?

① 루트 간격이 클수록 수축이 크다.
② 피닝을 할수록 수축이 크다.
③ 위빙을 하는 것이 수축이 작다.
④ 구속력이 크면 수축이 작다.

!
용접 시공 조건
- 피닝을 할수록 수축력이 적다.
- 구속력이 크면 수축이 적다.
- 위빙을 하는 것이 수축이 작다.
- 루트 간격이 클수록 수축이 크다.

35 맞대기 용접부에 3,960N의 힘이 작용할 때 이음부에 발생하는 인장 응력은 약 몇 N/mm²인가?(단, 판 두께는 6mm, 용접선의 길이는 220mm로 한다.)

① 2   ② 3
③ 4   ④ 5

!
$$인장응력 = \frac{3,960}{6 \times 220} = 3N/mm^2$$

36 엔드 탭(end tab)에 대한 설명으로 틀린 것은?

① 모재를 구속시키는 역할도 한다.
② 모재와 다른 재질을 사용해야 한다.
③ 용접이 불량하게 되는 것을 방지한다.
④ 피복아크 용접 시 엔드탭의 길이는 약 30mm 정도로 한다.

! 모재와 같은 재질을 사용해야 한다.

37 용접부의 잔류 응력의 경감과 변형 방지를 동시에 충족시키는 데 가장 적합한 용착법은?

① 도열법　　② 비석법
③ 전진법　　④ 구속법

! **비석법(스킵법)**
용접부의 잔류 응력과 변형 방지를 동시에 충족시키는 데 가장 적합

38 약 2.5g의 강구를 25cm 높이에서 낙하시켰을 때 20cm 튀어 올랐다면 쇼어경도(HS) 값은 약 얼마인가?(단, 계측통은 목측형(C형)이다)

① 112.4　　② 192.3
③ 123.1　　④ 154.1

! 쇼어경도 $= \dfrac{10,000}{65} \times \dfrac{h}{ho} = \dfrac{10,000}{65} \times \dfrac{20}{25}$
$\qquad\quad = 123.88$
여기서, ho : 낙하 물체의 높이, h : 낙하 물체의 튀어 오른 높이

39 다음 그림과 같은 다층 용접법은?

5	5'	5"	5‴	5⁗
4	4'	4"	4‴	4⁗
3	3'	3"	3‴	3⁗
2	2'	2"	2‴	2⁗
1	1'	1"	1‴	1⁗

① 전진 블록법
② 캐스케이드법
③ 덧살 올림법
④ 교호법

40 다음 그림과 같은 홈 용접은?

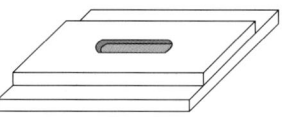

① 플러그 용접
② 슬롯 용접
③ 플레어 용접
④ 필릿 용접

제3과목 용접일반 및 안전관리

41 교류 아크 용접기의 용접 전류 조정 방법에 일반적으로 용접의 단점이 아닌 것은?

① 품질 검사가 곤란하다.
② 응력 집중에 민감하다.
③ 변형과 수축이 생긴다.
④ 보수와 수리가 용이하다.

! **용접의 단점**
· 보수와 수리가 어렵다.
· 변형과 수축이 생긴다.
· 응력 집중에 민감하다.
· 품질 검사가 곤란하다.

42 서브머지드 아크 용접에 대한 설명으로 틀린 것은?

① 용접 전류를 증가시키면 용입이 증가한다.
② 용접 전압이 증가하면 비드 폭이 넓어진다.
③ 용접 속도가 증가하면 비드 폭과 용입이 감소한다.
④ 용접 와이어 지름이 증가하면 용입이 깊어진다.

! **서브머지 아크 용접**
· 용접 와이어 지름이 증가하면 용입이 얕아진다.
· 용접 속도가 증가하면 비드 폭과 용입이 감소한다.
· 용접 전압이 증가하면 비드 폭이 넓어진다.
· 용접 전류를 증가시키면 용입이 증가한다.

43 MIG용접 제어장치에서 용접 후에도 가스가 계속 흘러나와 크레이터 부위의 산화를 방지하는 제어 기능은?

① 가스 지연 유출 시간(post flow time)
② 번 백 시간(burn back time)
③ 크레이터 충전 시간(crater fill time)
④ 예비 가스 유출 시간(preflow time)

> **가스 지연 유출 시간**
> MIG용접 제어장치에서 용접 후에도 가스가 계속 흘러나와 크레이터 부위의 산화를 방지하는 기능

44 300A 이상의 아크용접 및 절단 시 착용하는 차광 유리의 차광도 번호로 가장 적합한 것은?

① 1~2 ② 5~6
③ 9~10 ④ 13~14

> **차광 유리의 차광도 번호**
> • 납땜작업 : 2~4번 사용
> • 가스용접 : 4~6번 사용
> • 피복아크용접 : 10~11번 사용
> – NO. 10 : 용접전류 100~200A
> – 용접봉지름 : 2.6~3.2
> – NO. 11 : 용접전류 150~200A
> – 용접봉지름 : 3.2~4.0
> • 300A 이상의 아크용접 및 절단 시 : NO.13~14

45 교류 아크 용접기 중 전기적 전류 조정으로 소음이 없고 기계적 수명이 길며 원격제어가 가능한 용접기는?

① 가동 철심형 ② 가동 코일형
③ 탭 전환형 ④ 가포화 리액터형

> **교류 아크 용접기**
> • 가포화 리액터형
> – 소음이 없고 기계적 수명이 김
> – 원격제어가 가능
> • 가동 코일형
> – 누설 리액턴스 값을 변화시킴
> – 1차, 2차 코일 중에 하나를 이동하여 누설자
>   속을 변화하여 전류조정
> • 가동 철심형
> – 현재 가장 많이 사용
> – 미세한 전류 조정 가능
> – 광범위한 전류 조절이 어려움

46 아크 용접기의 구비조건이 아닌 것은?

① 구조 및 취급이 간단해야 한다.
② 가격이 저렴하고 유지비가 적게 들어야 한다.
③ 효율이 낮아야 한다.
④ 사용 중 용접기의 온도 상승이 작아야 한다.

> **아크 용접기의 구비조건**
> • 효율이 좋아야 한다.
> • 구조 및 취급이 간단해야 한다.
> • 사용 중 용접기의 온도 상승이 작아야 한다.
> • 가격이 저렴하고 유지비가 적게 들어야 한다.

47 고진공 중에서 높은 전압에 의한 열원을 이용하여 행하는 용접법은?

① 초음파 용접법 ② 고주파 용접법
③ 전자 빔 용접법 ④ 심 용접법

> **전자 빔 용접**
> 고진공 중에서 높은 전압에 의한 열원을 이용하여 행하는 용접법

48 아크 용접 작업 중의 전격에 관련된 설명으로 옳지 않은 것은?

① 습기찬 작업복, 장갑 등을 착용하지 않는다.
② 오랜 시간 작업을 중단할 때에는 용접기의 스위치를 끄도록 한다.
③ 전격 받은 사람을 발견하였을 때에는 즉시 손으로 잡아 당긴다.
④ 용접 홀더를 맨손으로 취급하지 않는다.

> 전격을 받은 사람을 발견 시 손으로 잡으면 안 되고 조치를 취한다.

49 연강용 피복 아크 용접봉 중 저수소계 (E4316)에 대한 설명으로 틀린 것은?

① 석회석($CaCO_3$)이나 형석(CaF_2)을 주성분으로 하고 있다.

② 용착 금속 중의 수소 함유량이 다른 용접봉에 비해 1/10정도로 적다.

③ 용접 시점에서 기공이 생기기 쉬우므로 백 스텝(back step)법을 선택하면 해결할 수도 있다.

④ 작업성이 우수하고 아크가 안정하며 용접속도가 빠르다.

50 탱크 등 밀폐 용기 속에서 용접작업을 할 때 주의사항으로 적합하지 않은 것은?

① 환기에 주의한다.

② 감시원을 배치하여 사고의 발생에 대처한다.

③ 유해가스 및 폭발가스의 발생을 확인한다.

④ 위험하므로 혼자서 용접하도록 한다.

51 전자 빔 용접의 일반적인 특징 설명으로 틀린 것은?

① 불순가스에 의한 오염이 적다.

② 용접 입열이 적으므로 용접 변형이 적다.

③ 텅스텐, 몰리브덴 등 고융점 재료의 용접이 가능하다.

④ 에너지 밀도가 낮아 용융부나 열영향부가 넓다.

52 저수소계 용접봉의 피복제에 30~50% 정도의 철분을 첨가한 것으로서 용착 속도가 크고 작업 능률이 좋은 용접봉은?

① E4313   ② E4324
③ E4326   ④ E4327

53 아크 용접기의 특성에서 부하 전류(아크전류)가 증가하면 단자 전압이 저하하는 특성을 무엇이라 하는가?

① 수하 특성   ② 정전압 특성
③ 정전기 특성   ④ 상승 특성

54 그림은 피복 아크 용접봉에서 피복제의 편심 상태를 나타낸 단면도이다. $D' = 3.5mm$, $D = 3mm$일 때 편심률은 약 몇 %인가?

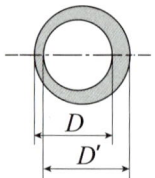

① 14%   ② 17%
③ 18%   ④ 20%

55 정격 2차 전류가 300A, 정격 사용률 50%인 용접기를 사용하여 100A의 전류로 용접을 할 때 허용 사용률은?

① 250%　　　　② 350%
③ 450%　　　　④ 500%

❗ 허용사용율 $= \dfrac{(정격2차전류)^2}{(실제용접전류)^2} \times 정격\ 사용량$

$= \dfrac{300^2}{100^2} \times 50 = 450\%$

56 MIG용접의 스프레이 용적이행에 대한 설명이 아닌 것은?

① 고전압 고전류에서 얻어진다.
② 경합금 용접에서 주로 나타난다.
③ 용착속도가 빠르고 능률적이다.
④ 와이어보다 큰 용적으로 용융 이행한다.

❗ MIG용접의 스프레이 용적이행에 대한 설명
• 와이어보다 작은 용적으로 용융 이행한다.
• 용착속도가 빠르고 능률적이다.
• 경합금 용접에서 주로 나타난다.
• 고전압 고전류에서 얻어진다.

57 경납땜은 융점이 몇 도(℃) 이상인 용가재를 사용하는가?

① 300℃　　　　② 350℃
③ 450℃　　　　④ 120℃

❗ • 연납땜 : 450℃ 미만
• 경납땜 : 450℃ 이상

58 가스용접으로 알루미늄판을 용접하려 할 때 용제의 혼합물이 아닌 것은?

① 염화나트륨　　② 염화칼륨
③ 황산　　　　　④ 염화리튬

❗ 알루미늄
염화칼륨 45%+염화트륨 30%+ 염화리튬 15%+플루오르화칼륨 7%+황산칼륨 3%

59 용접 자동화에 대한 설명으로 틀린 것은?

① 생산성이 향상된다.
② 외관이 균일하고 양호하다.
③ 용접부의 기계적 성질이 향상된다.
④ 용접봉 손실이 크다.

❗ 용접 자동화에 대한 설명
• 용접봉 손실이 적다.
• 생산성이 향상된다.
• 외관이 균일하고 양호하다.
• 용접부의 기계적 성질이 향상된다.

60 산소병 용기에 표시되어 있는 FP, TP의 의미는?

① FP : 최고 충전압력, TP : 내압 시험압력
② FP : 용기의 중량, TP : 가스 충전 시 중량
③ FP : 용기의 사용량, TP : 용기의 내용적
④ FP : 용기의 사용압력, TP : 잔량

❗ • AP : 기열 시험압력
• TP : 내압 시험압력
• FP : 최고 충전압력
• DP : 최고 사용압력

정답　　　　　　　　　　　　　　　　　　　: : 2013년 3월 10일 기출문제 정답

01	02	03	04	05	06	07	08	09	10
④	③	①	③	③	②	③	④	②	③
11	12	13	14	15	16	17	18	19	20
①	④	④	①	②	②	④	④	①	②
21	22	23	24	25	26	27	28	29	30
④	①	③	③	②	①	③	①	④	①
31	32	33	34	35	36	37	38	39	40
①	①	①	②	②	②	②	③	①	②
41	42	43	44	45	46	47	48	49	50
④	④	①	④	④	④	③	③	④	④
51	52	53	54	55	56	57	58	59	60
④	③	①	②	③	④	③	③	④	①

국가기술자격 필기시험문제

2013년 6월 2일 기사 제2회 필기시험

자격 종목	종목코드	시험시간	형별	수험 번호	성명
용접산업기사	2026	1시간 30분	A		

제1과목 용접야금 및 용접설비제도

01 루트(root) 균열의 직접적인 원인이 되는 원소는?

① 황   ② 인
③ 망간   ④ 수소

! 루트 균열의 직접적인 원인이 되는 원소 : 수소

02 용접금속의 변형시효(strain aging)에 큰 영향을 미치는 것은?

① H_2 ② O_2
③ CO_2 ④ CH_4

! 용접금속의 변형시효(strain aging)에 큰 영향을 미치는 것은 산소(O_2)

03 온도에 따른 탄성률의 변화가 거의 없어 시계나 압력계 등에 널리 이용되고 있는 합금은?

① 플래티나이트   ② 니칼로이
③ 인바   ④ 엘린바

! **엘린바**
온도에 따른 탄성률의 변화가 거의 없어 시계나 압력계 등에 널리 이용

04 용접금속의 가스 흡수에 대한 설명 중 틀린 것은?

① 용융 금속 중의 가스 용해량은 가스압력의 평방근에 반비례한다.
② 용접금속은 고온이므로 극히 단시간 내에 다량의 가스를 흡수한다.
③ 흡수된 가스는 온도 강하에 수반하여 용해도가 감소한다.
④ 과포화된 가스는 기공, 균열, 취화의 원인이 된다.

! 용융 금속 중의 가스 용해량은 가스압력의 평방근에 비례한다.

05 강의 내부에 모재 표면과 평행하게 층상으로 발생하는 균열로서 주로 T이음, 모서리 이음에 잘 생기는 것은?

① 라멜라티어(lamellatear) 균열
② 크레이터(crater) 균열
③ 설퍼(sulfur) 균열
④ 토우-(toe) 균열

! **저온균열의 유형**
• 라멜라티어(lamellatear) 균열 : T이음, 모서리 이음 등에서 강재 내부에 평행하게 층상으로 발생되는 균열
• 루트 균열 : 맞대기 용접의 가접, 첫층 용접의 루트근방의 열영향부에 발생하는 균열
• 힐 균열 : 필릿 시 루트부분에 발생하는 저온균열이며 모재의 수축, 팽창에 의한 뒤틀림이 주요 원인
• 토우 균열 : 맞대기 이름, 필릿 이음등의 경우에 비드표면과 모재의 경계부에서 발생

06 탄소가의 가공성을 탄소의 함유량에 따라 분류할 때 옳지 않은 것은?

① 내마모성과 경도를 동시에 요구하는 경우 : 0.65~1.2%C

② 강인성과 내마모성을 동시에 요구하는 경우 : 0.45~0.65%C

③ 가공성과 강인성을 동시에 요구하는 경우 : 0.03~0.05%C

④ 가공성을 요구하는 경우 : 0.05~0.3%C

❗ **탄소강의 강공성을 탄소의 함유량에 따라 분류**
- 내마모성과 경도를 동시에 요구하는 경우 : 0.65~1.2%
- 강인성과 내마모성을 동시에 요구하는 경우 : 0.45~0.65%
- 가공성을 요구하는 경우 : 0.05~0.3%

07 용착금속부에 응력을 완화할 목적으로 끝이 구면인 특수해머로서 용접부를 연속적으로 타격하여 소성변형을 주는 방법은?

① 기계해머법　　② 소결법
③ 피닝법　　　　④ 국부풀림법

❗ **피닝법**
끝이 구면인 특수해머로서 용접부를 연속적으로 때려 소성변형을 주는 방법

08 용접 후 용접강재의 연화와 내부응력 제거를 주목적으로 하는 열처리 방법은?

① 불림(normalizing)
② 담금질(quenching)
③ 풀림(annealing)
④ 뜨임(tempering)

❗ **열처리**
- 담금질 : 경도 및 강도 증가
- 뜨임 : 인성 증가
- 풀림 : 용접강재의 연화, 내부응력 제지
- 불림 : 보직의 미세화 편석이나 잔류응력 제거

09 다음 ( ) 안에 알맞은 것은?

> 철강은 체심입방격자를 유지하다 910℃~1400℃에서 면심입방격자의 ( )철로 변태한다.

① 알파(α)　　　② 감마(γ)
③ 델타(δ)　　　④ 베타(β)

❗ 철강은 체심입방격자를 유지하다 910℃~1400℃에서 면심입방격자의 γ철로 변태한다.

10 체심입방격자를 갖는 금속이 아닌 것은?

① W　　　　　② Mo
③ Al　　　　　④ V

❗ **금속원자의 단위 결정격자의 종류**
- 체심입방격자 : V, Mo, W, Cr, K, Na, Ba, Ta, α-철, δ-철(바몰팅크칼나비탈)
- 면심입방격자 : Ag, Cu, Au, Al, Pb, Ni, Pt, Ce, Ca, γ-Fe(은구금알납니백세)
- 조밀육방격자 : Ti, Mg, Zn, Co, Zr, Be(티마아코지베)

11 다음 용접 기호를 설명한 것으로 옳지 않은 것은?

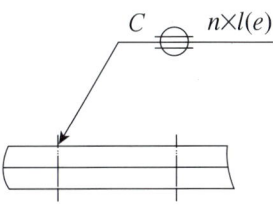

① n : 용접갯수
② l : 용접길이
③ C : 심용접길이
④ e : 용접단속거리

❗ **용접기호**
- n : 용접갯수　　　· C : 심용접지름
- l : 용접길이　　　· e : 용접단속길이

12 판금 제관 도면에 대한 설명으로 틀린 것은?

① 주로 정투상도는 1각법에 의하여 도면이 작성되어 있다.
② 도면 내에는 각종 가공 부분 등이 단면도 및 상세도로 표시되어 있다.
③ 중요 부분에는 치수 공차가 주어지며, 평면도, 직각도, 진원도 등이 주로 표시된다.
④ 일반공차는 KS기준을 적용한다.

!
주로 정투상도는 3각법에 의해 도면이 작성된다.

13 외형도에 있어서 필요로 하는 요소의 일부분만을 오려서 국부적으로 단면도를 표시한 것은?

① 한쪽단면도   ② 온단면도
③ 부분단면도   ④ 회전도시 단면도

!
단면도
• 부분단면도 : 일부분을 잘라내고 필요한 내부 모양을 그리기 위한 방법
• 회전단면도 : 핸들, 벨트풀리, 바퀴의암, 후크의 절단 단면 모양을 그리기 위한 방법
• 전단면도 : 대칭형 물체의 1/2을 잘라낸다.

14 도면의 표제란에 표시하는 내용이 아닌 것은?

① 도명   ② 척도
③ 각법   ④ 부품 재질

!
표제란에 기입할 사항
• 도면번호   • 도면명칭
• 작성년월일   • 척도
• 투상법   • 소속단체명
• 책임자 서명

15 다음 [보기]에서 기계용 황동 각봉 재료 표시 방법 중 ㄷ의 의미는?

| [보기] BS BM A D ㄷ |

① 강판   ② 채널
③ 각재   ④ 둥근강

16 KS의 분류와 해당부분의 연결이 틀린 것은?

① KS A-기본   ② KS B-기계
③ KS C-전기   ④ KS D-건설

!
KS의 분류
• KSA : 기본   • KSB : 기계
• KSC : 전기   • KSD : 금속
• KSE : 광물   • KSF : 토건
• KSG : 식료   • KSH : 일용
• KSI : 요업   • KSM : 화학
• KSP : 의료   • KSV : 조선
• KSW : 항공

17 투상도의 명칭에 대한 설명으로 틀린 것은?

① 정면도는 물체를 정면에서 바라본 모양을 도면에 나타낸 것이다.
② 배면도는 물체를 아래에서 바라본 모양을 도면에 나타낸 것이다.
③ 평면도는 물체를 위에서 내려다 본 모양을 도면에 나타낸 것이다.
④ 좌측면도는 물체의 좌측에서 바라본 모양을 도면에 나타낸 것이다.

!
배면도는 물체를 뒤에서 바라본 모양을 도면에 나타낸 것이다.

18 도면의 용도에 따른 분류가 아닌 것은?

① 계획도   ② 배치도
③ 승인도   ④ 주문도

!
용도에 따른 분류
• 제작도(공정도, 상세도, 시공도)
• 주문도
• 승인도
• 설명도
• 계획도

19 용접부의 기호 도시방법 설명으로 옳지 않은 것은?

① 설명선은 기선, 화살표, 꼬리로 구성되고, 꼬리는 필요가 없으면 생략해도 좋다.
② 화살표는 용접부를 지시하는 것이므로 기선에 대하여 되도록 60°의 직선으로 한다.
③ 기선은 보통 수직선으로 한다.
④ 화살표는 기선의 한 쪽 끝에 연결한다.

! 기선은 보통 수평선으로 한다.

20 굵은 일점쇄선을 사용하는 것은?

① 기계가공 방법을 명시할 때
② 조립도에서 부품번호를 표시할 때
③ 특수한 가공을 하는 부품을 표시할 때
④ 드릴 구멍의 치수를 기입할 때

! 굵은 일점쇄선
특수한 가공을 하는 부품을 표시할 때

제2과목 용접구조설계

21 응력이 "0"을 통과하여 같은 양의 다른 부호 사이를 변동하는 반복응력 사이클은?

① 교번응력   ② 양진응력
③ 반복응력   ④ 편진응력

! 양진응력 : 응력이 "0"을 통과하여 같은 양의 다른 부호 사이를 변동하는 반복응력 사이클

22 단면적이 150mm², 표점거리가 50mm인 인장시험편에 20kN의 하중이 작용할 때 시험편에 작용하는 인장응력(σ)은?

① 약 133GPa   ② 약 134MPa
③ 약 133kPa   ④ 약 133Pa

! 인장응력 $= \dfrac{20 \times 1,000}{150} = 133.33 MPa$

23 본 용접하기 전에 적당한 예열을 함으로써 얻어지는 효과가 아닌 것은?

① 예열을 하게 되면 기계적 성질이 향상된다.
② 용접부의 냉각속도를 느리게 하면 균열 발생이 적게 된다.
③ 용접부 변형과 잔류응력을 경감시킨다.
④ 용접부의 냉각속도가 빨라지고 높은 온도에서 큰 영향을 받는다.

! 예열을 함으로써 얻어지는 효과
• 용접부 변형과 잔류응력을 경감시킨다.
• 용접부의 냉각속도를 느리게 하면 균열발생이 적게 된다.
• 예열을 하게 되면 기계적 성질이 향상된다.

24 용접이음부의 홈 형상을 선택할 때 고려해야 할 사항이 아닌 것은?

① 완전한 용접부가 얻어질 수 있을 것
② 홈 가공이 쉽고 용접하기가 편할 것
③ 용착 금속의 양이 많을 것
④ 경제적인 시공이 가능할 것

! 용접이음부의 홈 형상 선택 시 고려해야 할 사항
• 경제적인 시공이 가능할 것
• 용착 금속의 양이 적을 것
• 홈 가공이 쉽고 용접하기가 편할 것
• 완전한 용접부가 얻어질 수 있을 것

25 용접변형을 최소화하기 위한 대책 중 잘못된 것은?

① 용착금속량을 가능한 한 작게 할 것
② 용접부의 구속을 작게 하고 용접순서를 일정하게 할 것
③ 포지셔너 지그를 유효하게 활용할 것
④ 예열을 실시하여 구조물 전체의 온도가 균형을 이루도록 할 것

> **!**
> **용접변형을 최소화하기 위한 대책**
> • 예열을 실시하여 구조물 전체의 온도가 균형을 이루도록 할 것
> • 포지셔너 지그를 유효하게 활용할 것
> • 용접부의 구속을 크게 하고 용접순서를 일정하게 할 것
> • 용착금속량을 가능한 작게 할 것

26 강의 청열취성의 온도 범위는?

① $200 \sim 300℃$
② $400 \sim 600℃$
③ $600 \sim 700℃$
④ $800 \sim 1,000℃$

> **!**
> • 청열취성 온도 : $200 \sim 300℃$
> • 적열취성 온도 : $800 \sim 900℃$

27 다음 그림에서 실제 목두께는 어느 부분인가?

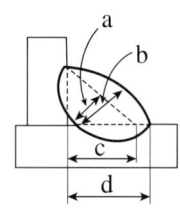

① a
② b
③ c
④ d

28 용접부의 이음효율을 나타내는 것은?

① 이음효율 $= \dfrac{\text{용착시험편의 인장강도}}{\text{모재의 굽힘강도}} \times 100(\%)$

② 이음효율 $= \dfrac{\text{용착시험편의 굽힘강도}}{\text{모재의 인장강도}} \times 100(\%)$

③ 이음효율 $= \dfrac{\text{모재의 인장강도}}{\text{용접시험편의 인장강도}} \times 100(\%)$

④ 이음효율 $= \dfrac{\text{용접시험편의 인장강도}}{\text{모재의 인장강도}} \times 100(\%)$

> **!**
>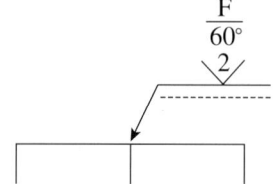
> 이음효율 $= \dfrac{\text{용접시험편의 인장강도}}{\text{모재의 인장강도}} \times 100$

29 다음 용접기호를 설명한 것으로 옳지 않은 것은?

$$\frac{F}{60°}$$
2

① 용접부의 다듬질 방법은 연삭으로 한다.
② 루트 간격은 2mm로 한다.
③ 개선 각도는 $60°$로 한다.
④ 용접부의 표면 모양은 평탄하게 한다.

> **!**
> 연삭 : G

30 용접부 잔류응력측정 방법 중에서 응력이완법에 대한 설명으로 옳은 것은?

① 초음파 탐상 실험장치로 응력측정을 한다.
② 와류 실험장치로 응력측정을 한다.
③ 만능 인장시험 장치로 응력측정을 한다.
④ 저항선 스트레인 게이지로 응력측정을 한다.

> **!**
> 저항선 스트레인 게이지로 응력 측정을 한다.

31 용접길이가 1m당 종수축은 약 얼마인가?

① 1mm   ② 5mm
③ 7mm   ④ 10mm

!
용접길이 1mm당 종수축은 1mm

32 두께와 폭, 길이가 같은 판을 용접 시 냉각 속도가 가장 빠른 경우는?

① 1개의 평판 위에 비드를 놓는 경우
② T형이음 필릿용접의 경우
③ 맞대기 용접하는 경우
④ 모서리이음 용접의 경우

33 용접작업 전 홈의 청소 방법이 아닌 것은?

① 와이어브러쉬 작업
② 연삭 작업
③ 숏블라스트 작업
④ 기름 세척작업

!
용접 전 홈의 청소 방법
• 연삭 작업
• 와이어브러쉬 작업
• 숏블라스트 작업

34 잔류응력 완화법이 아닌 것은?

① 기계적 응력 완화법
② 도열법
③ 저온 응력 완화법
④ 응력 제거 풀림법

!
잔류응력 완화법
• 피닝법
• 기계적 응력 완화법
• 저온 응력 완화법
• 국부 풀림법
• 응력 제거 풀림법

35 용접 잔류응력을 경감하는 방법이 아닌 것은?

① 피이닝을 한다.
② 용착 금속량을 많게 한다.
③ 비석법을 사용한다.
④ 수축량이 큰 이음을 먼저 용접하도록 용접순서를 정한다.

!
용접 잔류응력을 경감하는 방법
• 수축량이 큰 이음을 먼저 용접하도록 용접순서를 정한다.
• 피이닝을 한다.
• 비석법을 사용한다.

36 모재의 두께 및 탄소단량이 같은 재료를 용접할 때 일미나이트계 용접봉을 사용할 때보다 예열 온도가 낮아도 되는 용접봉은?

① 고산화티탄계   ② 저수소계
③ 라임티타니아계   ④ 고셀룰로스계

!
저수소계(E4316)
모재의 두께 및 탄소당량이 같은 재료를 용접시 일미나이트계 용접봉을 사용할 때보다 예열 온도가 낮아도 되는 용접봉

37 다음 그림과 같은 V형 맞대기 용접에서 굽힘 모멘트(Mb)가 1000N · m작용하고 있을 때, 최대 굽힘 응력은 몇 MPa인가? (단, l = 150mm, t = 20mm이고 완전 용입이다.)

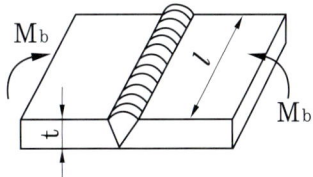

① 10   ② 100
③ 1,000   ④ 10,000

!
$$\sigma = \frac{6M}{tl^2} = \frac{6 \times 1000}{150 \times 20^2} = \frac{6000N \cdot m}{6000 \times 10^{-3} mm^2}$$

$$= \frac{6000}{60} = 100$$

38 용착금속 내부에 균열이 발생되었을 때 방사선투과검사 필름에 나타나는 것은?

① 검은 반점
② 날카로운 검은 선
③ 흰색
④ 검출이 안 됨

39 용접 변형 방지법 중 용접부의 뒷면에서 물을 뿌려주는 방법은?

① 살수법
② 수냉 동판 사용법
③ 석면포 사용법
④ 피닝법

40 용접선의 방향과 하중 방향이 직교되는 것은?

① 전면 필릿 용접
② 측면 필릿 용접
③ 경사 필릿 용접
④ 병용 필릿 용접

제3과목 용접일반 및 안전관리

41 MIG용접에 사용하는 실드가스가 아닌 것은?

① 아르곤-헬륨
② 아르곤-탄산가스
③ 아르곤+수소
④ 아르곤+산소

42 아크열을 이용한 용접 방법이 아닌 것은?

① 티그 용접   ② 미그 용접
③ 플라즈마 용접   ④ 마찰 용접

43 피복아크용접봉 중 내균열성이 가장 우수한 것은?

① 일미나이트계   ② 티탄계
③ 고셀룰로스계   ④ 저수소계

44 용해 아세틸렌을 안전하게 취급하는 방법으로 옳지 않은 것은?

① 아세틸렌병은 반드시 세워서 사용한다.
② 아세틸렌가스의 누설은 점화라이터로 자주 검사해야 한다.
③ 아세틸렌 밸브가 얼었을 때는 35℃ 이하의 온수로 녹여야 한다.
④ 밸브고장으로 아세틸렌 누출 시는 통풍이 잘되는 곳으로 병을 옮겨 놓아야 한다.

45 아세틸렌(C_2H_2)가스 폭발과 관계가 없는 것은?

① 압력   ② 아세톤
③ 온도   ④ 동 또는 동합금

46 산화철 분말과 알루미늄 분말의 혼합제에 점화시켜 화학반응을 이용한 용접법은?

① 압력 ② 아세톤
③ 온도 ④ 동 또는 동합금

!
테르밋 용접
산화철 분말과 알루미늄 분말의 혼합제에 점화시켜 화학반응을 이용한 용접법

47 산소 – 아세틸렌 불꽃의 구성 중 온도가 가장 높은 것은?

① 백심 ② 속불꽃
③ 겉불꽃 ④ 불꽃심

!
• 속불꽃 : 3,200 ~ 3,500℃
• 겉불꽃 : 1,200℃
• 불꽃심 : 1,500℃

48 아크 용접기로 정격2차 전류를 사용하여 4분 간 아크를 발생시키고 6분을 쉬었다면 용접기의 사용률은 얼마인가?

① 20% ② 30%
③ 40% ④ 60%

!
$$용접기사용률 = \frac{아크시간}{아크시간 + 휴식시간} \times 100$$
$$= \frac{4}{4+6} \times 100 = 40\%$$

49 용접 흄(fume)에 대한 설명 중 옳은 것은?

① 인체에 영향이 없으므로 아무리 마셔도 괜찮다.
② 실내 용접 작업에서는 환기설비가 필요하다.
③ 용접봉의 종류와 무관하여 전혀 위험은 없다.
④ 가제마스크로 충분히 차단할 수 있으므로 인체에 해가 없다.

!
실내 용접 작업 시는 환기설비가 필요하다.

50 음극과 양극의 두 전극을 접촉시켰다가 떼면 두 전극 사이에 생기는 활 모양의 불꽃방전을 무엇이라 하는가?

① 용착 ② 용적
③ 용융지 ④ 아크

!
용접용어
• 아크 : 음극과 양극의 두 전극을 접촉시켰다가 떼면 두 전극 사이에 생기는 활모양의 불꽃방전
• 용착 : 용접봉이 용융지에 녹아 들어가는 것
• 용입 : 모재가 녹는 깊이
• 용융지 : 모재 일부가 녹은 쇳물 부분
• 노치취성 : 홈이 없을 때는 연성을 나타내는 재료가 홈이 있으면 파괴되는 것
• 은점 : 용착 금속의 파단면에 나타나는 은백색을 한 고기 눈 모양의 결합부

51 스테인리스강의 MIG용접에 대한 종류가 아닌 것은?

① 단락 아크용접
② 펄스 아크용접
③ 스프레이 아크용접
④ 탄산가스 아크용접

!
스테인리스강의 MIG용접에 대한 종류
• 단락 아크용접
• 펄스 아크용접
• 스프레이 아크용접

52 강의 가스절단(gas cutting) 시 화학반응에 의하여 생성되는 산화철의 융점에 관한 설명 중 가장 알맞은 것은?

① 금속산화물의 융점이 모재의 융점보다 높다.
② 금속산화물의 융점이 모재의 융점보다 낮다.
③ 금속산화물의 융점과 모재의 융점이 같다.
④ 금속산화물의 융점은 모재의 융점과 관련이 없다.

!
금속산화물의 융점이 모재의 융점보다 낮다.

53 용접에 사용되는 산소를 산소용기에 충전시키는 경우 가장 적당한 온도와 압력은?

① 30℃, 18MPa   ② 35℃, 18MPa
③ 30℃, 15MPa   ④ 35℃, 15MPa

!
산소를 산소용기에 충전 시 온도와 압력은 35℃, 15MPa (150kg/cm²)

54 MIG용접이나 CO_2아크용접과 같이 반자동 용접에 사용되는 용접기의 특성은?

① 정전류 특성과 맥동전류 특성
② 수하특성과 정전류 특성
③ 정전압 특성과 상승특성
④ 수하특성과 맥동전류 특성

!
정전압 특성과 상승특성

55 2차 무부하전압이 80V, 아크전압 30V, 아크전류 250A, 내부손실 2.5kW라 할 때, 역률은 얼마인가?

① 50%   ② 60%
③ 75%   ④ 80%

!
• 역률 = $\dfrac{소비전력}{전원입력} \times 100$

  = $\dfrac{10kW}{20kW} \times 100 = 50\%$

• 소비전력 = 아크출력 + 내부손실 = 7.5 + 2.5 = 10kW
• 전원입력 = 무부하 전압 × 정격2차 전류
  = 80 × 250 = 20kW
• 아크전력 = 아크전압 × 정격2차 전류
  = 31 × 250 = 7500 = 7.5kW

56 수소가스 분위기에 있는 2개의 텅스턴 전극봉 사이에서 아크를 발생시키는 용접법은?

① 전자 빔 용접
② 원자수소 용접
③ 스텃 용접
④ 레이저 용접

!
원자수소 용접
수소가스 분위기에 있는 2개의 텅스턴 전극봉 사이에서 아크를 발생시키는 용접법

57 교류 아크용접기 AW300인 경우 정격 부하 전압은?

① 30V   ② 35V
③ 40V   ④ 45V

!
교류 아크용접기 AW300인 경우 정격 부하전압은 35V

58 서브머지드 아크 용접의 용접헤드에 속하지 않는 것은?

① 와이어 송급장치
② 제어장치
③ 용접 레일
④ 콘텍트 팁

59 CO_2용접 와이어에 대한 설명 중 옳지 않은 것은?

① 심선은 대체로 모재와 동일한 재질을 많이 사용한다.
② 심선 표면에 구리 등의 도금을 하지 않는다.
③ 용착금속의 균열을 방지하기 위해서 저탄소강을 사용한다.
④ 심선은 전 길이에 걸쳐 균일해야 된다.

60 압접에 속하는 용접법은?

① 아크용접   ② 단접
③ 가스용접   ④ 전자빔용접

정답

01	02	03	04	05	06	07	08	09	10
④	②	④	①	①	③	③	③	②	③
11	12	13	14	15	16	17	18	19	20
③	①	③	④	②	④	②	③	③	③
21	22	23	24	25	26	27	28	29	30
②	②	④	③	②	①	②	④	①	④
31	32	33	34	35	36	37	38	39	40
①	②	④	②	②	②	②	②	①	①
41	42	43	44	45	46	47	48	49	50
③	④	④	②	②	③	②	②	②	④
51	52	53	54	55	56	57	58	59	60
④	②	④	③	①	②	②	②	②	②

국가기술자격 필기시험문제

2013년 8월 18일 기사 제3회 필기시험				수험 번호	성명
자격 종목	종목코드	시험시간	형별		
용접산업기사	2026	1시간 30분	A		

제1과목 용접야금 및 용접설비제도

01 알루미늄판을 가스 용접할 때 사용되는 용제로 적합한 것은?

① 중탄산소다+탄산소다
② 염화나트륨, 염화칼륨, 염화리튬
③ 염화칼륨, 탄산소다, 붕사
④ 붕사, 염화리튬

> **!**
> **용재**
> • 연강 : 사용하지 않는다.
> • 반경강 : 중탄산소다+탄산소다
> • 구리 : 붕사+염화리튬
> • 주철 : 중탄산소다+붕사+탄산소다
> • 알루미늄 : 염화칼륨+염화나트륨+염화리튬+플루오르화칼륨+황산칼륨

02 금속의 일반적인 특성 중 틀린 것은?

① 금속 고유의 광택을 가진다.
② 전기 및 열의 양도체이다.
③ 전성 및 연성이 좋다.
④ 액체 상태에서 결정 구조를 가진다.

> **!**
> **금속의 일반적인 특성**
> • 고체상태에서 결정구조를 가진다.
> • 전성 및 연성이 좋다.
> • 전기 및 열의 양도체이다.
> • 금속 고유의 광택을 가진다.

03 용접 시 적열취성의 원인이 되는 원소는?

① 산소
② 황
③ 인
④ 수소

> **!**
> • 적열취성의 원인 : 황
> • 상온취성의 원인 : 인
> • 은점, 헤어크랙, 탈탄작용(수소취성) : 수소

04 탄소강의 용접에서 탄소함유량이 많아지면 낮아지는 성질은?

① 인장강도
② 취성
③ 연신율
④ 압축강도

> **!**
> **탄소함유량 증가 시**
> 인장강도, 경도, 취성, 압축강도 증가, 연신율, 단면수축율, 인성, 충격값 감소

05 냉간가공으로만 경화되고 열처리로는 경화하지 않으며, 비자성이나 냉간가공에서는 약간의 자성을 갖고 있는 강은?

① 마텐자이트계 스테인리스강
② 페라이트계 스테인리스강
③ 오스테나이트계 스테인리스강
④ PH계 스테인리스강

> **!**
> 오스테나이트 스테인리스강 : 냉간가공으로만 경화되고 열처리로는 경화되지 않으며, 비자성이나 냉간가공에서는 약간의 자성을 갖고 있는 강

06 6.67%의 C와 Fe의 화합물로서 Fe3C로서 표기되는 것은?

① 펄라이트   ② 페라이트
③ 시멘타이트   ④ 오스테나이트

!
- 시멘타이트 : 6.67%의 C와 Fe의 화합물로서 Fe3C로서 표기
- 페라이트 : 일반적으로 상온에서 α철에 탄소를 0.025%까지 고용된 것
- 펄라이트 : 오스테나이트가 페라이트와 시멘타이트의 층상으로 된 조직이며 0.8%의 탄소를 함유하는 공석
- 레테뷰라이트 : γ고용체와 시멘타이트의 공정조직으로 주철에서 나타난다.

07 탄소강 중에 인(P)의 영향으로 틀린 것은?

① 연신율과 충격값을 증대
② 강도와 경도를 증대
③ 결정립을 조대화
④ 상온취성의 원인

!
인의 영향
- 상온취성, 청열취성(200~300℃)의 원인
- 결정립을 조대화
- 강도와 경도 증가

08 다음 금속 중 면심입방격자(FCC)에 속하는 것은?

① 니켈, 알루미늄   ② 크롬, 구리
③ 텅스텐, 바나듐   ④ 몰리브덴, 리듐

!
- 체심입방격자(바, 몰, 팅, 크, 칼, 나, 바, 탈) : V, Mo, W, Cr, K, Na, Ba, Ta, α-Fe, δ-Fe
- 면심입방격자(은, 구, 금, 알, 납, 니, 백, 세) : Ag, Cu, Au, Al, Pb, Ni, Pt, Ce, γ-Fe.
- 조밀육방격자(티, 마, 아, 코, 지, 베) : Ti, Mg, Zn, Co, Zr, Be

09 금속의 결정계와 결정격자 중 입방정계에 해당하지 않는 결정격자의 종류는?

① 단순입방격자   ② 체심입방격자
③ 조밀입방격자   ④ 면심입방격자

!
입방정계에 해당하는 결정격자
- 체심입방격자   • 면심입방격자
- 단순입방격자

10 용접 결함의 종류 중 구조상 결함에 포함되지 않는 것은?

① 용접균열   ② 융합불량
③ 언더컷   ④ 변형

!
구조상 결함(오, 용, 내, 슬, 언, 선, 은, 균)
- 오우버랩   • 용입불량   • 내부기공
- 슬래그혼입   • 언더컷   • 선상조직
- 은점   • 균열   • 기공

11 인접부분, 공구, 지그 등의 위치를 참고로 나타내는 데 사용하는 선의 명칭은?

① 지시선   ② 외형선
③ 가상선   ④ 파단선

!
가상선
인접부분, 공구, 지그 등의 위치를 참고로 나타내는데 사용

12 용접 이음을 할 때 주의할 사항으로 틀린 것은?

① 맞대기 용접에서 뒷면에 용입 부족이 없도록 한다.
② 용접선은 가능한 서로 교차하게 한다.
③ 아래보기 자세 용접을 많이 사용하도록 한다.
④ 가능한 용접량이 적은 홈 형상을 선택한다.

!
용접선은 서로 교차하면 안 된다.

13 다음 치수기입 방법의 일반 형식 중 잘못 표시된 것은?

① 각도 치수 :

② 호의 길이 치수 :

③ 현의 길이 치수 :

④ 변의 길이 치수 :

14 기계재료 표시방법 중 SF340A에서 '340'은 무엇을 표시하는가?

① 평균 탄소 함유량
② 단조품
③ 최저 인장 강도
④ 최고 인장 강도

15 용접부의 비파괴 시험 보조기호 중 잘못 표기된 것은?

① RT : 방사선투과 시험
② UT : 초음파탐상 시험
③ MT : 침투탐상 시험
④ ET : 와류탐상 시험

16 도면의 명칭에 관한 용어 중 잘못 설명한 것은?

① 제작도 : 건설 또는 제조에 필요한 모든 정보를 전달하기 위한 도면이다.
② 시공도 : 설계의 의도와 계획을 나타낸 도면이다.
③ 상세도 : 건조물이나 구성재의 일부에 대해서 그 형태
④ 공정도 : 제조공정의 도중 상태, 또는 일련의 공정 전체를 나타낸 것이다.

17 제3각법에 대한 설명으로 틀린 것은?

① 제3상한에 놓고 투상하여 도시하는 것이다.
② 각 방향으로 돌아가며 비춰진 투상도를 얻는 원리이다.
③ 표제란에 제3각법의 그림 기호로 ⊕◁ 과 같이 표시한다.
④ 투상도를 얻는 원리는 눈 → 투상면 → 물체이다.

18 다음 그림에서 2번의 명칭으로 알맞은 것은?

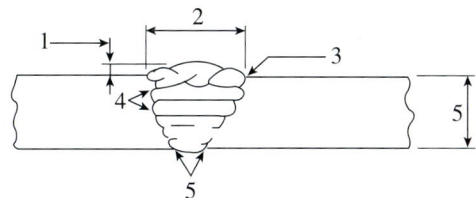

① 용접 토우　　② 용접 덧살
③ 용접 루트　　④ 용접 비드

19 사투상도에 있어서 경사축의 각도로 적합하지 않은 것은?

① 15°　　　　② 30°
③ 45°　　　　④ 60°

! 사투상도에 있어 경사축의 각도
30°, 45°, 60°

20 기계재료의 재질을 표시하는 기호 중 기계구조용강을 나타내는 기호는?

① Al　　　　② SM
③ Bs　　　　④ Br

! SM : 기계구조용강

제2과목 용접구조설계

21 맞대기 용접 시험편의 인장 강도가 650N/mm²이고, 모재의 인장강도가 700N/mm²일 경우에 이름 효율은 약 얼마인가?

① 85.9%　　　② 90.5%
③ 92.9%　　　④ 98.2%

! 이음효율 $= \dfrac{\text{용접시험편의 인장강도}}{\text{모재의 인장강도}} \times 100$

$= \dfrac{650}{700} \times 100 = 92.9\%$

22 용접이음 설계 시 일반적인 주의사항 중 틀린 것은?

① 되도록이면 능률이 좋은 아래보기 용접을 많이 할 수 있도록 설계한다.
② 후판을 용접할 경우는 용입이 깊은 용접법을 이용하여 용착량을 줄인다.
③ 맞대기 용접에는 이면 용접을 할 수 있도록 해서 용입 부족이 없도록 한다.
④ 될 수 있는 대료 용접량이 많은 홈 형상을 선택한다.

! 될 수 있는 대로 용접량이 적은 홈 형상을 선택한다.

23 그림과 같이 폭 50mm, 두께 10mm의 강판을 40mm만을 겹쳐서 전둘레 필릿용접을 한다. 이때 100kN의 하중을 작용시킨다면 필릿 용접의 치수는 얼마로 하면 좋은가? (단, 용접 허용응력은 10.2kN/cm²으로 한다.)

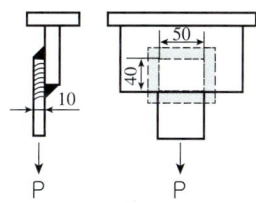

① 약 2mm　　② 약 5mm
③ 약 8mm　　④ 약 11mm

! **단위길이당 허용응력**

$f = \dfrac{100}{4 \times 2 + 5 \times 2} = 5.6$

필릿치수

$h = 1.414 \times \dfrac{5.6}{10.2} = 7.76$

24 용접부를 기계적으로 타격을 주어 잔류 응력을 경감시키는 것은?

① 저온 응력 완화법　② 취성 경감법
③ 역변형법　　　　　④ 피닝법

25 다음 그림과 같이 균열이 발생했을 때 그 양단에 정지구멍을 뚫어 균열진행을 방지하는 것은?

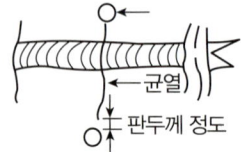

① 브로우 홀   ② 핀 홀
③ 스톱 홀   ④ 웜 홀

26 다음 그림과 같이 일시적인 보조판을 붙이든지 변형을 방지할 목적으로 시공되는 용접변형 방지법은?

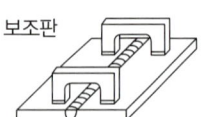

① 억제법   ② 피닝법
③ 역변형법   ④ 냉각법

27 용착 금속부 내부에 발생된 기공결함 검출에 가장 좋은 검사법은?

① 누설 검사
② 방사선 투과 검사
③ 침투 탐상 검사
④ 자분 침투 검사

28 용접부에 형성된 잔류응력을 제거하기 위한 가장 적합한 열처리 방법은?

① 담금질을 한다.   ② 뜨임을 한다.
③ 불림을 한다.   ④ 풀림을 한다.

29 용접 이음부 형상의 선택 시 고려사항이 아닌 것은?

① 용접하고자 하는 모재의 성질
② 용접부에 요구되는 기계적 성질
③ 용접할 물체의 크기, 형상, 외관
④ 용접 장비 효율과 용가재의 건조

30 이면 따내기 방법이 아닌 것은?

① 아크 에어 가우징
② 밀링
③ 가스 가우징
④ 산소창 절단

31 아크 용접 중에 아크가 전류 자장의 영향을 받아 용접비드(bead)가 한쪽 방향으로 쏠리는 현상은?

① 용융 속도(melting rate)
② 자기불림(magnetic blow)
③ 아크부스터(arc booster)
④ 전압강하(cathode drop)

32 용착 금속의 인장강도를 구하는 식은?

① 인장강도 $= \dfrac{인장하중}{시험편의\ 단면적}$

② 인장강도 $= \dfrac{시험편의\ 단면적}{인장하중}$

③ 인장강도 $= \dfrac{표점거리}{연신율}$

④ 인장강도 $= \dfrac{연신율}{표점거리}$

! 용착금속의 인장강도 $= \dfrac{인장하중}{시험편의\ 단면적}$

33 용접이음의 안전율을 나타내는 식은?

① 안전율 $= \dfrac{인장강도}{허용응력}$

② 안전율 $= \dfrac{허용응력}{인장강도}$

③ 안전율 $= \dfrac{이음효율}{허용응력}$

④ 안전율 $= \dfrac{허용응력}{이음효율}$

! 안전율 $= \dfrac{인장강도}{허용응력}$

34 용접부 검사에서 파괴 시험에 해당되는 것은?

① 음향 시험　　② 누설 시험
③ 형광 침투 시험　④ 함유 수소 시험

! **파괴시험**
- 피로시험　　· 함유수소시험
- 굽힘시험　　· 인장시험
- 경도시험　　· 충격시험
- 낙하시험　　· 내압시험

35 용접 이음의 종류 중 겹치기 필릿 이음은?

!
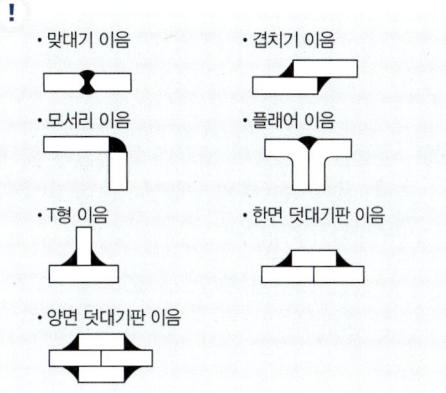

- 맞대기 이음　　· 겹치기 이음
- 모서리 이음　　· 플래어 이음
- T형 이음　　· 한면 덧대기판 이음
- 양면 덧대기판 이음

36 초음파 경사각 탐상기호는?

① UT-A　　② UT
③ UT-N　　④ UT-S

! 초음파 경사각 탐상기호 : UT-A

37 일반적으로 피로 강도는 세로축에 응력(S), 가로축에 파괴까지의 응력 반복 회수(N)를 가진 선도로 표시한다. 이 선도를 무엇이라 부르는가?

① B-S선도　　② S-S선도
③ N-N선도　　④ S-N선도

! **S-N선도**
피로 강도는 세로축에 응력(S), 가로축에 파괴까지의 응력 반복 회수(N)를 가진 선도로 표시

38 다음 중 똑같은 용접조건으로 용접을 실시하였을 때 용접변형이 가장 크게 되는 재료는 어떤 것인가?

① 연강
② 800MPa급 고장력강
③ 9%Ni강
④ 오스테나이트계 스테인리스강

39 용접금속 근방의 모재에 용접열에 의해 급열, 급랭되는 부위가 발생하는데 이 부위를 무엇이라 하는가?

① 본드(bond)부 ② 열영향부
③ 세립부 ④ 용착금속부

> **!**
> **열영향부**
> 용접금속 근방의 모재에 용접열에 의해 급열, 급랭되는 부위가 발생

40 제품 제작을 위한 용접순서로 옳지 않은 것은?

① 수축이 큰 맞대기 이음을 먼저 용접한다.
② 리벳과 용접을 병용할 경우 용접이음을 먼저 한다.
③ 큰 구조물은 끝에서부터 중앙으로 향해 용접한다.
④ 대칭적으로 용접을 한다.

> **!**
> **용접순서**
> • 조립순서는 수축이 큰 맞대기 이음을 먼저 용접하고 다음에 필릿 용접을 한다.
> • 큰 구조물 에서는 구조물의 중앙에서 끝으로 향하여 용접
> • 대칭으로 용접을 실시
> • 가용접 시는 본용접 시보다 지름이 약간 가는 용접봉 사용
> • 봉용접사와 동등한 기량을 갖는 용접사가 가접 시행
> • 응력이 집중될 우려가 있는 곳은 피한다.

제3과목 용접일반 및 안전관리

41 가스용접 작업 시 점화할 때, 폭음이 생기는 경우의 직접적인 원인이 아닌 것은?

① 혼합가스의 배출이 불완전했다.

② 산소와 아세틸렌 압력이 부족했다.
③ 팁이 완전히 막혔다.
④ 가스분출 속도가 부족했다.

> **!**
> **가스용접 작업 시 폭음이 생기는 원인**
> • 가스분출 속도가 부족했다.
> • 산소와 아세틸렌의 압력이 부족했다.
> • 혼합가스의 배출이 불완전했다.

42 피복아크용접에서 보통 용접봉의 단면적 $1mm^2$에 대한 전류밀도로 가장 적합한 것은?

① 8~9A ② 10~13A
③ 14~18A ④ 19~23A

> **!**
> 피복아크용접에서 보통 용접봉의 단면적 $1mm^2$에 대한 전류밀도 10~13A이다.

43 용접 작업에서 전격의 방지대책으로 틀린 것은?

① 용접기 내부에 함부로 손을 대지 않는다.
② 홀더나 용접봉은 맨손으로 취급하지 않는다.
③ 보호구는 반드시 착용하지 않아도 된다.
④ 습기찬 작업복, 장갑 등을 착용하지 않는다.

> **!**
> 보호구는 반드시 착용하지 않는다.

44 피복 아크 용접용 기구 중 보호구가 아닌 것은?

① 핸드실드 ② 케이블 커넥터
③ 용접 헬멧 ④ 팔 덮개

> **!**
> **피복 아크 용접용 기구 중 보호구**
> • 핸드실드 • 용접헬멧 • 팔덮개
> • 앞치마 • 용접장갑

45 서브머지드 아크 용접의 장점에 속하지 않는 것은?

① 용융속도 및 용착속도가 빠르다.
② 용입이 깊다.
③ 용접 자세에 제약을 받지 않는다.
④ 대전류 사용이 가능하여 고능률적이다.

!
서브머지드 아크 용접의 장점
• 용입이 깊다.
• 용융속도 및 용착속도가 빠르다.
• 대전류 사용이 가능하며 고능률적이다.
• 비드 외관이 매우 아름답다.
• 유해 광선이나 퓸 등이 적게 발생되어 작업환경이 깨끗하다.
• 기계적 성질이 우수하다.
• 개선각을 제거하여 용접패스 수를 줄일 수 있다.

46 자동가스절단기(산소 – 프로판)의 사용은 어떤 경우에 가장 유리한가?

① 특수강의 절단
② 형강의 절단
③ 비철금속의 절단
④ 곧고 긴 저탄소강의 절단

!
산소 – 프로판가스 : 곧고 긴 저탄소강의 절단

47 알루미늄을 TIG용접할 때 가장 적합한 전류는?

① DCSP   ② DCRP
③ ACHF   ④ AC

!
알루미늄을 TIG 용접 시 가장 적합한 전류 : ACHF

48 피복 아크용접의 피복제 중 슬래그(slag) 생성제가 아닌 것은?

① 셀룰로오스   ② 산화티탄
③ 이산화망간   ④ 산화철

!
피복배합제
• 슬래그생성제
– 이산화망간   – 산화철
– 산화티탄   – 형석
– 석회석   – 일미나이트
– 알루미나   – 장석
– 규사 (이산형석일알장규)
• 아크안정제
– 산화티탄   – 석회석
– 규산칼륨   – 규산나트륨
– 자철광   – 적철광
– 탄산소다(산석규자적탄)
• 탈산제
– 페로바나듐   – 페로실리콘
– 페로티탄   – 페로크롬
– 페로망간   – 알루미늄 (바실티크망알)

49 탄산가스아크용접이 피복아크용접에 비해 장점이라고 볼 수 없는 것은?

① 전류 밀도가 높으므로 용입이 깊고 용접 속도가 빠르다.
② 박판용접은 단락이용 용접법에 의해 가능하다.
③ 슬래그 섞임이 없고 용접 후 처리가 간단하다.
④ 적용 재질은 비철금속 계통에만 가능하다.

!
적용재질은 철계통에만 한정한다.

50 피복아크 용접작업의 기초적인 용접조건으로 가장 거리가 먼 것은?

① 용접속도   ② 아크길이
③ 스틱아웃길이   ④ 용접전류

!
피복아크 용접의 기초적인 용접조건
• 용접속도
• 용접전류
• 아크길이

51 연강용 피복아크 용접봉 E4316의 피복제 계통은?

① 저수소계
② 고산화티탄계
③ 일미나이트계
④ 철분산화철계

52 가스 용접용으로 사용되는 가스가 갖추어야 할 성질에 해당되지 않는 것은?

① 불꽃의 온도가 높을 것
② 연소속도가 빠를 것
③ 발열량이 적을 것
④ 용융금속과 화학반응을 일으키지 않을 것

53 1차 입력 전원 전압이 200V인 용접기의 정격용량이 20kVA라면 가장 적합한 퓨즈의 용량은 몇 A인가?

① 50
② 100
③ 150
④ 200

54 자동 및 반자동 용접이 수동 아크 용접에 비하여 우수한 점이 아닌 것은?

① 와이어 송급 속도가 빠르다.
② 용입이 깊다.
③ 위보기 용접자세에 적합하다.
④ 용착금속의 기계적 성질이 우수하다.

55 용접법의 종류 중 알루미늄 합금재료의 용접이 불가능한 것은?

① 피복 아크용접
② 탄산가스 아크용접
③ 불활성가스 아크용접
④ 산소-아세틸렌 가스용접

56 불활성 가스 금속 아크 용접에서 와이어 송급 방식이 아닌 것은?

① 위빙 방식
② 푸시 방식
③ 풀 방식
④ 푸시-풀 방식

57 아크용접 중 방독마스크를 쓰지 않아도 되는 용접재료는?

① 연강
② 황동
③ 아연도금강판
④ 카드뮴합금

58 알루미늄 용제로 사용되지 않은 것은?

① 붕사　　　　② 염화나트륨

③ 염화칼륨　　④ 염화리튬

❗

용제
- 연강 : 사용하지 않는다.
- 구리 : 붕사＋염화리튬(구붕염)
- 반경강 : 중탄산소다＋탄산소다(반중탄)
- 주철 : 중탄산소다＋붕사＋탄산소다(주중붕탄)
- 알루미늄 : 염화칼륨＋염화나트륨＋염화리튬＋플루오르 화칼륨＋황산칼륨(알칼나리플황)

59 텅스턴 전극봉을 사용하는 용접은?

① 산소-아세틸렌 용접

② 피복아크 용접

③ MIG용접

④ TIG용접

❗

텅스턴 전극봉사용 : TIG용접(알곤용접)
(토륨 1∼2% 함유한 토륨텅스턴 전극봉)

60 가스절단 진행 중 열량을 보충하는 예열불꽃으로 사용되지 않은 것은?

① 산소-탄산가스 불꽃

② 산소-아세틸렌 불꽃

③ 산소-LPG불꽃

④ 산소-수소 불꽃

❗

예열불꽃사용
- 산소-아세틸렌
- 산소-프로판
- 산소-수소

정답									
01	02	03	04	05	06	07	08	09	10
②	④	②	③	③	③	①	①	③	④
11	12	13	14	15	16	17	18	19	20
③	②	①	③	③	②	②	④	①	②
21	22	23	24	25	26	27	28	29	30
③	④	③	④	③	①	②	④	④	④
31	32	33	34	35	36	37	38	39	40
②	①	①	④	④	①	④	④	②	③
41	42	43	44	45	46	47	48	49	50
③	②	③	②	③	④	③	①	④	③
51	52	53	54	55	56	57	58	59	60
①	③	②	②	②	①	①	①	④	①

국가기술자격 필기시험문제

2014년 3월 2일 기사 제1회 필기시험				수험 번호	성명
자격 종목	종목코드	시험시간	형별		
용접산업기사	1401	1시간 30분	B		

제1과목 용접야금 및 용접설비제도

01 용접성이 가장 좋은 강은?

① 0.2%C 이하의 강
② 0.3%C 강
③ 0.4%C 강
④ 0.5%C 강

！
> 탄소량이 적으면 용접성은 좋아진다.

02 저수소계 용접봉의 특징을 설명한 것 중 틀린 것은?

① 용접금속의 수소량이 낮아 내균열성이 뛰어나다.
② 고장력강, 고탄소강 등의 용접에 적합하다.
③ 아크는 안정되나 비드가 오목하게 되는 경향이 있다.
④ 비드 시점에 기공이 발생되기 쉽다.

！
> 저수소계 용접봉은 300~350℃에서 2시간 건조시켜 사용한다.
> **저수소계 용접봉의 특징**
> 기계적 성질이 우수, 수소의 함량이 1/10 정도, 균열의 감수성이 우수, 황의 함유량이 많고 성분은 석회석과 형석으로 구성

03 합금주철의 함유 성분 중 흑연화를 촉진하는 원소는?

① V
② Cr
③ Ni
④ Mo

！
> 흑연화 촉진제 : Si, Al, Ni
> 흑연화 방지제 : Cr, Mn, S

04 용접 분위기 중에서 발생하는 수소의 원인이 될 수 없는 것은?

① 플럭스 중의 무기물
② 고착제(물유리 등)가 포함한 수분
③ 플럭스에 흡수된 수분
④ 대기 중의 수분

05 Fe-C 상태도에서 공정반응에 의해 생성된 조직은?

① 펄라이트
② 페라이트
③ 레데뷰라이트
④ 솔바이트

！
> 레데뷰라이트는 공정반응에 의해 생성된 조직으로 Fe-C 합금에 있어서 γ(감마)철과 시멘타이트의 공정 반응으로 생성됨.

06 편석이나 기공이 적은 가장 좋은 양질의 단면을 갖는 강은?

① 킬드강 　　② 세미킬드강
③ 림드강 　　④ 세미림드강

❗ 킬드강은 규소 또는 알루미늄과 같은 강한 탈산제로 완전 탈산한 강을 의미한다.

07 노치가 붙은 각 시험편을 각 온도에서 파괴하면, 어떤 온도를 경계로 하여 시험편이 급격히 취성화되는가?

① 천이 온도 　　② 노치 온도
③ 파괴 온도 　　④ 취성 온도

❗ 성질이 급변하는 온도를 천이온도라 하여 저온취성을 나타내는 온도를 말하며, 철의 천이온도는 400~600 ℃이다.

08 금속재료를 보통 500~700℃로 가열하여 일정시간 유지 후 서냉하는 방법으로 주조, 단조, 기계가공 및 용접 후에 잔류응력을 제거하는 풀림방법은?

① 연화 풀림 　　② 구상화 풀림
③ 응력제거 풀림 　　④ 향온 풀림

❗ 응력제거 풀림은 응력을 제거할 목적으로 실시되며 충격저항의 감소 효과는 없다.

09 알루미늄의 특성이 아닌 것은?

① 전기 전도도는 구리의 60% 이상이다.
② 직사광의 90% 이상을 반사할 수 있다.
③ 비자성체이며 내열성이 매우 우수하다.
④ 저온에서 우수한 특성을 갖고 있다.

❗ **Al에 대하여**
• 경금속, 2.7(비중), 융점 660℃
• 산화피막 – 대기중 부식방지, 해수와 산·알카리에 부식
• 열, 전기의 양도체(65%)
• 면심 입방 격자
• 80% 이상인 진한질산에 침식되지 않음.

10 강의 담금질 조직 중 냉각속도에 따른 조직의 변화 순서가 옳게 나열된 것은?

① 트루스타이트→ 솔바이트→ 오스테나이트→ 마텐자이트
② 솔바이트→ 트루스타이트→ 오스테나이트→ 마텐자이트
③ 마텐자이트→ 오스테나이트→ 솔바이트→ 트루스타이트
④ 오스테나이트→ 마텐자이트→ 트루스타이트→ 솔바이트

11 3차원의 물체를 원근감을 주면서 투상선이 한 곳에 집중되게 그린 것으로 건축, 토목의 투상에 주로 사용되는 것은?

① 투시도 　　② 사투상도
③ 부등각투상도 　　④ 정투상도

❗ 투시도는 물체를 원근감을 주면서 투상하기 때문에 건축, 토목의 조감도 등에 널리 사용된다.

12 도면의 분류 중 내용에 따른 분류에 해당되지 않는 것은?

① 기초도　　　　② 스케치도
③ 계통도　　　　④ 장치도

13 겹쳐진 부재에 홀(Hole) 대신 좁고 긴 홀을 만들어 용접하는 것은?

① 맞대기 용접　　② 필렛 용접
③ 플러그 용접　　④ 슬롯 용접

14 CAD 시스템의 도입 효과가 아닌 것은?

① 품질향상　　　② 원가절감
③ 납기연장　　　④ 표준화

15 보이지 않는 부분을 표시하는 데 쓰이는 선은?

① 외형선　　　　② 숨은선
③ 중심선　　　　④ 가상선

16 도형의 표시방법 중 보조투상도의 설명으로 옳은 것은?

① 그림의 일부를 도시하는 것으로 충분한 경우에 그 필요 부분만을 그리는 투상도
② 대상물의 구멍, 홈 등 한 국부만의 모양을 도시하는 것으로 충분한 경우에 그 필요 부분만을 그리는 투상도
③ 대상물의 일부가 어느 각도를 가지고 있기 때문에 투상면에 그 실형이 나타나지 않을 때에 그 부분을 회전해서 그리는 투상도
④ 경사면부가 있는 대상물에서 그 경사면의 실형을 나타낼 필요가 있는 경우에 그리는 투상도

17 용접 기호 중에서 스폿 용접을 표시하는 기호는?

① ⊖　　　　　② ▢
③ ◯　　　　　④ ▭

18 다음 중 서로 관련되는 부품과의 대조가 용이하여 다종 소량 생산에 쓰이는 도면은?

① 1품 1엽 도면
② 1품 다엽 도면
③ 다품 1엽 도면
④ 복사도면

19 다음 용접기호를 설명한 것으로 올바른 것은?

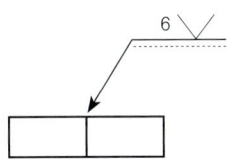

① 용접은 화살표 쪽으로 한다.
② 용접은 1형 이음으로 한다.
③ 용접 목 길이는 6mm이다.
④ 용접부 루트간격은 6mm이다.

> **!** 실선에 용접기호가 표시되면 화살표쪽을 용접한다.

20 용접부의 비파괴시험에서 150mm씩 세 곳을 택하여 형광 자분탐상 시험을 지시하는 것은?

① MT-F150(3) ② MT-D150(3)
③ MT-F3(150) ④ MT-D3(150)

> **!** 비파괴시험법의 종류
> - VT 외관검사   - MT 자분탐상
> - PT 침투탐상(형광 F)   - UT 초음파탐상
> - RT 방사선검사   - LT 누설검사
> - ECT 맴돌이검사

21 루트 균열에 대한 설명으로 거리가 먼 것은?

① 루트 균열의 원인은 열영향부 조직의 경화성이다.
② 맞대기 용접이음의 가접에서 발생하기 쉬우며 가로 균열의 일종이다.
③ 루트 균열을 방지하기 위해 건조된 용접봉을 사용한다.
④ 방지책으로는 수소량이 적은 용접, 건조된 용접봉을 사용한다.

> **!** 루트 균열은 루트의 노치에 의한 응력 집중부에서 주로 발생하는 균열이다.

22 연강을 용접이음할 때 인장강도가 21N/mm^2, 허용용력이 7N/mm^{2}이다. 정하중에서 구조물을 설계할 경우 안전율은 얼마인가?

① 1   ② 2
③ 3   ④ 4

> **!** $안전율 = \dfrac{인장강도}{허용응력} = \dfrac{21}{7}$

23 연강판의 맞대기 용접이음시 굽힘 변형 방지법이 아닌 것은?

① 이음부에 미리 역변형을 주는 방법
② 특수 해머로 두들겨서 변형하는 방법
③ 지그로 정반에 고정하는 방법
④ 스트롱 백에 의한 구속 방법

24 아크 전류가 300A, 아크 전압이 25V, 용접 속도가 20cm/min인 경우 발생되는 용접입열은?

① 20000J/cm   ② 22500J/cm

③ 25500J/cm   ④ 30000J/cm

!

용적입열 $= \dfrac{60EI}{V}$ $\dfrac{60 \times 25 \times 300}{20} = 22{,}500$

25 [그림]과 같은 겹치기 이음의 필릿 용접을 하려고 한다. 허용응력을 50[MPa]라 하고 인장하중을 50[kN], 판 두께 12mm라고 할 때, 용접 유효길이는 약 몇 mm인가?

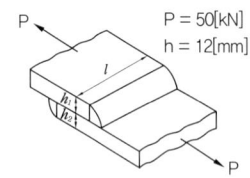

P = 50[kN]
h = 12[mm]

① 83   ② 73

③ 69   ④ 59

!

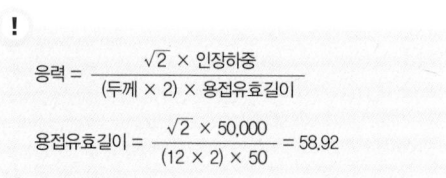

응력 $= \dfrac{\sqrt{2} \times 인장하중}{(두께 \times 2) \times 용접유효길이}$

용접유효길이 $= \dfrac{\sqrt{2} \times 50{,}000}{(12 \times 2) \times 50} = 58{,}92$

26 다음 중 용접이음의 설계로 가장 좋은 것은?

① 용착 금속량이 많게 되도록 한다.
② 용접선이 한 곳에 집중되도록 한다.
③ 잔류응력이 적게 되도록 한다.
④ 부분 용입이 되도록 한다.

27 자분탐상 검사의 자화방법이 아닌 것은?

① 축통전법   ② 관통법

③ 극간법   ④ 원형법

!

자분탐상의 자화방법은 축통전법, 관통법, 직각통전법, 코일법, 극간법이 있다.

28 용접 구조물을 조립할 때 용접자세를 원활하게 하기 위해 사용되는 것은?

① 용접게이지   ② 제관용 정반

③ 용접 지그   ④ 수평 바이스

29 용접시 용접자세를 좋게 하기 위해 정반 자체가 회전하도록 한 것은?

① 매니플레이터   ② 용접 고정구

③ 용접대   ④ 용접 포지셔너

!

포지셔너는 용접지그 중 아래보기 작업을 쉽게 할 수 있도록 하는 것 – 만능지그

30 용접선에 직각 방향으로 수축되는 변형을 무엇이라 하는가?

① 가로수축   ② 세로수축

③ 회전수축   ④ 좌굴변형

31 공업용 가스의 종류와 그 용기의 색상이 잘못 연결된 것은?

① 산소 – 녹색   ② 아세틸렌 – 황색

③ 아르곤 – 회색   ④ 수소 – 청색

! **용기도색**
- 아세틸렌 – 황색
- 산소 – 녹색
- 아르곤 – 회색
- 수소 – 주황색
- 질소 – 회색
- 암모니아–백색

32 용착금속에서 기공의 결함을 찾아내는 데 가장 좋은 비파괴 검사법은?

① 누설 검사

② 자기 탐상 검사

③ 침투 탐상 검사

④ 방사선 투과 시험

33 용접 구조 설계시 주의사항에 대한 설명으로 틀린 것은?

① 용접치수는 강도상 필요 이상 크게 하지 않는다.

② 용접이음의 집중, 교차를 피한다.

③ 판면에 직각방향으로 인장하중이 작용할 경우 판의 압연방향에 주의한다.

④ 후판을 용접할 경우 용입이 낮은 용접법을 이용하여 층수를 줄인다.

! **용접 구조물 설계시 주의사항**
- 용접에 적합한 설계를 한다
- 용접길이는 가능한 한 짧게, 용착량도 강도상 필요한 최소치로 한다.
- 각종 이음의 특성을 잘 알고 사용하며 용접하기 쉽게 설계한다.
- 약한 필릿 용접은 피한다.
- 반복하중을 받는 이음에서는 이음 표면을 평활하게 한다.
- 구조상 노치를 피한다.

34 용접 결함 중 언더컷이 발생했을 때 보수 방법은?

① 예열한다.

② 후열한다.

③ 언더컷 부분을 연삭한다.

④ 언더컷 부분을 가는 용접봉으로 용접 후 연삭한다.

! **용접부의 결함 중 구조상 결함의 종류**
- 피트 : 합금원소가 많을 때, 습기·페인트·녹등 황 함유시
- 스패터 : 전류 높을 때, 건조되지 않은 용접봉 사용시, 아크길이가 길 때
- 용입불량 : 이음설계 결함, 용접 속도가 빠를 때, 전류가 낮을 때
- 언더컷 : 전류가 높을 때, 아크길이가 클 때, 속도가 부적합할 때(가는 용접봉으로 보수)
- 오버랩 : 용접전류가 낮을 때, 용접봉의 부적합 선택(깍아내고 재용접)
- 선상구조 : 용착금속의 냉각속도가 빠를 때, 모재 재질 불량, X선으로는 검출 할 수 없음.

35 두꺼운 강판에 대한 용접이음 홈 설계시는 용접자세, 이음의 종류, 변형, 용입상태, 경제성 등을 고려하여야 한다. 이때 설계의 요령과 관계가 먼 것은?

① 용접 홈의 단면적은 가능한 작게 한다.

② 루트 반지름은 가능한 작게 한다.

③ 전후좌우로 용접봉을 움직일 수 있는 홈 각도가 필요하다.

④ 적당한 루트간격과 루트면을 만들어 준다.

36 용착효율을 구하는 식으로 옳은 것은?

① $용착효율(\%) = \dfrac{용착금속의 중량}{용접봉 사용중량} \times 100$

② $용착효율(\%) = \dfrac{용접봉 사용중량}{용착금속의 중량} \times 100$

③ $용착효율(\%) = \dfrac{남은 용접봉의 중량}{용접봉 사용중량} \times 100$

④ $용착효율(\%) = \dfrac{용접봉 사용중량}{남은 용접봉의 중량} \times 100$

37 용접시 발생하는 용접변형의 주 발생 원인으로 가장 적합한 것은?

① 용착금속부의 취성에 의한 변형
② 용접이음부의 결함 발생으로 인한 변형
③ 용착금속부의 수축과 팽창으로 인한 변형
④ 용착금속부의 경화로 인한 변형

38 한 끝에서 다른 쪽 끝을 향해 연속적으로 진행하는 방법으로 용접이음이 짧은 경우나 변형, 잔류응력 등이 크게 문제되지 않을 때 이용되는 용착법은?

① 비석법　　　② 대칭법
③ 후퇴법　　　④ 전진법

> **！**
> **용착법**
> • 전진법 : 용접 시작 부분보다 끝나는 부분이 수축 및 잔류응력이 커서 용접이음이 짧고 변형 및 잔류응력이 그다지 문제가 되지 않을 때 사용
> (전진법 1 2 3 4 5)
> • 후진법 : 용접을 단계적으로 후퇴하면서 전체적 길이를 용접하는 방법으로 수축과 잔류 응력을 줄이는 방법
> (후진법 5 4 3 2 1)
> • 대칭법 : 용접전 길이에 대하여 중심에서 좌우로 또는 용접부의 형상에 따라 좌우대칭으로 용접하여 변형과 수축응력을 경감한다
> (대칭법 4 2 1 3)
> • 비석법(스킵법) : 짧은 동점길이로 나누어 놓고 간격을 두면서 용접하는 방법으로 특히 잔류응력을 적게 할 경우에 사용
> (스킵법(비석법) 1 4 2 5 3)

39 용접부의 부식에 대한 설명으로 틀린 것은?

① 임계 부식은 용접 열영향부의 오스테나이트 입계에 크롬 탄화물이 석출될 때 발생한다.
② 용접부의 부식은 전면부식과 국부부식으로 분류한다.
③ 틈새부식은 틈 사이의 부식을 말한다.
④ 용접부의 잔류응력은 부식과 관계없다.

40 저온취성 파괴에 미치는 요인과 가장 관계가 먼 것은?

① 온도의 저하
② 인장 잔류 응력
③ 예리한 노치
④ 강재의 고온 특성

제3과목 용접일반 및 안전관리

41 판 두께가 가장 두꺼운 경우에 적당한 용접 방법은?

① 원자 수소 용접
② CO_2 가스 용접
③ 서브머지드 용접
④ 일렉트로 슬래그 용접

> **！**
> **일렉트로 슬래그 용접**
> • 두꺼운 판의 양쪽에 수냉 동판을 대고 용융 슬래그 속에서 아크를 발생시킨 후 용융슬래그의 전기저항을 이용하여 용접하는 특수용접의 일종
> • 두꺼운 단층용접, 아크불꽃 없음.
> • 저항 발생열량 $Q = 0.24 I^2 RT$

42 TIG 용접으로 Al을 용접할 때 가장 적합한 용접 전원은?

① DCSP　　　② DCRP
③ ACHF　　　④ ACRP

> **！**
> **알루미늄 용접**
> • 열전도도가 커서 단시간에 용접온도를 높이는데 높은 온도의 열원이 필요
> • 열 팽창계수가 매우 커서 일반 용접법 곤란
> • 가스 용접, 불활성가스 아크 용접, 전기저항 용접으로 용접 후 2% 질산, 10% 뜨거운 황산으로 씻어냄.
> • 청정작용–Ar가스 이용, TIG 용접 직류역극성 이용
> • 전원은 교류고주파(ACHF) 이용

43 직류 아크 용접기를 교류 아크 용접기와 비교했을 때 틀린 것은?

① 비피복 용접봉 사용이 가능하다.
② 전격의 위험이 크다.
③ 역률이 양호하다.
④ 유지보수가 어렵다.

44 전기 저항열을 이용한 용접법은?

① 일렉트로 슬래그 용접
② 잠호 용접
③ 초음파 용접
④ 원자 수소 용접

45 용제없이 가스 용접을 할 수 있는 재질은?

① 연강   ② 주철
③ 알루미늄   ④ 황동

46 두께가 12.7mm인 강판을 가스 절단하려 할 때 표준 드래그의 길이는 2.4mm이다. 이때 드래그는 몇 %인가?

① 18.9   ② 32.1
③ 42.9   ④ 52.4

! 드래그는 판두께의 20%가 적합하다.

47 용접에 관한 안전 사항으로 틀린 것은?

① TIG용접시 차광렌즈는 12~13번을 사용한다.
② MIG용접시 피복 아크 용접보다 1m가 넘는 거리에서도 공기 중의 산소를 오존으로 바꿀 수 있다.
③ 전류가 인체에 미치는 영향에서 50mA는 위험을 수반하지 않는다.
④ 아크로 인한 염증을 일으켰을 경우 붕산수(2%수용액)로 눈을 닦는다.

! 용접시 전류의 영향
• 50mA~100mA는 순간적인 사망의 원인이 된다.
(10mA−고통 수반 / 20mA−고통과 근육수축)

48 CO_2 아크 용접에 대한 설명 중 틀린 것은?

① 전류 밀도가 높아 용입이 깊고, 용접속도를 빠르게 할 수 있다.
② 용접장치, 용접 전원 등 장치로서는 MIG용접과 같은 점이 많다.
③ CO_2 아크 용접에서는 탈산제로서 Mn 및 Si를 포함한 용접 와이어를 사용한다.
④ CO_2 아크 용접에서는 차폐가스로 CO_2에 소량의 수소를 혼합한 것을 사용한다.

! 혼합가스를 이용하는 용접법을 MAG용접법이라 한다.

49 최소 에너지 손실속도로 변화되는 절단팁의 노즐 형태는?

① 스트레이트 노즐
② 다이버전트 노즐
③ 원형 노즐
④ 직선형 노즐

50 맞대기 압점의 분류에 속하지 않는 것은?

① 플래시 맞대기 용접
② 방전 충격 용접
③ 업셋 맞대기 용접
④ 심 용접

51 TIG 용접시 교류 용접기에 고주파 전류를 사용할 때의 특징이 아닌 것은?

① 아크는 전극을 모재에 접촉시키지 않아도 발생된다.
② 전극의 수명이 길다.
③ 일정 지름의 전극에 대한 광범위한 전류의 사용이 가능하다.
④ 아크가 길어지면 끊어진다.

52 다음 중 전격의 위험성이 가장 적은 것은?

① 케이블의 피복이 파괴되어 절연이 나쁠 때
② 무부하 전압이 낮은 용접기를 사용할 때
③ 땀을 흘리면서 전기용접을 할 때
④ 젖은 몸에 홀더 등이 닿았을 때

53 아세틸렌 청정기는 어느 위치에 설치함이 좋은가?

① 발생기의 출구
② 안전기 다음
③ 압력 조정기 다음
④ 토치 바로 앞

54 이산화탄소 아크 용접에 대한 설명으로 옳지 않은 것은?

① 아크 시간을 길게 할 수 있다.
② 가시 아크이므로 시공시 편리하다.
③ 용접입열이 크고 용융속도가 빠르며 용입이 깊다.
④ 바람의 영향을 받지 않으므로 방풍장치가 필요없다.

55 교류 아크 용접시 아크시간이 6분이고, 휴식 시간이 4분일 때 사용율은 얼마인가?

① 40%   ② 50%
③ 60%   ④ 70%

56 B형 가스용접 토치의 팁 번호 250을 바르게 설명한 것은?

① 판 두께 250mm까지 용접한다.
② 1시간에 250리터의 아세틸렌 가스를 소비하는 것이다.
③ 1시간에 250리터의 산소 가스를 소비하는 것이다.
④ 1시간에 250cm까지 용접한다.

57 CO_2 가스에 산소를 첨가한 효과가 아닌 것은?

① 슬래그 생성량이 많아져 비드 외관이 개선된다.
② 용입이 낮아 박판 용접에 유리하다.
③ 용융지의 온도가 상승된다.
④ 비금속 개재물의 응집으로 용착강이 청결해진다.

58 교류 아크 용접기에서 2차측의 무부하 전압은 약 몇 V가 되는가?

① 40~60V   ② 70~80V
③ 80~100V   ④ 100~120V

> **!** 전격 방지기는 88~95V의 무부하전압을 25~35V의 전압으로 낮추는 역할을 한다.

59 강을 가스 절단할 때 쉽게 절단할 수 있는 탄소 함유량은 얼마인가?

① 6.68%C 이하   ② 4.3%C 이하
③ 2.11%C 이하   ④ 0.25%C 이하

> **!** 가스절단시 탄소의 함유량은 0.3% 이하의 저탄소강이 적합하다.

60 아크 용접과 절단 작업에서 발생하는 복사 에너지 중 눈에 백내장을 일으키고, 맨살에 화상을 입힐 수 있는 것은?

① 적외선   ② 가시광선
③ 자외선   ④ X선

> **!** 적외선은 백내장과 화상을 입히는 원인이 된다.

국가기술자격 필기시험문제

2014년 5월 25일 기사 제2회 필기시험				수험 번호	성명
자격 종목	종목코드	시험시간	형별		
용접산업기사	1402	1시간 30분	B		

제1과목 용접야금 및 용접설비 제도

01 강의 조직 중 오스테나이트에서 냉각 중 탄소농도의 확산으로 탄소농도가 낮은 페라이트와 탄소농도가 높은 시멘타이트가 층상을 이루는 조직은?

① 펄라이트　　　② 마텐자이트
③ 트루스타이트　④ 레데브라이트

! 펄라이트는 페라이트와 시멘타이트가 층상으로 이루는 강한 조직이다.

02 용접부 고온균열의 직접적인 원인이 되는 것은?

① 전극의 피복제에 흡수된 수분
② 고온에서의 연성 향상
③ 응고시의 수축, 팽창
④ 후열처리

! 고온균열은 응고 중, 응고 후에 발생되며 균열이 표면까지 진전되면 균열의 면은 산화되어 청색의 피막을 형성한다.

03 Fe-C 합금에서 6.67%C를 함유하는 탄화철의 조직은?

① 시멘타이트　　② 레데브라이트
③ 페라이트　　　④ 오스테나이트

! 시멘타이트는 탄화철(Fe_3C)로서 금속적인 광택이 있고 단단하고, 취성이 있으며 자성을 나타낸다.

04 한국산업표준에서 정한 일반 구조용 탄소 강관을 표시하는 것은?

① SCPH　　② STKM
③ NCF　　　④ STK

! 일반구조용탄소강관은 STK로 나타내는데 steel pipe structure를 표시한다.

05 황(S)에 관한 설명으로 틀린 것은?

① 강에 함유된 S는 대부분 MnS로 잔류한다.
② FeS는 결정입계에 망상으로 분포되어 있다.
③ S는 상온취성의 원인이 되며, 경도를 증가시킨다.
④ S가 0.02% 정도만 있어도 인장강도, 충격치를 감소시킨다.

! 황이 포함된 금속은 적열 취성을 나타내는데 Mn은 황의 해를 줄여줄 수 있다. 황의 분포 여부를 확인하는 법을 설퍼 프린터법이라 한다.

06 피복 아크 용접에서 피복제의 역할 중 가장 거리가 먼 것은?

① 용접금속의 응고와 냉각속도를 지연시킨다.
② 용접금속에 적당한 합금원소를 첨가한다.
③ 용융점이 낮은 적당한 점성의 슬래그를 만든다.
④ 합금원소 첨가 없이도 냉각속도로 인해 입자를 미세화하여 인성을 향상시킨다.

! **피복제의 역할(용제)**
· 아크안정, 산·질화 방지, 용적의 미세화
· 유동성 증가, 전기절연작용
· 서냉으로 취성방지, 탈산정련, 슬래그 박리성 증대

07 연강용 피복 아크 용접봉에서 피복제의 염기도가 가장 낮은 것은?

① 티탄계   ② 저수소계
③ 일미나이트계   ④ 고셀룰로스계

! 티탄계 용접봉이 염기도가 가장 낮다.
4313인 산화티탄 용접봉은 기계적 성질이 약하고 염기도가 낮으며 반면에 4316인 저수소계 용접봉은 염기도가 가장 높다.

08 다음 중 탄소의 함유량이 가장 적은 것은?

① 경강   ② 연강
③ 합금 공구강 ④ 탄소 공구강

! 연강은 저탄소강으로 일반적으로 탄소의 함유량이 0.3% 미만의 강을 말한다.

09 용접구조물에서 예열의 목적이 잘못 설명된 것은?

① 열 영향부의 경도를 증가시킨다.
② 잔류응력을 경감시킨다.
③ 용접변형을 경감시킨다.
④ 저온균열을 방지시킨다.

! **예열의 목적**
· 모재의 수축응력을 감소하여 균열 발생 억제
· 냉각속도를 느리게 하여 모재의 취성 방지
· 용착금속의 수소성분이 나갈 수 있는 여유를 주어 비드 밑 균열 방지
· 경화증대 아님.

10 다음의 금속재료 중 전기 전도율이 가장 큰 것은?

① 크롬   ② 아연
③ 구리   ④ 알루미늄

! **전기전도 순서**
은 – 구리 – 금 – 알루미늄 – 마그네슘 – 니켈 – 철 등의 순서임.

11 다음의 용접기호를 바르게 설명한 것은?

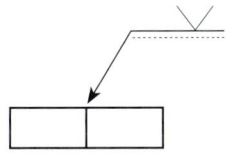

① 화살표 쪽의 용접
② 양면대칭 부분용입의 용접
③ 양면대칭 용접
④ 화살표 반대쪽의 용접

! 은선에 용접기호가 표시되면 화살표 반대쪽을 용접해야 한다.

12 도면에서 2종류 이상의 선이 같은 장소에서 중복될 경우 도면에 우선적으로 그어야 하는 선은?

① 외형선 ② 중심선
③ 숨은선 ④ 무게 중심선

13 외형선 및 숨은선의 연장선을 표시하는 데 사용되는 선은?

① 가는 1점 쇄선 ② 가는 실선
③ 가는 2점 쇄선 ④ 파선

14 치수 기입시 구의 반지름을 표시하는 치수보조기호는?

① SR ② Sø
③ R ④ t

15 일반적으로 부품의 모양을 스케치하는 방법이 아닌 것은?

① 프린트법 ② 프리핸드법
③ 판화법 ④ 사진촬영법

16 KS 기계제도에 사용하는 평행 투상법의 종류가 아닌 것은?

① 정투상 ② 등각 투상
③ 사투상 ④ 투시 투상

17 도면을 그리기 위하여 도면에 반드시 설정해야 되는 양식이 아닌 것은?

① 윤곽선 ② 도면의 구역
③ 표제란 ④ 중심 마크

18 도형이 이동한 중심 궤적을 표시할 때 사용하는 선은?

① 굵은 실선 ② 가는 2점 쇄선
③ 가는 1점 쇄선 ④ 가는 실선

19 용접이음의 기호에서 뒷면 용접을 나타낸 기호는?

① ○ ② ⌣
③ □ ④ ⌣̲

20 다음 용접부의 기본기호 중 서페이싱을 나타내는 것은?

① ⌒⌒ ② ⌣
③ ○ ④ ⊖

21 잔류 응력의 완화법인 응력 제거 어닐링 (Annealing)의 효과로 틀린 것은?

① 응력 부식에 대한 저항력 감소
② 크리프 강도 향상
③ 충격 저항의 증대
④ 치수 비틀림 방지

22 두께가 5mm인 강판을 가지고 완전 용입의 T형 용접을 하려고 한다. 이때 최대 50000N의 인장하중을 작용시키려면 용접 길이는 얼마인가?(단, 용접분의 허용인장 응력은 100MPa이다.)

① 50mm ② 100mm
③ 150mm ④ 200mm

!

$$인장응력 = \frac{하중}{단면적} : \frac{P}{A}$$

$$100 = \frac{50000}{5 \times \ell}$$

$$\ell = \frac{50000}{100 \times 5} = 100$$

23 용접금속의 균열 현상에서 저온 균열에서 나타나는 균열은?

① 토우 크랙 ② 노치 크랙
③ 설퍼 크랙 ④ 루트 크랙

24 T형 이음(홈 완전 용입)에서 P=31.5kN, h=7mm로 할 때 용접 길이는 얼마인가? (단, 허용 응력은 90MPa이다.)

① 20mm ② 30mm
③ 40mm ④ 50mm

!

$$용접길이 = \frac{P}{두께 \times 응력} = \frac{31.5 \times 10^3}{7 \times 90} = 50$$

(1MPa는 $10^6 N/m^2$)

25 용접 이음준비에서 조립과 가접에 대한 설명이다. 틀린 것은?

① 수축이 큰 맞대기 용접을 먼저 한다.
② 용접과 리벳이 있는 경우 용접을 먼저 한다.
③ 가접은 본 용접사와 같은 기량을 가진 용접사가 한다.
④ 가접은 변형 방지를 위하여 용접봉 지름이 큰 것을 사용한다.

!

가접시 용접봉은 작은 것을 사용하는 것이 좋다.

26 맞대기 이음부의 홈의 형상으로만 조합된 것은?

① Z형, K형, L형, T형
② I형, V형, U형, H형
③ G형, X형, J형, P형
④ B형, U형, K형, Y형

27 다층 용접에서 변형과 잔류 응력을 경감시키기 위해 사용하는 용접법은?

① 빌드업(build up)법
② 스킵(skip)법
③ 후퇴법
④ 전진 블록(block)법

!

다층 용접법
• 덧살올림법(빌드업법) : 열영향이 크고 슬래그 섞임 우려가 있음, 한랭시 구속이 클 때 후판에서 첫층 균열이 있다.
• 캐스케이드법 : 하부분의 몇 층을 용접하다가 다음 층으로 연속시켜 용접하는 법, 결함이 적지만 잘 사용 않음.
• 전진블록법 : 한 개의 용접봉으로 살을 붙일만한 길이로 구분해서 여러층으로 쌓아 올린 후 다음 부분으로 진행함, 첫층 균열발생 우려가 있다.

28 다음 설명 중 옳지 않은 것은?

① 금속은 압축응력에 비하여 인장응력에는 약하다.

② 팽창과 수축의 정도는 가열된 면적의 크기에 반비례한다.

③ 구속된 상태의 팽창과 수축은 금속의 변형과 잔류응력을 생기게 한다.

④ 구속된 상태의 수축은 금속이 그 장력에 견딜만한 연성이 없으면 파단한다.

29 용접 이음의 피로강도를 시험할 때 사용되는 S-N곡선에서 S와 N을 옳게 표시한 항목은?

① S : 스트레인,　　N : 반복하중

② S : 응력,　　　　N : 반복 횟수

③ S : 인장강도,　　N : 전단강도

④ S : 비틀림강도,　N : 응력

> **!** 피로 시험법에서 S는 응력을, N은 반복횟수를 표시한다.

30 수직으로 4000N의 힘이 작용하는 부분에 수평으로 맞대기 용접을 하고자 하는데 용접부의 형상은 판 두께 6mm, 용접선의 길이 220m로 하려고 할 때, 이음부에 발생하는 인장응력은 약 얼마인가?

① 4.0N/mm^2　　　② 3.0N/mm^2

③ 109.1N/mm^2　④ 110.2N/mm^2

> **!**
> $$응력 = \frac{인장하중}{두께 \times 용접유효길이} = \frac{4000}{6 \times 220} = 3.03$$

31 플레어 용접부의 형상으로 맞는 것은?

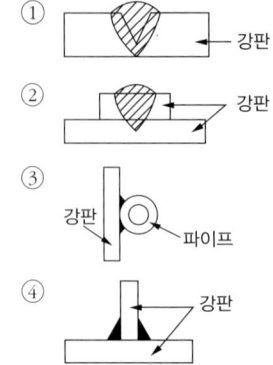

32 다음 예열에 대한 설명으로 옳지 않은 것은?

① 연강의 두께가 25mm 이상인 경우 약 50~350℃ 정도의 온도로 예열한다.

② 연강을 0℃ 이하에서 용접할 경우 이음의 양쪽 폭 100mm 정도를 약 40~70℃ 정도로 예열하는 것이 좋다.

③ 구리나 알루미늄 합금 등은 200~400℃로 예열한다.

④ 예열은 근본적으로 용접 금속 내에 수소의 성분을 넣어주기 위함이다.

> **!**
> **예열의 목적**
> • 모재의 수축응력을 감소하여 균열발생 억제
> • 냉각속도를 느리게 하여 모재의 취성방지
> • 용착금속의 수소성분이 나갈 수 있는 여유를 주어 비드 밑 균열 방지
> • 경화증대 아님.

33 아래 그림과 같은 필릿 용접부의 종류는?

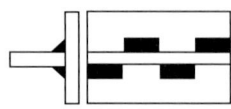

① 연속 병렬 필릿용접

② 연속 필릿용접

③ 단속 병렬 필릿용접

④ 단속 지그재그 필릿용접

34 용융된 금속이 모재와 잘못 녹아 어울리지 못하고 모재에 덮인 상태의 결함은?

① 스패터 ② 언더컷
③ 오버랩 ④ 기공

!
용접부의 결함 중 구조상 결함의 종류
- 피트 : 합금원소가 많을 때, 습기·페인트·녹등 황 함유시
- 스패터 : 전류 높을 때, 건조되지 않은 용접봉 사용시, 아크길이가 길 때
- 용입불량 : 이음설계 결함, 용접 속도가 빠를 때, 전류가 낮을 때
- 언더컷 : 전류가 높을 때, 아크길이가 클 때, 속도가 부적합할 때
- 오버랩 : 용접전류가 낮을 때, 용접봉의 부적합 선택
- 선상구조 : 용착금속의 냉각속도가 빠를 때, 모재 재질 불량, X선으로는 검출 할 수 없음.

35 용접변형의 교정법에서 박판에 대한 점 수축법의 시공조건으로 틀린 것은?

① 가열온도는 500~600℃
② 가열시간은 180초
③ 가열점 지름은 20~30mm
④ 가열 후 즉시 수냉

!
용접 후 변형 교정법
- 박판에 대한 점 수축법 – 소성가공을 이용(가열온도 500~600℃, 가열 지름 20~30mm, 가열 즉시 수냉)
- 형재에 대한 직선 수축법
- 가열 후 해머질하는 방법
- 후판에 대해 가열 후 압력을 가하고 수냉하는법–순서
- 로울러에 거는 법
- 절단하여 정형 후 재용접하는 법
- 피닝법 : 특수해머를 사용하여 모재의 표면에 지속적으로 충격을 가해 줌으로써 재료 내부에 있는 잔류응력을 완화시키면서 표면층에 소성변형을 주는 방법

36 연강판 용접 인장 시험에서 모재의 인장 강도가 3500MPa, 용접 시험편의 인장 강도가 2800MPa로 나타났다면 이음 효율은?

① 60% ② 70%
③ 80% ④ 90%

!
이음 효율 = $\dfrac{2800}{3500} \times 100 = 80\%$

37 용접변형의 종류에 해당되지 않는 것은?

① 좌굴변형 ② 연성변형
③ 비틀림변형 ④ 회전변형

38 시험편에 V형 또는 U형 노치를 만들어 파괴시키는 시험법은?

① 경도 시험법 ② 인장 시험법
③ 굽힘 시험법 ④ 충격 시험법

!
충격시험은 시험편에 V나 U형의 노치부를 만들어서 충격을 주는 것으로 아이조드식과 샤르피식이 있다.

39 인장시험의 시험편의 처음길이를 l_0, 파단 후의 거리를 l 이라 하면 변형률(ε)에 관한 식은?

① $\varepsilon = \dfrac{l - l_0}{l} \times 100[\%]$

② $\varepsilon = \dfrac{l_0 - l}{l} \times 100[\%]$

③ $\varepsilon = \dfrac{l_0 - l}{l} \times 100[\%]$

④ $\varepsilon = \dfrac{l - l_0}{l} \times 100[\%]$

40 필릿 용접에서 응력집중이 가장 큰 용접부는?

① 루트부 ② 토우부
③ 각장 ④ 목 두께

!
필렛 용접부에서는 루트부가 응력 집중이 가장 크게 발생한다.

41 테르밋 용접 이음부의 예열 온도는 약 몇℃가 적당한가?

① 400~600　　② 600~800
③ 800~900　　④ 1000~1100

> **!** 테르밋 용접에서의 예열 온도는 800~900℃가 적당하다.

42 실드 가스로서 주로 탄산가스를 사용하여 용융부를 보호하여 탄산가스 분위기 속에서 아크를 발생시켜 그 아크열로 모재를 용융시켜 용접하는 방법은?

① 테르밋 용접
② 실드 용접
③ 전자 빔 용접
④ 일렉트로 가스 아크 용접

43 가스절단시 절단속도에 영향을 주는 것과 가장 거리가 먼 것은?

① 팁의 형상　　② 용기의 산소량
③ 모재의 온도　　④ 산소 압력

> **!**
> **가스절단에 영향을 미치는 요소**
> • 예열불꽃
> • 절단조건
> • 절단속도
> • 산소가스의 순도, 압력
> • 가스의 분출량과 속도

44 아크 용접기의 사용상 주의점이 아닌 것은?

① 정격 사용률 이상으로 사용한다.
② 접지(earth)를 확실히 한다.
③ 비, 바람이 치는 장소에서는 사용하지 않는다.
④ 기름이나 증기가 많은 장소에서는 사용하지 않는다.

45 용접전류가 400A 이상일 때 가장 적합한 차광도 번호는?

① 5　　② 8
③ 10　　④ 14

46 전격방지를 위한 작업으로 틀린 것은?

① 보호구를 완전히 착용한다.
② 직류보다 교류를 많이 사용한다.
③ 무부하 전압이 낮은 용접기를 사용한다.
④ 절연상태를 확인한 후 사용한다.

47 아크 용접 작업에서 전격의 방지 대책으로 틀린 것은?

① 절연 홀더의 절연 부분이 노출되면 즉시 교체한다.
② 홀더나 용접봉은 절대로 맨손으로 취급하지 않는다.
③ 밀폐된 공간에서는 자동 전격 방지기를 사용하지 않는다.
④ 용접기의 내부에 함부로 손을 대지 않는다.

> **!** 밀폐된 공간에서도 전격방지기를 사용해야 한다.

48 가스절단의 예열불꽃이 너무 약할 때의 현상을 가장 적절하게 설명한 것은?

① 절단속도가 빨라진다.
② 드래그가 증가한다.
③ 모서리가 용융되어 둥글게 된다.
④ 절단면이 거칠어진다.

> **!**
> **예열불꽃이 약할 때**
> • 드래그가 증가한다.
> • 역화를 일으키기 쉽다.
> • 절단속도가 느려진다.
> • 절단이 중단되기 쉽다.

49 절단산소의 순도가 낮은 경우 발생하는 현상이 아닌 것은?

① 산소 소비량이 증가된다.
② 절단속도가 저하된다.
③ 절단 개시 시간이 길어진다.
④ 절단홈 폭이 좁아진다.

50 스테인리스나 알루미늄 합금의 납땜이 어려운 가장 큰 이유는?

① 적당한 용제가 없기 때문에
② 강한 산화막이 있기 때문에
③ 융점이 높기 때문에
④ 친화력이 강하기 때문에

51 용해 아세틸렌 가스를 충전하였을 때 용기 전체의 무게가 34kgr이고 사용 후 빈병의 무게가 31kgr이면, 15℃, 1kgr/cm²하에서 충전된 아세틸렌 가스의 양은 약 몇 L인가?

① 465L
② 1054L
③ 1581L
④ 2715L

> **!**
> 아세틸렌의 양 구하는 식 : 905(A-B)
> A : 병전체의 무게 B : 빈 병의 무게

52 불활성가스 텅스텐 아크 용접에 사용되는 뒷받침의 형식이 아닌 것은?

① 금속 뒷받침(metal backing)
② 배킹 용접(backing weld)
③ 플럭스 뒷받침(flux backing)
④ 용접부의 뒤쪽에 불활성 가스를 흐르게 하는 방법(inert gas backing)

53 아크 용접시 발생되는 유해한 광선에 해당하는 것은?

① X-선
② 감마선(γ)
③ 알파선(α)
④ 적외선

> **!**
> 용접시 아크에서 발생하는 유해한 광선은 적외선으로 백내장과 화상의 원인이 된다.

54 직류 용접기와 비교하여 교류 용접기의 장점이 아닌 것은?

① 자기 쏠림이 방지된다.
② 구조가 간단하다.
③ 소음이 적다.
④ 역률이 좋다.

> **!**
> 교류 아크 용접기는 아크의 안정성이 떨어지고 자기 쏠림 현상이 없으며 소음이 작고 가격은 싸지만 역률이 나쁘다.

55 내용적 40리터의 산소 용기에 140kgf/cm²의 산소가 들어 있다. 350번 팁을 사용하여 혼합비 1:1의 표준 불꽃으로 작업하면 몇 시간이나 작업할 수 있는가?

① 10시간
② 12시간
③ 14시간
④ 16시간

> **!**
> (40 × 140) ÷ 350 = 16

56 표준 불꽃으로 용접할 때, 가스용접 팁의 번호가 200이면 다음 중 옳은 설명은?

① 매 시간당 산소의 소비량이 200리터이다.
② 매 분당 산소의 소비량이 200리터이다.
③ 매 시간당 아세틸렌가스의 소비량이 200리터이다.
④ 매 분당 아세틸렌가스의 소비량이 200리터이다.

> **!**
> 시간당 소비되는 아세틸렌의 양으로 번호를 매기는 것을 가변압식이라 한다.

57 피복 아크 용접에서 피복제의 역할이 아닌 것은?

① 용적을 미세화하고 용착 효율을 높인다.
② 용착 금속에 필요한 합금 원소를 첨가한다.
③ 아크를 안정시킨다.
④ 용착 금속의 냉각속도를 빠르게 한다.

> **!**
> **피복제의 역할(용제)**
> • 아크안정, 산·질화 방지, 용적의 미세화
> • 유동성 증가, 전기절연작용
> • 서냉으로 취성방지, 탈산정련, 슬래그 박리성 증대

58 탄산가스(CO_2) 아크 용접에 대한 설명 중 틀린 것은?

① 전자세 용접이 가능하다.
② 용착금속의 기계적, 야금적 성질이 우수하다.
③ 용접전류의 밀도가 낮아 용입이 얕다.
④ 가시(可視)아크이므로 시공이 편리하다.

59 아크쏠림의 발생 주원인은?

① 아크발생의 불량으로 발생한다.
② 전류가 흐르는 도체 주변의 자장 발생으로 발생한다.
③ 용접봉이 굵은 관계로 발생한다.
④ 자석의 크기로 인해서 발생한다.

> **!**
> 아크쏠림의 주된 이유는 자장의 형성이다. 그런 이유로 교류에서는 아크쏠림이 형성되지 않는다.

60 가스 실드계의 대표적인 용접봉으로 피복이 얇고, 슬래그가 적으므로 좁은 홈의 용접이나 수직상진·하진 및 위보기 용접에서 우수한 작업성을 가진 용접봉은?

① E4301   ② E4311
③ E4313   ④ E4316

> **!**
> **용접봉의 종류**
> • E : 피복금속 아크용접봉
> • 43 : 용착 금속의 최소인장강도
>   1) 4301 : 일미나이트계(슬랙 생성식)
>   2) 4303 : 라임티탄계
>   3) 4311 : 고셀룰로이드계(가스실드식)
>   4) 4313 : 고산화티탄계(산화티탄 35%,아크안정,CR봉, 비드좋다, 경구조물, 경자동차, 박판용접에 적합
>   5) 4316 : 저수소계(기계적 성질이 우수), 수소의 함량이 1/10정도, 균열의 감수성이 우수, 황의 함유량이 많고 성분은 석회석과 형석으로 구성
>   6) 4324 : 철분산화티탄계
>   7) 4326 : 철분저수소계
>   8) 4327 : 철분산화철계
>   9) 4340 : 특수계

01	02	03	04	05	06	07	08	09	10
①	③	①	④	③	④	①	②	①	③
11	12	13	14	15	16	17	18	19	20
④	①	②	①	③	④	②	③	④	①
21	22	23	24	25	26	27	28	29	30
①	②	①, ④	④	④	②	④	②	②	②
31	32	33	34	35	36	37	38	39	40
③	④	④	③	②	③	②	④	④	①
41	42	43	44	45	46	47	48	49	50
③	④	②	①	④	②	③	②	④	②
51	52	53	54	55	56	57	58	59	60
④	②	④	④	④	④	④	③	②	②

2014년 8월 17일 기사 제3회 필기시험				수험 번호	성명
자격 종목	종목코드	시험시간	형별		
용접산업기사	1403	1시간 30분	B		

제1과목 용접야금 및 용접설비제도

01 다음 보기를 공통적으로 설명하고 있는 표면 경화법은?

> **보기**
>
> – 강을 NH_3 가스 중에서 500~550℃ 로 20~100시간 정도 가열한다.
> – 경화 깊이를 깊게 하기 위해서는 시 간을 길게 하여야 한다.
> – 표면층에 합금 성분인 크롬, 알루미 늄, 몰리브덴 등이 단단한 경화층을 형성하여 특히 알루미늄은 경도를 높여주는 역할을 한다.

① 질화법   ② 침탄법
③ 크로마이징   ④ 화염경화법

!

질화법
암모니아 가스를 이용하여 520℃에서 50 ~100시간 가열 하면 Al, Cr, Mo 등이 질화된다. 질화가 불필요하면 Ni, Sn 도금을 한다.

02 강을 단조, 압연 등의 소성가공이나 주조로 거칠어진 결정조직을 미세화하고 기계적 성 질, 물리적 성질 등을 개량하여 조직을 표준 화하고 공랭하는 열처리는?

① 풀림   ② 불림
③ 담금질   ④ 뜨임

!

일반 열처리의 종류
• 담금질(퀜칭): 강을 강하게 만든다. 소금물 최대효과
• 뜨임(템퍼링): 담금질로 인한 취성제거, 강인성 증가 (MO, W, V)(가열 후 냉각)
• 풀림(어닐링): 재질의 변화, 내부응력제거, 서랭 → 국부 풀림 온도로 600~650℃에서 서랭
• 불림(노멀라이징): 조직의 균일화, 공랭, 표준화, 미세조 직화, A_3변태점~912℃

03 Fe–C 평형상태도에서 조직과 결정 구조에 대한 설명으로 옳은 것은?

① 펄라이트는 $\gamma + Fe_3C$이다.
② 레데뷰라이트는 $\alpha + Fe_3C$이다.
③ α-페라이트는 면심입방격자이다.
④ δ-페라이트는 체심입방격자이다.

04 티타늄의 성질을 설명한 것 중 옳은 것은?

① 비중은 약 8.9 정도이다.

② 열 및 도전율이 매우 높다.

③ 활성이 작아 고온에서 산화되지 않는다.

④ 상온 부근의 물 또는 공기 중에서는 부동태 피막이 형성된다.

> **!**
>
> **Ti에 대하여**
> · 비중 4.5
> · 가볍고 강하며 열에 잘 견디고 내식성이 강하다.
> · 융점이 1670℃ 정도이며 고온산화가 거의 없고 전기저항이 높다.
> · 플라즈마 아크 용접에서 매우 작은 양의 수소를 혼입하여도 용접부가 약화될 위험이 있다.
> · 항공기, 로켓, 가스터빈 등에 사용된다.
> · 고온산화가 거의 없다.
> · 스테인리스강보다 내식성이 좋다.
> · 열팽창계수와 열전도율이 적다.
> · 상온 부근의 물 또는 공기 중에서 부동태 피막이 형성된다.
> · 기계적으로는 고온에서 비강도와 크리프 강도가 높다.

05 다음 금속의 공통적인 성질로 틀린 것은?

① 수은 이외에는 상온에서 고체이며 결정체이다.

② 전기에 부도체이며, 비중이 작다.

③ 결정의 내부구조를 변경시킬 수 있다.

④ 금속 고유의 광택을 갖고 있다.

> **!**
>
> **금속의 공통적인 성질**
> · 실온에서 고체이며, 결정체이다(단, 수은은 액체).
> · 빛을 발산하고 고유의 광택이 있다.
> · 가공이 용이하고, 전·연성이 크다.
> · 열과 전기의 양도체이다.
> · 비중이 크고 경도 및 용융점이 크다.

06 다음 중 강괴의 결함이 아닌 것은?

① 수축공   ② 백점

③ 편석   ④ 용강

07 일반적으로 용융 금속 중에 기포가 응고시 빠져 나가지 못하고 잔류하여 용접부에 기계적 성질을 저하시키는 것은?

① 편석   ② 은점

③ 기공   ④ 노치

08 주철 용접부 바닥면에 스터드 볼트 대신 둥근 홈을 파고 이 부분에 걸쳐 힘을 받도록 용접하는 방법은?

① 버터링법   ② 로킹법

③ 비녀장법   ④ 스터드법

> **!**
>
> **주철의 보수 방법**
> · 스터드법: 용접 경계부 바로 밑 부분의 모재까지 갈라지는 결점을 보강하기 위하여 스터드 볼트를 사용하여 조이는 방법으로 비드의 배치는 가능한 짧게 하는 것이 좋다.
> · 비녀장법: 균열의 수리 및 가늘고 긴 용접을 할 때 용접선에 직각이 되게 6~10mm 정도의 ㄷ자형의 철심을 박고 용접한다.
> · 버터링법: 처음에는 모재와 잘 융합하는 용접봉을 사용하여 적당한 두께까지 용착시키고 난 후 다른 용접봉으로 용접하는 방법
> · 로킹법: 용접부 바닥면에 둥근홈을 파고 이 부분에 걸쳐 힘을 받도록 하는 방법

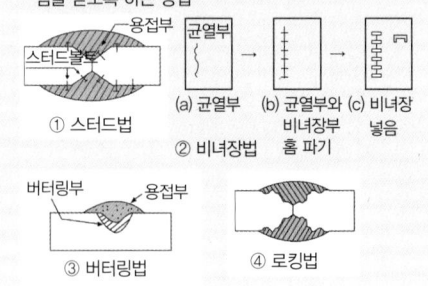

09 강을 경화시키기 위한 열처리는?

① 담금질   ② 뜨임

③ 불림   ④ 풀림

10 탄소강의 조직 중 정연성이 크고 연하며 강 자성체인 조직은?

① 페라이트　　② 펄라이트
③ 시멘타이트　　④ 레데뷰라이트

11 척도의 종류 중 축척으로 그릴 때의 내용을 바르게 설명한 것은?

① 도면의 치수는 실물의 배척된 치수를 기입한다.
② 표제란의 척도란에 'NS'라고 기입한다.
③ 표제란의 척도란에 2 : 1, 20 : 1 등으로 기입한다.
④ 도면의 치수는 실물의 축적된 치수를 기입한다.

> **!**
> 도면에서 척도는 현척, 배척, 축척이 있으며 현척은 1 : 1, 배척은 2: 1로, 축척은 1:2의 형식으로 표현되며 축척은 물질보다 작게 그리는 것을 의미한다.

12 다음 용접기호 설명 중 틀린 것은?

① V는 V형 맞대기 용접을 의미한다.
② ◻는 필릿 용접을 의미한다.
③ O는 점 용접을 의미한다.
④ ∧는 플러그 용접을 의미한다.

> **!**
> 4는 양면 플랜지형 맞대기 이음을 의미함.

13 다음 치수 보조 기호 중 잘못 설명된 것은?

① t : 판의 두께
② (20) : 이론적으로 정확한 치수
③ C : 45도 모떼기
④ SR : 구의 반지름

> **!**
> 2의 ( ) 안의 표시는 참고 치수임을 의미함.

14 화살표 쪽 필릿 용접의 기호는?

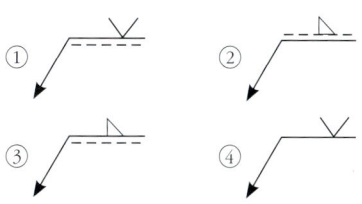

> **!**
> 실선에 표시되어 있으면 화살표쪽을 용접함을 의미함.

15 단면도의 표시방법으로서 알맞지 않은 것은?

① 단면도의 도형은 절단면을 사용하여 대상물을 절단하였다고 가정하고 절단면의 앞부분을 제거하고 그린다.
② 온단면도에서 절단면을 정하여 그릴 때 절단선은 기입하지 않는다.
③ 외형도에 있어서 필요로 하는 요소의 일부만을 부분단면도로 표시할 수 있으며 이 경우 파단선에 의해서 그 경계를 나타낸다.
④ 절단했기 때문에 축, 핀, 볼트의 경우는 원칙적으로 긴쪽 방향으로 절단한다.

> **!**
> 축이나 핀, 볼트 등은 원칙적으로 길이방향으로 절단하여 도시하지 않고 회전 단면도로 나타낸다.

16 핸들이나 바퀴의 암 및 리브 훅, 축 구조물의 부재 등에 절단면을 90도 회전하여 그린 단면도는?

① 회전 단면도　　② 부분 단면도
③ 한쪽 단면도　　④ 온 단면도

> **!**
> **회전도시 단면도**
> 핸들, 축, 형강등과 같은 물체의 절단한 단면의 모양을 90° 회전하여 내부 또는 외부에 그리는 것으로 내부 표시는 가는실선으로 하며 외부표시는 굵은실선으로 표시함.

17 한국산업규격 용접 기호 중 Z△n×L(e)에서 n이 의미하는 것은?

① 용접부 수　　② 피치
③ 용접길이　　④ 목 길이

! Z: 각장, n: 용접부 개수, L: 용접부길이, (e): 용접부간의 거리

18 면이 평면으로 가공되어 있고 복잡한 윤곽을 갖는 부품인 경우에 그 면에 광명단 등을 발라 스케치 용지에 찍어 그 면의 실형을 얻는 스케치 방법은?

① 프리핸드법　　② 프린트법
③ 모양 뜨기법　　④ 사진 촬영법

19 물체의 구멍이나 홈 등 한 부분만의 모양을 표시하는 것으로 충분한 경우에 그 필요 부분만을 중심선, 치수 보조선 등으로 연결하여 나타내는 투상도의 명칭은?

① 부분 투상도　　② 보조 투상도
③ 국부 투상도　　④ 회전 투상도

! **정투상도의 종류**
• 보조투상도 : 물체가 경사면이 있어 투상을 시키면 실제 모양이 틀려져 경사면에 별도의 투상면을 설정하고 이면에 투상하면 실제 모양이 그려지는 것
• 부분투상도 : 물체의 일부 모양만을 도시해도 충분한 경우
• 국부투상도 : 대상물의 구멍, 홈 등 필요부분만을 투상하는 것
• 회전투상도 : 필요부분을 회전해서 실제 길이를 나타내는 것
• 등각투상법 : 3개의 좌표축의 투상이 서로 120°가 되는 측측 투상으로 평면, 측면, 정면을 하나의 투상면 위에 동시에 볼 수 있도록 그려진 투상법

20 KS의 부문별 분류 기호가 바르게 짝지어진 것은?

① KS A : 기계　　② KS B : 기본
③ KS C : 전기　　④ KS D : 광산

! **제도의 규격 – KS의 종류**
A – 기본, B – 기계, C – 전기, D – 금속, V – 조선

제2과목 용접구조설계

21 용접부의 단면을 나타낸 것이다. 열 영향부를 나타내는 것은?

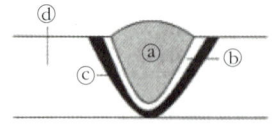

① a　　　　② b
③ c　　　　④ d

! **용접부의 열 영향부(HAZ부)**

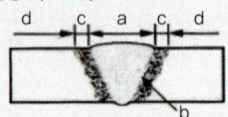

a부 : 용착금속부, c부 : 열영향부, d부 : 원질부
• 용착금속부 : 모재와 용접봉이 녹아서 굳어진 부분으로 주조 조직과 같다. 용착 후의 조직은 최고 가열 온도와 냉각 속도에 의해 결정된다. 그림에서 a부분임.
• 열영향부 : 용접부 부근의 모재가 용접할 때의 열에 의하여 급열, 급랭되어 변질된 부분으로 열영향부의 기계적 성질과 조직의 변화는 모재의 화학성분, 냉각속도, 용접 속도, 예열 및 후열등에 따라 달라지게 되며 변질부라고도 한다. 그림에서 c부분임.
• 원질부 : 모재가 열영향을 크게 받지 않는 부분으로, 조직과 성질이 변하지 않는 모재 부분이다. 그림에서 d 부분임.

22 무부하 전압이 80V, 아크 전압 35V, 아크 전류 400A라 하면 교류 용접기의 역률과 효율은 각각 몇 %인가? (단, 내부 손실은 4kW이다)

① 역률 : 50, 효율 : 72
② 역률 : 56, 효율 : 78
③ 역률 : 61, 효율 : 82
④ 역률 : 66, 효율 : 88

> **!**
>
> AW400, 무부하 전압 80V, 아크 전압 35V (내부손실 4kW)
>
> ① 역률 $= \dfrac{\text{소비 전력(kW)}}{\text{전원 입력(kVA)}} \times 100$
>
> $\dfrac{(400 \times 35) + 4000}{400 \times 80} \times 100 = 56.25$
>
> ② 효율 $= \dfrac{\text{아크 출력(kVA)}}{\text{소비 전력(kW)}} \times 100$
>
> $\dfrac{400 \times 35}{(400 \times 35) + 4000} \times 100 = 77.78$
>
> • 전원 입력 = 무부하 전압 × 정격2차전류
> • 아크 출력 = 아크 전압 × 정격2차전류
> • 소비 전력 = 아크 출력 + 내부손실

23 탐촉자를 이용하여 결함의 위치 및 크기를 검사하는 비파괴시험법은?

① 방사선 투과시험 ② 초음파 탐상시험
③ 침투 탐상시험 ④ 자분 탐상시험

> **!**
>
> 초음파 탐상의 종류
> • 투과법 : 초음파 펄스를 시험체의 한쪽면에서 송신하고 반대쪽에서 수신하는 방법
> • 공진법 : 시험체에 가해진 초음파 진동수와 고유 진동수가 일치할 때 진동폭이 커지는 공진현상을 이용하여 시험체의 두께를 측정하는 방법
> • 펄스반사법 : 시험체 내로 초음파 펄스를 송신하고 내부 또는 바닥면에서 그 반사체를 탐지하여 내부 결함이나 재질을 조사하는 방법이며 결함 에코의 형태로 결함을 판정하는 방법으로 가장 많이 사용하고 있다.

24 용접구조물에서 파괴 및 손상의 원인으로 가장 관계가 없는 것은?

① 시공 불량 ② 재료 불량
③ 설계 불량 ④ 현도 관리 불량

25 내균열성이 가장 우수하고 제품의 인장 강도가 요구될 때 사용되는 용접봉은?

① 저수소계 ② 라임 티탄계
③ 고셀룰로스계 ④ 일미나이트계

26 용접에 의한 용착금속의 기계적 성질에 대한 사항으로 옳은 것은?

① 용접시 발생하는 급열, 급냉 효과에 의하여 용착금속이 경화한다.
② 용착금속의 기계적 성질은 일반적으로 다층 용접보다 단층 용접쪽이 더 양호하다.
③ 피복아크 용접에 의한 용착금속의 강도는 보통 모재보다 저하된다.
④ 예열과 후열처리로 냉각속도를 감소시키면 인성과 연성이 감소된다.

27 판 두께가 30mm인 강판을 용접하였을 때 각 변형(가로 굽힘 변형)이 가장 많이 발생하는 홈의 형상은?

① H형 ② U형
③ K형 ④ V형

> **!**
>
> V형 홈가공은 가공하기는 쉬우나 판두께가 두꺼워지면 용착금속이 증가하여 각변형이 발생할 위험이 있다.

28 용접시 발생하는 균열로 맞대기 및 필릿 용접 등의 표면비드와 모재와의 경계부에서 발생되는 것은?

① 크레이터 균열 ② 비드 밑 균열
③ 설퍼 균열 ④ 토우 균열

> **!**
>
> 토우균열은 비드면과 모재부의 경계에서 모재에 균열, 용접부 옆에 나타나는 균열로 담금질성이 큰 고탄소강, 저합금강에 자주 발생한다.

29 직접적인 용접용 공구가 아닌 것은?

① 치핑해머   ② 앞치마

③ 와이어 브러쉬   ④ 용접집게

30 용착부의 인장응력이 5kgr/mm², 용접선 유효 길이가 80mm이며 V형 맞대기로 완전 용입인 경우 하중 8000kgr에 대한 판 두께는 몇mm 인가?(단 하중은 용접선과 직각 방향이다.)

① 10   ② 20

③ 30   ④ 40

31 용접 구조물 조립순서 결정시 고려사항이 아닌 것은?

① 가능한 구속하여 용접을 한다.

② 가접용 정반이나 지그를 적절히 채택한다.

③ 구조물의 형상을 고정하고 지지할 수 있어야 한다.

④ 변형이 발생되었을 때 쉽게 제거할 수 있어야 한다.

32 용접 이음 설계상 주의사항으로 옳지 않은 것은?

① 용접 순서를 고려해야 한다.

② 용접선이 가능한 집중되도록 한다.

③ 용접부에 되도록 잔류응력이 발생하지 않도록 한다.

④ 두께가 다른 부재를 용접할 경우 단면의 급격한 변화를 피하도록 한다.

33 용접 균열에 관한 설명으로 틀린 것은?

① 저탄소강에 비해 고탄소강에서 잘 발생한다.

② 저수소계 용접봉을 사용하면 감소된다.

③ 소재의 인장강도가 클수록 발생하기 쉽다.

④ 판 두께가 얇아질수록 증가한다.

34 다음 ( )에 들어갈 적합한 말은?

> 용접 구조물을 설계할 때 제작측에서 문의가 없어도 제작할 수 있게 설계도면에서 공작법의 세부 지시사항을 지시한 ( )을(를) 작성하게 된다.

① 공작도면   ② 사양서

③ 재료적산   ④ 구조계획

35 용접이음의 부식 중 용접 잔류응력 등 인장응력이 걸리거나 특정의 부식 환경으로 될 때 발생되는 부식은?

① 입계부식   ② 틈새부식

③ 접촉부식   ④ 응력부식

36 용접변형 방지법의 종류로 거리가 가장 먼 것은?

① 전진법   ② 억제법
③ 역변형법   ④ 피닝법

!
변형 방지법
• 억제법(구속법)·역변형법·도열법·융착법
• 억제법 : 가접 내지는 구속지그 사용·
• 역변형법 : 용접 전에 변형의 크기 및 방향을 예측하여 미리 반대로 변형시키는 방법
• 도열법 : 용접부 주위에 물을 적신 석면, 동판을 대어 열을 흡수
• 용착법 : 대칭, 후퇴, 스킵법, 교호법등

37 용접균열의 발생 원인이 아닌 것은?

① 수소에 의한 균열
② 탈산에 의한 균열
③ 변태에 의한 균열
④ 노치에 의한 균열

38 비파괴 검사법 중 표면결함 검출에 사용되지 않는 것은?

① MT   ② UT
③ PT   ④ ET

!
비파괴 시험법 중 내면을 검사하는 방법은 방사선투과법과 초음파탐상법이다.

39 모재의 인장강도가 400MPa이고 용접시험 편의 인장강도가 280MPa이라면 용접부의 이음효율은 몇 %인가?

① 50   ② 60
③ 70   ④ 80

!
이음효율

$$= \frac{용접시험편의\ 인장강도}{모재의\ 인장강도} \times 100$$

$$= \frac{280}{400} \times 100 = 70$$

40 용접 이음의 기본 형식이 아닌 것은?

① 맞대기 이음   ② 모서리 이음
③ 겹치기 이음   ④ 플레어 이음

!
플레어이음은 동관작업에 사용되는 접합 방법이다.

제3과목 용접일반 및 안전관리

41 서브머지드 아크 용접법의 설명 중 잘못된 것은?

① 용융속도와 융착속도가 빠르며 용입이 깊다.
② 비소모식이므로 비드의 외관이 거칠다.
③ 모재 두께가 두꺼운 용접에서 효율적이다.
④ 용접선이 수직인 경우 적용이 곤란하다.

!
서브머지드 아크 용접기(잠호 용접, 링컨 용접, 유니언 멜트 용접)의 특징
• 용접속도가 수동 용접에 비해 10~20배 정도임.
• 용입은 2~3배 정도가 커서 능률적이다.
• 한번 용접으로 75mm까지 가능하다.
• 설비비가 고가이다.
• 아래보기, 수평필릿 자세에 한정한다.
• 홈의 정밀도가 높아야 한다.(루트간격 0.8mm 이하)
• 서브머지드 아크 용접시 와이어의 돌출 길이는 와이어 지름의 6배 정도가 적당하다.
• 용접부가 보이지 않아 용접부를 확인할 수 없다.
• 시공조건을 잘못 잡으면 제품의 불량률이 커진다.
• 용접홈의 크기가 작아도 되며 용접재료의 소비 및 변형이 작다.
• 용접 조건만 일정하다면 용접공의 기술 차이에 의한 품질 격차가 없다.

42 MIG 용접의 특징에 대한 설명으로 틀린 것은?

① 반자동 또는 전자동 용접기로 용접속도가 빠르다.
② 정전압 특성 직류 용접기가 사용된다.
③ 상승특성의 직류 용접기가 사용된다.
④ 아크 자기 제어 특성이 없다.

43 아크 용접의 불꽃온도는 약 몇 ℃인가?

① 1000   ② 2000

③ 4000   ④ 5000

44 모재에 유황 함량이 많을 때 생기는 용접부 결함은?

① 용입 불량   ② 언더컷

③ 슬래그 섞임   ④ 균열

45 가스용접에 쓰이는 토치의 취급상 주의사항으로 틀린 것은?

① 팁을 모래나 먼지 위에 놓지 말 것
② 토치를 함부로 분해하지 말 것
③ 토치에 기름, 그리스 등을 바를 것
④ 팁을 바꿀 때에는 반드시 양쪽 밸브를 잘 닫고 할 것

46 용접 작업 중 전격의 방지대책으로 적합하지 않은 것은?

① 용접기의 내부에 함부로 손을 대지 않는다.
② TIG 용접기나 MIG 용접기의 수냉식 토치에서 물이 새어 나오면 사용을 금지한다.
③ 홀더나 용접봉은 맨손으로 취급해도 된다.
④ 용접작업이 종료했을 때나 장시간 중지할 때는 반드시 전원스위치를 차단시킨다.

47 저압식 가스 용접 토치로 니들밸브가 있는 가변압식 토치는 어느 것인가?

① 영국식   ② 프랑스식

③ 미국식   ④ 독일식

> **!**
> **가변압식 토치**
> • 토치의 팁중 표준불꽃으로 1시간당 용접시 아세틸렌 소모량이 100L인 것
> • 가변압식 100번 팁(프랑스식) – 독일형 1번과 같다
> • B형으로 동심형 팁

48 다음 보기 중 용접의 자동화에서 자동제어의 장점에 해당되는 사항으로만 조합한 것은?

> **보기**
> ㉠ 제품의 품질이 균일화되어 불량품이 감소된다.
> ㉡ 원자재, 원료 등이 증가된다.
> ㉢ 인간에게는 불가능한 고속작업이 가능하다.
> ㉣ 위험한 사고의 방지가 불가능하다.
> ㉤ 연속작업이 가능하다.

① ㉠, ㉡, ㉤
② ㉠, ㉡, ㉢, ㉤
③ ㉠, ㉢, ㉤
④ ㉠, ㉡, ㉢, ㉣, ㉤

49 산소-아세틸렌가스 연소 혼합비에 따라 사용되고 있는 용접방법 중 산화불꽃(산소과잉불꽃)을 적용하는 재질은 어느 것인가?

① 황동   ② 연강

③ 주철   ④ 스테인리스강

> **!**
> **산소와 아세틸렌 불꽃의 종류**
> • 중성불꽃 : 표준불꽃
> • 산화불꽃 : 산화성 불꽃, 산소과잉 불꽃, 바깥불꽃으로만 형성
>   – 구리, 황동, 아연등 용접
> • 탄화불꽃 : 아세틸렌 과잉불꽃, 환원성 불꽃, 산소부족시 발생, 아세틸렌 패더
>   – 산화 방지가 필요한 스테인리스강, 스텔라이트, 모넬메탈 등을 사용

50 용접에 관한 설명으로 틀린 것은?

① 저항 용접 : 용접부에 대전류를 직접 흐르게 하여 전기 저항열로 접합부를 국부적으로 가열시킨 후 압력을 가해 접합하는 방법이다.
② 가스 압접 : 열원은 주로 산소-아세틸렌 불꽃이 사용되며 접합부를 그 재료의 재결정 온도 이상으로 가열하여 축 방향으로 압축력을 가하여 접합하는 방법이다.
③ 냉간 압접 : 고온에서 강하게 압축함으로써 경계면을 국부적으로 탄성 변형시켜 압접하는 방법이다.
④ 초음파 용접 : 용접물을 겹쳐서 용접팁과 하부 앤빌 사이에 끼워 놓고 압력을 가하면서 초음파 주파수로 횡진동을 주어 그 진동 에너지에 의한 마찰열로 압접하는 방법이다.

51 다음 중 중압식 토치에 대한 설명으로 틀린 것은?

① 아세틸렌 가스의 압력은 0.07~1.3kgf/cm^2이다.
② 산소의 압력은 아세틸렌의 압력과 같거나 약간 높다.
③ 팁의 능력에 따라 용기의 압력 조정기 및 토치의 조정 밸브로 유량을 조절한다.
④ 인젝터 부분에 니들 밸브로 유량과 압력을 조정한다.

52 불활성가스 아크 용접시 주로 사용되는 가스는?

① 아르곤 가스
② 수소가스
③ 산소와 질소의 혼합가스
④ 질소 가스

53 서브머지드 아크 용접에서 용융형 용제의 특징으로 틀린 것은?

① 비드 외관이 아름답다.
② 용제의 화학적 균일성이 양호하다.
③ 미용융 용제는 재사용할 수 없다.
④ 용융시 산화되는 원소를 첨가할 수 없다.

! 서브머지드 아크용접법에서 용융형 용제의 특징
• 고속용접에 적합
• 용제의 화학적 균일성이 양호
• 용제의 입도는 가는 입자일수록 높은 전류를 사용함, 거친입자의 용제를 높은 전류에서 사용하면 비드가 거칠고 언더컷이 발생하며 가는 입자의 용제를 사용하면 비드의 폭이 넓어지고 용입이 낮아진다.

54 아크 용접 작업시에 사용되는 차광유리의 규격 중 차광도 번호 13~14의 경우 몇 A 이상에 쓰이는가?

① 100   ② 200
③ 400   ④ 300

55 정격 전류가 500A인 용접기를 실제는 400A로 사용하는 경우의 허용 사용률은 몇 %인가?(단, 이 용접기의 정격 사용률은 40%이다.)

① 66.5   ② 64.5
③ 62.5   ④ 60.5

! 허용 사용률

$$= \frac{(정격\ 2차전류)^2}{(실제\ 용접\ 전류)^2} \times 정격사용율(\%)$$

$$= \frac{(500)^2}{(400)^2} \times 40 = 62.5$$

56 용접 용어 중 '아크 용접의 비드 끝에서 오목하게 파진 곳'을 뜻하는 것은?

① 크레이터   ② 언더컷
③ 오버랩   ④ 스패터

57 돌기 용접(Projection welding)의 특징 중 틀린 것은?

① 용접부의 거리가 짧은 점용접이 가능하다.
② 전극 수명이 길고 작업 능률이 좋다.
③ 작은 용접점이라도 높은 신뢰도를 얻을 수 있다.
④ 한 번에 한 점씩만 용접할 수 있어서 속도가 느리다.

58 전기 저항 접속의 방법이 아닌 것은?

① 직병렬 접속　　② 병렬 접속
③ 직렬 접속　　　④ 합성 접속

59 전기 저항 용접과 가장 관계가 깊은 법칙은?

① 옴의 법칙　　　② 플레밍의 법칙
③ 암페어의 법칙　④ 뉴턴의 법칙

60 각종 강재 표면의 탈탄층이나 홈을 얇고 넓게 깎아 결함을 제거하는 방법은?

① 가우징　　　② 스카핑
③ 선삭　　　　④ 천공

!

• 가스 가우징
용접 뒷면 따내기, 금속 표면의 홈가공을 하기 위하여 깊은 홈을 파내는 가공법
• 스카핑
강제 표면의 탈탄층 또는 홈을 제거하기 위해 사용함.(얇고 넓게 깎아 내기), 열간재 가공속도 – 20 m/min / 냉간재 가공속도 – 6~7 m/min

정답　　　　　　　　　　　　　　　　　　　　　　　:: 2014년 8월 17일 기출문제 정답

01	02	03	04	05	06	07	08	09	10
①	②	④	④	②	④	③	②	①	①
11	12	13	14	15	16	17	18	19	20
④	④	②	③	④	①	①	②	③	③
21	22	23	24	25	26	27	28	29	30
③	②	②	④	①	①	④	④	②	②
31	32	33	34	35	36	37	38	39	40
①	②	④	①	④	①	②	②	③	④
41	42	43	44	45	46	47	48	49	50
②	④	④	④	③	③	②	③	①	③
51	52	53	54	55	56	57	58	59	60
④	①	③	④	③	①	④	④	①	②

국가기술자격 필기시험문제

2015년 3월 8일 기사 제1회 필기시험				수험 번호	성명
자격 종목	종목코드	시험시간	형별		
용접산업기사	1501	1시간 30분	B		

제1과목 용접야금 및 용접설비제도

01 용접 기호를 설명한 것으로 틀린 것은?

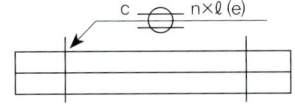

① 심용접으로 C는 슬롯부의 폭을 나타낸다.
② 심용접으로 (e)는 용접비드의 사이거리를 나타낸다.
③ 심용접으로 화살표 반대방향의 용접을 나타낸다.
④ 심용접으로 n은 용접부의 개수를 나타낸다.

> **!**
> 심용접을 나타낸 것으로 모재의 양면에서 저극이 회전하며 가압하기 때문에 지시선이 중간에 표시된 것이다.

02 도면에서 치수 숫자의 방향과 위치에 대한 설명 중 틀린 것은?

① 치수 숫자의 기입은 치수선 중앙 상단에 표시한다.
② 치수 보조선이 짧아 치수 기입이 어렵더라도 숫자 기입은 중앙에 위치하여야 한다.
③ 수평 치수선에 대하여는 치수가 위쪽으로 향하도록 한다.
④ 수직 치수선에서는 치수를 왼쪽에 기입하도록 한다.

03 건축, 교량, 선박, 철도, 차량 등의 구조물에 쓰이는 일반구조용 압연강재 2종의 재료기호는?

① SHP2
② SCP2
③ SM20C
④ SS400

04 가상선의 용도에 대한 설명으로 틀린 것은?

① 인접부분을 참고로 표시할 때
② 공구, 지그 등의 위치를 참고로 나타낼 때
③ 대상물이 보이지 않는 부분을 나타낼 때
④ 가공 전 또는 가공 후의 모양을 나타낼 때

> **!**
> 가상선(가는 이점 쇄선)의 용도
> • 도시된 물체의 앞면을 표시한다.
> • 인접부분을 참고로 표시한다.
> • 가공 전 또는 가공후의 모양을 표시
> • 이동하는 부분의 이동위치를 표시
> • 공구, 지그등의 위치를 표시
> • 반복을 표시하는 선

05 전개도를 그리는 방법에 속하지 않는 것은?

① 평행선 전개법
② 나선형 전개법
③ 방사선 전개법
④ 삼각형 전개법

> **!**
> 판금 전개도법의 종류
> • 삼각형 전개법, 평행선 전개법, 방사선 전개법
> 1) 평행선법 : 삼각기둥, 사각기둥과 같은 여러 가지 각기둥과 원기둥을 평행하게 전개도를 그림
> 2) 방사선법 : 삼각뿔, 사각뿔 등의 각뿔과 원뿔을 꼭지점을 기준으로 부채꼴로 펼쳐서 전개도를 그리는 방법
> 3) 삼각형법 : 꼭지점이 먼 각뿔, 원뿔 등을 해당 면을 삼각형으로 분할하여 전개도를 그리는 방법

06 용접부의 표면 형상 중 끝단부를 매끄럽게 가공하는 보조 기호는?

① ——
② ⌒
③ ⌣
④ ⎠⎦

07 도면의 종류와 내용이 다른 것은?

① 조립도 : 물품의 전체적인 조립 상태를 나타내는 도면
② 부품도 : 물품을 구성하는 각 부품을 개별적으로 상세하게 그린 도면
③ 스케치도 : 기계나 장치 등의 실체를 보고 자를 대고 그린 도면
④ 전개도 : 구조물, 물품 등의 표면을 평면으로 나타내는 도면

> ❗ 스케치도는 기계부품이나 구조물의 실물을 보면서 프리핸즈로 그리는 것을 말한다.

08 투상법 중 등각투상도법에 대한 설명으로 옳은 것은?

① 한 평면 위에 물체의 실제 모양을 정확히 표현하는 방법을 말한다.
② 정면, 측면, 평면을 하나의 투상면 위에서 동시에 볼 수 있도록 그려진 투상도이다.
③ 물체의 주요 면을 투상면에 평행하게 놓고 투상면에 대해 수직보다 다소 옆면에서 보고 나타낸 투상도이다.
④ 도면에 물체의 앞면, 뒷면을 동시에 표시하는 방법이다.

09 도면에서 표제란의 척도 표시란에 NS의 의미는?

① 배척을 나타낸다.
② 척도가 생략됨을 나타낸다.
③ 비례척이 아님을 나타낸다.
④ 현척이 아님을 나타낸다.

10 도면의 크기에 대한 설명으로 틀린 것은?

① 제도 용지의 세로와 가로비는 $1:\sqrt{2}$이다.
② AO의 넓이는 약 $1[m^2]$이다.
③ 큰 도면을 접을 때는 A3의 크기로 접는다.
④ A4의 크기는 $210 \times 297[mm]$이다.

> ❗ 도면은 기본적으로 A4사이즈(210×298)로 접어서 보관한다.

11 질기고 강하며 충격파괴를 일으키기 어려운 성질은?

① 연성
② 취성
③ 굽힘성
④ 인성

12 금속강화방법으로 금속을 구부리거나 두드려서 변형을 가하여 금속을 단단하게 하는 방법은?

① 가공경화
② 시효경화
③ 고용경화
④ 이상경화

13 두 종류의 금속이 간단한 원자의 정수비로 결합하여 고용체를 만드는 물질은?

① 층간화합물
② 금속간화합물
③ 합금화합물
④ 치환화합물

14 일반적으로 금속의 크리프(creep)곡선은 어떠한 관계를 나타낸 것인가?

① 응력과 시간의 관계
② 변위와 연신율의 관계
③ 변형량과 시간의 관계
④ 응력과 변형율의 관계

❗ 크리프곡선이란 응력이 일정할 때도 영구변형도가 시간의 경과에 따라 증가하는 현상으로 변형과 시간관계의 곡선을 말한다.

15 고장력강의 용접부 중에서 경도 값이 가장 높게 나타나는 부분은?

① 원질부　　　　② 본드부
③ 모재부　　　　④ 용착금속부

16 용접할 재료의 예열에 관한 설명으로 옳은 것은?

① 예열은 수축 정도를 늘려준다.
② 용접 후 일정 시간 동안 예열을 유지시켜도 효과는 떨어진다.
③ 예열은 냉각 속도를 느리게 하여 수소의 확산을 촉진시킨다.
④ 예열은 용접 금속과 열영향 모재의 냉각속도를 높여 용접균열에 저항성이 떨어진다.

❗ 예열의 목적
• 용접 금속에 연성 및 인성을 부여한다.
• 모재의 수축응력을 감소하여 균열발생 억제
• 고장력강은 50 ~ 350℃ 정도로 예열을 한다.
• 냉각속도를 느리게 하여 결함 및 수축 변형을 방지한다.
• 용착금속의 수소 성분이 나갈 수 있는 여유를 주어 비드 밑 균열 방지

17 용접용 고장력강의 인성(toughness)을 향상시키기 위해 첨가하는 원소가 아닌 것은?

① P　　　　② Al
③ Ti　　　　④ Mn

❗ P은 상온취성과 저온취성의 원인이 되는 원소이다.

18 스테인리스강의 종류가 아닌 것은?

① 마텐자이트계 스테인리스강
② 페라이트계 스테인리스강
③ 오스테나이트계 스테인리스강
④ 트루스타이트계 스테인리스강

❗ 스테인리스강의 종류
1) Cr계
• 페라이트계 스테인리스강(Fe + Cr 18% 이상) – 자성체
• 마텐자이트계 스테인리스강 (Fe + Cr 13% 이상) – 자성체, 페라이트를 열처리
2) Cr + Ni 계
• 오스테나이트계 스테인리스강(Fe + Cr18% + Ni 8%) – 비자성체
• 석출경화형 스테인리스강 (Fe + Cr + Ni) – 비자성체

19 탄소량이 약 0.80%인 공석강의 조직으로 옳은 것은?

① 페라이트　　　　② 펄라이트
③ 시멘타이트　　　　④ 레데뷰라이트

❗ 펄라이트는 시멘타이트와 페라이트가 층상으로 된 공석조직으로 이루어진 것을 말하는데, 페라이트와 시멘타이트의 중간 성질로 인성이 크다.

20 Fe－C 평형 상태도에서 감마철(γ－Fe)의 결정 구조는?

① 면심 입방 격자　　② 체심 입방 격자
③ 조밀 입방 격자　　④ 사방 입방 격자

❗ 감마철은 면심 입방 격자(BCC)를 가졌으며 912℃~1400℃에서 생긴다.

21 용접이음 강도 계산에서 안전율을 5로 하고 허용 응력을 100MPa이라 할 때 인장강도는 얼마인가?

① 300MPa   ② 400MPa

③ 500MPa   ④ 600MPa

!

- 안전율 $= \dfrac{\text{인장강도}}{\text{허용응력}}$

- 인장강도 $=$ 안전율 $\times$ 허용응력

22 다음 [그림]은 겹치기 필릿용접 이음을 나타낸 것이다. 이음부에 발생하는 허용응력은 5MPa일 때 필요한 용접길이(ℓ)는 얼마인가?(단, h=20mm, p=6kN이다.)

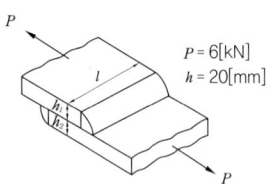

$P = 6[kN]$
$h = 20[mm]$

① 약 42mm   ② 약 38mm

③ 약 35mm   ④ 약 32mm

!

응력 $= \dfrac{\text{하중}}{\text{단면적}} = \dfrac{P}{0.707 \times (h_1 + h_2) \times \ell}$

$5 = \dfrac{6000}{0.707 \times (20 + 20) \times \ell}$

$\ell = \dfrac{6000}{0.707 \times (20 + 20) \times 5} = 42.42$

(목두께는 각장 $\times$ 0.707이고 양면 필렛이므로 (20 + 20) $\times$ 0.707이다.)

23 용접부에 발생하는 잔류응력 완화법이 아닌 것은?

① 응력 제거 풀림법

② 피닝법

③ 스퍼터링법

④ 기계적 응력 완화법

!
잔류응력 제거법
- 종류 : 노내풀림법, 국부풀림법, 기계적 응력완화법, 저온 응력완화법, 피닝법
- 노내풀림법 : 유지 온도가 클수록, 시간이 길수록 효과가 크다. 노내 출입 온도 300℃ 이하를 유지하고 풀림온도 600~650℃(판 두께 25mm, 1시간)
- 국부풀림법 : 큰 제품, 현장 구조물 등 노내 풀림이 곤란한 경우 사용. 용접선 좌우 양측 250mm 또는 판 두께의 12배 이상의 범위를 가열 후 서냉 처리. 동일한 온도를 유지하기 위해 유도가열장치 사용.
- 기계적 응력완화법 : 용접부에 하중을 주어 약간의 소성 변형으로 응력 제거함
- 저온 응력완화법 : 용접선 좌우를 정속도로 가스불꽃을 150mm의 너비로 150~200℃로 가열 후 수랭하는 방법으로 용접선 방향의 인장 응력을 완화시키는 방법이다.
- 피닝법 : 끝이 둥근 특수 헤머로 용접부를 연속적으로 타격하여 표면의 소성 변형을 일으켜 인장응력을 완화시키며 첫 층 용접의 균열 방지 목적으로 700℃에서 열간 피닝한다.

24 인장강도가 430MPa인 모재를 용접하여 만든 용접시험편의 인장강도가 350MPa일 때 이 용접부의 이음효율은 약 몇 %인가?

① 81   ② 90

③ 71   ④ 122

!

이음효율 $= \dfrac{\text{용접 시험편의 인장강도}}{\text{모재의 인장강도}} \times 100$

$= \dfrac{350}{430} \times 100 = 81.39$

25 용접 이음부의 형태를 설계할 때 고려할 사항이 아닌 것은?

① 용착금속량이 적게 드는 이음 모양이 되도록 할 것

② 적당한 루트 간격과 홈각도를 선택할 것

③ 용입이 깊은 용접법을 선택하여 가능한 이음의 베벨가공은 생략하거나 줄일 것

④ 후판용접에서는 양면 V형 홈보다 V홈 용접하여 용착 금속량을 많게할 것

26 전자빔 용접의 특징을 설명한 것으로 틀린 것은?

① 고진공 속에서 용접하므로 대기와 반응되기 쉬운 활성 재료도 용이하게 용접이 된다.

② 전자렌즈에 의해 에너지를 집중시킬 수 있으므로 고용융재료의 용접이 가능하다.

③ 전기적으로 매우 정확히 제어되므로 얇은 판에서의 용접에만 용접이 가능하다.

④ 에너지의 집중이 가능하기 때문에 용융 속도가 빠르고 고속 용접이 가능하다.

27 접합하고자 하는 모재 한쪽에 구멍을 내고 그 구멍으로부터 용접하여 다른 한쪽 모재와 접합하는 용접방법은?

① 플러그 용접　② 필릿 용접
③ 초음파 용접　④ 테르밋 용접

! 플러그 용접은 전용착 금속의 효율이 60~70%이다.

28 필릿 용접과 맞대기 용접의 특성을 비교한 것으로 틀린 것은?

① 필릿 용접이 공작하기 쉽다.

② 필릿 용접은 결함이 생기지 않고 이면 따내기가 쉽다.

③ 필릿 용접의 수축 변형이 맞대기 용접 보다 작다.

④ 부식은 필릿 용접이 맞대기 용접보다 더 영향을 받는다.

29 용접이음의 준비사항으로 틀린 것은?

① 용입이 허용하는 한 홈 각도를 작게 하는 것이 좋다.

② 가접은 이음의 끝 부분, 모서리 부분을 피한다.

③ 구조물을 조립할 때에는 용접 지그를 사용한다.

④ 용접부의 결함을 검사한다.

! 용접부의 결함의 검사는 용이음의 준비가 아니라 용접 후 검사가 된다.

30 용접 방법과 시공방법을 개선하여 비용을 절감하는 방법으로 틀린 것은?

① 사용 가능한 용접 방법 중 용착 속도가 큰 것을 사용한다.

② 피복아크 용접할 경우 가능한 굵은 용접봉을 사용한다.

③ 용접 변형을 최소화하는 용접 순서를 택한다.

④ 모든 용접에 되도록 덧살을 많게 한다.

! 용접부의 비드 높이는 강도에 거의 영향을 주지 않는다.

31 용접봉 종류 중 피복제에 석회석이나 형석을 주성분으로 하고 용착금속 중의 수소 함유량이 다른 용접봉에 비해서 1/10 정도로 현저하게 낮은 용접봉은?

① E4301 ② E4303
③ E4311 ④ E4316

> **용접봉의 종류**
> 1) 4301 : 일미나이트계(슬랙 생성식)–산화티탄, 산화철을 약 30% 이상 함유한 광석, 사석을 주성분으로 기계적 성질이 우수하고 용접성이 우수함.
> 2) 4303 : 라임티탄계 – 피복용 스테인리스강의 성분으로 산화티탄을 30% 이상 함유한 용접봉으로 비드의 외관이 아름답고 언더컷이 발생하지 않음.
> 3) 4311 : 고셀룰로오스계(가스실드식) – 슬래그가 적어 좁은 홈의 용접에 적합, 비드표면이 거칠지만 환원성이므로 용착금속의 기계적 성질이 양호하고 수직상진, 하진 및 위보기 용접에서 우수한 작업성을 가짐. 스패터가 많고 피복제 중 셀룰로오스가 20~30% 포함되며 슬래그계 용접봉보다 용접전류를 10~15% 낮게함.
> 4) 4313 : 고산화티탄계–산화티탄 35%, 아크안정, CR봉, 비드좋다, 경구조물, 경자동차, 박판 용접에 적합함.
> 5) 4316 : 저수소계(슬랙 생성식)–석회석과 형석을 주성분으로 한 것으로 , 수소의 함량이 1/10 정도임. 기계적 성질과 균열의 감수성이 우수, 황의 함유량이 많고 염기성 함유가 높음.
> 6) 4324 : 철분 산화티탄계로 아래보기 자세와 수평 필릿 자세에 한정됨.
> 7) 4326 : 철분 저수소계
> 8) 4327 : 철분 산화철계
> 9) 4340 : 특수계

32 용접부에 대한 침투검사법의 종류에 해당하는 것은?

① 자기침투검사, 와류침투검사
② 초음파침투검사, 펄스침투검사
③ 염색침투검사, 형광침투검사
④ 수직침투검사, 사각침투검사

33 연강 및 고장력강용 플럭스 코어 아크용접 와이어의 종류 중 하나인 Y F W – C 50 2X 에서 2가 뜻하는 것은?

① 플럭스 타입
② 실드가스
③ 용착금속의 최소 인장강도 수준
④ 용착금속의 충격시험 온도와 흡수 에너지

> **CO_2용접용 솔리드와이어의 호칭 방법**
> 【 Y FW – C – 50 – 2X 】
> 1) Y – 용접와이어
> 2) FW – 연강 및 플럭스코어드
> 3) C – 보호가스
> 4) 50 – 최소 인장강도
> 5) W – 와이어의 화학성분
> 6) 1.2 – 지름
> 7) 2 – 용착금속의 시험온도와 충격 에너지값
> 8) X – flux의 종류

34 용접입열이 일정한 경우 용접부의 냉각 속도는 열전도율 및 열의 확산하는 방향에 따라 달라질 때, 냉각 속도가 가장 빠른 것은?

① 두꺼운 연강판의 맞대기 이음
② 두꺼운 구리판의 T형 필릿 이음
③ 얇은 연강판의 모서리 이음
④ 얇은 구리판의 맞대기 이음

> **용착금속의 냉각 속도**
> • 예열하면 냉각 속도가 완만해져 균열발생이 억제된다.
> • 얇은 판보다는 두꺼운 판이 냉각 속도가 빠르다.
> • 맞대기 이음보다는 T형 이음이 냉각 속도가 빠르다.
> • 열전도율의 순서와 냉각 속도는 같다.
> • Ag – Cu – Au – Al – Mg – Ni …

35 120A의 용접 전류로 피복아크 용접을 하고자 한다. 적정한 차광 유리의 차광도 번호는?

① 6번 ② 7번
③ 8번 ④ 10번

36 용접부의 시험과 검사 중 파괴 시험에 해당되는 것은?

① 방사선 투과시험
② 초음파 탐상시험
③ 현미경 조직시험
④ 음향 시험

37 탄산가스(CO_2) 아크 용접부의 기공발생에 대한 방지 대책으로 틀린 것은?

① 가스 유량을 적정하게 한다.
② 노즐 높이를 적정하게 한다.
③ 용접 부위의 기름, 녹, 수분 등을 제거한다.
④ 용접 전류를 높이고 운봉을 빠르게 한다.

38 습기 찬 저수소계 용접봉은 사용 전 건조해야 하는데 건조 온도로 가장 적당한 것은?

① 70~100℃   ② 100~150℃
③ 150~200℃   ④ 300~350℃

! **용접봉의 건조**
• 일반 용접봉은 70 ~ 100℃에서 30분 ~1시간 건조
• 저수소계 용접봉은 300 ~ 350℃에서 1시간 ~ 2시간 건조
• 소결형 용제의 건조온도 : 150 ~ 300℃

39 인장시험에서 구할 수 없는 것은?

① 인장응력   ② 굽힘응력
③ 변형률   ④ 단면 수축률

40 설계단계에서의 일반적인 용접변형 방지법으로 틀린 것은?

① 용접 길이가 감소될 수 있는 설계를 한다.
② 용착금속을 증가시킬 수 있는 설계를 한다.
③ 보강재 등 구속이 커지도록 구조 설계를 한다.
④ 변형이 적어질 수 있는 이음 형상으로 배치한다.

! 용착금속이 많아지면 응력 발생이 많아지므로 용착금속의 양을 줄이는 것이 좋다.

41 카바이드(CaC_2)의 취급법으로 틀린 것은?

① 카바이드는 인화성 물질과 같이 보관한다.
② 카바이드 개봉 후 뚜껑을 잘 닫아 습기가 침투되지 않도록 보관한다.
③ 운반시 타격, 충격, 마찰을 주지 말아야 한다.
④ 카바이드 통을 개봉할 때 절단가위를 사용한다.

! 카바이드는 물과 만나면 아세틸렌가스를 발생하기 때문에 보관에 신중을 기해야 한다.

42 피복 아크 용접에서 피복제의 작용으로 틀린 것은?

① 아크를 안정시킨다.
② 산화, 질화를 방지한다.
③ 용융점이 높고 점성이 없는 슬래그를 만든다.
④ 용착 효율을 높이고 용적을 미세화시킨다.

43 퍼커링(puckering) 현상이 발생하는 한계전류 값의 주원인이 아닌 것은?

① 와이어 지름
② 후열 방법
③ 용접 속도
④ 보호 가스의 조성

! 퍼커링 현상은 미그용접 등에서 용접전류가 과대할 때 주로 용융풀 앞으로부터 외기가 스며들어 비드 표면에 주름진 두터운 산화막이 생기는 현상이다. 전류의 한계값에 영향을 주는 요소는 지름, 용접속도, 보호가스의 조성이 포함된다.

44 정격 2차 전류 300[A], 정격 사용률이 40%인 교류 아크 용접기를 사용하여 전류 150[A]로 용접 작업하는 경우 허용 사용률(%)은?

① 180   ② 160
③ 80   ④ 60

> **!**
>
> 허용 사용률
>
> $$= \frac{(정격 2차 전류)^2}{(실제 용접 전류)^2} \times 정격 사용율(\%)$$
>
> $$= \frac{(300)^2}{(150)^2} \times 40 = 160(\%)$$

45 높은 에너지밀도 용접을 하기 위한 $10^{-4} \sim 10^{-6}$ mmHg 정도의 고진공 속에서 용접하는 용접법은?

① 플라즈마 용접   ② 전자빔 용접
③ 초음파 용접   ④ 원자수소 용접

> **!**
>
> 전자빔 용접
> (1) 원리
> 고진공 중에서 전자를 전자 코일로써 적당한 크기로 만들어 양극 전압에 의해 가속시켜서 접합부에 충돌시킨 열로 용접하는 방법이다.
> (2) 특징
> ① 용접부가 좁고 용입이 깊다.
> ② 얇은 판에서 두꺼운 판까지 광범위한 용접이 가능하다 (정밀 제품의 자동화에 좋다).
> ③ 고용융점 재료 또는 열전도율이 다른 이종 금속과의 용접이 용이하다.
> ④ 용접부가 대기의 유해한 원소와 차단되어 양호한 용접부를 얻을 수 있다.
> ⑤ 고속 용접이 가능하므로 열 영향부가 적고, 완성 치수의 정밀도가 높다.
> ⑥ 고진공형, 저진공형, 대기압형이 있다.
> ⑦ 저전압 대전류형, 고전압 소전류형이 있다.
> ⑧ 피용접물의 크기 제한을 받으며 장치가 고가이다.
> ⑨ 용접부의 경화 현상이 일어나기 쉽다.
> ⑩ 배기장치 및 X선 방호가 필요하다.

46 피복 아크 용접부의 결함 중 언더컷(undercut)이 발생하는 원인으로 가장 거리가 먼 것은?

① 아크 길이가 너무 긴 경우
② 용접봉의 유지각도가 적당치 않은 경우
③ 부적당한 용접봉을 사용한 경우
④ 용접 전류가 너무 낮은 경우

> **!**
>
> 용접부의 결함 중 구조상 결함의 원인
> • 피트 : 합금원소가 많을 때, 습기, 페인트, 녹, 황 함유시
> • 스패터 : 전류 높을 때, 건조되지 않은 용접봉 사용시, 아크길이가 길 때
> • 용입불량 : 이음설계 결함, 용접 속도가 빠를 때, 전류가 낮을 때, 용접봉 선택불량
> • 언더컷 : 전류가 높을 때, 아크길이가 클 때, 속도가 부적합할 때
> • 오버랩 : 용접전류가 낮을 때, 용접봉의 부적합 선택
> • 선상조직 : 용착금속의 냉각속도가 빠를 때, 모재 재질 불량, X선으로는 검출할 수 없다.
> • 기공의 원인 : 수소, CO_2의 과잉, 용접부의 급속한 응고, 모재의 황 함유량 과대, 기름, 페인트, 녹, 습도, 아크길이, 전류의 부적당, 용접속도 빠를 때
> • 비드 밑 균열 : 용접 이후 용접열에 의해 조직이 변하는 주변 열영향부에서 수소의 확산에 의해 발생하는 균열이다.
> • 아크 스트라이크 : 용접이음의 밖에서 아크를 발생시킬 때 아크열에 의하여 모재에 결함이 생기는 것

47 46.7리터의 산소 용기에 150kg/cm²이 되게 산소를 충전하였고 이것을 대기중에서 환산하면 산소는 약 몇 리터인가?

① 4090   ② 5030
③ 6100   ④ 7005

> **!**
>
> 압축가스의 대기 환산량
> = 내용적 × 게이지 압력 = 46.7 × 150 = 7005 L

48 점용접의 3대 주요 요소가 아닌 것은?

① 용접전류   ② 통전시간
③ 용제   ④ 가압력

49 슬래그의 생성량이 대단히 적고 수직 자세와 위보기 자세에 좋으며 아크는 스프레이형으로 용입이 좋아 아주 좁은 홈의 용접에 가장 적합한 특성을 갖고 있는 가스실드계 용접봉은?

① E4301   ② E4316
③ E4311   ④ E4327

50 납땜에 쓰이는 용제(flux)가 갖추어야 할 조건으로 가장 적합한 것은?

① 청정한 금속면의 산화를 촉진시킬 것
② 납땜 후 슬래그 제거가 어려울 것
③ 침지땜에 사용되는 것은 수분을 함유할 것
④ 모재와 친화력을 높일 수 있으며 유동성이 좋을 것

51 가스절단시 절단면에 생기는 드래그라인(drag line)에 관한 설명으로 틀린 것은?

① 절단속도가 일정할 때 산소 소비량이 적으면 드래그 길이가 길고 절단면이 좋지 않다.
② 가스 절단의 양부를 판정하는 기준이 된다.
③ 절단속도가 일정할 때 산소 소비량을 증가시키면 드래그 길이는 길어진다.
④ 드래그 길이는 주로 절단속도, 산소 소비량에 따라 변화한다.

!
절단속도가 일정할 때 산소의 소비량을 증가시키면 드래그 길이는 짧아진다.

52 용접의 특징으로 틀린 것은?

① 재료가 절약된다.
② 기밀, 수밀성이 우수하다.
③ 변형, 수축이 없다.
④ 기공(blow hole), 균열 등 결함이 있다.

!
용접의 장점
· 작업의 공정을 줄일 수 있다.
· 형상의 자유를 추구할 수 있다.
· 이음 효율이 향상된다. - 이음효율 100%
· 중량이 경감되고 재료 및 시간이 절약된다.
· 보수와 수리가 용이하다.

53 아크 용접 보호구가 아닌 것은?

① 핸드 실드   ② 용접용 장갑
③ 앞치마   ④ 치핑 해머

54 서브머지드 아크 용접에서 소결형 용제의 특징이 아닌 것은?

① 고전류에서의 용접 작업성이 좋다.
② 합금원소의 첨가가 용이하다.
③ 전류에 상관없이 동일한 용제로 용접이 가능하다.
④ 용융형 용제에 비하여 용제의 소모량이 많다.

!
서브머지드 아크 용접에서 소결형 용제의 특징
· 소결형은 흡습성이 높고 150~300°C에서 건조 후 사용
· 합금 원소의 첨가가 용이
· 소결형은 용융형에 비해 용제의 소모가 작다.
· 고전류에서의 용접 작업성이 좋다.
· 소결형은 페로실리콘, 페로망간 등을 이용하여 강력한 탈산 작용을 한다.
· 스테인리스강 용접, 덧살 붙임 용접, 조선의 대판계 용접할 때 사용.

55 피복아크 용접 중 수동 용접기에 가장 적합한 용접기의 특성은?

① 정전압특성   ② 상승특성
③ 수하특성   ④ 정특성

56 돌기용접(projection welding)의 특징으로 틀린 것은?

① 용접된 양쪽의 열용량이 크게 다를 경우라도 양호한 열평형이 얻어진다.
② 작은 용접점이라도 높은 신뢰도를 얻기 쉽다.
③ 점용접에 비해 작업 속도가 매우 느리다.
④ 점용접에 비해 전극의 소모가 적어 수명이 길다.

57 가스용접 작업에 필요한 보호구에 대한 설명 중 틀린 것은?

① 앞치마와 팔덮개 등은 착용하면 작업하기에 힘이 들기 때문에 착용하지 않아도 된다.
② 보호장갑은 화상방지를 위하여 꼭 착용한다.
③ 보호안경은 비산되는 불꽃에서 눈을 보호한다.
④ 유해가스가 발생할 염려가 있을 때에는 방독면을 착용한다.

58 피복 아크 용접봉에서 용융 금속 중에 침투한 산화물을 제거하는 탈산 정련작용제로 사용되는 것은?

① 붕사
② 석회석
③ 형석
④ 규소철

! **피복제의 종류**
• 가스 발생제 : 석회석, 셀룰로오스, 톱밥, 아교
• 슬랙 생성제 : 석회석, 형석, 탄산수소나트륨, 일미나이트
• 아크안정제 : 규산 나트륨, 규산 칼륨, 산화티탄, 석회석, 탄산바륨
• 피복제의 탈산제 : 페로실리콘, 페로망간, 페로티탄, 알루미늄
• 고착제 : 규산 나트륨, 규산 칼륨, 아교, 소맥분, 해초

59 피복 아크 용접기를 사용할 때의 주의 사항이 아닌 것은?

① 정격 사용률 이상 사용하지 않는다.
② 용접기 케이스를 접지한다.
③ 탭 전환형은 아크 발생 중 탭을 전환시킨다.
④ 가동부분, 냉각 팬(fan)을 점검하고 주유를 해야 한다.

60 플래시 버트 용접의 과정 순서로 옳은 것은?

① 예열 → 업셋 → 플래시
② 업셋 → 예열 → 플래시
③ 예열 → 플래시 → 업셋
④ 플래시 → 예열 → 업셋

정답 :: 2015년 3월 8일 기출문제 정답

01	02	03	04	05	06	07	08	09	10
③	②	④	③	②	④	③	②	③	③
11	12	13	14	15	16	17	18	19	20
④	①	②	③	②	③	①	④	②	①
21	22	23	24	25	26	27	28	29	30
③	①	③	①	④	③	①	②	④	④
31	32	33	34	35	36	37	38	39	40
④	③	④	②	④	③	④	④	②	②
41	42	43	44	45	46	47	48	49	50
①	③	②	②	②	④	④	③	③	④
51	52	53	54	55	56	57	58	59	60
③	③	④	④	③	③	①	④	③	③

478 • 오분만 용접 기능사 필기

국가기술자격 필기시험문제

2015년 5월 31일 기사 제2회 필기시험				수험 번호	성명
자격 종목	종목코드	시험시간	형별		
용접산업기사	1502	1시간 30분	B		

제1과목 용접야금 및 용접설비제도

01 순철에서는 A_2 변태점에서 일어나며 원자 배열의 변화 없이 자기의 강도만 변화되는 자기변태 온도는?

① 723℃ ② 768℃
③ 910℃ ④ 1401℃

❗ A_2 변태점은 자기변태점으로 768℃를 갖는다.

02 연강용접에서 용착금속의 샤르피(Charpy) 충격치가 가장 높은 것은?

① 산화철계 ② 티탄계
③ 저수소계 ④ 셀룰로스계

❗ 샤르피 충격치 흡수에너지 47J 이상의 용접봉은 저수소계, 일미나이트계이며 27J 이하인 용접봉은 티탄계, 셀룰로오스계이다.

03 습기제거를 위한 용접봉의 건조시 건조 온도가 가장 높은 것은?

① 일미나이트계 ② 저수소계
③ 고산화티탄계 ④ 라임티탄계

❗ 용접봉의 건조
• 일반 용접봉은 70 ~ 100℃에서 30분 ~1시간 건조
• 저수소계 용접봉은 300 ~ 350℃에서 1시간 ~ 2시간 건조
• 소결형 용제의 건조온도 : 150 ~ 300℃

04 연화를 목적으로 적당한 온도까지 가열한 다음 그 온도에서 유지하고 나서 서랭하는 열처리법은?

① 불림 ② 뜨임
③ 풀림 ④ 담금질

❗ 일반 열처리의 종류
• 담금질(퀜칭) : 강을 강하게 만든다. 소금물 최대효과
• 뜨임(템퍼링) : 담금질로 인한 취성제거, 강인성증가 (MO, W, V)(가열후 냉각)
• 풀림(어닐링) : 재질의 변화, 내부응력제거, 서냉 → 국부풀림 온도로 600~650℃에서 서냉
• 불림(노멀라이징) : 조직의 균일화, 공랭, 표준화, 미세조직화, A_3 변태점−912℃

05 Fe_3C 에서 Fe의 원자비는?

① 75% ② 50%
③ 25% ④ 10%

❗ Fe_3C에서 Fe 3개에 대하여 C는 1개의 비율이므로 75%이다.

06 응력제거 풀림처리시 발생하는 효과가 아닌 것은?

① 잔류응력을 제거한다.
② 응력부식에 대한 저항력이 증가한다.
③ 충격저항과 크리프 저항이 감소한다.
④ 온도가 높고 시간이 길수록 수소함량은 낮아진다.

07 용접금속에 수소가 침입하여 발생하는 것이 아닌 것은?

① 은점　　　　　② 언더컷
③ 헤어 크랙　　　④ 비드 밑 균열

> **용접에서 수소의 영향**
> • 0 ℃, 1기압 1L의 무게는 0.089g이다.
> • 기공 원인이 된다.
> • 납땜, 수중절단에 이용
> • 저온 균열의 원인이 된다.
> • 비드 밑 균열의 원인이다.
> • 고온, 고압에서 취성의 원인이다.
> • 물고기 눈처럼 빛나는 은점의 원인이다.
> • 무미, 무취, 불꽃의 육안 확인 어렵다(청색)
> • 머리카락 모양처럼 생기는 헤어크랙 원인이다.
> • 제조법은 물의 전기분해법, 코크스의 가스화법
> • 수소가스는 가스 중에서 밀도가 가장 작고 가벼워서 확산속도가 빠르며 열전도성이 가장 크기 때문에 폭발했을 때 위험성이 크다.(폭명기생성)

08 용접부의 노내 응력제거 방법에서 가열부를 노에 넣을 때 및 꺼낼 때의 노내 온도는 몇℃ 이하로 하는가?

① 300℃　　　　② 400℃
③ 500℃　　　　④ 600℃

> **잔류응력 제거법**
> • 종류 : 노내풀림법, 국부풀림법, 기계적 응력완화법, 저온응력완화법, 피닝법
> • 노내풀림법 : 유지 온도가 클수록, 시간이 길수록 효과가 크다. 노내 출입 온도 300℃ 이하를 유지하고 풀림온도 600~650 ℃(판 두께 25mm, 1시간)
> • 국부풀림법 : 큰 제품, 현장 구조물 등 노내 풀림이 곤란한 경우 사용, 용접선 좌우 양측 250mm 또는 판 두께의 12배 이상의 범위를 가열 후 서냉 처리, 동일한 온도를 유지하기 위해 유도가열장치 사용.
> • 기계적 응력완화법 : 용접부에 하중을 주어 약간의 소성변형으로 응력 제거함
> • 저온 응력완화법 : 용접선 좌우를 정속도로 가스불꽃을 150mm의 너비로 150~200℃로 가열 후 수랭하는 방법으로 용접선 방향의 인장 응력을 완화시키는 방법이다.
> • 피닝법 : 끝이 둥근 특수 헤머로 용접부를 연속적으로 타격하여 표면의 소성 변형을 일으켜 인장응력을 완화시키며 첫 층 용접의 균열 방지목적으로 700℃에서 열간 피닝한다.

09 합금을 함으로써 얻어지는 성질이 아닌 것은?

① 주조성이 양호하다.
② 내열성이 증가한다.
③ 내식, 내마모성이 증가한다.
④ 전연성이 증가되며, 융점 또한 높아진다.

> **합금강의 장점**
> • 기계적 성질 향상
> • 내식성, 내마멸성의 향상
> • 고온에서 기계적 성질 저하를 방지
> • 결정입자가 미세해져 기계적 성질 향상

10 실용 주철의 특성에 대한 설명으로 틀린 것은?

① 비중은 C와 Si 등이 많을수록 작아진다.
② 용융점은 C와 Si 등이 많을수록 낮아진다.
③ 흑연편이 클수록 자기 감응도가 나빠진다.
④ 내식성 주철은 염산, 질산 등의 산에는 강하나 알칼리에는 약하다.

11 제도에 대한 설명으로 가장 적합한 것은?

① 투명한 재료로 만들어지는 대상물 또는 부분은 투상도에서는 그리지 않는다.
② 투상도는 설계자가 생각하는 것을 투상하여 입체형태로 그린 것이다.
③ 나사, 중심 구멍 등 특수한 부분의 표시는 별도로 정한 한국산업표준에 따른다.
④ 한국산업표준에서 규정한 기호를 사용할 경우 주기를 입력해야 하며, 기호옆에 뜻을 명확히 주기한다.

12 그림에 대한 설명으로 옳은 것은?

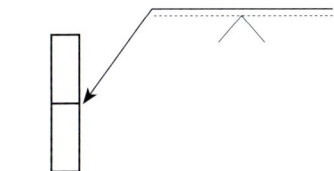

① 화살표 쪽에 용접
② 화살표 반대쪽 용접
③ 원둘레 용접
④ 양면 용접

13 하나의 그림으로 물체의 정면, 우(좌)측면, 평(저)면 3면의 실제모양과 크기를 나타낼 수 있어 기계의 조립, 분해를 설명하는 정비 지침서나, 제품의 디자인도 등을 그릴 때 사용되는 3축이 모두 120°가 되도록 한 입체도는?

① 사투상도
② 분해투상도
③ 등각투상도
④ 투시도

14 구의 반지름을 나타내는 기호는?

① C
② R
③ t
④ SR

15 도면 크기의 종류 중 호칭방법과 치수(A×B)가 틀린 것은? (단, 단위는 mm이다.)

① A0=841×1189
② A1=594×841
③ A3=297×420
④ A4=220×297

16 종이의 가장자리가 찢어져서 도면의 내용을 훼손하지 않도록 하기 위해 긋는 선은?

① 파선
② 2점 쇄선
③ 1점 쇄선
④ 윤곽선

17 기계제도에서 선의 종류별 용도에 대한 설명으로 옳은 것은?

① 가는 2점 쇄선은 특별한 요구사항을 적용할 수 있는 범위를 표시한다.
② 가는 파선은 중심이 이동한 중심궤적을 표시한다.
③ 굵은 실선은 치수를 기입하기 위하여 쓰인다.
④ 가는 1점 쇄선은 위치 결정의 근거가 된다는 것을 명시할 때 쓰인다.

18 용접부의 기호 표시 방법에 대한 설명 중 틀린 것은?

① 기준선의 하나는 실선으로 하고 다른 하나는 파선으로 표시한다.
② 용접부가 이음의 화살표 쪽에 있을 때에는 실선 쪽의 기준선에 표시한다.
③ 가로 단면의 주요 치수는 기본 기호의 우측에 기입한다.
④ 용접방법의 표시가 필요한 경우에는 기준선의 끝 꼬리 사이에 숫자로 표시한다.

19 용접기호에 대한 설명으로 옳은 것은?

① V형 용접, 화살표 쪽으로 루트간격 2mm, 홈각 60°이다.
② V형 용접, 화살표 반대쪽으로 루트간격 2mm, 홈각 60°이다.
③ 필렛 용접, 화살표 쪽으로 루트간격 2mm, 홈각 60°이다.
④ 필렛 용접, 화살표 반대쪽으로 루트간격 2mm, 홈각 60°이다.

! V형 맞대기 이음으로 루트간격은 2mm이고 홈의 각도는 60°이며 화살표 쪽을 용접한다.

20 치수기입 원칙의 일반적인 주의사항으로 틀린 것은?

① 치수는 중복 기입을 피한다.
② 관련되는 치수는 되도록 분산하여 기입한다.
③ 치수는 되도록 계산해서 구할 필요가 없도록 기입한다.
④ 치수 중 참고 치수에 대하여는 치수수치에 괄호를 붙인다.

21 용접부의 구조상 결함인 기공(Blow Hole)을 검사하는 가장 좋은 방법은?

① 초음파검사　　② 육안검사
③ 수압검사　　　④ 침투검사

! • UT(초음파 탐상법) : 초음파 시험법은 내면검사에 적합함.
• 0.5~15MHz의 초음파 이용
• 두꺼운 것 검사 가능함.
• 투과법, 공진법, 펄스반사법(가장 일반적)
• 표면의 요철이 심한 것과 얇은 판은 검사가 곤란함.

22 용접자세 중 H-Fill이 의미하는 자세는?

① 수직 자세　　② 아래 보기 자세
③ 위 보기 자세　④ 수평 필릿 자세

23 다음 금속 중 냉각 속도가 가장 큰 금속은?

① 연강　　　　② 알루미늄
③ 구리　　　　④ 스테인리스강

! **용착금속의 냉각 속도**
• 예열하면 냉각 속도가 완만해져 균열 발생이 억제된다.
• 얇은 판보다는 두꺼운 판이 냉각 속도가 빠르다.
• 맞대기 이음보다는 T형 이음이 냉각 속도가 빠르다.
• 열전도율의 순서와 냉각 속도는 같다.
• Ag – Cu – Au – Al – Mg – Ni …

24 연강판의 두께가 9mm, 용접길이를 200mm로 하고 양단에 최대 720kN의 인장하중을 작용시키는 V형 맞대기 용접이음에서 발생하는 인장응력(MPa)은?

① 200　　　　② 400
③ 600　　　　④ 800

! $$\text{인장강도} = \frac{\text{최대 하중}}{\text{단면도}} = \frac{P}{A} = \frac{720 \times 1000}{9 \times 200} = 400$$

25 다층 용접시 한 부분의 몇 층을 용접하다가 이것을 다음 부분의 층으로 연속시켜 전체가 단계를 이루도록 용착시켜 나가는 방법은?

① 후퇴법(Backstep method)
② 캐스케이드법(Cascade method)
③ 블록법(Block method)
④ 덧살올림법(Build-up method)

> **!**
> **다층 용접법**
> • 덧살올림법(빌드업법) : 열영향이 크고 슬래그 섞임 우려가 있음, 한랭시 구속이 클 때 후판에서 첫층 균열이 있음.
> • 캐스케이드법 : 한부분의 몇 층을 용접하다가 다음층으로 연속시켜 용접하는 법, 결함이 적지만 잘 사용 않음.
> • 전진블록법 : 한 개의 용접봉으로 살을 붙일만한 길이로 구분해서 여러층으로 쌓아 올린 후 다음 부분으로 진행함, 첫층 균열 발생 우려가 있음.
>
>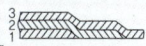
> (a) 덧살 올림법   (c) 전진 블록법   (b) 케스케이드법
>   (용접중심선 단면도) (용접중심선 단면도)

26 완전 맞대기 용접이음이 단순굽힘모멘트 $M_b = 9800N \cdot cm$을 받고 있을 때, 용접부에 발생하는 최대굽힘응력은?(단, 용접선 길이 200mm, 판 두께 = 25mm이다.)

① $196.0N/cm^2$
② $470.4N/cm^2$
③ $376.3N/cm^2$
④ $235.2N/cm^2$

> **!**
> $$\text{굽힘응력} = \frac{\text{굽힘 모멘트}}{\text{단면계수}} = \frac{\text{굽힘 모멘트}}{\frac{\text{용접선 길이} \times \text{두께}^2}{6}}$$
> $$= \frac{6 \times 9,800}{20 \times 2.5^2} = 470.4$$

27 용접이음과 주조제품을 비교하였을 때 용접이음 방법의 장점으로 틀린 것은?

① 이종재료의 접합이 가능하다.
② 용접변형을 교정할 때에는 시간과 비용이 필요치 않다.
③ 목형이나 주형이 불필요하고 설비의 소규모가 가능하여 생산비가 적게 된다.
④ 제품의 중량을 경감시킬 수 있다.

28 용접 시공 관리의 4대(4M) 요소가 아닌 것은?

① 사람(Man)
② 기계(Machine)
③ 재료(Material)
④ 태도(Manner)

> **!**
> **시공 관리의 4대 요소**
> 사람(Man), 재료(Machine), 기계 · 설비(Material), 방법(Method)

29 용접 준비 사항 중 용접 변형 방지를 위해 사용하는 것은?

① 터닝 롤러(turning roller)
② 매니플레이터(manipulator)
③ 스트롱 백(strong back)
④ 앤빌(anvil)

> **!**
> 스트롱백은 변형 방지판이라고도 하며 물체의 크기에 따라 2개 이상 부착하여 사용이 가능하다.

30 용접 경비를 적게 하고자 할 때 유의할 사항으로 틀린 것은?

① 용접봉의 적절한 선정과 그 경제적 사용방법
② 재료 절약을 위한 방법
③ 용접 지그의 사용에 의한 위보기 자세의 이용
④ 고정구 사용에 의한 능률 향상

31 똑같은 두께의 재료를 용접할 때 냉각 속도가 가장 빠른 이음은?

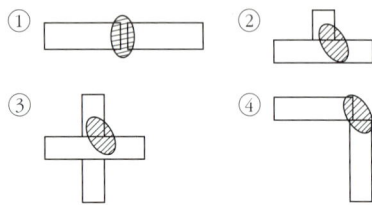

!
용착금속의 냉각 속도
• 예열하면 냉각 속도가 완만해져 균열 발생이 억제된다.
• 얇은 판보다는 두꺼운 판이 냉각 속도가 빠르다.
• 맞대기 이음보다는 T형 이음이 냉각 속도가 빠르다.
• 열전도율의 순서와 냉각 속도는 같다.
• Ag – Cu – Au – Al – Mg – Ni …

32 용접부의 응력 집중을 피하는 방법이 아닌 것은?

① 부채꼴 오목부를 설계한다.
② 강도상 중요한 용접이음 설계시 맞대기 용접부는 가능한 피하고 필릿 용접부를 많이 하도록 한다.
③ 모서리의 응력 집중을 피하기 위해 평탄부에 용접부를 설치한다.
④ 판두께가 다른 경우 라운딩(rounding)이나 경사를 주어 용접한다.

!
강도상 중요한 부분은 필렛 용접보다 맞대기 용접을 해야 한다.

33 구속 용접시 발생하는 일반적인 응력은?

① 잔류 응력　　② 연성력
③ 굽힘력　　　④ 스프링 백

!
구속이 크면 변형을 억제하게 되며 그 억제되는 만큼 내부에 응력이 발생하게 된다.

34 설계 단계에서 용접부 변형을 방지하기 위한 방법이 아닌 것은?

① 용접 길이가 감소될 수 있는 설계를 한다.
② 변형이 적어질 수 있는 이음 부분을 배치한다.
③ 보강재 등 구속이 커질수록 구조설계를 한다.
④ 용착 금속을 증가시킬 수 있는 설계를 한다.

35 용접수축량에 미치는 용접시공 조건의 영향을 설명한 것으로 틀린 것은?

① 루트간격이 클수록 수축이 크다.
② V형 이음은 X형 이음보다 수축이 크다.
③ 같은 두께를 용접할 경우 용접봉 직경이 큰 쪽이 수축이 크다.
④ 위빙을 하는 쪽이 수축이 작다.

36 용접 후처리에서 변형을 교정할 때 가열하지 않고, 외력만으로 소성변형을 일으켜 교정하는 방법은?

① 형재(形材)에 대한 직선 수축법
② 가열한 후 해머로 두드리는 법
③ 변형 교정 롤러에 의한 방법
④ 박판에 대한 점 수축법

!
용접 후 변형 교정법
• 박판에 대한 점 수축법 – 소성가공을 이용
• 형재에 대한 직선 수축법
• 가열 후 해머질하는 방법
• 후판에 대해 가열 후 압력을 가하고 수냉하는 법–순서
• 로울러에 거는 법
• 절단하여 정형 후 재용접 하는 법
• 피닝 : 특수해머를 사용하여 모재의 표면에 지속적으로 충격을 가해 줌으로써 재료 내부에 있는 잔류 응력을 완화시키면서 표면층에 소성변형을 주는 방법이다.

37 용접 순서에서 동일 평면 내에 이음이 많을 경우, 수축은 가능한 자유단으로 보내는 이유로 옳은 것은?

① 압축변형을 크게 해주는 효과와 구조물 전체를 가능한 균형 있게 인장응력을 증가시키는 효과 때문

② 구속에 의한 압축응력을 작게 해두는 효과와 구조물 전체를 가능한 균형 있게 굽힘 응력을 증가시키는 효과 때문

③ 압축응력을 크게 해주는 효과와 구조물 전체를 가능한 균형 있게 인장응력을 경감시키는 효과 때문

④ 구속에 의한 잔류응력을 작게 해주는 효과와 구조물 전체를 가능한 균형 있게 변형을 경감시키는 효과 때문

38 용접부 취성을 측정하는 데 가장 적당한 시험방법은?

① 굽힘시험 ② 충격시험
③ 인장시험 ④ 부식시험

> ❗ 용접부의 취성을 확인하는 가장 적당한 시험법은 충격시험법으로 샤르피식과 아이조드식이 있다.

39 용접 변형을 경감하는 방법으로 용접 전 변형방지책은?

① 역변형법 ② 빌드업법
③ 캐스케이드법 ④ 전진블록법

> ❗ **변형 방지법**
> • 종류 : 억제법(구속법) · 역변형법 · 도열법 · 용착법
> • 억제법 : 가접 내지는 구속지그 사용
> • 역변형법 : 용접 전에 변형의 크기 및 방향을 예측하여 미리 반대로 변형시키는 방법
> • 도열법 : 용접부 주위에 물을 적신 석면, 동판을 대어 열을 흡수
> • 용착법 : 대칭, 후퇴, 스킵법, 교호법

40 필릿 용접 크기에 대한 설명으로 틀린 것은?

① 필릿 이음에서 목길이를 증가시켜줄 필요가 있을 경우 양쪽 목길이를 같게 증가시켜 주는 것이 효과적이다.

② 판두께가 같은 경우 목길이가 다른 필릿 용접시는 수직 쪽의 목길이를 짧게 수평 쪽의 목길이를 길게 하는 것이 좋다.

③ 필릿 용접시 표면 비드는 오목형보다 블록형이 인장에 의한 수축 균열 발생이 적다.

④ 다층 필릿 이음에서의 첫 패스는 항상 오목형이 되도록 하는 것이 좋다.

> ❗ 오목형 필릿 용접은 목두께가 적어 균열의 발생 우려가 크다.

제3과목 용접일반 및 안전관리

41 가스 실드(shield)형으로 파이프 용접에 가장 적합한 용접봉은?

① 라임티타니아계(E4303)
② 특수계(E4340)
③ 저수소계(E4316)
④ 고셀룰로스계(E4311)

42 피복 아크 용접에서 용접부의 보호 방식이 아닌 것은?

① 가스 발생식
② 슬래그 생성식
③ 아크 발생식
④ 반가스 발생식

43 황동을 가스용접시 주로 사용하는 불꽃의 종류는?

① 탄화 불꽃　　② 중성 불꽃
③ 산화 불꽃　　④ 질화 불꽃

> ! **산소와 아세틸렌 불꽃의 종류**
> ・중성불꽃 : 표준불꽃
> ・산화불꽃 : 산화성 불꽃, 산소 과잉 불꽃, 바깥불꽃으로만 형성
> 　－ 구리, 황동, 아연등 용접
> ・탄화불꽃 : 아세틸렌 과잉불꽃, 환원성 불꽃, 산소 부족 시 발생, 아세틸렌 페더
> 　－ 산화 방지가 필요한 스테인리스강, 스텔라이트, 모넬메탈 등을 사용

44 피복 아크 용접봉에서 피복제의 편심률은 몇 % 이내이어야 하는가?

① 3%　　② 6%
③ 9%　　④ 12%

> ! 용접봉의 편심률은 3% 이내여야 한다.

45 압접의 종류가 아닌 것은?

① 단접(forged welding)
② 마찰 용접(friction welding)
③ 점 용접(spot welding)
④ 전자 빔 용접(electron beam welding)

> ! **압접의 종류**
> 전기저항 용접, 마찰 용접, 초음파 용접, 유도가열 용접, 고주파 용접

46 산소 아세틸렌 불꽃에서 아세틸렌이 이론적으로 완전 연소하는 데 필요한 산소 : 아세틸렌의 연소비로 가장 알맞은 것은?

① 1.5 : 1　　② 1 : 1.5
③ 2.5 : 1　　④ 1 : 2.5

47 현장에서의 용접 작업시 주의사항이 아닌 것은?

① 폭발, 인화성 물질 부근에서는 용접작업을 피할 것
② 부득이 가연성 물체 가까이서 용접할 경우는 화재 발생 방지 조치를 충분히 할 것
③ 탱크 내에서 용접 작업시 통풍을 잘하고 때때로 외부로 나와서 휴식을 취할 것
④ 탱크 내 용접 작업시 2명이 동시에 들어가 작업을 실시하고 빠른 시간에 작업을 완료하도록 할 것

48 산소 용기의 취급상 주의사항이 아닌 것은?

① 운반이나 취급에서 충격을 주지 않는다.
② 가연성 가스와 함께 저장한다.
③ 기름이 묻은 손이나 장갑을 끼고 취급하지 않는다.
④ 운반시 가능한 한 운반 기구를 이용한다.

49 용접 분류 방법 중 아크 용접에 해당하는 것은?

① 프로젝션 용접　　② 마찰 용접
③ 서브머지드 용접　　④ 초음파 용접

> ! **접합의 종류**
> ・기계적 접합법 : 볼트, 리벳, 나사, 핀, 코터이음, 키, 접어 잇기 등으로 결합하는 방법
> ・야금적 접합법 : 고체 상태에 있는 두 개의 금속재료를 열이나 압력, 또는 열과 압력을 동시에 가해서 서로 접합하는 것으로 용접, 압접, 납땜 등으로 결합하는 방법(야금이란 광석에서 금속을 추출하고 용융 후 정련하여 사용 목적에 알맞은 형상으로 제조하는 기술로 용접은 야금적 접합의 일종이다.)

50 불활성 가스 아크 용접의 특징으로 틀린 것은?

① 아크가 안정되어 스패터가 적고, 조작이 용이하다.

② 높은 전압에서 용입이 깊고 용접 속도가 빠르며, 잔류용제 처리가 필요하다.

③ 모든 자세 용접이 가능하고 열집중성이 좋아 용접 능률이 높다.

④ 청정작용이 있어 산화막이 강한 금속의 용접이 가능하다.

!

불활성 가스 아크 용접

1.불활성 가스 텅스텐 아크 용접법(GTAW)
   아르곤 가스나 헬륨 가스를 이용하여 연강, 비철 금속 등을 용접하는 용접법으로 티그 용접, 아르곤 용접법이라 한다.

2.불활성 가스 금속 아크 용접법(GMAW)
   1) CO_2용접법 : 순수한 탄산가스만을 이용하여 용접하는 불활성 가스 금속 아크 용접법으로 주로 연강용접에 이용 된다.
   2) MIG용접법(Metal Inert Gas, MIG) : Ar, He, Ar + O_2, Ar + He 불활성 가스를 이용하여 알루미늄이나 마그네슘 등에 이용된다.
   3) MAG용접법(Metal Active Gas, MAG) : CO_2 + CO, CO_2 + O_2, CO_2 + Ar, CO_2 + Ar + O_2의 탄산가스와 아르곤 가스가 혼합된 가스를 이용하여 연강, 고장력 강, 크롬–몰리브덴 강, 저온용 강 등에 이용된다.

51 스터드 용접의 용접 장치가 아닌 것은?

① 용접건   ② 용접헤드
③ 제어장치   ④ 텅스텐 전극봉

52 용접 중 용융금속 중에 가스의 흡수로 인한 기공이 발생되는 화학 반응식을 나타낸 것은?

① FeO + Mn → MnO + Fe

② 2FeO + Si → SiO_2 + 2Fe

③ FeO + C → CO + Fe

④ 3FeO + 2Al → Al_2O_3 + 3Fe

!

반응식에서 MnO_2, SiO_2, Al_2O_3는 모두 탈산반응으로 가스의 제거를 나타낸다.

53 TIG 용접기에서 직류 역극성을 사용하였을 경우 용접 비드의 형상으로 옳은 것은?

① 비드 폭이 넓고 용입이 깊다.
② 비드 폭이 넓고 용입이 얕다.
③ 비드 폭이 좁고 용입이 깊다.
④ 비드 폭이 좁고 용입이 얕다.

!

직류 역극성은 모재에 (–)를 연결하고 모재에 (+)를 연결하고 (+)를 연결한 곳에 입열량이 70%가 나오므로 모재의 용입이 낮고 용접봉의 소모가 많으며 비드의 폭은 좁다.

54 가장 두꺼운 판을 용접할 수 있는 용접법은?

① 일렉트로 슬래그 용접
② 전자 빔 용접
③ 서브머지드 아크 용접
④ 불활성가스 아크 용접

55 자동으로 용접을 하는 서브머지드 아크 용접에서 루트 간격과 루트면의 필요한 조건은?(단, 받침쇠가 없는 경우이다.)

① 루트간격 0.8mm 이상,
   루트면은 ±5mm 허용

② 루트간격 0.8mm 이하,
   루트면은 ±1mm 허용

③ 루트간격 3mm 이상,
   루트면은 ±5mm 허용

④ 루트간격 10mm 이상,
   루트면은 ±10mm 허용

!

서브머지드 아크 용접기(잠호 용접, 링컨 용접, 유니언멜트 용접)의 특징
- 용접 속도가 수동 용접에 비해 10~20배 정도
- 용입은 2~3배 정도가 커서 능률적이다.
- 한번 용접으로 75mm까지 가능하다.
- 설비비가 고가이다.
- 아래 보기, 수평 필릿 자세에 한정한다.
- 홈의 정밀도가 높아야 한다 – 루트간격 0.8mm 이하
- 서브머지드 아크 용접시 와이어의 돌출길이는 와이어 지름의 6배 정도가 적당하다.
- 용접부가 보이지 않아 용접부를 확인할 수 없다.
- 시공조건을 잘못 잡으면 제품의 불량률이 커진다.
- 용접홈의 크기가 작아도 되며 용접재료의 소비 및 변형이 작다.
- 용접 조건만 일정하다면 용접공의 기술 차이에 의한 품질 격차가 없다.

56 다음 중 직류아크 용접기는?

① 가동코일형 용접기
② 정류형 용접기
③ 가동철심형 용접기
④ 탭전환형 용접기

!
교류용접기
• 종류 : 탭전환형, 가동코일형, 가동철심형, 가포화리액터형
• 탭전환형 : 무부하 전압이 높아 전격위험이 크고 코일의 감긴수에 따라 전류를 조정하는 것, 미세 전류 조정이 불가능함
• 가동코일형 : 1차코일의 거리 조정으로 전류 조정
• 가동철심형 : 가동철심을 움직여 누설자속을 변동시켜 전류를 조정, 미세전류 조정이 가능
• 가포화리액터형 : 전류 조정이 용이하고 전류 조정을 전기적으로 하기 때문에 이동 부분이 없고 가변저항의 변화로 전류 조정, 원격 조정 가능

57 이론적으로 순수한 카바이드 5kg에서 발생할 수 있는 아세틸렌량은 약 몇 리터(L)인가?

① 3480
② 1740
③ 348
④ 174

!
카바이트 1kg은 348리터가 발생하므로 5kg × 348 = 1740리터이다.

58 정격 2차 전류 400A, 정격 사용율이 50%인 교류 아크 용접기로서 250A로 용접할 때 이 용접기의 허용 사용률(%)은?

① 128
② 122
③ 112
④ 95

!
허용 사용률(%)
$$= \frac{(정격\ 차전류)^2}{(실제\ 용접\ 전류)^2} \times 정격\ 사용률(\%)$$
$$= \frac{(400)^2}{(250)^2} \times 50 = 128(\%)$$

59 불활성 가스 금속 아크 용접시 사용되는 전원 특성은?

① 수하 특성
② 동전류 특성
③ 정전압 특성
④ 정극성 특성

!
정전압 특성을 사용하는 용접법 : 불활성 가스 금속 아크 용접법, CO_2 용접법, 서브머지드 아크 용접법 등이 있다.

60 플래시 버트 용접의 일반적인 특징으로 틀린 것은?

① 가열부의 열 영향부가 좁다.
② 용접면을 아주 정확하게 가공할 필요가 없다.
③ 서로 다른 금속의 용접은 불가능하다.
④ 용접 시간이 짧고 업셋 용접보다 전력 소비가 적다.

정답

:: 2015년 5월 31일 기출문제 정답

01	02	03	04	05	06	07	08	09	10
②	③	②	③	①	③	②	①	④	④
11	12	13	14	15	16	17	18	19	20
③	②	③	④	④	④	④	③	①	②
21	22	23	24	25	26	27	28	29	30
①	④	③	②	②	②	②	④	③	③
31	32	33	34	35	36	37	38	39	40
③	②	①	④	③	③	④	②	①	④
41	42	43	44	45	46	47	48	49	50
④	③	③	①	④	③	④	②	③	②
51	52	53	54	55	56	57	58	59	60
④	③	②	①	②	②	②	①	③	③

2015년 8월 16일 기사 제3회 필기시험				수험 번호	성명
자격 종목	종목코드	시험시간	형별		
용접산업기사	1503	1시간 30분	B		

제1과목 용접야금 및 용접설비제도

01 용접하기 전 예열하는 목적이 아닌 것은?

① 수축 변형을 감소한다.
② 열영향부의 경도를 증가시킨다.
③ 용접 금속 및 열영향부에 균열을 방지한다.
④ 용접 금속 및 열영향부의 연성 또는 노치 인성을 개선한다.

! **예열의 목적**
- 용접 금속에 연성 및 인성을 부여한다.
- 모재의 수축 응력을 감소하여 균열 발생 억제
- 고장력강은 50~350℃정도로 예열을 한다.
- 냉각속도를 느리게 하여 결함 및 수축 변형을 방지한다.
- 용착 금속의 수소 성분이 나갈 수 있는 여유를 주어 비드 밑 균열 방지

02 강의 표면경화법이 아닌 것은?

① 불림   ② 침탄법
③ 질화법   ④ 고주파 열처리

! 불림은 일반 열처리법으로 조직을 균일하게 하고 표준화를 위한 방법이다.

03 용융금속 중에 첨가하는 탈산제가 아닌 것은?

① 규소 철(Fe-Si)   ② 티탄 철(Fe-Ti)
③ 망간 철(Fe-Mn)   ④ 석회석($CaCO_3$)

04 이종의 원자가 결정격자를 만드는 경우 모재원자보다 작은 원자가 고용할 때 모재원자의 틈새 또는 격자결함에 들어가는 경우의 고용체는?

① 치환형 고용체
② 변태형 고용체
③ 침입형 고용체
④ 금속간 고용체

! 고용체에는 침입형, 치환형, 격자형 고용체가 있으며 원자 바견경이 15% 이상 차이가 날 경우 침입형 고용체가 된다.

05 고장력강 용접시 일반적인 주의사항으로 틀린 것은?

① 용접봉은 저수소계를 사용한다.
② 아크 길이는 가능한 길게 유지한다.
③ 위빙 폭은 용접봉 지름의 3배 이하로 한다.
④ 용접 개시 전에 이음부 내부 또는 용접할 부분을 청소한다.

06 γ고용체와 α고용체의 조직은?

① γ고용체 = 페라이트 조직,
  α고용체 = 오스테나이트 조직

② γ고용체 = 페라이트 조직,
  α고용체 = 시멘타이트 조직

③ γ고용체 = 시멘타이트 조직,
  α고용체 = 페라이트 조직

④ γ고용체 = 오스테나이트 조직,
  α고용체 = 페라이트 조직

> **!**
> α(알파)고용체 : 페라이트 조직으로 체심 입방 격자이다.
> γ(감마)고용체 : 오스테나이트 조직으로 면심 입방 격자이다.

07 비열이 가장 큰 금속은?

① Al　　　　② Mg
③ Cr　　　　④ Mn

> **!**
> 어떤 물질 1g의 온도를 1℃ 올리는 데 필요한 열량을 비열
> 이라 하며 비열이 큰 순서는 Mg – Al – Mn – Cr – Fe – Ni
> – Pt – Au – Pb의 순이다.

08 재가열 균열 시험법으로 사용되지 않은 것은?

① 고온 인장 시험　　② 변형 이완 시험
③ 자율 구속도 시험　④ 크리프 저항 시험

09 용접 후 잔류응력이 있는 제품에 하중을 주고 용접부에 소성변형을 일으키는 방법은?

① 연화 풀림법
② 국부 풀림법
③ 저온 응력 완화법
④ 기계적 응력 완화법

> **!**
> **잔류응력 제거법**
> • 종류 : 노내풀림법, 국부풀림법, 기계적 응력완화법, 저온 응력완화법, 피닝법
> • 노내풀림법 : 유지 온도가 클수록, 시간이 길수록 효과가 크다. 노내 출입 온도 300℃ 이하를 유지하고 풀림온도 600~650℃(판 두께 25mm, 1시간)
> • 국부풀림법 : 큰 제품, 현장 구조물 등 노내 풀림이 곤란한 경우 사용, 용접선 좌우 양측 250mm 또는 판 두께의 12배 이상의 범위를 가열 후 서냉 처리, 동일한 온도를 유지하기 위해 유도가열장치 사용.
> • 기계적 응력완화법 : 용접부에 하중을 주어 약간의 소성 변형으로 응력 제거함
> • 저온 응력완화법 : 용접선 좌우를 정속도로 가스불꽃을 150mm의 너비로 150~200℃로 가열 후 수랭하는 방법으로 용접선 방향의 인장 응력을 완화시키는 방법이다.
> • 피닝법 : 끝이 둥근 특수 헤머로 용접부를 연속적으로 타격하여 표면의 소성 변형을 일으켜 인장응력을 완화시키며 첫 층 용접의 균열 방지목적으로 700℃에서 열간 피닝한다.

10 철강 재료의 변태 중 순철에서는 나타나지 않는 변태는?

① A_1　　　　② A_2
③ A_3　　　　④ A_4

> **!**
> A_1변태는 순철이 아닌 철에 탄소를 0.8% 함유한 공석강의 변태로 723℃에서 일어나는 변태이다.

11 도면에 치수를 기입하는 경우의 유의사항으로 틀린 것은?

① 치수는 되도록 주 투상도에 집중한다.
② 치수는 되도록 계산할 필요가 없도록 기입한다.
③ 치수는 되도록 공정마다 배열을 분리하여 기입한다.
④ 참고 치수에 대하여는 치수에 원을 넣는다.

> **!**
> 참고 치수는 ( ) 안에 표시하도록 한다.

12 용접부 보조기호 중 제거 가능한 덮개판을 사용하는 기호는?

① ⌒
② ⌒
③ | M |
④ | MR |

13 다음 용접 기호 중 이면 용접 기호는?

① Ⓨ
② ∨
③ ⌣
④ ⌣⌣

14 척도에 관계없이 적당한 크기로 부품을 그린 후 치수를 측정하여 기입하는 스케치 방법은?

① 프린트법
② 프리핸드법
③ 본뜨기법
④ 사진촬영법

15 가는 실선으로 규칙적으로 줄을 늘어놓은 것으로 도형의 한정된 특정 부분을 다른 부분과 구별하는 데 사용하며 예를 들면 단면도의 절단된 부분을 나타내는 선의 명칭은?

① 파단선
② 지시선
③ 중심선
④ 해칭

16 평면도법에서 인벌류트곡선에 대한 설명으로 옳은 것은?

① 원기둥에 감긴 실의 한 끝을 늦추지 않고 풀어나갈 때 이 실의 끝이 그리는 곡선이다.

② 1개의 원이 직선 또는 원주 위를 굴러갈 때 그 구르는 원의 원주 위의 1점이 움직이며 그려 나가는 자취를 말한다.

③ 전동원이 기선 위를 굴러갈 때 생기는 곡선을 말한다.

④ 원뿔은 여러 가지 각도로 절단하였을 때 생기는 곡선이다.

17 3각법에서 물체의 위에서 내려다 본 모양을 도면에 표현한 투상도는?

① 정면도
② 평면도
③ 우측면도
④ 좌측면도

18 다음 중 용접 기호에 대한 명칭으로 틀린 것은?

① ◺ : 필릿 용접
② ∥ : 한쪽면 수직 맞대기 용접
③ ∨ : V형 맞대기 용접
④ × : 양면 V형 맞대기 용접

19 한 도면에서 두 종류 이상의 선이 같은 장소에 겹치게 될 때 우선순위로 옳은 것은?

① 숨은선 → 절단선 → 외형선 → 중심선 → 무게중심선

② 외형선 → 중심선 → 절단선 → 무게중심선 → 숨은선

③ 숨은선 → 무게중심선 → 절단선 → 중심선 → 외형선

④ 외형선 → 숨은선 → 절단선 → 중심선 → 무게중심선

20 도면에서 척도를 기입하는 경우, 도면을 정해진 척도값으로 그리지 못하거나 비례하지 않을 때 표시 방법은?

① 현척   ② 축척
③ 배척   ④ NS

! 비례척인 아닌 경우 NS로 표시하거나 치수 밑에 밑줄을 그어준다.

제2과목 용접 구조 설계

21 아크 용접시 용접이음의 용융부 밖에 생기는 아크를 발생시킬 때 모재 표면에 결함이 생기는 것은?

① 아크 스트라이크(arc strike)
② 언더 필(under fill)
③ 스캐터링(scattering)
④ 은점(fish eye)

22 용접에 의한 용착효율을 구하는 식으로 옳은 것은?

① $\dfrac{\text{용접봉의 총사용량}}{\text{용착 금속의 중량}} \times 100(\%)$

② $\dfrac{\text{피복제의 중량}}{\text{용착 금속의 중량}} \times 100(\%)$

③ $\dfrac{\text{용착 금속의 중량}}{\text{용접봉의 사용 중량}} \times 100(\%)$

④ $\dfrac{\text{피복제의 중량}}{\text{용접봉의 사용 중량}} \times 100(\%)$

23 용접부 검사법에서 파괴 시험방법 중 기계적 시험방법이 아닌 것은?

① 인장 시험(tensile test)
② 부식 시험(corrosion test)
③ 굽힘 시험(bending test)
④ 경도 시험(hardness test)

! 부식시험법은 화학적 시험 방법이다.

24 용접작업시 적절한 용접지그의 사용에 따른 효과로 틀린 것은?

① 용접 작업을 용이하게 한다.
② 다량생산의 경우 작업능률이 향상된다.
③ 제품의 마무리 정밀도를 향상시킨다.
④ 용접 변형은 증가되나, 잔류응력을 감소시킨다.

!
용접시 지그 사용 목적
· 대량생산 가능하다.
· 용접 작업을 쉽게 한다.
· 재품의 치수를 정확하게 한다.
· 용접부의 신뢰도가 높아진다.
· 다듬질을 좋게 한다.
· 변형을 억제한다.

바이스 지그	
스트롱백 지그	
역변형 지그	

용접용 지그 선택의 기준
· 물체를 튼튼하게 고정시켜 줄 크기와 힘이 있을 것
· 변형을 막아줄 만큼 견고하게 잡아줄 수 있을 것
· 물품의 고정과 분해가 쉽고 청소가 편리할 것
· 용접 위치를 용접에 유리한 용접자세로 쉽게 움직일 수 있을 것

25 맞대기 용접이음에서 각 변형이 가장 크게 나타날 수 있는 홈의 형상은?

① H형   ② V형
③ X형   ④ I형

26 용접변형 방지방법에서 역변형법에 대한 설명으로 옳은 것은?

① 용접물을 고정시키거나 보강재를 이용하는 방법이다.
② 용접에 의한 변형을 미리 예측하여 용접하기 전에 반대쪽으로 변형을 주는 방법이다.
③ 용접물을 구속시키고 용접하는 방법이다.
④ 스트롱 백을 이용하는 방법이다.

27 겹쳐진 두 부재의 한쪽에 둥근 구멍 대신에 좁고 긴 홈을 만들어 놓고 그 곳을 용접하는 용접법은?

① 겹치기 용접   ② 플랜지 용접
③ T형 용접   ④ 슬롯 용접

28 아크전류 200(A), 아크전압 30(V), 용접속도 20(cm/min)일 때 용접 길이 1cm당 발생하는 용접입열(Joule/cm)은?

① 12000   ② 15000
③ 18000   ④ 20000

!
$$용접입열 = \frac{60EI}{V} = \frac{60 \times 30 \times 200}{20} = 18000$$

29 전 용접 길이에 방사선 투과 검사를 하여 결함이 1개도 발견되지 않았을 때 용접이음의 효율은?

① 70%   ② 80%
③ 90%   ④ 100%

30 가접에 대한 설명으로 틀린 것은?

① 본 용접 전에 용접물을 잠정적으로 고정하기 위한 짧은 용접이다.
② 가접은 아주 쉬운 작업이므로 본 용접사보다 기량이 부족해도 된다.
③ 홈 안에 가접을 할 경우 본 용접을 하기 전에 갈아낸다.
④ 가접에는 본 용접보다는 지름이 약간 가는 용접봉을 사용한다.

!
가접도 용접사와 동일한 정도의 기량을 가진 사람이 해야 한다.

31 용접부의 이음효율 공식으로 옳은 것은?

① $이음효율 = \dfrac{모재의\ 인장강도}{용접시편의\ 인장강도} \times 100(\%)$

② $이음효율 = \dfrac{모재의\ 충격강도}{용접시편의\ 충격강도} \times 100(\%)$

③ $이음효율 = \dfrac{용접시편의\ 충격강도}{모재의\ 충격강도} \times 100(\%)$

④ $이음효율 = \dfrac{용접시편의\ 인장강도}{모재의\ 인장강도} \times 100(\%)$

32 맞대기 용접에서 제1층부에 결함이 생겨 밑면 따내기를 하고자 할 때 이용되지 않는 방법은?

① 선삭(turning)
② 핸드 그라인더에 의한 방법
③ 아크 에어 가우징(arc air gouging)
④ 가스 가우징(gas gouging)

33 맞대기 용접 이음의 피로강도 값이 가장 크게 나타나는 경우는?

① 용접부 이면 용접을 하고 용접 그대로인 것
② 용접부 이면 용접을 하지 않고 표면용접 그대로인 것
③ 용접부 이면 및 표면을 기계 다듬질한 것
④ 용접부 표면의 덧살만 기계 다듬질한 것

34 모세관 현상을 이용하여 표면결함을 검사하는 방법은?

① 육안검사   ② 침투검사
③ 자분검사   ④ 전자기적 검사

35 용접시 발생되는 용접변형을 방지하기 위한 방법이 아닌 것은?

① 용접에 의한 국부 가열을 피하기 위하여 전체 또는 국부적으로 가열하고 용접한다.
② 스트롱 백을 사용한다.
③ 용접 후에 수냉처리를 한다.
④ 역변형을 주고 용접한다.

36 강판의 두께 15mm, 폭 100mm의 V형 홈을 맞대기 용접이음할 때 이음효율을 80%, 판의 허용응력을 35kg/mm²로 하면 인장하중(kg)은 얼마까지 허용할 수 있는가?

① 35000 　　② 38000
③ 40000 　　④ 42000

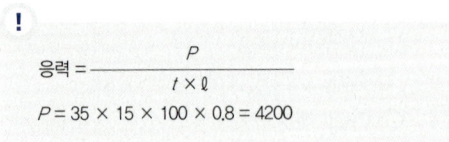

!

응력 $= \dfrac{P}{t \times \ell}$

$P = 35 \times 15 \times 100 \times 0.8 = 4200$

37 양면 용접에 의하여 충분한 용입을 얻으려고 할 때 사용되며 두꺼운 판의 용접에 가장 적합한 맞대기 홈의 형태는?

① J형 　　② H형
③ V형 　　④ I형

38 불활성가스 텅스텐 아크용접 이음부 설계에서 I형 맞대기 용접이음의 설명으로 적합한 것은?

① 판 두께가 12mm 이상의 두꺼운 판 용접에 이용된다.
② 판 두께가 6~20mm 정도의 다층 비드 용접에 이용된다.
③ 판 두께가 3mm 정도의 박판용접에 많이 이용된다.
④ 판 두께가 20mm 이상의 두꺼운 판 용접에 이용된다.

39 용접구조물에서의 비틀림 변형을 경감시켜 주는 시공상의 주의사항 중 틀린 것은?

① 집중적으로 교차 용접을 한다.
② 지그를 활용한다.
③ 가공 및 정밀도에 주의한다.
④ 이음부의 맞춤을 정확하게 해야 한다.

40 용접부의 시점과 끝나는 부분에 용입 불량이나 각종 결함을 방지하기 위해 주로 사용되는 것은?

① 엔드탭 　　② 포지셔너
③ 회전 지그 　　④ 고정 지그

제3과목 용접일반 및 안전관리

41 레이저 용접(laser welding)의 설명으로 틀린 것은?

① 모재의 열변형이 거의 없다.
② 이종금속의 용접이 가능하다.
③ 미세하고 정밀한 용접을 할 수 있다.
④ 접촉식 용접 방법이다.

42 가스 용접에서 산소에 대한 설명으로 틀린 것은?

① 산소는 산소 용기에 35℃, 150kgf/cm² 정도의 고압으로 충전되어 있다.
② 산소병은 이음매 없이 제조되며 인장강도는 약 57kgf/cm² 이상, 연신율은 18% 이상의 강재가 사용된다.
③ 산소를 다량으로 사용하는 경우에는 매니폴드(manifold)를 사용한다.
④ 산소의 내압 시험 압력은 충전압력의 3배 이상으로 한다.

!

산소 용기의 내압 시험은 최고 충전압력의 5/3 정도로 하며 아세틸렌 용기의 내압 시험압력은 최고 충전압력의 3배로 해야 한다.

43 산소-아세틸렌 가스용접시 사용하는 토치의 종류가 아닌 것은?

① 저압식   ② 절단식
③ 중압식   ④ 고압식

44 다음 중 아크 에어 가우징의 설명으로 가장 적합한 것은?

① 압축공기의 압력은 $1 \sim 2 kgf/cm^2$이 적당하다.
② 비철금속에는 적용되지 않는다.
③ 용접 균열 부분이나 용접 결함부를 제거하는 데 사용한다.
④ 그라인딩이나 가스 가우징보다 작업 능률이 낮다.

!

아크 에어가우징의 특징
• 탄소 아크절단에 압축공기를 병용—흑연으로 된 탄소봉에 구리 도금한 전극을 이용
• 가스 가우징보다 능률이 2~3배 좋음.
• 균열 발견이 쉽고 소음이 없음.
• 철, 비철 금속도 가능
• 전원은 직류 역극성 이용(미그 절단)
• 전압은 35V, 전류는 200~500A, 압축공기는 6~7kgf/cm^2

45 용접법의 분류에서 융접에 속하는 것은?

① 전자빔 용접   ② 단접
③ 초음파 용접   ④ 마찰 용접

!

접합 방법에 따른 용접의 종류
• 융접 : 모재와 용가재를 모두 녹임(대부분의 용접법)
• 압접 : 열이나 압력, 또는 열과 압력을 동시에 가함.
  – 전기저항 용접, 초음파 용접, 고주파 용접, 마찰 용접, 유도가열 용접, 냉간 압접, 가스 압접, 가압 테르밋 용접 등
• 납땜 : 모재는 녹이지 않고 용접봉을 녹여 붙임 450℃를 기준으로 연납땜, 경납땜으로 구별
  – 연납땜
  – 경납땜 : 가스 납땜, 노내 납땜, 저항 납땜, 담금 납땜, 유도 가열 납땜

46 탄산가스 아크 용접의 특징에 대한 설명으로 틀린 것은?

① 전류 밀도가 높아 용입이 깊고 용접 속도를 빠르게 할 수 있다.
② 적용 재질이 철 계통으로 한정되어 있다.
③ 가시 아크이므로 시공이 편리하다.
④ 일반적인 바람의 영향을 받지 않으므로 방풍장치가 필요 없다.

!

이산화탄소 아크 용접 특징
• 바람에 영향을 받으므로 방풍 장치가 필요하다.(2m/s 이상시 반드시 필요)
• 용제를 사용하지 않아 슬래그의 혼입이 없다.
• 용접 금속의 기계적, 야금적 성질이 우수하다.
• 전류 밀도가 높아 용입이 깊고 용융 속도가 빠르다.

47 교류 아크 용접시 비안전형 홀더를 사용할 때 가장 발생하기 쉬운 재해는?

① 낙상 재해   ② 협착 재해
③ 전도 재해   ④ 전격 재해

48 가스 절단에서 일정한 속도로 절단할 때 절단홈의 밑으로 갈수록 슬랙의 방해, 산소의 오염 등에 의해 절단이 느려져 절단면을 보면 거의 일정한 간격으로 평행한 곡선이 나타난다. 이 곡선을 무엇이라 하는가?

① 절단면의 아크 방향
② 가스궤적
③ 드래그 라인
④ 절단속도의 불일치에 따른 궤적

49 가스 용접에 사용하는 지연성 가스는?

① 산소　　　　② 수소

③ 프로판　　　④ 아세틸렌

> **!**
> **산소의 특징**
> ① 자신은 타지 않으면서 다른 물질의 연소를 돕는 지연성 가스이다. 대표적으로 O_2가 있다.
> ② 분자량은 16으로 공기 중에 21%가 존재한다.
> ③ 무색, 무취, 무미의 기체로 1 ℓ 의 중량은 0℃ 1기압에서 1.429g이다. 또한 비중은 1.105로 공기보다 무겁다.
> ④ 용융점은 −219℃, 비등점은 −183℃이다.
> ⑤ −119℃에서 50기압으로 압축하면 담황색의 액체가 된다.
> ⑥ 금, 백금 등을 제외한 다른 금속과 화합하여 산화물을 만든다.
> ⑦ 산소의 제조 방법
> 　㉠ 화학 약품에 의한 방법
> 　㉡ 물의 전기 분해에 의한 방법
> 　㉢ 공기 중에서 산소를 채취하는 방법

50 피복 아크 용접 작업에서 용접 조건에 관한 설명으로 틀린 것은?

① 아크 길이가 길면 아크가 불안정하게 되어 용융금속의 산화나 질화가 일어나기 쉽다.

② 좋은 용접비드를 얻기 위해서 원칙적으로 긴 아크로 작업한다.

③ 용접 전류가 너무 낮으면 오버랩이 발생된다.

④ 용접 속도를 운봉 속도 또는 아크 속도라고도 한다.

51 사람의 팔꿈치나 손목의 관절에 해당하는 움직임을 갖는 로봇으로 아크 용접용 다관절 로봇은?

① 원통 좌표 로봇(cylindrical robot)

② 직각 좌표 로봇(rectangular coordinate robot)

③ 극 좌표 로봇(polar coordinate robot)

④ 관절 좌표 로봇(articulated robot)

52 스터드 용접에서 페룰의 역할로 틀린 것은?

① 용융금속의 유출을 촉진시킨다.

② 아크열을 집중시켜 준다.

③ 용융금속의 산화를 방지한다.

④ 용착부의 오염을 방지한다.

> **!**
> **스터드 용접법 중에서 페룰의 역할**
> • 아크를 보호하고 아크를 집중시킴.
> • 용착부의 오염 방지
> • 용접사의 눈을 보호
> • 용융금속의 유출 방지

척
스터드
페룰
모재
아크 발생
용착

53 납땜에서 용제가 갖추어야 할 조건으로 틀린 것은?

① 청정한 금속면의 산화를 방지할 것

② 모재와 땜납에 대한 부식 작용이 최소한 일 것

③ 전기 저항 납땜에 사용되는 것은 비전도체일 것

④ 납땜 후 슬래그의 제거가 용이할 것

> **!**
> **땜납의 구비 조건**
> • 모재보다 용융점이 낮다.
> • 유동성이 좋아 잘 메워질 것
> • 모재와 친화력이 있을 것
> • 표면장력이 작아 모재 표면에 잘 퍼질 것

54 TIG 용접시 안전사항에 대한 설명으로 틀린 것은?

① 용접기 덮개를 벗기는 경우 반드시 전원스위치를 켜고 작업한다.

② 제어장치 및 토치 등 전기계통의 절연 상태를 항상 점검해야 한다.

③ 전원과 제어장치의 접지 단자는 반드시 지면과 접지되도록 한다.

④ 케이블 연결부와 단자의 연결 상태가 느슨해졌는지 확인하여 조치한다.

55 다음 중 맞대기 저항 용접이 아닌 것은?

① 스폿 용접   ② 플래시 용접

③ 업셋버트 용접   ④ 퍼커션 용접

> !
> 전기 저항 용접의 종류
> 1) 겹치기 : a. 점 용접 b. 심 용접 c. 프로젝션(돌기 용접)
> 2) 맞대기 : a. 업셋 b. 플래시(예열-플레쉬-업셋) c. 퍼커션(충격 용접)

56 프랑스식 가스 용접 토치의 200번 팁으로 연강판을 용접할 때 가장 적당한 판 두께는?

① 판두께와 무관하다.   ② 0.2mm

③ 2mm   ④ 20mm

> !
> 가변압식 200번 팁(프랑스식)의 의미
> • 토치의 팁 중 표준불꽃으로 1시간당 용접시 아세틸렌 소모량이 200L인 것
> • B형   • 동심형팁
> • 독일형 2번과 같음.

57 점 용접(spot welding)의 3대 요소에 해당되는 것은?

① 가압력, 통전 시간, 전류의 세기

② 가압력, 통전 시간, 전압의 세기

③ 가압력, 냉각 수량, 전류의 세기

④ 가압력, 냉각 수량, 전압의 세기

> !
> 저항 용접의 3대 요소 :용접 전류, 통전 시간, 가압력이다.

58 가스 절단 작업에서 드래그는 판 두께의 몇 %정도를 표준으로 하는가?(단, 판두께는 25mm 이하이다.)

① 50%   ② 40%

③ 30%   ④ 20%

> !
> 절단시 드래그 라인은 판 두께의 20%를 나타낸다.

59 교류 아크 용접기에 감전사고를 방지하기 위해서 설치하는 것은?

① 전격방지 장치   ② 2차 권선 장치

③ 원격제어 장치   ④ 핫 스타트 장치

60 피복 아크 용접의 용접 입열에서 일반적으로 모재에 흡수되는 열량은 입열의 몇 % 정도인가?

① 45~55%   ② 60~70%

③ 75~85%   ④ 90~100%

국가기술자격 필기시험문제

2016년 3월 6일 기사 제1회 필기시험				수험 번호	성명
자격 종목	종목코드	시험시간	형별		
용접산업기사	1601	1시간 30분	B		

01 용융 슬래그의 염기도 식은?

① $\dfrac{\Sigma 산성 성분(\%)}{\Sigma 염기성 성분(\%)}$ ② $\dfrac{\Sigma 염기성 성분(\%)}{\Sigma 산성 성분(\%)}$

③ $\dfrac{\Sigma 중성 성분(\%)}{\Sigma 염기성 성분(\%)}$ ④ $\dfrac{\Sigma 염기성 성분(\%)}{\Sigma 중성 성분(\%)}$

> ❗ 염기도란 용융 슬래그 속의 염기 성분이 얼마인가의 정도 표시이며 슬래그 성분 중에 염기성 성분의 총합을 산성 성분의 총합으로 나눈 값을 말한다. 염기도가 높을수록 작업성은 떨어지지만 내균열성이 좋아지며 저수소계 용접봉이 염기성이 가장 높다.

02 Fe-C계 평형 상태도의 조직과 결정구조에 대한 연결이 옳은 것은?

① α 페라이트 : 면심 입방 격자
② 펄라이트 : δ +Fe$_3$C의 혼합물
③ γ 오스테나이트 : 체심 입방 격자
④ 레데뷰라이트 : γ +Fe$_3$C의 혼합물

> ❗ **강의 표준조직**
> • 페라이트(α, δ) : 강자성체인 체심 입방 격자
> • 오스테나이트(γ) : γ철에 탄소를 고용한 것, 723℃에서 안정
> • 시멘타이트(Fe$_3$C) : 고온의 강에서 생성된 탄화철
> • 펄라이트(α + Fe$_3$C) : 726℃에서 오스테나이트가 페라이트와 시멘타이트의 층상의 공석정으로 변태한 것
> • 레데뷰라이트(γ + Fe$_3$C) : 4.3% 탄소의 용융철이 1,148℃ 이하로 냉각될 때 2.11% 탄소의 오스테나이트와 6.67% 탄소의 시멘타이트로 석출되어 생긴 공정 주철이며 A1점 이상에서 안정적으로 존재하는 조직으로 경도가 크고 메지는 성질을 갖는다.

03 용접부 응력 제거 풀림의 효과 중 틀린 것은?

① 치수 오차 방지
② 크리프 강도 감소
③ 용접 잔류 응력 제거
④ 응력 부식에 대한 저항력 증가

> ❗ 풀림열처리를 하면 크리프 강도는 증가한다.

04 동합금의 용접성에 대한 설명으로 틀린 것은?

① 순동은 좋은 용입을 얻기 위해서 반드시 예열이 필요하다.
② 알루미늄 청동은 열간에서 강도나 연성이 우수하다.
③ 인청동은 열간 취성의 경향이 없으며, 용융점이 낮아 편석에 의한 균열 발생이 없다.
④ 황동에는 아연이 다량 함유되어 있어 용접시 증발에 의해 기포가 발생하기 쉽다.

05 주철의 용접에서 예열은 몇 ℃ 정도가 가장 적당한가?

① 0~50℃ ② 60~90℃
③ 100~150℃ ④ 150~300℃

06 용착 금속이 응고할 때 불순물은 주로 어디에 모이는가?

① 결정입계 ② 결정입내
③ 금속의 표면 ④ 금속의 모서리

07 아크 분위기는 대부분이 플럭스를 구성하고 있는 유기물 탄산염 등에서 발생한 가스로 구성되어 있다. 아크 분위기의 가스 성분에 해당되지 않는 것은?

① He ② CO
③ H_2 ④ CO_2

! 헬륨가스는 불활성 가스로 아크 분위기의 가스 성분은 아니다.

08 용접시 용접부에 발생하는 결함이 아닌 것은?

① 기공 ② 텅스텐 혼입
③ 슬래그 혼입 ④ 라미네이션 균열

! **용접부의 결함 중 구조상 결함의 원인**
• 피트 : 합금 원소가 많을 때, 습기, 페인트, 녹, 황 함유시
• 스패터 : 전류 높을 때, 건조되지 않은 용접봉 사용시, 아크 길이가 길 때
• 용입 불량 : 이음설계 결함, 용접 속도가 빠를 때, 전류가 낮을 때, 용접봉 선택 불량
• 언더컷 : 전류가 높을 때, 아크 길이가 클 때, 속도가 부적합할 때
• 오버랩 : 용접 전류가 낮을 때, 용접봉의 부적합 선택
• 선상구조 : 용착 금속의 냉각 속도가 빠를 때, 모재 재질 불량, X선으로는 검출할 수 없음.
• 기공의 원인 : 수소, CO_2의 과잉, 용접부의 급속한 응고, 모재의 황 함유량 과대, 기름, 페인트, 녹, 습도, 아크 길이, 전류의 부적당, 용접 속도 빠를 때
• 비드 밑 균열 : 용접 이후 용접열에 의해 조직이 변하는 주변 열영향부에서 수소의 확산에 의해 발생하는 균열
• 아크 스트라이크 : 용접이음의 밖에서 아크를 발생시킬 때 아크열에 의하여 모재에 결함이 생기는 것

09 다음 중 경도가 가장 낮은 조직은?

① 페라이트 ② 펄라이트
③ 시멘타이트 ④ 마텐사이트

10 용접 비드의 끝에서 발생하는 고온 균열로서 냉각 속도가 지나치게 빠른 경우에 발생하는 균열은?

① 종 균열 ② 횡 균열
③ 호상 균열 ④ 크레이터 균열

! 고온 균열 : 비드 균열과 크레이터 균열
비드 균열 : 종균열, 횡균열, 호상균열
비드끝 : 크레이터 균열로 냉각 속도가 빠를 때 발생

11 KS 분류기호 중 KS B는 어느 부분에 속하는가?

① 전기 ② 금속
③ 조선 ④ 기계

! **제도의 규격 – KS의 종류**
A – 기본, B – 기계, C – 전기, D – 금속, V – 조선

12 필릿 용접에서 a5△4×300(50)의 설명으로 옳은 것은?

① 목 두께 5mm, 용접부 수 4, 용접 길이 300mm, 인접한 용접부 간격 50mm
② 판두께 5mm, 용접 두께 4mm, 용접 피치 300mm, 인접한 용접부 간격 50mm
③ 용입 깊이 5mm, 경사 길이 4mm, 용접 피치 300mm, 용접부 수 50
④ 목 길이 5mm, 용입 깊이 4mm, 용접 길이 300mm, 용접부 수 50

! a : 목 두께   삼각형 : 필릿 용접
4 : 용접 개수   300 : 용접 길이
(50) : 용접간 거리

13 다음 용접 기호의 명칭으로 옳은 것은?

① 플러그 용접 ② 뒷면 용접
③ 스폿 용접 ④ 심 용접

14 다음 그림 중 I형 맞대기 이음 용접에 해당하는 것은?

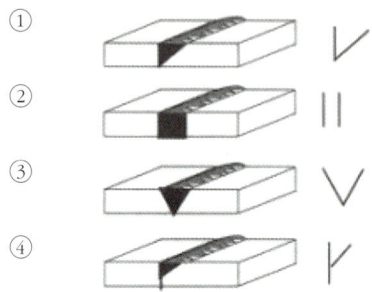

① ② ③ ④

15 KS 용접 기본 기호에서 현장 용접 보조기호로 옳은 것은?

① ② ③ ④

16 1개의 원이 직선 또는 원주 위를 굴러갈 때 그 구르는 원의 원주 위 1점이 움직이며 그려 나가는 선은?

① 타원(ellipse)
② 포물선(parabola)
③ 쌍곡선(hyperbola)
④ 사이클로이드 곡선(cycloidal curve)

17 도면에 치수를 기입할 때의 유의 사항으로 틀린 것은?

① 치수는 계산할 필요가 없도록 기입하여야 한다.
② 치수는 중복 기입하여 도면을 이해하기 쉽게 한다.
③ 관련되는 치수는 가능한 한 곳에 모아서 기입한다.
④ 치수는 될 수 있는 대로 주투상도에 기입해야 한다.

18 척도의 표시 방법에서 A : B로 나타낼 때 A가 의미하는 것은?

① 윤곽선의 굵기   ② 물체의 실제 크기
③ 도면에서의 크기   ④ 중심마크의 크기

19 45° 모따기의 기호는?

① SR   ② R
③ C   ④ t

20 굵은 실선으로 나타내는 선의 명칭은?

① 외형선   ② 지시선
③ 중심선   ④ 피치선

> **!**
> **선의 종류와 용도**
> • 굵은 실선 – 외형선
> • 가는 실선 – 치수선, 치수보조선, 지시선, 회전단면선, 수준면선, 해칭선
> • 은선 – 보이지 않는 선, 가는 파선 또는 굵은 파선
> • 가는 1점쇄선 – 중심선, 기준선, 피치선
> • 가는 2점쇄선 – 가상선 무게 중심선
> • 굵은 1점쇄선 – 특수지정선
> • 파단선 – 물체의 일부를 파단한 곳을 표시하는 선으로 불규칙한 파형의 가는 실선 또는 지그재그선

제2과목 용접구조설계

21 용접 이음의 종류에 따라 분류한 것 중 틀린 것은?

① 맞대기 용접   ② 모서리 용접
③ 겹치기 용접   ④ 후진법 용접

22 피복 아크 용접에서 발생한 용접 결함 중 구조상의 결함이 아닌 것은?

① 기공   ② 변형
③ 언더컷   ④ 오버랩

23 용접부 시험에서는 파괴 시험과 비파괴 시험이 있다. 파괴 시험 중에서 야금학적 시험 방법이 아닌 것은?

① 파면 시험
② 물성 시험
③ 메크로 시험
④ 현미경 조직 시험

24 용접성을 저하시키며 적열 취성을 일으키는 원소는?

① 황   ② 규소
③ 구리   ④ 망간

!
탄소강에서 생기는 취성
- 적열취성 : 고온 900℃ 이상에서 물체가 빨갛게 되어 메지는 현상으로 원인은 S, 방지제 Mn
- 청열취성 : 강을 200~300℃로 가열하면 강도가 최대로 되고 연신률, 단면 수축률 등은 줄어들게 되어 메지는 현상으로 원인은 P, 방지제 Ni
- 상온취성 : 충격, 피로등에 대하여 깨지는 성질로 원인 P
- 저온취성 : 천이온도에 도달하면 급격히 감소하여 −70℃ 부근에서 충격치가 0에 도달함.
- 설퍼프린터
- 황의 분포 여부를 확인
- 시약은 H_2SO_4(황산)
- 황의 분포시 착색−흑색

25 작은 강구나 다이아몬드를 붙인 소형 추를 일정한 높이에서 시험편 표면에 낙하시켜 튀어오르는 반발 높이로 경도를 측정하는 시험은?

① 쇼어 경도 시험
② 브리넬 경도 시험
③ 로크웰 경도 시험
④ 비커스 경도 시험

!
경도 시험
- 브리넬 경도 : 담금질된 강구를 일정하중으로
- 비커스 경도 : 다이아몬드 4각추
- 로크웰 경도 : B스케일(120KG), C스케일(150KG) − 다이아몬드 각도 120°
- 쇼어 경도 : 추를 일정 높이에서 떨어뜨림(완성품).

26 재료의 크리프 변형은 일정 온도의 응력 하에서 진행하는 현상이다. 크리프 곡선의 영역에 속하지 않는 것은?

① 강도 크리프   ② 천이 크리프
③ 정상 크리프   ④ 가속 크리프

27 레이저 용접의 특징으로 틀린 것은?

① 좁고 깊은 용접부를 얻을 수 있다.
② 고속 용접과 용접 공정의 융통성을 부여할 수 있다.
③ 대입열 용접이 가능하고, 열영향부의 범위가 넓다.
④ 접합되어야 할 부품의 조건에 따라서 한면 용접으로 접합이 가능하다.

28 길이가 긴 대형의 강관 원주부를 연속 자동 용접을 하고자 한다. 이때 사용하고자 하는 지그로 가장 적당한 것은?

① 엔드탭(end tap)
② 터닝 롤러(turning roller)
③ 컨베이어(conveyor) 정반
④ 용접 포지셔너(welding positioner)

!
엔드탭 : 용접의 시점과 종점에 붙이는 보조판으로 용접 시점과 종점의 결함을 방지하는 보조판이다.

29 용접 지그(Jig)에 해당되지 않는 것은?

① 용접 고정구
② 용접 포지셔너
③ 용접 핸드 실드
④ 용접 매니플레이터

30 용접 구조물 조립시 일반적인 고려사항이 아닌 것은?

① 변형 제거가 쉽게 되도록 하여야 한다.
② 구조물의 형상을 유지할 수 있어야 한다.
③ 경제적이고 고품질을 얻을 수 있는 조건을 설정한다.
④ 용접 변형 및 잔류 응력을 상승시킬 수 있어야 한다.

❗ 용접 구조물 조립시 용접 변형이나 잔류 응력이 생기지 않도록 하여야 한다.

31 용착 금속의 최대 인장강도 $\sigma = 300MPa$이다. 안전율을 3으로 할 때 강판의 허용 응력은 몇 MPa인가?

① 50 ② 100
③ 150 ④ 200

❗
$$안전율 = \frac{인장\ 강도}{허용\ 응력}$$

$$허용\ 응력 = \frac{인장\ 강도}{안전율} = \frac{300}{3} = 100$$

32 내마멸성을 가진 용접봉으로 보수 용접을 하고자 할 때 사용하는 용접봉으로 적합하지 않은 것은?

① 망간강 계통의 심선
② 크롬강 계통의 심선
③ 규소강 계통의 심선
④ 크롬-코발트-텅스텐 계통의 심선

33 처음 길이가 340mm인 용접재료를 길이 방향으로 인장 시험한 결과 390mm가 되었다. 이 재료의 연신율은 약 몇 %인가?

① 12.8 ② 14.7
③ 17.2 ④ 87.2

❗
$$연신율 = \frac{L_1 - L_0}{L_0} = \frac{390 - 340}{340} \times 100 = 14.7$$

34 V형에 비하여 홈의 폭이 좁아도 작업성과 용입이 좋으며 한쪽에서 용접하여 충분한 용입을 얻을 필요가 있을 때 사용하는 이음 형상은?

① U형 ② I형
③ X형 ④ K형

35 용접 이음의 피로 강도에 대한 설명으로 틀린 것은?

① 피로 강도란 정적인 강도를 평가하는 시험 방법이다.
② 하중, 변위 또는 열응력이 반복되어 재료가 손상되는 현상을 피로라고 한다.
③ 피로 강도에 영향을 주는 요소는 이음 형상, 하중 상태, 용접부 표면 상태, 부식 환경 등이 있다.
④ S-N 선도를 피로 선도라 부르며 응력 변동이 피로 한도에 미치는 영향을 나타내는 선도를 말한다.

36 그림과 같은 V형 맞대기 용접에서 각부의 명칭 중 틀린 것은?

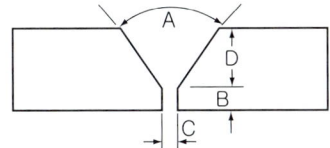

① A : 홈 각도   ② B : 루트 면
③ C : 루트 간격   ④ D : 비드 높이

> **!** D는 홈의 깊이를 표현한다.

37 용접 작업에서 지그 사용시 얻어지는 효과로 틀린 것은?

① 용접 변형을 억제한다.
② 제품의 정밀도가 낮아진다.
③ 대량 생산의 경우 용접 조립 작업을 단순화시킨다.
④ 용접 작업이 용이하고 작업 능률이 향상된다.

38 용접 홈의 형상 중 V형 홈에 대한 설명으로 옳은 것은?

① 판 두께가 대략 6mm 이하의 경우 양면 용접에 사용한다.
② 양쪽 용접에 의해 완전한 용입을 얻으려고 할 때 쓰인다.
③ 판 두께 3mm 이하로 개선 가공없이 한쪽에서 용접할 때 쓰인다.
④ 보통 판 두께 15mm 이하의 판에서 한쪽 용접으로 완전한 용입을 얻고자 할 때 쓰인다.

39 용접기에 사용되는 전선(cable) 중 용접기에서 모재까지 연결하는 케이블은?

① 1차 케이블
② 입력 케이블
③ 접지 케이블
④ 비닐 코드 케이블

40 용접 구조 설계상의 주의사항으로 틀린 것은?

① 용착 금속량이 적은 이음을 설계할 것
② 용접 치수는 강도상 필요한 치수 이상으로 크게 하지 말 것
③ 용접성, 노치인성이 우수한 재료를 선택하여 시공이 쉽게 설계할 것
④ 후판을 용접할 경우는 용입이 얕고 용착량이 적은 용접법을 이용하여 층수를 늘릴 것

> **!** 용접 조립시, 용접 구조물 설계시 주의사항
> • 물품에 대칭이 되도록 한다.
> • 용접에 적합한 설계를 한다.
> • 구조상 노치를 피한다.
> • 약한 필릿 용접은 피하고 맞대기 용접을 한다.
> • 반복하중을 받는 이음에서는 이음 표면을 평활하게 한다.
> • 용접선에 대하여 수축력의 합이 영이 되도록 한다.
> • 리벳과 용접을 같이 할 때에는 용접을 먼저 한다.
> • 각종 이음의 특성을 잘 알고 사용하며 용접하기 쉽게 설계한다.
> • 큰 구조물은 구조물에 중앙에서 끝으로 향하여 용접한다.
> • 용접길이는 가능한 한 짧게, 용착량도 강도상 필요한 최소치로 한다.
> • 수축이 큰 맞대기 이음을 먼저 용접하고 그다음에 필렛 용접을 한다.

41 가스 용접에서 산소 압력 조정기의 압력 조정 나사를 오른쪽으로 돌리면 밸브는 어떻게 되는가?

① 닫힌다.
② 고정된다.
③ 열리게 된다.
④ 중립상태로 된다.

42 가용접시 주의사항으로 틀린 것은?

① 강도상 중요한 부분에는 가용접을 피한다.
② 본용접보다 지름이 굵은 용접봉을 사용하는 것이 좋다.
③ 용접의 시점 및 종점이 되는 끝 부분은 가용접을 피한다.
④ 본용접과 비슷한 기량을 가진 용접사에 의해 실시하는 것이 좋다.

> **!**
> 가용접시는 본용접보다 가는 용접봉을 사용하는게 좋다.

43 피복 아크 용접에서 용입에 영향을 미치는 원인이 아닌 것은?

① 용접 속도   ② 용접 홀더
③ 용접 전류   ④ 아크의 길이

> **!**
> 용입이란 모재가 녹은 깊이를 나타내는 것으로 용접 전류, 용접 속도, 아크 길이와 깊은 연관성을 갖는다.

44 직류 아크 용접기에서 발전형과 비교한 정류기형의 특징으로 틀린 것은?

① 소음이 적다.
② 보수 점검이 간단하다.
③ 취급이 간편하고 가격이 저렴하다.
④ 교류를 정류하므로 완전한 직류를 얻는다.

> **!**
> **정류기형 직류 아크 용접기의 특성**
> • 소음이 없다.
> • 보수와 점검이 간단하다.
> • 취급이 간단하고 저렴하다.
> • 셀렌 정류기형은 80℃에서 파손
> • 실리콘 정류기는 150℃에서 파손
> • 발전형에 비해 완전한 직류를 얻기가 어렵다.

45 저항 용접에 의한 압접에서 전류 20A 전기 저항 30Ω, 통전시간 10sec일 때 발열량은 약 몇 cal인가?

① 14400   ② 24400
③ 28800   ④ 48800

> **!**
> $Q = 0.24\,I^2RT$
> $= 0.24 \times 20^2 \times 30 \times 10 = 28800$

46 불활성 가스 아크 용접에서 비용극식, 비소 모식인 용접의 종류는?

① TIG 용접   ② MIG 용접
③ 퓨즈 아크법   ④ 아코스 아크법

> **!**
> 비용극식이란 전극봉이 녹지 않고 용접이 되는 용접법이다.

47 가스 용접의 특징으로 틀린 것은?

① 아크 용접에 비해 불꽃 온도가 높다.

② 용융 범위가 넓고 운반이 편리하다.

③ 아크 용접에 비해 유해 광선의 발생이 적다.

④ 전원 설비가 없는 곳에서도 용접이 가능하다.

!

가스 용접의 특징
- 폭발의 위험이 있다.
- 운반이 편리하고 설비비가 싸다.
- 아크 용접에 비해 불꽃의 온도가 낮다.
- 전원이 없는 곳에 쉽게 설치할 수 있다.
- 아크 용접에 비해 유해 광선의 피해가 적다.
- 열 집중성이 나빠서 효율적인 용접이 어렵다.
- 가열시 열량 조절이 쉽고, 박판 용접에 적합하다.
- 가열 범위가 커서 용접 변형이 크고 일반적으로 신뢰성이 낮다.

48 산소-아세틸렌 가스로 절단이 가장 잘 되는 금속은?

① 연강   ② 구리

③ 알루미늄   ④ 스테인리스강

49 산소 용기 취급시 주의사항으로 틀린 것은?

① 산소병을 눕혀 두지 않는다.

② 산소병은 화기로부터 멀리한다.

③ 사용 전에 비눗물로 가스 누설 검사를 한다.

④ 밸브는 기름을 칠하여 항상 유연해야 한다.

!

산소 및 아세틸렌 용기 취급 시 주의사항
- 타격 및 충격을 주지 말 것
- 누설 검사는 비눗물로 할 것
- 용기를 눕혀서 보관하지 말 것
- 다른 가연성 가스와 함께 보관하지 말 것
- 직사광선, 화기가 있는 고온의 장소를 피할 것
- 용기내의 온도는 항상 40℃ 이하로 유지할 것
- 용기 내의 압력이 너무 상승(170기압)되지 않도록 할 것
- 용기 및 밸브 조정기 등에 기름이 부착되지 않도록 할 것
- 밸브가 동결되었을 때 더운 물 또는 증기를 사용하여 녹일 것

50 지름이 3.2mm인 피복 아크 용접봉으로 연강판을 용접하고자 할 때 가장 적합한 아크 길이는 몇 mm 정도인가?

① 3.2   ② 4.0

③ 4.8   ④ 5.0

!

피복 아크 용접에서의 아크 길이는 3mm 이상일 경우 3mm이며 3mm 이하는 용접봉의 두께만큼 아크 길이를 주는 것이 적합하다.

51 다음 중 용사법의 종류가 아닌 것은?

① 아크 용사법

② 오토콘 용사법

③ 가스불꽃 용사법

④ 플라즈마 제트 용사법

52 가스 불꽃 토치의 취급상 주의사항으로 틀린 것은?

① 토치를 망치 등 다른 용도로 사용해서는 안 된다.

② 팁 및 토치를 작업장 바닥이나 흙 속에 방치하지 않는다.

③ 팁을 바꿔 끼울 때에는 반드시 양쪽 밸브를 모두 열고 팁을 교체한다.

④ 작업 중 발생하기 쉬운 역류, 역화, 인화에 항상 주의하여야 한다.

53 산소 및 아세틸렌 용기 취급에 대한 설명으로 옳은 것은?

① 산소병은 60℃ 이하, 아세틸렌 병은 30℃ 이하의 온도로 보관한다.
② 아세틸렌 병은 눕혀서 운반하되 운반 도중 충격을 주어서는 안 된다.
③ 아세틸렌 충전구가 동결되었을 때는 50℃ 이상의 온수로 녹여야 한다.
④ 산소병 보관 장소에 가연성 가스를 혼합하여 보관해서는 안 되며, 누설 시험 시는 비눗물을 사용한다.

❗ 49번 해설 참조

54 카바이드 취급시 주의사항으로 틀린 것은?

① 운반시 타격, 충격, 마찰 등을 주지 않는다.
② 카바이드 통을 개봉할 때는 정으로 따낸다.
③ 저장소 가까이에 인화성 물질이나 화기를 가까이하지 않는다.
④ 카바이드 개봉 후 보관시는 습기가 침투하지 않도록 보관한다.

55 일렉트로 슬래그 용접의 특징으로 틀린 것은?

① 용접 입열이 낮다.
② 후판 용접에 적당하다.
③ 용접 능률과 용접 품질이 우수하다.
④ 용접 진행 중 직접 아크를 눈으로 관찰할 수 없다.

❗ **일렉트로 슬래그 용접**
• 두꺼운 판의 양쪽에 수냉 동판을 대고 용융 슬래그 속에서 아크를 발생시킨 후 용융 슬래그의 전기 저항열을 이용하여 용접하는 특수용접의 일종이다.
• 두꺼운 단층용접 가능하다.
• 아크 불꽃 없다.
• 저항 발생열량 $Q = 0.24 I^2 RT$

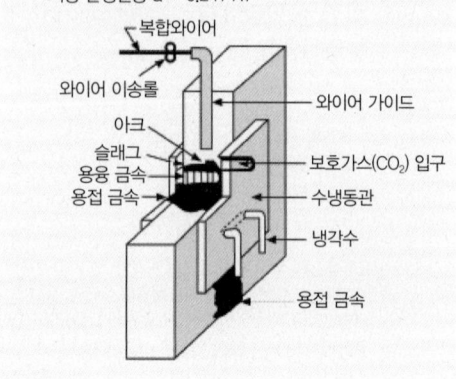

56 서브머지드 아크 용접의 특징으로 틀린 것은?

① 유해 광선 발생이 적다.
② 용착 속도가 빠르며 용입이 깊다.
③ 전류 밀도가 낮아 박판 용접이 용이하다.
④ 개선각을 작게 하여 용접의 패스 수를 줄일 수 있다.

❗ **서브머지드 아크 용접기(잠호 용접, 링컨 용접, 유니언 멜트 용접)의 특징**
• 용접 속도가 수동 용접에 비해 10~20배 정도
• 용입은 2~3배 정도가 커서 능률적임.
• 한번 용접으로 75mm까지 가능함.
• 설비가 고가임.
• 아래보기, 수평필릿 자세에 한정함.
• 홈의 정밀도가 높아야 함.-루트 간격 0.8mm 이하
• 서브머지드 아크 용접시 와이어의 돌출 길이는 와이어 지름의 6배 정도가 적당함.
• 용접부가 보이지 않아 용접부를 확인할 수 없음.
• 시공 조건을 잘못 잡으면 제품의 불량률이 커짐.
• 용접 홈의 크기가 작아도 되며 용접 재료의 소비 및 변형이 작음.
• 용접 조건만 일정하다면 용접공의 기술 차이에 의한 품질 격차가 없음.

57 탄산가스 아크 용접 장치에 해당되지 않는 것은?

① 제어 케이블
② CO_2 용접 토치
③ 용접봉 건조로
④ 와이어 송급장치

58 용착 금속 중의 수소 함유량이 다른 용접봉에 비해 1/10 정도로 현저하게 적어 용접성은 다른 용접봉에 비해 우수하나 흡습하기 쉽고, 비드 시작점과 끝점에서 아크 불안정으로 기공이 생기기 쉬운 용접봉은?

① E4301
② E4316
③ E4324
④ E4327

! 저수소계 용접봉(E7017)은 사용 전 1시간에서 2시간 정도 300℃~350℃로 건조시켜 사용해야 한다.

59 AW300 용접기의 정격 사용률이 40%일 때 200A로 용접을 하면 10분 작업 중 몇 분까지 아크를 발생해도 용접기에 무리가 없는가?

① 3분
② 5분
③ 7분
④ 9분

!
$$허용 사용율 = \frac{정격 전류^2}{사용 전류^2} \times 40 = \frac{300^2}{200^2} \times 40 = 90\%$$

10분의 90%는 9분이다.

60 가스 용접에서 충전 가스 용기의 도색을 표시한 것으로 틀린 것은?

① 산소 – 녹색
② 수소 – 주황색
③ 프로판 – 회색
④ 아세틸렌 – 청색

! 용기도색
• 아세틸렌 – 황색
• 산소 – 녹색
• 아르곤 – 회색
• CO_2가스 – 청색
• LPG – 회색
• 수소 – 주황색
• 질소 – 회색
• 암모니아 – 백색
• 아르곤 – 회색
• 부탄 – 회색

국가기술자격 필기시험문제

2016년 5월 8일 기사 제2회 필기시험				수험 번호	성명
자격 종목	종목코드	시험시간	형별		
용접산업기사	1602	1시간 30분	B		

제1과목 용접야금 및 용접설비제도

01 용접 전후의 변형 및 잔류 응력을 경감시키는 방법이 아닌 것은?

① 억제법
② 도열법
③ 역변형법
④ 롤러에 거는 법

! **변형 방지법**
- 종류 : 억제법(구속법)·역변형법·도열법·용착법
- 억제법 : 가접 내지는 구속지그 사용
- 역변형법 : 용접 전에 변형의 크기 및 방향을 예측하여 미리 반대로 변형시키는 방법
- 도열법 : 용접부 주위에 물을 적신 석면, 동판을 대어 열을 흡수
- 용착법 : 대칭, 후퇴, 스킵법, 교호법

02 주철과 강을 분류할 때 탄소의 함량 약 몇 %를 기준으로 하는가?

① 0.4%
② 0.8%
③ 2.0%
④ 4.3%

03 강의 연화 및 내부 응력 제거를 목적으로 하는 열처리는?

① 불림
② 풀림
③ 침탄법
④ 질화법

! **일반 열처리의 종류**
- 담금질(퀜칭) : 강을 강하게 만든다. 소금물 최대 효과
- 뜨임(템퍼링) : 담금질로 인한 취성 제거, 강인성 증가 (MO, W, V)(가열후 냉각)
- 풀림(어닐링) : 재질의 변화, 내부 응력 제거, 서랭 → 국부풀림 온도로 600~650℃에서 서랭
- 불림(노멀라이징) : 조직의 균일화, 공랭, 표준화, 미세 조직화, A_3 변태점−912℃

04 결정 입자에 대한 설명으로 틀린 것은?

① 냉각 속도가 빠르면 입자는 미세화된다.
② 냉각 속도가 빠르면 결정핵 수는 많아진다.
③ 과냉도가 증가하면 결정핵 수는 점차적으로 감소한다.
④ 결정핵의 수는 용융점 또는 응고점 바로 밑에서는 비교적 적다.

! 과냉도가 증가하면 결정핵의 수는 점차적으로 많아지게 되며, 핵의 수가 많은 것만큼 입자는 미세해진다.

05 수소 취성도를 나타내는 식으로 옳은 것은? (단, δ_H : 수소에 영향을 받은 시험편의 면적, δ_O : 수소에 영향을 받지 않은 시험편의 면적이다.)

① $\dfrac{\delta_H - \delta_O}{\delta_H}$
② $\dfrac{\delta_O - \delta_H}{\delta_O}$
③ $\dfrac{\delta_O \times \delta_H}{\delta_O}$
④ $\dfrac{\delta_O \times \delta_H}{\delta_H}$

06 금속간 화합물에 대한 설명으로 틀린 것은?

① 간단한 원자비로 구성되어 있다.
② Fe_3C는 금속간 화합물이 아니다.
③ 경도가 매우 높고 취약하다.
④ 높은 용융점을 갖는다.

! Fe_3C는 시멘타이트 조직으로 금속간 화합물의 일종이다.

07 용접 금속의 응고 직후에 발생하는 균열로서 주로 결정입계에 생기며 300℃ 이상에서 발생하는 균열을 무슨 균열이라고 하는가?

① 저온 균열
② 고온 균열
③ 수소 균열
④ 비드 밑 균열

! 균열은 온도에 따라 고온 균열과 저온 균열로 구분하며, 고온 균열은 300℃ 이상에서 발생한다.

08 다음 중 슬래그 생성 배합제로 사용되는 것은?

① $CaCO_3$
② Ni
③ Al
④ Mn

! **피복제의 종류**
• 가스 발생제 : 석회석, 셀룰로오스, 톱밥, 아교
• 슬래그 생성제 : 석회석, 형석, 탄산수소나트륨, 일미나이트
• 아크 안정제 : 규산나트륨, 규산칼륨, 산화티탄, 석회석, 탄산바륨
• 피복제의 탈산제 : 페로실리콘, 페로망간, 페로티탄, 알루미늄
• 고착제 : 규산 나트륨, 규산칼륨, 아교, 소맥분, 해초

09 철에서 체심 입방 격자인 a철이 A_3 점에서 ɣ철인 면심 입방 격자로, A_4 점에서 δ철인 체심 입방 격자로 구조가 바뀌는 것은?

① 편석
② 고용체
③ 동소변태
④ 금속간 화합물

! **금속의 변태**
• 동소변태 : 고체 내에서 원자 배열이 변하는 것(A_3변태점 – 912℃, A_4변태점 – 1400℃)
• 자기변태 : 원자 배열의 변화는 없고 자성만 변하는 것 A_2변태점 – 768℃

금속의 변태점
• A_1변태점 – 210℃(순수한 시멘타이트의 자기변태점)
• A_2변태점 – 768℃(912–A_3, 1400–A_4)
• A_3변태점 – 912℃ (α–Fe → γ–Fe)
• A_4변태점 – 1400℃(γ–Fe → δ–Fe)

10 E4301로 표시되는 용접봉은?

① 일미나이트계
② 고셀루로오스계
③ 고산화티탄계
④ 저수소계

! **용접봉의 종류**
1) 4301 : 일미나이트계(슬랙 생성식)–산화티탄, 산화철을 약 30% 이상 함유한 광석, 사석을 주성분으로 기계적 성질이 우수하고 용접성이 우수
2) 4303 : 라임티탄계 – 피복용 스테인리스강의 성분으로 산화티탄을 30% 이상 함유한 용접봉으로 비드의 외관이 아름답고 언더컷이 발생하지 않음.
3) 4311 : 고셀룰로오스계(가스실드식) – 슬래그가 적어 좁은 홈의 용접에 적합, 비드 표면이 거칠지만 환원성이므로 용착 금속의 기계적 성질이 양호하고 수직 상진, 하진 및 위보기 용접에서 우수한 작업성을 가짐. 스패터가 많고 피복제 중 셀룰로오스가 20~30% 포함되며 슬래그계 용접봉보다 용접전류를 10~15% 낮게 한다.
4) 4313 : 고산화티탄계–산화티탄 35%, 아크 안정, CR봉, 비드좋다, 경구조물, 경자동차, 박판 용접에 적합
5) 4316 : 저수소계(슬랙 생성식)–석회석과 형석을 주성분으로 한 것으로 , 수소의 함량이 1/10 정도, 기계적 성질과 균열의 감수성이 우수, 황의 함유량이 많고 염기성 함유가 높다.
6) 4324 : 철분 산화티탄계로 아래보기 자세와 수평 필릿 자세에 한정
7) 4326 : 철분 저수소계
8) 4327 : 철분 산화철계
9) 4340 : 특수계

11 겹쳐진 부재에 홀(Hole) 대신 좁고 긴 홈을 만들어 용접하는 것은?

① 필릿 용접   ② 슬롯 용접
③ 맞대기 용접   ④ 플러그 용접

12 투상도의 배열에 사용된 제1각법과 제3각법의 대표 기호로 옳은 것은?

① 제1각법 : ⬚⊕ 제3각법 : ⊕⬚
② 제1각법 : ⊕⬚ 제3각법 : ⊕⬚
③ 제1각법 : ⬚⊕ 제3각법 : ⊕⬚
④ 제1각법 : ⊕⬚ 제3각법 : ⬚⊕

15 필릿 용접 끝단부를 매끄럽게 다듬질하라는 보조기호는?

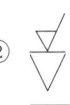

①   ②   ③   ④

13 핸들이나 바퀴 등의 암 및 리브, 훅, 축, 구조물의 부재 등의 절단면을 표시하는 데 가장 적합한 단면도는?

① 부분 단면도
② 한쪽 단면도
③ 회전도시 단면도
④ 조합에 의한 단면도

16 도면의 치수 기입 방법 중 지름을 나타내는 기호는?

① S∅   ② SR
③ ( )   ④ ∅

17 KS에서 일반 구조용 압연강재의 종류로 옳은 것은?

① SS400   ② SM45C
③ SM400A   ④ STKM

14 가는 1점 쇄선의 용도에 의한 명칭이 아닌 것은?

① 중심선   ② 기준선
③ 피치선   ④ 숨은선

18 도면의 분류 중 내용에 따른 분류에 해당되지 않는 것은?

① 기초도
② 스케치도
③ 계통도
④ 장치도

19 다음[그림]과 같이 경사부가 있는 물체를 경사면의 시제 모양을 표시할 때 보이는 부분의 전체 또는 일부를 나타낸 투상도는?

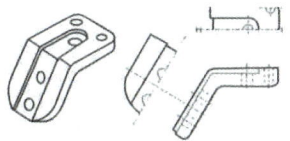

① 주투상도
② 보조투상도
③ 부분투상도
④ 회전투상도

20 도면에서 2종류 이상의 선이 같은 장소에서 중복될 경우 가장 우선이 되는 선은?

① 외형선
② 숨은선
③ 절단선
④ 중심선

제2과목 용접구조설계

21 용접 길이를 짧게 나누어 간격을 두면서 용접하는 방법으로 피용접물 전체에 변형이나 잔류 응력이 적게 발생하도록 하는 용착법은?

① 스킵법
② 후진법
③ 전진블록법
④ 캐스케이드법

22 용접 구조물의 강도 설계에 있어서 가장 주의해야 할 사항은?

① 용접봉
② 용접기
③ 잔류 응력
④ 모재의 치수

23 맞대기 용접이음에서 강판의 두께 6mm, 인장하중 60kN을 작용시키려 한다. 이때 필요한 용접 길이는? (단, 허용 인장 응력은 500MPa이다.)

① 20mm
② 30mm
③ 40mm
④ 50mm

24 연강 판의 양면 필릿(Fillet) 용접 시 용접부의 목길이는 판 두께의 얼마 정도로 하는 것이 가장 좋은가?

① 25%
② 50%
③ 75%
④ 100%

25 맞대기 용접이음의 덧살은 용접이음의 강도에 어떤 영향을 주는가?

① 덧살은 응력 집중과 무관하다.
② 덧살을 작게 하면 응력 집중이 커진다.
③ 덧살을 크게 하면 피로 강도가 증가한다.
④ 덧살은 보강 덧붙임으로써 과대한 경우 피로강도를 감소시킨다.

❗ 맞대기 이음의 과도한 덧살은 피로 강도를 감소시키며, 응력집중을 생기게 할 수 있다.

26 맞대기 용접 이음 홈의 종류가 아닌 것은?

① I형 홈
② V형 홈
③ U형 홈
④ T형 홈

27 용접부 결함의 종류가 아닌 것은?

① 기공
② 비드
③ 융합 불량
④ 슬래그 섞임

❗ **용접부의 결함 중 구조상 결함의 원인**
• 피트 : 합금 원소가 많을 때, 습기, 페인트, 녹, 황 함유시
• 스패터 : 전류 높을 때, 건조되지 않은 용접봉 사용시, 아크 길이가 길 때
• 용입 불량 : 이음설계 결함, 용접 속도가 빠를 때, 전류가 낮을 때, 용접봉 선택 불량
• 언더컷 : 전류가 높을 때, 아크 길이가 클 때, 속도가 부적합할 때
• 오버랩 : 용접 전류가 낮을 때, 용접봉의 부적합 선택
• 선상구조 : 용착 금속의 냉각 속도가 빠를 때, 모재 재질 불량, X선으로는 검출할 수 없음.
• 기공의 원인 : 수소, CO_2의 과잉, 용접부의 급속한 응고, 모재의 황 함유량 과대, 기름, 페인트, 녹, 습도, 아크 길이, 전류의 부적당, 용접 속도 빠를 때
• 비드 밑 균열 : 용접 이후 용접열에 의해 조직이 변하는 주변 열영향부에서 수소의 확산에 의해 발생하는 균열
• 아크 스트라이크 : 용접이음의 밖에서 아크를 발생시킬 때 아크열에 의하여 모재에 결함이 생기는 것

28 용접 결함 중 구조상의 결함이 아닌 것은?

① 균열
② 언더 컷
③ 용입 불량
④ 형상 불량

❗ **용접부의 결함의 종류**
• 치수상 결함 : 변형, 치수 불량
• 구조상 결함 : 언더컷, 오버랩, 균열, 스패터, 용입 불량, 슬랙섞임, 기공, 은점, 선상조직, 피트 등
• 성질상 결함 : 기계적, 화학적

29 용접 이음을 설계할 때 주의 사항으로 틀린 것은?

① 위보기 자세 용접을 많이 하게 한다.
② 강도상 중요한 이음에서는 완전 용입이 되게 한다.
③ 용접 이음을 한 곳으로 집중되지 않게 설계한다.
④ 맞대기 용접에는 양면 용접을 할 수 있도록 하여 용입 부족이 없게 한다.

❗ **용접 조립시, 용접 구조물 설계시 주의사항**
• 물품에 대칭이 되도록 한다.
• 용접에 적합한 설계를 한다.
• 구조상 노치를 피한다.
• 약한 필릿 용접은 피하고 맞대기 용접을 한다.
• 반복하중을 받는 이음에서는 이음 표면을 평활하게 한다.
• 용접선에 대하여 수축력의 합이 영이 되도록 한다.
• 리벳과 용접을 같이 할 때에는 용접을 먼저 한다.
• 각종 이음의 특성을 잘 알고 사용하며 용접하기 쉽게 설계한다.
• 큰 구조물은 구조물에 중앙에서 끝으로 향하여 용접한다.
• 용접길이는 가능한 한 짧게, 용착량도 강도상 필요한 최소치로 한다.
• 수축이 큰 맞대기 이음을 먼저 용접하고 그다음에 필릿 용접을 한다.

30 용융 금속의 용적 이행 형식인 단락형에 관한 설명으로 옳은 것은?

① 표면장력의 작용으로 이행하는 형식
② 전류소자 간 흡인력에 이행하는 형식
③ 비교적 미세 용적이 단락되지 않고 이행하는 형식
④ 미세한 용적이 스프레이와 같이 날려 이행하는 형식

! 피복 아크 용접봉의 용융 금속의 3가지 이행 형식
• 단락형 – 박피용 용접봉, 맨용접봉
• 스프레이형 – 4301, 4313
• 글로뷸러형 – 7016

31 용접부의 피로강도 향상법으로 옳은 것은?

① 덧붙이 용접의 크기를 가능한 최소화한다.
② 기계적 방법으로 잔류 응력을 강화한다.
③ 응력 집중부에 용접 이음부를 설계한다.
④ 야금적 변태에 따라 기계적인 강도를 낮춘다.

! 피로강도의 향상법은 단면적의 급변하는 부분이나 노치, 과대한 덧붙이 부분으로 인한 응력 집중을 줄이는 데 있다.

32 용접 후 구조물에서 잔류 응력이 미치는 영향으로 틀린 것은?

① 용접 구조물에 응력 부식이 발생한다.
② 박판 구조물에서는 국부 좌굴을 촉진한다.
③ 용접 구조물에서는 취성 파괴의 원인이 된다.
④ 기계 부품에서 사용 중에 변형이 발생되지 않는다.

! 잔류 응력이 있을 경우 잔류 응력만큼의 강도를 낼 수 없어 취성 파괴가 일어날 수 있고, 응력 부식이 발생하여 노치가 생기게 되고, 응력 부식 균열로 발전될 수 있다.

33 비드 바로 밑에서 용접선과 평행되게 모재 열영향부에 생기는 균열은?

① 층상 균열
② 비드 밑 균열
③ 크레이터 균열
④ 라미네이션 균열

! 비드 밑 균열은 원자 수소에 의한 저온 균열의 일종으로 비드 바로 밑 열영향부 부근에서 발생하는 균열이다.

34 완전 용입된 평판 맞대기 이음에서 굽힘 응력을 계산하는 식은? (단, σ : 용접부의 굽힘 응력, M : 굽힘 모멘트, l : 용접 유효 길이, h : 모재의 두께로 한다.)

① $\sigma = \dfrac{4M}{lh^2}$
② $\sigma = \dfrac{6M}{lh^3}$
③ $\sigma = \dfrac{6M}{lh^2}$
④ $\sigma = \dfrac{4M}{lh^3}$

! 굽힘 응력 = $\dfrac{\text{굽힘 모멘트}\ M}{\text{단면계수}\ Z} = \dfrac{M}{\frac{lh^2}{6}} = \dfrac{6M}{lh^2}$

35 용접부의 결함을 육안 검사로 검출하기 어려운 것은?

① 피트
② 언더컷
③ 오버랩
④ 슬래그 혼입

! 슬래그 혼입은 맨눈으로 확인이 어려우며 내면 검사법인 방사선 투과법이나 초음파 탐상법으로는 가능하다.

36 현장 용접으로 판 두께 15mm를 위보기 자세로 20m 맞대기 용접할 경우 환산 용접 길이는 몇 m인가? (단, 위보기 맞대기 용접 환산 계수는 4.80이다.)

① 4.1   ② 24.8

③ 96   ④ 152

> **!**
> 환산 용접장 = 용접 길이 × 환산 계수
>   = 20 × 4.8 = 96

37 다음 중 가장 얇은 판에 적용하는 용접 홈 형상은?

① H형   ② I형

③ K형   ④ V형

> **!**
> I형 맞대기 : 6mm 이하의 두께에 주로 사용함.
> V형 맞대기 : 6~16mm 이하의 두께에 주로 사용함.
> H형 맞대기 : 50mm 이상의 두께에 주로 사용함.

38 고셀룰로스계(E4311) 용접봉의 특징으로 틀린 것은?

① 슬래그 생성량이 적다.

② 비드 표면이 양호하고 스패터의 발생이 적다.

③ 아크는 스프레이 형상으로 용입이 비교적 양호하다.

④ 가스 실드에 의한 아크 분위기가 환원성이므로 용착 금속의 기계적 성질이 양호하다.

> **!**
> 10번 해설 참조

39 용접 구조물의 수명과 가장 관련이 있는 것은?

① 작업률   ② 피로 강도

③ 작업 태도   ④ 아크 타임률

40 비드가 끊어졌거나 용접봉이 짧아져서 용접이 중단될 때 비드 끝부분이 오목하게 된 부분을 무엇이라고 하는가?

① 언더컷   ② 앤드탭

③ 크레이터   ④ 용착 금속

제3과목 용접일반 및 안전관리

41 피복 아크 용접에 사용되는 피복 배합제의 성질을 작용면에서 분류한 것으로 틀린 것은?

① 아크 안정제는 아크를 안정시킨다.

② 가스 발생제는 용착 금속의 냉각 속도를 빠르게 한다.

③ 고착제는 피복제를 단단하게 심선에 고착시킨다.

④ 합금제는 용강 중에 금속 원소를 첨가하여 용접 금속의 성질을 개선한다.

42 피복 아크 용접에서 직류 정극성의 설명으로 틀린 것은?

① 용접봉의 용융이 늦다.
② 모재의 용입이 얕아진다.
③ 두꺼운 판의 용접에 적합하다.
④ 모재를 +극에, 용접봉을 −극에 연결한다.

!
극성
• 극성은 + , − 를 갖는다.
• +를 연결시 열량이 70% 정도, −를 연결시 열량이 30% 정도이다.
• 직류 정극성(DCSP)
  1) 모재가 + (입열량 70%)   2) 용접봉 −
  3) 용입이 깊다   4) 비드폭 좁다
  5) 후판 용접에 적합
  6) 용접봉은 천천히 녹는다.(용접봉을 아낄 수 있다.)
• 직류 역극성(DCRP)
  1) 모재가 − (입열량 30%)   2) 용접봉 +
  3) 용입이 얕다.   4) 비드폭 넓다.
  5) 박판 용접에 적합   6) 용접봉 소모가 크다.

43 전격 방지기가 설치된 용접기의 가장 적당한 무부하 전압은?

① 25V 이하   ② 50V 이하
③ 75V 이하   ④ 상관 없다.

!
전격 방지기는 85~95V인 무부하 전압을 25~35V로 떨어뜨려 감전의 위험을 방지하는 역할을 한다.

44 납땜에서 경납용으로 쓰이는 용제는?

① 붕사   ② 인산
③ 염화아연   ④ 염화암모니아

!
용제
• 연강용 : 사용하지 않음
• Al 용 : 염화칼륨, 염화나트륨, 황산칼륨
• 연납용 : 염산, 염화아연, 염화암모늄, 송진, 수지
• 경납용 : 붕사, 붕산, 염화리튬, 빙정석, 산화제1동
• 고탄소강용 : 중탄산나트륨, 탄산나트륨, 붕사
• 경금속용 : 염화리튬, 염화나트륨, 염화칼륨
• 구리 및 구리합금용 : 붕사, 붕산, 염화나트륨, 염화리튬, 플루오르화나트륨

45 브레이징(Brazing)은 용가재를 사용하여 모재를 녹이지 않고 용가재만 녹여 용접을 이행하는 방식인데, 몇 ℃ 이상에서 이행하는 방식인가?

① 150℃   ② 250℃
③ 350℃   ④ 450℃

46 피복 아크 용접봉 기호와 피복제 계통을 각각 연결한 것 중 틀린 것은?

① E4324 – 라임 티탄계
② E4301 – 일미나이트계
③ E4327 – 철분산화철계
④ 4313 – 고산화티탄계

!
용접봉의 종류
1) 4301 : 일미나이트계(슬랙 생성식)–산화티탄, 산화철을 약 30% 이상 함유한 광석, 사석을 주성분으로 기계적 성질이 우수하고 용접성이 우수
2) 4303 : 라임티탄계 – 피복용 스테인리스강의 성분으로 산화티탄을 30% 이상 함유한 용접봉으로 비드의 외관이 아름답고 언더컷이 발생하지 않음.
3) 4311 : 고셀룰로오스계(가스실드식) – 슬래그가 적어 좁은 홈의 용접에 적합, 비드 표면이 거칠지만 환원성이므로 용착 금속의 기계적 성질이 양호하고 수직 상진, 하진 및 위보기 용접에서 우수한 작업성을 가짐. 스패터가 많으며 피복제 중 셀룰로오스가 20~30% 포함되며 슬래그계 용접봉보다 용접 전류를 10~15% 낮게 한다.
4) 4313 : 고산화티탄계–산화티탄 35%, 아크안정, CR봉, 비드좋다, 경구조물, 경자동차, 박판 용접에 적합
5) 4316 : 저수소계(슬랙 생성식)–석회석과 형석을 주성분으로 한 것으로 , 수소의 함량이 1/10 정도, 기계적 성질과 균열의 감수성이 우수, 황의 함유량이 많고 염기성 함유가 높다.
6) 4324 : 철분 산화티탄계로 아래보기 자세와 수평 필릿 자세에 한정
7) 4326 : 철분 저수소계
8) 4327 : 철분 산화철계
9) 4340 : 특수계

47 용접하고자 하는 부위에 분말 형태의 플럭스를 일정 두께로 살포하고, 그 속에 전극 와이어를 연속적으로 송급하여 와이어 선단과 모재 사이에 아크를 발생시키는 용접법은?

① 전자빔 용접
② 서브머지드 아크 용접
③ 불활성 가스 금속 아크 용접
④ 불활성 가스 텅스텐 아크 용접

> **!**
> 서브머지드 아크 용접은 용제 속에서 아크를 발생시켜 용접하므로 아크 불꽃을 확인할 수 없고 용접 진행 상태의 좋고 나쁨도 확인이 어려워서 잠호 용접이라고도 하며 상품명으로는 유니언멜트 용접, 링컨 용접법이라고도 한다.

48 탄산가스 아크 용접에 대한 설명으로 틀린 것은?

① 용착 금속에 포함된 수소량은 피복 아크 용접봉의 경우보다 적다.
② 박판 용접은 단락 이행 용접법에 의해 가능하고, 전자세 용접도 가능하다.
③ 피복 아크 용접처럼 용접봉을 갈아 끼우는 시간이 필요없으므로 용접 생산성이 높다.
④ 용융지의 상태를 보면서 용접할 수가 없으므로 용접 진행의 양·부 판단이 곤란하다.

> **!**
> **이산화탄소 아크 용접 특징**
> • 바람에 영향을 받으므로 방풍 장치가 필요하다.(2m/s 이상시 반드시 필요)
> • 용제를 사용하지 않아 슬래그의 혼입이 없다.
> • 용접 금속의 기계적, 야금적 성질이 우수하다.
> • 전류 밀도가 높아 용입이 깊고 용융 속도가 빠르다.

49 고장력강용 피복 아크 용접봉 중 피복제의 계통이 특수계에 해당되는 것은?

① E5000   ② E5001
③ E5003   ④ E5026

50 TIG, MIG, 탄산가스 아크 용접 시 사용하는 차광렌즈 번호로 가장 적당한 것은?

① 4~5   ② 6~7
③ 8~9   ④ 12~13

51 불활성 가스를 보호 가스로 사용하는 용접법은?

① SAW 용접   ② MIG 용접
③ MAG 용접   ④ TIG 용접

> **!**
> **불활성 가스 아크 용접**
> 1. 불활성 가스 텅스텐 아크 용접법(GTAW)
>   알곤 가스나 헬륨 가스를 이용하여 연강, 비철 금속 등을 용접하는 용접법으로 티그 용접, 알곤 용접법이라 한다.
> 2. 불활성 가스 금속 아크 용접법(GMAW)
>   1) CO_2용접법 :
>   순수한 탄산가스만을 이용하여 용접하는 불활성 가스 금속 아크 용접법으로 주로 연강 용접에 이용된다.
>   2) MIG용접법(Metal Inert Gas, MIG) :
>   Ar, He, Ar + O_2, Ar + He 불활성 가스를 이용하여 알루미늄이나 마그네슘 등에 이용된다.
>   3) MAG용접법(Metal Active Gas, MAG) :
> CO_2 + O_2, CO_2 + O_2, CO_2 + Ar, CO_2 + Ar + O_2의 탄산가스와 알곤가스가 혼합된 가스를 이용하여 연강, 고장력강, 크롬―몰리브덴 강, 저온용 강등에 이용된다.

52 피복 아크 용접 시 안전 홀더를 사용하는 이유로 옳은 것은?

① 고무장갑 대용
② 유해 가스 중독 방지
③ 용접 작업 중 전격 예방
④ 자외선과 적외선 차단

53 피복 아크 용접시 전격 방지에 대한 주의사항으로 틀린 것은?

① 작업을 장시간 중지할 때는 스위치를 차단한다.
② 무부하 전압이 필요 이상 높은 용접기를 사용하지 않는다.
③ 가죽장갑, 앞치마, 발 덮개 등 규정된 안전 보호구를 착용한다.
④ 땀이 많이 나는 좁은 장소에서는 신체를 노출시켜 용접해도 된다.

54 용해 아세틸렌가스를 충전하였을 때의 용기 전체의 무게가 65kg이고, 사용 후 빈병의 무게가 61kg였다면, 사용한 아세틸렌가스는 몇 리터(L)인가?

① 905
② 1810
③ 2715
④ 3620

!
용해 아세틸렌의 대기 중 환산량 구하는 식 :
905(A−B) (A: 병전체의 무게, B: 빈 병의 무게)
= 905(65−61) = 3620리터

55 금속 원자 간에 인력이 작용하여 영구 결합이 일어나도록 하기 위해서 원자 사이의 거리가 어느 정도 접근해야 하는가?

① 0.001mm
② 10^{-6}mm
③ 10^{-8}cm
④ 0.0001mm

!
용접의 정의
금속 간의 거리를 약 10^{-8}cm (1 Å)로 붙여주는 것으로 원자 간에 인력으로 접합되어 두 개의 재료를 용융, 반용융 또는 고상 상태에서 압력이나 용접 재료를 첨가하여 틈새를 메우는 원리이다.

56 불활성 가스 텅스텐 아크 용접의 특징으로 틀린 것은?

① 보호 가스가 투명하여 가시 용접이 가능하다.
② 가열 범위가 넓어 용접으로 인한 변형이 크다.
③ 용제가 불필요하고 깨끗한 비드 외관을 얻을 수 있다.
④ 피복 아크 용접에 비해 용접부의 연성 및 강도가 우수하다.

57 피복 아크 용접에서 용접부의 보호 방식이 아닌 것은?

① 가스 발생식
② 슬래그 생성식
③ 반가스 발생식
④ 스프레이 발생식

!
융착 금속의 보호 형식
• 가스 발생식 – 대표적으로 고셀룰로오스가 있으며 전자세 용접이 가능하다.(E4311)
• 슬래그 생성식 – 슬랙이 생성되어 융착금속의 산화, 질화를 방지하고 탈산작용을 한다.(E4301, E7016)
• 반가스 발생식 – 슬랙의 생성과 가스의 발생이 혼합됨

58 교류 아크 용접기의 용접 전류 조정 범위는 정격 2차 전류의 몇 % 정도인가?

① 10 ~ 20%
② 20 ~ 110%
③ 110 ~ 150%
④ 160 ~ 200%

!
AW 200의 뜻
아크 교류 용접기의 용량을 의미함.
정격 2차 전류값이 200A (AW 200)
범위는 20 − 110% (40 − 220)

59 불활성 가스 텅스텐 아크 용접에서 일반 교류 전원에 비해 고주파 교류 전원이 갖는 장점이 아닌 것은?

① 텅스텐 전극봉이 많은 열을 받는다.
② 텅스텐 전극봉의 수명이 길어진다.
③ 전극을 모재에 접촉시키지 않아도 아크가 발생한다.
④ 아크가 안정되어 작업 중 아크가 약간 길어져도 끊어지지 않는다.

60 아크 용접에서 피복 배합제 중 탈산제에 해당되는 것은?

① 산성 백토   ② 산화티탄
③ 페로망간   ④ 규산나트륨

!

피복제의 종류
• 가스 발생제 : 석회석, 셀룰로오스, 톱밥, 아교
• 슬랙 생성제 : 석회석, 형석, 탄산수소나트륨, 일미나이트
• 아크 안정제 : 규산나트륨, 규산칼륨, 산화티탄, 석회석, 탄산바륨
• 피복제의 탈산제 : 페로실리콘, 페로망간, 페로티탄, 알루미늄
• 고착제 : 규산 나트륨, 규산칼륨, 아교, 소맥분, 해초

정답

2016년 5월 8일 기출문제 정답

01	02	03	04	05	06	07	08	09	10
④	③	②	③	②	②	②	①	③	①
11	12	13	14	15	16	17	18	19	20
②	①	③	④	③	④	①	③	②	①
21	22	23	24	25	26	27	28	29	30
①	③	①	③	④	④	②	④	①	①
31	32	33	34	35	36	37	38	39	40
①	④	③	③	④	③	②	②	②	③
41	42	43	44	45	46	47	48	49	50
②	②	①	①	④	①	②	④	①	④
51	52	53	54	55	56	57	58	59	60
③	③	④	④	③	②	④	②	①	③

국가기술자격 필기시험문제

2016년 8월 21일 기사 제3회 필기시험				수험 번호	성명
자격 종목	종목코드	시험시간	형별		
용접산업기사	1603	1시간 30분	B		

제1과목 용접야금 및 용접설비제도

01 용착 금속이 응고할 때 불순물이 한 곳으로 모이는 현상은?

① 공석 　　　　② 편석
③ 석출 　　　　④ 고용체

!
- 편석 : 불순물이나 일부 원소가 한곳으로 편중되어 응고한 것
- 석출 : 어떤 고용체에서 다른 형태의 결정이 분리되어 성장하는 현상

02 알루미늄과 그 합금의 용접성이 나쁜 이유로 틀린 것은?

① 비열과 열전도도가 대단히 커서 수축량이 크기 때문
② 용융 응고 시 수소가스를 흡수하여 기공이 발생하기 쉽기 때문
③ 강에 비해 용접 후의 변형이 커 균열이 발생하기 쉽기 때문
④ 산화알루미늄의 용융 온도가 알루미늄의 용융 온도보다 매우 낮기 때문

!
알루미늄은 녹는점이 660℃이고 산화알루미늄은 녹는점이 2050℃ 이므로 산화 피막을 녹이려면 순간적으로 큰 열원이 필요하며 산화피막을 용융시키는 순간 알루미늄은 용락되어 버려 용접이 어렵다.

03 잔류 응력 제거법 중 잔류 응력이 있는 제품에 하중을 주어 용접 부위에 약간의 소성 변형을 일으킨 다음 하중을 제거하는 방법은?

① 피닝법 　　　　② 노내 풀림법
③ 국부 풀림법 　　④ 기계적 응력 완화법

!
잔류 응력 제거법
- 종류 : 노내풀림법, 국부 풀림법, 기계적 응력 완화법, 저온 응력 완화법, 피닝법
- 노내 풀림법 : 유지 온도가 클수록, 시간이 길수록 효과가 크다. 노내 출입 온도 300℃ 이하를 유지하고 풀림 온도 600~650℃(판 두께 25mm, 1시간)
- 국부 풀림법 : 큰 제품, 현장 구조물 등 노내 풀림이 곤란한 경우 사용, 용접선 좌우 양측 250mm 또는 판 두께의 12배 이상의 범위를 가열 후 서냉 처리, 동일한 온도를 유지하기 위해 유도 가열 장치 사용.
- 기계적 응력 완화법 : 용접부에 하중을 주어 약간의 소성 변형으로 응력 제거함
- 저온 응력 완화법 : 용접선 좌우를 정속도로 가스불꽃을 150mm의 너비로 150~200℃로 가열 후 수랭하는 방법으로 용접선 방향의 인장 응력을 완화시키는 방법이다.
- 피닝법 : 끝이 둥근 특수 헤머로 용접부를 연속적으로 타격하여 표면의 소성 변형을 일으켜 인장응력을 완화시키며 첫 층 용접의 균열 방지 목적으로 700℃에서 열간 피닝한다.

04 예열 및 후열의 목적이 아닌 것은?

① 균열의 방지 　　　② 기계적 성질 향상
③ 잔류 응력의 경감 　④ 균열감수성의 증가

!
예열의 목적
- 용접 금속에 연성 및 인성을 부여한다.
- 모재의 수축 응력을 감소하여 균열 발생 억제
- 고장력강은 50~350℃정도로 예열을 한다.
- 냉각 속도를 느리게 하여 결함 및 수축 변형을 방지한다.
- 용착 금속의 수소 성분이 나갈 수 있는 여유를 주어 비드 밑 균열 방지

05 서브머지드 아크 용접 시 용융지에서 금속 정련 반응이 일어날 때 용접 금속의 청정도 및 인성과 매우 깊은 관계가 있는 것은?

① 플럭스(flux)의 입도
② 플럭스(flux)의 염기도
③ 플럭스(flux)의 소결도
④ 플럭스(flux)의 용융도

06 적열 취성에 가장 큰 영향을 미치는 것은?

① S
② P
③ H_2
④ N_2

07 6 : 4 황동에 1~2% Fe를 첨가한 것으로 강도가 크며 내식성이 좋아 광산기계, 선박용 기계, 화학계 등에 이용되는 합금은?

① 톰백
② 라우탈
③ 델타메탈
④ 네이벌 황동

08 강의 오스테나이트 상태에서 냉각 속도가 가장 빠를 때 나타나는 조직은?

① 펄라이트
② 소르바이트
③ 마텐자이트
④ 트루스타이트

09 용접 시 수소 원소에 의한 영향으로 옳은 것은?

① 수소는 용해도가 매우 높아 용접 시 쉽게 흡수된다.
② 용접 중에 흡수되는 대부분의 수소는 기체 수소로부터 공급된다.
③ 수소는 용접 시 냉각 중에 균열 또는 은점 형성의 원인이 된다.
④ 응력이 존재한 경우 격자 결함은 원자 수소의 인력으로 작용하여 응력계(stress-system)를 증가시켜 탄성 인자로 작용한다.

10 스테인리스강에서 용접성이 가장 좋은 계통은?

① 페라이트계   ② 펄라이트계
③ 마텐자이트계   ④ 오스테나이트계

11 기계나 장치 등의 실체를 보고 프리핸드(free hand)로 그린 도면은?

① 스케치도   ② 부품도
③ 배치도   ④ 기초도

12 대상물의 보이지 않는 부분을 표시하는 데 쓰이는 선의 종류는?

① 굵은 실선   ② 가는 파선
③ 가는 실선   ④ 가는 이점쇄선

> **!**
> **선의 종류와 용도**
> • 굵은 실선 – 외형선
> • 가는 실선 – 치수선, 치수보조선, 지시선, 회전단면선. 수준선선, 해칭선
> • 은선 – 보이지 않는 선, 가는 파선 또는 굵은 파선
> • 가는 1점쇄선 – 중심선, 기준선, 피치선
> • 가는 2점쇄선 – 가상선 무게 중심선
> • 굵은 1점쇄선 – 특수지정선
> • 파단선 – 물체의 일부를 파단한 곳을 표시하는 선으로 불규칙한 파형의 가는 실선 또는 지그재그선

13 가는 실선으로 사용하는 선이 아닌 것은?

① 지시선   ② 수준면선
③ 무게중심선   ④ 치수보조선

> **!**
> 가는 실선의 용도 – 치수선, 치수보조선, 지시선, 회전단면선. 수준면선, 해칭선

14 KS 재료기호 중 SM 45C의 설명으로 옳은 것은?

① 기계 구조용 강 중에 45종이다.
② 재질 강도가 45MPa인 기계구조용 강이다.
③ 탄소 함유량 4.5%인 기계구조용 주물이다.
④ 탐소 함유량 0.45%인 기계 구조용 탄소강재이다.

15 투상법에 대한 설명으로 틀린 것은?

① 투상 : 대상물의 형태를 평면상에 투영하는 것을 말한다.
② 시선 : 시점과 공간에 있는 점을 연결하는 선 및 그 연장선을 말한다.
③ 투상선 : 시전과 대상물의 각 점을 연결하고 대상물의 형태를 투상면에 찍어 내기 위해서 사용하는 선이다.
④ 시점 : 공간에 있는 점을 시점과 다른 방향으로 무한정 멀리했을 경우에 시점과 투상면과의 교점이다.

16 실형의 물건에 광명단 등 도료를 발라 용지에 찍어 스케치하는 방법은?

① 본뜨기법   ② 프린트법
③ 사진촬영법   ④ 프리핸드법

17 선을 긋는 방법에 대한 설명으로 틀린 것은?

① 1점 쇄선은 긴 쪽 선으로 시작하고 끝나도록 긋는다.
② 파선이 서로 평행할 때에는 서로 엇갈리게 그린다.
③ 실선과 파선이 서로 만나는 부분은 띄워지도록 그린다.
④ 평행선은 선 간격을 선 굵기의 3배 이상으로 하여 긋는다.

18 도면으로 사용된 용지의 안쪽에 그려진 내용이 확실히 구분되도록 그리는 윤곽선은 일반적으로 몇 mm 이상의 실선으로 그리는가?

① 0.2mm   ② 0.25mm

③ 0.3mm   ④ 0.5mm

19 용접기호에 대한 명칭이 틀리게 짝지어진 것은?

① ⊖ : 스폿용접

② ☐ : 플러그 용접

③ ⌣ : 뒷면 용접

④ ▶ : 현장 용접

❗ ① 심용접을 의미

20 도면의 크기 중 AO 용지의 넓이는 약 얼마인가?

① $0.25m^2$ ② $0.5m^2$

③ $0.8m^2$ ④ $1.0m^2$

❗ A0용집의 크기는 841×1189=999949mm² 이므로 약 1.0m²이다.

제2과목 용접구조설계

21 석회석이나 형석을 주성분으로 사용한 것으로 용착 금속 중의 수소 함유량이 다른 용접봉에 비해 약 1/10정도로 현저하게 적은 용접봉은?

① 저수소계   ② 고산화티탄계

③ 일미나이트계   ④ 철분산화티탄계

❗

용접봉의 종류

1) 4301 : 일미나이트계(슬랙 생성식)–산화티탄, 산화철을 약 30% 이상 함유한 광석, 사석을 주성분으로 기계적 성질이 우수하고 용접성이 우수

2) 4303 : 라임티탄계 – 피복용 스테인리스강의 성분으로 산화티탄을 30% 이상 함유한 용접봉으로 비드의 외관이 아름답고 언더컷이 발생하지 않음.

3) 4311 : 고셀룰로오스계(가스실드식) – 슬래그가 적어 좁은 홈의 용접에 적합, 비드 표면이 거칠지만 환원성이므로 용착 금속의 기계적 성질이 양호하고 수직 상진, 하진 및 위보기 용접에서 우수한 작업성을 가짐. 스패터가 많으며 피복제 중 셀룰로오스가 20~30% 포함되며 슬래그계 용접봉보다 용접 전류를 10~15% 낮게 한다.

4) 4313 : 고산화티탄계–산화티탄 35%, 아크안정, CR봉, 비드좋다, 경구조물, 경자동차, 박판 용접에 적합

5) 4316 : 저수소계(슬랙 생성식)–석회석과 형석을 주성분으로 한 것으로, 수소의 함량이 1/10 정도, 기계적 성질과 균열의 감수성이 우수, 황의 함유량이 많고 염기성 함유가 높다.

6) 4324 : 철분 산화티탄계로 아래보기 자세와 수평 필릿 자세에 한정

7) 4326 : 철분 저수소계

8) 4327 : 철분 산화철계

9) 4340 : 특수계

22 용착법 중 단층 용착법이 아닌 것은?

① 스킵법   ② 전진법

③ 대칭법   ④ 빌드업법

❗

다층 용접법

• 덧살올림법(빌드업법) : 열영향이 크고 슬래그 섞임 우려가 있음, 한랭시 구속이 클 때 후판에서 첫층 균열이 있다.

• 캐스케이드법 : 한부분의 몇 층을 용접하다가 다음 층으로 연속시켜 용접하는 법, 결함이 적지만 잘 사용 않음.

• 전진블록법 : 한 개의 용접봉으로 살을 붙일만한 길이로 구분해서 여러 층으로 쌓아 올린 후 다음 부분으로 진행함, 첫층 균열 발생 우려가 있음.

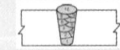 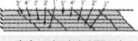

(a) 덧살 올림법   (b) 케스케이드법   (c) 전진 블록법
　　　　　　　　　(용접중심선 단면도) (용접중심선 단면도)

23 용접 후 실시하는 잔류 응력 완화법으로 틀린 것은?

① 도열법
② 저온 응력 완화법
③ 응력 제거 풀림법
④ 기계적 응력 완화법

> **!**
> **잔류 응력 제거법**
> • 종류 : 노내 풀림법, 국부 풀림법, 기계적 응력 완화법, 저온 응력 완화법, 피닝법
> • 노내 풀림법 : 유지 온도가 클수록, 시간이 길수록 효과가 크다. 노내 출입 온도 300 ℃ 이하를 유지하고 풀림 온도 600~650 ℃(판 두께 25mm, 1시간)
> • 국부 풀림법 : 큰 제품, 현장 구조물 등 노내 풀림이 곤란한 경우 사용. 용접선 좌우 양측 250mm 또는 판 두께의 12배 이상의 범위를 가열 후 서냉 처리, 동일한 온도를 유지하기 위해 유도가열장치 사용.
> • 기계적 응력 완화법 : 용접부에 하중을 주어 약간의 소성 변형으로 응력 제거함
> • 저온 응력 완화법 : 용접선 좌우를 정속도로 가스불꽃을 150mm의 나비로 150~200 ℃로 가열 후 수랭하는 방법으로 용접선 방향의 인장 응력을 완화시키는 방법이다.
> • 피닝법 : 끝이 둥근 특수 헤머로 용접부를 연속적으로 타격 하여 표면의 소성 변형을 일으켜 인장응력을 완화 시키며 첫 층 용접의 균열 방지 목적으로 700 ℃에서 열간 피닝한다.

24 서브머지드 아크 용접 이음부 설계를 설명한 것으로 틀린 것은?

① 자동용접으로 정확한 이음부 홈 가공이 요구된다.
② 용접부 시작점과 끝점에는 엔드 탭을 부탁하여 용접한다.
③ 가로 수축량이 크므로 스트롱 백을 이용하여 가로 수축량을 방지하여야 한다.
④ 루트 간격이 규정보다 넓으면 뒷댐판을 사용한다.

25 완전한 맞대기 용접이음의 굽힘모멘트 ( )
=12000N·mm가 작용하고 있을 때 최대 굽힘 응력은 약 몇 N/mm²인가? (단, ℓ = 300mm, t = 25mm)

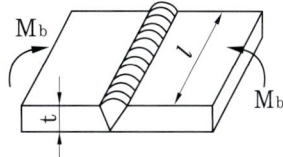

① 0.324
② 0.344
③ 0.384
④ 0.424

> **!**
> $$굽힘\ 응력 = \frac{굽힘\ 모멘트\ M}{단면계수\ Z} = \frac{M}{\frac{lh^2}{6}} = \frac{6M}{lh^2}$$
> $$= \frac{6 \times 12000}{300 \times 25^2} = 0.384$$

26 결함 에코 형태로 결함을 판정하는 방법으로 초음파 검사법의 종류 중에서 가장 많이 사용하는 방법은?

① 투과법
② 공진법
③ 타격법
④ 펄스 반사법

> **!**
> **초음파 팀상의 종류**
> • 투과법 : 초음파 펄스를 시험체의 한쪽면에서 송신하고 반대쪽에서 수신하는 방법
> • 공진법 : 시험체에 가해진 초음파 진동수와 고유 진동수가 일치할 때 진동폭이 커지는 공진 현상을 이용하여 시험체의 두께를 측정하는 방법
> • 펄스 반사법 : 시험체 내로 초음파 펄스를 송신하고 내부 또는 바닥면에서 그 반사체를 탐지하는 형태로 내부 결함이나 재질을 조사하는 방법이다. 결함 에코의 형태로 결함을 판정하는 방법으로 가장 많이 사용하고 있다.

27 용접 지그에 대한 설명으로 틀린 것은?

① 잔류 응력을 제거하기 위한 것이다.
② 모재를 용접하기 쉬운 상태로 놓기 위한 것이다.
③ 작업을 용이하게 하고 용접 능률을 높이기 위한 것이다.
④ 용접 제품의 치수를 정확하게 하기 위해 변형을 억제하는 것이다.

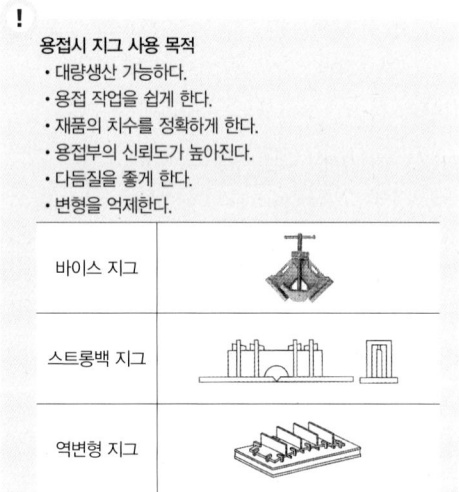

! **용접시 지그 사용 목적**
• 대량생산 가능하다.
• 용접 작업을 쉽게 한다.
• 재품의 치수를 정확하게 한다.
• 용접부의 신뢰도가 높아진다.
• 다듬질을 좋게 한다.
• 변형을 억제한다.

바이스 지그	
스트롱백 지그	
역변형 지그	

28 접합하려는 두 모재를 겹쳐놓고 한 쪽의 모재에 드릴이나 밀링머신으로 둥근 구멍을 뚫고 그 곳을 용접하는 이음은?

① 필릿 용접
② 플레어 용접
③ 플러그 용접
④ 맞대기 홈 용접

29 맞대기 용접 이음에서 모재의 인장강도가 60N/mm²이고, 용접 시험편의 인장강도가 25N/mm²으로 나타났을 때 이음 효율은?

① 40%
② 50%
③ 60%
④ 70%

! **이음 효율**

$$= \frac{\text{용접 시편의 인장 강도}}{\text{모재의 인장 강도}} \times 100 = \frac{25}{50} \times 100 = 50$$

30 용착 금속의 인장 또는 파면 시험을 했을 경우 파단면에 나타나는 고기 눈 모양의 취약한 은백색 파면의 결함은?

① 기공
② 은점
③ 오버랩
④ 크레이터

31 재료 절약을 위한 용접설계 요령으로 틀린 것은?

① 안전하고 외관상 모양이 좋아야 한다.
② 용접 조립시간을 줄이도록 설계를 한다.
③ 가능한 용접할 조각의 수를 늘려야 한다.
④ 가능한 표준 규격의 부품이나 재료를 이용한다.

32 용접의 내부 결함이 아닌 것은?

① 은점
② 피트
③ 선상 조직
④ 비금속 개재물

33 자기 비파괴 검사에서 사용하는 자화 방법이 아닌 것은?

① 형광법
② 극간법
③ 관통법
④ 축통전법

! **자분 탐상 시험의 종류**
• 축통전법 • 관통법 • 극간법 • 직각통전법 • 코일법

34 불활성 가스 텅스텐 아크 용접에서 직류 역극성으로 용접할 경우 비드 폭과 용입에 대한 설명으로 옳은 것은?

① 용입이 깊고 비드 폭이 넓다.
② 용입이 깊고 비드 폭이 좁다.
③ 용입이 얕고 비드 폭이 넓다.
④ 용입이 얕고 비드 폭이 좁다.

35 강판의 맞대기 용접이음에서 가장 두꺼운 판에 사용할 수 있으며 양면 용접에 의해 충분한 용입을 얻으려고 할 때 사용하는 홈의 형상은?

① V형   ② U형
③ I형   ④ H형

36 가용접 작업시 주의사항으로 틀린 것은?

① 가용접 작업도 본 용접과 같은 온도로 예열을 한다.
② 가용접 시 용접봉은 본 용접보다 굵은 것을 사용하여 견고하게 접합시키는 것이 좋다.
③ 중요 부분은 용접 홈 내에 가접하는 것은 피한다. 부득이한 경우 본 용접 전 깎아내도록 한다.
④ 가용접의 위치는 부품의 끝, 모서리, 각 등과 같이 단면이 급변하여 응력이 집중되는 곳은 피한다.

37 용접이음에서 피로 강도에 영향을 미치는 인자가 아닌 것은?

① 이음 형상   ② 용접 결함
③ 하중 상태   ④ 용접기 종류

38 방사선 투과 검사의 장점에 대한 설명으로 틀린 것은?

① 모든 재질의 내부 결함 검사에 적용할 수 있다.
② 검사 결과를 필름에 영구적으로 기록할 수 있다.
③ 미세한 표면 균열이나 라미네이션도 검출할 수 있다.
④ 주변 재질과 비교하여 1% 이상의 흡수 차를 나타내는 경우도 검출할 수 있다.

39 용접 이음의 내식성에 영향을 미치는 요인이 아닌 것은?

① 슬래그   ② 용접 자세

③ 잔류 응력   ④ 용접 이음 형상

40 필릿 용접의 이음 강도를 계산할 때 목길이 10mm라면 목 두께는?

① 약 7mm   ② 약 10mm

③ 약 12mm   ④ 약 15mm

> **!**
> 목두께 = 각장 × 0.707
> = 7 × 0.707 = 7mm

제3과목 용접일반 및 안전관리

41 수소가스 분위기에 있는 2개의 텅스텐 전극봉 사이에서 아크를 발생시키는 용접법은?

① 스터드 용접

② 레이저 용접

③ 전자 빔 용접

④ 원자 수소 아크 용접

> **!**
> 텅스텐으로 전극봉을 사용하는 용접법에는 티그 용접, 원자수소 용접, 플라즈마 아크 용접법이 있다.

42 AW−240용접기로 180A를 이용하여 용접한다면, 허용 사용율은 약 몇 %인가? (단, 정격 사용율은 40%이다.)

① 51   ② 61

③ 71   ④ 81

> **!**
> 허용 사용률
> $$= \frac{(정격\ 2차\ 전류)^2}{(실제\ 용접\ 전류)^2} \times 정격사용율$$
> $$= \frac{(240)^2}{(180)^2} \times 40 = 71.11$$

43 용접기의 전원 스위치를 넣기 전에 점검해야 할 사항으로 틀린 것은?

① 냉각팬의 회전부에는 윤활유를 주입해서는 안 된다.

② 용접기가 전원에 잘 접속되어 있는지 점검한다.

③ 용접기의 케이스에서 접지선이 이어져 있는지 점검한다.

④ 결선부의 나사가 풀어진 곳이나 케이블의 손상된 곳은 없는지 점검한다.

> **!**
> 냉각팬의 회전부에는 윤활유를 주입해서 회전이 원활하도록 해야 한다.

44 MIG 용접법의 특징에 대한 설명으로 틀린 것은?

① 전자세 용접이 불가능하다.

② 용접 속도가 빠르므로 모재의 변형이 적다.

③ 피복 아크 용접에 비해 빠른 속도로 용접할 수 있다.

④ 후판에 적합하고 각종 금속 용접에 다양하게 적용할 수 있다.

> **!**
> Mig 용접법은 전자세 용접이 가능하다.

45 가스 절단을 할 때 사용되는 예열가스 중 최고 불꽃 온도가 가장 높은 것은?

① CH_4 ② C_2H_2

③ H_2 ④ C_3H_8

> **!**
> C_2H_2는 아세틸렌가스로 불꽃의 온도가 3410℃ 정도 되며 C_3H_8은 프로판가스로 불꽃의 온도가 2900℃ 정도이다. 가스 용접시 주로 C_2H_2와 산소와의 혼합가스를 이용하여 용접을 하는 이유이다.

46 티그(TIG) 용접 시 보호가스로 쓰이는 아르곤과 헬륨의 특징을 비교할 때 틀린 것은?

① 헬륨은 용접 입열이 많으므로 후판 용접에 적합하다.
② 헬륨은 열영향부(HAZ)가 아르곤보다 좁고 용입이 깊다.
③ 아르곤은 헬륨보다 가스 소모량이 적고 수동 용접에 많이 쓰인다.
④ 헬륨은 위보기 자세나 수직 자세 용접에서 아르곤보다 효율이 떨어진다.

> **!**
> 헬륨가스는 열량이 많고 알곤 가스보다 가벼워 수직 자세나 위보기 자세에서 알곤보다 효율적이다.

47 아크 빛으로 인해 눈에 급성 염증 증상이 발생하였을 때 우선 조치해야 할 사항으로 옳은 것은?

① 온수로 씻은 후 작업한다.
② 소금물로 씻은 후 작업한다.
③ 냉습포를 눈 위에 얹고 안정을 취한다.
④ 심각한 사안이 아니므로 계속 작업한다.

48 텅스텐 전극봉을 사용하는 용접은?

① TIG 용접
② MIG 용접
③ 피복 아크 용접
④ 산소 – 아세틸렌 용접

> **!**
> 텅스텐으로 전극봉을 사용하는 용접법에는 티그 용접, 원자수소 용접, 플라즈마 아크 용접법이 있다.

49 가스 용접에서 황동은 무슨 불꽃으로 용접하는 것이 가장 좋은가?

① 탄화 불꽃
② 산화 불꽃
③ 중성 불꽃
④ 약한 탄화 불꽃

> **!**
> **산소와 아세틸렌 불꽃의 종류**
> • 중성불꽃 : 표준불꽃
> • 산화불꽃 : 산화성 불꽃, 산소 과잉 불꽃, 바깥불꽃으로만 형성
>   – 구리, 황동, 아연 등 용접
> • 탄화불꽃 : 아세틸렌 과잉 불꽃, 환원성 불꽃, 산소 부족 시 발생, 아세틸렌 패더
>   – 산화 방지가 필요한 스테인리스강, 스텔라이트, 모넬 메탈 등을 사용

50 탄소 전극과 모재와의 사이에 아크를 발생시켜 고압의 공기로 용융 금속을 불어내어 홈을 파는 방법은?

① 불꽃 가우징
② 기계적 가우징
③ 아크 에어 가우징
④ 산소 · 수소 가우징

> **!**
> **아크 에어 가우징의 특징**
> • 탄소 아크 절단에 압축 공기를 병용—흑연으로 된 탄소봉에 구리 도금한 전극을 이용
> • 가스 가우징보다 능률이 2~3배 좋다
> • 균열 발견이 쉽다, 소음이 없다.
> • 철, 비철 금속도 가능
> • 전원은 직류역극성 이용(미그 절단)
> • 전압은 35V, 전류는 200~500A, 압축공기는 6~7kgf/cm²

51 피복 아크 용접 작업의 기초적인 용접 조건으로 가장 거리가 먼 것은?

① 오버랩
② 용접 속도
③ 아크 길이
④ 용접 전류

> **!**
> 오버랩은 용접의 구조상 결함의 하나이므로 용접 조건과는 거리가 멀다.

52 일반적으로 가스 용접에서 사용하는 가스의 종류와 용기의 색상이 옳게 짝지어진 것은?

① 산소 – 황색
② 수소 – 주황색
③ 탄산가스 – 녹색
④ 아세틸렌 가스 – 백색

!
용기도색
- 아세틸렌 – 황색   · 산소 – 녹색
- 아르곤 – 회색   · CO₂가스 – 청색
- LPG – 회색   · 수소 – 주황색
- 질소 – 회색   · 암모니아–백색
- 아르곤 – 회색   · 부탄 – 회색

53 AW 300의 교류 아크 용접기로 조정할 수 있는 2차 전류(A) 값의 범위는?

① 30~220A   ② 40~330A
③ 60~330A   ④ 120~480A

!
AW 300의 뜻
- 아크 교류 용접기의 용량을 의미함
- 정격 2차 전류값이 300A (AW 300)
- 범위는 20~110% (60~330A)

54 가스 용접에 쓰이는 가연성 가스의 조건으로 옳은 것은?

① 발열량이 적어야 한다.
② 연소 속도가 느려야 한다.
③ 불꽃의 온도가 낮아야 한다.
④ 용융 금속과 화학 반응을 일으키지 않아야 한다.

!
가연성 가스의 구비 조건
- 불꽃의 온도가 높을 것
- 연소 속도가 빠를 것
- 발열량이 클 것
- 용융 금속과 화학 반응을 하지 않을 것

55 피복 아크 용접에서 자기 불림(magnetic blow)의 방지책으로 틀린 것은?

① 교류 용접을 한다.
② 접지점을 2개로 연결한다.
③ 접지점을 용접부에 가깝게 한다.
④ 용접부가 긴 경우는 후퇴 용접법으로 한다.

!
아크 쏠림
- 전류가 흐를 때 자장이 용접봉에 대하여 비대칭일 때 발생함 – 직류 용접기에서 발생함
- 아크 블로우, 자기불림, 자기쏠림이라 한다.

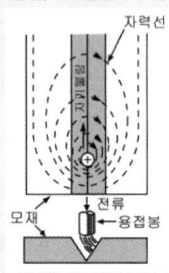

- 교류 용접기를 사용
- 접지를 용접 부위에서 멀리 둔다.
- 용접부의 시종단에 엔드탭을 설치한다.
- 아크 길이를 짧게 한다.
- 용접봉의 끝을 아크 쏠림 반대쪽으로 숙인다.
- 긴 용접선은 후퇴법을 이용하여 용접한다.

56 피복 아크 용접봉의 고착제에 해당되는 것은?

① 석면   ② 망간
③ 규소철   ④ 규산나트륨

!
피복제의 종류
- 가스 발생제 : 석회석, 셀룰로오스, 톱밥, 아교
- 슬랙 생성제 : 석회석, 형석, 탄산수소나트륨, 일미나이트
- 아크 안정제 : 규산나트륨, 규산칼륨, 산화티탄, 석회석, 탄산바륨
- 피복제의 탈산제 : 페로실리콘, 페로망간, 페로티탄, 알루미늄
- 고착제 : 규산 나트륨, 규산칼륨, 아교, 소맥분, 해초

57 이음부의 루트 간격 치수에 특히 유의하여야 하며, 아크가 보이지 않는 상태에서 용접이 진행된다고 하여 잠호 용접이라고 부르는 용접은?

① 피복 아크 용접
② 탄산가스 아크 용접
③ 서브머지드 아크 용접
④ 불활성가스 금속 아크 용접

! 서브머지드 아크 용접은 용제 속에서 아크를 발생시켜 용접하므로 아크 불꽃을 확인할 수 없고 용접 진행 상태의 좋고 나쁨도 확인이 어려워서 잠호 용접이라고도 하며 상품명으로는 유니언멜트 용접, 링컨 용접법이라고도 한다.

58 구리 및 구리합금의 가스 용접용 용제에 사용되는 물질은?

① 붕사   ② 염화칼슘
③ 황산칼륨   ④ 중탄산소다

! **용제**
• 연강용 : 사용하지 않음
• Al용 : 염화칼륨, 염화나트륨, 황산칼륨
• 연납용 : 염산, 염화아연, 염화암모늄, 송진, 수지
• 경납용 : 붕사, 붕산, 염화리튬, 빙정석, 산화제1동
• 고탄소강용 : 중탄산나트륨, 탄산나트륨, 붕사
• 경금속용 : 염화리튬, 염화나트륨, 염화칼륨
• 구리 및 구리합금용 : 붕사, 붕산, 염화나트륨, 염화리튬, 플루오르화나트륨

59 가스 절단 작업에서 프로판 가스와 아세틸렌 가스를 사용하였을 경우를 비교한 사항으로 틀린 것은?

① 포갬 절단 속도는 프로판 가스를 사용하였을 때가 빠르다.
② 슬래그 제거가 쉬운 것은 프로판 가스를 사용하였을 경우이다.
③ 후판 절단 시 절단 속도는 프로판 가스를 사용하였을 때가 빠르다.
④ 점화가 쉽고 중성 불꽃을 만들기 쉬운 것은 프로판 가스를 사용하였을 경우이다.

! 점화나 중성 불꽃을 만들기는 아세틸렌 가스가 더 용이하다.

60 용접 자동화에 대한 설명으로 틀린 것은?

① 생산성이 향상된다.
② 용접봉의 손실이 많아진다.
③ 외관이 균일하고 양호하다.
④ 용접부의 기계적 성질이 향상된다.

! **용접의 자동화에서 자동제어의 장점**
• 제품의 품질이 균일화되어 불량률이 감소한다.
• 인간에게 불가능한 고속 작업도 가능하다.
• 연속작업 및 정밀한 작업이 가능하다.
• 위험한 사고의 방지가 가능하다.
• 용접봉의 손실이 작아진다.

2017년 3월 5일 기사 제1회 필기시험

자격 종목	종목코드	시험시간	형별	수험 번호	성명
용접산업기사	1602	1시간 30분	B		

제1과목 용접야금 및 용접설비제도

01 강의 내부에 모재 표면과 평행하게 층상으로 발생하는 균열로, 주로 T이음, 모서리 이음 에서 볼 수 있는 것은?

① 토우 균열
② 설퍼 균열
③ 크레이터 균열
④ 라멜라 티어 균열

!

저온균열의 유형
• 루트균열 : 맞대기 용접이음의 가접 또는 첫층에서 루트 부근에서 열영향부에서 발생하여 점차 비드속으로 들어 가는 균열
• 라멜라티어균열 : T형이음, 모서리이음 등에서 강의 내부 에 평행하게 층상으로 발생하는 균열
• 라미네이션균열 : 모재의 재질결함으로 기포가 압연되어 생기는 균열
• 토우균열 : 비드표면과 모재의 경계부에서 발생
• 힐균열 : 필렛의 루트부근에서 발생하는 저온균열이며 모재의 수축과 팽창에 의한 뒤틀림이 원인
• 세로균열 : 용접비드에 평행하게 발생한 균열
• 크레이터균열 : 용접비드의 크레이터 부분에 발생한 균열

02 다음 스테인리스강 중 용접성이 가장 우수한 것은?

① 페라이트 스테인리스강
② 펄라이트 스테인리스강
③ 마텐자이트계 스테인리스강
④ 오스테나이트계 스테인리스강

!

오스테나이트스테인레스강
• Cr(18) : Ni(8)의 비율
• 예열하지 않음.
• 층간온도 320℃를 지킨다.
• 용접봉은 얇고 모재와 같은 종으로
• 낮은 전류로 용접입열을 줄인다.
• 짧은 아크 유지, 크레이터처리 할 것
• 비자성체이며 내열성과 용접성이 우수하다.

03 다음 중 전기 전도율이 가장 높은 것은?

① Cr
② Zn
③ Cu
④ Mg

!

전도율의 순서는 Ag – Cu – Au – Al – Mg – Mo – Fe의 순서이다.

04 청열취성이 발생하는 온도는 약 몇 ℃인가?

① 250
② 450
③ 650
④ 850

!

탄소강에서 생기는 취성

취성의 종류	현상	원인
청열 취성	강이 200~300℃로 가열되면 경도, 강도 가 최대로 되고, 연신율, 단면 수축률은 줄 어들게 되어 메지게 되는 것으로 이때 표 면에 청색의 산화 피막이 생성된다.	P
적열 취성	고온 900℃ 이상에서 물체가 빨갛게 되어 메지는 것을 적열 취성이라 한다.	S
상온 취성	충격, 피로 등에 대하여 깨지는 성질로 일 명 냉간 취성이라고도 한다.	P

05 다음 중 재질을 연화시키고 내부응력을 줄이기 위해 실시하는 열처리 방법으로 가장 적합한 것은?

① 풀림
② 담금질
③ 크로마이징
④ 세라다이징

06 다음 중 황의 함유량이 많을 경우 발생하기 쉬운 취성은?

① 적열취성
② 청열취성
③ 저온취성
④ 뜨임취성

07 다음 중 일반적인 금속재료의 특징으로 틀린 것은?

① 전성과 연성이 좋다.
② 열과 전기의 양도체이다.
③ 금속 고유의 광택을 갖는다.
④ 이온화하면 음(–)이온이 된다.

08 용접균열 중 일반적인 고온 균열의 특징으로 옳은 것은?

① 저합금강의 비드균열, 루트균열 등이 있다.
② 대입열량의 용접보다 소입열량의 용접에서 발생하기 쉽다.
③ 고온균열은 응고과정에서 발생하지 않고, 응고 후에 많이 발생한다.
④ 용접금속 내에서 종균열, 횡균열, 크레이터균열 형태로 많이 나타난다.

09 다음 중 용접 후 잔류응력을 제거하기 위한 열처리 방법으로 가장 적합한 것은?

① 담금질
② 노내풀림법
③ 실리코나이징
④ 서브제로처리

10 Fe–C 평행상태도에서 나타나는 불변반응이 아닌 것은?

① 포석반응
② 포정반응
③ 공석반응
④ 공정반응

11 복사한 도면을 접을 때 그 크기는 원칙적으로 어느 사이즈로 하는가?

① A1 　　　　② A2
③ A3 　　　　④ A4

12 다음 선의 종류 중 특수한 가공을 하는 부분 등 특별한 요구사항을 적용할 수 있는 범위를 표시하는 데 사용하는 선은?

① 굵은 실선 　　② 굵은 1점 쇄선
③ 가는 1점 쇄선 　④ 가는 2점 쇄선

> ! 가상선(가는 이점쇄선)
> • 도시된 물체의 앞면을 표시한다.
> • 인접부분을 참고로 표시한다.
> • 가공 전 또는 가공 후의 모양을 표시
> • 이동하는 부분의 이동위치를 표시
> • 공구, 지그 등의 위치를 표시
> • 반복을 표시하는 선

13 다음 용접 기호 중 가장자리 용접에 해당되는 기호는?

① ⌢ 　　　　② ⹀
③ ⫲⫲⫲ 　　　　④ ⏝

> ! 1은 표준육성, 2는 표면 접합부, 4는 겹침 접합부

14 용접부 보조 기호 중 영구적인 덮개 판을 사용하는 기호는?

① ⏝⏝ 　　　　② ⌐M⌐
③ ⌐MR⌐ 　　　　④ —

> ! 1은 토우를 매끄럽게 함, 3은 제거가능한 이면판재, 4는 평면 마감처리 표시

15 다음 중 기계를 나타내는 KS 부분별 분류기호는?

① KS A 　　　　② KS B
③ KS C 　　　　④ KS D

> ! 제도의 규격 – KS의 종류
> • A – 기본, B – 기계, C – 전기, D – 금속, V – 조선

16 사투상도에 있어서 경사축의 각도로 가장 적합하지 않은 것은?

① $20°$ 　　　　② $30°$
③ $45°$ 　　　　④ $60°$

> ! 사투상도는 일반적으로 $30°$를 주로 사용하며 $20°$, $60°$를 사용하지만 $45°$는 거의 사용하지 않음.

17 KS 용접 기호 중 $Z\triangle \; n \times L(e)$에서 n이 의미하는 것은?

① 피치 　　　　② 목 길이
③ 용접부 수 　　　④ 용접 길이

> ! Z는 목길이(각장)
> n은 용접부의 개수
> L은 용접부 길이
> e는 인접 용접부와의 간격

18 일부를 도시하는 것으로 충분한 경우에는 그 필요 부분만을 표시하는 투상도는?

① 부분 투상도 　　② 등각 투상도
③ 부분 확대도 　　④ 회전 투상도

> **!** **정투상도의 종류**
> • 보조투상도 : 물체가 경사면이 있어 투상을 시키면 실제 모양이 틀려져 경사면에 별도의 투상면을 설정하고 이면에 투상하면 실제 모양이 그려지는 것
> • 부분투상도 : 물체의 일부 모양만을 도시해도 충분한 경우
> • 국부투상도 : 대상물의 구멍, 홈 등 필요부분만을 투상하는 것
> • 회전투상도 : 필요부분을 회전해서 실제 길이를 나타내는 것
> • 등각투상법 : 3개의 좌표측의 투상이 서로 120°가 되는 축측 투상으로 평면, 측면, 정면을 하나의 투상면 위에 동시에 볼 수 있도록 그려진 투상법

19 탄소강 단강품인 SF 340A에서 340이 의미하는 것은?

① 종별번호 　　② 탄소 함유량
③ 열처리 상황 　　④ 최저 인장강도

> **!** SF 340A의 해설
> S : 재질(STEEL)
> F : 단조(FORGING)
> 340 : 최소인장강도 340N/mm²

20 제3각법의 투상법 배치에서 정면도의 위족에는 어느 투상면이 배치되는가?

① 배면도 　　② 저면도
③ 평면도 　　④ 우측면도

> **!** 3각법에서는 정면도를 기준으로 우측면도는 정면도의 우측에, 좌측면도는 정면도 좌측에 평면도는 정면도 위쪽에 배치하여 그려준다.

21 용접비용을 줄이기 위한 방법으로 틀린 것은?

① 용접지그를 활용한다.
② 대기시간을 길게 한다.
③ 재료의 효과적인 사용계획을 세운다.
④ 용접이음부가 적은 경제적인 설계를 한다.

22 용접부의 변형교정 방법으로 틀린 것은?

① 롤러에 의한 방법
② 형재에 대한 직선 수축법
③ 가열 후 해머링 하는 방법
④ 후판에 대하여 가열 후 공랭하는 방법

> **!** 용접 후 변형 교정법
> • 박판에 대한 점 수축법 – 소성가공을 이용
> • 형재에 대한 직선 수축법
> • 가열 후 해머질하는 방법
> • 후판에 대해 가열 후 압력을 가하고 수냉하는 법–순서
> • 로울러에 거는 법
> • 절단하여 정형 후 재용접하는 법
> • 피닝법 : 피닝법은 특수해머를 사용하여 모재의 표면에 지속적으로 충격을 가해 줌으로써 재료 내부에 있는 잔류 응력을 완화시키면서 표면층에 소성변형을 주는 방법이다.

23 레이저 용접장치의 기본형에 속하지 않는 것은?

① 반도체형 　　② 에너지형
③ 가스 방전형 　　④ 고체 금속형

> **!** 레이저 용접장치의 기본형은 반도체형, 가스 방전형, 고체 금속형이 있다.

24 용접 시험에서 금속학적 시험에 해당하지 않는 것은?

① 파면시험　　② 피로 시험
③ 현미경 시험　④ 매크로 조직시험

> **!** 피로시험은 기계적 파괴 시험의 일종이다.

25 강판을 가스 절단할 때 절단열에 의하여 생기는 변형을 방지하기 위한 방법이 아닌 것은?

① 피절단재를 고정하는 방법
② 절단부에 역변형을 주는 방법
③ 절단 후 절단부를 수냉에 의하여 열을 제거하는 방법
④ 여러 대의 절단 토치로 한꺼번에 평행 절단하는 방법

26 맞대기 용접부의 접합면에 흠(groove)을 만드는 가장 큰 이유는?

① 용접 변형을 줄이기 위하여
② 제품의 치수를 맞추기 위하여
③ 용접부의 완전한 용입을 위하여
④ 용접 결함 발생을 적게 하기 위하여

> **!** 용접홈은 모재 두께 전체가 완전용입이 이루어지도록 하기 위해 만든다.

27 용접부의 결함 중 구조상의 결함에 속하지 않는 것은?

① 기공　　② 변형
③ 오버랩　④ 융합 불량

> **!** 구조상의 결함에는 언더컷, 오버랩, 스패터, 용입불량, 기공, 균열, 선상조직, 은점 등이 있다.

28 용접부 초음파 검사법의 종류에 해당되지 않는 것은?

① 투과법　　② 공진법
③ 펄스반사법　④ 자기반사법

> **!** 초음파 검사법의 종류에는 투과법, 공진법, 펄스반사법이 있으며 펄스반사법이 가장 많이 사용되고 있다.

29 용접 결함 중 기공의 발생 원인으로 틀린 것은?

① 용접 이음부가 서냉될 경우
② 아크 분위기 속에 수소가 많을 경우
③ 아크 분위기 속에 일산화탄소가 많을 경우
④ 이음부에 기름, 페인트 등 이물질이 있을 경우

> **!** 용접부가 서냉될 경우에는 가스배출이 이루어지기 때문에 기공 발생율이 적어질 수 있다.

30 용접부 이음 강도에서 안전율을 구하는 식은?

① 안전율 $= \dfrac{\text{허용응력}}{\text{전단응력}}$

② 안전율 $= \dfrac{\text{인장강도}}{\text{허용응력}}$

③ 안전율 $= \dfrac{\text{전단응력}}{2 \times \text{허용응력}}$

④ 안전율 $= \dfrac{2 \times \text{인장강도}}{\text{허용응력}}$

> **!**
> • 안전율 $= \dfrac{\text{인장강도}}{\text{허용응력}}$
> • 허용응력 $= \dfrac{\text{인장강도}}{\text{안전율}}$

31 용접균열의 발생 원인이 아닌 것은?

① 수소에 의한 균열
② 탈산에 의한 균열
③ 변태에 의한 균열
④ 노치에 의한 균열

!

균열은 급열, 급랭, 팽창과 수축에 의해 주로 발생되며 수소나 노치부의 균열 등도 발생 원인이 되지만 탈산에 의한 균열은 발생하기 어렵다.

32 다음 중 접합하려고 하는 부재 한쪽에 둥근 구멍을 뚫고 다른 쪽 부재와 겹쳐서 구멍을 완전히 용접하는 것은?

① 가 용접　　　② 심 용접
③ 플러그 용접　　④ 플레어 용접

!

8	한쪽면 J형 맞대기 이음 용접		Ⱶ
9	뒷면 용접		⏝
10	필릿 용접		△
11	플러그용접 : 플러그 또는 슬롯 용접		⊓
12	양면 V형 맞대기 용접(X형 이음)		X
13	양면 K형 맞대기 용접		K
14	부분 용입 양면 V형 맞대기 용접(부분 용입 X형 이음)		X
15	부분 용입 양면 K형 맞대기 용접(부분 용입 K형 이음)		K

33 용접 이음을 설계할 때 주의사항으로 틀린 것은?

① 국부적인 열의 집중을 받게 한다.
② 용접선의 교차를 최대한으로 줄여야 한다.
③ 가능한 아래보기 자세로 작업을 많이 하도록 한다.
④ 용접 작업에 지장을 주지 않도록 공간을 두어야 한다.

!

용접 조립시, 용접 구조물 설계시 주의사항
• 물품에 대칭이 되도록 한다.
• 용접에 적합한 설계를 한다.
• 구조상 노치를 피한다.
• 약한 필릿 용접은 피하고 맞대기 용접을 한다.
• 반복하중을 받는 이음에서는 이음 표면을 평활하게 한다.
• 용접선에 대하여 수축력의 합이 영이 되도록 한다.
• 리벳과 용접을 같이 할 때에는 용접을 먼저 한다.
• 각종 이음의 특성을 잘 알고 사용하며 용접하기 쉽게 설계한다.
• 큰 구조물은 구조물에 중앙에서 끝으로 향하여 용접한다.
• 용접길이는 가능한 한 짧게, 용착량도 강도상 필요한 최소치로 한다.
• 수축이 큰 맞대기 이음을 먼저 용접하고 그다음에 필렛 용접을 한다.

34 용접 균열의 종류 중 맞대기 용접. 필릿 용접 등의 비드 표면과 모재와의 경계부에 발생하는 균열은?

① 토 균열　　　② 설퍼 균열
③ 헤어 균열　　④ 크레이터 균열

!

저온균열의 유형
• 루트균열 : 맞대기 용접이음의 가접 또는 첫층에서 루트 부근에서 열영향부에서 발생하여 점차 비드 속으로 들어가는 균열
• 라멜라티어균열 : T형이음, 모서리이음 등에서 강의 내부에 평행하게 층상으로 발생하는 균열
• 라미네이션균열 : 모재의 재질결함으로 기포가 압연되어 생기는 균열
• 토우균열 : 비드표면과 모재의 경계부에서 발생
• 힐균열 : 필렛의 루트부근에서 발생하는 저온균열이며 모재의 수축과 팽창에 의한 뒤틀림이 원인
• 세로균열 : 용접비드에 평행하게 발생한 균열
• 크레이터균열 : 용접비드의 크레이터 부분에 발생한 균열

35 용접 시공 전에 준비해야 할 사항 중 틀린 것은?

① 용접부의 녹 부분은 그대로 둔다.
② 예열, 후열의 필요성 여부를 검토한다.
③ 제작 도면을 확인하고 작업 내용을 검토한다.
④ 용접 전류, 용접 순서, 용접 조건을 미리 정해둔다.

36 그림과 같은 용접이음에서 굽힘 응력을 σ_b라 하고, 굽힘 단면계수를 W_b라 할 때, 굽힘 모멘트 M_b를 구하는 식은?

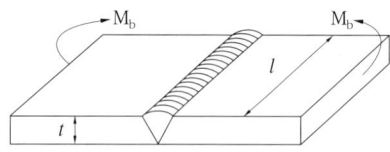

① $M_b = \dfrac{\sigma_b}{W_b}$

② $M_b = \sigma_b \cdot W_b$

③ $M_b = \dfrac{\sigma_b \cdot W_b}{l}$

④ $M_b = \dfrac{\sigma_b \cdot W_b}{t}$

37 가 용접(tack welding)에 대한 설명으로 틀린 것은?

① 가 용접에는 본 용접보다도 지름이 약간 가는 용접봉을 사용한다.

② 가 용접은 쉬운 용접이므로 기량이 좀 떨어지는 용접사에 의해 실시하는 것이 좋다.

③ 가 용접은 본 용접을 하기 전에 좌우의 홈 부분을 잠정적으로 고정하기 위한 짧은 용접이다.

④ 가 용접은 슬래그 섞임, 기공 등의 결함을 수반하기 때문에 이음의 끝 부분, 모서리 부분을 피하는 것이 좋다.

38 용접시공시 엔드 탭(end tab)을 붙여 용접하는 가장 주된 이유는?

① 언더컷의 방지

② 용접변형 방지

③ 용접 목두께의 증가

④ 용접 시작점과 종점의 용접결함 방지

39 두께가 5mm인 강판을 가지고 다음 그림과 같이 완전 용입의 맞대기 용접을 하려고 한다. 이때 최대 인장하중을 50000N 작용시키려면 용접 길이는 얼마인가?(단, 용접부의 허용 인장응력은 100MPa이다.)

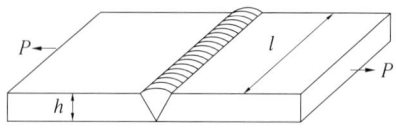

① 50mm   ② 100mm

③ 150 mm   ④ 200mm

40 용접전류가 120A, 용접전압이 12V, 용접속도가 분당 18cm/min일 경우에 용접부의 입열량은 몇 Joule/cm인가?

① 3500 ② 4000
③ 4800 ④ 5100

> **용접 입열량 공식**
> • $H = \dfrac{60EI}{V}$ V는 속도(J/Cm)를 의미함
> $= \dfrac{60 \times 12 \times 120}{18}$

제3과목 용접일반 및 안전관리

41 연강판 가스 절단 시 가장 적합한 예열 온도는 약 몇 ℃인가?

① 100~200 ② 300~400
③ 400~500 ④ 800~900

> 가스절단시 적절한 예열온도는 800~900°정도이다.

42 다음 중 피복 아크 용접기 설치장소로 가장 부적합한 곳은?

① 진동이나 충격이 없는 장소
② 주위온도가 −10℃ 이하인 장소
③ 유해한 부식성 가스가 없는 장소
④ 폭발성 가스가 존재하지 않는 장소

> **용접기 설치 장소로 적합한 곳**
> • 수증기나 습도가 없는 곳
> • 진동이나 충격을 받지 않는 곳
> • 폭발성 가스가 존재하지 않는 곳
> • 먼지가 없고 옥외에 바람의 영향을 받지 않는 곳

43 다음 중 압접에 속하지 않는 것은?

① 마찰 용접 ② 저항용접
③ 가스 용접 ④ 초음파 용접

> **접합방법에 따른 용접의 종류**
> • 용접 : 모재와 용가재를 모두 녹임(대부분의 용접법)
> • 압접 : 열이나 압력, 또는 열과 압력을 동시에 가함
>   – 전기저항용접, 초음파용접, 고주파용접, 마찰용접, 유도가열용접, 냉간압접, 가스압접, 가압테르밋 용접 등
> • 납땜 : 모재는 녹이지 않고 용접봉을 녹여 붙임 450℃를 기준으로 연납땜, 경납땜으로 구별
>   – 연납땜
>   – 경납땜 : 가스납땜, 노내납땜, 저항납땜, 담금납땜, 유도가열납땜

44 아크 용접기로 정격 2차 전류를 사용하여 4분간 아크를 발생시키고 6분을 쉬었다면 용접기의 사용률은?

① 20% ② 30%
③ 40% ④ 60%

45 용접에 사용되는 산소를 산소용기에 충전시키는 경우 가장 적당한 온도와 압력은?

① 35℃, 15MPa ② 35℃, 30MPa
③ 45℃, 15MPa ④ 45℃, 18MPa

> 산소 용기는 산소를 35℃ 150 기압으로 충전한다.

46 직류 역극성(reverse polarity)을 이용한 용접에 대한 설명으로 옳은 것은?

① 모재의 용입이 깊다.
② 용접봉의 용융 속도가 느려진다.
③ 용접봉을 음극(−), 모재를 양극(+)에 설치한다.
④ 얇은 판의 용접에서 용락을 피하기 위하여 사용한다.

47 산소 및 아세틸렌 용기의 취급시 주의사항으로 틀린 것은?

① 용기는 가연성 물질과 함께 뉘어서 보관할 것
② 통풍이 잘 되고 직사광선이 없는 곳에 보관할 것
③ 산소 용기의 운반시 밸브를 닫고 캡을 씌워서 이동할 것
④ 용기의 운반시 가능한 운반 기구를 이용하고. 넘어지지 않게 주의할 것

48 일반적인 용접의 특징으로 틀린 것은?

① 작업 공정이 단축되며 경제적이다.
② 재질의 변형이 없으며 이음효율이 낮다,
③ 제품의 성능과 수명이 향상되며 이종 재료도 접합할 수 있다.
④ 소음이 적어 실내에서의 작업이 가능하며 복잡한 구조물 제작이 쉽다.

49 강재 표면의 홈이나 개재물. 탈탄층 등을 제거하기 위하여 얇게 타원형 모양으로 표면을 깎아내는 가공법은?

① 스카핑   ② 피닝법
③ 가스 가우징   ④ 겹치기 절단

50 피복 아크 용접에서 피복제의 역할로 틀린 것은?

① 용착 효율을 높인다.
② 전기 절연 작용을 한다.
③ 스패터 발생을 적게 한다.
④ 용착금속의 냉각속도를 빠르게 한다.

51 다음 중 열전도율이 가장 높은 것은?

① 구리   ② 아연
③ 알루미늄   ④ 마그네슘

52 레일의 접합, 차축, 선박의 프레임 등 비교적 큰 단면을 가진 주조나 단조품의 맞대기 용접과 보수용접에 사용되는 용접은?

① 가스 용접　　　② 전자빔 용접
③ 테르밋 용접　　④ 플라스마 용접

! **테르밋 용접의 원리와 특성**
- 테르밋 반응에 의한 화학 반응열을 이용하여 용접한다.
- 테르밋제는 산화철 분말(FeO, Fe_2O_3, Fe_3O_4) 약 3~4, 알루미늄 분말을 1로 혼합한다.
- 점화제로는 과산화바륨, 마그네슘이 있다.
- 용융 테르밋 용접과 가압 테르밋 용접이 있다.
- 작업이 간단하고 기술습득이 용이하다.
- 전력이 불필요하다.
- 용접시간이 짧고 용접 후의 변형도 적다.
- 용도로는 철도 레일, 덧붙이 용접, 큰 단면의 주조, 단조품의 용접에 이용된다.

53 불활성 가스 텅스텐 아크 용접을 할 때 주로 사용하는 가스는?

① H_2　　　　　② Ar
③ CO_2　　　　④ C_2H_2

! 불활성가스 아크용접에 사용되는 가스는 주로 Ar가스와 He가스이다.

54 용접 자동화에서 자동제어의 특징으로 틀린 것은?

① 위험한 사고의 방지가 불가능하다.
② 인간에게는 불가능한 고속작업이 가능하다.
③ 제품의 품질이 균일화되어 불량품이 감소된다.
④ 적정한 작업을 유지할 수 있어서 원자재, 원료 등이 절약된다.

! 용접 자동화는 근로자가 용접하지 않으므로 위험한 사고를 방지할 수 있다.

55 불활성 가스 금속 아크 용접에서 이용하는 와이어 송급 방식이 아닌 것은?

① 풀 방식　　　　② 푸시 방식
③ 푸시-풀 방식　④ 더블-풀 방식

! 불활성가스 금속 아크용접의 와이어 송급 방식은 푸시방식, 풀방식, 푸시풀방식, 더블푸시방식이 있다.

56 서브머지드 아크 용접(SAW)의 특징에 대한 설명으로 틀린 것은?

① 용융속도 및 용착속도가 빠르며 용입이 깊다.
② 특수한 지그를 사용하지 않는 한 아래보기 자세에 한정된다.
③ 용접선이 짧거나 불규칙한 경우 수동용접에 비하여 능률적이다.
④ 불가시 용접으로 용접 도중 용접상태를 육안으로 확인할 수 없다.

! **서브머지드 아크용접기(잠호용접, 링컨용접, 유니언 멜트용접)의 특징**
- 용접속도가 수동 용접에 비해 10~20배 정도
- 용입은 2~3배 정도가 커서 능률적이다.
- 한번 용접으로 75mm까지 가능하다.
- 설비비가 고가이다.
- 아래보기, 수평필릿 자세에 한정한다.
- 홈의 정밀도가 높아야 한다~루트간격 0.8mm 이하
- 서브머지드 아크용접시 와이어의 돌출길이는 와이어 지름의 6배 정도가 적당하다.
- 용접부가 보이지 않아 용접부를 확인할 수 없다.
- 시공조건을 잘못 잡으면 제품의 불량률이 커진다.
- 용접홈의 크기가 작아도 되며 용접재료의 소비 및 변형이 작다.
- 용접 조건만 일정하다면 용접공의 기술 차이에 의한 품질 격차가 없다.

57 다음 연료가스 중 발열량($kcal/m^2$)이 가장 많은 것은?

① 수소　　　　　② 메탄

③ 프로판　　　　④ 아세틸렌

!
- 가스의 발열량 : 가스의 발열량은 탄화수소 중 탄소의 함유량이 많을수록 발열량이 높다.
- 수소 : 2420kcal/m²
- 메탄 : 8080kcal/m²
- 프로판 : 20750kcal/m²
- 아세틸렌 : 12690kcal/m²

58 직류 용접기와 비교한 교류 용접기의 특징으로 틀린 것은?

① 무부하 전압이 높다.

② 자기쏠림이 거의 없다.

③ 아크의 안정성이 우수하다.

④ 직류보다 감전의 위험이 크다.

!
직류아크 용접기와 비교한 교류 아크 용접기의 특징
- 구조가 간단하다.
- 아크 쏠림이 없다.
- 아크가 불안정하다
- 전격의 위험이 크다.
- 극성 변화가 불가능하다.
- 비피복봉 사용이 불가능하다.
- 소음이 적고 가격이 저가이다.

59 가스 용접에서 판 두께를 t(mm)라고 하면 용접봉의 지름 D(mm)를 구하는 식으로 옳은 것은?(단, 모재의 두께는 1mm 이상인 경우이다.)

① $D = t + 1$　　　② $D = \dfrac{t}{2} + 1$

③ $D = \dfrac{t}{3} + 1$　　　④ $D = \dfrac{t}{4} + 1$

!
가스용접봉의 지름과 판두께의 관계식
- $D = \dfrac{T}{2} + 1$　　D: 지름　T: 두께

60 용접 시 필요한 안전 보호구가 아닌 것은?

① 안전화　　　　② 용접 장갑

③ 핸드 실드　　　④ 핸드 그라인더

국가기술자격 필기시험문제

2017년 5월 7일 기사 제2회 필기시험

자격 종목	종목코드	시험시간	형별	수험 번호	성명
용접산업기사	1602	1시간 30분	B		

제1과목 용접야금 및 용접설비제도

01 탄소강에서 탄소의 함유량이 증가할 경우에 나타나는 현상은?

① 경도증가, 연성감소
② 경도감소, 연성감소
③ 경도증가, 연성증가
④ 경도감소, 연성증가

> ! 탄소량이 증가 시 증가하는 것
> • 강도, 경도, 비열, 보자력, 전기저항
> • 감소하는 것
> ① 인성, 전성, 연신율, 충격값
> ② 비중, 선팽창계수, 열전도도
> ③ 내식성, 용접성

02 담금질 시 재료의 두께에 따라 내·외부의 냉각속도 차이로 인하여 경화되는 깊이가 달라져 경도차이가 발생하는 현상을 무엇이라고 하는가?

① 시효경화   ② 질량효과
③ 노치효과   ④ 담금질효과

> ! 질량효과란 재료의 내·외부에 열처리 효과의 차이가 생기는 현상
> • 질량 효과를 개선시키는 원소 : B
> • 질량효과가 적다는 의미 – 열처리 효과가 잘 된다.
> • 질량효과는 탄소강에서 효과가 크다.

03 다음 중 펄라이트의 조성으로 옳은 것은?

① 페라이트 + 소르바이트
② 페라이트 + 시멘타이트
③ 시멘타이트 + 오스테나이트
④ 오스테나이트 + 트루스타이트

> ! 강의 조직의 종류
> • 강의 표준 조직
> • 페라이트(α, δ) : 강자성체인 체심입방격자
> • 오스테나이트(γ) : γ철에 탄소를 고용한 것, 723℃에서 안정
> • 시멘타이트(Fe_3C) : 고온의 강에서 생성된 탄화철
> • 펄라이트(α + Fe_3C) : 726℃에서 오스테나이트가 페라이트와 시멘타이트의 층상의 공석정으로 변태한 것
> • 레데뷰라이트(γ + Fe_3C) : 4.3% 탄소의 용융철이 1,148℃ 이하로 냉각될 때 2.11% 탄소의 오스테나이트와 6.67% 탄소의 시멘타이트로 정출되어 생긴 공정 주철이며 A1점 이상에서 안정적으로 존재하는 조직으로 경도가 크고 메지는 성질을 갖는다.

04 다음 중 금속조직에 따라 스테인리스강을 3종류로 분류하였을 때 옳은 것은?

① 마텐자이트계, 페라이트계, 펄라이트계
② 페라이트계, 오스테나이트계, 펄라이트계
③ 마텐자이트계, 페라이트계, 오스테나이트계
④ 페라이트계, 오스테나이트계, 시멘타이트계

> ! 스테인리스강의 분류는 마텐자이트계, 페라이트계, 오스테나이트계, 석출 경화형, 듀플렉스계로 분류된다.

05 용접작업에서 예열을 실시하는 목적으로 틀린 것은?

① 열영향부와 용착 금속의 경화를 촉진하고 연성을 감소시킨다.
② 수소의 방출을 용이하게 하여 저온 균열을 방지한다.
③ 용접부의 기계적 성질을 향상시키고 경화 조직의 석출을 방지시킨다.
④ 온도 분포가 완만하게 되어 열응력의 감소로 변형과 잔류 응력의 발생을 적게 한다.

06 강의 조직을 개선 또는 연화시키기 위해 가장 흔히 쓰이는 방법이며, 주조 조직이나 고온에서 조대화된 입자를 미세화시키기 위해 A_{C3}점 또는 A_{C1}점 이상 20~50℃로 가열 후 노냉시키는 풀림 방법은?

① 연화 풀림　　② 완전 풀림
③ 항온 풀림　　④ 구상화 풀림

07 일반적으로 고장력강 용접 시 주의해야 할 사항으로 틀린 것은?

① 용접봉은 저수소계를 사용한다.
② 위빙 폭을 크게 하지 말아야 한다.
③ 아크 길이는 최대한 길게 유지한다.
④ 용접 전 이음부 내부를 청소한다.

08 다음 중 용접성이 가장 좋은 강은?

① 1.2%C 강
② 0.8%C 강
③ 0.5%C 강
④ 0.2%C 이하의 강

09 담금질한 강을 실온까지 냉각한 다음, 다시 계속하여 실온 이하의 마텐자이트 변태 종료 온도까지 냉각하여 잔류오스테나이트를 마텐자이트로 변화시키는 열처리는?

① 심랭처리
② 하드 페이싱
③ 금속 용사법
④ 연속 냉각 변태 처리

10 다음 중 건축 구조용 탄소 강관의 KS 기호는?

① SPS 6　　② SGT 275
③ SRT 275　　④ SNT 275A

11 다음 선의 용도 중 가는 실선을 사용하지 않는 것은?

① 지시선　　② 치수선
③ 숨은선　　④ 회전단면선

12 용접부 표면의 형상과 기호가 올바르게 연결된 것은?

① 토우를 매끄럽게 함 : ⌣

② 동일 평면으로 다듬질 : ⌐

③ 영구적인 덮개 판을 사용 : ⌣

④ 제거 가능한 이면 판재 사용 : ⌐

13 다음 중 치수 기입의 원칙으로 틀린 것은?

① 치수는 중복기입을 피한다.

② 치수는 되도록 주 투상도에 집중시킨다.

③ 치수는 계산하여 구할 필요가 없도록 기입한다.

④ 관련되는 치수는 되도록 분산시켜서 기입한다.

14 다음 용접의 명칭과 기호가 맞지 않는 것은?

① 심 용접 : ⊖

② 이면 용접 : ⌣

③ 겹침 접합부 : ⩔

④ 가장자리 용접 : |||

15 치수 기입의 방법을 설명한 것으로 틀린 것은?

① 구의 반지름 치수를 기입할 때는 구의 반지름 기호인 S⌀를 붙인다.

② 정사각형 변의 크기 치수 기입 시 치수 앞에 정사각형 기호 □를 붙인다.

③ 판재의 두께 치수 기입 시 치수 앞에 두께를 나타내는 기호 t를 붙인다.

④ 물체의 모양이 원형으로서 그 반지름 치수를 표시할 때는 치수 앞에 R을 붙인다.

16 다음 중 SM 45C의 명칭으로 옳은 것은?

① 기계 구조용 탄소 강재

② 일반 구조용 각형 강관

③ 저온 배관용 탄소 강관

④ 용접용 스테인리스강 선재

17 다음 중 각기둥이나 원기둥을 전개할 때 사용하는 전개도법으로 가장 적합한 것은?

① 사진 전개도법

② 평행선 전개도법

③ 삼각형 전개도법

④ 방사선 전개도법

18 다음 중 가는 1점 쇄선의 용도가 아닌 것은?

① 중심선 　　　② 외형선
③ 기준선 　　　④ 피치선

> **!**
> **선의 종류와 용도**
> • 외형선 – 굵은 실선
> • 가는실선 – 치수선, 치수보조선, 지시선, 회전단면선, 수준면선, 해칭선
> • 은선 – 보이지 않는선, 가는 파선 또는 굵은 파선
> • 가는 1점쇄선 – 중심선, 기준선, 피치선
> • 가는 2점쇄선 – 가상선 무게 중심선
> • 굵은 1점쇄선 – 특수지정선
> • 파단선 – 물체의 일부를 파단한 곳을 표시하는 선으로 불규칙한 파형의 가는 실선 또는 지그재그선

19 다음 중 스케치 방법이 아닌 것은?

① 프린트법 　　　② 투상도법
③ 본뜨기법 　　　④ 프리핸드법

> **!**
> 투상도법은 물체의 형상을 각법에 따라 나타내는 것이다.

20 KS의 부문별 기호 연결이 잘못된 것은?

① KS A – 기본 　　　② KS B – 기계
③ KS C – 전기 　　　④ KS D – 건설

> **!**
> **제도의 규격 – KS의 종류**
> • A – 기본, B – 기계, C – 전기, D – 금속, V – 조선

21 다음 중 용접 균열 시험법은?

① 킨젤 시험
② 코머렐 시험
③ 슈나트 시험
④ 리하이 구속 시험

> **!**
> 용접시험법 중 킨젤시험과 코머럴시험법은 용접부 연성을 시험하는 방법이고 슈나트 시험법은 노취취성 시험법 중 하나이다.

22 중판 이상의 용접을 위한 홈 설계 요령으로 틀린 것은?

① 루트반지름은 가능한 크게 한다.
② 홈의 단면적을 가능한 한 작게 한다.
③ 적당한 루트면과 루트간격을 만들어 준다.
④ 전후좌우 5° 이하로 용접봉을 운봉할 수 없는 홈 각도를 만든다.

> **!**
> 중판 이상의 용접을 위한 홈 설계는 최소 10° 정도 전후 좌우로 용접봉을 움직일 수 있도록 홈각도를 만들어야 한다.

23 용착부의 인장응력이 5kgf/mm², 용접선 유효길이가 80mm이며, V형 맞대기로 완전 용입인 경우 하중 8000kgf에 대한 판 두께는 몇 mm인가?(단, 하중은 용접선과 직각 방향이다.)

① 10 　　　② 20
③ 30 　　　④ 40

> **!**
> • 인장응력 $= \dfrac{P}{A}$, $5 = \dfrac{8000}{80 \times t}$, $t = \dfrac{8000}{5 \times 80} = 20$

24 일반적인 용접의 장점으로 틀린 것은?

① 수밀, 기밀이 우수하다.
② 이종재료 접합이 가능하다.
③ 재료가 절약되고 무게가 가벼워진다.
④ 자동화가 가능하며 제작 공정수가 많아진다.

!
용접의 장점
• 작업의 공정을 줄일 수 있다.
• 형상의 자유를 추구할 수 있다.
• 이음 효율이 향상된다 – 이음효율 100%
• 중량이 경감되고 재료 및 시간이 절약된다.
• 보수와 수리가 용이하다
용접의 단점
• 품질 검사가 곤란하다.
• 제품의 변형을 가져올 수 있다(잔류 응력 및 변형에 민감).
• 유해 광선 및 가스 폭발의 위험이 있다.
• 용접공의 기능과 양심에 따라 이음부의 강도가 좌우된다.
  수축 변형 및 잔류 응력이 발생한다.

25 용접 전 길이를 적당한 구간으로 구분한 후 각 구간을 한 칸씩 건너뛰어서 용접한 후 다시금 비어 있는 곳을 차례로 용접하는 방법으로 잔류응력이 가장 적은 용착법은?

① 후퇴법   ② 대칭법
③ 비석법   ④ 교호법

!
용접진행 방향에 따른 분류
• 전진법 : 용접 시작 부분보다 끝나는 부분이 수축 및 잔류 응력이 커서 용접 이음이 짧고, 변형 및 잔류응력이 그다지 문제가 되지 않을 때 사용
• 후퇴법 : 용접을 단계적으로 후퇴하면서 전체 길이를 용접하는 방법으로 수축과 잔류 응력을 줄이는 방법
• 대칭법 : 용접할 전 길이에 대하여 중심에서 좌우로 또는 용접물 형상에 따라 좌우 대칭으로 용접하여 변형과 수축 응력을 경감한다.
• 비석법 : 스킵법이라고도 하며 짧은 용접 길이로 나누어 놓고 간격을 두면서 용접하는 방법으로 특히 잔류응력을 작게 할 경우 사용한다.
• 교호법 : 열영향을 세밀하게 분포시킬 때 사용

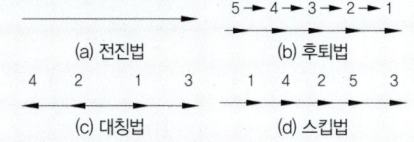

26 다음 중 용접부 예열의 목적으로 틀린 것은?

① 용접부의 기계적 성질을 향상시킨다.
② 열응력의 감소로 잔류응력의 발생이 적다.
③ 열 영향부와 용착금속의 경화를 방지한다.
④ 수소의 방출이 어렵고, 경도가 높아져 인성이 저하한다.

!
예열의 목적
• 용접 금속에 연성 및 인성을 부여한다.
• 모재의 수축응력을 감소하여 균열발생 억제
• 고장력강은 50 ~ 350℃ 정도로 예열을 한다.
• 냉각속도를 느리게 하여 결함 및 수축 변형을 방지한다.
• 용착금속의 수소성분이 나갈 수 있는 여유를 주어 비드 밑 균열 방지

27 V형 맞대기 용접에서 판 두께가 10mm, 용접선의 유효길이가 200mm일 때, 5N/mm² 의 인장응력이 발생한다면 이때 작용하는 인장하중은 몇 N인가?

① 3000   ② 5000
③ 10000   ④ 12000

!
• $\sigma = \dfrac{P}{A}$, $P = \sigma \times A = 5 \times 10 \times 200 = 10000$

28 용접 작업시 용접 지그를 사용했을 때 얻는 효과로 틀린 것은?

① 용접 변형을 증가시킨다.
② 작업 능률을 향상시킨다.
③ 용접 작업을 용이하게 한다.
④ 제품의 마무리 정도를 향상시킨다.

!
용접시 지그사용 목적
• 대량생산 가능하다.
• 용접 작업을 쉽게 한다.
• 제품의 치수를 정확하게 한다.
• 용접부의 신뢰도가 높아진다.
• 다듬질을 좋게 한다.
• 변형을 억제한다.

29 강자성체인 철강 등의 표면 결함 검사에 사용되는 비파괴 검사 방법은?

① 누설 비파괴 검사
② 자기 비파괴 검사
③ 초음파 비파괴 검사
④ 방사선 비파괴 검사

30 다음 용착법 중 각 층마다 전체 길이를 용접하며 쌓는 방법은?

① 전진법　　　② 후진법
③ 스킵법　　　④ 빌드업법

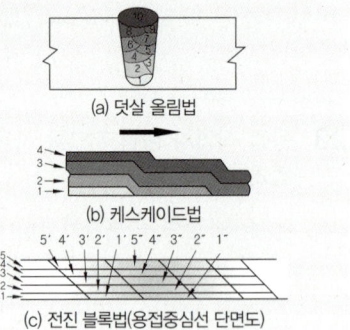
31 용접부의 결함 중 구조상 결함이 아닌 것은?

① 변형　　　② 기공
③ 언더컷　　④ 오버랩

32 가접 시 주의해야 할 사항으로 옳은 것은?

① 본 용접자보다 용접 기량이 낮은 용접사가 가 용접을 실시한다.
② 용접봉은 본 용접 작업 시에 사용하는 것보다 가는 것을 사용한다.
③ 가 용접 간격은 일반적으로 판 두께의 60~80배 정도로 하는 것이 좋다.
④ 가 용접 위치는 부품의 끝 모서리나 각 등과 같이 응력이 집중되는 곳에 가접한다.

33 용접 구조물을 조립하는 순서를 정할 때 고려사항으로 틀린 것은?

① 용접 변형을 쉽게 제거할 수 있어야 한다.
② 작업환경을 고려하여 용접자세를 편하게 한다.
③ 구조물의 형상을 고정하고 지지할 수 있어야 한다.
④ 용접진행은 부재의 구속단을 향하여 용접한다.

34 연강판 용접을 하였을 때 발생한 용접 변형을 교정하는 방법이 아닌 것은?

① 롤러에 의한 방법
② 기계적 응력완화법
③ 가열후 해머링하는 법
④ 얇은 판에 대한 점 수축법

> **!**
> **용접 후 변형 교정법**
> • 박판에 대한 점 수축법 – 소성가공을 이용
> • 형재에 대한 직선 수축법
> • 가열 후 해머질하는 방법
> • 후판에 대해 가열 후 압력을 가하고 수냉하는 법–순서
> • 로울러에 거는법
> • 절단하여 정형 후 재용접하는 법
> • 피닝법 : 피닝법은 특수해머를 사용하여 모재의 표면에 지속적으로 충격을 가해 줌으로써 재료 내부에 있는 잔류 응력을 완화시키면서 표면층에 소성변형을 주는 방법이다.

35 비파괴 검사법 중 표면결함 검출에 사용되지 않는 것은?

① PT   ② MT
③ UT   ④ ET

> **!**
> **비파괴 시험의 분류**
> • 표면검사 : VT, LT, PT, ECT
> • 내면검사 : 방사선검사, 초음파검사

36 용접부에 잔류응력을 제거하기 위하여 응력 제거 풀림 처리를 할 때 나타나는 효과로 틀린 것은?

① 충격 저항의 증대
② 크리프 강도의 향상
③ 응력 부식에 대한 저항력의 증대
④ 용착 금속 중의 수소 제거에 의한 경도 증대

37 맞대기 용접 이음에서 이음 효율을 구하는 식은?

① 이음 효율$=\dfrac{\text{허용응력}}{\text{사용응력}}\times 100(\%)$

② 이음 효율$=\dfrac{\text{사용응력}}{\text{허용응력}}\times 100(\%)$

③ 이음 효율$=\dfrac{\text{모재의 인장강도}}{\text{용접시험편의 인장강도}}\times 100(\%)$

④ 이음 효율$=\dfrac{\text{용접시험편의 인장강도}}{\text{모재의 인장강도}}\times 100(\%)$

> **!**
> 이음효율$=\dfrac{\text{용접시험편의 인장강도}}{\text{모재의 인장강도}}\times 100$

38 얇은 판의 용접 시 주로 사용하는 방법으로 용접부의 뒷면에서 물을 뿌려주는 변형 방지법은?

① 살수법
② 도열법
③ 석면포사용법
④ 수냉 동판 사용법

> **!**
> **도열법**
> • 용접 중에 모재의 입열을 최소화하기 위하여 용접부 주위에 물을 적신 석면이나 동판을 대어 용접열을 흡수시키는 방법으로 용접변형 방지법 중 하나이다.

39 다음 중 비파괴시험법에 해당되는 것은?

① 부식시험   ② 굽힘시험
③ 육안시험   ④ 충격시험

> **!**
> **비파괴검사의 종류**
> • 외관검사(View Testing) : VT
> • 누설검사(Leak Testing) : LT
> • 침투탐상(Penetrant Testing) : PT
> • 자분탐상(Magnetic Particle Testing) : MT
> • 초음파탐상(Ultrasonic Testing) : UT
> • 방사선검사(Radiographic Teating) : RT
> • 맴돌이검사(Eddy Current Testing) : ECT

40 판 두께 25mm 이상인 연강판을 0℃ 이하에서 용접할 경우 예열하는 방법은?

① 이음의 양쪽 폭 100mm 정도를 40~75℃로 예열하는 것이 좋다.

② 이음의 양쪽 폭 150mm 정도를 150~200℃로 예열하는 것이 좋다.

③ 이음의 한쪽 폭 100mm 정도를 40~75℃로 예열하는 것이 좋다.

④ 이음의 한쪽 폭 150mm 정도를 150~200℃로 예열하는 것이 좋다.

제3과목 용접일반 및 안전관리

41 불활성가스 텅스텐 아크용접에 대한 설명으로 틀린 것은?

① 직류 역극성으로 용접하면 청정작용을 얻을 수 있다.

② 가스 노즐은 일반적으로 세라믹 노즐을 사용한다.

③ 불가시 용접으로 용접 중에는 용접부를 확인할 수 없다.

④ 용접용 토치는 냉각 방식에 따라 수냉식과 공랭식으로 구분된다.

! **GTAW 용접의 특징**
- 전극이 녹지 않는 비용극식, 비소모식이다.
- 헬륨-아크 용접, 아르곤 용접이라 한다.
- 텅스텐을 전극봉으로 이용함.
- 용접전원으로 직류, 교류가 모두 쓰인다.
- GTAW 용접으로 알루미늄이나 마그네슘을 용접시 직류 역극성을 이용하고 아르곤 가스가 산화피막에 부딪쳐 피막을 벗겨내는 이온화 작용에 의해 청정작용을 일으키며 이때 사용하는 전원으로는 ACHF라는 고주파 교류 전원을 이용한다.
- 청정작용 : 티그용접시 알루미늄이나 마그네슘을 용접시 산화피막을 제거하기 위하여 알곤 가스를 사용하면 알곤 가스가 산화피막에 작용하여 이온화 작용을 일으켜 피막에 벗겨지는 역할을 하며 이를 효율적으로 하기 위하여 전원을 교류고주파(ACHF)를 이용한다.

42 다음 중 아크 용접시 발생되는 유해한 광선에 해당되는 것은?

① X-선   ② 자외선
③ 감마선   ④ 중성자선

! 아크 광선은 자외선과 적외선의 영향으로 전광성 안염, 경막염 등을 일으킬 수 있으며 광선에 눈이 노출되었을 때에는 가장 효과 있는 처방은 냉습포를 눈 위에 얹고 안정을 취하는 것이 좋다.

43 다음 중 교류 아크 용접기에 해당되지 않는 것은?

① 발전기형 아크 용접기
② 탭 전환형 아크 용접기
③ 가동 코일형 아크 용접기
④ 가동 철심형 아크 용접기

! **교류용접기 종류**
- 탭전환형, 가동코일형, 가동철심형, 가포화리액터형
- 탭전환형 : 무부하 전압이 높아 전격위험이 크고 코일의 감긴수에 따라 전류를 조정하는 것, 미세 전류 조정이 불가능함.
- 가동코일형 : 1차코일의 거리조정으로 전류조정
- 가동철심형 : 가동철심을 움직여 누설자속을 변동시켜 전류를 조정,미세전류 조정이 가능
- 가포화리액터형 : 전류 조정이 용이하고 전류 조정을 전기적으로 하기 때문에 이동 부분이 없고 가변저항의 변화로 전류조정, 원격조정 가능

44 가스절단기에서 예열불꽃이 약할 때 일어나는 현상으로 가장 거리가 먼 것은?

① 드래그가 증가한다.
② 절단면이 거칠어진다.
③ 절단속도가 늦어진다.
④ 절단이 중단되기 쉽다.

! **예열 불꽃이 약할 때**
- 드래그가 증가한다.
- 역화를 일으키기 쉽다.
- 절단속도가 느려진다.
- 절단이 중단되기 쉽다.

45 모재 두께가 다른 경우에 전극의 과열을 피하기 위하여 전류를 단속하여 용접하는 점용접법은?

① 맥동 점 용접　　② 단극식 점 용접
③ 인터랙 점 용접　④ 다전극 점 용접

46 U형, H형의 용접 홈을 가공하기 위하여 슬로우 다이버전트로 설계된 팁을 사용하여 깊은 홈을 파내는 가공법은?

① 스카핑　　　　② 수중절단
③ 가스 가우징　④ 산소창 절단

!
• 가스 가우징 : 용접 뒷면 따내기, 금속 표면의 홈가공을 하기 위하여 깊은 홈을 파내는 가공법

47 피복제 중에 석회석이나 형석을 주성분으로 사용한 것으로 용착금속 중의 수소함유량이 다른 용접봉에 비해 약 1/10 정도로 현저하게 적은 피복 아크 용접봉은?

① E4301　　　　② E4311
③ E4313　　　　④ E4316

!
용접기호 E4327 중 "27"의 뜻
• E : 피복금속 아크용접봉
• 43 : 용착금속의 최소 인장강도
• 27 : 피복제 계통(0,1은 전자세, 2는 F, H-FILLET, 3은 F, 4는 전자세 또는 특정자세)
　1) 4301 : 일미나이트계(슬랙 생성식)-산화티탄, 산화철을 약30% 이상 함유한 광석, 사석을 주성분으로 기계적 성질이 우수하고 용접성이 우수
　2) 4303 : 라임티탄계 – 피복용 스테인리스강의 성분으로 산화티탄을 30% 이상 함유한 용접봉으로 비드의 외관이 아름답고 언더컷이 발생하지 않음.
　3) 4311 : 고셀룰로오스계(가스실드식) – 슬래그가 적어 좁은 홈의 용접에 적합, 비드표면이 거칠지만 환원성이므로 용착금속의 기계적 성질이 양호하고 수직상진, 하진 및 위보기 용접에서 우수한 작업성을 가지며 스패터가 많으며 피복제중 셀룰로오스가 20~30%포함되며 슬래그계 용접봉보다 용접전류를 10~15% 낮게 한다.
　4) 4313 : 고산화티탄계-산화티탄 35%, 아크안정, CR 봉, 비드좋다. 경구조물, 경자동차, 박판 용접에 적합
　5) 4316 : 저수소계(슬랙 생성식)-석회석과 형석을 주성분으로 한 것으로 , 수소의 함량이 1/10 정도, 기계적 성질과 균열의 감수성이 우수, 황의 함유량이 많고 염기성 함유가 높다.

6) 4324 : 철분 산화티탄계로 아래보기 자세와 수평 필릿 자세에 한정
7) 4326 : 철분 저수소계
8) 4327 : 철분 산화철계
9) 4340 : 특수계

48 일반적인 가동 철심형 교류 아크용접기의 특성으로 틀린 것은?

① 미세한 전류 조정이 가능하다.
② 광범위한 전류 조정이 어렵다.
③ 조작이 간단하고 원격 제어가 된다.
④ 가동철심으로 누설자속을 가감하여 전류를 조정한다.

!
• 가동철심형 : 가동철심을 움직여 누설자속을 변동시켜 전류를 조정, 미세전류 조정이 가능
• 가포화리액터형 : 전류 조정이 용이하고 전류 조정을 전기적으로 하기 때문에 이동 부분이 없고 가변저항의 변화로 전류조정, 원격조정 가능

49 자동 및 반자동 용접이 수동 아크 용접에 비하여 우수한 점이 아닌 것은?

① 용입이 깊다.
② 와이어 송급 속도가 빠르다.
③ 위보기 용접자세에 적합하다.
④ 용착금속의 기계적 성질이 우수하다.

!
주로 자동 용접법 등은 위보기 자세가 부적합하다.

50 산소-아세틸렌가스 용접의 특징으로 틀린 것은?

① 용접 변형이 적어 후판용접에 적합하다.
② 아크 용접에 비해서 불꽃의 온도가 낮다.
③ 열 집중성이 나빠서 효율적인 용접이 어렵다.
④ 폭발의 위험성이 크고 금속이 탄화 및 산화될 가능성이 많다.

!
가스용접은 후판용접하기에는 부적합하다.

51 다음 용접자세의 기호 중 수평자세를 나타낸 것은?

① F   ② H

③ V   ④ O

> **용접의 자세**
> F : 아래보기자세(Flat Position)
> H : 수평자세(Horizontal Position)
> V : 수직자세(Vertical Position)
> O : 위보기자세(Overhead Position)

52 가스용접에서 탄산나트륨 15%, 붕사 15%, 중탄산나트륨 70%가 혼합된 용제는 어떤 금속용접에 가장 적합한가?

① 주철   ② 연강

③ 알루미늄   ④ 구리합금

> **용제의 종류**
> • 연강용 : 사용하지 않음
> • Al 용 : 염화칼륨, 염화나트륨, 황산칼륨
> • 연납용 : 염산, 염화아연, 염화암모늄, 송진, 수지
> • 경납용 : 붕사, 붕산, 염화리튬, 빙정석, 산화제1동
> • 고탄소강용 : 중탄산나트륨, 탄산나트륨, 붕사

53 탄산가스 아크용접에 대한 설명으로 틀린 것은?

① 전자세 용접이 가능하다 ,

② 가시 아크이므로 시공이 편리하다.

③ 용접전류의 밀도가 낮아 용입이 얕다.

④ 용착금속의 기계적, 야금적 성질이 우수하다.

> **이산화탄소 아크용접 특징**
> • 바람에 영향을 받으므로 방풍장치가 필요하다.(2m/s이상 시 반드시 필요)
> • 용제를 사용하지 않아 슬래그의 혼입이 없다.
> • 용접 금속의 기계적, 야금적 성질이 우수하다.
> • 전류 밀도가 높아 용입이 깊고 용융 속도가 빠르다.

54 다음 중 압접에 해당하는 것은?

① 전자빔용접

② 초음파용접

③ 피복 아크 용접

④ 일렉트로 슬래그 용접

> **접합방법에 따른 용접의 종류**
> • 융접 : 모재와 용가재를 모두 녹임(대부분의 용접법)
> • 압접 : 열이나 압력, 또는 열과 압력을 동시에 가함
>   – 전기저항용접, 초음파용접, 고주파용접, 마찰용접, 유도가열용접, 냉간압접, 가스압접, 가압테르밋 용접 등
> • 납땜 : 모재는 녹이지 않고 용접봉을 녹여 붙임 450℃를 기준으로 연납땜, 경납땜으로 구별
>   – 연납땜
>   – 경납땜 : 가스납땜, 노내납땜, 저항납땜, 담금납땜, 유도가열납땜

55 피복 아크용접봉의 피복 배합제 중 아크안정제에 속하지 않는 것은?

① 석회석   ② 마그네슘

③ 규산칼륨   ④ 산화티탄

> **피복제의 종류**
> • 가스 발생제 : 석회석, 셀룰로오스, 톱밥, 아교
> • 슬랙 생성제 : 석회석, 형석, 탄산수소나트륨, 일미나이트
> • 아크안정제 : 규산나트륨, 규산칼륨, 산화티탄, 석회석, 탄산바륨
> • 피복제의 탈산제 : 페로실리콘, 페로망간, 페로티탄, 알루미늄
> • 고착제 : 규산 나트륨, 규산칼륨, 아교, 소맥분, 해초

56 가스용접에서 가변압식 토치의 팁(B형) 250번을 사용하여 표준불꽃으로 용접하였을 때의 설명으로 옳은 것은?

① 독일식 토치의 팁을 사용한 것이다.

② 용접 가능한 판 두께가 250mm이다.

③ 1시간 동안에 산소 소비량이 25리터이다.

④ 1시간 동안에 아세틸렌가스의 소비량이 250리터 정도이다.

> **토치의 팁중 표준불꽃으로 1시간당 용접시 아세틸렌 소모량이 250L인 것**
> • 가변압식 250번 팁   • 프랑스식 팁이다.
> • B형이다.   • 동심형팁이다.

57 정격 2차 전류가 300A, 정격 사용량 50%인 용접기를 사용하여 100A의 전류로 용접을 할 때 허용 사용률은?

① 5.6%　　　　② 150%
③ 450%　　　　④ 550%

!
허용 사용률
$$= \frac{(정격2차전류)^2}{(실제용접전류)^2} \times 정격사용율\%$$
$$= \frac{(300)^2}{(100)^2} \times 50 = 450$$

58 불활성가스 텅스텐 아크용접에서 전극을 모재에 접촉시키지 않아도 아크 발생이 되는 이유로 가장 적합한 것은?

① 전압을 높게 하기 때문에
② 텅스텐의 작용으로 인해서
③ 아크 안정제를 사용하기 때문에
④ 고주파 발생장치를 사용하기 때문에

!
GTAW 용접법은 고주파발생장치를 이용하여 상용주파의 아크 전류에 고전압(2000~3000V)의 고주파를 중첩시키기 때문에 모재에 전극봉을 접촉시키지 않아도 아크가 발생된다.

59 연강용 피복 아크 용접봉의 종류에서 E4303 용접봉의 피복제 계통은?

① 특수계　　　　② 저수소계
③ 일루미나이트계　　④ 라임티타니아계

!
용접봉의 종류
• E4301(일미나이트계)
• E4303(라임티탄계)–스테인리스 피복제
• E4311(고셀룰로오스계)–가스실드계
• E4313(고산화티탄계)–고온균열가능
• E4316(저수소계)
• E4324(철분산화티탄계)
• E4326(철분저수소계)
• E4327(철분산화철계)

60 용접작업자의 전기적 재해를 줄이기 위한 방법으로 틀린 것은?

① 절연상태를 확인한 후 사용한다.
② 용접 안전보호구를 완전히 착용한다.
③ 무부하 전압이 낮은 용접기를 사용한다.
④ 직류용접기보다 교류용접기를 많이 사용한다.

!
교류아크용접기는 무부하전압이 직류용접기보다 크기 때문에 전격방지기를 반드시 사용하여야 한다.

정답

01	02	03	04	05	06	07	08	09	10
①	②	②	③	①	②	③	④	①	④
11	12	13	14	15	16	17	18	19	20
③	①	④	③	①	①	②	②	②	④
21	22	23	24	25	26	27	28	29	30
④	④	②	④	③	④	③	①	②	④
31	32	33	34	35	36	37	38	39	40
①	②	④	②	③	④	④	①	③	①
41	42	43	44	45	46	47	48	49	50
③	②	①	②	①	③	④	③	①	①
51	52	53	54	55	56	57	58	59	60
②	①	③	②	②	④	③	④	④	④

국가기술자격 필기시험문제

2017년 8월 26일 기사 제3회 필기시험				수험 번호	성명
자격 종목	종목코드	시험시간	형별		
용접산업기사	1602	1시간 30분	B		

제1과목 용접야금 및 용접설비제도

01 다음 원소 중 강의 담금질 효과를 증대시키며, 고온에서 결정립 성장을 억제시키고, S의 해를 감소시키는 것은?

① C
② Mn
③ P
④ Si

> **!**
> **합금강에서 첨가원소의 영향**
> • Ni : 강인성과 내식성 및 내산성 증가, 저온충격 저항 증가
> • Cr : 강도와 경도 증가, 내식성, 내열성, 자경성 증가 내마멸성 증가, 10% 이상 시 가스 절단 불가
> • Mo : 담금질 깊이가 커지고 크리프저항과 내식성이 커지며 인성증대, 뜨임취성을 방지한다.
> • Mn : 내마멸성이 커진다. 황의 해를 방지 고온에서 경도 증가, 탈산제, 인장강도 증가, 결정립 성장의 방해, 점성 증가, 연성감소, 담금질성 향상, 흑연화를 분해하여 백주 철화를 촉진,적열취성 제거, 보통 주철에 0.4~1% 정도 함유된다.
> • Si : 내식성과 내마멸성 증대, 탈산제, 유동성 증가, 충격 저항을 감소, 단접성과 냉간 가공성을 해침
> • W : 경도와 내마멸성이 증대, 고온경도, 강도가 커진다. 뜨임취성을 방지한다.
> • H_2 : 강을 여리게 하고 산이나 알카리에 약하며 헤어크랙, 은점의 원인이며 수중 절단시 사용
> • V : 몰리브덴과 비슷한 성질, 경화성은 몰리브덴보다 훨씬 높다.
> • Cu : 석출경화를 일으키기 쉽고, 내식성, 내산성을 나타낸다.
> • Ti : 입자 사이에 부식에 대한 저항을 증가시켜 탄화물을 만들기 쉬우며, 결정입자를 미세화
> • S : 적열취성의 원인. 유동성을 나쁘게 하고 고온에서 균열의 원인이며 절삭성을 향상시킨다.
> • P : 강도와 경도를 증가시키며, 가스 용접봉의 성분 중 인(P)은 강에 취성을 주며 가연성을 잃게 하는데 특히 암적색으로 가열한 경우 심하다. 상온취성과 청열취성의 원인

02 일반적인 금속의 특성으로 틀린 것은?

① 열과 전기의 양도체이다,
② 이온화하면 양(+) 이온이 된다.
③ 비중이 크고, 금속적 광택을 갖는다.
④ 소성변형성이 있어 가공하기 어렵다.

> **!**
> **금속의 공통적인 성질**
> • 실온에서 고체이며, 결정체이다(단, 수은은 액체)
> • 빛을 발산하고 고유의 광택이 있다.
> • 가공이 용이하고, 전·연성이 크다.
> • 열과 전기의 양도체이다.
> • 비중이 크고 경도 및 용융점이 크다.

03 용접부의 저온균열은 약 몇℃ 이하에서 발생하는가?

① 200
② 450
③ 600
④ 750

> **!**
> 저온균열은 200℃ 이하에서 발생하며 고온균열은 800~900℃에서 주로 발생한다.

04 용접 시 발생하는 일차결함으로 응고온도범위 또는 그 직하의 비교적 고온에서 용접부의 자기수축과 외부구속 등에 의한 인장스트레인과 균열에 민감한 조직이 존재하면 발생하는 용접부의 균열은?

① 루트 균열
② 저온 균열
③ 고온 균열
④ 비드 밑 균열

!
저온균열의 유형
- 루트균열 : 맞대기 용접이음의 가접 또는 첫층에서 루트 부근에서 열영향부에서 발생하여 점차 비드속으로 들어가는 균열
- 라멜라티어균열 : T형이음, 모서리이음 등에서 강의 내부에 평행하게 층상으로 발생하는 균열
- 라미네이션균열 : 모재의 재질결함으로 기포가 압연되어 생기는 균열
- 토우균열 : 비드표면과 모재의 경계부에서 발생
- 힐균열 : 필렛의 루트부근에서 발생하는 저온균열이며 모재의 수축과 팽창에 의한 뒤틀림이 원인
- 세로균열 : 용접비드에 평행하게 발생한 균열
- 크레이터균열 : 용접비드의 크레이터 부분에 발생한 균열

05 다음 중 열전도율이 가장 높은 것은?

① Ag ② Al
③ Pb ④ Fe

!
열전도율의 순서는 Ag – Cu – Au – Al – Mg – Mo – Fe 의 순서이다

06 다음 재료의 용접작업 시 예열을 하지 않았을 때 용접성이 가장 우수한 강은?

① 고장력강
② 고탄소강
③ 마텐자이트계 스테인리스강
④ 오스테나이트계 스테인리스강

!
오스테나이트계 스테인리스강의 특징
- 18% Cr – 8 Ni 강으로 STS 304가 대표적이다.
- 비자성체이며 내산성 및 내식성이 우수하다.
- 인성과 전연성이 좋아 가공이 용이하며, 용접성이 좋고 담금질은 안 된다.
- 열팽창계수가 탄소강의 1.5배, 열전도율은 약 60%로 열간 가공시 변형과 잔류응력이 문제가 되며, 탄화물의 석출되기 쉽다.
- 화학공업, 항공기, 원자력발전 차량, 주방기구 등에 사용된다.
- 염소나 염산에는 부식성이 있다.

07 체심입방격자의 슬립면과 슬립방향으로 맞는 것은?

① (110)-[110] ② (110)-[111]
③ (111)-[110] ④ (111)-[111]

08 피복 아크 용접봉의 피복 배합제의 성분 중 용착금속의 산화, 질화를 방지하고 용착금속의 냉각속도를 느리게 하는 것은?

① 탈산제 ② 가스 발생제
③ 아크 안정제 ④ 슬래그 생성제

!
피복제의 종류
- 가스 발생제 : 석회석, 셀룰로오스, 톱밥, 아교
- 슬랙 생성제 : 석회석, 형석, 탄산수소나트륨, 일미나이트
- 아크안정제 : 규산나트륨, 규산칼륨, 산화티탄, 석회석, 탄산바륨
- 피복제의 탈산제 : 페로실리콘, 페로망간, 페로티탄, 알루미늄
- 고착제 : 규산 나트륨, 규산칼륨, 아교, 소맥분, 해초

09 용접부의 잔류응력을 경감시키기 위한 방법으로 틀린 것은?

① 예열을 할 것
② 용착금속량을 증가시킬 것
③ 적당한 용착법, 용착순서를 선정할 것
④ 적당한 포지셔너 및 회전대 등을 이용함 것

!
잔류응력을 경감시키려면 용착량을 줄여야 한다.

10 응력제거 풀림처리 시 발생하는 효과가 아닌 것은?

① 잔류응력이 제거된다.
② 응력부식에 대한 저항력이 증가한다.
③ 충격 저항성과 크리프강도가 감소한다.
④ 용착금속 중의 수소가스가 제거되어 연성이 증가된다.

!
응력제거 풀림시 충격저항과 크리프 강도는 감소된다.

11 다음 용접부 기호의 설명으로 옳은 것은?(단, 네모박스 안의 영문자는 MR이다.)

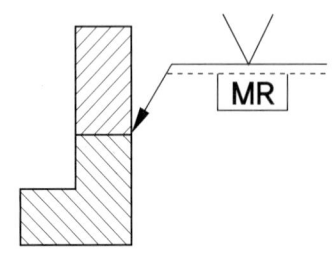

① 화살표 반대쪽에 필릿 용접한다.
② 화살표 쪽에 V형 맞대기 용접한다.
③ 화살표 쪽에 토우를 매끄럽게 한다.
④ 화살표 반대쪽에 영구적인 덮개판을 사용한다.

> ! 화살표쪽에 V형 용접이고 제거 가능한 덮개를 사용한다.

12 KS의 부문별 분류기호 중 "B"에 해당하는 분야는?

① 기본   ② 기계
③ 전기   ④ 조선

> ! 제도의 규격 – KS의 종류
> • A – 기본, B – 기계, C – 전기, D – 금속, V – 조선

13 다음 용접기호 중 플러그 용접을 표시한 것은?

① ○   ② \⊻/
③ \⌿   ④ ☐

> ! 플러그 용접 표시
>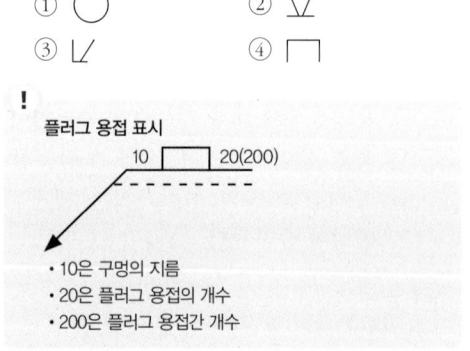
> • 10은 구멍의 지름
> • 20은 플러그 용접의 개수
> • 200은 플러그 용접간 개수

14 다음 용접기호 표시를 바르게 설명한 것은?

$$C \; \ominus \; n \times t(e)$$

① 지름이 c이고 용접길이 t인 스폿 용접이다.
② 지름이 c이고 용접길이 t인 플러그 용접이다.
③ 용접부 너비가 c이고 용접부 수가 n인 심 용접이다.
④ 용접부 너비가 c이고 용접부 수가 n인 스폿 용접이다.

> ! 기호는 심용접을 의미하며 C는 용접부 너비이고 용접개수가 n개이며 각 용접부의 피치 간격이 n이다.

15 도면에 치수를 기입할 때 유의해야 할 사항으로 틀린 것은?

① 치수는 중복 기입을 피한다.
② 관련되는 치수는 되도록 분산하여 기입한다.
③ 치수는 되도록 계산해서 구할 필요가 없도록 기입한다.
④ 치수는 필요에 따라 점, 선 또는 면을 기준으로 하여 기입한다.

> ! 도면에 관련된 치수는 주투상도에 집중시키는 것이 바람직하다.

16 그림과 같이 치수를 둘러싸고 있는 사각 틀(☐)이 뜻하는 것은?

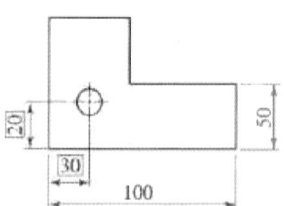

① 참고 치수
② 판 두께의 치수
③ 이론적으로 정확한 치수
④ 정사각형 한 변의 길이

치수의 표시방법
① 정면도, 평면도, 측면도 순으로 기입한다.
② 길이의 치수문자는 원칙적으로 mm의 단위로 기입한다.
③ 치수문자의 소수점(.)은 아래쪽의 점으로 하고 숫자 사이를 적당히 띄워 표시한다.
④ 3자리마다 숫자 사이를 적당히 띄우고 콤마는(,) 찍지 않는다.

구분	기호	사용법	잘못된 표기법
지름(diameter)	ϕ	$\phi 20$	D20
반지름(radius)	R	R20	
구(Sphere)의 지름	$S\phi$	$s\phi 20$	
구의 반지름	SR	SR10	
정사각현의 변	□	□10	⊠10
판의 두께(thickness)	t	t5	
45°의 모따기	C	C3	
원호의 길이	⌢		
이론적으로 정확한 치수	▭	12̲	
참고치수	( )	(12)	

17 치수 보조기호로 사용되는 기호가 잘못 표기된 것은?

① 구의 지름 : S
② 45° 모떼기 : C
③ 원의 반지름 : R
④ 정사각형의 한 변 : □

구의 지름은 Sϕ로 표시

18 용접 기본 기호 중 "⊋" 기호의 명칭으로 옳은 것은?

① 표면 육성
② 표면 접합부
③ 경사 접합부
④ 겹침 접합부

용접 기본 기호

명칭	기호	명칭	기호
돌출된 모서리를 가진 평판 사이의 맞대기 용접/ 에지 플랜지형 용접(미국)/ 돌출된 모서리는 완전 용해	⅄	점용접	○
평형(I형)맞대기 용접	‖	심(Seam) 용접	⊖
V형 맞대기 용접	∨	개선 각이 급격한 V형 맞대기 용접	⋁
일면 개선 형 맞대기 용접	⋁	개선 각이 급격한 일면 개선 형 맞대기 용접	∕
넓은 루트면이 있는 V형 맞대기 용접	Y	가장 자리(Edge)용접	‖‖‖
넓은 루트면이 있는 한 면 개선형 맞대기 용접	Υ	표준 육성	⌢⌢
U형 맞대기 용접(평형 또는 경사면)	∪	표면(Surface) 접합부	══
J형 맞대기 용접	⌐∪	경사 접합부	⫽
이면 용접	⌣	겹침 접합부	⊋
필릿 용접	◺	양면 V형 맞대기 이음 용접(X용접)	✕
플러그 용접 플러그 또는 슬롯 용접(미국)	☐	K형 맞대기 용접	K

19 일반적으로 부품의 모양을 스케치하는 방법이 아닌 것은?

① 판화법
② 프린트법
③ 프리핸드법
④ 사진 촬영법

스케치 방법은 프리핸드법, 프린트법, 모양뜨기법, 사진촬영법이 있다.

20 선의 종류에 의한 용도에서 가는 실선으로 사용하지 않는 것은?

① 치수선   ② 외형선
③ 지시선   ④ 치수보조선

!

선의 종류와 용도
- 외형선 – 굵은 실선
- 가는실선 – 치수선, 치수보조선, 지시선, 회전단면선, 수준면선, 해칭선
- 은선 – 가는 파선 또는 굵은 파선으로
- 가는 1점쇄선 – 중심선, 기준선, 피치선
- 가는 2점쇄선 – 가상선, 무게 중심선
- 굵은 1점쇄선 – 특수지정선
- 파단선 – 물체의 일부를 파단한 곳을 표시하는 선으로 불규칙한 파형의 가는 실선 또는 지그재그선

제2과목 용접구조설계

21 가 용접 시 주의해야 할 사항으로 틀린 것은?

① 본 용접과 같은 온도에서 예열을 한다.
② 본 용접사와 동등한 기량을 갖는 용접사로 하여금 가 용접을 하게 한다.
③ 가 용접의 위치는 부품의 끝, 모서리, 각 등과 같이 단면이 급변하여 응력이 집중되는 곳은 가능한 피한다.
④ 용접봉은 본 용접 작업에 사용하는 것보다 큰 것으로 사용하며, 간격은 판 두께의 5~10배 정도로 하는 것이 좋다.

!

가접시 주의할 사항
- 홈 안에는 가접을 피하되, 불가피한 경우엔 본용접 전에 갈아낸다.
- 응력이 집중되는 곳은 피한다.
- 전류는 본용접보다 높게 하며, 용접봉의 지름은 가는 것을 사용한다. 또한 너무 짧게 하지 않는다.
- 시·종단에 엔드탭을 설치하기도 한다.
- 가접사도 본 용접사에 비하여 기량이 떨어지면 안 된다.
- 가접은 응력이 집중되는 것을 피해야 한다.

22 침투탐상 검사의 특징으로 틀린 것은?

① 제품의 크기, 형상 등에 크게 구애를 받지 않는다.
② 주변 환경이나 특히 온도에 민감하여 제약을 받는다.
③ 국부적 시험과 미세한 균열도 탐상이 가능하다.
④ 시험 표면이 침투제 등과 반응하여 손상을 입은 제품도 검사할 수 있다.

!

침투 탐상 검사의 특징

정의	• 탐상제를 이용 금속, 비금속 표면의 열린 결함을 검출
원리	• 표면장력(Surface tension) • 모세관 현상(Capillary action) • 인간의 지각현상(Visible light spectrum) • 적심성(Wettability)
특성	• 시험방법 간단, 고도의 숙련이 요구되지 않는다. • 거의 모든 재료에 적용 가능하다.(다공성 재료는 제외) • 제품의 크기나 형상에 구애받지 않는다. • 국부적 시험이 가능하다. • 표면 개구결함 검출에 한한다. • 시험체의 표면온도에 제약을 받는다. • 후처리가 요구된다.
시험순서 (절차)	시험풍의 온도측정(15~50℃) → 전처리 → 침투처리(5분) → 제거처리(수세정, 후유화성, 용제제거성) → 현장처리(현상액을 흔들어서 분사. 7분 유지한다. 특히 한 방향으로만 분사한다) → 관찰 → 후처리

23 필릿용접에서 다리길이가 10mm인 용접부의 이론 목두께는 약 몇 mm인가?

① 0.707   ② 7.07
③ 70.7   ④ 707

!

이론목두께 = 각장 × 0.707 = 10 × 0.707 = 7.07

24 피닝(peening)의 목적으로 가장 거리가 먼 것은?

① 수축변형의 증가
② 잔류응력의 완화
③ 용접변형의 방지
④ 용착금속의 균열방지

! 피닝의 목적
• 수축 변형의 감소
• 잔류응력의 완화
• 용접 변형의 방지
• 용착금속의 균열방지

25 다음 중 플레어 용접부의 형상으로 맞는 것은?

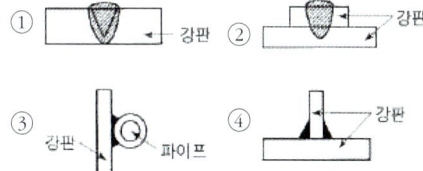

26 다음 맞대기 용접이음 홈의 종류 중 가장 두꺼운 판의 융접이음에 적용하는 것은?

① H형
② I형
③ U형
④ V형

! 맞대기 용접 이음 홈의 종류
① H형 : X형 홈과 같이 양면 용접이 가능한 경우에 용착금속의 양과 패스 수를 줄일 목적으로 사용되며 모재가 두꺼울수록 유리한 홈의 형상
② I형 : 맞대기 용접에서 가장 얇은 박판에 사용
③ V형 : 맞대기 용접에서 한쪽 방향의 완전한 용입을 얻고자 할 때
④ X형 : 이음 홈 형상 중에서 동일한 판 두께에 대하여 가장 변형이 적게 설계된 것
⑤ U형 : V형에 비해 홈의 폭이 좁아도 되고 또한 루트간격을 0으로 해도 작업성과 용입이 좋으며 한 쪽에서 용접하여 충분한 용입을 얻을 필요가 있을 때 사용

27 주로 비금속 개재물에 의해 발생되며, 강의 내부에 모재표면과 평행하게 층상으로 형성되는 균열은?

① 토 균열
② 힐 균열
③ 재열 균열
④ 라멜라테어 균열

! 저온균열의 유형
• 루트균열 : 맞대기 용접이음의 가접 또는 첫층에서 루트 부근에서 열영향부에서 발생하여 점차 비드속으로 들어가는 균열
• 라멜라티어균열 : T형이음, 모서리이음 등에서 강의 내부에 평행하게 층상으로 발생하는 균열
• 라미네이션균열 : 모재의 재질결함으로 기포가 압연되어 생기는 균열
• 토우균열 : 비드표면과 모재의 경계부에서 발생
• 힐균열 : 필렛의 루트부근에서 발생하는 저온균열이며 모재의 수축과 팽창에 의한 뒤틀림이 원인
• 세로균열 : 용접비드에 평행하게 발생한 균열
• 크레이터균열 : 용접비드의 크레이터 부분에 발생한 균열

28 응력 제거 풀림에 의해 얻어지는 효과로 틀린 것은?

① 충격저항이 증대된다.
② 크리프 강도가 향상된다.
③ 용착금속 중의 수소가 제거된다.
④ 강도는 낮아지고 열영향부는 경화된다.

! 응력제거 풀림을 하면 강도는 높아지고 영영향부는 경화된다.

29 다음 중 용접 홈을 설계할 때 고려하여야 할 사항으로 가장 거리가 먼 것은?

① 용접 방법
② 아크 쏠림
③ 모재의 두께
④ 변형 및 수축

! 용접홈 설계시 고려할 사항
• 모재의 두께
• 용접방법
• 변형 및 수축

30 용접 구조설계상의 주의사항으로 틀린 것은?

① 용접 이음의 집중, 접근 및 교차를 피할 것

② 용접치수는 강도상 필요한 치수 이상으로 크게 하지 말 것

③ 용접성, 노치인성이 우수한 재료를 선택하여 시공하기 쉽게 설계할 것

④ 후판을 용접할 경우에는 용입이 얕은 용접법을 이용하여 층수를 늘릴 것

> **!**
> **용접 조립시, 용접 구조물 설계시 주의사항**
> • 물품에 대칭이 되도록 한다.
> • 용접에 적합한 설계를 한다.
> • 구조상 노치를 피한다.
> • 약한 필릿 용접은 피하고 맞대기 용접을 한다.
> • 반복하중을 받는 이음에서는 이음 표면을 평활하게 한다.
> • 용접선에 대하여 수축력의 합이 영이 되도록 한다.
> • 리벳과 용접을 같이 할 때에는 용접을 먼저 한다.
> • 각종 이음의 특성을 잘 알고 사용하며 용접하기 쉽게 설계한다.
> • 큰 구조물은 구조물에 중앙에서 끝으로 향하여 용접한다.
> • 용접길이는 가능한 한 짧게, 용착량도 강도상 필요한 최소치로 한다.
> • 수축이 큰 맞대기 이음을 먼저 용접하고 그다음에 필릿 용접을 한다.

31 구조물 용접에서 조립 순서를 정할 때의 고려사항으로 틀린 것은?

① 변형제거가 쉽게 되도록 한다.

② 잔류응력을 증가시킬 수 있게 한다.

③ 구조물의 형상을 유지할 수 있어야 한다.

④ 작업환경의 개선 및 용접자세 등을 고려한다.

> **!**
> **용접 조립의 순서**
> • 수축이 큰 이음을 먼저 용접하고 다음에 필릿 용접
> • 큰 구조물은 구조물의 중앙에서 끝으로 향하여 용접
> • 용접선에 대하여 수축력의 합이 영(0, zero)이 되도록 한다.
> • 리벳과 같이 쓸 때는 용접을 먼저 한다.
> • 용접 불가능한 곳이 없도록 한다.
> • 물품의 중심에 대하여 대칭으로 용접 진행

32 다음 용접봉 중 내압용기, 철골 등의 후판용접에서 비드 하층 용접에 사용하는 것으로 확산성 수소량이 적고 우수한 강도와 내균열성을 갖는 것은?

① 저수소계   ② 일미나이토계
③ 고산화티탄계   ④ 라임티타니아계

> **!**
> **용접기호 E4327 중 "27"의 뜻**
> • E : 피복금속 아크용접봉
> • 43 : 용착금속의 최소 인장강도
> • 27 : 피복제 계통(0,1은 전자세, 2는 F, H-FILLET, 3은 F, 4는 전자세 또는 특정자세)
> 1) 4301 : 일미나이트계(슬랙 생성식)-산화티탄, 산화철을 약30% 이상 함유한 광석, 사석을 주성분으로 기계적 성질이 우수하고 용접성이 우수
> 2) 4303 : 라임티탄계 - 피복용 스테인리스강의 성분으로 산화티탄을 30% 이상 함유한 용접봉으로 비드의 외관이 아름답고 언더컷이 발생하지 않음
> 3) 4311 : 고셀룰로오스계(가스실드식) - 슬래그가 적어 좁은 홈의 용접에 적합, 비드표면이 거칠지만 환원성이므로 용착금속의 기계적 성질이 양호하고 수직상진, 하진 및 위보기 용접에서 우수한 작업성을 가지며 스패터가 많으며 피복제 중 셀룰로오스가 20~30% 포함되며 슬래그계 용접봉보다 용접전류를 10~15% 낮게 한다.
> 4) 4313 : 고산화티탄계-산화티탄 35%, 아크안정, CR봉, 비드좋다, 경구조물, 경자동차, 박판 용접에 적합
> 5) 4316 : 저수소계(슬랙 생성식)-석회석과 형석을 주성분으로 한 것으로 , 수소의 함량이 1/10 정도, 기계적 성질과 균열의 감수성이 우수, 황의 함유량이 많고 염기성 함유가 높다.
> 6) 4324 : 철분 산화티탄계로 아래보기 자세와 수평 필릿 자세에 한정
> 7) 4326 : 철분 저수소계
> 8) 4327 : 철분 산화철계
> 9) 4340 : 특수계

33 다음 중 용접 구조물의 이음 설계 방법으로 틀린 것은?

① 반복하중을 받는 맞대기 이음에서 용접부의 덧붙이를 필요 이상 높게 하지 않는다.
② 용접선이 교차하는 곳이나 만나는 곳의 응력집중을 방지하기 위하여 스캘롭을 만든다.
③ 용접 크레이터 부분의 결함을 방지하기 위하여 용접부 끝단에 돌출부를 주어 용접한 후 돌출부를 절단한다.
④ 굽힘응력이 작용하는 겹치기 필릿용접의 경우 굽힘응력에 대한 저항력을 크게 하기 위하여 한쪽 부분만 용접한다.

> ❗ 굽힘응력이 작용하는 겹치기 필릿용접의 경우 굽힘 응력에 대한 저항력을 크게 하기 위해 양쪽 부분을 용접을 해야 한다.

34 강판의 두께가 7mm, 용접길이가 12mm인 완전 용입된 맞대기 용접부위에 인장하중을 3444kgf로 작용시켰을 때 용접부에 발생하는 인장응력은 약 몇 kgf/mm²인가?

① 0.024
② 41
③ 82
④ 2009

> ❗ $$응력 = \frac{하중}{단면적} = \frac{P}{t \times \ell} = \frac{3444}{7 \times 12} = 41 \text{kgf/mm}^2$$

35 모재 및 용접부의 연성을 조사하는 파괴시험 방법으로 가장 적합한 것은?

① 경도시험
② 피로시험
③ 굽힘시험
④ 충격시험

> ❗ **기계적 시험**
> ① 충격시험(샤르피식, 아이조드식) : V형, U형의 노치를 만들어 충격적인 하중을 주어서 시험편을 파괴시키는 시험
> ② 피로시험 : 작은 힘을 수 없이 반복하여 작용하면 파괴를 일으키는 방법
> ③ 굽힘시험 : 용접부의 연성결함을 조사하기 위하여 사용되는 시험법
> ④ 인장시험 : 인장강도, 항복점, 단면수축률, 연신율 등을 측정
>
> ㉠ 단면 수축율 = $\frac{A - A_0}{A} \times 100\%$
>
> ㉡ 변형율 = $\frac{l - l_0}{l_0} \times 100\%$

36 다음 중 용접 비용 절감 요소에 해당되지 않는 것은?

① 용접 대기시간의 최대화
② 합리적이고 경제적인 설계
③ 조립 정반 및 용접지그의 활용
④ 가공불량에 의한 용접 손실 최소화

> ❗ 용접비용을 절감하기 위해선 용접 대기 시간을 최소화해야 한다.

37 두께 4mm인 연강 판을 I형 맞대기 이음 용접을 한 결과 용착금속의 중량이 3kg이었다. 이때 용착효율이 60%라면 용접봉의 사용중량은 몇 kg인가?

① 4
② 5
③ 6
④ 7

> ❗ $$용접봉 사용중량 = \frac{단면적 \times 비중 \times 용접길이}{용착효율} = \frac{3}{0.6} = 5\text{kg}$$

38 다음 중 직류 아크 용접기가 아닌 것은?

① 정류기식 직류 아크 용접기
② 엔진 구동식 직류 아크 용접기
③ 가동철심형 직류 아크 용접기
④ 전동 발전식 직류 아크 용접기

!

직류아크 용접기
• 발전기형·정류기형(실리콘, 셀렌, 게르마늄)·전지형

39 다음 그림과 같은 순서로 용접하는 용착법을 무엇이라고 하는가?

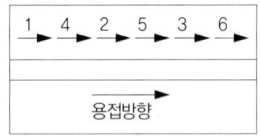

① 전진법
② 후퇴법
③ 스킵법
④ 캐스케이드법

!

용접진행 방향에 따른 분류
• 전진법 : 용접 시작 부분보다 끝나는 부분이 수축 및 잔류 응력이 커서 용접 이음이 짧고, 변형 및 잔류응력이 그다지 문제가 되지 않을 때 사용
• 후퇴법 : 용접을 단계적으로 후퇴하면서 전체 길이를 용접하는 방법으로 수축과 잔류 응력을 줄이는 방법
• 대칭법 : 용접할 전 길이에 대하여 중심에서 좌우로 또는 용접물 형상에 따라 좌우 대칭으로 용접하여 변형과 수축 응력을 경감한다.
• 비석법 : 스킵법이라고도 하며 짧은 용접 길이로 나누어 놓고 간격을 두면서 용접하는 방법으로 특히 잔류응력을 작게 할 경우 사용한다.
• 교호법 : 열영향을 세밀하게 분포시킬 때 사용

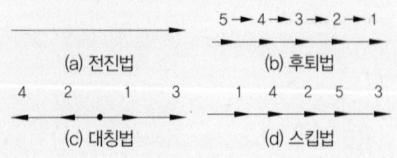

40 용접부의 부식에 대한 설명으로 틀린 것은?

① 틈새부식은 틈 사이의 부식을 말한다.
② 용접부의 잔류응력은 부식과 관계없다.
③ 용접부의 부식은 전면부식과 국부부식으로 분류한다.
④ 입계부식은 용접 열영향부의 오스테나이트 입계에 Cr 탄화물이 석출될 때 발생한다.

제3과목 용접일반 및 안전관리

41 일반적인 탄산가스 아크 용접의 특징으로 틀린 것은?

① 용접속도가 빠르다.
② 전류 밀도가 높으므로 용입이 깊다.
③ 가시 아크이므로 용융지의 상태를 보면서 용접할 수 있다.
④ 후판용접은 단락이행 방식으로 가능하고, 비철금속 용접에 적합하다.

!

이산화탄소 아크용접 특징
• 바람에 영향을 받으므로 방풍장치가 필요하다.(2m/s 이상시 반드시 필요)
• 용제를 사용하지 않아 슬래그의 혼입이 없다.
• 용접 금속의 기계적, 야금적 성질이 우수하다.
• 전류 밀도가 높아 용입이 깊고 용융 속도가 빠르다.

42 다음 중 허용 사용률을 구하는 공식은?

① $\dfrac{\text{허용}}{\text{사용률}} = \dfrac{(\text{정격2차전류})^2}{(\text{실제용접전류})} \times \dfrac{\text{정격}}{\text{사용률(\%)}}$

② $\dfrac{\text{허용}}{\text{사용률}} = \dfrac{(\text{정격2차전류})}{(\text{실제용접전류})^2} \times \dfrac{\text{정격}}{\text{사용률(\%)}}$

③ $\dfrac{\text{허용}}{\text{사용률}} = \dfrac{(\text{실제용접전류})^2}{(\text{정격2차전류})^2} \times \dfrac{\text{정격}}{\text{사용률(\%)}}$

④ $\dfrac{\text{허용}}{\text{사용률}} = \dfrac{(\text{정격2차전류})^2}{(\text{실제용접전류})^2} \times \dfrac{\text{정격}}{\text{사용률(\%)}}$

!

허용 사용률$= \dfrac{(\text{정격2차전류})^2}{(\text{실제용접전류})^2} \times$ 정격사용률(%)

43 다음 중 모재를 녹이지 않고 접합하는 용접법으로 가장 적합한 것은?

① 납땜
② TIG 용접
③ 피복 아크 용접
④ 일렉트로 슬래그 용접

❗ 납땜은 모재는 녹이지 않고 용접봉을 녹여 붙여주는 용접 방법으로 연납과 경납으로 구분되며 연납땜과 경납땜의 기준점은 450℃임.
 • 연납의 종류 : 주석-납, 납-카드뮴납, 납-은납, 저융접땜 납, 카드뮴-아연납 등
 • 경납의 종류 : 은납, 황동납, 인동납, 망간납, 양은 납, 알루미늄 납 등

44 다음 중 불활성 가스 금속 아크 용접(MIG)의 특징으로 틀린 것은?

① 후판용접에 적합하다.
② 용접속도가 빠르므로 변형이 적다.
③ 피복 아크 용접보다 전류 밀도가 크다.
④ 용접토치가 용접부에 접근하기 곤란한 경우에도 용접하기가 쉽다.

❗ **불활성가스 금속 아크용접의 특징**
 • 전극이 녹는 용극식, 소모식이다.
 • 상품명 : 에어코우메틱, 시그마, 필터아크, 아르고노오트 용접법
 • 전류밀도가 티그용접의 2배, 일반용접의 4~6배로 매우 크고 용적이행은 스프레이형이다.
 • 전자세 용접이 가능하고 판 두께가 3~4mm 이상의 Al·Cu 합금, 스테인리스강, 연강용접에 이용된다.
 • 아크길이는 6~8mm를 사용하며 전진법을 주로 사용한다.
 • He가스는 Ar가스를 사용할 때보다 용입 및 속도를 증가 시킬 수 있다.
 • 전원은 정전압 특성을 가진 직류 역극성이 주로 사용된다.
 • 토치는 공랭식(200A 이하), 수랭식이 있다. 불활성 가스 금속 아크 용접은 전류밀도가 아크 용접의 6배, TIG용접의 2배, 서브머지드 아크 용접과 동일한 높은 전류밀도를 사용하므로 후판 용접에 적합하다.

45 가스 절단이 곤란한 주철, 스테인리스강 및 비철금속의 절단부에 철분 또는 용제를 공급하며 절단하는 방법은?

① 스카핑　　　② 분말 절단
③ 가스 가우징　　④ 플라스마 절단

❗ ① **가스 가우징** : 용접 부분의 뒷면을 따내든지 H형, U형의 용접 홈을 가공하기 위해서 깊은 홈을 파내는 방법
 ② **스카핑** : 강괴, 강편, 슬래그, 주름, 탈탄층, 표면균열 등의 표면결함을 불꽃가공에 의해 제거하는 방법으로 얕은 홈가공 시 사용
 ③ **수중 절단** : 물에 잠겨있는 침몰선의 교량의 교각개조, 댐, 항만, 방파제 등의 공사에 사용되며 수중 작업시 예열가스의 양은 공기 중에서 4~8배, 절단산소의 압력 1.5~2배이다.
 ④ **아크에어 가우징** : 탄소아크 절단장치에나 압축공기 5~7kg/㎠를 병용하여서 아크열로 용융시킨 부분을 압축공기로 불어 날려서 홈을 파내는 작업
 [장점] ㉠ 조작 방법이 간단
 　　　 ㉡ 용융금속을 순간적으로 불어내어 모재에 악영향을 주지 않는다.
 　　　 ㉢ 작업능률이 2~3배 높다.
 　　　 ㉣ 용접 결함부의 발견이 쉽다.
 　　　 ㉤ 응용범위가 넓고 경비가 저렴

46 가스용접 작업 시 역화가 생기는 원인과 가장 거리가 먼 것은?

① 팁의 과열
② 산소압력 과대
③ 팁과 모재의 접촉
④ 팁 구멍에 이물질 부착

❗ **역화의 원인**
 ① 토치를 부주의하게 취급하였을 때
 ② 토치의 체결나사가 풀렸을 때
 ③ 팁이 과열되었을 때
 ④ 팁 구멍이 막혔을 때
 ⑤ 팁에 먼지, 기타 잡물이 막혔을 때
 ⑥ 토치의 성능이 불량할 때
 ⑦ 아세틸렌 공급가스가 부족 시
 ⑧ 아세틸렌 압력 감소시

47 용접전류 200A, 전압 40V일 때 1초 동안에 전달되는 일률을 나타내는 전력은?

① 2kW ② 4kW
③ 6kW ④ 8kW

! 전력(kw)=전류×전압=200×40=8000VA=8KW를 나타냄

48 가스 용접 장치 중 압력 조정기의 취급상 주의사항으로 틀린 것은?

① 압력 지시계가 잘 보이도록 설치한다.
② 압력 용기의 설치구 방향에는 아무런 장애물이 없어야 한다.
③ 조정기를 취급할 때는 기름이 묻은 장갑을 착용하고 작업해야 한다.
④ 조정기를 견고하게 설치한 다음 조정 나사를 풀고 밸브를 천천히 열어야 하며 가스 누설 여부를 비눗물로 점검한다.

! 조정기를 취급할 때 기름이 묻은 장갑을 착용하고 작업시 발화의 위험이 있다.

49 아크 용접기에 핫 스타트(hot start) 장치를 사용함으로써 얻어지는 장점이 아닌 것은?

① 기공을 방지한다.
② 아크 발생이 쉽다.
③ 크레이터 처리가 용이하다.
④ 아크 발생 초기의 용입을 양호하게 한다.

! **핫스타트의 장점**
• 아크 발생 초기의 용입을 양호하게 한다.
• 아크 발생이 쉽다.
• 기공을 방지한다.

50 다음 중 전격의 위험성이 가장 적은 것은?

① 젖은 몸에 홀더 등이 닿았을 때
② 땀을 흘리면서 전기용접을 할 때
③ 무부하 전압이 낮은 용접기를 사용할 때
④ 케이블의 피복이 파괴되어 절연이 나쁠 때

! 무부하 전압이 높은 용접기를 사용하면 전격의 위험이 커진다.

51 연강의 가스 절단 시 드래그(drag) 길이는 주로 어느 인자에 의해 변화하는가?

① 후열과 절단 팁의 크기
② 토치 각도와 진행 방향
③ 절단 속도와 산소 소비량
④ 예열 불꽃 및 백심의 크기

! 드래그 길이에 영향을 주는 요인은 절단속도와 산소의 소비량이다.

52 연납 땜과 경납 땜을 구분하는 온도는?

① 350℃ ② 450℃
③ 550℃ ④ 650℃

! 납땜은 모재는 녹이지 않고 용접봉을 녹여 붙여주는 용접 방법으로 연납과 경납으로 구분되며 연납땜과 경납땜의 기준점은 450℃임.

53 아크전류 200A, 무부하 전압 80V, 아크전압 30V인 교류용접기를 사용할 때 효율과 역률은 얼마인가?(단, 내부손실을 4kW라고 한다.)

① 효율 60%, 역률 40%
② 효율 60%, 역률 62.5%
③ 효율 62.5%, 역률 60%
④ 효율 62.5%, 역률 37.5%

!

$$효율 = \frac{아크전력}{소비전력} \times 100 = \frac{6kW}{10kW} \times 100 = 60\%$$

아크전력 = 아크전압 × 정격2차전류 = 30V×200A = 6000VA = 6kW

소비전력 = 아크전력 + 내부손실 = 6kW + 4kW = 10kW

$$역률 = \frac{소비전력}{전원입력} \times 100 = \frac{10kW}{16kW} \times 100 = 62.5\%$$

전원입력 = 무부하전압 × 정격2차전류 = 80V×200A = 16000VA = 16kW

54 다음 용접법 중 전기에너지를 에너지원으로 사용하지 않는 것은?

① 마찰용접
② 피복 아크 용접
③ 서브머지드 아크 용접
④ 불활성가스 아크 용접

!

전기에너지를 열원으로 사용하는 용접기
• 피복아크용접기, 불활성가스 텅스텐아크용접기, 불활성가스 금속 아크용접기, 서브머지드 아크용접기, 일랙트로 슬래그용접기 등이 있다.

55 가스절단에서 예열불꽃이 약할 때 나타나는 현상을 가장 적절하게 설명한 것은?

① 드래그가 증가한다.
② 절단속도가 빨라진다.
③ 절단면이 거칠어진다.
④ 모서리가 용융되어 둥글게 된다.

!

예열 불꽃이 약할 때
• 드래그가 증가한다.
• 역화를 일으키기 쉽다.
• 절단속도가 느려진다.
• 절단이 중단되기 쉽다.

56 가스용접에 쓰이는 토치의 취급상 주의사항으로 틀린 것은?

① 토치를 함부로 분해하지 말 것
② 팁을 모래나 먼지 위에 놓지 말 것
③ 토치에 기름, 그리스 등을 바를 것
④ 팁을 바꿀 때에는 반드시 양쪽 밸브를 잘 닫고 할 것

!

토치에 기름이나 그리스 등을 바르지 말 것

57 일반적인 용접의 특징으로 틀린 것은?

① 품질검사가 곤란하다.
② 변형과 수축이 발생한다.
③ 잔류응력이 발생하지 않는다.
④ 저온취성이 발생할 우려가 있다.

!

용접의 특징
① 이종재료 용접이 가능
② 중량이 가벼워진다.
③ 재료의 두께에 제한이 없다.
④ 제품의 성능과 수명 향상
⑤ 보수와 수리 용이
⑥ 수밀. 기밀 유밀성이 양호
⑦ 작업공정이 간단하다.
⑧ 용접사의 기량에 따라 품질 좌우
⑨ 품질검사 곤란
⑩ 잔류응력이 생긴다.

58 용접의 분류에서 압접에 속하지 않는 용접은?

① 저항 용접　　② 마찰 용접
③ 스터드 용접　　④ 초음파 용접

!
접합방법에 따른 용접의 종류
- 융접 : 모재와 용가재를 모두 녹임(대부분의 용접법)
- 압접 : 열이나 압력, 또는 열과 압력을 동시에 가함
  - 전기저항용접, 초음파용접, 고주파용접, 마찰용접, 유도가열용접, 냉간압접, 가스압접, 가압테르밋 용접 등
- 납땜 : 모재는 녹이지 않고 용접봉을 녹여 붙임 450℃를 기준으로 연납땜, 경납땜으로 구별
  - 연납땜
  - 경납땜 : 가스납땜, 노내납땜, 저항납땜, 담금납땜, 유도가열납땜

59 일반적인 정류기형 직류 아크 용접기의 특성에 관한 설명으로 틀린 것은?

① 소음이 거의 없다.
② 보수 점검이 간단하다.
③ 완전한 직류를 얻을 수 있다.
④ 정류기 파손에 주의해야 한다.

!
완전한 직류를 얻을 수 있는 용접기는 발전기형 용접기다.

60 불가시 아크 용접, 잠호 용접, 유니언 멜트 용접, 링컨 용접 등으로 불리는 용접법은?

① 전자빔 용접
② 가압 테르밋 용접
③ 서브머지드 아크용접
④ 불활성가스 아크 용접

!
서브머지드 아크 용접
① 원리 : 자동 금속아크 용접법으로 모재의 이음표면에 미세한 입상의 용제를 공급하고, 용제 속에 연속적으로 전극와이어를 송급하여 모재 및 전극와이어를 용융시켜 용접부를 대기로부터 보호하면서 용접하는 방법으로 일명 잠호용접이라고 한다. 상품명으로는 링컨용접, 유니언멜트 용접이라고 불리운다.
② 장점
　㉠ 콘택크 팁에서 통전되므로 와이어 중에 저항 열이 적게 발생되어 고전류 사용이 가능하다.
　㉡ 용융 속도 및 용착속도가 빠르다.
　㉢ 용입이 깊다.
　㉣ 작업 능률이 수동에 비하여 판두께 12mm에서 2~3배, 25mm에서 5~6배, 50mm에서 8~12배 정도가 높다.
　㉤ 개선각을 적게 하여 용접 패스(pass)수를 줄일 수 있다.
　㉥ 기계적 성질이 우수하다.
　㉦ 유해광선이나 퓸(fume) 등이 적게 발생되어 작업환경이 깨끗하다.
　㉧ 비드 외관이 매우 아름답다.
③ 단점
　㉠ 장비의 가격이 고가이다.
　㉡ 용접 적용 자세에 제약을 받는다.
　㉢ 용접 재료에 제약을 받는다.
　㉣ 개선 홈의 정밀을 요한다. (팩킹재 미 사용시 루트간격 0.8mm 이하)
　㉤ 용접진행 상태의 양 부를 육안식별이 불가능하다.
　㉥ 용접선이 짧거나 복잡한 경우 수동에 비하여 비능률적이다.

정답
:: 2017년 8월 26일 기출문제 정답

01	02	03	04	05	06	07	08	09	10
②	④	①	③	①	④	②	④	②	③
11	12	13	14	15	16	17	18	19	20
④	②	④	③	②	③	①	④	①	②
21	22	23	24	25	26	27	28	29	30
④	④	②	①	③	①	④	④	②	④
31	32	33	34	35	36	37	38	39	40
②	①	④	②	③	①	②	③	③	②
41	42	43	②	45	46	47	48	49	50
④	④	①	④	②	②	④	③	③	③
51	52	53	54	55	56	57	58	59	60
③	②	②	①	①	③	③	③	③	③

2018년 3월 4일 기사 제1회 필기시험				수험 번호	성명
자격 종목	종목코드	시험시간	형별		
용접산업기사	1401	1시간 30분	B		

제1과목 용접야금 및 용접설비제도

01 저온균열의 발생에 관한 내용으로 옳은 것은?

① 용융금속의 응고 직후에 일어난다.
② 오스테나이트계 스테인리강에서 자주 발생한다.
③ 용접금속이 약 300℃ 이하로 냉각되었을 때 발생한다.
④ 입계가 충분히 고상화되지 못한 상태에서 응력이 작용하여 발생한다.

!
저온균열의 유형
(저온균열은 300℃ 이하에서 발생하며 고온균열은 800~900℃에서 주로 발생한다.)
• 루트균열: 맞대기 용접이음의 가접 또는 첫 층의 루트부근 열영향부에서 발생하여 점차 비드 속으로 들어가는 균열
• 라멜라티어균열: T형 이음, 모서리 이음 등에서 강의 내부에 평행하게 층상으로 발생하는 균열
• 라미네이션균열: 모재의 재질 결함으로 기포가 압연되어 생기는 균열
• 토우균열: 비드 표면과 모재의 경계부에서 발생
• 힐균열: 필릿의 루트부근에서 발생하는 저온균열이며 모재의 수축과 팽창에 의한 뒤틀림이 원인
• 세로균열: 용접비드에 평행하게 발생한 균열
• 크레이터균열: 용접비드의 크레이터 부분에 발생한 균열

02 일반적인 금속의 결정격자 중 전연성이 가장 큰 것은?

① 면심 입방 격자
② 체심 입방 격자
③ 조밀 육방 격자
④ 체심 정방 격자

!
면심 입방 격자(B.C.C)는 전연성이 풍부하고 가공성이 용이하다.

종류	특징	금속
체심 입방 격자 (B·C·C)	강도가 크고 전·연성은 떨어진다.	Cr, Mo, W, V, Ta, K, Na, α-Fe, σ-Fe
면심 입방 격자 (F·C·C)	전·연성이 풍부하여 가공성이 우수하다.	Ag, Al, Au, Cu, Ni, Pb, Pt, Ca, γ-Fe
조밀 육방 격자 (H·C·P)	전·연성 및 가공성이 불량하다.	Ti, Be, Mg, Zn, Zr

03 탄소와 질소를 동시에 강의 표면에 침투, 확산시켜 강의 표면을 경화시키는 방법은?

① 침투법
② 질화법
③ 침탄 질화법
④ 고주파 담금질

!
탄소와 질소를 동시에 확산시켜 강의 표면을 경화 시키는 방법을 침탄 질화법이라 한다.

04 킬드강(killed steel)을 제조할 때 탈산 작용을 하는 가장 적합한 원소는?

① P
② S
③ Ar
④ Si

!
킬드강은 규소 또는 알루미늄과 같은 강한 탈산제로 완전 탈산한 강을 의미한다.

05 연강을 0℃ 이하에서 용접할 경우 예열하는 요령으로 옳은 것은?

① 연강은 예열이 필요 없다.
② 용접 이음부를 약 500~600℃로 예열한다.
③ 용접 이음부의 홈 안을 700℃ 전후로 예열한다.
④ 용접 이음의 양쪽 폭 100mm 정도를 40~75℃로 예열한다.

> ! 연강의 예열은 이음부 양쪽 100mm 정도를 45~75℃ 정도에서 예열한다.

06 스테인리스강 중 내식성, 내열성, 용접성이 우수하며 대표적인 조성이 18Cr-8Ni인 계통은?

① 페라이트계
② 소르바이트계
③ 마텐자이트계
④ 오스테나이트계

> ! 오스테나이트계 스테인리스강의 특징
> • 18% Cr – 8 Ni 강으로 STS 304가 대표적이다.
> • 비자성체이며 내산성 및 내식성이 우수하다.
> • 인성과 전연성이 좋아 가공이 용이하며, 용접성이 좋고 담금질은 안 된다.
> • 열팽창계수가 탄소강의 1.5배, 열전도율은 약 60%로 열간 가공 시 변형과 잔류응력이 문제가 되며, 탄화물이 석출되기 쉽다.
> • 화학공업, 항공기, 원자력발전 차량, 주방기구 등에 사용된다.
> • 염소나 염산에는 부식성이 있다.

07 다음 중 용착금속의 샤르피 흡수 에너지를 가장 높게 할 수 있는 용접봉은?

① E4303   ② E4311
③ E4316   ④ E4327

> ! 저수소계 용접봉의 특징
> 기계적 성질이 우수, 수소의 함량이 $\frac{1}{10}$ 정도, 균열의 감수성이 우수, 황의 함유량이 많고 성분은 석회석과 형석으로 구성되며 샤르피 흡수 에너지를 가장 높게 할 수 있다.

08 Fe-C합금에서 6.67% C를 함유하는 탄화철의 조직은?

① 페라이트
② 시멘타이트
③ 오스테나이트
④ 트루스타이트

09 일반적인 피복 아크 용접봉의 편심률은 몇 % 이내인가?

① 3%   ② 5%
③ 10%   ④ 20%

> ! 피복아크 용접봉의 편심률은 3% 이하여야 한다.

10 슬래그를 구성하는 산화물 중 산성 산화물에 속하는 것은?

① Fe O   ② SiO_2
③ TiO_2 ④ Fe_2O_3

> ! 산화규소(SiO_2)는 산성 산화물에 해당된다.

11 다음 용접자세 중 수직 자세를 나타내는 것은?

① F   ② O
③ V   ④ H

> ! F: 아래보기자세   O: 위보기자세
> V : 수직자세   H : 수평자세

12 다음 중 도면의 크기에 대한 설명을 틀린 것은?

① A0의 넓이는 약 $1m^2$이다.

② A4의 크기는 210mm × 297mm이다.

③ 제도 용지의 세로와 가로 비는 1:$\sqrt{2}$이다.

④ 복사한 도면이나 큰 도면을 접을 때는 A3의 크기로 접는 것을 원칙으로 한다.

> **!**
> 도면의 크기: 기본적으로 A4사이즈로 도면을 접는 것이 원칙이다.
> • A4 297 × 210
> • A3 420 × 297
> • A2 594 × 420
> • A1 594 × 841

13 다음 중 얇은 부분의 단면도를 도시할 때 사용하는 선은?

① 가는 실선

② 가는 파선

③ 가는 1점 쇄선

④ 아주 굵은 실선

> **!**
> 얇은 물체인 개스킷, 박판, 형강의 경우는 한 줄의 굵은 실선으로 단면을 표시한다.

14 다음 중 치수 보조기호의 의미가 틀린 것은?

① C: 45°모떼기

② SR: 구의 반지름

③ t: 판의 두께

④ ( ): 이론적으로 정확한 치수

> **!**
> **치수의 표시 방법**
> ① 정면도, 평면도, 측면도 순으로 기입한다.
> ② 길이의 치수문자는 원칙적으로 ㎜의 단위로 기입한다.
> ③ 치수문자의 소수점(.)은 아래쪽의 점으로 하고 숫자 사이를 적당히 띄워 표시한다.
> ④ 3자리마다 숫자 사이를 적당히 띄우고 콤마(,)는 찍지 않는다.

구분	기호	사용법	잘못된 표기법
지름(diameter)	ϕ	$\phi20$	D20
반지름(radius)	R	R20	
구(Sphere)의 지름	$S\phi$	$s\phi20$	
구의 반지름	SR	SR10	
정사각형의 변	□	□10	⊠10
판의 두께(thickness)	t	t5	
45°의 모따기	C	C3	
원호의 길이	⌒		
이론적으로 정확한 치수	▭	⑿	
참고치수	( )	(12)	

15 일반적인 판금전개도를 그릴 때 전개 방법이 아닌 것은?

① 사각형 전개법

② 평행선 전개법

③ 방사선 전개법

④ 삼각형 전개법

> **!**
> **판금 전개도법의 종류**
> • 삼각형 전개법, 평행선 전개법, 방사선 전개법
> 1) 평행선법: 삼각기둥, 사각기둥과 같은 여러 가지 각기둥과 원기둥을 평행하게 전개도를 그림
> 2) 방사선법: 삼각뿔, 사각뿔 등의 각뿔과 원뿔을 꼭지점을 기준으로 부채꼴로 펼쳐서 전개도를 그리는 방법
> 3) 삼각형법: 꼭지점이 먼 각뿔, 원뿔 등을 해당 면을 삼각형으로 분할하여 전개도를 그리는 방법

16 상, 하 또는 좌, 우 대칭인 물체의 중심선을 기준으로 내부와 외부 모양을 동시에 표시하는 단면도법은?

① 온 단면도
② 한쪽 단면도
③ 계단 단면도
④ 부분 단면도

!
단면의 종류
• 온 단면도(전단면도): 물체의 $\frac{1}{2}$ 을 절단
• 한쪽 단면도(반단면): 물체의 $\frac{1}{4}$ 을 절단(상하 또는 좌우가 대칭인 물체)
• 부분 단면도: 필요한 장소의 일부분만을 파단하여 단면을 나타내는 방법으로 절단부는 파단선으로 표시
• 회전 단면도: 핸들, 바퀴의 암, 리브, 훅, 축 등의 단면은 정규의 투상법으로 나타내기 어렵기 때문에 물품을 축에 수직한 단면으로 절단하여 단면과 90° 우회전하여 나타냄.
• 계단 단면도: 절단면이 투상면에 평행 또는 수직한 여러 면으로 되어 있어 명시할 곳을 계단 모양으로 절단하여 나타냄.

17 다음은 KS 기계제도의 모양에 따른 선의 종류를 설명한 것이다. 틀린 것은?

① 실선: 연속적으로 이어진 선
② 파선: 짧은 선을 불규칙한 간격으로 나열한 선
③ 일점 쇄선: 길고 짧은 두 종류의 선을 번갈아 나열한 선
④ 이점 쇄선: 긴 선과 두 개의 짧은 선을 번갈아 나열한 선

!
선의 종류와 용도
• 외형선: 굵은 실선
• 가는 실선: 치수선, 치수보조선, 지시선, 회전단면선, 수준면선, 해칭선
• 은선: 보이지 않는 선, 가는 파선 또는 굵은 파선
• 가는 1점 쇄선: 중심선, 기준선, 피치선
• 가는 2점 쇄선: 가상선, 무게 중심선
• 굵은 1점 쇄선: 특수지정선
• 파단선: 물체의 일부를 파단한 곳을 표시하는 선으로 불규칙한 파형의 가는 실선 또는 지그재그선

18 제도에서 사용되는 선의 종류 중 가는 2점 쇄선의 용도를 바르게 나타낸 것은?

① 대상물의 실제 보이는 부분을 나타낸다.
② 도형의 중심선을 간략하게 나타내는 데 쓰인다.
③ 가공 전 또는 가공 후의 모양을 표시하는 데 쓰인다.
④ 특수한 가공을 하는 부분 등 특별한 요구사항을 적용할 수 있는 범위를 표시하는 데 쓰인다.

!
가상선(가는 이점 쇄선)
• 반복을 표시하는 선
• 인접부분을 참고로 표시
• 도시된 물체의 앞면을 표시
• 공구, 지그 등의 위치를 표시
• 이동하는 부분의 이동 위치를 표시
• 가공 전 또는 가공 후의 모양을 표시

19 도면에서 2종류 이상의 선이 같은 장소에서 중복될 경우 도면에 우선적으로 그어야 하는 선은?

① 외형선   ② 중심선
③ 숨은선   ④ 무게 중심선

!
선의 우선 순위
• 외형선 → 은선 → 절단선 → 중심선 → 무게 중심선

20 다음 중 가는 실선을 사용하지 않는 선은?

① 치수선   ② 지시선
③ 숨은선   ④ 치수 보조선

!
가는 실선의 종류: 치수선, 치수보조선, 지시선, 회전단면선, 수준면선, 해칭선

21 각 변형의 방지대책에 관한 설명 중 틀린 것은?

① 구속지그를 활용한다.
② 용접속도가 빠른 용접법을 이용한다.
③ 개선 각도는 작업에 지장이 없는 한도 내에서 작게 하는 것이 좋다.
④ 판 두께와 개선형상이 일정할 때 용접봉 지름이 작은 것을 이용하여 패스의 수를 늘린다.

! 판 두께와 개선형상이 일정할 때 용접봉의 지름이 큰 것을 이용하여 패스 수를 줄일 수 있다

22 용접 시점이나 종점 부분의 결함을 줄이는 설계 방법으로 가장 거리가 먼 것은?

① 주부재와 2차 부재를 전둘레 용접하는 경우 틈새를 10mm 정도로 둔다.
② 용접부의 끝단에 돌출부를 주어 용접한 후에 엔드 탭(end tab)은 제거한다.
③ 양면에서 용접 후 다리길이 끝에 응력이 집중되지 않게 라운딩을 준다.
④ 엔드 탭(end tab)을 붙이지 않고 한 면에 V형 홈으로 만들어 용접 후 라운딩한다.

23 용접부 윗면이나 아랫면이 모재의 표면보다 낮게 되는 것으로 용접사가 충분히 용착금속을 채우지 못하였을 때 생기는 결함은?

① 오버랩
② 언더필
③ 스패터
④ 아크 스트라이크

! 용접부의 결함 중 구조상 결함의 원인
• 언더필: 용접부 윗면이나 아랫면이 모재의 표면보다 낮게 되는 것으로 용접사가 충분히 용착금속을 채우지 못하였을 때 생기는 결함
• 피트: 합금원소가 많을 때, 습기, 페인트, 녹, 황 함유 시
• 스패터: 전류 높을 때, 건조되지 않은 용접봉 사용 시, 아크길이가 길 때
• 용입불량: 이음설계 결함, 용접 속도가 빠를 때, 전류가 낮을 때, 용접봉 선택불량
• 언더컷: 전류가 높을 때, 아크길이가 클 때, 속도가 부적합할 때
• 오버랩: 용접전류가 낮을 때, 용접봉의 부적합 선택
• 선상구조: 용착금속의 냉각속도가 빠를 때, 모재 재질 불량, X선으로는 검출 할 수 없음.
• 기공의 원인: 수소, CO_2의 과잉, 용접부의 급속한 응고, 모재의 황 함유량 과대, 기름, 페인트, 녹, 습도, 아크길이, 전류의 부적당, 용접속도 빠를 때
• 비드 밑 균열: 용접 이후 용접열에 의해 조직이 변하는 주변 열영향부에서 수소의 확산에 의해 발생하는 균열임.
• 아크 스트라이크: 용접이음의 밖에서 아크를 발생시킬 때 아크열에 의하여 모재에 결함이 생기는 것.

24 용접구조물에서 파괴 및 손상의 원인으로 가장 거리가 먼 것은?

① 재료 불량　② 포장 불량
③ 설계 불량　④ 시공 불량

25 T 이음 등에서 강의 내부에 강판 표면과 평행하게 층상으로 발생되는 균열로 주요 원인이 모재의 비금속 개재물인 것은?

① 토 균열　② 재열 균열
③ 루트 균열　④ 라멜라테어

26 아래 그림과 같은 필릿 용접부의 종류는?

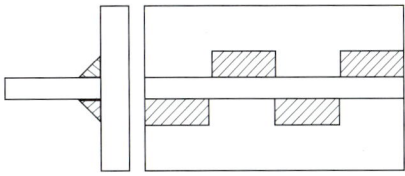

① 연속 필릿용접
② 단속 병렬 필릿용접
③ 연속 병렬 필릿용접
④ 단속 지그재그 필릿용접

27 응력 제거 풀림의 효과에 대한 설명으로 틀린 것은?

① 치수틀림의 방지
② 충격저항의 감소
③ 크리프 강도의 향상
④ 열영향부의 템퍼링 연화

28 다음 중 용접용 공구가 아닌 것은?

① 앞치마　　　② 치핑해머
③ 용접집게　　④ 와이어브러시

29 판 두께 8mm를 아래보기 자세로 15m, 판 두께 15mm를 수직 자세로 8m 맞대기 용접하였다. 이 때 환산 용접 길이는 얼마인가?(단, 아래보기 맞대기 용접의 환산계수는 1.32이고, 수직 맞대기 용접의 환산 계수는 4.32이다.)

① 44.28m　　　② 48.56m
③ 54.36m　　　④ 61.24m

!

$$\cdot \text{인장응력} = \frac{\text{하중}}{\text{단면적}} = \frac{P}{A} = \frac{P}{t \times l}$$

$$100 = \frac{50,000}{5 \times l} \qquad l = \frac{50,000}{100 \times 5} = 100$$

30 용접변형의 일반적 특성에서 홈 용접 시 용접진행에 따라 홈 간격이 넓어지거나 좁아지는 변형은?

① 종변형　　　② 횡변형
③ 각변형　　　④ 회전변형

31 다음 중 용착금속 내부에 발생된 기공을 검출하는 데 가장 적합한 검사법은?

① 누설 검사
② 육안 검사
③ 침투 탐상 검사
④ 방사선 투과 검사

!

내부를 검사하는 검사법은 초음파탐상법과 방사선 투과시험법이 있는데 내부의 기공을 검출하기에는 방사선투과시험이 적합하다.

32 모세관 현상을 이용하여 표면결함을 검사하는 방법은?

① 육안 검사
② 침투 검사
③ 자분 검사
④ 전자기적 검사

!

침투탐상 검사법의 장점
• 시험방식이 간단하다.
• 고도의 숙련을 요하지 않는다.
• 크기, 형상 등에 크게 구애 받지 않는다.

33 맞대기 용접 시에 사용되는 엔드 탭(end tab)에 대한 설명으로 틀린 것은?

① 모재와 다른 재질을 사용해야 한다.
② 용접 시작부와 끝부분의 결함을 방지한다.
③ 모재와 같은 두께와 홈을 만들어 사용한다.
④ 용접 시작부와 끝부분에 가접한 후 용접한다.

!

엔드 탭의 사용목적은 모재의 제품성을 살리기 위한 것으로 용접의 시작부와 끝부분에 설치하는 보조판으로 모재와 동일한 재질이고 동일한 홈의 종류라야 한다.

34 어떤 용접구조물을 시공할 때 용접봉이 0.2톤이 소모되었는데, 170kgf의 용착금속 중량이 산출되었다면 용착효율은 몇 %인가?

① 7.6 　　　　② 8.5
③ 76 　　　　④ 85

❗
이음효율

$$= \frac{\text{용접시험편의 인장강도}}{\text{모재의 인장강도}} \times 100$$

$$= \frac{170}{0.2} \times 100 = 85\%$$

35 본 용접의 용착법에서 용접방향에 따른 비드 배치법이 아닌 것은?

① 전진법 　　　② 펄스법
③ 대칭법 　　　④ 스킵법

❗
용착법
- 전진법: 용접 시작 부분보다 끝나는 부분이 수축 및 잔류응력이 커서 용접이음이 짧고 변형 및 잔류 응력이 그다지 문제가 되지 않을 때 사용
  전진법 1 2 3 4 5
- 후퇴법: 용접을 단계적으로 후퇴하면서 전체적 길이를 용접하는 방법으로 수축과 잔류 응력을 줄이는 방법
  후퇴법 5 4 3 2 1
- 대칭법: 용접 전 길이에 대하여 중심에서 좌우로 또는 용접부의 형상에 따라 좌우대칭으로 용접하여 변형과 수축 응력을 경감
  대칭법 4 2 1 3
- 비석법(스킵법): 짧은 동점 길이로 나누어 놓고 간격을 두면서 용접하는 방법으로 특히 잔류응력을 적게 할 경우에 사용
  비석법(스킵법) 1 4 2 5 3

36 인장 시험기로 인장·파단하여 측정할 수 없는 것은?

① 연신률 　　　② 인장 강도
③ 굽힘응력 　　④ 단면 수축률

❗
인장 시험기로 측정할 수 있는 내용: 항복점, 내력, 인장강도, 비례한도, 탄성한도, 신장, 단면 수축률 등

37 용착금속의 인장강도가 40kgf/mm²이고 안전률이 5라면 용접이음의 허용응력은 몇 kgf/mm²인가?

① 8 　　　　② 20
③ 40 　　　④ 200

❗
$$\text{안전률} = \frac{\text{인장강도}}{\text{허용응력}}$$

$$\text{허용응력} = \frac{\text{인장강도}}{\text{안전률}}$$

38 용접 구조 설계 시 주의 사항으로 틀린 것은?

① 용접 이음의 집중, 접근 및 교차를 피한다.
② 리벳과 용접의 혼용 시에는 충분히 주의를 한다.
③ 용착 금속은 가능한 다듬질 부분에 포함되게 한다.
④ 후판 용접의 경우 용입이 깊은 용접법을 이용하여 층수를 줄인다.

❗
용접 조립 시, 용접 구조물 설계 시 주의사항
- 구조상 노치를 피한다.
- 물품에 대칭이 되도록 한다.
- 용접에 적합한 설계를 한다.
- 약한 필릿 용접은 피하고 맞대기 용접을 한다.
- 리벳과 용접을 같이 할 때에는 용접을 먼저 한다.
- 용접선에 대하여 수축력의 합이 0이 되도록 한다.
- 반복하중을 받는 이음에서는 이음 표면을 평활하게 한다.
- 큰 구조물은 구조물의 중앙에서 끝으로 향하여 용접한다.
- 각종 이음의 특성을 잘 알고 사용하며 용접하기 쉽게 설계한다.
- 수축이 큰 맞대기 이음을 먼저 용접하고 그다음에 필릿 용접을 한다.
- 용접 길이는 가능한 한 짧게, 용착량도 강도상 필요한 최소치로 한다.

39 똑같은 두께의 재료를 용접할 때 냉각 속도가 가장 빠른 이음은?

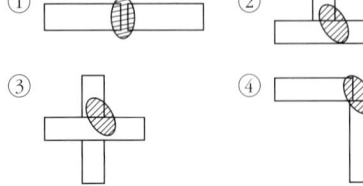

! 냉각속도는 박판보다는 후판이 빠르고 열이 전달될 면이 많을수록 빠르다.

40 용접 이음부의 형태를 설계할 때 고려하여야 할 사항으로 틀린 것은?

① 최대한 깊은 홈을 설계한다.
② 적당한 루트간격과 홈각도를 선택한다.
③ 용착 금속량이 적게 되는 이음모양을 선택한다.
④ 용접봉이 쉽게 접근되도록 하여 용접하기 쉽게 한다.

제3과목 용접일반 및 안전관리

41 불활성 가스 텅스텐 아크 용접에서 일반 교류 전원을 사용하지 않고, 고주파 교류 전원을 사용할 때의 장점으로 틀린 것은?

① 텅스텐 전극의 수명이 길어진다.
② 텅스텐 전극봉이 많은 열을 받는다.
③ 전극봉을 모재에 접촉시키지 않아도 아크가 발생한다.
④ 아크가 안정되어 작업 중 아크가 약간 길어져도 끊어지지 않는다.

42 공업용 아세틸렌 가스 용기의 색상은?

① 황색　　　　② 녹색
③ 백색　　　　④ 주황색

!
용기 도색

내용물	용기 색상
아세틸렌	황색
산소	녹색
아르곤	회색
CO_2가스	청색
LPG	회색
수소	주황색
질소	회색
암모니아	백색
아르곤	회색
부탄	회색

43 피복 아크 용접 작업에서 아크 쏠림의 방지 대책으로 틀린 것은?

① 짧은 아크를 사용할 것
② 직류용접 대신 교류용접을 사용할 것
③ 용접봉 끝을 아크 쏠림 반대 방향으로 기울일 것
④ 접지점을 될 수 있는 대로 용접부에 가까이 할 것

!
아크쏠림의 방지책
• 아크 블로우, 자기불림, 자기쏠림이라 한다.
• 교류 용접기를 사용
• 아크길이를 짧게 한다.
• 접지를 용접부위에서 멀리 둔다.
• 용접부의 시종단에 엔드 탭을 설치한다.
• 긴 용접선은 후퇴법을 이용하여 용접한다.
• 용접봉의 끝을 아크쏠림 반대쪽으로 숙인다.
• 전류가 흐를 때 자장이 용접봉에 대하여 비대칭일 때 발생함–직류 용접기에서 발생함

44 아크용접과 가스용접을 비교할 때, 일반적인 가스용접의 특징으로 옳은 것은?

① 아크용접에 비해 불꽃의 온도가 높다.
② 열 집중성이 좋아 효율적인 용접이 된다.
③ 금속이 탄화 및 산화될 가능성이 많다.
④ 아크용접에 비해서 유해광선의 발생이 많다.

! **가스용접의 특징**
• 폭발의 위험이 있다.
• 운반이 편리하고 설비비가 싸다.
• 아크용접에 비하여 불꽃의 온도가 낮다.
• 전원이 없는 곳에 쉽게 설치할 수 있다.
• 아크용접에 비하여 유해광선의 피해가 적다.
• 열 집중성이 나빠서 효율적인 용접이 어렵다.
• 가열시 열량 조절이 쉽고, 박판용접에 적합하다.
• 가열 범위가 커서 용접 변형이 크고 일반적으로 신뢰성이 낮다.

45 CO_2 가스 아크용접에 대한 설명으로 틀린 것은?

① 전류 밀도가 높아 용입이 깊고, 용접속도를 빠르게 할 수 있다.
② 용접장치, 용접전원 등 장치로서는 MIG용접과 같은 점이 많다.
③ CO_2 가스 아크용접에서는 탈산제로 Mn 및 Si를 포함한 용접와이어를 사용한다.
④ CO_2 가스 아크용접에서는 보호가스로 CO_2에 다량의 수소를 혼합한 것을 사용한다.

! **이산화탄소 아크용접 특징**
• 바람의 영향을 받으므로 방풍장치가 필요하다.(2m/s 이상 시 반드시 필요)
• 용제를 사용하지 않아 슬래그의 혼입이 없다.
• 용접 금속의 기계적, 야금적 성질이 우수하다.
• 전류 밀도가 높아 용입이 깊고 용융 속도가 빠르다.

46 용접 작업에서 전격의 방지대책으로 틀린 것은?

① 무부하 전압이 높은 용접기를 사용한다.
② 작업을 중단하거나 완료 시 전원을 차단한다.
③ 안전 홀더 및 완전 절연된 보호구를 착용한다.
④ 습기 찬 작업복 및 장갑 등을 착용하지 않는다.

47 가스 용접봉에 관한 내용으로 틀린 것은?

① 용접봉을 용가재라고도 한다.
② 인이나 황의 성분이 많아야 한다.
③ 용융온도가 모재와 동일하여야 한다.
④ 가능한 모재와 같은 재질이어야 한다.

! **가스 용접봉 선택 시 조건**
• 용융온도가 모재와 같거나 비슷해야 한다.
• 금속의 기계적 성질에 나쁜 영향을 주지 않을 것
• 용접봉의 재질 중에 불순물이 포함되지 않을 것
• 모재와 같은 재질이어야 하며 충분한 강도를 줄 수 있을 것

48 돌기용접(projection welding)의 특징으로 틀린 것은?

① 점용접에 비해 작업 속도가 매우 느리다.
② 작은 용접점이라도 높은 신뢰도를 얻을 수 있다.
③ 점용접에 비해 전극의 소모가 적어 수명이 길다.
④ 용접된 양쪽의 열용량이 크게 다를 경우라도 양호한 열평형이 얻어진다.

! **프로젝션 용접의 요구 조건**
• 성형 시 일부에 전단 부분이 생기지 않을 것
• 상대판이 충분히 가열될 때까지 녹지 않을 것
• 성형에 의한 변형이 없고 용접 후 양면의 밀착이 양호할 것

49 정격전류가 500A인 용접기를 실제는 400A로 사용하는 경우의 허용 사용률은 몇 %인가? (단, 이 용접기의 정격사용률은 40%이다.)

① 60.5　　　　② 62.5
③ 64.5　　　　④ 66.5

50 저수소계 용접봉의 피복제에 30~50% 정도의 철분을 첨가한 것으로서 용착 속도가 크고 작업 능률이 좋은 용접봉은?

① E4326　　　② E4313
③ E4324　　　④ E4327

51 아크 에어 가우징에 대한 설명으로 틀린 것은?

① 가우징봉은 탄소 전극봉을 사용한다.
② 가스 가우징보다 작업 능률이 2~3배 높다.
③ 용접 결함부 제거 및 홈의 가공 등에 이용된다.
④ 사용하는 압축공기의 압력은 20kgf/cm^2 정도가 좋다.

52 불활성 가스 금속 아크용접의 특징으로 틀린 것은?

① 가시 아크이므로 시공이 편리하다.
② 전류밀도가 낮기 때문에 용입이 얕고, 용접 재료의 손실이 크다.
③ 바람이 부는 옥외에서는 별도의 방풍 장치를 설치하여야 한다.
④ 용접토치가 용접부에 접근하기 곤란한 조건에서는 용접이 불가능한 경우가 있다.

53 표피효과(skin effect)와 근접효과(proximity effect)를 이용하여 용접부를 가열 용접하는 방법은?

① 폭발 압접(explosive welding)
② 초음파 용접(ultrasonic welding)
③ 마찰 용접(friction pressure welding)
④ 고주파 용접(high-frequency welding)

54 다음 용착법 중 각 층마다 전체의 길이를 용접하면서 쌓아 올리는 다층 용착법은?

① 스킵법
② 대칭법
③ 빌드업법
④ 캐스케이드법

!

다층 용접법
• 덧살올림법(빌드업법): 열 영향이 크고 슬래그 섞임 우려가 있음, 한랭 시 구속이 클 때 후판에서 첫 층 균열이 있음.
• 캐스케이드법: 한 부분의 몇 층을 용접하다가 다음 층으로 연속시켜 용접하는 법, 결함이 적지만 잘 사용하지 않음.
• 전진블록법: 한 개의 용접봉으로 살을 붙일만한 길이로 구분해서 여러 층으로 쌓아 올린 후 다음 부분으로 진행함. 첫 층 균열발생 우려가 있음.

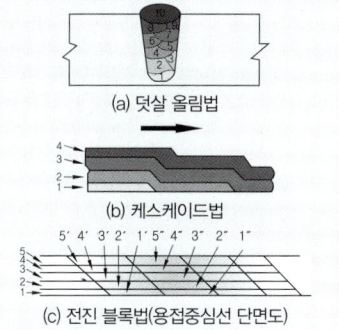

(a) 덧살 올림법

(b) 케스케이드법

(c) 전진 블록법(용접중심선 단면도)

55 가스 용접에서 압력 조정기(pressure regulator)의 구비조건으로 틀린 것은?

① 동작이 예민해야 한다.
② 빙결하지 않아야 한다.
③ 조정압력과 방출압력과의 차이가 커야 한다.
④ 조정압력은 용기 내의 가스량이 변화하여도 항상 일정해야 한다.

!

조정기의 역할은 가스의 양이 줄어도 일정한 압력의 가스를 공급해 주는 것이다.

56 용접법의 분류에서 경납땜의 종류가 아닌 것은?

① 가스 납땜
② 마찰 납땜
③ 노내 납땜
④ 저항 납땜

!

경납땜의 종류는 저항 납땜, 가스 납땜, 노내 납땜, 유도가열 납땜 등이 있다.

57 다음 중 용접작업자가 착용하는 보호구가 아닌 것은?

① 용접 장갑
② 용접 헬멧
③ 용접 차광막
④ 가죽 앞치마

!

용접 차광막은 작업자와 작업자 사이에 용접 불빛을 차단하기 위하며 비치하는 장치이다.

58 용접기의 아크 발생 시간을 6분, 휴식 시간을 4분이라 할 때 용접기의 사용률은 몇 %인가?

① 20
② 40
③ 60
④ 80

59 TIG 용접 시 직류 정극성을 사용하여 용접하면 비드 모양은 어떻게 되는가?

① 극성은 비드와는 관계없다.
② 비드 폭이 역극성과 같아진다.
③ 비드 폭이 역극성보다 좁아진다.
④ 비드 폭이 역극성보다 넓어진다.

! 정극성이란 모재는 +, 텅스텐은 −를 연결하는 것으로 모재가 +가 되면 용입이 깊어지고 비드 폭은 좁아지게 된다.

60 실드 가스로써 주로 탄산가스를 사용하여 용융부를 보호하고 탄산가스 분위기 속에서 아크를 발생시켜 그 아크열로 모재를 용융시켜 용접하는 방법은?

① 실드 용접
② 테르밋 용접
③ 전자 빔 용접
④ 일렉트로 가스 아크 용접

! **일렉트로 가스 아크 용접의 특징**
· 판두께가 두꺼울수록 경제적이다.
· 판두께에 상관없이 단층으로 상진 용접한다.
· 용접장치가 간단하고 취급이 쉬우며, 고도의 숙련을 요하지 않는다.
· 스패터 및 가스의 발생이 적고 용접 시 바람의 영향을 많이 받는다.
· 일렉트로 가스 아크 용접(인크로스 아크 용접)에 주로 사용되는 가스
· − CO_2가스
· − $CO_2 + O_2$

정답 :: 2018년 5월 26일 기출문제 정답

01	02	03	04	05	06	07	08	09	10
③	①	③	④	④	④	③	②	①	②
11	12	13	14	15	16	17	18	19	20
③	④	④	④	①	②	②	③	①	③
21	22	23	24	25	26	27	28	29	30
④	①	②	②	④	④	②	①	③	④
31	32	33	34	35	36	37	38	39	40
④	②	①	④	②	③	①	③	③	①
41	42	43	44	45	46	47	48	49	50
②	①	④	③	④	①	②	①	②	①
51	52	53	54	55	56	57	58	59	60
④	②	④	③	③	②	③	③	③	④